国家重点研发计划项目(2018YFC1505400)资助出版

强震区特大泥石流综合防控理论与实践

胡卸文　余　斌　陈洪凯　等著

科学出版社
北　京

内 容 简 介

本书介绍强震区特大泥石流综合防控技术与示范应用研究成果。震后泥石流沟物源巨大，同震崩滑体、震裂山体等易起动的松散固体物质多，沟道堵点多，主河因淤积抬升排导能力急剧下降等，导致其治理难度较震前更大，更重要的是防控措施针对性差。针对这些问题，本书进行系统研究，包括强震区泥石流不同成因物源起动模式及动储量评价方法、强震区宽缓与窄陡沟道型泥石流致灾机理及灾害链效应、强震区宽缓与窄陡沟道型泥石流动力学特征、强震区高位滑坡型泥石流运动机理及新型拦挡技术、强震区宽缓与窄陡沟道型泥石流综合防控技术、强震区特大泥石流综合防治标准化技术体系等关键科学技术问题。

本书可供国土、交通、水利水电工程等领域从事地质灾害防治、工程地质、岩土工程的科研和工程技术人员参考，也可供相关高等院校的教师和研究生参考使用。

图书在版编目(CIP)数据

强震区特大泥石流综合防控理论与实践 / 胡卸文等著. —北京：科学出版社，2024.4

ISBN 978-7-03-075502-5

Ⅰ. ①强… Ⅱ. ①胡… Ⅲ. ①强震-地区-泥石流-灾害防治-研究 Ⅳ. ①P642.23

中国国家版本馆 CIP 数据核字（2023）第 079647 号

责任编辑：陈 杰 / 责任校对：彭 映
责任印制：罗 科 / 封面设计：墨创文化

科学出版社 出版
北京东黄城根北街16号
邮政编码：100717
http://www.sciencep.com

成都锦瑞印刷有限责任公司 印刷
科学出版社发行 各地新华书店经销

*

2024年4月第 一 版 开本：787×1092 1/16
2024年4月第一次印刷 印张：29 1/2
字数：704 000

定价：399.00 元

（如有印装质量问题，我社负责调换）

研 究 人 员

胡卸文　余　斌　陈洪凯　王文沛　赵松江　徐林荣
罗　刚　张友谊　韩　征　常　鸣　刘　波　姚　强
杨　涛　丁明涛　高　路　何　坤　吴建利　赵　峥
苗晓岐　高延超　李德华　赵世春　余志祥　齐　欣
李为乐　刘清华　覃　亮　郝红兵　蒙明辉　焦朋朋
张　楠　苏　娜

前　言

20 世纪 90 年代以来，我国西南地震高烈度区人口密度增大，重大基础设施增多，极端强降雨天气频繁出现，强震活跃带造成的地震损失在自然灾害损失中所占比例逐渐增大，尤其是 2008 年“5·12”汶川地震[①]以来，青藏高原东缘强震区特大泥石流灾害频发，因震后崩滑体、堰塞体级联堵溃放大引起的链式成灾效应显著，致使震后暴发的泥石流规模远大于震前水平，泥石流灾害造成的人员伤亡和财产损失也特别严重，因此强震区特大泥石流致灾机理及防控技术已成为当前国内外研究热点。汶川地震后的汶川、北川、绵竹、青川等震区的红椿沟、烧房沟、七盘沟、桃关沟、青林沟、杨家沟、文家沟、华祖背等数十条沟谷先后暴发特大泥石流，其规模大、持时长、链成灾、危害重，引起工程地质学者及社会各界极大关注。震后泥石流沟物源巨大，同震崩滑体、震裂山体等易起动的松散固体物质多，沟道堵点多，主河因淤积抬升排导能力急剧下降等，泥石流形成条件较震前已发生巨大变化，其治理难度较震前更大，更重要的是防治方案制定难。震后应急实施的大量泥石流拦砂坝运行一年就出现满库、坝基悬空、坝体变形，排导槽磨损、冲毁等工程病害现象。有的泥石流沟实施了多次治理工程，尝试不同方案多次维修加固，但仍不能达到“拦得住、排得走、耐冲刷”的要求，其根本原因还是对强震区泥石流成灾机理认识不清、动力学特征参数计算不准、治理方案难以捏住特大泥石流成灾的“命脉”，因而针对性不强。

本书依托国家重点研发计划项目“强震区特大泥石流综合防控技术与示范应用”(2018YFC1505400)，在对强震区特大泥石流治理工程效果的大量观测研究、科学实验、示范工程应用验证基础上，从强震区泥石流不同成因物源起动模式及动储量评价方法、强震区宽缓与窄陡沟道型泥石流致灾机理及灾害链效应、强震区宽缓与窄陡沟道型泥石流动力学特征、强震区高位滑坡型泥石流运动机理及新型拦挡技术、强震区宽缓与窄陡沟道型泥石流综合防控技术、强震区特大泥石流综合防治标准化技术体系六个方面对强震区特大泥石流成灾机理和综合防治进行论述，破解强震区特大泥石流综合防控技术关键科学难题，满足强震区特大泥石流防治工作要求和国家防灾减灾的战略需要，为最大程度保护强震区人民群众生命财产安全，科学防治特大泥石流提供新思路、新理论和应用示范。

本书出版得到西南交通大学的大力支持和帮助。特别感谢长安大学彭建兵院士、中国科学院水利部成都山地灾害与环境研究所崔鹏院士、中国地质环境监测院殷跃平院士在项目实施过程中的亲临指导，使作者的研究思路得到了拓展。

由于作者学识有限，书中难免存在不足之处，敬请读者批评指正。

① 本书中简述的“汶川地震”指 2008 年“5·12”汶川特大地震。

目　录

第1章 绪　论

我国是世界上受地震灾害影响最为严重的国家之一，尤其是青藏高原、四川盆地、云贵高原等第一级、第二级阶梯艰险山区，地震不仅在震时导致建筑物损毁，同时也引发大量同震滑坡，造成大量人员伤亡。以2008年“5·12”汶川地震为例，同震滑坡所造成的死亡和失踪人数约占总人数的30%。此外，同震滑坡堵江形成的堰塞体也是导致溃坝洪水、次生泥石流等链生灾害的主要诱因，主震后一段时间内地质灾害发灾趋势显著增强。同时，汶川地震后的北川、汶川、绵竹等震区连续6年暴发特大泥石流，表现出群沟暴发、范围广、规模大、持时长、危害重的特点，以至于震后治理工程部分失效，其主要原因包括：①对强震区沟道型及高位滑坡型泥石流成灾机理认识不清，导致震后泥石流首次治理工程设计缺乏机理分析及针对性；②对强震区泥石流动力学特征参数计算不准，严重影响治理工程设计安全检算的科学合理性，如拦砂坝库容、溢流口以及排导槽等过流断面设计偏小，导致灾后泥石流治理工程失效而再次重建；③治理方案针对性不强，关键在于没有区分宽缓、窄陡沟道型与高位滑坡型泥石流成灾特点，相应的成套防控措施缺乏合理的优化组合。

上述原因表明泥石流传统理论与技术不能完全满足强震区特大泥石流治理的特殊要求，因此系统开展强震区特大泥石流综合防控技术与示范应用研究，不仅可满足强震区特大泥石流防治工作要求，而且是国家防灾减灾战略需要，进而对突破强震区特大泥石流综合防控技术关键科学难题具有重大意义。

针对强震区沟道及高位滑坡型泥石流成灾机理认识不清、动力学特征参数计算不准、治理方案针对性不强等问题，聚焦强震区宽缓与窄陡沟道型、高位滑坡型泥石流特点，提出高位震裂物源识别技术、动储量评价模型，形成基于沟道多级多点堵溃致灾机理的泥石流动力学参数计算理论体系，研发泥石流抗冲击耐磨蚀“拦-导-排”结构、自复位耗能拦挡结构、沟口淤埋及冲失路段应急通行技术；形成强震区特大泥石流防控标准化技术体系，开展强震区特大泥石流监测预警、综合防控技术的应用示范。

为了揭示宽缓和窄陡沟道型泥石流成灾机理，构建有效的综合防控技术，有必要对这两类沟道基本概念、表征指标进行界定。

宽缓沟道型泥石流是指流域面积较大、邻脊（谷）宽广、沟床纵坡较缓、支沟较发育-发育的沟道泥石流。其形态特征主要表现为：①流域面积≥5km^2；②沟床平均纵降＜250‰；③流域沟道底部宽度≥40m。

窄陡沟道型泥石流是指流域面积小、沟道两侧邻脊（谷）狭窄、沟床纵坡陡峻、支沟不发育的沟道泥石流。其形态特征主要表现为：①流域面积＜5km^2；②沟床平均纵降＞250‰；③流域沟道底部宽度＜40m且流通区最小宽度不超过10m。

1.1 强震区特大泥石流基本特点及空间分布

强震区特大泥石流常表现出暴发规模大、持时长、链式成灾、危害重的特点。强震区受地震影响，地质环境条件发生急剧变化，地震诱发的大量崩塌、滑坡等松散堆积物，为特大泥石流形成提供了充足的物源。有研究表明，震后泥石流形成的激发雨强显著减小，易发程度提高，极易形成特大泥石流灾害，震后3～5年或者更长时间，强震区内特大泥石流均呈现出频发、群发态势。

根据资料记载，汶川强震区近百年来地震活动频繁(表1-1)，特别是1933年茂县叠溪7.5级大地震和2008年汶川县8.0级特大地震。茂县大地震造成叠溪镇和附近21个村寨全部被埋，另有13个村寨房屋垮塌，四周山峰崩塌，堵塞岷江形成堰塞湖；而汶川县8.0级特大地震则是我国有历史记载以来震级最高、破坏强度最大的一次地震，震中烈度达Ⅺ度，灾情严重，地震造成大面积山体滑坡、崩塌等地质灾害，房屋损毁、道路中断。据统计，震后的2010～2013年是汶川强震区特大泥石流的高发期。

表1-1 汶川强震区及周边地震活动统计表

序号	发生时间	地震活动
1	1748年2月24日	汶川县南部5.5级地震
2	1787年	灌县(今都江堰市)4.7级地震
3	1933年8月25日	茂县叠溪7.5级地震
4	1940年	茂县5.5级地震
5	1952年8月31日	理县5.0级地震
6	1957年4月21日	汶川县6.0级地震
7	1958年2月8日	茂县东南部6.2级地震
8	1970年2月24日	芦山县长石坝6.2级地震
9	1972年3月22日	茂县吉鱼寨4.9级地震
10	2008年5月12日	汶川县8.0级特大地震
11	2013年4月20日	芦山县7.0级地震
12	2017年8月8日	九寨沟县7.0级地震
13	2022年9月5日	泸定县6.8级地震

特大泥石流沟空间分布与地震活动的强烈程度密切相关，本书选取了2008年“5·12”汶川地震强震区、2017年“8·8”九寨沟地震强震区以及甘孜州九龙县、泸定县等地震高烈度区作为典型研究区域，并在研究区内选取了汶川卧龙—耿达片区的窑子沟、转经楼沟、幸福沟，汶川县境内岷江沿岸的锄头沟、登溪沟、红椿沟、烧房沟、牛圈

沟、安夹沟、银杏坪沟、瓦窑沟、彻底关沟、桃关沟、七盘沟、板子沟，茂县的棉簇沟，北川县的魏家沟、青林沟、樱桃沟、杨家沟，绵竹市文家沟，安州区黄洞子沟，九寨沟县的磨房沟、则查洼沟、荷叶沟、卓追沟、下季节海子沟，宝兴县冷木沟，甘孜九龙县猪鼻沟等 50 余条典型特大泥石流沟作为样本进行调查研究。这些泥石流沟主要沿汶川地震中央断裂带(映秀-北川断裂带)、后山断裂带展布，即与地震烈度相关，烈度越高的区域特大泥石流沟分布越多，发生密度最大的烈度区为Ⅺ烈度区。地震区内泥石流在不同烈度区的发育程度及活动范围整体上随着烈度的降低而降低。特大泥石流在Ⅹ度及以上烈度区的分布占比在 70%以上，详见表 1-2。

表 1-2　汶川地震强震区特大泥石流沟与不同烈度区相关性统计表

地震烈度/度	行政区	泥石流沟名称
Ⅺ	汶川县	锄头沟、登溪沟、红椿沟、烧房沟、牛圈沟、安夹沟、银杏坪沟、瓦窑沟
	茂县	棉簇沟
	北川县	魏家沟、青林沟、樱桃沟、杨家沟
	都江堰市	麻柳沟
Ⅹ	绵竹市	文家沟、小岗剑沟、走马岭沟
	汶川县	瀑布山庄沟、高家沟、彻底关沟、桃关沟
	安州区	黄洞子沟
Ⅸ	汶川县	华溪沟、牛塘沟、七盘沟
Ⅷ	安州区	胆水沟
	九寨沟县	磨房沟、则查洼沟、荷叶沟、卓追沟、下季节海子沟

1.2　强震区特大泥石流成灾活动及危害性

强震区特大泥石流普遍表现出易发、冲出规模大、危害性强的特点。特别是“5·12”汶川地震Ⅹ度烈度区和“8·8”九寨沟地震Ⅷ度烈度区内，多数泥石流沟在地震后已经过多次工程治理，但活动性仍然很强，每年汛期仍较活跃，特别是超过设计频率的泥石流，治理工程无法达到原设计效果。“5·12”汶川地震后区域性特大泥石流灾害事件主要有 2008 年“9·24”北川泥石流，2009 年“7·17”都江堰泥石流，2010 年“8·13”汶川特大山洪泥石流、“8·14”汶川特大山洪泥石流，2013 年“7·9”汶川特大泥石流，2019 年“8·20”汶川特大泥石流灾害。特别是 2019 年“8·20”暴雨期间，汶川地震区转经楼沟、彻底关沟、锄头沟、登溪沟、窑子沟、高家沟、板子沟等多条沟域集中再次暴发大规模泥石流，大量泥石流物质冲出，造成拦砂坝淤库满库、坝体和护坦损坏或损毁，沟道淤积、河床抬高，房屋损毁等灾害(图 1-1～图 1-8)。

图 1-1　转经楼沟沟道泥石流巨石堆积

图 1-2　彻底关沟拦砂坝护坦被冲毁

图 1-3　锄头沟 1#拦砂坝库区淤满

图 1-4　锄头沟 1#拦砂坝护坦被冲刷悬空

图 1-5　棉簇沟拦砂坝淤满后清库

图 1-6　樱桃沟沟道淤积、河床抬高致使房屋被淤埋

图 1-7　登溪沟拦砂坝坝肩被泥石流冲毁

图 1-8　猪鼻沟泥石流拦砂坝淤满

强震区特大泥石流毁坏公路、切断通信、堵断河道形成堰塞湖、淹没村庄和震后新建安置房，给灾后重建工程造成了极大损失。特大泥石流危害严重，其致灾方式主要是冲毁、淤埋、淤抬河道及堰塞湖溃决等，详见表 1-3。

表 1-3　强震区特大泥石流致灾方式

致灾方式	致灾特点	具有相应特点的泥石流沟
冲毁	泥石流流体规模大，冲击力强。造成防护堤、河堤、桥墩桥梁、公路路基垮塌，城镇、村庄房屋大范围严重倒塌，被彻底摧毁	文家沟、牛圈沟、牛塘沟、走马岭沟、瀑布山庄沟、彻底关沟、桃关沟、华溪沟、七盘沟、棉簇沟、青林沟、樱桃沟、黄洞子沟、胆水沟、麻柳沟
淤埋	泥石流挟带泥石流量特别大，停积于沟口堆积扇，淤积面积及淤积厚度大。造成沟口民房、厂房、道路、隧道等建筑物被泥沙掩埋	锄头沟、登溪沟、魏家沟、红椿沟、文家沟、走马岭沟
淤抬河道	泥石流挟带的固体物质大量排入河道，造成河床快速抬高，河道两岸城镇、安置区的已建工程防洪能力降低或洪水漫流外溢甚至泛滥成灾	牛圈沟、青林沟、樱桃沟、黄洞子沟、胆水沟、麻柳沟
堰塞湖溃决	泥石流一次固体物质量大而集中冲入主河道，瞬间堵断主河道，形成堰塞湖，造成河水回水淹没库区民房、道路、耕地、公路等	文家沟、小岗剑沟、走马岭沟、红椿沟、烧房沟、瀑布山庄沟、银杏坪沟、高家沟

1.3　强震区特大泥石流勘查和治理工程设计关键理论和技术问题

2008 年“5·12”汶川地震造成强震区内泥石流沟物源剧增，且由于沟内物源起动机理的复杂性、高位震裂物源精准识别和调查方法的局限性、沟道崩滑堆积物源多级多点堵溃系数确定困难等技术原因，导致强震区特大泥石流沟勘查深度不足、治理方案设计针对性不强，有的特大泥石流沟震后虽经过多次工程治理，但仍然存在较大隐患。本书以上述特大泥石流沟为天然观测实验场，在汛期前后对这些泥石流沟进行本底调查，掌握泥石流发生前后的沟道特征、物源分布及数量变化、现有工程类型及防灾功效。按照宽缓和窄陡沟域形态进行分类对照研究，总结不同沟域形态泥石流的起动机理和运动模式。以已有治理工程(如拦砂坝、排导槽等)为观测样本，研究其工程防灾减灾作用，并凝练出强震区特大泥石流勘查和治理工程设计应重点研究的关键理论和工程技术问题。

1.3.1　特大泥石流勘查关键理论和技术问题

(1)精准识别和估算地震后沟道及斜坡物源。针对强震区沟道内大量的崩塌滑坡物源、沟道堆积物源，特别是高位山体震裂物源，利用非接触的先进设备和先进技术等手段，准确圈定物源的空间分布范围并计算物源量。

(2)基于多点堵溃的泥石流堵塞系数取值。由于震后同震滑坡多点堵塞形成堰塞湖，强震区特大泥石流常具有堵溃级联放大效应特点，同时还有支沟泥石流汇入主沟、峡谷卡口等造成的泥石流过流中的堵溃效应，因此建立相应的勘查方法，分节点合理选取相应堵塞系数取值。

(3) 沟域汇水动力条件计算方法。高山高海拔区泥石流沟域存在一种现象：在沟源高海拔区降雪时，在沟口低海拔区是降雨，因此沟源降雪区并不是发生泥石流的水动力区；在夏季，高山区发生融雪时，高山区又具有融雪汇水形成泥石流的水动力条件。因此高山区降雨时空分布的变化，对泥石流形成的水动力存在贡献不同的问题。此外，已稳定的堰塞湖控制流域也对泥石流规模有削减的作用，因此在勘查期间应充分考虑沟域汇水动力条件。

(4) 粗大颗粒调查评价方法。不同成因类型物源堆积物中的粗大颗粒一旦转化为泥石流固体物质，其含量、块度对拦砂坝(缝隙坝、梳齿坝、桩林坝)、排导槽(防护堤)等具有很强的破坏力(含造堵效应)。因此，要研究判断粗大颗粒的分布及转化为泥石流固体物质的可能性，以及崩塌产生的大型崩积扇构成泥石流粗大颗粒物源的可能性。在泥石流沟流通区可按照随机断面测定沟道最大块石尺寸，掌握沿途大块石分布特征。

(5) 确定沟床堆积物最大冲刷深度。泥石流沟道堆积物在泥石流过流时，拉槽下切时常发生，下切深度有的高达几十米。根据堆积物颗粒组成及结构特征、泥石流流速和流量分析下切深度的计算方法是勘查工作中的关键技术。

1.3.2 特大泥石流治理工程设计关键理论和技术问题

(1) 拦砂坝库容调节效应。大库容拦砂坝的主要目的是拦截泥石流带来的大量固体物质，而现场调查的实际情况是拦砂坝工程往往在泥石流还未发生时，大部分库容已经用于消耗停淤洪水带来的细颗粒堆积(洪水泥沙淤积物)，导致泥石流真正来临时拦砂坝的防灾库容功能丧失。合理设计拦挡库容是高效经济防治宽缓沟道型泥石流的关键，库容设计过大将造成投资大幅增加，而库容设计不足又可能造成防灾能力不够，因此合理够用的库容结合资源化清淤是解决特大型泥石流防治的关键。另外，坝体泄水孔设计技术对减轻非泥石流活动期(洪水过流)产生的泥沙淤积，以及减少泥沙淤积对防灾有效库容的损耗十分有用，也是值得研究的技术。

(2) 拦砂坝坝下护坦冲刷。大量拦砂坝治理工程案例表明，泥石流、洪水过坝跌水造成坝下护坦的基础冲刷十分严重，导致坝基悬空、倾覆、溃坝等，这是拦砂坝结构破坏的主要原因。因此，合理计算坝下冲刷深度、含砂流体冲击力，优化坝下防冲结构等是设计的关键。

(3) 桩林坝正面撞击。桩林坝主要用于对泥石流粗大颗粒，尤其是大漂石的拦截，以及对泥石流龙头规模进行削减，防止堵溃放大。桩林坝一般采用桁架式结构，钢筋混凝土建造，如七盘沟桩林坝。当泥石流挟带大块径漂石撞击桩林坝时，桁架式桩林坝结构易被撞击而破坏失效，因此在大块径漂石的撞击下，对桩体及连系梁等新结构进行缓冲消能设计，这也是泥石流防治设计的关键技术之一。

(4) 桩林坝绕桩冲刷。桩林坝受洪水冲刷，桩基被掏蚀暴露，如北川县杨家沟桩林坝桩体间土石受到洪水冲刷掏蚀，造成桩体暴露，桩体嵌入深度或嵌入地基强度不足而产生倾覆，因此计算有效桩林嵌土条件下的洪水冲刷深度也是设计的关键。

(5) 砼排导槽磨蚀。排导槽由于被高含砂、夹杂石块高速过流的泥石流不断磨蚀，槽底(特别是尖底槽)磨蚀过深，致使底板厚度不足，甚至造成冲刷破坏。为了增强排导槽耐磨性和可靠性，须对槽底采取抗磨蚀的工艺措施。典型工程如七盘沟的混凝土尖底排导槽、银杏坪沟的混凝土平底槽、牛圈沟的肋槛排导槽、红椿沟的钢筋石笼软基排导槽、烧房沟桩板排导槽等。

第2章　强震区泥石流不同成因物源起动模式及动储量评价方法

强震区震后泥石流沟域的显著特点是崩塌、滑坡物源储量十分丰富，暴雨后强震区泥石流沟域内各类物源则会发生不同程度的起动。根据成因不同，常规泥石流物源类型主要包括坡面物源、沟道物源和崩滑物源，而在强震区，除以上物源外，还应考虑由震裂山体演化形成的震裂物源。研究显示，强震区泥石流沟域动储量增大与震裂物源这类特殊物源补给有显著相关性(郭剑等，2015)。“5·12”汶川地震之后，在强降雨作用下强震区泥石流物源的形成和汇集方式发生了明显变化，泥石流暴发临界雨量显著降低(胡凯衡等，2011)。泥石流物源表现出总储量异常丰富、动储量逐年增多、物源随高程递增等特点。Bovis 和 Dagg(1992)通过研究较早发现泥石流暴发频率和规模与泥石流流域内松散固体物质补给条件有密切关系。马超等(2013)对“5·12”汶川地震 44 条泥石流沟进行回归分析发现，灾区泥石流沟道内松散物质储量与冲出固体物质总量存在幂函数关系；近矩形流域的泥石流沟面积和冲出总量的线性关系明显，而近扇形流域则不存在线性关系。乔建平等(2012)对汶川地震灾区的泥石流物源进行总结，将其分为滑坡堵沟型物源、崩塌覆盖型物源、碎屑坡积型物源三个类型，据此分别建立了各自起动模式，得出了两种动储量的计算方法，即数学统计法、图解法；此外，他们还运用统计方法得出总物源量与动储量之间具有一定的相关性。

针对区域性防灾减灾需求，学者们利用多平台光学影像数据开展强震区震裂物源形成机制、识别监测等研究工作。针对基于像元方法存在震裂物源识别效果不佳的问题，学者们将研究重点转移到震裂物源解译识别标识上，通过遥感影像数据与面向对象分类技术相结合，引入震裂物源灾害多维特征来构建多种类型震裂物源解译识别标识，实现震裂物源灾害的准确分类。针对时效性问题，学者们通过高分辨率卫星影像与无人机影像数据开展了震裂物源灾害自动识别技术研究，借助计算机视觉技术，采用深度学习方法开展震裂物源自动解译工作，提高了震裂物源解译识别的效率和精度。

此外，由于震裂物源多表现为裸露的土壤或岩壁，但裸露土壤或岩壁不一定是震裂物源，如裸露河漫滩、开垦斜坡地、泥土道路等地物，与震裂物源灾害之间存在着较为相似的影像特征，都或多或少呈现出部分裸露土壤的特性，很难有效与震裂物源区分开。致使当前震裂物源解译结果多少存在检测虚警过多的问题，检测的准确性受到影响。因此如何进一步提高震裂物源解译精度，实现高精度震裂物源解译识别，以满足现实应用中的准确性需求，是当前研究重点。对此，结合 2008 年“5·12”汶川地震和 2014 年云南鲁甸强烈地震引发的震裂物源现场调研数据展开研究，建立并论证基于多源遥感方法的强震区高位震裂物源识别技术。由于震裂物源起动机理复杂，因此结合遥感影像和无人机等方法开展地质结构调查并提炼地质模型，基于物理模型实验和数值模拟研究震裂山体起动机理及灾害链效应，并最终建立其失稳模式及动储量评价模型。

本章采用现场调查、物理模型实验、深度学习、数值模拟等方法，对强震区沟道物源和坡面物源起动机理及动储量评价模型进行研究，基于海量数据构建了震裂山体识别方法，揭示了震裂山体成灾模式，并进行了动储量评价研究。

2.1　不同成因类型松散物源起动模式及动储量评价

2.1.1　崩滑物源

据统计，汶川地震引发的崩滑灾害超过4万处，这些崩塌、滑坡广泛堆积于震区泥石流沟道内，使上游支沟及沟道坡面存储了大量松散固体物源。强震区广泛发育的同震崩塌、滑坡不仅直接为泥石流提供固体物源，还可能造成沟道堵溃。

一般而言，在震后5年内，随着地震同震滑坡或崩塌所在流域集中降雨形成沟道洪水冲刷，总体上全部作为动储量补给泥石流，因此作为强震区堆积于沟道内的崩滑类物源总体上均可进行动储量估算。本节通过对堵溃型崩滑物源形成堰塞体在溃决过程中产生的堵溃效应开展研究，分析不同溃决方式对沟道泥石流流量的放大效应。堵溃效应主要包括堰塞湖溃决以及上游泥石流形成后在行进过程中遇到堰塞体产生短时堵溃现象。与堰塞湖溃决相比，第二种情况由于堰塞体结构松散、物质组成复杂，在上游山洪泥石流强大冲刷侵蚀作用下堰塞体迅速溃决，在运动过程中的堵溃效应对放大泥石流流量作用明显。这种堵塞溃决现象能够极大地增加泥石流洪峰流量和峰值速度，从而加强泥石流侵蚀破坏能力，使成灾过程更加迅速，同时放大泥石流规模，形成巨大破坏力。

因此，以“5·12”汶川地震强震区典型堵溃型泥石流沟道——七盘沟流域堰塞体为原型，在资料收集和野外调查的基础上，通过室内水槽模拟实验，设计由不同颗粒组成、不同堰塞体宽高比、不同上游来流流量等控制因素组成的26组堰塞体溃决模拟实验，分析堵溃型堰塞体不同溃决模式的动力演化过程，探索不同控制因素对堵溃型崩滑物源溃决的影响，揭示其溃决机理，建立流量计算公式并验证其合理性及适用性。

2.1.1.1　堵溃型崩滑物源起动室内模型实验

1. 实验数据观测设计

1）堰塞体溃决模式

实验开始后，使用三台高清摄像机从各个方位（正视、侧视、俯视）对堰塞体从开始放水到溃决的整个实验过程实时记录。使用文字描述记录堰塞体溃决整个过程的现象，主要包括水流对堰塞体作用方式、初始溃点形成位置、溃口下切展宽过程，后续通过对以上数据资料的分析确定堰塞体溃决模式。

2) 溃决流量

堰塞体溃决流量是溃坝过程中的重要参数，难以直接测量得出。本次物理模型实验通过在模型槽钢化玻璃一侧安装高清摄像机观察记录库区水位变化，同时参考尾水池测量出的洪水流量，得到较为可靠的流量数据。该方法的优点在于上游库区水面比下游库区平静，后续采用水量平衡法处理数据得到较为可靠的流量数据。

3) 流速、流深

水流流速对堰塞体溃坝过程影响极大，流速越大对堰塞体的侵蚀冲刷作用越大，在实验过程中，水流流速在溃坝过程中不断变化，实验中采用投放浮标(轻质塑料球)和影像解析的方法测定流速变化。另外，流深对水流侵蚀能力也产生影响，模型实验过程中采用高清摄像机记录堰塞体溃决过程中水槽侧面水流流深变化，获取流深数据。

4) 容重变化

泥石流容重是指单位体积泥石流流体的重量，是常见的泥石流特征值，可以用来划分泥石流流体状态。泥石流流体容重能够体现一次泥石流活动中固体物质的活跃程度，对泥石流的势能和破坏能力产生影响。对物理模型实验中每组堰塞体溃决实验从溃坝开始至结束的整个过程进行取样，每组实验用量杯(容量为 500mL) 取样 10 次，并计算其容重。

5) 土压力、孔隙水压力和含水率

在堰塞体形成初期或无外界干扰因素存在时，堰塞体各项物理参数较稳定。当上游库区水流对堰塞体产生渗透或侵蚀作用时，堰塞体内部孔隙水压力(简称孔压)、土压力和含水率将发生改变。实验过程中在堰塞体内部不同位置埋设微型孔隙水压力传感器、微型土压力传感器、含水率传感器等来监测不同位置、不同破坏方式下堰塞体各项参数变化规律。各监测点布置如图 2-1 所示。

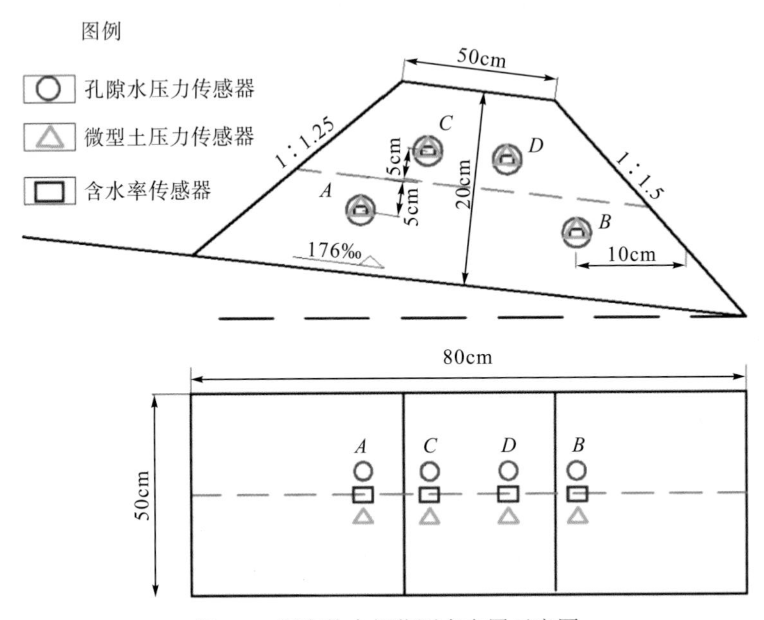

图 2-1　堰塞体内部监测点布置示意图

注：*A*、*B*、*C*、*D* 为埋设传感器位置编号。

2. 室内模型实验分组及编号

1) 不同黏粒含量条件下的堰塞体溃决实验

以强震区典型泥石流沟域内颗粒级配为基础，通过改变堰塞体物料中的黏粒含量(0、5%、10%、15%、20%、25%、30%、35%、40%)，配置不同颗粒级配的实验物料，使用高清摄像机对堰塞体整个溃决过程进行记录，记录溃坝过程中土压力、孔隙水压力、含水率、流速、流深、流量、溃口宽度等各项参数变化情况。对堰塞体溃决模式、不同溃决模式动力演化特征及溃决流量展开研究。

2) 不同宽高比条件下的堰塞体溃决实验

以强震区典型泥石流沟域内颗粒级配为基础，通过改变堰塞体宽高比(高度为20cm，宽高比为3∶1、4∶1、6∶1、8∶1；高度为25cm，宽高比为3.5∶1、4.5∶1、5.5∶1)，堆积不同高度及宽度的堰塞体，使用高清摄像机对堰塞体整个溃决过程进行记录，记录溃坝过程中土压力、孔隙水压力、含水率、流速、流深、流量、溃口宽度等各项参数变化情况。对堰塞体溃决模式、不同溃决模式动力演化特征及溃决流量展开研究。

3) 不同初始含水率条件下的堰塞体溃决实验

以强震区典型泥石流沟域内堰塞体颗粒级配为基础，通过改变物料中的初始含水率(2%、4%、6%、8%、10%)，配置同一级配下不同初始含水率的堰塞体物料，使用高清摄像机对堰塞体整个溃决过程进行记录，记录溃坝过程中土压力、孔隙水压力、含水率、流速、流深、流量、溃口宽度等各项参数变化情况。对堰塞体溃决模式、不同溃决模式动力演化特征及溃决流量展开研究。

4) 不同上游来流条件下的堰塞体溃决实验

以强震区典型泥石流沟域内颗粒级配为基础，不改变堰塞体物料，在不同上游来流(0.3L/s、0.4L/s、0.6L/s、0.75L/s、0.9L/s)情况下进行溃坝物理模型实验，使用高清摄像机对堰塞体整个溃决过程进行记录，记录溃坝过程中土压力、孔隙水压力、含水率、流速、流深、流量、溃口宽度等各项参数变化情况。对堰塞体溃决模式、不同溃决模式动力演化特征及溃决流量展开研究。

2.1.1.2　堰塞体溃决模式及其动力演化

堰塞体由于自身结构和物质组成的特殊性，在上游来流或暴雨作用下极易溃决，不同工况下有不同的溃决模式，本小节通过对物理模型实验结果进行分析，对堰塞体溃决模式分类，并对不同溃决模式动力演化过程进行研究。

1. 溃决模式

实验开始后，利用三台摄像机从正视、侧视、俯视三个角度观测记录堰塞体从开始放水至彻底溃决的过程，根据溃决现象划分不同的溃决模式(表 2-1)，溃决模式主要分为M1(渗流冲刷平衡)、M2(漫顶冲刷溃决)和M3(渗透滑移冲溃)。

表 2-1 模型实验溃决情况统计

实验工况	黏粒含量/%	宽高比	上游来流流量/(L/s)	含水率/%	高度/cm	宽度/cm	长度/cm	破坏模式
1	0	4∶1	0.3	6	20	80	50	M1
2	5	4∶1	0.3	6	20	80	50	M1
3	10	4∶1	0.3	6	20	80	50	M1
4	15	4∶1	0.3	6	20	80	50	M2
5	20	4∶1	0.3	6	20	80	50	M2
6	25	4∶1	0.3	6	20	80	50	M2
7	30	4∶1	0.3	6	20	80	50	M3
8	35	4∶1	0.3	6	20	80	50	M2
9	40	4∶1	0.3	6	20	80	50	M2
10	20	3∶1	0.3	6	20	60	50	M2
11	20	3.5∶1	0.3	6	25	87.5	50	M2
12	20	4∶1	0.3	6	20	80	50	M2
13	20	4.5∶1	0.3	6	25	112.5	50	M2
14	20	5.5∶1	0.3	6	25	137.5	50	M2
15	20	6∶1	0.3	6	20	120	50	M2
16	20	8∶1	0.3	6	20	160	50	M2
17	20	4∶1	0.3	6	20	80	50	M2
18	20	4∶1	0.4	6	20	80	50	M2
19	20	4∶1	0.6	6	20	80	50	M2
20	20	4∶1	0.75	6	20	80	50	M2
21	20	4∶1	0.9	6	20	80	50	M2
22	20	4∶1	0.3	2	20	80	50	M2
23	20	4∶1	0.3	4	20	80	50	M2
24	20	4∶1	0.3	6	20	80	50	M2
25	20	4∶1	0.3	8	20	80	50	M2
26	20	4∶1	0.3	10	20	80	50	M2

1)渗流冲刷平衡

以工况 3 为例(图 2-2),本组实验从放水开始到实验结束共耗时 5 分 53 秒。实验开始放水后,上游水流开始入渗坝体,渗透作用强烈,在放水 42 秒后,坝体底部出现水流渗出,水体较浑浊,库区水位不断上升。2 分 37 秒时,随着坝体内部黏粒和细小颗粒在水流渗流作用下被带走,下泄水流逐渐变成清水流,坝体内部渗流通道增多,下泄水流流量增大,但总体上仍小于来流流量,上游库区水位线不断上升。放水至 3 分 27 秒时,上游库区水位漫过坝顶,下泄水流(漫顶+渗流)与上游来流初步达到水量平衡。在漫顶冲刷作用下,偶见大粒径石块受水流冲刷作用,滚动至沟槽下游,但此时坝体整体外观未受到破坏,未发生滑塌以及大量颗粒被冲刷挟带的现象。另外,大颗粒相互咬合形成的骨架具有较好的渗透性以及阻水消能的作用,当水流由坝体迎水坡透过坝体流向背水坡时,由于水位差使水流势能向动能转换，增强了水流冲刷挟带能力，此时大颗粒的阻挡消能作用使坝体下方流出水流整体较平稳，坝体在水流冲刷作用下达到平衡，5 分 53 秒实验结束。

(a)实验开始前　(b)坡脚渗流开始

(c)坝体背水坡出现多条细浅冲沟　(d)渗流平衡

图 2-2　渗流冲刷平衡模型实验俯视图

从模型槽侧面观测可知，上游水位升至坝体高度 1/3 位置处时，坝体侧面发育一条水流通道，随着上游水位升高，坝体内部渗流通道逐渐增加，上部水流向坝体内部浸润速度加快，水流通道加速发育，上游水位升至坝体高度 2/3 位置处时，坝体侧面发育 4 条水流通道(图 2-3)。

图 2-3　堰塞体渗流路径

2）漫顶冲刷溃决

以工况 8 为例，开始时，水库水位以较快速度上升，此时水位较低，只有渗流发生。随着水位升高，渗流量增大，由于渗流引发的细颗粒迁移开始起作用，下游坡脚水流逸出点出现少量散体泥沙流动(图 2-4)。

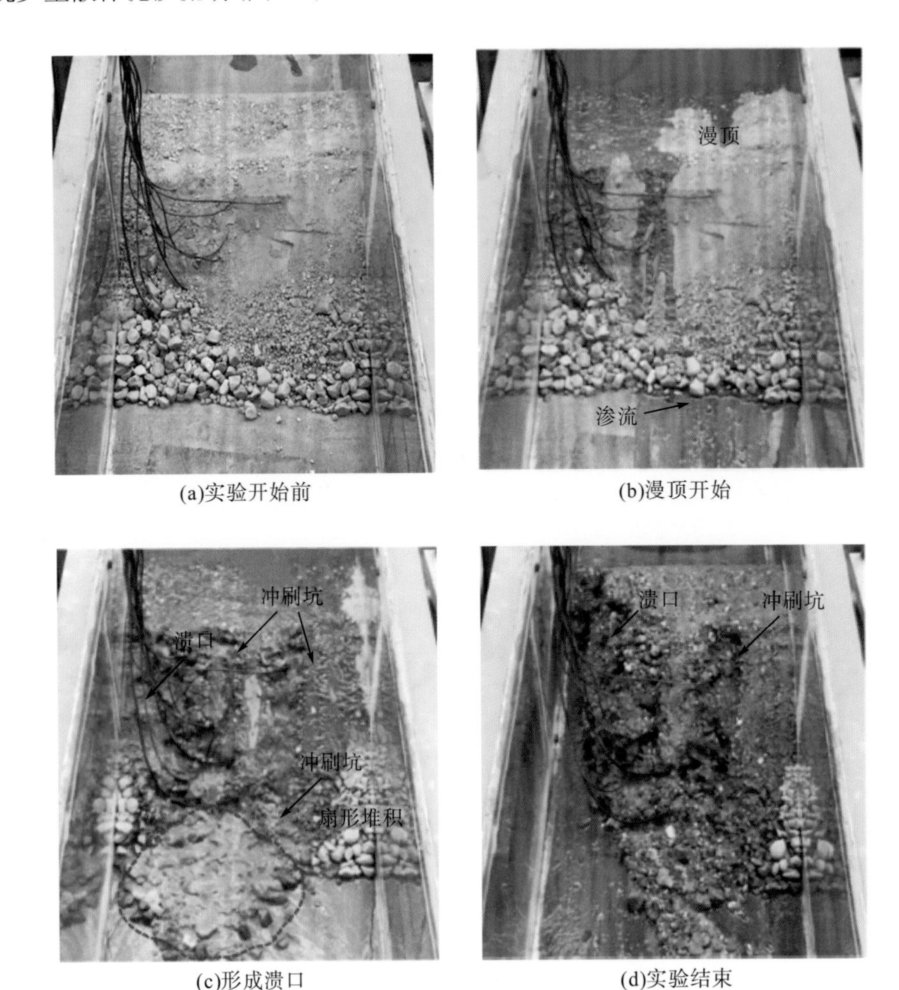

(a)实验开始前 (b)漫顶开始

(c)形成溃口 (d)实验结束

图 2-4 漫顶冲刷溃决模型实验俯视图

库区水位上涨至坝顶，刚开始漫顶时，溢出的水很少，水流沿着坝体表面顺流而下。当水流流经下游坡面时，存在明显的加速过程，此时由于流量较小，因此侵蚀仍较小，不足以对下游坡面造成明显的破坏。只有当加速水流到达渗透逸出点处时方形成明显的初始冲刷坑。

一方面，坡面水流流经渗流逸出点形成的初始冲刷坑时，由于初始冲刷坑具有一定束水作用，会加速坑内水流流速和剪切力，从而加快对初始冲刷坑的侵蚀，并将冲刷坑处泥沙向下游搬运，逐渐在逸出点下方形成扇形堆积(图 2-5)；另一方面，漫顶水流对渗流逸出点上方土体产生侵蚀，在水流下切侵蚀作用下渗流逸出点上方逐渐形成细小冲沟。随着水流持续侵蚀下切，背水坡坡面冲沟加深并不断向迎水坡发展，冲沟不断向上游蚀退，形成“溯源侵蚀”现象，并最终形成贯通到上游库区的溃口。

溃口贯通后，水流输移方式由坝体渗流占主导逐渐转变为坡面漫流为主。上游来流不断侵蚀冲刷溃口，溃口处快速下切且侧向展宽。由于坝体上、下游坡面抗侵蚀能力存在差异，受水流下切侵蚀作用后形成深浅不一的冲沟，在冲沟深度变化处形成陡坎并引起跌水，跌水的存在进一步放大了水流冲击力和冲蚀能力，导致坡脚处受冲剪破坏。

图 2-5　漫顶冲刷导致堰塞体背水面形成冲刷坑

通过观察溃口处水流发现(图 2-6)，溃口处水流流型可以分为两侧螺旋流、中间直流。溃口处螺旋流的存在增强了水流对溃口两侧坝体的侵蚀冲刷能力，加速了溃口侧向展宽过程。溃口侧向展宽过程伴随着两侧边坡的坍塌，坝体物料黏性不同，边坡坍塌形式不同：黏粒含量较高的坝体主要发生倾倒破坏，黏粒含量较低的坝体主要发生剪切破坏。这主要是因为黏聚力较大的土体稳定坡度比黏聚力较小的土体大。在溃口底部土体被冲刷带走后，溃口两侧边坡被水流浸润重力逐渐增加到大于土体抗拉强度后，溃口边坡发生倾倒破坏；对于黏聚力较小的坝坡，当抗滑力小于水流冲刷力时，会发生剪切破坏。

图 2-6　漫顶冲刷后堰塞体坝面粗化

对漫顶水流进行分析发现，漫顶水流切应力在空间上分布不均，一般而言，切应力沿水流流向逐渐减小，但在坝体坝肩、坝趾位置等变坡处出现切应力极大值，漫顶破坏起始位置一般出现在切应力极大值位置，即坝体坝肩、坝趾位置。

从坝体侧面观察漫顶过程(图 2-7)，前期水流浸润坝体，随着库区水位上升，水流快速向坝体内部浸润形成渗流通道，此时细小颗粒通过渗流通道被水流带走。随着上游库区水位逐渐升高，水流漫过坝顶，刚开始漫顶时，水流流量小、流速慢、冲刷力小，只能慢慢浸泡剥蚀坡面。随着漫顶水流逐渐增大，当水流流经渗流逸出点时，形成冲刷坑。对比上、下游坡面发现，下游坡面先形成初始冲刷坑，初始冲刷坑的出现会加速坑内流速和剪切力，进一步加速冲刷坑向上游发展，最终形成陡坎。当上游水流流经陡坎处时，主流后方会形成反向旋流，反向旋流在陡坎底部施加剪应力，掏蚀陡坎基础造成陡坎失稳坍塌，陡坎不断向上游蚀退，最终形成贯通到上游库区的溃口。

图 2-7 漫顶冲刷后堰塞体背坡因冲刷崩塌而形成陡坎

实验发现，堰塞体土体材料的抗侵蚀能力对溃口的形成有很大影响，抗侵蚀能力越大，溃口形成过程越慢，峰值流量、溃口最终宽度、溃口最终深度越小；抗侵蚀能力越小，溃口形成过程越快，峰值流量、溃口最终宽度、溃口最终深度越大。

分别从堰塞体纵向(沿水流方向)和横向(垂直水流方向)对溃口侵蚀特点进行分析，坝体纵向主要表现为陡坎形成以及陡坎的溯源侵蚀；坝体横向主要表现为坝体表层土体冲蚀和坝坡失稳坍塌现象，溃口断面随坝体物料黏性增加由倒梯形逐渐转变为矩形，且由于陡坎、跌水的存在增加了水流冲击力和冲蚀能力。

3) 渗透滑移冲溃

以工况 7 为例(图 2-8)，刚开始时，库区水位以较快速度上升，此时水位较低，只有渗流发生，且渗流量较小。随着库区水位升高，渗流量逐渐增大。虽然渗流量在不断增长，但由于渗流量仍小于上游来流流量，库区水位仍不断升高，当库区水位约升高至坝体高度一半的位置时，坡脚扇形堆积区处颗粒物质被渗透水流运移至下游方向，坡脚部分区域悬空，下游坝坡在自重作用下产生拉裂缝，裂缝逐渐发育成一条长约 3/4 坝宽的裂缝及两条较小的裂缝。坝体渗流逐渐增大，下泄流量增多，裂缝下方坝体受渗透水流的润湿作用，自重不断增加，逐渐发育成滑坡向下游方向滑移，坝顶最窄处约为原始宽度的 1/3。在水流流经残余坝体区域时，由于高度差使得水流重力势能迅速转化为动能，水流冲刷剪切作用增强，使得残余坝体被迅速冲刷带走。残余坝体逐渐悬空，在库区水压力及水流剪应力双重作用下，坝体发生倾倒破坏。

(a)实验开始前

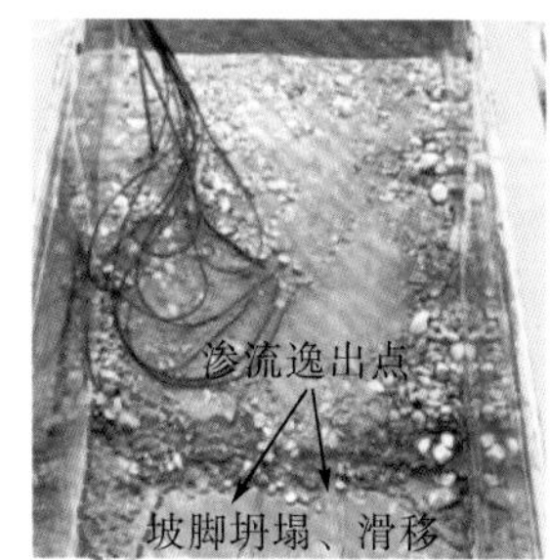

(b)坡脚被渗透水流浸润、坍塌

(c)背水面近坝顶处出现大型裂缝

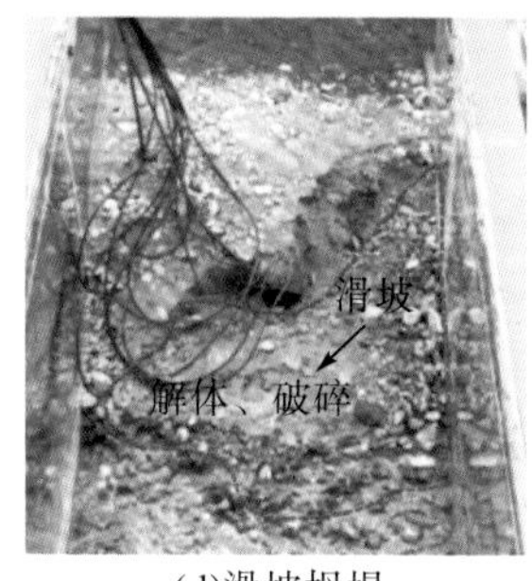

(d)滑坡坍塌

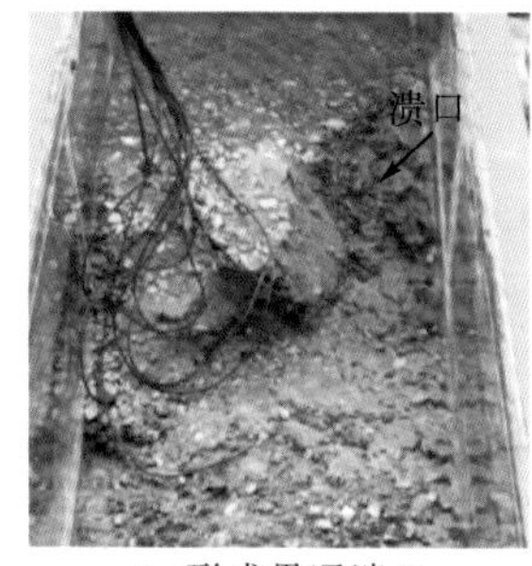

(e)形成贯通溃口

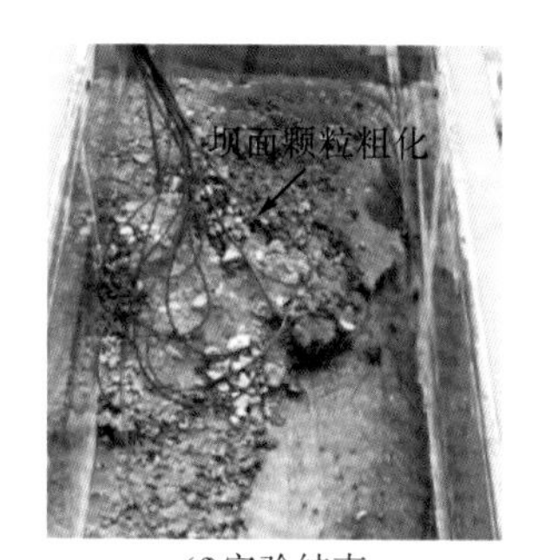

(f)实验结束

图 2-8　渗透滑移冲溃模型实验俯视图

对堰塞体溃决实验的三种模式进行总结，得出以下认识。

(1)渗流冲刷平衡：水流下渗阶段→细颗粒侵蚀→渗流大通道形成→水流溢过坝顶→大颗粒骨架阻水消能→渗流冲刷平衡。

(2)漫顶冲刷溃决：过坝溢流+坝坡渗流→冲刷坑形成→水流下切形成冲沟→冲沟溯源侵蚀→形成陡坎、跌水→溃口贯通→溃口上游坝体倾倒破坏→溃坝。

(3)渗透滑移冲溃：坝底水流入渗→坡脚浸润、坍塌→坡脚部分悬空→背水坡产生拉裂缝→坝坡滑移、解体、破碎、液态化→水流漫顶→部分坝体垮塌→溃坝。

2. 坝体内部土压力、孔隙水压力、有效应力的变化

在实验过程中，土压力和孔隙水压力在一定程度上都能反映土体内部应力变化，由于实验工况较多，对每组工况传感器数据进行分析过于烦琐，因此，选取一个具有代表性的工况展开分析。以工况 8 为例，传感器 1、2、3、4 对应坝体位置 A、B、C、D，孔隙水压力增长顺序为 $A \to B \to C \to D$，其与堰塞体内部渗流网浸润线的发展趋势相似。

孔隙水压力(图 2-9)在短时间内达到峰值，然后持续波动，当孔隙水压力达到最大值(1.5kPa)后，土体产生裂缝或者大规模滑移，孔隙水压力在短时间内迅速下降，待漫顶冲刷至坝体溃决时，孔隙水压力传感器产生剧烈波动，坝体溃决后，由于堰塞体上覆土体被迅速冲刷带走，内部各点的孔隙水压力迅速释放、消散，传感器恢复正常。

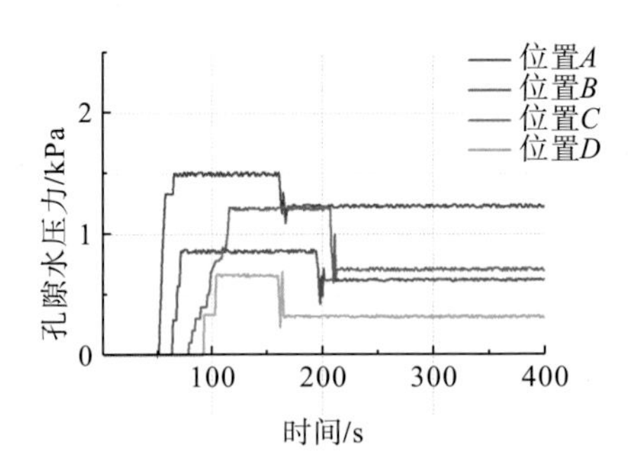

图 2-9 坝体内部孔隙水压力变化情况(工况 8)

从土压力(图 2-10)来看，该组工况在实验开始 50s 左右的时候，土压力急剧减小，然后又逐渐恢复，这主要是因为上游库区水位在上升过程中浸润坝体，使得堰塞体土体收缩，传感器周围空间变大，传感器压力差减小，表现为传感器数值降低，在上游库区水位没过传感器后，传感器数值迅速恢复。整体来看，该组工况土压力呈缓慢减小的趋势。

土压力和孔隙水压力变化过程不同步，要准确把控坝体内部应力变化还需要借助其有效应力，有效应力曲线如图 2-11 所示，可以看到从放水开始至堰塞坝溃决(数值剧烈跳动)的过程中，随着堰塞体内部的孔隙水压力上升，堰塞体内部有效应力一直处于迅速减小状态，这是因为水流入渗使得坝体颗粒结构遭到破坏，堰塞体稳定性降低，这时在实验过程中可以观测到堰塞体表面出现裂缝甚至滑塌。

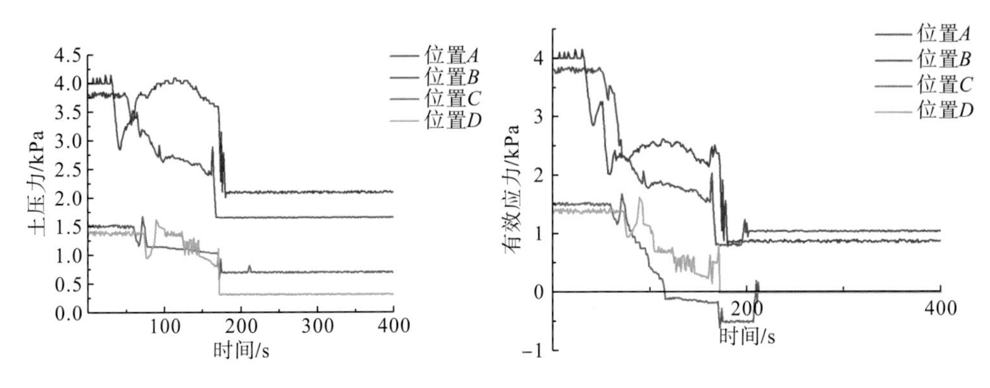

图 2-10 坝体内部土压力变化情况(工况 8) 图 2-11 坝体内部有效应力变化情况(工况 8)

3. 不同溃决模式动力演化过程

1) 坝体溃决纵向演化过程

渗流冲刷平衡这一溃决模式，纵向形变较小，本次主要考虑漫顶冲刷溃决和渗透滑移冲溃的纵向演化。分析发现，对于漫顶冲刷这一溃决模式，坝体轮廓变化趋势基本一致，主要有侵蚀起动、快速侵蚀和侵蚀减弱三个阶段。而对于渗透滑移冲溃这一溃决模式，在水流漫顶侵蚀发生前则还存在滑移阶段。

代表点选取及坐标系建立。在分析堰塞体溃决纵向演化过程时，从坝体侧面(左侧)选取 4 个代表点 L、M、N、P，其中，L 点为迎水坡顶点，M 点为坝顶中点，N 点为背水坡顶点，P 点为坝体背水坡中点，O 点为坐标原点。基于视频影像资料，以水槽底为横向坐标，背水坡与坝顶交点的垂直线为纵向坐标(图 2-12)，绘制坝体纵向轮廓变化图。

图 2-12　堰塞体监测点及坐标轴示意图

对漫顶冲刷溃决模式(工况 8)纵向轮廓变化进行分析(图 2-13)，根据视频影像资料，设定漫顶水流开始沿坝体表面行进至坝体背水坡顶点 N 点时为坝体变化初始时间(t=0s)，N 点是漫顶水流最先侵蚀的地方，但此时水流流速、流深均较小，漫顶水流对坝体侵蚀作用较微弱。在侵蚀第一阶段，漫顶水流对堰塞体表面的侵蚀从背水坡顶点 N 点开始，此时水流流速小，坝体尚未被水流浸润，具有一定抗侵蚀能力，总体侵蚀量较小，由于水流流量小、流速低，搬运能力弱，大部分被侵蚀的土体被搬运到背水坡坝坡中部堆积(图 2-13 中虚线标识方框区域)。当上游来流持续供应时，坝顶、背水坡被侵蚀而出现侵蚀坑，水流流速逐渐增大，侵蚀速率也增大。在 15s 以前(侵蚀第一阶段)，侵蚀主要集中在坝体背水坡以及坡脚位置处，整体侵蚀速率较小，背水坡坡脚流过的水流主要为细颗粒组成的泥沙悬浊液。15～30s 时(侵蚀第二阶段)，侵蚀主体为坝顶位置，随着坝顶被侵蚀，上游库

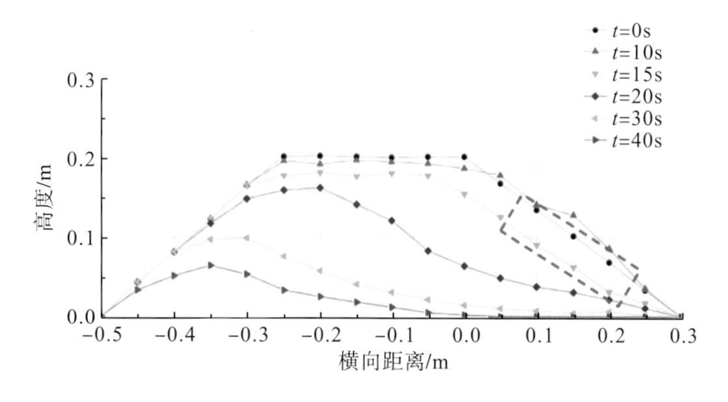

图 2-13　堰塞体形状纵向轮廓变化情况(工况 8)

区水流迅速下泄，漫顶水流流量迅速增大，且由于侵蚀点前移，水流挟带细颗粒以及中粗颗粒，泥石流容重增加，侵蚀能力增强，对坝体背水坡侵蚀加剧，背水坡变坡处由于被水流侵蚀而凹陷，形成陡坎。30s 以后为侵蚀第三阶段，此时上游库区水位低、水势小、水流流量小、侵蚀能力减弱，坝体剩余物质量少。

对渗透滑移冲溃模式(工况 7)纵向轮廓变化进行分析(图 2-14)，根据视频影像资料，设定坝体开始滑移时刻为坝体变化初始时刻(t=0s)，可以看到上游库区由于渗流作用存在，坝体背水坡坡面产生滑移，坝体物质逐渐向坡脚处堆积(图 2-14 中虚线标识方框区域)。20～30s 时(坝体侵蚀第一阶段)，由于坝体滑移，坝体背水坡坡面凹陷产生一定高度差，水流流经坡面凹陷处由于重力势能的作用，流速迅速增大，获得较大的侵蚀能力，且此时坝体由于在滑移过程中解体、破碎，出现较多裂缝，甚至逐渐液态化，抗侵蚀能力减弱，使得该阶段侵蚀速率较大。30～40s 时(为坝体侵蚀第二阶段)，随着坝顶被侵蚀，下泄水流流量增大，坝体由于上一阶段的侵蚀而产生侵蚀坑，侵蚀坑的存在使得水流流速增大，水流侵蚀能力增强，而堰塞体由于裂缝和渗流通道的存在逐渐被上游库区水体浸润，抗侵蚀能力减弱，造成这一阶段侵蚀速率处于整个侵蚀阶段的峰值状态。在 40s 以后，坝体物质较少，侵蚀能力减弱。

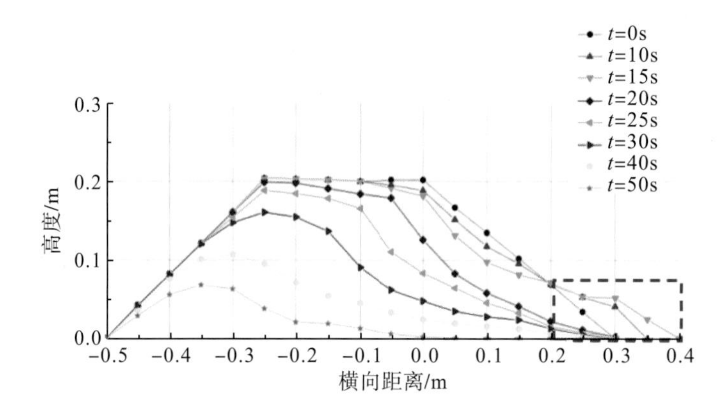

图 2-14 堰塞体形状纵向轮廓变化情况(工况 7)

2)坝体溃决过程流速、流深及侵蚀速率变化

流速变化情况。通过高清摄像机记录示踪球(彩色轻质塑料球)在坝体溃决各阶段的运动距离，计算不同时刻其通过代表点(M、N、P 点)的速度。由于 M 点和 N 点距离较近，流速相差较小，在流速计算过程中仅计算代表点 N 点和 P 点的流速来分析侵蚀过程中水流流速变化。两种溃决模式对比，漫顶冲刷溃决在侵蚀第一阶段水流流速较小(图 2-15)，而渗透滑移冲溃模式在侵蚀第一阶段就获得了较大的水流流速(图 2-16)。对比代表点的水流流速，两种溃决模式均表现出 P 点流速大于 N 点流速，漫顶冲刷溃决模式流速最大值为在 P 点获得的流速，约为 2.2m/s，渗透滑移冲溃模式 P 点流速最大值约为 2.3m/s。水流流速在时间上呈先增大到峰值后减小的趋势，在侵蚀第二阶段(快速侵蚀阶段)达到流速最大值；在空间上呈现出沿水流方向流速逐渐增大的趋势。

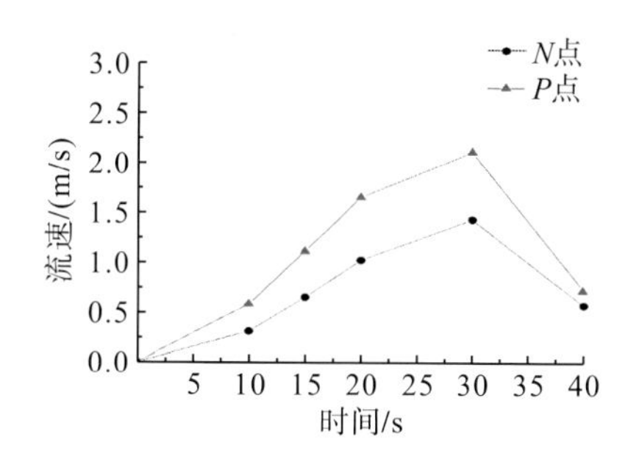

图 2-15　监测点流速变化曲线(工况 8)

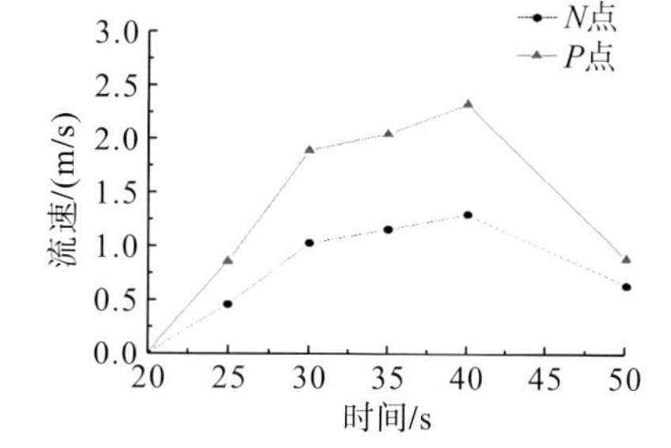

图 2-16　监测点流速变化曲线(工况 7)

流深变化情况。通过高清摄像机记录坝体溃决各阶段的水流流深，分析不同时刻各代表点(*M*、*N*、*P* 点)处的流深变化(图 2-17，图 2-18)。水流流深在时间上呈先增大后减小的趋势，在侵蚀第二阶段(快速侵蚀阶段)达到最大值；在空间上呈现出沿着水流方向流深逐渐减小的趋势。两种溃决模式流深最大值均在代表点 *M* 点取得，渗透滑移冲溃模式流深最大值约为 72mm，漫顶冲刷溃决模式流深最大值约为 67mm。

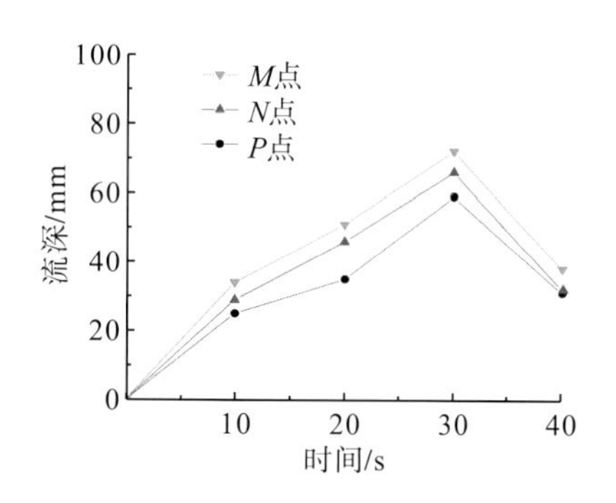

图 2-17　堰塞体各代表点流深曲线(工况 8)

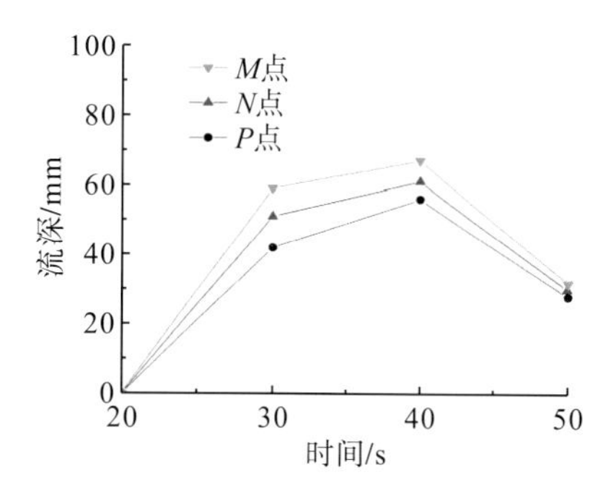

图 2-18　堰塞体各代表点流深曲线(工况 7)

侵蚀速率变化情况。由图 2-19、图 2-20 可知，在时间上，漫顶冲刷溃决模式在侵蚀第一阶段侵蚀速率较小，渗透滑移冲溃模式在侵蚀第一阶段就获得较大的侵蚀速率，两种溃决模式最大侵蚀速率均在侵蚀第二阶段获得，总体上侵蚀速率呈现出先增大到峰值后减小的规律。在空间上，漫顶冲刷溃决模式在侵蚀第一阶段主要侵蚀对象为坝体背水坡以及背水坡坡脚，侵蚀速率较小，渗透滑移冲溃模式在侵蚀第一阶段主要侵蚀对象为坝顶、背水坡以及背水坡坡脚，侵蚀速率较大，两种溃决模式在第一阶段侵蚀速率最大值均出现在靠近背水坡坝顶处。两种溃决模式在侵蚀第二阶段侵蚀对象均为坝顶，在这一阶段侵蚀速率达到峰值，峰值出现在坝顶位置。侵蚀第三阶段主要是对迎水坡的侵蚀，此时，库区水位降低、水流流速和流深均下降、水动力条件弱、侵蚀速率低，侵蚀速率最大值出现在迎水坡坡面，因此，侵蚀速率最大值有从背水坡向迎水坡转移的趋势。

通过以上对流速、流深、侵蚀速率的分析，可知水流流速、流深在时间上均呈先增大到峰值后减小的趋势，在侵蚀第二阶段(快速侵蚀阶段)达到最大值。流速在空间上呈现出沿着水流方向逐渐增大的趋势，流深则呈现出沿着水流方向逐渐减小的趋势。

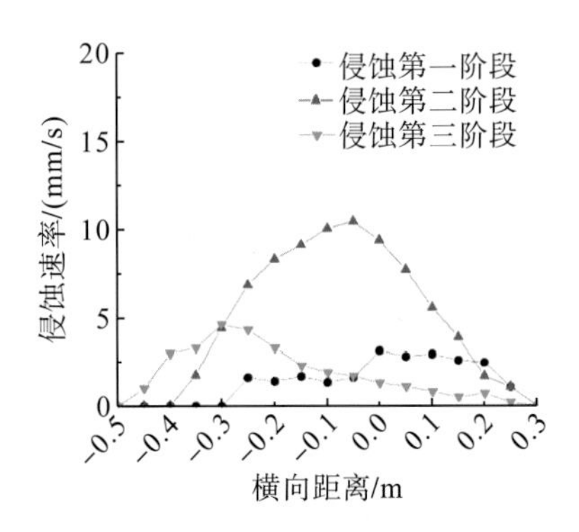

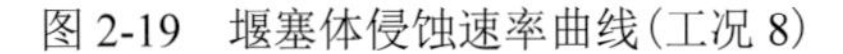
图 2-19 堰塞体侵蚀速率曲线(工况 8)

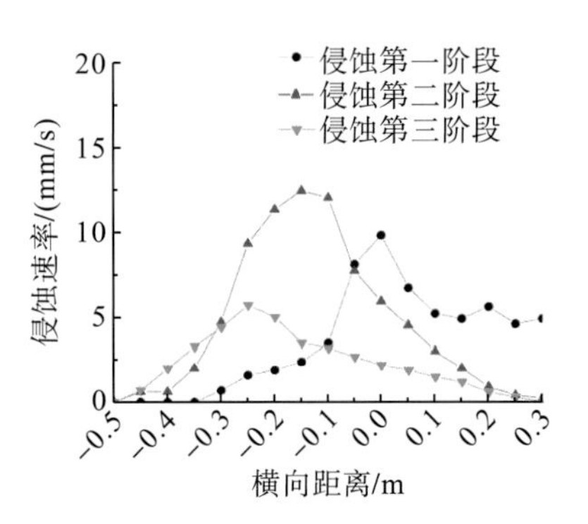

图 2-20 堰塞体侵蚀速率曲线(工况 7)

2.1.2 沟道物源

震后经过数个水文年泥石流及雨季水流的作用，地震诱发的同震崩滑物源被逐步搬运淤积于沟道内，随着时间推移，沟道物源逐渐成为震后泥石流暴发的主要物源之一。如前所述，震区沟道形态特征各不相同，分为宽缓型和窄陡型两类。沟道物源的起动机理主要受三方面因素影响：一是沟道形态特征，尤其是沟道纵比降，且宽缓型和窄陡型各自又有差异；二是沟道堆积物颗粒组成特征；三是降雨强度，作为泥石流起动的直接激发因素，它往往与动储量直接相关。不同沟道类型泥石流沟道物源起动的主要影响因素有所差异，对于宽缓型沟道物源，主要影响因素为降雨强度、松散堆积物的组成及结构，而窄陡型沟道物源则受沟道纵坡降、降雨强度、沟床糙率等因素的影响更为显著。

基于上述分析，分别开展宽缓型和窄陡型两类沟道物源起动机理的室内模型实验，分析各主控因素对沟道松散物质起动的影响，探讨动储量与各因素的相关性，建立相应的动储量评价模型。

2.1.2.1 沟道物源起动机理分析

已有研究表明，降雨汇水是沟道物源起动并引发泥石流的直接因素，堆积体对降雨汇水的响应主要分三阶段：降雨入渗、地表积水及地表产流汇流。其中，在前两个阶段中，沟道物源难以起动，堆积体对降雨的响应表现为面层细颗粒流失及内部细颗粒在渗流作用下迁移，改变土体结构及力学性质，为之后沟道物源起动做准备；当降雨强度足够大，在第三阶段时，汇流引起的拖曳力增大，颗粒沿沟道起动的下滑力大于摩擦力，粗颗粒开始起动，可引发沟道泥石流产生。

1. 粗颗粒受力

由于沟道物源结构松散，固结程度低，堆积体黏聚力对粗颗粒而言可忽略。参照沟床泥沙研究理论对沟道堆积体的单个颗粒进行受力分析(图 2-21)，可得

$$F_{\mathrm{D}} = C_{\mathrm{D}} \frac{\pi d^2}{4} \cdot \frac{\rho u_{\mathrm{w}}^2}{2} \tag{2-1}$$

$$F_{\mathrm{L}}=C_{\mathrm{L}}\frac{\pi d^2}{4}\cdot\frac{\rho u_{\mathrm{w}}^2}{2} \tag{2-2}$$

$$G=\gamma_{\mathrm{s}}-\gamma\cdot\frac{\pi d^3}{6} \tag{2-3}$$

$$F_{摩}=f\left[\left(\gamma_{\mathrm{s}}-\gamma\right)\frac{\pi d^3}{6}\cos\theta-C_{\mathrm{L}}\frac{\pi d^2}{4}\cdot\frac{\rho u_{\mathrm{w}}^2}{2}\right] \tag{2-4}$$

式中，F_{D} 表示流体拖曳力；F_{L} 表示流体浮托力；G 表示有效重力(除去浮力)；$F_{摩}$ 表示颗粒所受摩擦力；C_{D} 表示拖曳力系数；C_{L} 表示浮托力系数；γ_{s} 表示堆积体容重；γ 表示水的容重；d 表示颗粒粒径；f 表示摩擦系数；θ 表示沟道坡度；u_{w} 表示流体瞬时速度；ρ 表示液相密度。

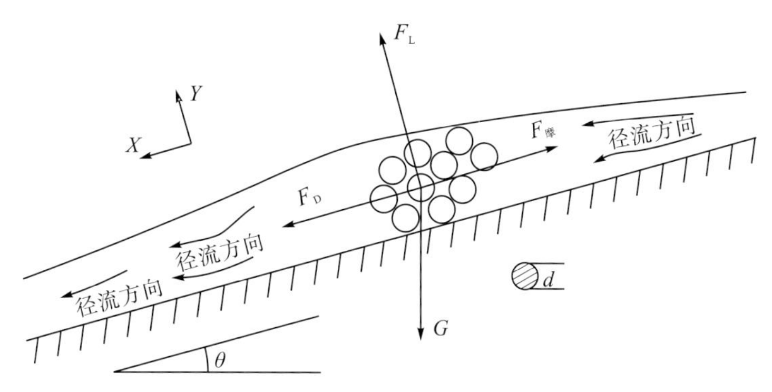

图 2-21　沟道堆积体起动受力示意图

2. 粗颗粒的临界起动分析

沟道堆积体起动受降雨强度、堆积体颗粒组成以及沟床特征影响较大，颗粒的起动形式主要有滑动起动、跳跃起动、滚动起动三种。各起动方式的临界平衡条件不同，由静力平衡条件可建立粗颗粒的临界起动速度 u_0、临界径流深度 H_0 的表达式。

1)滑动起动

粗颗粒滑动起动瞬间，颗粒受力如图 2-21 所示，根据 X 轴方向建立静力平衡方程：

$$F_{\mathrm{D}}+G\sin\theta=F_{摩} \tag{2-5}$$

$$C_{\mathrm{D}}\frac{\pi d^2}{4}\cdot\frac{\rho u_{\mathrm{w}}^2}{2}+\left(\gamma_{\mathrm{s}}-\gamma\right)\cdot\frac{\pi d^3}{6}\sin\theta=f\left[\left(\gamma_{\mathrm{s}}-\gamma\right)\frac{\pi d^3}{6}\cos\theta-C_{\mathrm{L}}\frac{\pi d^2}{4}\cdot\frac{\rho u_{\mathrm{w}}^2}{2}\right] \tag{2-6}$$

$$u_0=\sqrt{\frac{4d\cdot\left(\gamma_{\mathrm{s}}-\gamma\right)\left(f\cdot\cos\theta-\sin\theta\right)}{3\rho\cdot\left(C_{\mathrm{D}}+f\cdot C_{\mathrm{L}}\right)}} \tag{2-7}$$

由 $u_0=V=\dfrac{1}{n}H^{\frac{2}{3}}\cdot J^{\frac{1}{2}}$ 得

$$H_0=n^{\frac{3}{2}}\cdot\left[\frac{4d\cdot\left(\gamma_{\mathrm{s}}-\gamma\right)\left(f\cdot\cos\theta-\sin\theta\right)}{3\rho J\cdot\left(C_{\mathrm{D}}+f\cdot C_{\mathrm{L}}\right)}\right]^{\frac{3}{4}} \tag{2-8}$$

式中，H 为径流深度；J 为沟道地形特征参数。

2)跳跃起动

当粗颗粒由跳跃起动时，起动瞬间垂直沟床方向受力临界平衡，由颗粒受力示意图可建立 Y 轴方向的静力平衡方程：

$$F_{\mathrm{L}} = G\cdot\cos\theta \tag{2-9}$$

即

$$C_{\mathrm{L}}\frac{\pi d^2}{4}\cdot\frac{\rho u_{\mathrm{w}}^2}{2}=(\gamma_{\mathrm{s}}-\gamma)\cdot\frac{\pi d^3}{6}\cos\theta \tag{2-10}$$

$$u_0=\sqrt{\frac{4d\cdot(\gamma_{\mathrm{s}}-\gamma)\cos\theta}{3\rho\cdot C_{\mathrm{L}}}} \tag{2-11}$$

由 $u_0=V=\frac{1}{n}H^{\frac{2}{3}}\cdot J^{\frac{1}{2}}$ 得

$$H_0=n^{\frac{3}{2}}\cdot\left[\frac{4d\cdot(\gamma_{\mathrm{s}}-\gamma)\cos\theta}{3\rho J\cdot C_{\mathrm{L}}}\right]^{\frac{3}{4}} \tag{2-12}$$

3)滚动起动

当粗颗粒由滚动起动时，起动瞬间围绕前面的颗粒转动(图 2-22)，根据与前面支承颗粒的接触点 O 建立力矩平衡方程：

$$F_{\mathrm{D}}\cdot c+F_{\mathrm{L}}\cdot a=G\cdot b \tag{2-13}$$

即

$$C_{\mathrm{D}}\frac{\pi d^2}{4}\cdot\frac{\rho u_{\mathrm{w}}^2}{2}\cdot c+C_{\mathrm{L}}\frac{\pi d^2}{4}\cdot\frac{\rho u_{\mathrm{w}}^2}{2}\cdot a=(\gamma_{\mathrm{s}}-\gamma)\cdot\frac{\pi d^3}{6}\cdot b \tag{2-14}$$

$$u_0=\sqrt{\frac{4db\cdot(\gamma_{\mathrm{s}}-\gamma)}{3\rho\cdot(c\cdot C_{\mathrm{D}}+a\cdot C_{\mathrm{L}})}} \tag{2-15}$$

由 $u_0=V=\frac{1}{n}H^{\frac{2}{3}}\cdot J^{\frac{1}{2}}$ 得

$$H_0=n^{\frac{3}{2}}\cdot\left[\frac{4db\cdot(\gamma_{\mathrm{s}}-\gamma)}{3\rho J\cdot(c\cdot C_{\mathrm{D}}+a\cdot C_{\mathrm{L}})}\right]^{\frac{3}{4}} \tag{2-16}$$

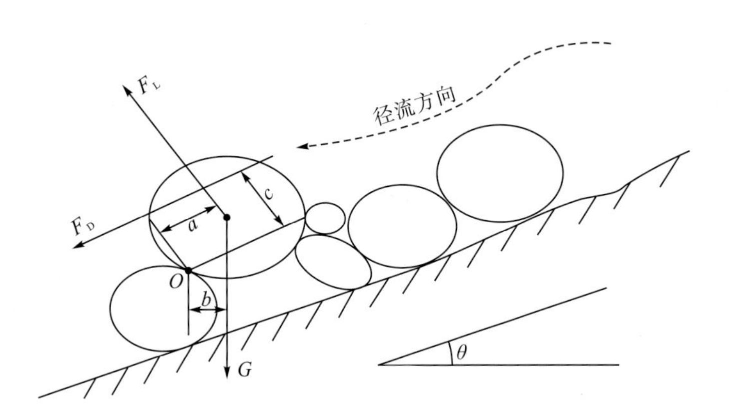

图 2-22 粗颗粒滚动受力示意图

由式(2-5)～式(2-7)可知在确定的沟道地形特征及堆积体颗粒组成条件下，颗粒起动受径流速度 u_w 影响较大。由式(2-9)～式(2-11)可知颗粒的临界起动速度主要与堆积体颗粒组成有关系，如堆积体容重 γ_s、液相密度 ρ、颗粒粒径 d（实际计算可采用中值粒径 d_{50} 或者平均粒径 d_φ）等。由式(2-13)～式(2-15)可知临界径流深度 H_0 与沟道地形特征参数（J）、颗粒组成（γ_s、ρ、d）、沟床糙率 n 有关。

4)粗颗粒起动形式

上述沟道堆积体的起动形式不仅与堆积体结构组成有关系，同时也受径流量的影响，实际上一次完整的起动运移过程往往为上述三种形式的混合。

由模型实验观察可知，对于单层土，在细粒土中粗颗粒的起动运移形式为滚动和跳跃。前期汇流面较大，粗颗粒所受的浮托力较小，颗粒以滚动起动为主[图 2-23(a)]，后期形成明显的冲沟，泥石流浆体汇集，粗颗粒所受的浮托力较大，颗粒以跳跃起动和滚动起动为主[图 2-23(b)]；在径流作用下细颗粒汇集于前缘，减小了粗颗粒之间的摩阻力，粗颗粒滑动起动[图 2-23(c)]。

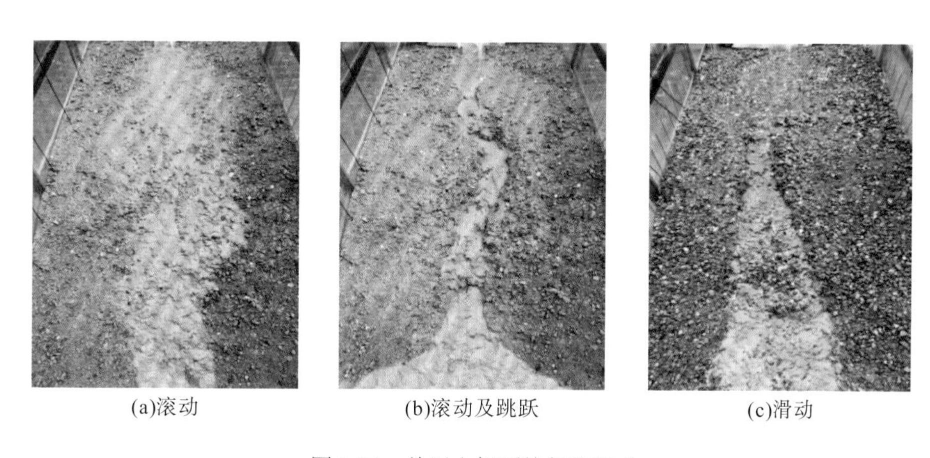

(a)滚动　(b)滚动及跳跃　(c)滑动

图 2-23　单层土粗颗粒起动形式

对于双层土，在上细下粗土中，因面层为细粒土，前期汇流形成拉槽，粗颗粒起动成为面层细粒土，因此起动形式与单层细粒土一样，以滚动及跳跃为主[图 2-24(a)]，随着完整的冲沟形成，侵蚀深度到达底层粗粒土时，起动形式与单层粗粒土一样，以滑动为主[图 2-24(b)]；在上粗下细土中，因底层为细粒土，降雨及径流下渗使土体湿润，对面层粗粒土有润滑作用，因此起动以滑动为主[图 2-24(c)]。

2.1.2.2　宽缓沟道物源起动室内模型实验

以“5・12”汶川地震强震区七盘沟宽缓沟道型泥石流下游主沟段物源为研究对象，通过资料收集及现场调查(图 2-25)，沟道物源分层堆叠现象明显，各层颗粒组成差异较大(图 2-26)，一般上层分布为均匀的细沙，中部为粗细颗粒混杂层，下层为粗大砾石层，主要原因为主沟沟道宽缓，利于物源淤积。通过现场野外筛分实验，得到表征 2013 年汶川“7・11”泥石流后和 2019 年汶川“8・20”特大泥石流后七盘沟主沟沟道物源的颗粒级配曲线(为了避免大粒径颗粒影响缩尺模型实验效果，减少土体颗粒的尺寸效应对实验产生的影响，采用剔除法对实验土体进行处理，根据实验几何相似比 1∶100，选取粒径小于 2cm 的颗粒作为实验材料)，如图 2-27、图 2-28 所示。

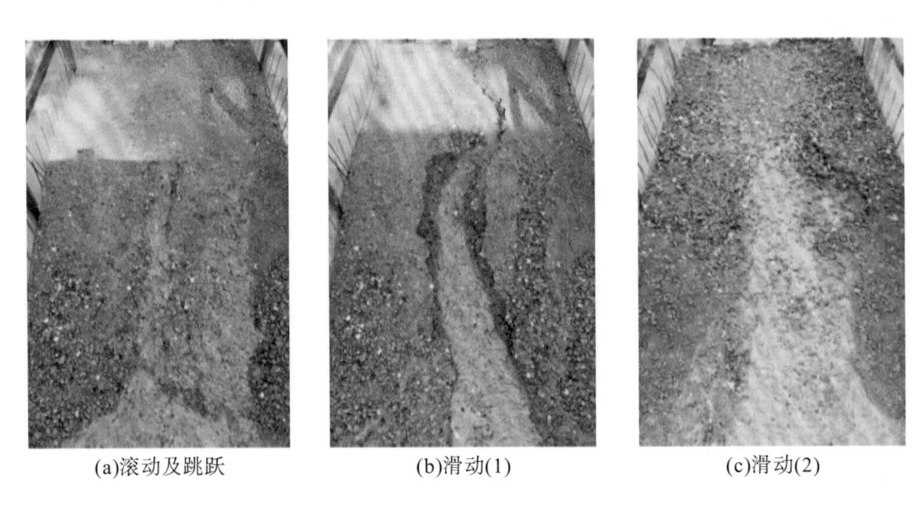

(a)滚动及跳跃　　(b)滑动(1)　　(c)滑动(2)

图 2-24　双层土粗颗粒起动形式

图 2-25　下游主沟拦砂坝内泥石流淤积全貌图

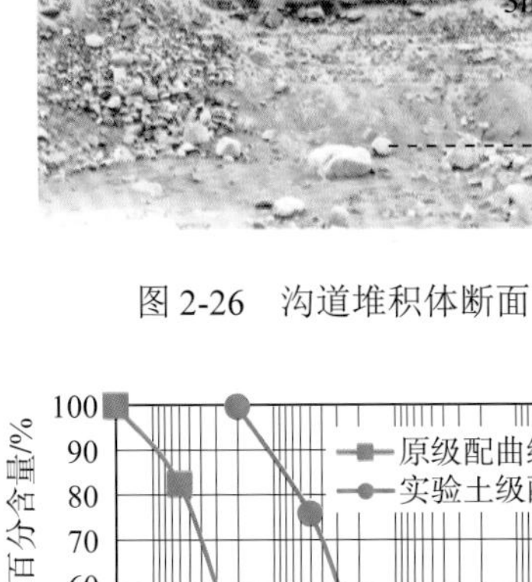

图 2-26　沟道堆积体断面

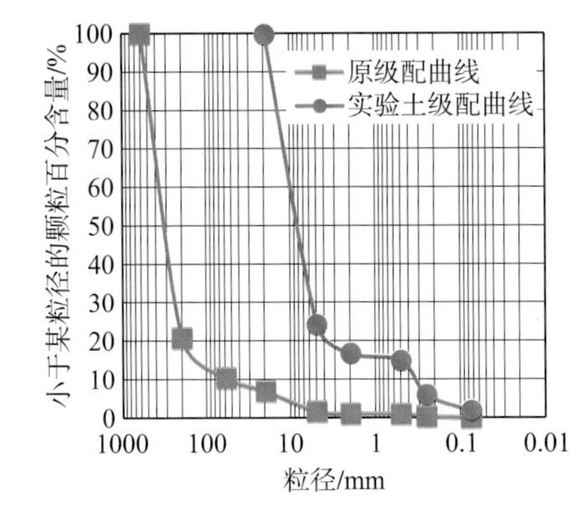

图 2-27　实验粗粒土的级配曲线

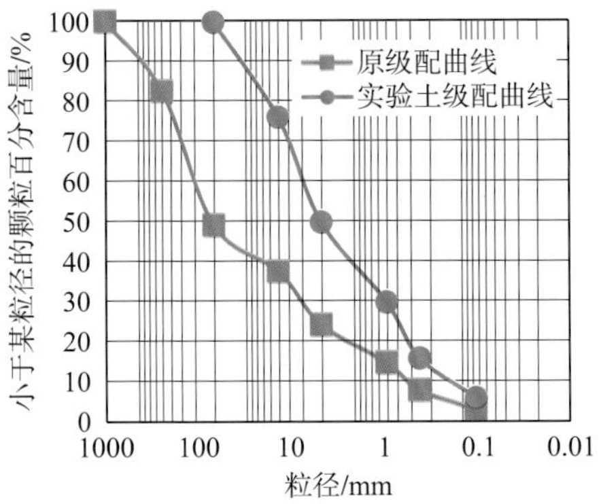

图 2-28　实验细粒土的级配曲线

调查分析表明，宽缓沟道物源颗粒组成存在四种结构模式，分别为以 2013 年“7・11”汶川泥石流后七盘沟沟道物源为原样土的粗粒土、以 2019 年“8・20”汶川特大泥石流后七盘沟沟道物源为原样土的细粒土以及上细下粗型的双层堆叠土(简称上细下粗土)、上粗下细型的双层堆叠土(简称上粗下细土)，其中上细下粗土能反映 2019 年“8・20”汶川特大泥石流后七盘沟的实际情况。

以七盘沟不同结构组成特征的沟道堆积体在不同降雨条件下的起动失稳模式为思路，设置实验方案，开展室内模型实验，如图 2-29 所示，揭示不同颗粒组成的沟道堆积体在不同降雨条件下的起动失稳机理，探求宽缓沟道物源动储量计算模型。

图 2-29　室内沟道物源冲刷模型实验监测布置示意图

1. 实验方案

实验设计两因素(降雨强度、沟道堆积体组成及结构)四水平，全面探究 4 种不同颗粒组成的沟道堆积体在不同降雨强度条件下的起动失稳机理，均为单因素对照实验，共进行 16 次，具体实验参数见表 2-2，实验设计方案见表 2-3。

表 2-2　影响因素水平

降雨强度/(mm/h)	沟道堆积体组成及结构	汇流流量/(L/h)
33.2	细粒土	408.6
38.1	粗粒土	513.2
44.4	上细下粗土	650.8
49.1	上粗下细土	754.2

表 2-3　单因素对照实验设计方案

编号	实验堆积体（级配及分层）	降雨强度/(mm/h)	前期降雨用时/s	径流流量/(L/h)
1	细粒土	33.2	366	408.6
2	细粒土	38.1	342	513.2
3	细粒土	44.4	321	650.8
4	细粒土	49.1	307	754.2
5	粗粒土	33.2	366	408.6
6	粗粒土	38.1	342	513.2
7	粗粒土	44.4	321	650.8
8	粗粒土	49.1	307	754.2
9	上细下粗土	33.2	366	408.6
10	上细下粗土	38.1	342	513.2
11	上细下粗土	44.4	321	650.8
12	上细下粗土	49.1	307	754.2
13	上粗下细土	33.2	366	408.6
14	上粗下细土	38.1	342	513.2
15	上粗下细土	44.4	321	650.8
16	上粗下细土	49.1	307	754.2

2. 实验过程分析

1）单层细粒土

该组实验（$3^{\#}$实验）进行了总时长为 321s 的前期降雨，雨强为 44.4mm/h，同时进行了后方汇流，径流量为 650.8L/h。

堆积体表层湿润饱和。前期降雨使堆积体表面土体含水率升高，明显湿润[图 2-30（a）]，并逐渐饱和，但表面未形成汇流。

前缘形成细沟并逐渐发展为拉槽。后方汇流开始后[图 2-30（b）]，径流作用挟裹部分细颗粒经前缘部分率先侵蚀前缘，形成微小细沟。同时浆体受粗颗粒影响，产生明显的紊动现象[图 2-30（c）]。其后，侵蚀加剧。493s 时，堆积体前缘至中部已形成明显拉槽，长约 1.2m，宽约 0.13m，深约 0.05m[图 2-30（d）]。

下切、侧蚀及堵溃。下切侵蚀及侧蚀加剧，拉槽宽度及深度增加。745s 时，形成了延伸至后缘的明显冲沟。冲沟最大深度约 0.1m，最大宽度约 0.25m[图 2-30（e）]。该过程伴随着侧蚀引起的两侧土体堵塞冲沟，包括全堵和半堵。侵蚀进一步加剧，堆积体前缘宽度几乎无变化，深度稍有增加。中部侵蚀宽度及深度增加明显，宽度约 0.35m，深度为 0.18m。后缘侵蚀宽度略有增加，约 0.26m。

前缘底板出露，实验终止。堆积体前缘模型槽底板出露，实验终止[图 2-30（f）]。中部侵蚀失稳严重，冲沟两侧堆积体有明显裂缝产生，有进一步失稳的趋势。

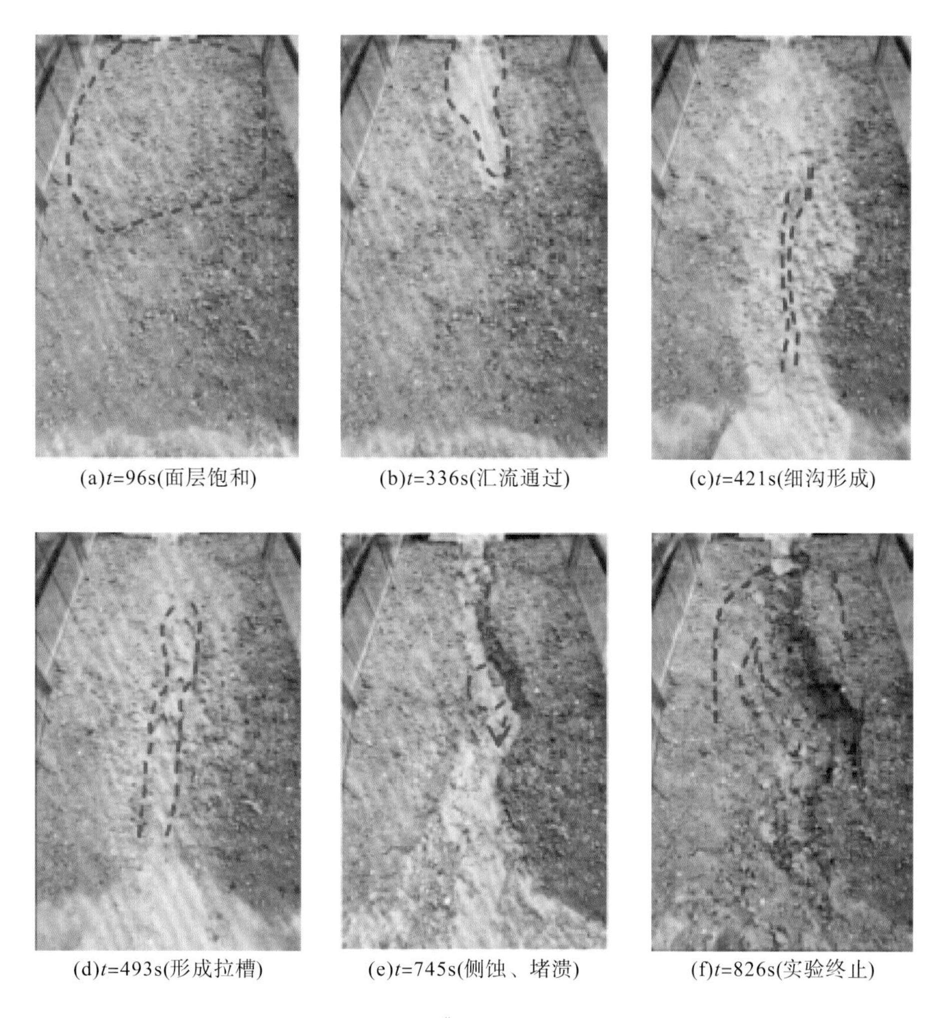

图 2-30　单层细粒土(3#实验)土体起动侵蚀变化过程

2)单层粗粒土

该组实验(6#实验)进行了总时长为 342s 的前期降雨，雨强为 38.1mm/h，同时进行后方汇流，径流量为 513.2L/h。

堆积体表层粗化。前期降雨使堆积体表面黏附的细小颗粒流失，粗化现象明显[图 2-31(a)]。

径流下渗，前缘侵蚀。后方汇流开始后，因堆积体粗大颗粒含量较多，结构疏松，孔隙度较大，后方汇水沿程下渗。363s 时[图 2-31(b)]，后方汇流进入堆积体前缘。486s 时，堆积体前缘粗大颗粒滑动[图 2-31(c)]。前缘率先失稳，有溯源侵蚀的特点。712s 时，前缘及中部迅速形成呈三角形状的侵蚀沟槽[图 2-31(d)]，最大侵蚀宽度约 0.45m。

细颗粒流失，粗颗粒间断运移。由于径流量较小，细颗粒易以浆体的形式流失，但粗颗粒因含量多，相互挤压及摩擦使得起动运移间断进行，运移速度较小。805s 时，形成明显冲沟[图 2-31(e)]，前缘宽度最大，约 0.3m，中部宽度较均匀，约 0.2m，最大侵蚀深度约 0.1m。

堆积体稳定，实验终止。随着细颗粒流失，浆体由浑浊逐渐变为清澈，泥石流变为明显的水石流。最后，堆积体起动失稳变化趋于稳定，沟道内为清澈水流，921s 时实验结束[图 2-31(f)]。

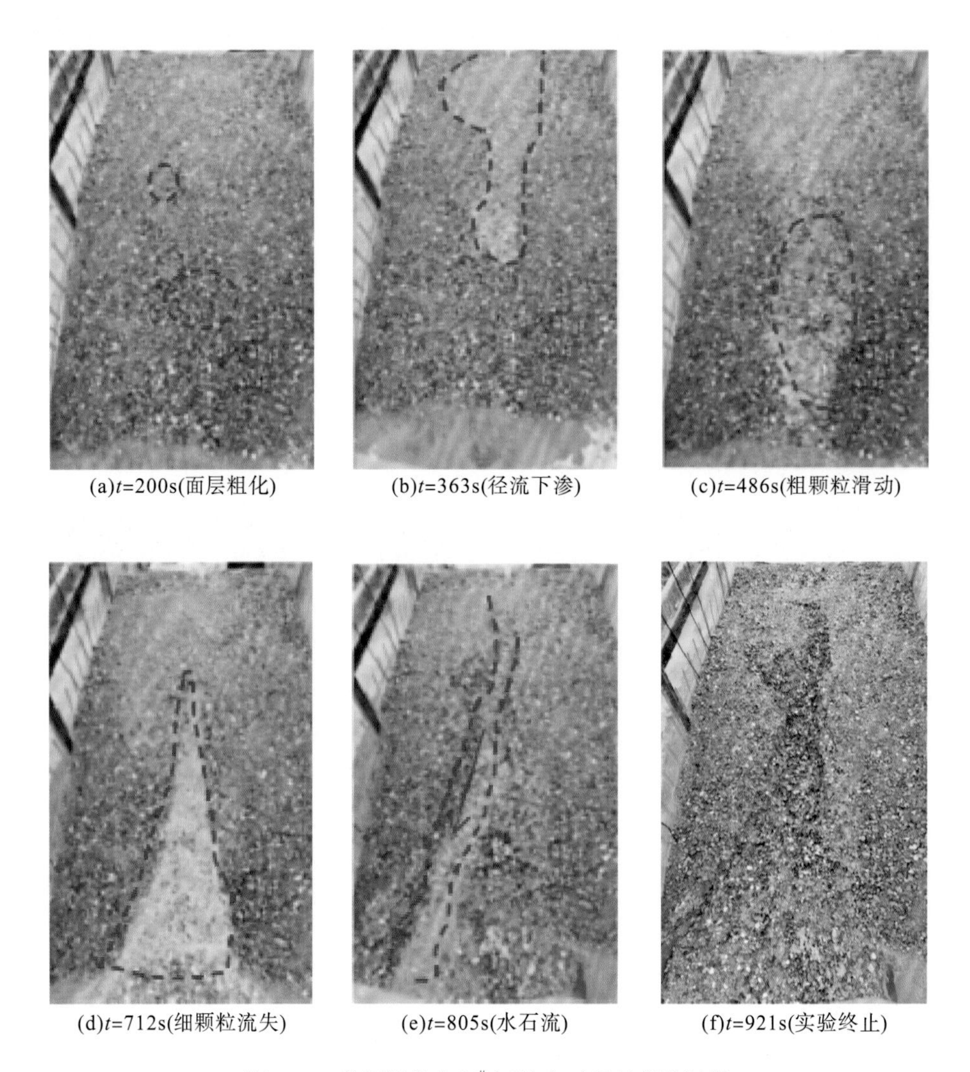
(a)t=200s(面层粗化) (b)t=363s(径流下渗) (c)t=486s(粗颗粒滑动)
(d)t=712s(细颗粒流失) (e)t=805s(水石流) (f)t=921s(实验终止)

图 2-31 单层粗粒土(6#实验)起动侵蚀变化过程

3) 双层上细下粗土

该组实验(11#实验)进行了总时长为 321s 的前期降雨，雨强为 44.4mm/h，径流流量为 650.8L/h。

堆积体前缘面层粗化，中部及后缘面层湿润饱和。前期降雨使堆积体中部及后缘面层湿润并逐渐饱和，堆积体前缘黏附的细小颗粒流失，粗化现象明显，表层未因降雨形成径流[图 2-32(a)]。

形成凹槽，发展成拉槽。后方汇流开始后，径流作用率先在堆积体分层交界处发生侵蚀，呈凹槽状，深度约 0.02m[图 2-32(b)]。前缘粗粒土难以起动，对径流形成堵塞，侵蚀向中部方向延伸，形成明显的拉槽，深约 0.05m，宽约 0.2m[图 2-32(c)]。后方汇流经前缘时呈三角状，底宽约 0.7m。

下切、侧蚀及堵溃。随着下切侵蚀及侧蚀加剧，两侧土体失稳，产生堵塞溃决放大效应[图 2-32(d)]，对前缘粗粒土的冲刷加剧，形成完整冲沟。径流汇集于冲沟内进一步加剧下切及侧蚀，前缘与中部相接处底层粗粒土受到侵蚀开始起动运移[图 2-32(e)]。

前缘模型槽底板出露，实验终止。713s 时，径流冲刷前缘使模型槽底板出露，实验终止[图 2-32(f)]。

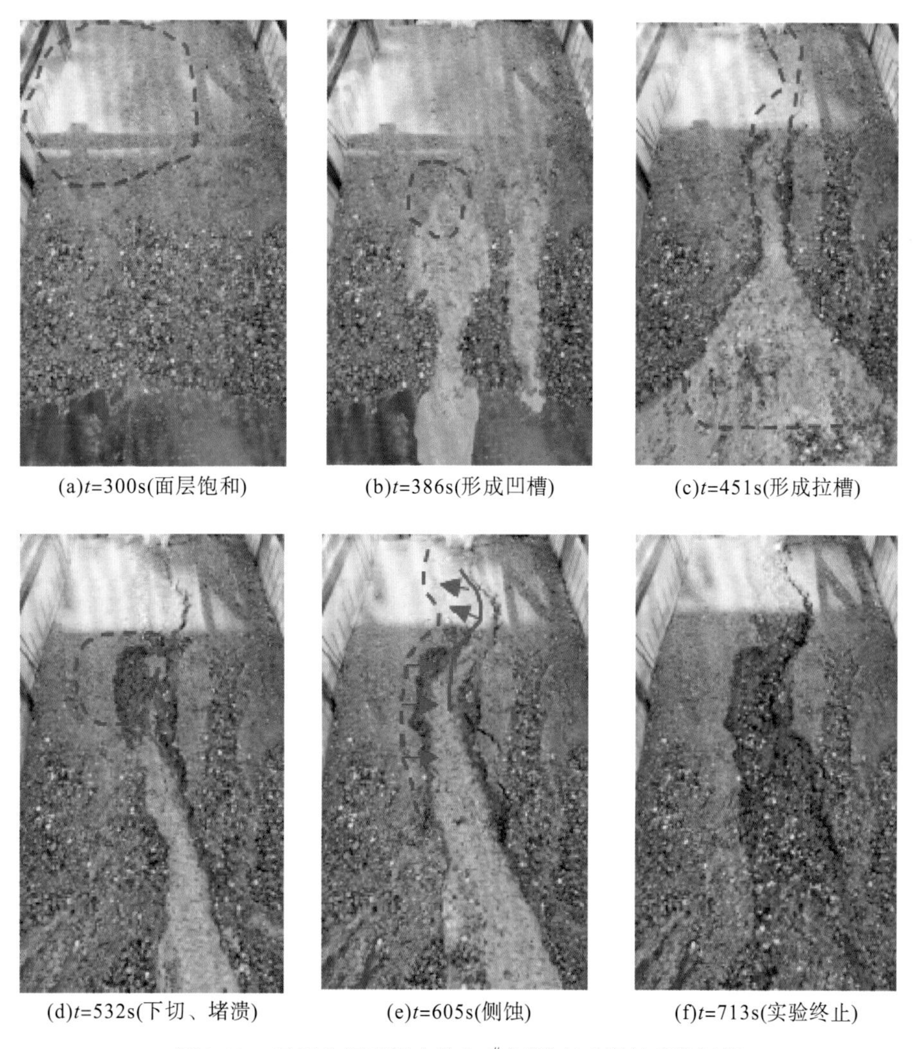

图 2-32　双层上细下粗土体(11#实验)起动侵蚀变化过程

4) 双层上粗下细土

该组实验(16#实验)进行了总时长为 307s 的前期降雨，雨强为 49.1mm/h，汇流流量为 754.2L/h。

堆积体前缘面层湿润饱和，中部及后缘面层粗化。前期降雨使堆积体中部及后缘面层细小颗粒流失，粗化现象明显，堆积体前缘湿润并逐渐饱和，面层未因降雨形成径流[图 2-33(a)]。

前缘产生细沟，土层分界处坍滑。径流开始，通过后缘及中部时下渗明显，到达前缘时率先形成侵蚀细沟[图 2-33(b)]。随后前缘土体分层交界处有局部坍塌，宽约 0.4m，长度约 0.3m[图 2-33(c)]。

表层粗颗粒铲刮，整体坍滑运移。径流作用下局部表层粗颗粒坍滑起动运移，至前缘加剧侵蚀，有铲刮现象产生[图 2-33(d)]。其后，沟道纵向侵蚀由前缘向中部延伸，沟道横向侵蚀由两侧向中间坍滑，最大侵蚀宽度及深度位于中部，宽度约 0.8m，深度约 0.2m[图 2-33(e)]。

前缘模型槽底板出露，实验终止。下切侵蚀加剧，635s 时，前缘模型槽底板出露，实验终止[图 2-33(f)]。沟道侵蚀平面呈圆弧状，横断面呈半圆弧。

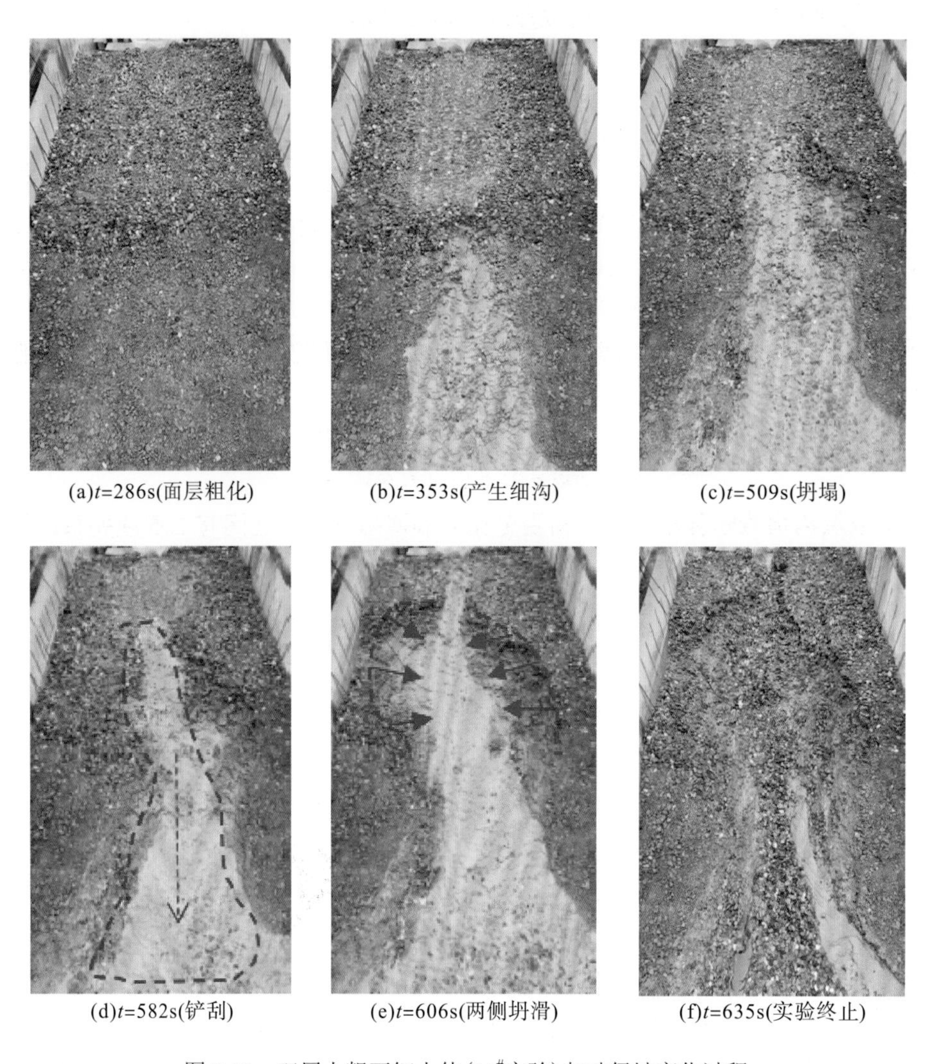

(a)t=286s(面层粗化)　(b)t=353s(产生细沟)　(c)t=509s(坍塌)

(d)t=582s(铲刮)　(e)t=606s(两侧坍滑)　(f)t=635s(实验终止)

图 2-33　双层上粗下细土体(16#实验)起动侵蚀变化过程

综上，4 种不同颗粒组成堆积体的起动侵蚀全过程各不相同。单层细粒土主要由后方径流开始后在前缘形成细沟，逐渐发展为拉槽，贯穿至后缘，随着雨强增大会出现强烈的下切、侧蚀及堵溃放大效应，加剧侵蚀；单层粗粒土因降雨及径流使得细颗粒沿纵向汇集于前缘，粗颗粒之间摩阻力减小，径流开始后前缘坍滑，呈溯源侵蚀特点，随着雨强增大，起动由间断变为连续；上细下粗土率先在土层分界处形成凹槽，随着雨强增大，侵蚀向后缘延伸，下切及侧蚀加剧，出现堵溃现象，前缘受冲刷强度增强，侵蚀深度由面层增加到底层；上粗下细土前缘先形成细沟，土层分界处面层的粗粒土滑动，铲刮前缘细粒土，随着雨强增大，粗颗粒容易起动，加上底层细粒土的润滑，使得起动方量及速度增加。

3. 动储量评价模型

1) 单层沟道堆积体动储量评价模型

采用 Origin Pro 9.0 数据处理软件进行单层沟道堆积体动储量与总储量的百分比 n 和降雨强度 q 的回归分析，采用指数函数形式，建立的模型为

$$n = 0.0011\mathrm{e}^{\frac{q}{4.875}} + 3.093,\quad R = 0.989 \tag{2-17}$$

$$n = 0.00005\mathrm{e}^{\frac{q}{3.74}} + 1.175,\quad R = 0.963 \tag{2-18}$$

可见，动储量所占百分比 n 和降雨强度 q 之间呈指数关系，细粒土动储量评价[式(2-17)]相关系数 R=0.989，粗粒土动储量评价[式(2-18)]相关系数 R=0.963，两式相关系数 R 均大于 0.9，说明相关程度高，可信度大。

2) 双层沟道堆积体动储量评价模型

对双层沟道堆积体动储量与总储量的百分比 n 和降雨强度 q 进行回归分析，采用多项式函数形式，建立的模型为

$$n = 0.02062q^2 - 0.8803q + 7.58828,\quad R = 0.986 \tag{2-19}$$

$$n = 1.86q - 63.476\,,\quad R = 0.753 \tag{2-20}$$

可见，双层沟道堆积体动储量所占百分比 n 和降雨强度 q 之间有二次项关系，上细下粗土的动储量评价[式(2-19)]相关系数 R=0.986，上粗下细土动储量评价[式(2-20)]相关系数 R=0.753，前者相关系数 R 大于 0.9，说明相关程度高，后者相关系数 R 大于 0.75，相关性一般。

2.1.2.3　窄陡沟道物源起动室内模型实验

1. 室内模型实验设计

结合野外窄陡沟道型泥石流的沟道宽度、纵坡坡降，室内模型实验土样堆积宽度按 50cm，厚度按 25cm，堆积坡度按 12°、16°、20°、24°设计，土样堆积及孔隙水压力计布置见图 2-34。设计 4 种降雨强度：30mm/h、50mm/h、70mm/h、90mm/h。根据西南地区小流域暴雨计算公式，并结合缩尺模型比例，按相似原理计算，得到上述 4 种降雨强度下对应降雨历时分别为 408s、361s、323s、301s。

沟床糙率分别为 0.3、0.5、0.6、0.7，可采用防滑垫依据实验沟槽宽度进行裁剪(图 2-35)。

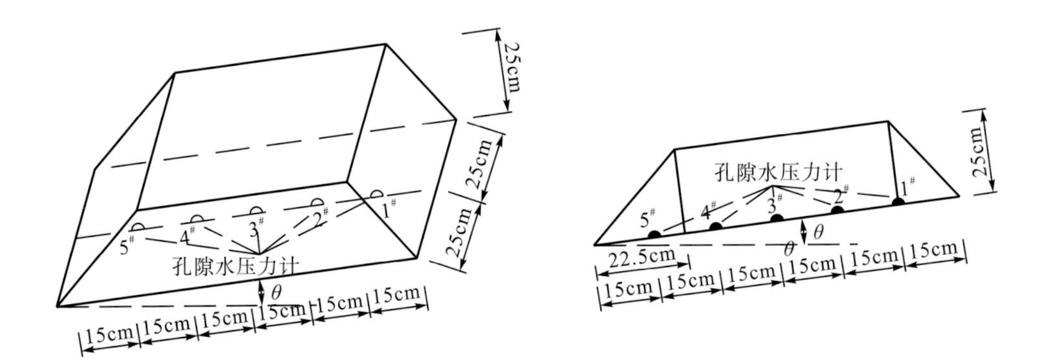

图 2-34 窄陡沟道型水槽模型实验土样堆积及孔隙水压力计布置图

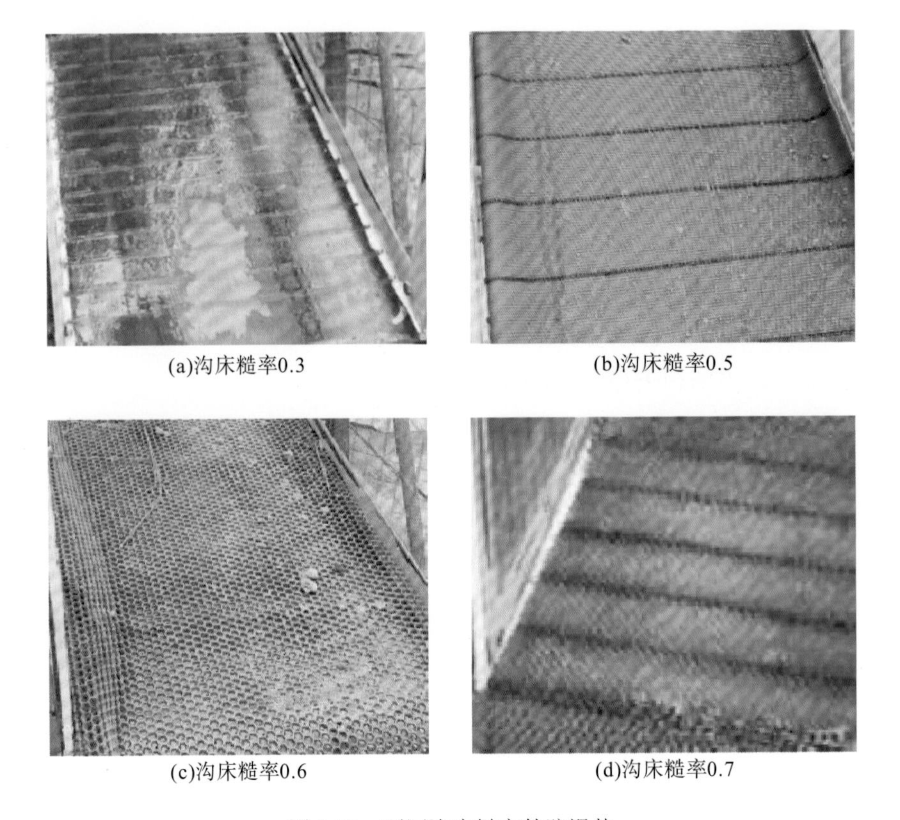

(a)沟床糙率0.3　(b)沟床糙率0.5

(c)沟床糙率0.6　(d)沟床糙率0.7

图 2-35 不同沟床糙率的防滑垫

2. 实验方案

本实验中涉及三个因素(沟道坡度、降雨强度、沟床糙率)及其因子的四种水平，因此采用正交设计进行实验研究。

本次正交设计实验考虑了沟道坡度、降雨强度及沟床糙率三个因素，分析对泥石流起动的主次控制因素具体实验参数设计见表 2-4，正交实验设计方案见表 2-5。本实验涉及三因素四水平，因此本次实验采用两组 $L_9(3^4)$ 正交实验，并在每组实验中留空白对照项。

表 2-4　窄陡型沟道物源冲刷实验参数对照表

沟道坡度/(°)	降雨强度/(mm/h)	沟床糙率	汇流时间	汇流流量/(L/h)
12	30	0.3	6′48″	206
16	50	0.5	6′1″	333
20	70	0.6	5′23″	458
24	90	0.7	5′1″	579

表 2-5　正交实验设计方案

第一组			第二组		
沟道坡度/(°)	降雨强度/(mm/h)	沟床糙率	沟道坡度/(°)	降雨强度/(mm/h)	沟床糙率
12	30	0.3	16	50	0.5
12	50	0.5	16	70	0.6
12	70	0.6	16	90	0.7
16	30	0.5	20	50	0.6
16	50	0.6	20	70	0.7
16	70	0.3	20	90	0.5
20	30	0.6	24	50	0.7
20	50	0.3	24	70	0.5
20	70	0.5	24	90	0.6

3. 实验过程分析

1) 物源起动敏感性分析

利用实验中准泥石流堆积体中的孔隙水压力计，观察孔隙水压力最终消散并结合沟道堆积体形成完整拉槽的现象，以界定泥石流起动动储量，实验结果见表 2-6、表 2-7。

表 2-6　基于三因素四水平的第一组正交实验结果

项目		沟道坡度/(°)	降雨强度/(mm/h)	沟床糙率	空白对照	时间/s
实验号	1	12	30	0.3	—	680
	2	12	50	0.5	—	580
	3	12	70	0.6	—	560
	4	16	30	0.5	—	620
	5	16	50	0.6	—	527
	6	16	70	0.3	—	460
	7	20	30	0.6	—	550
	8	20	50	0.3	—	475
	9	20	70	0.5	—	434
	I	1820	1850	1615	—	—
	II	1607	1582	1634	—	—
	III	1459	1454	1637	—	—
	I′	606.67	616.67	538.33	—	—

续表

项目		沟道坡度/(°)	降雨强度/(mm/h)	沟床糙率	空白对照	时间/s
	Ⅱ′	535.67	527.33	544.67	—	—
	Ⅲ′	486.33	484.67	545.67	—	—
	R	1083	1188	66	—	—
	T = 4886			*U* = 4886/9≈542.89		

表 2-7 基于三因素四水平的第二组正交实验结果

项目		沟道坡度/(°)	降雨强度/(mm/h)	沟床糙率	空白对照	时间/s
实验号	1′	16	50	0.5	—	502
	2′	16	70	0.6	—	480
	3′	16	90	0.7	—	430
	4′	20	50	0.6	—	490
	5′	20	70	0.7	—	483
	6′	20	90	0.5	—	324
	7′	24	50	0.7	—	380
	8′	24	70	0.5	—	280
	9′	24	90	0.6	—	308
	Ⅰ	1412	1372	1106	—	—
	Ⅱ	1297	1243	1278	—	—
	Ⅲ	968	1062	1293	—	—
	Ⅰ′	470.67	457.33	368.67	—	—
	Ⅱ′	432.33	414.33	426	—	—
	Ⅲ′	322.67	354	431	—	—
	R	1332	930	561	—	—
	T =3677			*U* =3677/9≈408.56		

表 2-6、表 2-7 中Ⅰ、Ⅱ、Ⅲ表示各因素每一水平实验结果之和，Ⅰ′、Ⅱ′、Ⅲ′分别是Ⅰ、Ⅱ、Ⅲ之均值，实验结果之和越大，位级效果越好。*R* 表示极差，极差值越大的因素对指标的影响越大；反之，极差值越小的因素对指标的影响就越小，是次要因素。*T* 表示 9 组实验数据之和，*U* 为 9 组实验数据总平均值。

极差分析。通过极差分析，显示三因素四水平最利于准泥石流堆积体起动的条件为 8′号组实验，影响顺序为：沟道坡度＞降雨强度＞沟床糙率。可见沟道坡度和降雨强度是主要因素，沟床糙率是次要因素，最利于准泥石流起动的水平为：沟道坡度为 24°、降雨强度为 70mm/h、沟床糙率为 0.5。

方差分析。方差分析是设法把影响准泥石流堆积体起动的 3 个因素和其他偶然因素造成的实验误差分开，并确定各因素对准泥石流堆积体起动的影响程度，两组实验方差分析结果见表 2-8、表 2-9。表 2-8 中的*表示显著性水平为 10%，即有 90%的把握判断沟道坡度、降雨强度对准泥石流堆积体起动的影响是显著的。两组实验结果均表明沟道坡度对准泥石流堆积体起动影响最大，其次为降雨强度。

表 2-8　第一组实验结果方差分析

项目	偏差平方和	自由度	F 值	F 临界值	显著性
沟道坡度	33230.89	2	6.73	3.11	*
降雨强度	26589.56	2	5.39	3.11	*
沟床糙率	536.89	2	0.11	3.11	
误差	4936.22	2	—	—	—

表 2-9　第二组实验结果方差分析

项目	偏差平方和	自由度	F 值	F 临界值	显著性
沟道坡度	32264.00	2	14.70	3.11	*
降雨强度	20722.67	2	9.44	3.11	*
沟床糙率	6474.67	2	2.95	3.11	
误差	2194.67	2	—	—	—

2)沟道堆积体起动破坏过程与孔隙水压力变化

图 2-36～图 2-44 显示了自降雨开始 5 个点位孔隙水压力计测定的孔隙水压力变化与对应的堆积体破坏过程，可见整个实验过程中，准泥石流堆积体从前缘依次(5#、4#、3#、2#、1#)冲出，随降雨量的增加，逐步向沟道后缘形成冲沟，表明了其溯源侵蚀特性。在侵蚀过程中，由于土样上部湿润，水不断入渗，下部由于冲沟下切，冲沟水流界面向两侧侵蚀，掏蚀两侧土样，使之形成凹腔，同时由于水流不断使两侧土壤软化，强度降低，形成崩塌、溜滑，倾倒于沟道并堵塞沟道，造成液面不断升高，固体颗粒间的空隙不断被水充盈，液面升高造成水压不断上升，同时水压上升也不断挤压颗粒，造成孔隙水压不断升高。当后方汇流对土样颗粒的拖曳力或固体松散堆积体中土样颗粒的剪切力大于抵抗力时，颗粒与水流的混合体产生运动，沟道中的崩塌土体溃决，形成完全拉槽，造成孔隙水压瞬间下降。

同一工况下，1#、5#位置孔隙水压力较其他位置大，2#、5#位置孔隙水压力在实验前期上升较为明显，后期出现上下浮动，降雨及后方汇水流经准泥石流堆积体前缘较多，准泥石流堆积体前缘孔隙水压力受降雨及后方汇水的影响最明显。

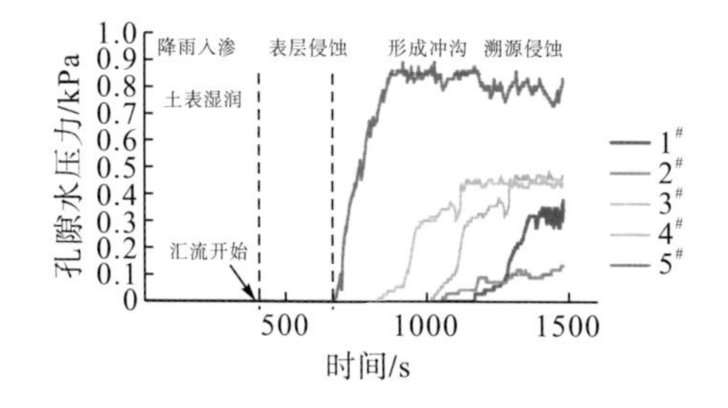

图 2-36　工况 1 孔隙水压力变化曲线

(坡度为 12°、降雨强度为 30mm/h、沟床糙率为 0.3)

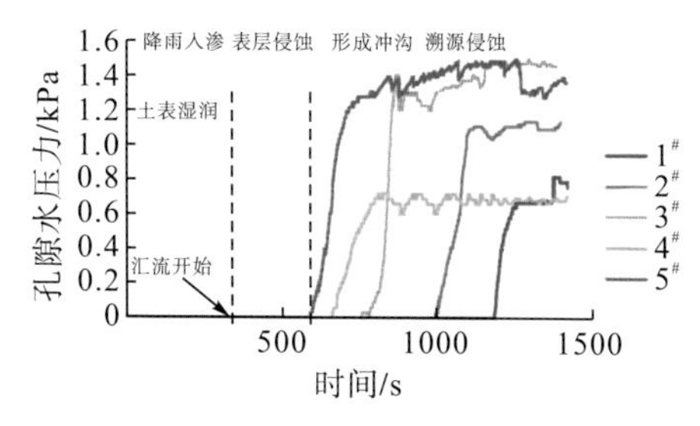

图 2-37　工况 2 孔隙水压力变化曲线

(坡度为 12°、降雨强度为 50mm/h、沟床糙率为 0.5)

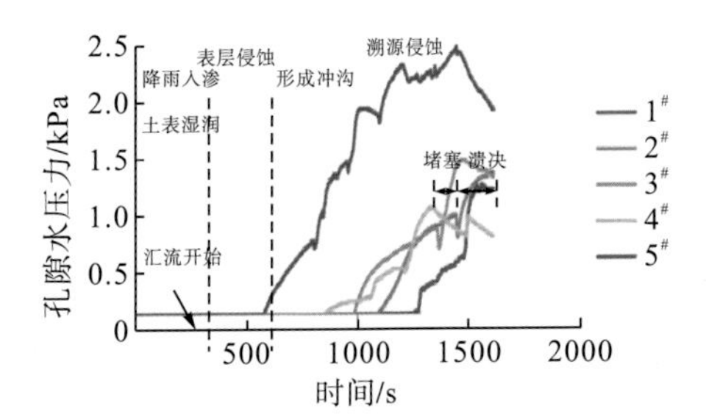

图 2-38 工况 3 孔隙水压力变化曲线

(坡度为 16°、降雨强度为 30mm/h、沟床糙率为 0.5)

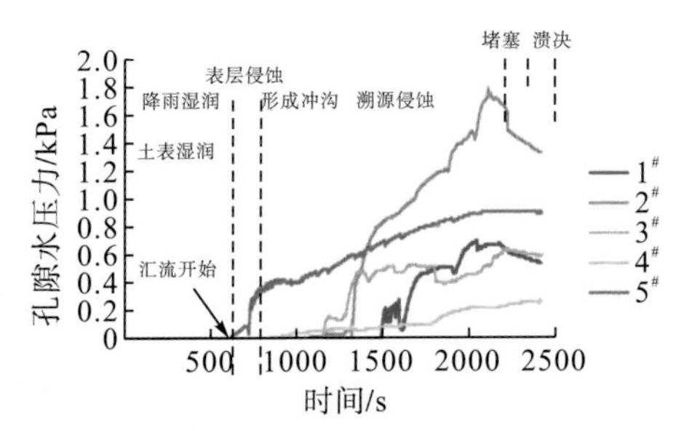

图 2-39 工况 4 孔隙水压力变化曲线

(坡度为 12°、降雨强度为 70mm/h、沟床糙率为 0.6)

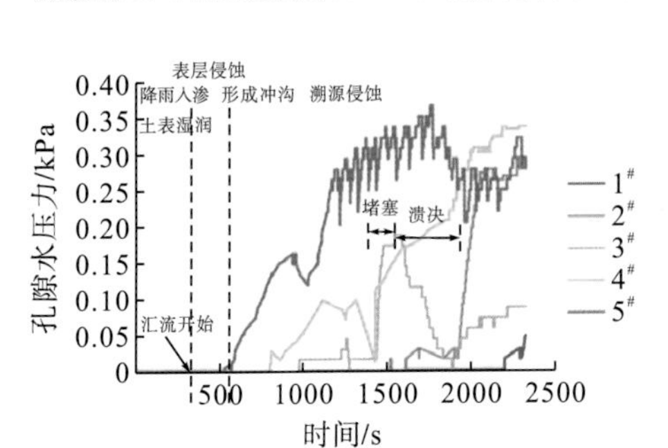

图 2-40 工况 5 孔隙水压力变化曲线

(坡度为 16°、降雨强度为 50mm/h、沟床糙率为 0.6)

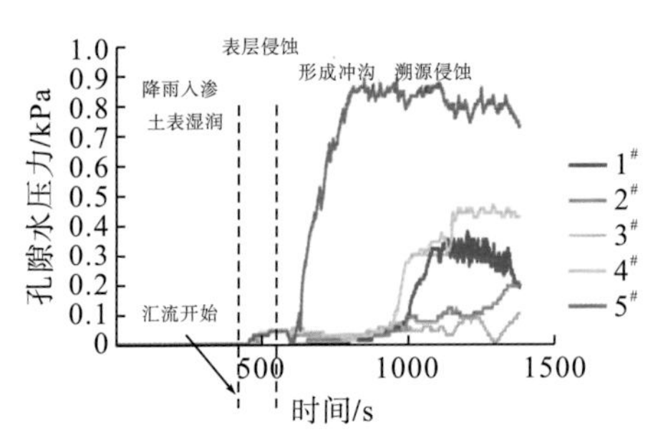

图 2-41 工况 6 孔隙水压力变化曲线

(坡度为 16°、降雨强度为 70mm/h、沟床糙率为 0.3)

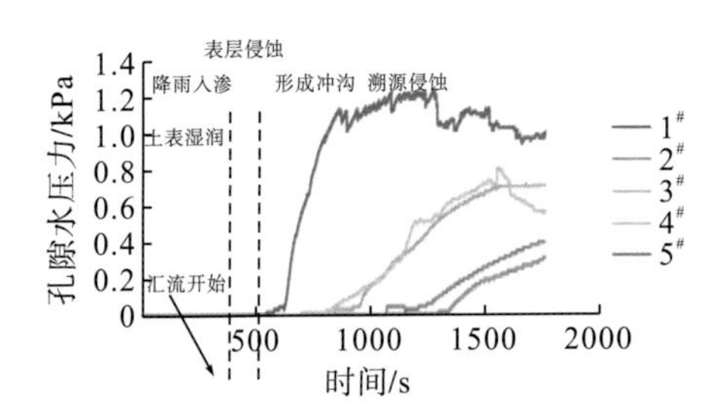

图 2-42 工况 7 孔隙水压力变化曲线

(坡度为 20°、降雨强度为 50mm/h、沟床糙率为 0.3)

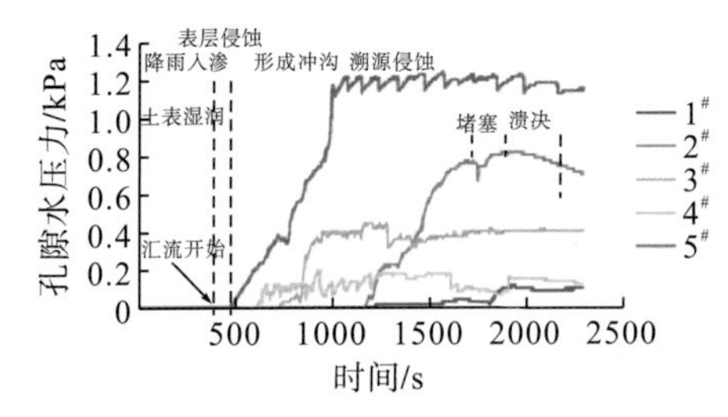

图 2-43 工况 8 孔隙水压力变化曲线

(坡度为 20°、降雨强度为 30mm/h、沟床糙率为 0.3)

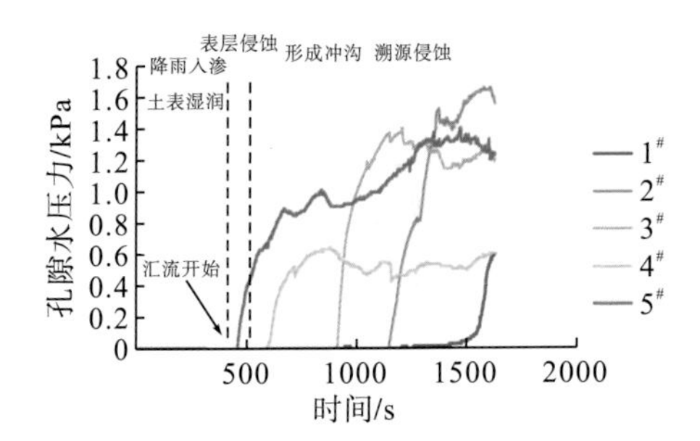

图 2-44 工况 9 孔隙水压力变化曲线

(坡度为 20°、降雨强度为 50mm/h、沟床糙率为 0.5)

4. 动储量评价模型

根据上述考虑固定级配、黏粒含量的准泥石流堆积体在不同沟道坡度、降雨条件和糙率的室内水槽冲刷模型实验结果，对沟道松散物质起动后形成的沟道形状进行函数拟合。

实验表明，沟道型堆积物源前缘及后缘因冲刷拉槽后形成的沟道宽度(D_Q、D_H)与沟道坡度(S)、降雨强度(Q)及沟床糙率(n)有关，即 $D=g(S,Q,n)$。假设中部某处沟道宽度为 D_M，见图 2-45。

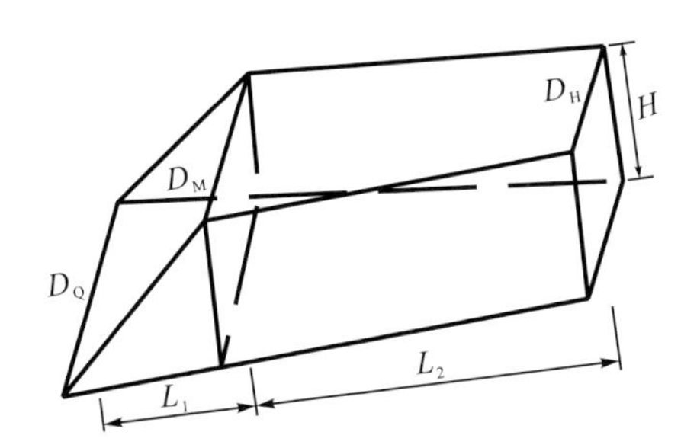

图 2-45　窄陡沟道型冲沟形态模型示意图

图 2-45 中，H 表示堆积体厚度；L_1、L_2 分别表示堆积体前缘纵向长度和后缘纵向长度。

假定沟道中部宽度为 D_M 的部位沟道前、后宽度变化率较大，即 $(D_M-D_H)/L_2$ 与 $(D_Q-D_M)/L_1$ 相比较，$(D_Q-D_M)/L_1$ 相对变化较大，且 D_M 为堆积体坡度转折点处。通过 Origin Pro 软件对前、后缘宽度进行拟合，得到相关关系式。

前缘宽度 D_Q：

$$D_Q=-7.081\times10^{-5}\times\frac{S}{14}^{-21.706}+1.891\times10^{-7}\times\frac{Q}{60}^{-24.033}+202.889\times n^{6.314}+20.268 \tag{2-21}$$

通过回归分析，显示复相关系数 $R^2=0.904$，方程拟合效果较好。

后缘宽度 D_H：

$$D_H=400.017\times\frac{S}{14}^{-0.018}+6.863\times10^{-10}\times\frac{Q}{60}^{-32.523}+602.277\times n^{9.72}-392.378 \tag{2-22}$$

通过回归分析，显示复相关系数 $R^2=0.972$，方程拟合效果较好。

根据式(2-21)和式(2-22)，中间某部位沟道宽度 $D_M=f(D_Q, D_H)=K\times D_Q+I\times D_H+J$，其中，$K$、$I$、$J$ 为常数。经过 Origin Pro 软件对实验结果进行拟合，得到如下关系式：

$$D_M=0.222\times D_Q+0.762\times D_H+2.380 \tag{2-23}$$

相应可得到窄陡沟道物源动储量：

$$V=\frac{(D_H+D_M)L_2}{2}H+\frac{L_1(D_Q+2D_M)}{6}H \tag{2-24}$$

式中，V 的单位为 m^3。

2.1.3 坡面物源

受地震影响，震区地表破坏严重，山体斜坡表层坡残积层及早期冰水堆积体密实度减小，普遍存在侵蚀退化现象，为坡面物源起动提供了物质基础。

作为震后泥石流重要补给物源之一，目前坡面侵蚀型物源总量主要通过形成流通区汇水面积及侵蚀深度进行推算，动储量则根据降雨条件一般取总量的20%～30%。由于坡面物源的侵蚀起动受地形、降雨、植被覆盖等因素共同影响，故在实际应用中，只考虑侵蚀面积及侵蚀深度计算结果往往存在较大误差，影响泥石流一次冲出量及相关运动学参数的计算，可能导致泥石流一次冲出量高于设计值，相关拦挡治理工程不能满足设计要求。

本节针对震区坡面物源的起动机制，通过室内模型实验，分析其在降雨作用下的起动过程，为强震区震后泥石流坡面物源起动机制及动储量评价提供科学依据。

2.1.3.1 坡面物源起动室内模型实验

1. 模型实验设计

本实验为三因素四水平正交实验，共计 16 组，模型箱制作、实验土体堆填、传感器埋设、草本植物移栽等严格遵循设计方案。

堆积体材料。采用震区典型坡面物源，其颗粒组成为：碎石 2.4%、砾石 38.3%、砂 47.6%、粉粒及黏粒 11.3%。为减小尺寸效应影响，本次实验拟筛选粒径小于 20mm 的颗粒作为实验材料，根据等量替代法对原料土进行处理，根据该实验模型尺寸，按照比例等质量替换超粒径(大于 2.0cm)颗粒。实验土级配曲线如图 2-46 所示。

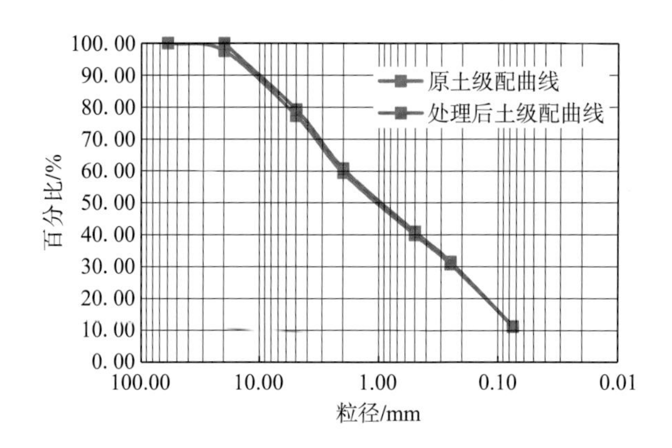

图 2-46 坡面物源侵蚀模型实验土级配曲线

基覆界面处理。结合野外现场调查，在下层土体夯实至设计坡度时利用水泥砂浆(重量配合比为水泥∶砂∶水=1∶1.1∶1)形成的 3cm 厚平整的抹面来模拟基覆界面，抹面后在表层嵌入棱角分明的碎石，以达到与实际情况相同的沟床糙率(图 2-47)。

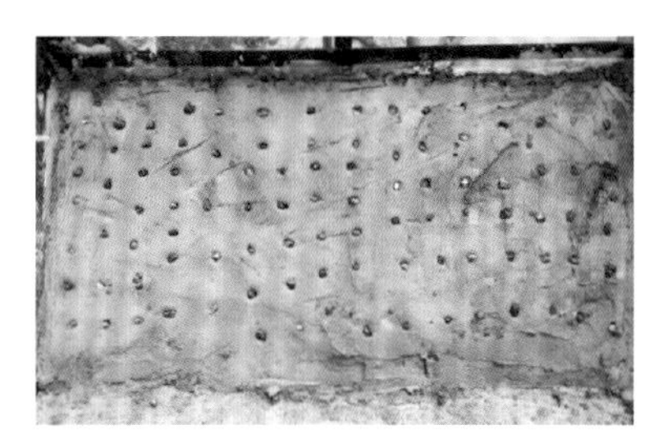

图 2-47　基覆界面处理及定位

2. 模型实验结果分析

坡面物源降雨起动室内正交模型实验共进行 16 组，旨在探究不同坡面坡度、降雨强度、草本植被覆盖密度三种因素组合控制影响下坡面物源的起动机制。

模型实验结果表明，坡度是影响和控制坡面物源起动的主要因素，坡面物源起动方式主要为水土流失，坡体表层以沟蚀、面蚀为主，在土体达到饱和后存在局部轻微坍滑现象；在 40°、45°地形坡度条件下，坡面物源失稳模式主要为表层饱和土体流体状阵性暴发，在坡面冲刷剧烈时坡脚会出现明显的溯源侵蚀、坍滑现象，往往引发坡体大规模失稳破坏。草本植被根系固土作用受坡度影响明显，在 30°、35°坡度条件下固土效果较显著，但在 40°、45°坡度条件下草本植被往往随土体的坍滑运移出现倒伏、移位现象，成为滑体的一部分。

此外，从多次实验结果可明显看出，降雨作为坡面物源起动的诱发因素，主要为坡面土体失稳起动提供水动力条件。降雨强度主要影响坡面物源表面产汇及入渗速度，且在相同历时下，降雨强度与沟蚀、面蚀发育程度呈正相关。

1) 地形坡度对坡面物源失稳破坏模式的影响

从模型实验结果看(表 2-10，表 2-11)，坡面物源起动破坏模式分为两种：一种是在 30°、35°坡度条件下以浅表层沟蚀、面蚀为主；另一种是在 40°、45°坡度条件下，以坍滑等重力侵蚀特征为主。

表 2-10　坡面物源侵蚀实验过程(坡度为 35°，降雨强度为 30mm/h，植被密度为 40 株/m^2)

现象	描述
	t =00:00:00，开始降雨
	t =00:12:02，冲沟发育、面蚀加剧，左侧土体开始失稳、少数植被出现倒伏，浅表层坡体向下蠕移、沉降
	t =00:20:13，坡体部分饱和，土体呈流体状阵性下滑

表 2-11 坡面物源侵蚀实验过程(坡度为 45°、降雨强度为 30mm/h，植被密度为 40 株/m^2)

现象	描述
	t=00:00:00，开始降雨，初始浸润
	t=00:02:32，降雨入渗、表层出现沉降变形、失稳蠕移，坡体表面产生细小汇流，发生面蚀、沟蚀现象，细颗粒运移，坡脚处水流浑浊
	t=00:13:15，坡体大面积坍滑，表层土体呈流体状阵性暴发坡面泥石流，坍滑区域内植被大量倒伏

2) 坡面物源变形破坏阶段划分

从 16 组实验结果看，地形坡度是控制和影响坡面物源起动的主要控制因素，根据实验将坡面物源失稳破坏分为冲刷沟蚀型、整体失稳型两种类型。

(1) 冲刷沟蚀型(30°、35°)。从宏观现象(表 2-10)来看，在 30°、35°坡度条件下，坡面物源在降雨作用下主要以表层冲刷沟蚀等水土流失方式发生运移，沟蚀拉槽多见于相邻草本植被间的土体，在草本植被根系加固范围内水土流失现象轻微，坡面偶见零星失稳坍滑，总体上草本植被能充分发挥水土保持效益，其破坏过程可分为以下四个阶段：初期浸润→局部饱和、面蚀→坡体沉降、局部蠕移→局部失稳、坍滑→局部坡面泥石流。

(2) 整体失稳型(40°、45°)。从宏观现象(表 2-11)来看，在 40°、45°坡度条件下，坡面物源在降雨作用下冲刷侵蚀剧烈，失稳坍滑现象显著，失稳破坏往往自坡脚发育，溯源侵蚀是整体坍滑的重要诱因，坍滑体厚度往往超过草本植被根系有效固土深度，严重削弱草本植被根系固土护坡效果，总体上失稳破坏过程可分为以下四个阶段：初期浸润→蠕移、坍滑→溯源侵蚀→大范围整体失稳。

2.1.3.2 含植被坡面物源动储量预测计算

1. 坡面物源动储量预测模型

目前对于含植被坡面土壤流失量的计算广泛采用一种修正的通用土壤流失方程(the revised universal soil loss equation，RUSLE)模型，该模型综合考虑了降雨侵蚀、土壤流失、坡度、坡面植被覆盖以及支挡情况五个方面的影响因素，且在应用中仅需要降雨统计资料等少量监测数据，有效降低了人为主观因素的影响。该模型具有较高的可信度，对于坡面物源，该模型还可将坡面土壤年侵蚀量换算为治理工程设计使用年限内的侵蚀总量，具有一定的优势，故本书拟将 RUSLE 模型用于坡面物源动储量计算。

RUSLE 模型表示为

$$A = R \times K \times \mathrm{LS} \times C \times P \tag{2-25}$$

式中，A 表示土壤年平均流失量，$\mathrm{t \cdot hm^{-2} \cdot a^{-1}}$；$R$ 表示降雨侵蚀力因子，$\mathrm{MJ \cdot mm \cdot hm^{-2} \cdot h^{-1} \cdot a^{-1}}$；$K$ 表示土壤可蚀性因子，$(\mathrm{t \cdot hm^2 \cdot h}) \cdot (\mathrm{hm^{-2} \cdot MJ^{-1} \cdot mm^{-1}})$；LS 表示坡长坡度因子，量纲一；$C$ 表示植被覆盖因子，$0<C<1$，量纲一；P 表示侵蚀控制因子，$0<P<1$，量纲一。

2. 坡面物源动储量预测结果分析

选取七盘沟流域内典型坡面物源分别使用 RUSLE 模型及侵蚀厚度估算法，按治理工程 50 年一遇设防标准预测计算坡面物源动储量，计算结果见表 2-12。

表 2-12　七盘沟流域内典型坡面物源动储量预测结果

坡面物源名称	RUSLE 计算模型									工程估算泥石流方量 $/(\times10^4\mathrm{m}^3)$	结果比较
	坡长 λ /m	坡度 $\theta/(°)$	R	K	LS	C	P	年侵蚀量 /t	50 年一遇泥石流方量 $/(\times10^4\mathrm{m}^3)$		
红石槽	2178	19	332.03	0.09	9.71	0.12	1	34.82	5.80	12.0	−51.67%
桐麻槽	1570	27	332.03	0.09	53.80	0.10	1	160.77	6.77	5.0	+35.40%
三级电站	400	32	332.03	0.09	64.92	0.12	1	232.80	0.55	0.6	−8.33%
长板沟	832	38	332.03	0.09	27.23	0.12	1	97.65	33.46	15.0	+123.07%
干河沟	834	40	332.03	0.09	18.50	0.12	1	66.34	1.61	0.5	+222.00%
小塘沟	666	42	332.03	0.09	67.05	0.10	1	200.37	4.73	1.7	+178.24%

注：年侵蚀量为每公顷土壤年流失量。

从表 2-12 可以看出，坡长坡度因子(LS)对坡面物源动储量预测计算结果影响较大。目前工程上常用的估算法(侵蚀厚度×侵蚀面积)在坡度为 19°时，计算结果相较于 RUSLE 模型法偏保守，但对于坡度为 38°～42°的坡面物源侵蚀量的估算显著低于 RUSLE 模型，原因在于工程估算法未考虑陡坡物源存在重力侵蚀现象，结合室内模型实验现象，坡度是影响坡面物源侵蚀强度的主要控制因素，在陡坡条件下坡面物源往往发生剧烈侵蚀，伴随表层土体大量失稳运移，而目前工程经验估算忽略了坡度对侵蚀量的影响，因此对陡坡条件下物源动储量计算具有一定的局限性。

结合野外对坡面物源现场调查结果来看，流域内坡面物源发育地区往往山高坡陡、植被退化、侵蚀剧烈，受陡坡地形影响，水土流失现象显著，因此将 RUSLE 模型应用于震区泥石流流域内坡面物源动储量的计算在一定程度上可提高预测结果的准确度。

2.2　基于多源遥感方法的强震区高位震裂物源综合识别技术

传统认识上，强震区高位震裂物源调查通常以人工地质调查为主。虽然识别结果详细准确，但震后区域地形陡峭、人力难至，因此人工地质调查危险性较高且效率较低。随着遥感技术逐渐成熟，星载和机载的光学遥感影像等数据获取成本显著降低，基于光学遥感影像提取强震区内高位震裂物源隐患点信息的技术已逐步得到应用。例如，“5·12”汶川地震之后，遥感技术就用于同震滑坡的解译工作中，为同震地质灾害的快速编目提供了有力支撑。

总体而言，现有识别技术和方法可以分为三类。①变化检测方法。这种方法需要有同一位置的两期或多期遥感数据，找出因强震引起的山体震裂变化区域，数据源可以是二维光学影像，也可以是三维地形数据。变化检测对同震震裂物源的应用效果较好，但需要具有时间序列的遥感数据，而通常此类数据较难获取。②机器学习方法。常用的有贝叶斯、逻辑回归、支持向量机和人工神经网络等算法。该方法在数据准备部分需提取所使用数据的各类相关特征，然后使用各种分类器，从震裂物源遥感影像深层特征的角度进行识别和分类，其自动化程度相较于前述方法更高，但机器学习方法的特征选择和超参数调试工作量较大。③特征阈值方法。该方法多使用基于像素的方法或基于对象的多尺度分割方法，对震裂物源区域的光谱、纹理、地貌或地形等特征进行统计，设置一种或者多种阈值进行震裂物源识别，其判断精度高，工作量相对较小，但因其判断标准为特定区域、特定特征的统计值，目前未形成统一标准。

本章主要针对特征阈值和机器学习方法，探讨基于多源遥感方法的强震区高位震裂物源综合识别技术及其应用。首先，结合强震区泥石流高位震裂物源遥感数据特征，在光学遥感影像基础上引入局部阈值二值化方法，避免全局阈值二值化导致的大量震裂物源虚警问题；其次，针对融合地形数据的局部二值化震裂物源识别方法将一些河漫滩、植被区域误检为震裂物源的情况，分析了误检地物的光学和几何特点，进一步引入了区域坡度信息、归一化植被指数(normalized difference vegetation index，NDVI)特征及解译地物主轴特征等多特征融合策略，对识别结果展开进一步筛选，提高震裂物源的识别精度；再次，考虑到特征阈值方法中一些阈值参数依赖于先验知识和手工设定，进一步开发了基于深度学习和人工智能的目标检测算法 Dyna-head Yolo v3，针对区域遥感影像中可能存在沟道内高位震裂物源的情况进行识别；最后，引入 FPN-rUnet 分割网络对具体震裂物源区域边界进行语义分割，并结合已有研究中回归得到的震裂物源平均厚度和体积估算方法，对研究区震裂物源平均厚度和体积进行估算，为强震区震裂山体物源起动模式及动储量分析提供有益帮助。

2.2.1 基于光学遥感局部阈值二值化的同震山体震裂物源初步识别

利用光学遥感影像对同震震裂物源进行识别的本质，是对光学遥感影像中潜在的目标(即震裂物源区域)进行分割等预处理，提取区域内震裂物源区面积、位置等信息，可以有效降低工作难度、提高灾害识别效率。目前常用的方法为二值化分割方法，通过计算全色波段图像的灰度阈值，可将图像中的目标和背景分别聚类。二值化方法按照原理可分为全局阈值方法与局部阈值方法两类。全局阈值方法综合考虑整张图像的灰度分布，计算出一个最优灰度值，并据此将整张影像分为目标和背景两类。而同一幅影像上由于覆盖区域广，在背景复杂、光照不均等条件下，不同部分具有不同灰度的现象，利用单一的全局阈值方法无法对影像细节做出较好地分割。因此考虑影像局部特征的局部阈值方法更为合适，即将整张图像划分为若干个子图像，分别计算每个子图像的最优灰度阈值，并对子图像进行二值化分割。

2.2.1.1　方法和原理

下面首先在大津(Otsu)全局阈值方法基础上，提出基于蒙特卡罗模拟的局部阈值方法，并介绍基于全色波段遥感影像与地形数据融合的强震区震裂物源灾害快速检测方法，能够有效识别位于山体阴影处的低灰度震裂物源。同时，将遥感影像解译结果与区域地形数据融合，以地形坡度为指标，排除河流、道路等高灰度地物干扰，从而提高解译识别精度，可为强震区震裂物源识别提供算法基础。

1. 大津全局阈值方法

大津全局阈值方法(简称大津法)也称为最大类间方差法，是日本学者大津提出的基于全局阈值的聚类方法，也是目前图像识别领域应用最广的自适应阈值确定方法。一张全色波段影像视觉上表现为灰度图像，其中每个像素都表现为某个 L 级灰度值。大津法根据图像的灰度特性，计算得到某一灰度值 T_o，并将其作为阈值把图像分为目标(或前景) $C_1=[1,2,\cdots,T_o]$ 和背景 $C_2=[T_o+1,T_o+2,\cdots,L]$。对于一张图像，假设处于灰度 i 的像素共有 z_i 个，则灰度为 i 的像素占图像总像素的比例 $p(i)$ 为

$$p(i)=\frac{z_i}{Z},\ z_i \geqslant 0,\ \sum_{i=1}^{L} p(i)=1 \tag{2-26}$$

式中，Z 表示图像的总像素。目标 C_1 的像素及背景 C_2 的像素所占图像比例分别为 ω_1、ω_2，目标和背景的平均灰度分别为 μ_1、μ_2。

$$\omega_1=\sum_{i=1}^{T_o} p(i)=\omega(T),\ \mu_1=\sum_{i=1}^{T_o}\frac{ip(i)}{\omega_1} \tag{2-27}$$

$$\omega_2=\sum_{i=T_o+1}^{L} p(i)=1-\omega(T),\ \mu_2=\sum_{i=T_o+1}^{L}\frac{ip(i)}{\omega_2} \tag{2-28}$$

因此，目标和背景的方差可按下式计算：

$$\sigma_1^2=\sum_{i=1}^{T_o} p(i)\frac{(i-\mu_1)^2}{\omega_1} \tag{2-29}$$

$$\sigma_2^2=\sum_{i=T_o+1}^{L} p(i)\frac{(i-\mu_2)^2}{\omega_2} \tag{2-30}$$

由此可以计算图像的类内方差 σ_W^2、类间方差 σ_B^2：

$$\sigma_W^2=\omega_1\sigma_1+\omega_2\sigma_2 \tag{2-31}$$

$$\sigma_B^2=\omega_1(\mu_1-\mu_T)^2+\omega_2(\mu_2-\mu_T)^2 \tag{2-32}$$

式中，μ_T 为图像的平均灰度。采用式(2-26)的遍历方法得到使类间方差与类内方差比例 η 最大的阈值 T，即为图像二值化的最优灰度阈值。

$$\eta=\max_{1\leqslant T\leqslant L}\frac{\sigma_B^2}{\sigma_W^2} \tag{2-33}$$

当取最优灰度阈值 T 时，类间方差与类内方差之比 η 最大。大津法所采用的衡量差别的标准就是最大类间方差。如图 2-48(a)所示，当图像内容单一时，目标和背景区别大，图像的灰度分布多呈现“双峰”形式。然而如图 2-48(b)所示，受光照不均、阴影遮挡或复杂背景等因素干扰，或者目标与背景的大小比例悬殊，灰度分布呈现“单峰”或“多峰”。对于这种图像，大津法获取的二值化结果通常不理想。对于震后获取区域遥感影像，由于其覆盖区域广，背景、光照等条件复杂，因此遥感影像灰度分布多呈“单峰”或“多峰”。

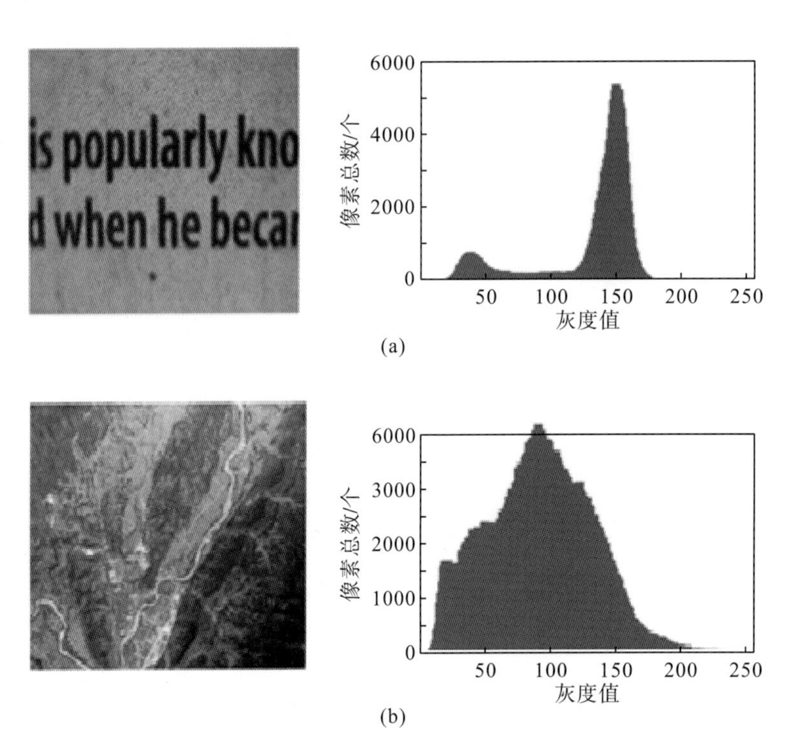

图 2-48 不同图像所对应的灰度分布呈现不同形式

2. 基于蒙特卡罗模拟的局部阈值分割方法

如前所述，复杂艰险山区地物复杂，光照受山体阴影遮挡明显，因此区域遥感图像灰度分布多属于“单峰”或“多峰”形式，基于全局阈值的传统大津法在解译震裂物源时存在准确度低、误判率高的问题。为此本书提出了基于局部阈值与蒙特卡罗模拟的改进二值化分割方法，能够有效识别位于山体阴影处的低灰度震裂物源。该方法首先利用蒙特卡罗迭代对覆盖大区域的光学遥感影像进行随机矩形分块，再对分块后的局部影像采用经典大津法以区分识别目标与背景。最后，根据大量蒙特卡罗迭代所获得结果的置信度来判断像元是否属于震裂物源，具体步骤如下。

1) 遥感影像局部子图像划分

如图 2-49 所示，将尺寸为 $M \times N$ 的全色波段遥感影像以左上角为原点划分为若干个方形子图像，每个子图像尺寸为 D 个像素，其中 M 为整张影像像素列数，N 为像素行数。

因方形子图像无法完整覆盖整张矩形遥感影像，因此图像下边界与右边界剩余部分用尺寸为 $D'\times D$、$D\times D''$、$D'\times D''$ 的矩形子图像覆盖，其中：

$$D' = M - [M/D]D,\ \ D'' = N - [N/D]D \tag{2-34}$$

即 D' 与 D'' 分别为 M/D 和 N/D 的余数。通过将整张影像划分为若干子图像，降低了每个子图像中目标和背景的复杂程度。分别采用上节所述的大津法计算各子图像的灰度阈值，并单独进行二值化分割，最后将二值化的子图像合并为整张图像，即可获取整张全色波段遥感影像 $f(x,y)$ 的二值化分割结果 $f'(x,y)$。其中，当 $f'(x,y)=1$ 时，表示像素点 (x,y) 被识别为目标；当 $f'(x,y)=0$ 时，表示该像素点为背景。

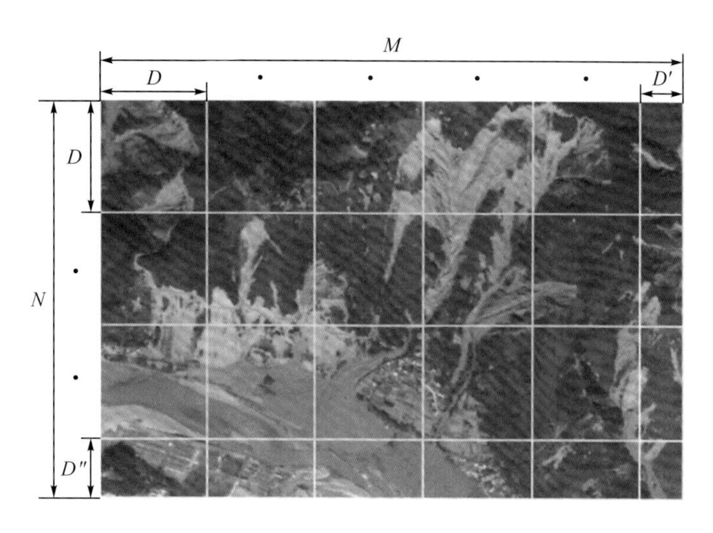

图 2-49　采用矩形分块的全色波段区域光学遥感影像子图像划分

在实际应用中，上述局部阈值方法仍然存在明显局限。首先，子图像尺寸 D 的选择缺乏标准和依据，子图像尺寸过大或过小都必然影响分割准确性。其次，相邻两个子图像因单独计算阈值并进行二值化分割，因此在交界处附近可能产生相反的分割结果，易导致整张影像形成纵横交错的干扰线条。

2）基于蒙特卡罗模拟的局部阈值二值化方法

针对上述问题，提出了基于蒙特卡罗模拟思想的改进方法，方法流程如图 2-50 所示。首先设置 n 步蒙特卡罗计算步，以子图像尺寸 D 为随机变量，在每步计算中，随机选取一个子图像尺寸 D。其次采用上述局部阈值方法对图像进行二值化分割，获取计算步 k 对应的结果 $f_k'(x,y)$。最后将 $f_1'(x,y)$、$f_2'(x,y)$、…、$f_n'(x,y)$ 共计 n 组结果进行求和累加，并计算每个像素 (x,y) 在蒙特卡罗模拟过程中被识别为目标和背景的概率 $P(x,y)$。假设置信度 T_P 为概率阈值，当 $P(x,y)>T_P$ 时，该像元为前景目标；当 $P(x,y)<T_P$ 时，该像元为背景杂波。研究中发现，当 T_P=0.80 时具有较好的效果，即假设 100 次蒙特卡罗迭代计算中，某像元有 80 次以上被判识是震裂物源目标，则该像元在最终结果中被判为震裂物源。

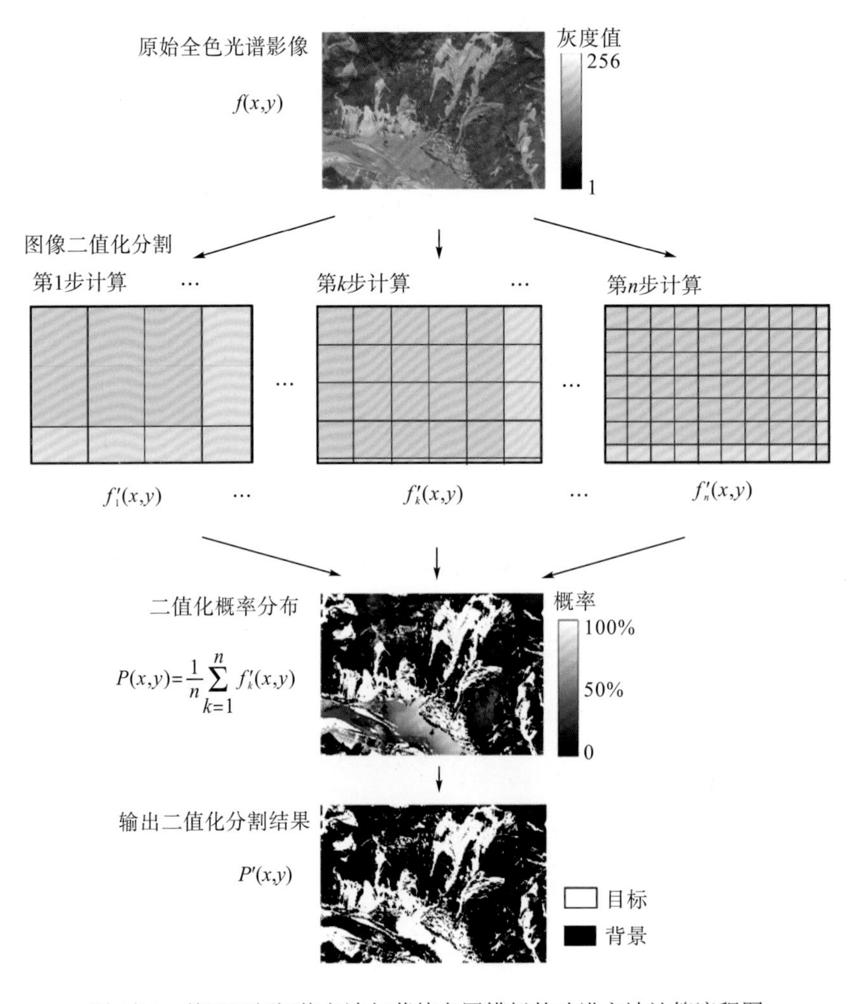

图 2-50 基于局部阈值方法与蒙特卡罗模拟的改进方法计算流程图

3. 局部阈值分割结果与地形数据融合

仅以遥感影像灰度值作为指标对震裂物源进行识别仍存在较多的假阳性地物干扰，使得误检为震裂物源的区域偏多，需要引入地形数据对遥感影像二值化分割结果加以修正，从而排除村镇、道路、河流等高灰度地物的干扰。常用的地形数据主要有高程、坡度、坡向等，本小节选用地形坡度来表征地形因素，其表示每个像元计算值在从该像元到与其相邻的像元方向上的最大变化率。通过总结大量震裂物源案例，发现震裂物源通常发生在坡度 35°以上山坡，而平地、缓坡等地形则鲜有震裂物源分布。因此如图 2-51 所示，采用坡度 $\theta = 5\%$ 作为地形指标，排除位于平地与缓坡上的村镇、道路、河流等高灰度地物对震裂物源识别结果的影响。

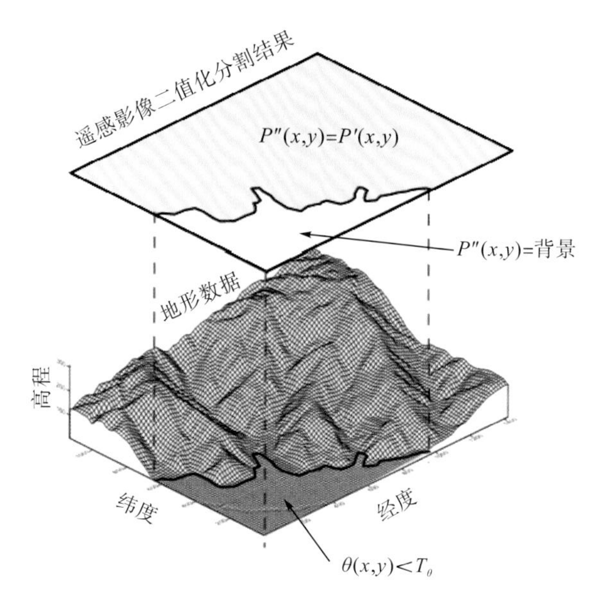

图 2-51 地形数据与二值化影像融合

2.2.1.2 “5・12”汶川地震北川强震区震裂物源识别

为验证本书提出方法的识别效果，以 2008 年“5・12”汶川地震强震区的北川老县城约 3.68km^2 的区域为例，利用震后 4 个月获取的 SPOT-5 全色波段遥感影像对区域内的震裂物源进行了解译与识别。

1. 数据概况

所选区域位于北川县曲山镇，距离汶川地震主震断裂带较近，区域地震烈度较高，并且由于震后余震影响，区域内山体破坏严重，震裂物源发育显著[图 2-52(a)]。

地震后 4 个月，法国 SPOT-5 卫星获取了所选区域的高分辨率全色光谱影像。通过地图配准、正射校正及大气校正等预处理，最终获取的全色波段遥感影像如图 2-52(b)所示。

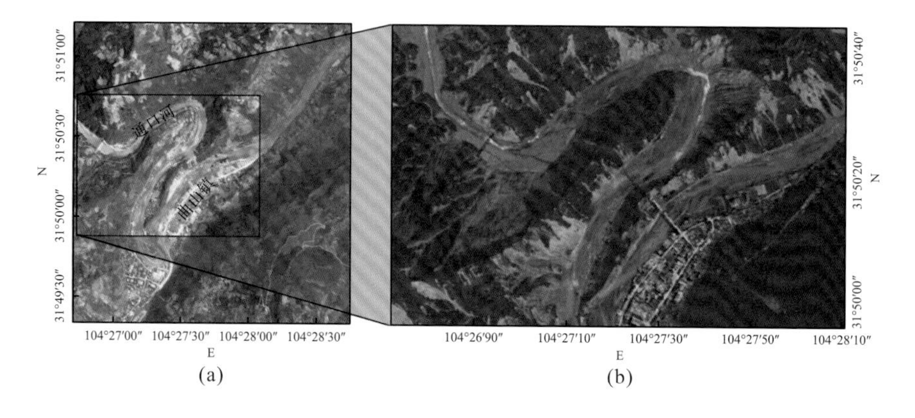

图 2-52 北川老县城区域地理位置及区域全色波段遥感影像

2. 震裂物源识别结果

应用本书提出的方法，对全色波段遥感影像进行二值化处理，以解译遥感影像中震裂物源的面积及位置等关键信息。本案例选取 50 步蒙特卡罗计算，计算后的震裂物源目标识别概率分布云图如图 2-53(a)所示，以置信概率 $T_P = 0.80$ 作为阈值，对概率分布云图进行二值化分割，获取的结果如图 2-53(b)所示。50 步蒙特卡罗计算中，当图中某像素有 40 次以上被识别为震裂物源目标，则最终判定该像素为震裂物源。

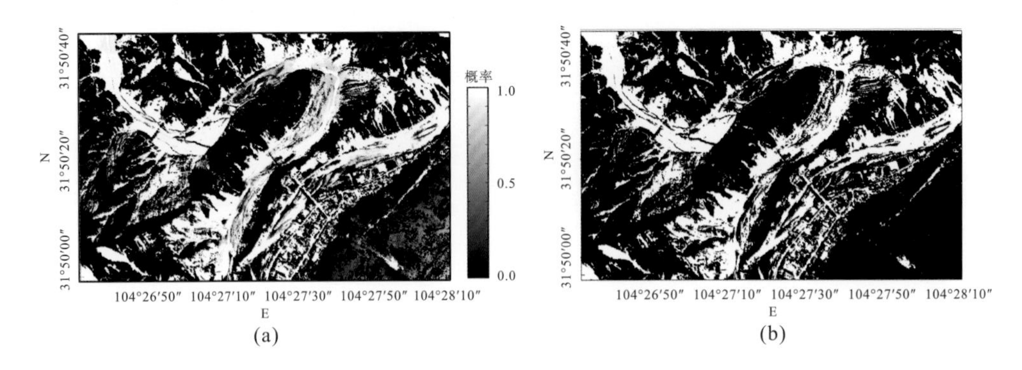

图 2-53 50 步蒙特卡罗计算所获取的震裂物源目标识别概率分布云图

3. 地形数据融合筛查

原始全色波段遥感影像中，穿越识别区域的通口河、曲山镇等地物在灰度特性上与山体震裂物源较为接近，仅通过全色波段遥感影像二值化分割无法将村镇、道路、河流等高灰度地物与震裂物源区域区别开来。因此通过引入数字地形高程模型(digital elevation model，DEM)，在 ArcGIS 软件中获得该区域的地形坡度云图[图 2-54(a)]，并利用地形坡度来排除位于平地与缓坡等地形上的村镇、道路、河流等相似地物的干扰。

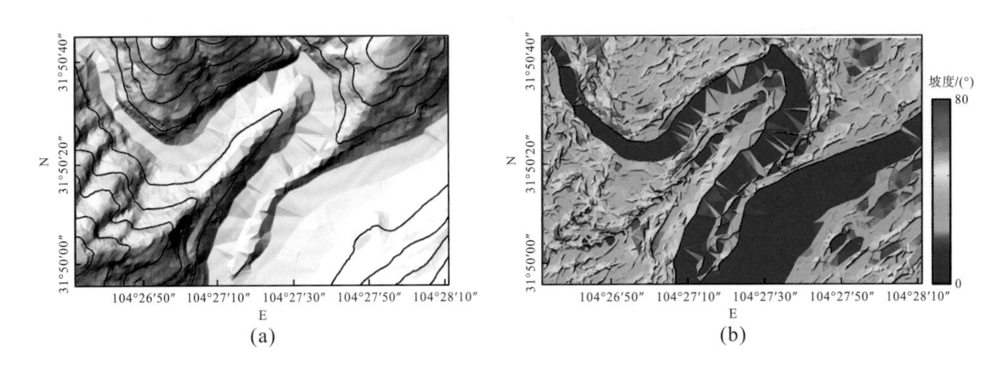

图 2-54 30m 分辨率 SRTM DEM 数据及山体坡度分布

如图 2-54(b)所示，区域内山体坡度最大为 80°，其中绝大部分坡度位于 10°～30°范围内。对图 2-54(b)按照遥感影像的区域及分辨率进行裁剪、重采样，可以获得与遥感影像相同尺寸及分辨率的地形坡度云图。最后将遥感影像二值化数据与地形坡度数据叠加融合，以 5%坡度作为坡度阈值，将坡度 5%以下的区域全部作为背景，修正遥感影像二值化后的震裂物源目标识别结果，可排除村镇、道路、河流等高灰度地物的干扰，最终震裂物源解译识别结果如图 2-55 所示。

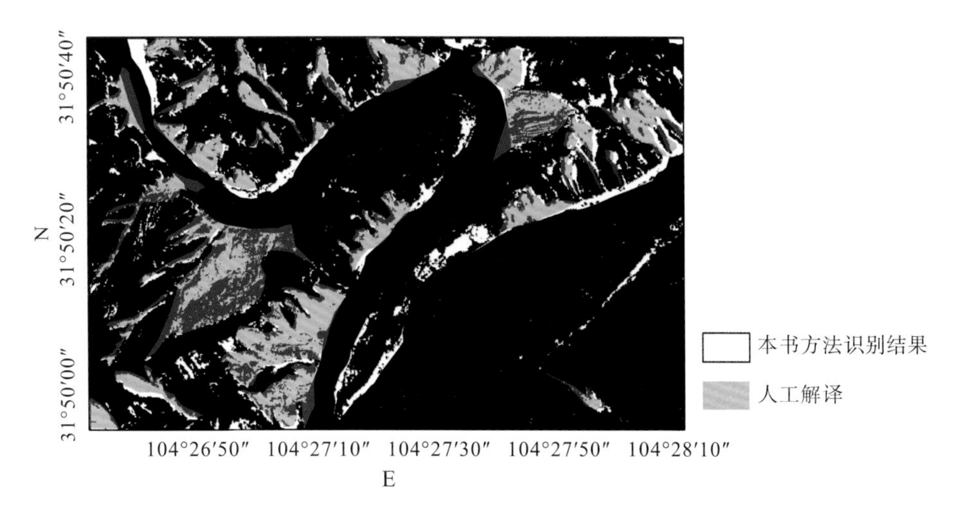

图 2-55　本书提出方法获取的震裂物源解译识别结果与人工解译对比

本案例所选区域内共解译出 33 处震裂物源，为验证震裂物源解译成果精度与准确度，将解译结果与人工识别解译结果进行了对比，如图 2-55 所示，红色区域为人工识别解译结果，共解译出 30 处明显震裂物源。经过对比，本次解译的震裂物源全部覆盖了人工识别解译结果，漏报率为 0。由于本案例采用的 DEM 分辨率较低，在山坡与河流交界处的缓坡及平地无法被显示出来，以致在数据融合时，无法排除部分微地形的影响，由此产生误报震裂物源 3 处，误报率为 9.1%。后期通过提高 DEM 精度，可有效降低误报率。

2.2.2　光学遥感影像多特征融合解译高位震裂物源筛查

如 2.2.1 节所述，虽然将区域光学遥感影像二值化结果与地形坡度融合后，剔除了一些被误检为震裂物源的假阳性地物，但依然存在误报率(或假阳率)较高的问题。这些误判为震裂物源的地物通常是一些裸露的河漫滩、开垦的斜坡等与震裂山体具有相似灰度特征的地物，很难有效地与同震震裂物源进行区分，尤其是在 DEM 分辨率较低时，无法利用所提出的光学影像与地形坡度融合方法进行区分。因此，如何进一步降低解译结果中的误检率，从而提高区域震裂物源的解译精度是目前需要研究与解决的关键问题。

针对上述问题，本节通过对复杂艰险山区区域遥感影像特点和误检地物的几何特征进行分析，进而提出了一种遥感影像多特征策略融合的震裂物源解译方法。该方法在上述方法基础上，进一步引入了归一化植被指数(NDVI)特征和主轴特征，以排除灰度特性与同震崩塌滑坡相似的平缓区域对解译结果的干扰，如河岸边裸露河漫滩等沿水系流向的长条形地物以及植被区等，从而提高区域震裂物源的检测解译识别精度。为验证本书所提出方法的准确性和可行性，依托2014年云南省鲁甸地震龙头山镇的震后高分一号(GF-1)卫星影像数据及DEM进行了应用验证。

2.2.2.1 多特征融合方法及原理

如图2-41所示，引入地形坡度信息对遥感影像的二值化初步识别结果进行筛选。但受DEM精度限制，地形坡度虽然能去除少部分地形的干扰，但在河漫滩、坡脚等处仍然可能存在误判。因此，本小节进一步引入了主轴特征对识别方法加以补充。考虑到植被对最终结果的影响，引入NDVI对获得的检测结果进行二次筛选，尝试进一步降低同震震裂物源误检的假阳率。具体方法及原理阐述如下。

1. 地形坡度特征

地形坡度表征每个像元计算值在从该像元到与其相邻像元方向上的最大变化率。考虑到强震区震裂物源发育特征，即通常发育在坡度较陡的山体部位，沿用前文所述的5%坡度作为阈值分界，对初步检测结果进行过滤，去掉坡度较缓的区域。

2. 主轴轴向特征

山体在地震中震裂垮塌，形成震裂物源，其方向上多为由高处延伸到低处的岩屑堆积体，因此，其主轴轴向应当具有明显的方向性，通常轴向特征表现为近竖直向。沿山道路的主轴轴向则以横向为主，为此通过目标体的主轴轴向可以有效区分震裂物源与道路。此外，河岸边裸露河漫滩的主轴方向也多为横向。因此，可以根据地物的主轴轴向特征降低裸露泥土道路、河漫滩对震裂物源检测识别的影响。

利用主轴特征对解译结果进行修正，关键在于如何得到主轴位置以及确定主轴端点的坐标和高程，计算得到目标区域的主轴轴向后，再对主轴进行遍历即可解算出主轴线与图形的交点，此交点即为主轴的端点，进而获得主轴线在图像中的坐标位置，求解出图形的长短主轴、对应图形顶点以及轴向。再与DEM融合即可求得主轴端点的坐标以及高程，计算得到目标高度差、纵横比、方向走势等信息参数，如图2-56所示。通过规定目标区域长短轴比值和高差比的阈值，对震裂物源和其他长条形的地物进行区分，从而解译出震裂物源部位。

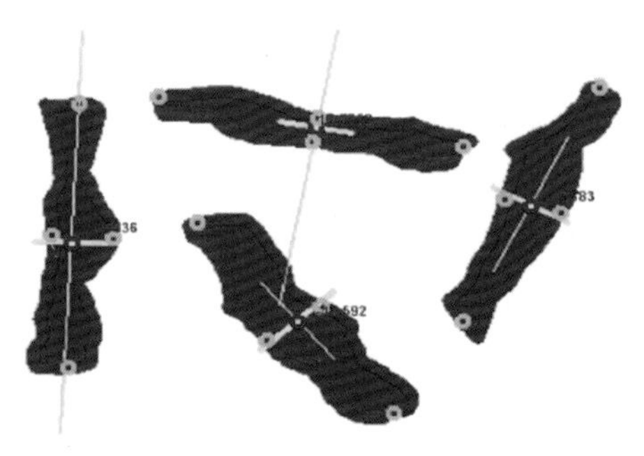

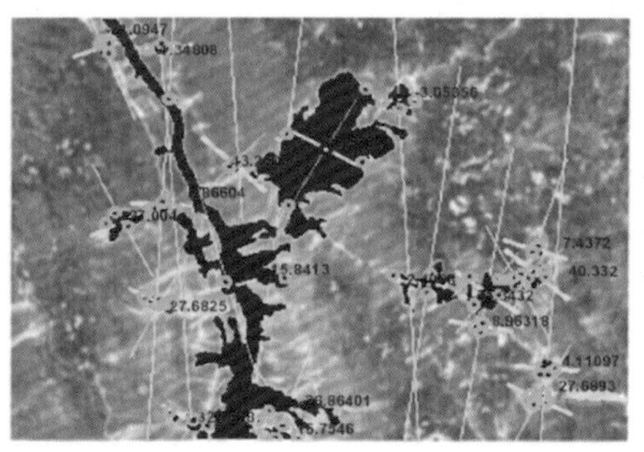

图2-56 震裂物源主轴轴向特征示意图

3. 归一化植被指数(NDVI)特征

当山体在地震作用中形成震裂物源时，往往会导致该区域地表植被的大面积破坏，植被覆盖度显著降低，与周边环境形成明显差异。震裂物源区域与周边环境的植被覆盖度的显著差异，可以在一定程度上反映震裂物源的分布情况。由于植被对近红外波段具有较强的反射性，而在红光波段则具有较强的吸收性，因此可利用该特性区分植被区与非植被区。

目前，NDVI 是衡量植被覆盖度常用的指标，还可以反映植物冠层的背景情况，如土壤潮湿地面、雪、岩石等。NDVI 计算公式如式(2-35)所示，即可见光红光波段与近红外波段的反射率差值与二者之和的比值：

$$\mathrm{NDVI}=\frac{\rho_{\mathrm{nir}}-\rho_{\mathrm{red}}}{\rho_{\mathrm{nir}}+\rho_{\mathrm{red}}} \tag{2-35}$$

式中，ρ_{nir} 表示近红外波段反射率；ρ_{red} 表示红光波段反射率；NDVI 取值为[−1,1]。

关于 NDVI 区分植被、土壤、岩石或雪的阈值，目前主要根据经验取值确定。一般当 NDVI 处于[−1,−0.1]时，指示地面覆盖类型为云、水、雪等，这些地物通常对可见光表现出高反射；当 NDVI 接近 0 时，表示 ρ_{nir} 和 ρ_{red} 两者几乎相等，指示没有植被覆盖，地表被裸露土壤或岩石覆盖；当 NDVI 处于[0.1,1]时，通常指示该地有植被，其植被覆盖度与该值呈正相关关系。本次取 NDVI 数值在[−0.1,0.1]的区域为震裂物源部位，从而降低植被覆盖度高的区域被误检为震裂物源区域的可能性。

2.2.2.2　工程实例

1. 研究区域及数据集介绍

以 2014 年 8 月云南鲁甸地震龙头山镇区域为研究案例，对提出的震裂物源解译识别方法进行验证。研究区位于云南省昭通市鲁甸县，于北京时间 2014 年 8 月 3 日 16 时 30 分发生了 6.5 级地震，震源深度达 12km。地震震区属于高山峡谷地貌，震裂物源较为发育。由于强震发生时正处雨季，地震引发了严重的滑坡、泥石流等次生灾害。收集到的原始数据包括震后鲁甸地区高分一号卫星影像数据及鲁甸地区 DEM(http://glovis.usgs.gov/)，影像拍摄日期为 2014 年 8 月 20 日，如图 2-57 所示。

原始数据	谱段范围/μm	空间分辨率/m
高分一号(GF-1)卫星影像数据	0.45~0.90	2.00
	0.45~0.52	8.00
	0.52~0.59	
	0.63~0.69	
	0.77~0.89	
DEM	—	30.00

图 2-57　云南鲁甸地震龙头山镇区域影像及数据参数

2. 解译结果分析

首先，运用前文所提出的局部阈值二值化分割方法对该研究区域全色影像进行局部二值化分割，进行 50 步蒙特卡罗计算，设定置信概率 T_P=0.80，获得该研究区域局部二值化分割结果，如图 2-58(a)所示，在初步分割结果基础上引入多特征策略融合方法，分别融合研究区坡度信息、主轴信息和 NDVI 信息对分割结果进行修正，最终结果如图 2-58 所示。

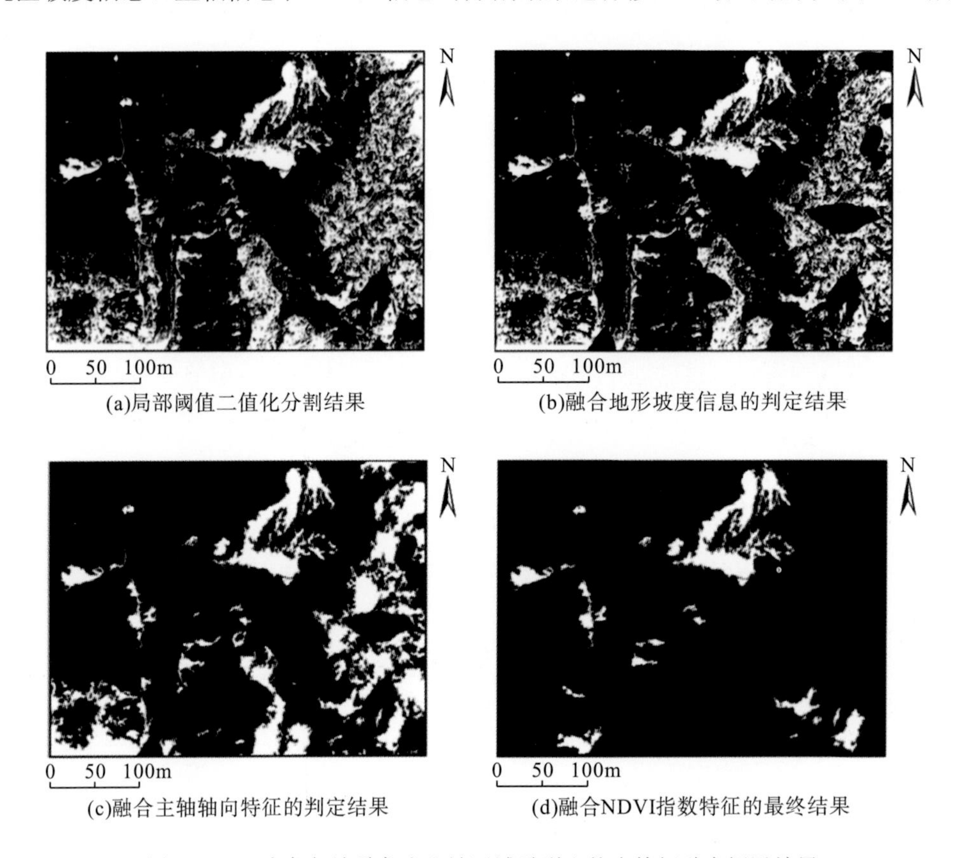

图 2-58 云南鲁甸地震龙头山镇区域震裂山体多特征融合解译结果

3. 精度验证

为验证该区域震裂物源识别结果，对光学遥感影像进行了人工目视解译。由于震裂物源在光学遥感影像上具有与其他地物不同的影像特征，可以从三个方面进行判断：①颜色、色调特征，在遥感图像上表现为地表覆盖的颜色连续性发生变化，对于新发生崩塌的山体，山体表面无植被覆盖且物质构成疏松，地表反射率较强，在影像上的色调较浅；②图像纹理特征，纹理是图像上色调的变化频率，震裂山体不同部位的形态、色调都有所差异，所以震裂物源在纹理上呈现出无规则状态；③形状特征，在遥感图像上，震裂物源通常表现为双沟同源、圈椅、椭圆等特殊的平面形态。

基于以上特征，对照研究区发生震裂崩塌灾害前的影像数据[图 2-59(a)]，对区域进行震裂物源人工目视解译，共识别出该区域内 16 个震裂物源，结果如图 2-59(b)所示，其中，标记为蓝色的 3 处道路沿线小型岩土裸露区域由于其遥感影像特征与震裂物源特征相似，无法确定是震裂物源还是施工挖方边坡，且由于时间较久无法现场核实和筛查。因此，为了更合理地说明所提出方法的有效性，将这 3 处疑似区域作为假阳性地物进行考虑。针对前面基于局部二值化结合多特征策略的震裂物源识别结果，进行统计量化分析，如表 2-13 所示。通过对比可知，基于局部二值化结合多特征策略的方法可准确识别出所有震裂物源目标，去除了假阳性地物干扰，提高了检测准确性，有效地提高了震裂物源解译识别的精度。

(a)研究区震前影像（影像来源于World View-2 卫星2011年12月6日影像数据）

(b)目视解译结果示意图（红色区域为同震崩塌滑坡，蓝色区域为挖方边坡等疑似地物）

图 2-59　云南鲁甸地震龙头山镇区域目视解译结果示意图

表 2-13　云南鲁甸地震龙头山镇区域震裂物源解译识别效果统计

识别阶段及方法	物源数量/个	真阳率/%	假阳数/个	假阳率/%
(1) 局部阈值二值化、地形坡度特征[图 2-58(b)]	41	100	25	156.3
(2) 局部阈值二值化、地形坡度特征、主轴轴向特征[图 2-58(c)]	34	100	18	112.5
(3) 局部阈值二值化、地形坡度特征、主轴轴向特征、NDVI 特征[图 2-58(d)]	16	100	3	23.1
(4) 目视解译[图 2-59(b)]	16	—	—	—

由表 2-13 可知，基于全色影像局部阈值二值化和地形坡度特征的震裂物源识别真阳率已达 100%，而假阳率高达 156.3%。主轴轴向特征的引入，进一步将震裂物源假阳率降低至 112.5%，在地形坡度特征基础上对震裂物源误检数量进行了有效控制。

NDVI 特征的引入将震裂物源假阳率从 112.5%显著降低至 23.1%，说明植被区对震裂物源识别的影响较大，基于全色影像局部阈值二值化方法在一定程度上忽略了多光谱特征对震裂物源的识别能力，而引入 NDVI 特征则增强了这部分识别能力。可以发现，从所去除假阳性结果的数量上看，利用 NDVI 进行初步识别的筛查更为有效，表明相比地形坡度、解译目标几何形态的主轴特征，本案例中震裂物源在植被覆盖度上的差异更为显著，植被区对震裂物源识别的影响较大。

2.2.3 基于 Dyna-head Yolo v3 神经网络的震裂山体物源检测方法

前面利用计算机视觉原理，从全色波段光学遥感影像中根据震裂物源与其他地物在灰度特征上的差异，提出了基于局部阈值二值化的分割方法，并结合地形坡度特征、主轴轴向特征、NDVI 特征等对初步识别结果进行筛查，降低了误检的假阳率。上述方法的主要思路是以较为简单的图像算法为基础，结合区域多源数据筛查实现震裂物源的早期识别。但该方法还存在一些不足，例如，误检假阳性地物需要通过多源遥感数据进行筛查，这些数据通常较难获取，获取的数据也存在采集时间不一致、分辨率不统一等问题，不匹配的数据会对识别效果产生影响，此外，该方法的鲁棒性与智能性也较为有限。如何提升模型算法性能，而非盲目扩充数据集是需要进一步解决的关键问题。

针对上述问题，拟利用人工智能和深度学习提升震裂物源识别中的算法性能。随着人工智能、深度学习等技术的不断发展，卷积神经网络(convolutional neural network，CNN)由于其强大的学习能力已经逐步应用于遥感影像识别。目前已经有一些基于卷积神经网络的震裂物源检测研究，但受限于训练数据集小、神经网络模型性能较差等，对震裂物源的解译能力还比较弱。本节聚焦区域震裂物源的遥感影像特征，尝试引入注意力机制算法对经典 Yolo v3 网络进行改进，从而提升该模型对震裂物源的识别能力。同时采用“5 • 12”汶川地震强震区北川老县城的开源数据集，结合西南山区的崩塌、滑坡等影像数据进行扩充，探讨深度学习和人工智能方法在震裂物源检测识别方面的适用性，快速准确地为区域震裂物源灾害调查识别提供技术支持。

2.2.3.1 方法与原理

1. Yolo v3 网络

Yolo v3 网络作为目标检测网络中经典的一阶段算法网络，在保证一定检测精度的前提下，提升了检测速度并降低了模型体积。对于 Yolo v3 网络而言，在得到三种不同尺寸的特征图后，直接进行 1×1 卷积的预测，会存在小尺度目标检测缺失的情况。针对这一问题，在得到三种尺寸的特征图后，引入动态头(Dynamic head)模块(图 2-60)，加强网络对不同尺度特征目标的检测效果。

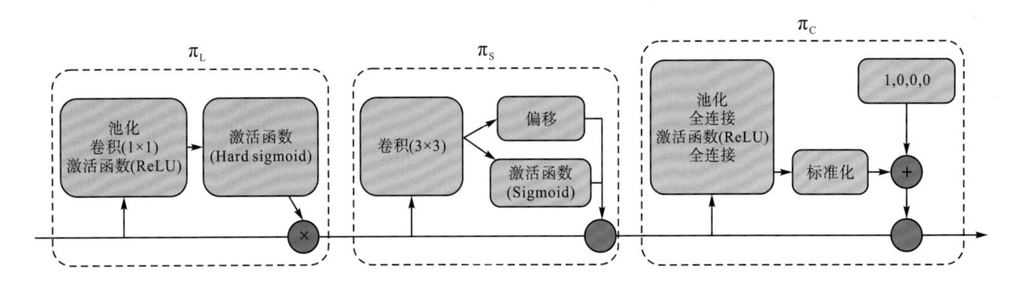

图 2-60 Dynamic head 模块示意图

2. 注意力机制 Dynamic head 算法

Dynamic head 模块是由微软提出的，主要解决目标检测的三个问题，即尺度感知(scale-awareness)、空间感知(spatial-awareness)、任务感知(task-awareness)。该算法通过将多个自注意力机制结合在一起，能够在不增加任何计算量的前提下明显地提升目标检测能力。为了提升网络尺度感知、空间感知、任务感知能力，Dynamic head 对这三部分对应使用了三种注意力策略。Dynamic head 是在主干网络提取特征之后，引入三种维度的注意力机制模块进行改进。由于三种注意力机制是按顺序执行的，因此可以多次嵌套，并有效地将 π_L、π_S、π_C 多个模块堆叠在一起，提升模型对震裂物源的识别能力。

3. 基于 Dynamic head 的 Yolo v3 网络(Dyna-head Yolo v3)改进思路

如前所述，Dynamic head 是一个集尺度感知、空间感知和任务感知的检测模块，它可以灵活地与各类目标检测模型相结合。Yolo v3 是一种比较经典的目标检测网络，通过获取三种不同尺度特征得到最终的检测结果，研究思路是在不改变 Yolo v3 的骨干网络的前提下，获取三种不同层级的特征图，并分别对每一层级使用 Dynamic head 模块，能够使模块充分关注当前层级的特征，即提升模型对于不同大小的震裂物源的识别能力，具体实现过程如图 2-61 所示，其中蓝色部分为原始 Yolo v3 网络结构。

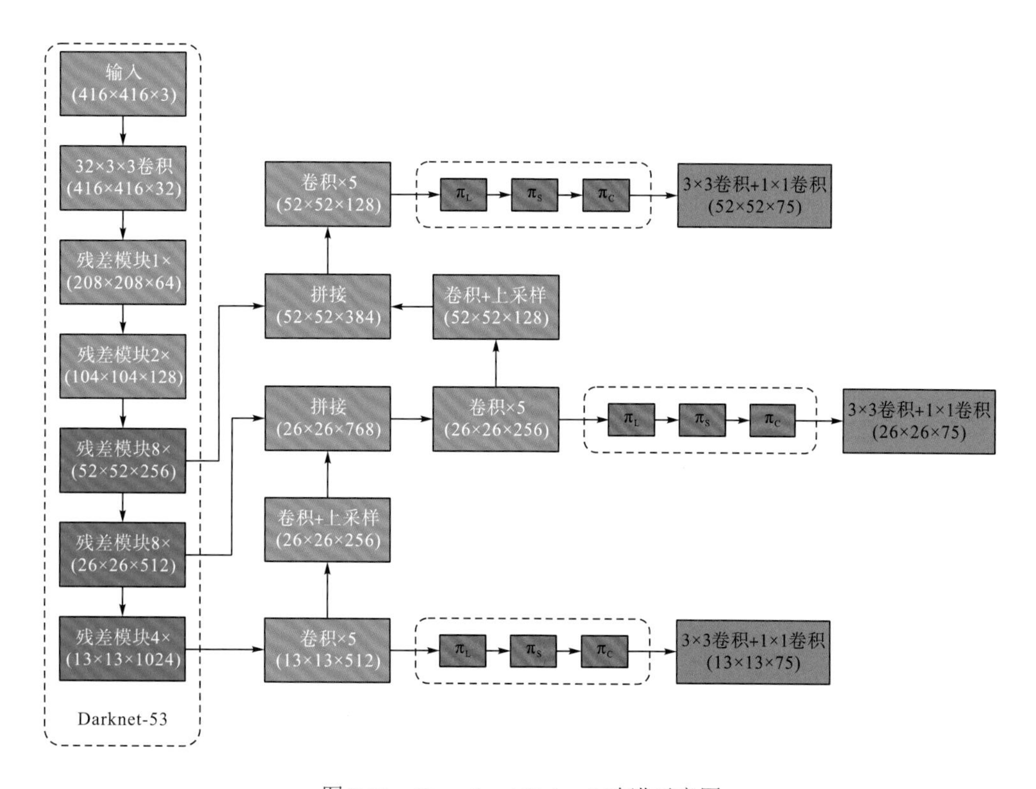

图 2-61　Dyna-head Yolo v3 改进示意图

2.2.3.2 工程实例

1. 震裂物源影像数据集

用于模型训练和验证的震裂物源光学遥感影像数据以“5·12”汶川地震强震区北川老县城区域、云南省“8·3”鲁甸地震强震区的震裂物源样本为主，在此基础上通过西南山区部分滑坡、崩塌的遥感影像样本进行扩充，从而提升模型应用的泛化能力。数据集包括卫星光学图像和震裂物源的 xml 标签文件。数据集共包含 900 张震裂物源影像，其中 400 张来源于鲁甸震区，数据从谷歌地球(Google Earth)和 91 卫图助手中获取，并人工标注震裂物源位置；另外 500 张是从西南地区公开震裂物源数据集中挑选得到，由于公开数据集中的标签文件是适用于语义分割网络的 mask 文件，并不适用于目标检测网络，故对图像数据仍需进行人工标注，得到 xml 文件。该数据集 RGB 图像的地面分辨率为 1m，利用 Labelimg 软件对每个山体震裂物源进行人工标注。

2. 检测结果及精度验证

为了验证 Dyna-head Yolo v3 目标检测算法的准确性，同时训练了其他经典的目标检测网络，用于震裂物源检测与识别，以验证本书算法的准确性，部分检测结果如图 2-62 所示。

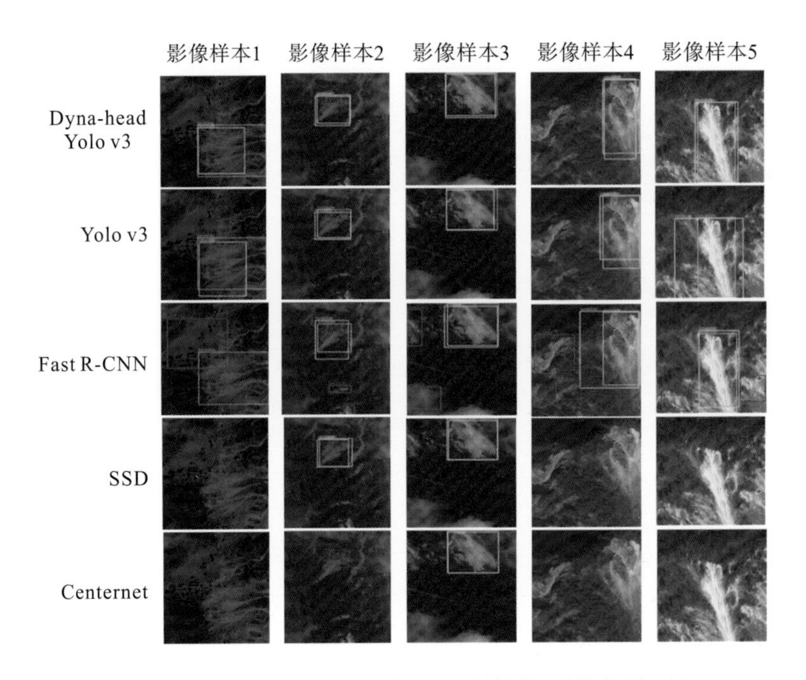

图 2-62 各神经网络对震裂物源识别检测结果的效果对比

为了对震裂物源识别结果进行量化评价，分别计算了检测准确率(Precision)、召回率(Recall)、F1 值和 mAP 值，对应计算公式如下：

$$\text{Precision} = \frac{\text{TP}}{\text{TP} + \text{FP}} \tag{2-36}$$

$$\text{Recall} = \frac{\text{TP}}{\text{TP} + \text{FN}} \tag{2-37}$$

$$\text{F1} = 2 \times \frac{\text{Precision} \times \text{Recall}}{\text{Precision} + \text{Recall}} \tag{2-38}$$

$$\text{AP} = \sum_{i=1}^{n-1} \left(r_{i+1} - r_i\right) P_{\text{inter}}\left(r_i + 1\right) \tag{2-39}$$

$$\text{mAP} = \frac{\sum_{i=1}^{k} \text{AP}_i}{k} \tag{2-40}$$

式中，TP 表示正确识别的真阳性结果，即模型识别为震裂物源，实际也为震裂物源；FP 表示误检的假阳性结果，即模型识别为震裂物源，但实际并不是震裂物源；FN 表示漏检的假阴性结果，即模型识别不是震裂物源，但实际为震裂物源；mAP 是 k 个检测种类的 AP 值的平均值。

根据上述公式计算得到 Dyna-head Yolo v3 神经网络和其他神经网络对震裂物源识别成功率的评价指标统计，见表 2-14。从表中可见，Dyna-head Yolo v3 在保证有相对较好准确率和召回率的同时，在 F1 值和 mAP 上相较于其他神经网络有着更好的表现，充分验证了本书提出的基于深度学习 Dyna-head Yolo v3 神经网络的震裂山体物源检测方法的有效性。

表 2-14　各神经网络模型对震裂物源识别成功率的评价指标对比

模型	准确率/%	召回率/%	F1 值	mAP/%
Dyna-head Yolo v3	87.1	73.9	0.80	70.8
Yolo v3	84.2	64.8	0.73	62.3
Fast R-CNN	78.1	79.9	0.77	69.6
SSD	80.4	59.8	0.69	54.3
Centernet	96.84	42.1	0.59	54.3

2.2.4　基于 FPN-rUnet 神经网络的震裂山体物源几何边界及面积解译

针对目前震裂物源识别方法鲁棒性与智能性有限的问题，前文提出了基于深度学习 Dyna-head Yolo v3 神经网络的震裂山体物源检测方法，该方法在经典目标检测网络基础上引入注意力机制 Dynamic head 模块，提高了网络对不同尺度山体震裂物源的检测精度。但该方法仅能实现对区域遥感影像中是否存在震裂物源进行判断的“目标识别”功能，无法进一步实现对震裂物源几何边界和平面特征进行提取的“语义分割”功能。

尽管目前已经有一些基于卷积神经网络(CNN)的震裂物源边界分割方法，但在已有研究中，使用的都是较为基本的 CNN 网络架构，且网络层数较少，从区域遥感影像复杂背景中较为准确提取震裂物源的边界和范围等还存在困难，因此有必要从卷积神经网络模型架构的深层次角度入手，对模型进行完善和改进，使其更好地适应光学遥感影像复杂背景条件下的震裂物源识别任务。

因此，基于上述所建立的强震区震裂物源遥感影像开源数据集，使用 Unet 为基础语义分割网络架构，建立 FPN-rUnet 神经网络模型对区域遥感影像中的震裂物源进行识别。

2.2.4.1 方法与原理

卷积神经网络是一种反馈神经网络，它以图像为输入，在迭代训练过程中，根据网络输出与给定真实值的差值自动更新网络参数(即卷积核的权值)。训练成功后，网络将给出最接近震裂物源真实分布的预测结果。本小节在 CNN 基础上，对 Unet 语义分割网络进行改进，重构网络结构，实现对区域遥感影像中包含的震裂物源目标进行语义分割，从而与其他地物进行有效区分。

1. Unet 模型

Unet 模型是在全卷积网络(fully convolutional networks，FCN)基础上提出的语义分割模型，基本架构属于自编码网络架构，主要思想是学习图像特征并进行非线性映射，最终从映射特征中重建分类图像。但是映射编码过程会导致特征分辨率不断降低，图像细节信息丢失，不利于分割任务的进行，因此在编码器之后通常利用解码器对图像进行恢复和重建，进而完成图像分割。Unet 结构图左边是编码部分，右边是解码部分，在编码部分图像输入之后经过 4 次卷积和下采样模块得到高维的特征，每一个卷积模块基本包含两次卷积操作，下采样采用最大池化操作。解码部分就是 4 次上采样和 4 个卷积块通过卷积将图像恢复到原图大小。Unet 网络与传统自编码网络的不同之处在于其上采样之后融合了特征提取部分对应的特征，这里的融合指的是拼接操作。

2. Unet++模型

Unet++模型是原始 Unet 模型的改进，其特点是在长连接基础上引入了短连接操作，每一个采样层都进行了上采样特征融合，每层之间的两两卷积块都进行了跳跃连接，提取所需要识别目标的不同层次特征，将它们通过特征堆叠的方式整合，因此在识别结果的细节上相比于原始 Unet 模型有了更好的语义分割效果。例如，在震裂物源识别方面，对于震裂物源几何边界的描绘，比原始 Unet 模型更加准确。但是改进后的 Unet++模型在网络结构中产生了较多的短连接，也导致了网络模型的参数变多，占用内存也变大。

3. FPN-rUnet 模型

在卷积神经网络中，所有卷积操作均是在前一层信息提取基础上进行的，而前面基层所包含的大量细节信息在不断卷积过程中会导致信息丢失。Unet++模型的提出，正是基于该问题，采用跳连思路尽可能保证基层卷积后的信息量不受影响，但随之而来的是参数量骤增。因此，本书尝试利用解码网络信息来克服基层卷积信息丢失问题，即在 Unet 模型架构的每一个特征层面，利用原始影像倒金字塔结构进行特征图扩充，以减少不必要的信息损失。本书将该结构定义为 FPN-rUnet 模型，模型架构如图 2-63 所示。

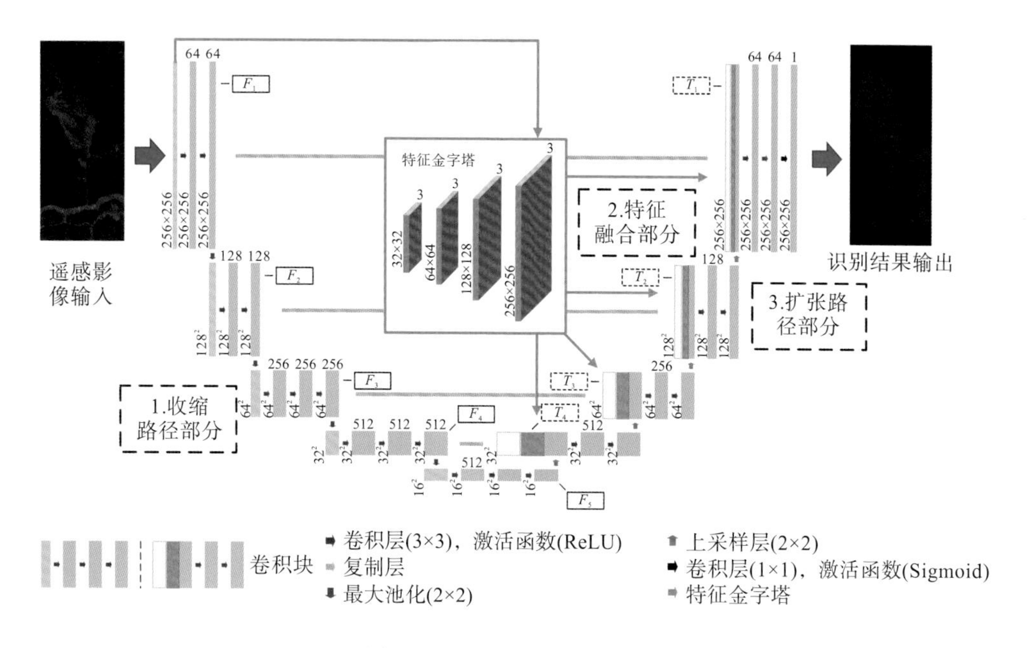

图 2-63　FPN-rUnet 模型架构

FPN-rUnet 模型架构主要分为三个部分，即左侧收缩路径部分、特征融合部分以及右侧扩张路径部分，如图 2-63 所示。

1) 收缩路径部分

FPN-rUnet 模型架构中的收缩路径部分如图 2-63 中第 1 部分所示，FPN-rUnet 将 VGG-16 网络划分为 5 个阶段，分别为 Feat1（F_1）、Feat2（F_2）、Feat3（F_3）、Feat4（F_4）、Feat5（F_5）。这 5 个阶段对应不同比例尺的特征图输出，构建用于融合不同尺度的特征。

收缩路径部分卷积块的作用为数据特征提取和表示，不同尺度卷积块针对不同尺度的数据特征进行提取。第一个卷积块的输出可以表示为

$$F_1 = \max\left(0,\ W_2 * \max\left(0,\ W_1 * X + B_1\right) + B_2\right) \tag{2-41}$$

式中，W_1、W_2 为卷积核；B_1、B_2 为对应偏差；符号“*”表示卷积运算。W_1 表达式为 $c_1 * f_1 * f_1$，代表 c_1 个 $f_1 * f_1$ 的卷积核，其中 c_1 为滤波器的个数（设置第一个卷积块的滤波器个数为 64，因此 c_1 =64）。输入样本 X，通过滤波器对 X 进行两次卷积池化操作，得到 X 的特征向量 F_1。

第二个卷积块的输出可以表示为

$$F_2 = \max\left(0,\ W_4 * \max\left(0,\ W_3 * \mathrm{MaxPooling}(F_1) + B_3\right) + B_4\right) \tag{2-42}$$

式中，W_3 表达式为 $c_3 * f_3 * f_3$，代表 c_3 个 $f_3 * f_3$ 的卷积核，其中 c_3 为滤波器的个数（设置第二个卷积块的滤波器个数为 128，因此 c_3=128）。

依次类推，得到与 F_2 相似的 F_3、F_4、F_5 的表达式。

2)特征融合部分

FPN-rUnet 模型架构中的特征融合部分如图 2-63 中第 2 部分所示。FPN-rUnet 模型架构进行特征融合的主要目的是对提取的特征做整合处理，处理形式为 Concat 堆叠。具体融合过程包含三部分特征，即收缩路径提取特征、原始图像金字塔特征、扩张路径产生的特征。收缩路径提取的特征为F_1、F_2、F_3、F_4、F_5。根据收缩路径产生的特征尺度F_1、F_2、F_3、F_4，分别对原始图像进行 0 次、1 次、2 次、3 次图像压缩来获得原始图像的金字塔特征 P_1、P_2、P_3、P_4。

特征融合还包括扩张路径产生的特征，通常由小尺度特征经过反卷积得到。考虑到反卷积过程中出现的棋盘效应，此处将反卷积步骤替换为 2×2 的上采样 UpSampling。通用融合计算公式可表示为

$$T_i = \mathrm{Concat}(F_i,\ P_i,\ U_{5-i}) \tag{2-43}$$

式中，i 取值为 1、2、3、4；U_{5-i} 由前一层输出的特征向量上采样得到。

3)扩张路径部分

FPN-rUnet 模型架构中的扩张路径部分如图 2-63 中第 3 部分所示。FPN-rUnet 模型架构进行扩张路径主要是由特征图重建出震裂物源的语义分割结果。该部分由一系列上采样、卷积操作组成。卷积操作在融合特征基础上进行，不同卷积块的特征通道分别设置为 512、256、128、64，并且在最后一个卷积块的输出特征后接入 1×1 的卷积核来控制通道数量，进而完成像素级别的分类。

扩张部分卷积块的作用为数据特征提取和重建像素分类，不同尺度卷积块各自针对不同尺度的融合数据特征进行提取，扩张路径部分由右侧四个融合卷积块组成。第一个融合卷积块的输出可以表示为

$$O_1 = \max\left(0,\ W_{15} * \max\left(0,\ W_{14} * T_4 + B_{14}\right) + B_{15}\right) \tag{2-44}$$

式中，T_4=Concat(F_4，P_4，U_1)，其中 U_1=Upsampling(F_5)。Concat 堆叠是对通道进行堆叠。

以此类推，后面的卷积块的输出依次为 O_2、O_3、O_4。最后，在输出的特征向量 O_4 后接入 1×1 的卷积核来控制通道数量，经过 Sigmoid 激活函数得到像素级别二分类结果。具体表示为

$$\mathrm{result} = \mathrm{Sigmoid}\left(W_{22} * O_4 + B_{22}\right) \tag{2-45}$$

式中，输出的 result 值域被约束到 0～1，表征各个像素点分类为震裂物源的概率。以 0.5 为概率边界，若对应像元分类为震裂物源的概率值大于 0.5，则判断该像元属于震裂物源。

4)损失函数

FPN-rUnet 模型算法采用交叉熵损失函数，通过人工标注的影像样本进行迭代训练，从而对网络模型里的 W_1～W_{22} 和 B_1～B_{22} 等参数进行优化。交叉熵损失函数的表达式如下：

$$\mathrm{loss} = -\frac{1}{n}\sum_{i=1}^{n} y_i \lg t_i + \left(1 - y_i\right)\lg\left(1 - t_i\right) \tag{2-46}$$

式中，t_i 为预测分布；y_i 为真实分布。

通过公式计算出预测结果与真实结果的误差，并利用反向传播机制更新网络参数，使得损失值降到最低。

2.2.4.2　工程实例

1. 开源数据集介绍

与 2.2.3 节所用的数据集相似，本节用于模型训练和验证的震裂物源光学遥感数据以“5・12”汶川地震强震区北川老县城区域、云南省“8・3”鲁甸地震强震区的震裂物源样本为主，在此基础上通过西南山区部分滑坡、崩塌的遥感影像样本进行数据扩充，提升模型应用的泛化能力。这些数据包含 TripleSat 卫星光学图像和震裂物源边界形状文件。卫星图像均经过辐射定标、大气校正、正射校正和图像融合预处理。

2. 训练集验证分析

为了验证 Unet、Unet++、FPN-rUnet 三种不同深度神经网络模型在遥感影像上进行山体震裂物源检测的有效性，利用所建立的数据集中 90%的随机样本作为训练模型，剩余 10%作为验证数据对模型泛化能力进行估计。表 2-15 给出了不同震裂物源检测方法应用于训练数据集和验证数据集的精度统计结果。

表 2-15　训练数据集和验证数据集的精度统计

模型	训练集				验证集			
	查准率/%	召回率/%	准确率/%	F1	查准率/%	召回率/%	准确率/%	F1
Unet	91.19	88.35	97.08	0.8975	89.82	87.85	96.95	0.8883
Unet++	90.71	87.98	96.96	0.8932	91.82	87.02	97.13	0.8936
FPN- rUnet	94.76	88.97	97.70	0.9178	93.04	88.92	97.55	0.9093

从表 2-15 中可以看出，三种模型都具备一定的震裂物源识别能力。其中，本书提出的 FPN-rUnet 模型训练集精度指标整体略高于 Unet、Unet++模型，主要原因是 FPN-rUnet 模型对解码网络信息进行了适当补充，使得供解码网络提取的特征更加丰富。

此外，为了更好地统计模型在数据集下单个震裂物源样本的识别表现，采用交并比(intersection over union，IoU)指标对单样本识别效果进行统计，其中 IoU=TP/(TP+FP+FN)。在训练集中，获得的 IoU 频率直方图如图 2-64 所示。

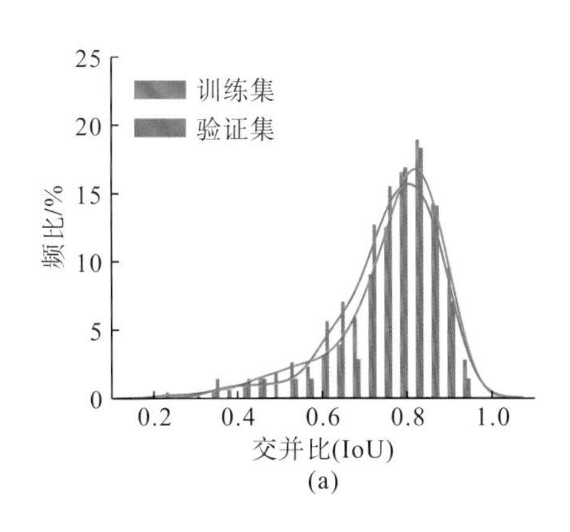

(a)

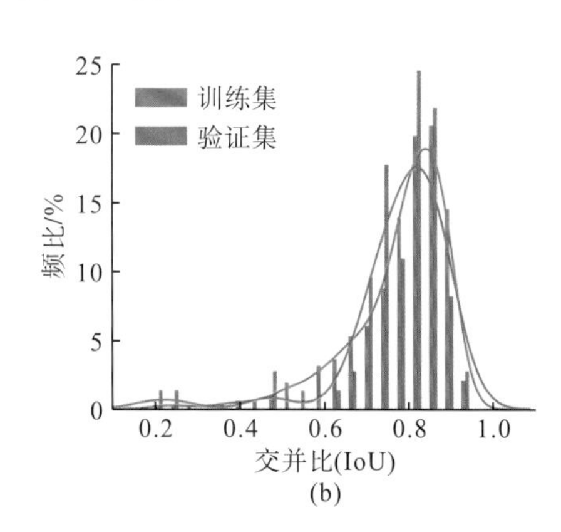

(b)

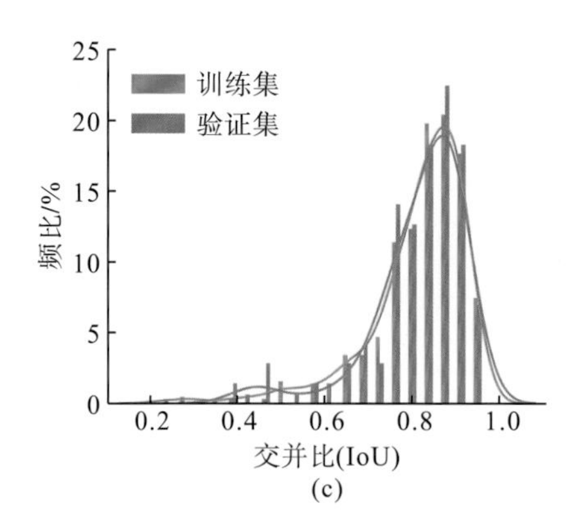

(c)

图 2-64　各模型单样本识别效果的交并比(IoU)值的频率分布

为了进一步体现不同模型之间的检测性能差异，绘制出不同模型的频率分布箱形图，如图 2-65 所示。

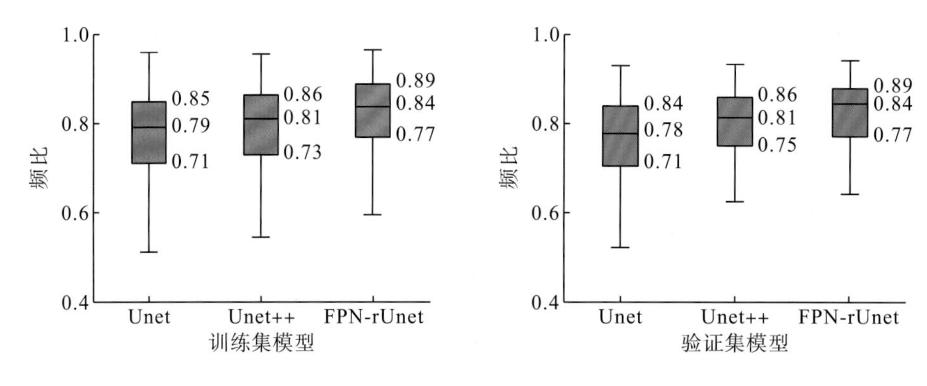

图 2-65　箱线图

从图 2-65 可知，FPN-rUnet 模型对应的训练集箱形图上四分位数、中位数、下四分位数分别为 0.89、0.84、0.77，表明模型预测的 IoU 指标基本在 0.84 上下浮动，且 50%的样本 IoU 指标位于 0.77～0.89；相对于 Unet、Unet++模型的 IoU 指标分布情况，FPN-rUnet 模型更具有优势。

3. 云南鲁甸地震龙头山镇区域工程实例分析

仍以云南鲁甸龙头山镇部分区域为独立研究区，利用所提出的 FPN-rUnet 模型对区域内震裂物源进行识别应用。为验证该区域震裂物源识别结果，对照研究区发生震裂崩塌灾害前的影像数据[图 2-66(a)]，对检测区域进行人工目视解译，识别出该区域内的震裂物源结果如图 2-66(b)所示，基于 FPN-rUnet 模型识别出的区域内震裂物源结果如图 2-66(c)所示。

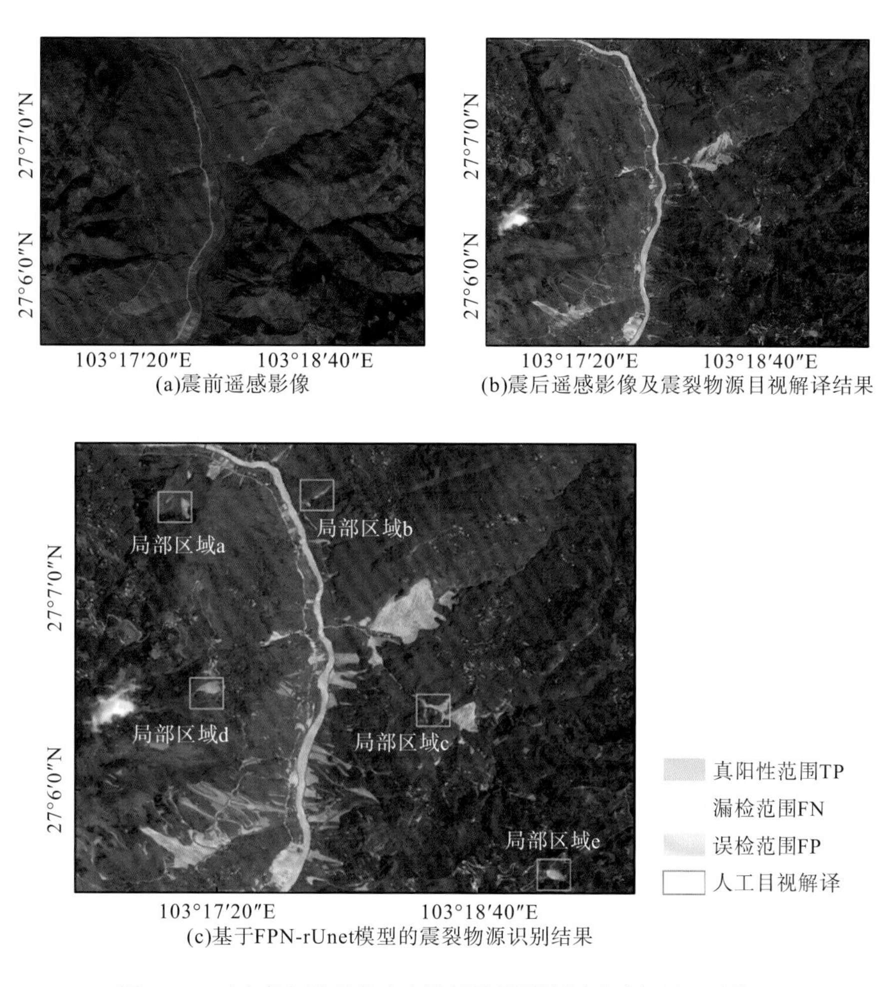

图 2-66　云南鲁甸地震龙头山镇区域震裂物源遥感解译识别结果

此外，分别利用 Unet 模型和 Unet++模型进行了对比。图 2-67 展示了一些局部预测的结果。可见三种方法识别结果均对该区域遥感影像中所包含的山体震裂物源进行了有效识别，然而针对一些影像与震裂物源相似的村镇道路，Unet 模型出现了一些误检的情况；针对震裂物源边界的识别，Unet++模型对震裂物源周边小部分植被覆盖区出现了一些过多的检测。综合来看，FPN-rUnet 模型效果更好，对于图 2-67 中 5 处局部区域包含的震裂物源识别，无论是误检范围(FP)还是漏检范围(FN)都更小，因此可以较好地识别出山体震裂物源的几何边界和范围。

同时，对 Unet、Unet++和 FPN-rUnet 模型震裂物源识别精度进行了量化分析，选取了图 2-66 中局部区域 b 和局部区域 c 之间面积较大的震裂物源，分别利用三种深度神经网络对研究区影像进行山体震裂物源识别，识别结果如图 2-68 所示。进一步通过查准率、召回率、准确率、F1 评价指标对该局部区域中震裂物源的分割精度进行统计分析(表 2-16)，为了更好地体现不同模型识别效果的差异，绘制出统计指标的柱状图，如

图 2-69 所示。由表 2-16 和图 2-69 可知，FPN-rUnet 在研究区的 F1、准确率、召回率指标整体优于其他两个模型。

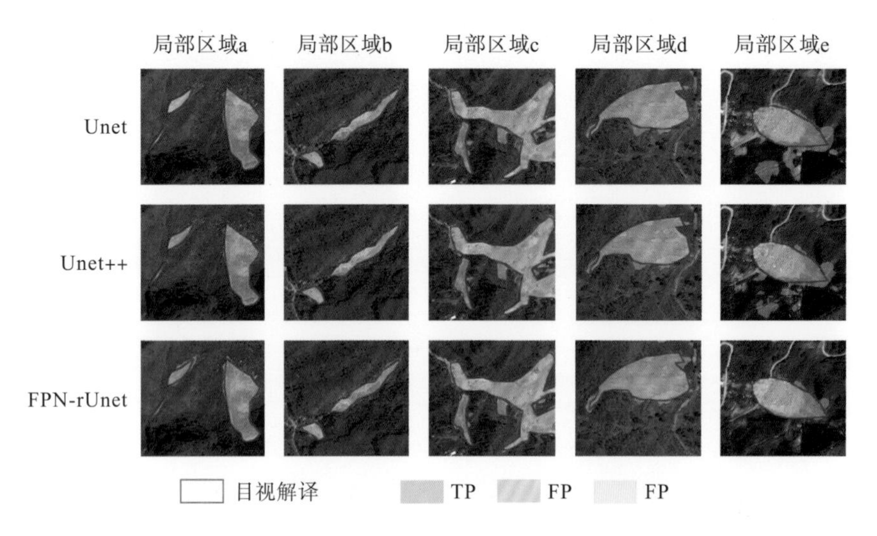

图 2-67　不同模型在局部区域的识别结果对比

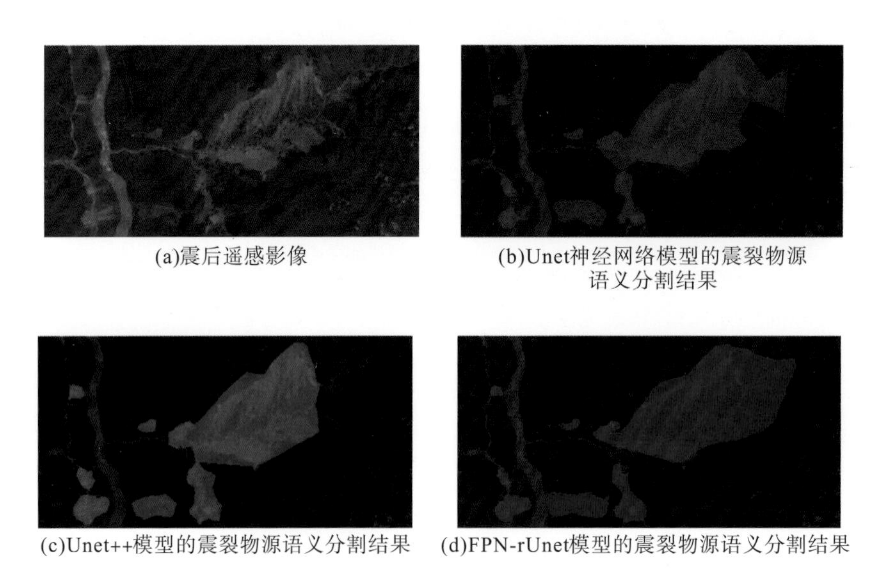

(a)震后遥感影像　(b)Unet神经网络模型的震裂物源语义分割结果

(c)Unet++模型的震裂物源语义分割结果　(d)FPN-rUnet模型的震裂物源语义分割结果

图 2-68　区域内典型震裂物源识别结果对比

表 2-16　不同方法区域震裂物源识别精度指标统计

模型	占用内存/MB	震裂物源识别精度指标			
		查准率/%	召回率/%	准确率/%	F1
Unet	285.06	89.39	68.53	95.54	0.7758
Unet++	414.16	73.49	72.75	93.97	0.7312
FPN-rUnet	285.53	84.62	80.52	96.16	0.8252

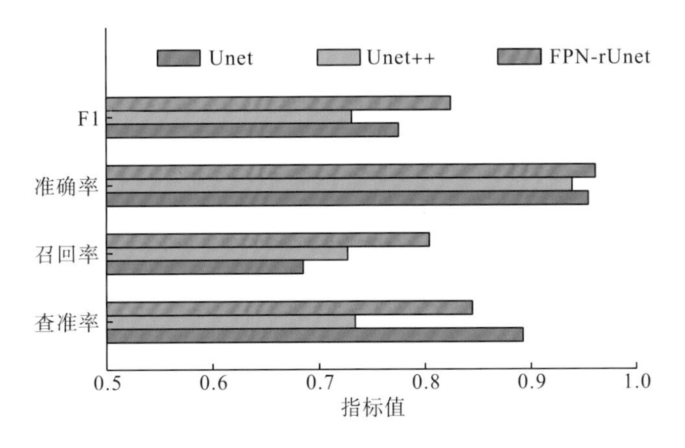

图 2-69 区域震裂物源识别结果统计指标柱状图

2.2.4.3 基于拟合幂函数关系的山体震裂物源厚度及体积方量估测

利用 FPN-rUnet 语义分割网络对震裂物源区域进行识别，可得到精确的物源边界，在此基础上，由于语义分割技术本质是基于像素级别的目标分类，可以获取影像中震裂物源区域所包含的像素数目。结合遥感影像的分辨率信息，可以计算出每一个像素所覆盖区域的实际面积，因此通过对识别结果中震裂物源区域所占像素总数求和，可以对震裂物源面积进行较为准确的估算，借助拟合幂函数关系的体积方量估算方法，可大致对震裂物源体积和方量进行估测。

1. 震裂物源平面面积、厚度及体积方量之间的拟合幂函数关系

方群生等(2015)通过野外实际勘查核实，在汶川强震区 35 条泥石流流域内选取了 147 个震裂山体物源现场测量数据进行分析，并建立回归方程，利用统计数学中的非线性回归方法，建立回归模型，对泥石流流域内物源体积和面积、物源平均厚度和面积、物源平均厚度和体积分别进行回归拟合(图 2-70)，并给出了物源体积、物源平均厚度与物源面积之间存在的拟合函数关系：

$$V_h = 2.132 A_h^{1.058} \tag{2-47}$$

$$D = 1.105 \ln A_h - 4.795 \tag{2-48}$$

$$D = 0.923 \ln V_h - 4.484 \tag{2-49}$$

式中，V_h为物源体积，m^3；A_h为物源面积，m^2；D为物源平均厚度，m。

复相关系数是检验回归方程相关性的重要参数，R 值介于 0～1，当 R 值越接近 1 时表明回归效果越好。对于式(2-47)，拟合公式复相关系数 R=0.936；对于式(2-48)，拟合公式复相关系数 R=0.94；对于式(2-49)，拟合公式复相关系数 R=0.888。三个拟合公式的复相关系数均接近 1，表明上述物源体积、物源平均厚度与物源面积之间的拟合函数关系较为显著，拟合公式的回归效果较好。利用式(2-47)、式(2-48)，即可通过 FPN-rUnet 模型所识别出的震裂物源几何边界计算出该物源面积 A_h，进而计算得到该物源可能的厚度 D 和体积 V_h。

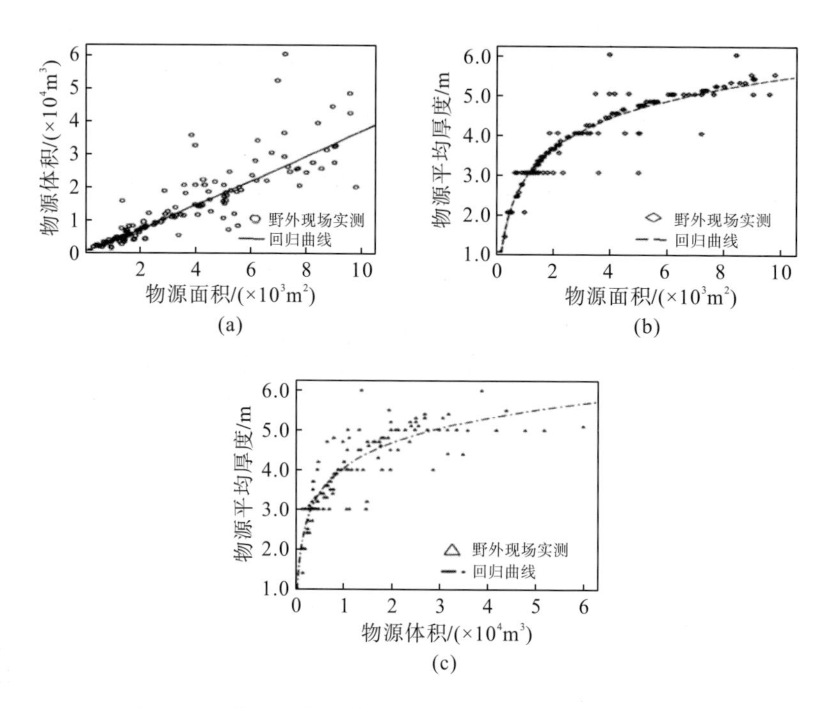

图 2-70 物源体积、物源平均厚度及物源面积统计关系

2. 工程实例

本次选取了图 2-68 所示区域，对其中所包含的 8 组震裂物源平面面积、堆积厚度和体积方量进行了估算，如表 2-17 所示。从计算结果可看出，区域内各物源面积为 1683～211282m^2。不同编号物源的面积之间存在较大差距，整体数据分布具有较强的分异性。根据式(2-48)计算出不同物源对应的平均厚度指标，计算可得厚度基本分布在 3.4～8.7m，表明该区域内物源最大堆积厚度约为最小厚度的 2.6 倍，整体平均厚度为 5.2m。根据式(2-49)计算出不同物源对应的体积量，显示震裂物源体积基本分布在 5520～917258m^3(图 2-71)。

表 2-17 2014 年云南鲁甸地震龙头山镇区域震裂物源平均厚度与体积估算表

物源编号	面积 A_h/m^2	平均厚度 D/m	体积 V_h/m^3
1	2410	3.8	8071
2	5502	4.7	19331
3	1683	3.4	5520
4	2031	3.6	6735
5	9964	5.4	36235
6	17094	6.0	64141
7	21305	6.2	80969
8	211282	8.7	917258

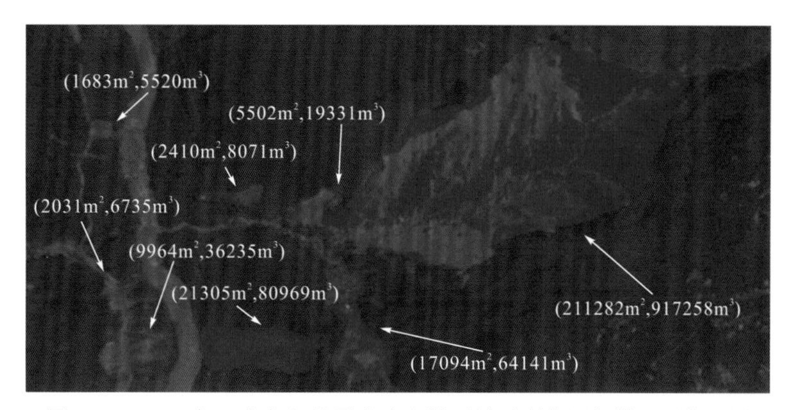

图 2-71　2014 年云南鲁甸地震龙头山镇区域震裂物源规模识别统计图

2.3　强震区高位震裂物源起动机理及动储量评价方法

2.3.1　震裂山体在高静水压力下的失稳模式研究

“5·12”汶川地震地表破裂带长度超过 200km，强震区面积约 4000km^2，强震作用下出现了大范围山体的震裂松动，提供了大量潜在不稳定物源，产生了数十万计的斜坡震裂缝，由于震后坡体中的震裂缝深度和范围进一步扩大，导致不断出现许多突发性的地质灾害。震裂山体坡体表部裂缝发育，普遍发育陡倾与缓倾两组结构面。震裂山体的岩体在震动拉裂与错动下裂缝顺坡延伸并形成新裂缝，陡倾裂隙力学性质显示为拉张破坏，呈上宽下窄，向下逐渐尖灭。缓倾裂隙显示剪切破坏，部分出现向临空面的错动。震裂山体主要由裂隙岩体组成，由于裂隙数量及规模较大，斜坡的坡体结构及岩体结构均受到了严重破坏，致使雨水更容易下渗至坡体内部，降低斜坡的稳定性，促使震后滑坡或崩塌等地质灾害的发生。在强震及余震发生后，随着降雨阈值的降低，震后滑坡崩塌比强震前更加频繁，对震区人民的生命财产安全带来隐患。震裂山体的基本特征、震裂缝在滑坡崩塌中的作用、震裂山体滑坡起动失稳与运动特征研究对震后地质灾害的防治起到关键作用。目前，地形效应、构造活动及降雨对震裂山体失稳的贡献度尚不明确。

震裂山体斜坡受赋存地质环境及地震烈度等多种因素的影响，震裂程度差异较大。经过 2008 年“5·12”汶川地震后十余个雨季的降雨影响，这些震裂山体有的局部蠕滑，有的转化成泥石流物源，有的整体破坏以间接方式形成灾害。所以，降雨对斜坡震裂岩体的变形破坏起到了控制性作用，是评价斜坡稳定性及灾害发展预测的关键因素。本次以 2019 年 8 月 22 日汶川三官庙村后山边坡震裂山体崩塌灾害为例，研究降雨对震裂山体起动的作用。

2.3.1.1　汶川三官庙村后山高位震裂山体基本特征

三官庙村后山高位震裂山体边坡坐落于汶川县绵虒镇北侧中国石油加油站及安置小区北侧，岷江右岸，地理位置：103°30′11.69″E，31°22′12.41″N。边坡平均长 200m，宽约 600m，面积约 12×10^{4}m^2，坡向为 150°～250°，主要表现为陡崖、陡坡，坡度为 50°～75°。

边坡岩性主要为中元古界黄水河群花岗闪长岩，基岩出露于斜坡陡峭位置。岩体表层中风化，构造节理裂隙的发育和分布比较普遍。坡面上分布第四系崩坡积层，以碎块石为主，主要为花岗闪长岩，粒径多在 20～50cm，结构松散，局部架空，夹少量岩屑及黏性土，厚 2～10m，主要分布于边坡坡脚及中部地形稍缓位置。

受 2008 年“5・12”汶川地震及其余震影响，在距震中一定范围内的区域震裂山体普遍存在，尤其以Ⅷ度区和Ⅸ度区最为显著，如青川、汶川、茂县等。研究区坡体表部裂缝发育，普遍发育陡倾与缓倾两组结构面。岩体在震动拉裂与错动下，裂缝顺坡延伸并形成新裂缝，陡倾裂隙力学性质显示为拉张破坏，呈上宽下窄，向下逐渐尖灭；缓倾裂隙显示为剪切破坏，部分出现向临空面的错动。

现场调查表明，该边坡近年来常发生崩塌落石灾害，主要是在 2018 年 7 月雨季时造成该处危岩体于 7 月 20 日大量崩落，落石抵达坡脚民房，造成破坏；受 2019 年“8・20”汶川县强降雨影响，岩土体强度降低，8 月 22 日再次发生崩塌，又对下方两户民居建筑造成损坏。目前大量崩塌落石堆积于斜坡坡面，在强降雨、地震等作用下，危岩体及坡表落石再次崩落的可能性较大，威胁到坡脚居民安置小区及加油站安全。

危岩平面形态呈不规则带状，根据其分布位置可分为 4 个危岩区(图 2-72)，并在每个危岩区里，从上到下，在横向上将岩体结构面发育、相对呈碎裂-镶嵌结构的裸露基岩划分为数个危岩带(表 2-18)。Ⅰ号危岩区位于安置小区后山 2019 年“8・22”崩塌运动区及以上陡崖，发育 4 组结构面，危岩体块径一般为 1～3m，岩体呈块状或碎裂状，节理裂隙松弛张开，且局部裂隙扩大形成大空隙。Ⅱ号危岩区位于 2019 年“8・22”崩塌运动区左边界至 2018 年“7・20”崩塌运动区右边界之间的陡崖，发育 5 组结构面，危岩体块径一般为 2～10m，岩体呈块状。Ⅲ号危岩区位于 2018 年“7・20”崩塌运动区左侧至加油站后山陡崖，发育 5 组结构面，危岩体块径一般为 2～10m，岩体呈块状或条块状，局部裂隙扩大形成大空隙。Ⅳ号危岩区位于加油站后山左侧山脊陡崖，发育 4 组结构面，危岩体块径一般为 2～10m，岩体呈块状及片状，其中两组节理倾角较大，间距较小，形成片状危岩体。

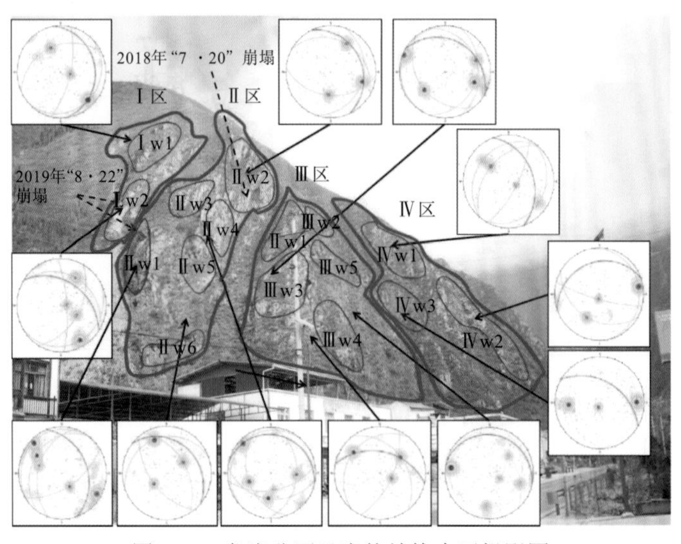

图 2-72 危岩分区及岩体结构赤平投影图

表 2-18　不同危岩区内各危岩带岩体结构面特征

位置		结构面组数/组	结构面产状
Ⅰ号危岩区	Ⅰw1 危岩带	4	300°∠46°、331°∠82°、266°∠16°、209°∠68°
	Ⅰw2 危岩带	3	315°∠82°、156°∠60°、283°∠25°
Ⅱ号危岩区	Ⅱw1 危岩带	5	328°∠36°、190°∠58°、137°∠86°、108°∠57°、230°∠46°
	Ⅱw2 危岩带	3	288°∠72°、210°∠70°、5°∠54°
	Ⅱw3～Ⅱw5 危岩带	5	274°∠60°、135°∠85°、70°∠57°、8°∠59°、350°∠42°
	Ⅱw6 危岩带	3	232°∠16°、239°∠48°、52°∠40°
Ⅲ号危岩区	Ⅲw1、Ⅲw3 危岩带	4	304°∠78°、130°∠54°、298°∠22°、129°∠73°
	Ⅲw4 危岩带	3	233°∠60°、295°∠30°、129°∠73°
	Ⅲw2、Ⅲw5 危岩带	5	6°∠72°、288°∠72°、98°∠83°、295°∠30°、230°∠60°
Ⅳ号危岩区	Ⅳw1 危岩带	4	290°∠70°、50°∠62°、112°∠88°、250°∠72°
	Ⅳw2 危岩带	3	260°∠84°、30°∠60°、15°∠13°
	Ⅳw3 危岩带	3	270°∠78°、86°∠74°、15°∠13°

后山震裂山体边坡在近年来已经发生两次崩塌灾害，其中 2018 年 7 月 20 日发生崩塌的源区位于Ⅱ号危岩区后部，源区平面面积约 2057m^2，危岩方量约 3795m^3（图 2-73），2019 年 8 月 22 日发生崩塌的源区位于Ⅰ号危岩区底部和Ⅱ号危岩区左侧，源区平面面积为 3770m^2，危岩方量约 5920m^3（图 2-74）。崩塌落石主要在坡下形成两处堆积区，Ⅰ号堆积区主要由Ⅰ号危岩区和Ⅱ号危岩区崩塌堆积形成，堆积体以碎块石为主，落石粒径差异较大，松散堆积，棱角状，大小混杂，无分选，其中块石粒径一般为 0.5～1.0m，最大为 2.0m。Ⅱ号堆积区主要由Ⅱ号危岩区和Ⅲ号危岩区崩塌堆积形成，堆积体组成以块碎石为主，松散堆积，棱角-似棱角状，大小混杂，无分选，其中块石粒径一般为 0.5～1.0m，最大为 2m。除以上危岩带及堆积区以外，再次崩塌造成的崩塌落石受斜坡植被及梯田的阻挡耗能，在斜坡植被和耕地中有部分孤石分布，主要分布位置为Ⅰ号堆积区下方和Ⅱ号堆积区下方挡墙处，块径大小以 1.0～2.0m 为主。

图 2-73　2018 年 7 月 20 日崩塌失稳源区

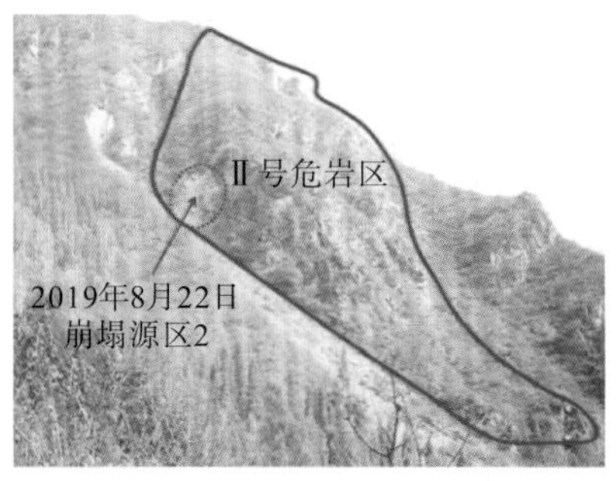

图 2-74　2019 年 8 月 22 日崩塌失稳源区

2.3.1.2　震裂山体崩塌失稳特征

根据现场无人机测绘及地质调查，将 2019 年 8 月 22 日发生的震裂山体崩塌分为崩塌源区及运动堆积区。

该震裂山体崩塌有两个不同的源区，分别位于运动路径的右上方和左侧（图 2-75）。崩塌源区可见新鲜光滑基岩面。崩塌源区 1 面积约 60m^2，长约 10m，宽约 6m，坡度为 45°（图 2-75）。岩体发育节理 J1～J4，岩体沿节理 J1 剥离母岩，可清晰观察到滑动面（图 2-76）。而崩塌源区 2 面积约 200m^2，长约 20m，宽约 10m，坡度为 60°（图 2-75，图 2-77）。

图 2-75　震裂山体崩塌全貌及崩塌源区分布

注：J1～J4、R1～R5 为节理。

运动堆积区位于崩塌源区和安置小区之间（图 2-78～图 2-80），长度约为 160m，宽度为 25～100m，坡度为 2°～40°。该区堆积了大量的块碎石，最大尺寸为 1.8m，岩体碎裂现象明显，说明震裂山体失稳后经历了强烈的碰撞和相互作用，崩塌最长运动距离为 145m，到达并损坏坡脚房屋（图 2-78，图 2-80）。

图 2-76 崩塌源区 1 全貌图及节理展布

图 2-77 崩塌源区 2 全貌图及节理展布

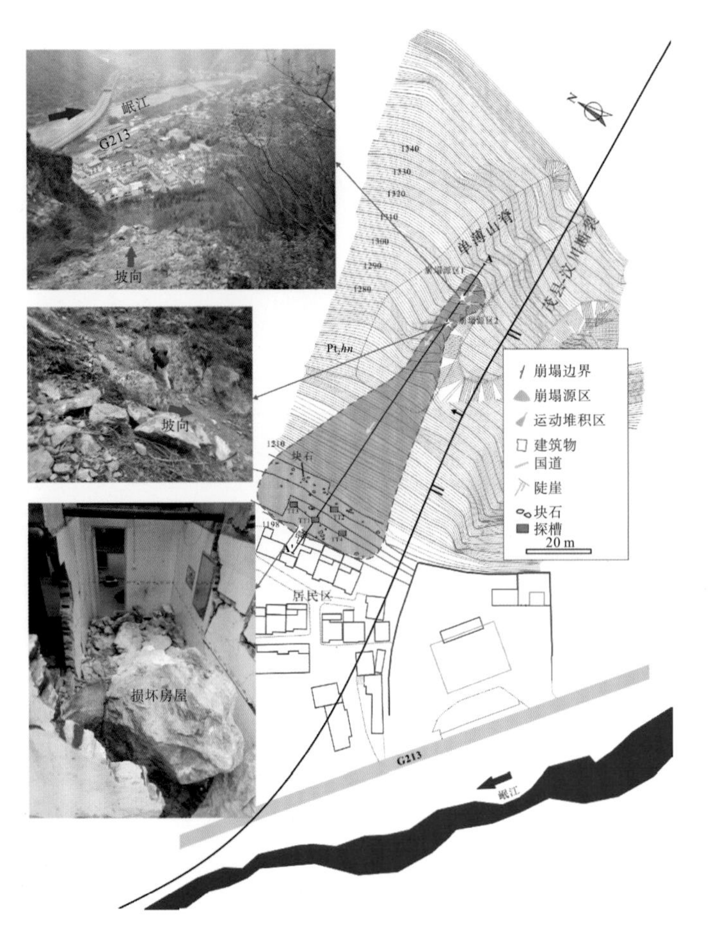

图 2-78 震裂山体崩塌工程地质平面图

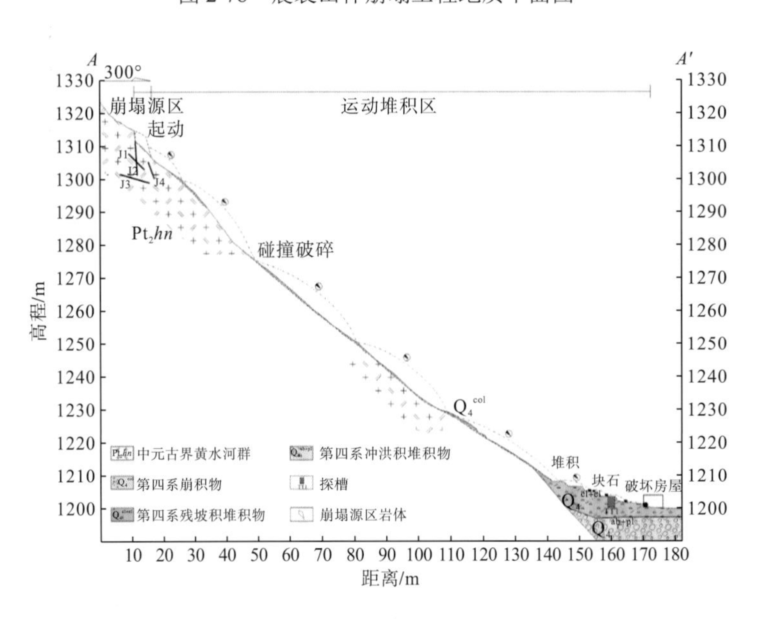

图 2-79 震裂山体崩塌工程地质剖面图 *A-A′*

图 2-80　运动堆积区地貌

2.3.1.3　降雨时震裂山体稳定受力条件分析

降雨对震裂山体的作用可分为物理化学作用和力学作用，前者主要改变岩体物理力学性质，表现为岩体容重增加，抗压、抗剪强度降低等；力学作用主要为静水压力、浮托力和动水压力三种类型。三种水力作用在坡体中一般是共同作用于坡体，只是影响坡体稳定性的侧重点不一样，力学效应的轻重层次不一样。

1. 静水压力

当降雨达到一定强度时，震裂岩体裂缝会聚积大量裂隙水，水对岩体产生一种正应力，方向垂直空隙壁面，此即为静水压力。水若不能较快排出，则会因静水压力作用而拉开裂缝，从而造成岩体裂缝变形扩展。由于空隙水压力值由水头高度决定，故某点空隙静水压力 P_w 为

$$P_w=\rho_w gh=\gamma_w h \tag{2-50}$$

式中，ρ_w 为水的密度；g 为重力加速度；h 为水头高度；γ_w 为水的容重。

由断裂力学原理得知，当静水压力在裂缝尖端的应力强度因子大于岩石断裂韧度时，岩石发生断裂。可见，对于震裂山体的陡倾裂缝，裂缝深度足够深，当在降雨条件下具备一定的充水高度，裂缝尖端达到一定尖端应力时，裂缝就会发生变形扩展，并最终对坡体稳定性造成影响。静水压力除以上分析的力学作用外，其对于存在潜在滑面的坡体后缘有水平推力的作用，同样可以降低坡体的稳定性。

2. 浮托力

降雨条件下，水体从岩体裂缝入渗到岩石块体底面(潜在滑动面)，对岩体及滑坡体起到浮托作用，使得水对上覆块体(滑体)具有“悬浮减重”作用。同时，浮托力也降低了滑

带岩体抗剪强度和摩阻力，从而降低了坡体稳定性。浮托力往往和静水压力共同作用于滑坡体，致使滑坡的发生。

3. 动水压力

动水压力是水体在岩体裂缝中渗流所遇阻力的反作用力，其方向与渗流方向相同，其大小取决于水力梯度的大小。动水压力由孔隙水压力转化而来(即渗透水流的外力转化成均匀分布的内力或体积力)，水力梯度越大，动水压力则越大。对于岩体裂缝(震裂岩体裂缝)，渗透静水压力远大于渗透动水压力，所以重点考虑水的渗透静水压力。

2.3.1.4 临界水头高度

后缘陡倾宽大裂缝在降雨引起的静水压力作用下，沿裂缝尖端发生扩展，直至扩展到潜在软弱滑带位置时，裂缝停止向下扩展。根据现场调查，该岩体节理裂隙发育，滑动面锈染明显，其为天然的地下水流通道，所以水体沿着该通道向下缓慢流动，当裂缝扩展到此处时，后缘陡壁中水柱水头将有所降低。随着雨水继续由后缘贯通裂缝渗入到滑带中，当滑带中水流趋于稳定后，此时后缘裂缝中水头逐步升高，当到达一定水头高度 h 时，将形成不利于震裂山体稳定的水压力分布形式。

如前所述，崩塌源区在后缘静水压力和滑带的浮托力共同作用下，使滑体沿着结构面发生整体滑移破坏。

将裂缝中的水压力看作静水压力，后缘裂缝的水头高度为 h，斜坡后缘裂缝倾角(与水平面的夹角)为θ，滑面倾角为α，滑动面长度为 L，水的容重为γ_w，岩体容重为 W，聚聚力为 c，滑带内摩擦角为 φ。对斜坡体进行力学分析，其沿滑面方向的合力为

$$\begin{aligned} F = f_S - f_R = &\left[W\sin\theta + 0.5\gamma_w h^2 \sin(\theta-\alpha)\right] \\ &-\left\{cL + [W\cos\alpha - 0.5\gamma_w hL - 0.5\gamma_w h^2\cos(\theta-\alpha)]\tan\varphi\right\} \end{aligned} \tag{2-51}$$

由式(2-51)可知，当 $F<0$ 时，坡体处于稳定状态；当 $F=0$ 时，坡体处于极限平衡状态；当 $F>0$ 时，斜坡体发生整体滑动。由极限平衡原理可得到此时坡体稳定性系数：

$$K = \frac{\left[W\cos\alpha - \dfrac{\gamma_w h_w L}{2} - \dfrac{\gamma_w h_w^2 \cos(\theta-\alpha)}{2}\right]\tan\varphi + cL}{W\sin\alpha + 0.5\gamma_w h_w^2 \sin(\theta-\alpha)} \tag{2-52}$$

式中，h_W 为水头高度；$\gamma_w h_w$ 为静水压力(水头压力)。

当水头高度持续地增大时，静水压力逐步增大，当坡体发生整体失稳时的水头高度就是滑坡起动所需的最小水头高度 h_{min}，此时 $K=1$ 时，由式(2-52)可以得

$$h_{min} = \frac{-L\tan\varphi + \sqrt{L^2\tan^2\varphi - \dfrac{8}{\gamma_w}MN}}{2M} \tag{2-53}$$

其中，$M=\sin(\theta-\alpha)+\cos(\theta-\alpha)\tan\varphi$；$N=W(\sin\alpha-\cos\alpha\tan\varphi)-cL$。

采集 6 个结构面试样，实验按照《工程岩体试验方法标准》(GB/T 50266—2013)进行。首先预加载法向载荷，在法向载荷保持恒定值的情况下，逐步施加水平载荷。记录载荷和变形变化，直到结构平面发生剪切位移。实验过程中，当剪切荷载不再增加或呈下降趋势，

且剪切位移继续增加时，则认为结构面发生剪切破坏。通过以上实验，得到结构面的抗剪强度($c = 30$kPa，$\varphi = 35°$)。此外，计算的其他参数见表 2-19。

表 2-19　临界水头高度计算参数

项目	γ/(kN/m³)	α/(°)	θ/(°)	γ_w/(kN/m³)	L/m
崩塌源区 1 取值	28.0	46	82	10	7.06
崩塌源区 2 取值	28.0	39	85	10	8.52

注：γ为实验岩体容重。

由于滑动面和拉裂缝上的水压分布未知，因此假设了百分比充填水头。同时，进行敏感性分析以确定如何将稳定性系数的不确定性定量分配到模型输入数据中的不同水头高度，同时考虑了拉裂缝底部的峰值水压。裂缝未充填地下水时，崩塌源区 1 和崩塌源区 2 的稳定系数分别为 1.118 和 1.142，表现为基本稳定。然而，随着地下水充填深度的增加，岩体受到后缘静水压力和底部浮托力的影响，导致相应的稳定性系数降低(图 2-81)。当地下水充填高度达到后缘裂缝深度(H)时，稳定性系数分别为 0.832 和 0.792。因此，水力作用导致边坡稳定系数明显降低。经计算，崩塌源区 1 和崩塌源区 2 岩体后缘裂缝临界水头高度分别为 1.59m 和 2.14m，分别占裂缝深度的 50.9%和 50.6%(图 2-82)。结果表明，当后缘裂缝中的水头高度达到裂缝深度的 50%左右时，坡体受后缘水柱静水压力和底部浮托力的双重水压力作用，滑带岩体被剪断，底部剪切面贯通，从而形成平面滑动破坏。

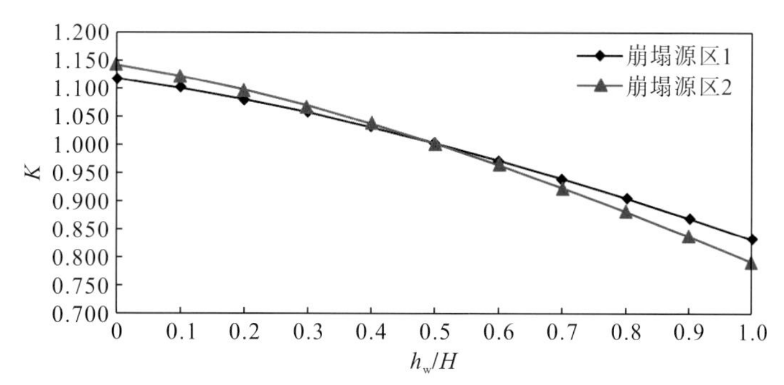

图 2-81　后缘拉裂缝不同水头高度对边坡稳定性的影响

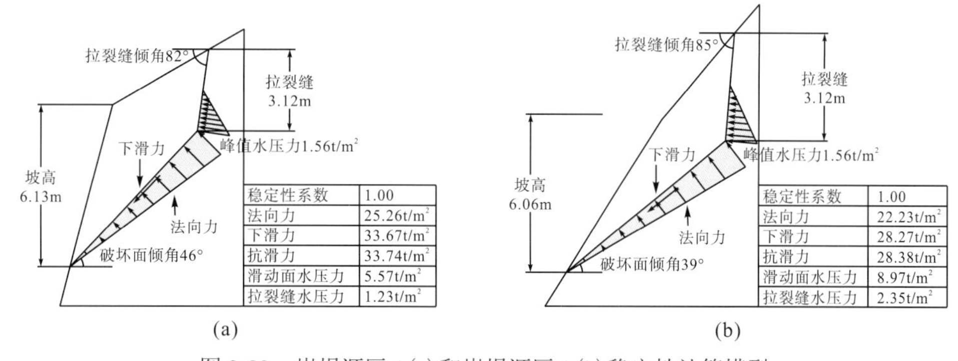

图 2-82　崩塌源区 1(a)和崩塌源区 2(b)稳定性计算模型

2.3.1.4 震裂山体滑移失稳模式分析

采用 Dips 6.0 对两个崩塌源区岩体进行立体投影及运动模式分析，其中崩塌源区 1 主要受 4 组构造节理切割，节理产状分别为 300°∠46°(J1)，331°∠82°(J2)，266°∠16°(J3)，209°∠68°(J4)，岩体较破碎。J1 为崩塌控制性滑面，J4 结构面控制危岩体后缘裂缝发育，多松弛张开，且局部裂隙扩大形成大空隙。崩塌源区 2 主要受 5 组节理切割，节理产状分别为 328°∠36°(R1)，190°∠58°(R2)，137°∠86°(R3)，108°∠57°(R4)，230°∠46°(R5)。R1 与 R2 切割岩体形成楔形体，易形成滑移破坏。

由于崩塌源区坡向差异，采用 300°∠55°和 340°∠62°，岩体摩擦角由直剪实验得出。根据上述参数评估平面、楔形和倾倒破坏的潜在运动可能性。对于崩塌源区 1，平面滑移的可能性很高，86.36%的 J1 在破坏包络线内；倾倒破坏分析显示，3.29%的 J2 在破坏包络线内。对于崩塌源区 2，平面滑移破坏分析表明，当 97.83%的 R1 在破坏包络线内时，平面滑移可能性高；倾倒破坏分析显示，6.00%的 R2 落在破坏包络线内。分析结果表明，该边坡具有潜在的平面滑移破坏运动模式，而不是楔形或倾倒破坏(图 2-83，图 2-84)。

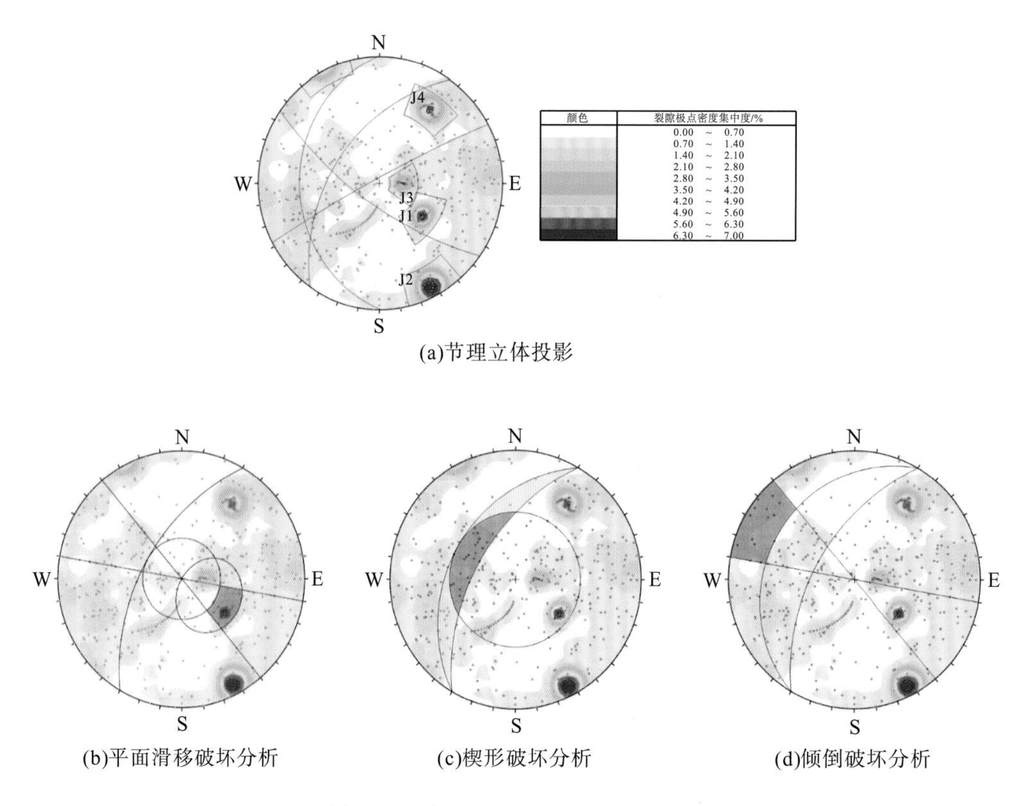

(a)节理立体投影

(b)平面滑移破坏分析　(c)楔形破坏分析　(d)倾倒破坏分析

图 2-83　崩塌源区 1 运动学模式分析

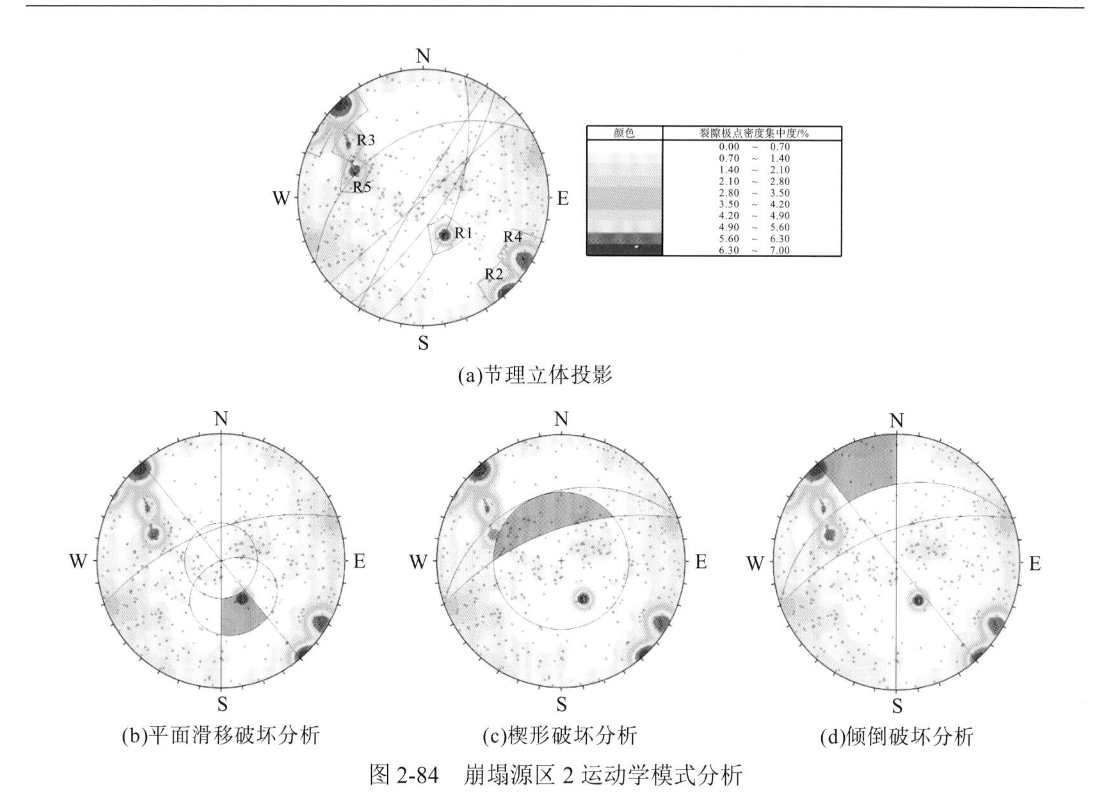

(a)节理立体投影

(b)平面滑移破坏分析　(c)楔形破坏分析　(d)倾倒破坏分析

图 2-84　崩塌源区 2 运动学模式分析

因此，根据现场调查和分析，两次崩塌均属于震裂-滑移式失稳模式。从其形成到发生危岩崩塌可划分为三个阶段：潜在危岩体坡体早期构造及卸荷裂隙形成阶段、震裂山体(危岩体)形成阶段、崩塌失稳阶段(图 2-85)。

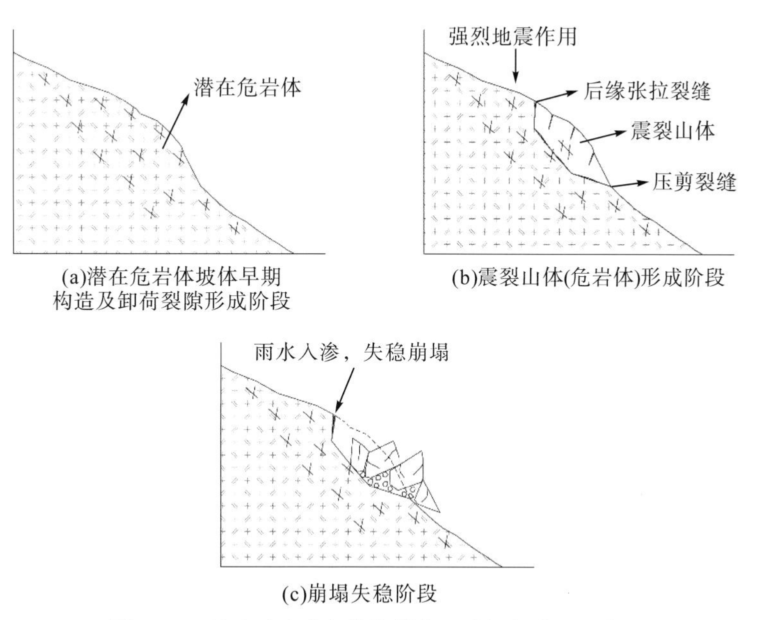

(a)潜在危岩体坡体早期构造及卸荷裂隙形成阶段　(b)震裂山体(危岩体)形成阶段

(c)崩塌失稳阶段

图 2-85　强震区震裂山体崩塌变形破坏各阶段示意图

2.3.2 震裂山体物源动储量评价模型

2.3.2.1 震裂山体破坏模式

强震区岩性以硬岩为主，特别是在汶川—茂县—都江堰一带。如图 2-86 所示，由于长期强烈的构造作用，这些硬岩内部受到一定的损伤，发育许多微型构造。较脆的岩层或结构松散的山体更容易被震裂，结构面较多的岩体容易在地震震动作用下沿结构面裂开，形成深切裂缝。

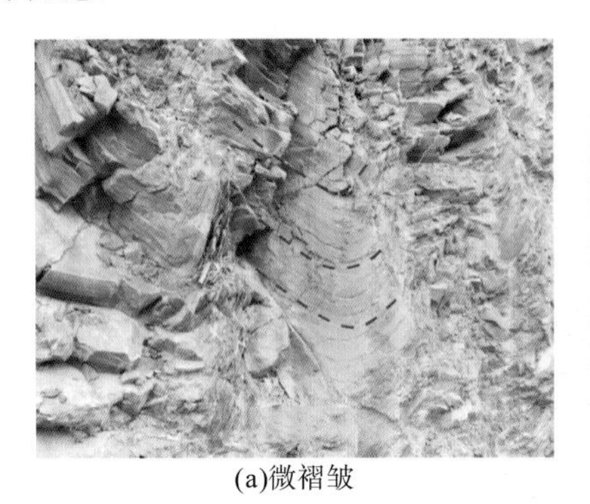
(a)微褶皱

(b)共轭剪节理

图 2-86 强震区岩体内微型构造

震裂物源形成机制包括：拉裂效应与剪切破坏效应、界面动应力效应、楔劈效应、超孔隙水压力激发机制和高程放大效应。后缘裂隙的超静孔隙水压力及滑面处的扬压力是震裂物源起动的根本原因(图 2-87)。综合分析可将强震区震裂物源破坏模式分为：滑移破坏型、楔形破坏型、溯源塌滑型。

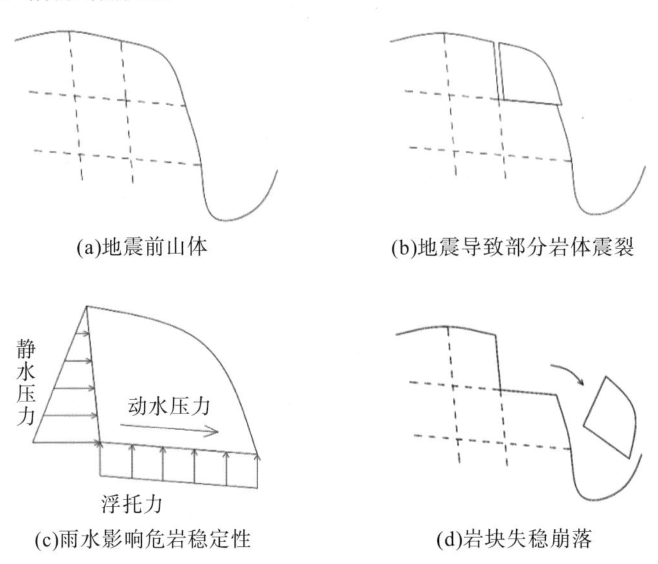

图 2-87 含有相交结构面的震裂物源起动模式示意图

1. 滑移破坏型

滑移破坏型发育在坡度较陡的斜坡，坡形以折线形为主(图 2-88)。在相对贯通的陡倾结构面或者拉张裂隙切割下，坡面上形成块状岩体。主控结构面倾角较大，多为垂直结构面或者直立岩层面。岩体稳定性主要受结构面贯通情况控制，当锁固段破坏时，岩体发生整体失稳。

(a)银杏坪沟内震裂山体

(b)文家沟内震裂山体滑移破坏

图 2-88　震裂岩体滑移破坏型

滑移破坏型主要发育在陡倾硬岩类岩体中，失稳变形受三组结构面控制：横向切割裂隙、后缘裂隙、侧缘切割裂隙。其中，后缘裂隙为主控结构面。该模式主要特征为：地震作用下造成岩体后缘的陡倾主控结构面松弛，强度降低，被震裂的岩体临空条件好，在自重应力作用下向临空方向位移。切割裂隙逐渐扩展，坡体结构明显松弛，一旦后缘主控结构面贯通，岩体沿结构面处被拉裂，产生滑移式破坏而发生突然崩落。现场调查看，这种失稳模式比较普遍，以块状、层状岩体类为主。这类岩体在地震力作用下受到的拉裂破坏明显，稳定性差。

2. 楔形破坏型

楔形破坏型主要发育在两组或多组结构面与临空面组成不利组合，切割形成的楔形块体向临空面产生变形的斜坡中。该模式主要特征为：坡表岩体被震裂松动后，受重力、雨水渗透或者震动促使裂缝进一步扩张，两斜交结构面或者倾坡外且倾角小于坡度的结构面与一组侧缘切割面贯通形成滑动面，切割块体沿两组结构面交线向临空面发生剪切滑移式破坏(图 2-89)。该方式失稳破坏以块状结构斜坡居多，一般发育 2 或 3 组结构面与临空面形成的不利组合。

(a)震裂山体

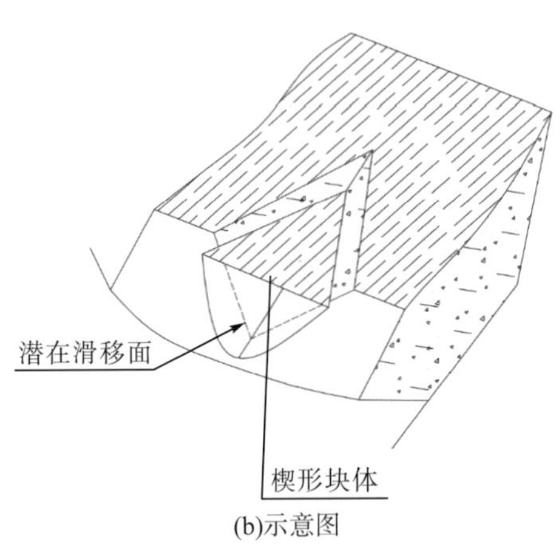

(b)示意图

图 2-89 震裂岩体楔形破坏型

3. 溯源塌滑型

斜坡岩体发育大量卸荷裂隙，呈碎裂或者镶嵌结构，受地震力作用，岩体整体结构被震伤，失稳模式主要表现为溯源塌滑型。该类型主要特征为：碎裂或镶嵌结构岩体由于具有良好的临空条件，在重力、雨水下渗等因素作用下，后缘陡倾结构面逐渐贯通；遇到地震或集中降雨触发，在自重应力作用下，沿陡倾结构面滑移并溯源塌滑，发生大面积失稳破坏(图 2-90，图 2-91)。

图 2-90 桃关沟震裂山体溯源塌滑型破坏

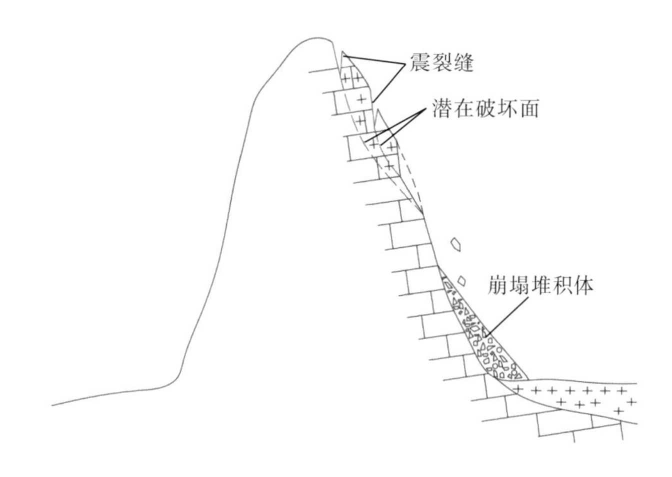

图 2-91　溯源塌滑型物源起动模式示意图

2.3.2.2　基于体积法的动储量评价模型

根据强震区物源起动特点建立了震裂物源起动模式，基于体积评价法建立了不同起动模式的动储量评价方法，研究结果用于强震区登溪沟和银杏坪沟内震裂物源动储量评估。

对于泥石流的震裂山体物源动储量估算方法研究，仍然要基于实地勘察，得到震裂物源的基本参数后，通过计算体积得到动储量。假设震裂物源的横向宽度为 L，其纵剖面的面积为 S，震裂物源动储量为 V，则有

$$V = S \times L \tag{2-54}$$

由于震裂物源失稳的根本原因是从震裂裂缝底部形成了宏观破裂面，因此每一条震裂裂缝都控制着一定体积的震裂物源。从长期来看，若不考虑时间尺度，距离临空面最远的震裂裂缝就控制着整个区域的震裂物源的动储量。也就是说，从临空面开始，到距离临空面最远的震裂裂缝这一部分震裂山体最终都会失稳滑动，都会成为泥石流的物源补给。用这样的思路来计算动储量更加保守，更有利于保证防治工程的安全。

需要注意的是，在某些情况下需要将最后一条震裂裂缝的长度延长。例如，当最后一条震裂裂缝不能包含其他所有裂缝时，它并不能代表震裂物源的可能宽度，需要将其延伸，直至能够包含其他所有震裂裂缝，并测得其长度 L。采用这样的方法计算更保守，对工程设计来说更加安全。若最后一条震裂裂缝能够包含所有前部的裂缝，则不必延长，直接测量得到最后一条震裂裂缝的长度 L 即可。

如图 2-92(a)所示，某震裂物源有三条震裂裂缝，长度分别为 L_1、L_2 和 L_3，L_3 贯入深度为 h。距离临空面最远的震裂裂缝 L_3 不能包含 L_1 和 L_2，则延长其长度，直至沿边坡倾向恰好包含其他震裂裂缝，此时的长度 L 即为震裂物源最可能的宽度。动储量应根据 L 计算。

如图 2-92(b)所示，某震裂物源有三条震裂裂缝，长度分别为 L_1、L_2 和 L_3，L_3 贯入深度为 h。距离临空面最远的震裂裂缝 L_3 能够包含 L_1 和 L_2，则 L_3 即为震裂物源最可能的宽度。动储量应根据 L_3 计算。因此，需要通过实地勘察，得到距离临空面最远的震裂裂缝的位置、长度 L 和贯入深度 h。若能得到震裂物源破裂失稳的剪出口的位置，则可以得到其破裂面，那么就可以计算得出震裂物源纵剖面的面积 S。

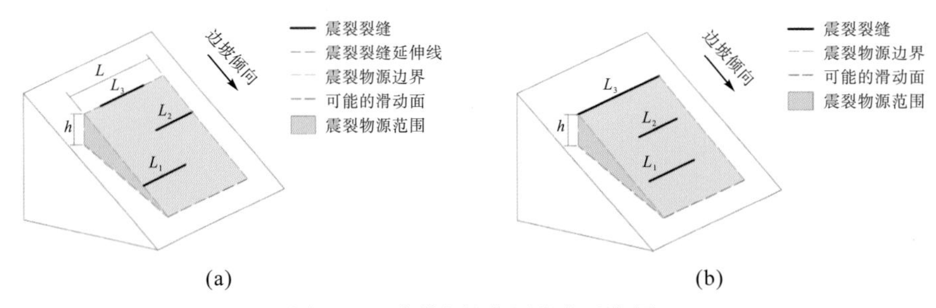

图 2-92 震裂山体物源分布示意图

综上所述，震裂山体物源的动储量估算需要三个关键参数：距离临空面最远的震裂裂缝长度(或延伸长度)L、距离临空面最远的震裂裂缝贯入深度 h、震裂物源破裂滑动的剪出口或倾倒点位置。前两个因素都可以通过实地勘察测量得到，而剪出口或倾倒点的位置则需要运用相关理论进行推测。

当山体存在倾向与边坡倾向一致的岩层层面或节理面时，此类物源才会形成。因此，震裂滑移型物源的失稳滑动面就是岩层层面或节理面。所以需要实地勘察，测得距离临空面最远的震裂裂缝的贯入深度 h 和长度(或延伸长度)L，并测得岩层的产状和节理面的产状。得到震裂物源的纵剖面，可以推测震裂裂缝和岩层层面或节理面的空间关系。

第一种情况，如图 2-93(a)所示，当距离临空面最远的裂缝底部恰好延伸至层面或节理面上的 a 点时，该层面或节理面即为滑动面。假设危岩体纵剖面的面积为 S，距离临空面最远的震裂裂缝的长度为 L，则该震裂物源的动储量 $V=S\times L$。

第二种情况，如图 2-93(b)所示，当距离临空面最远的裂缝底部延伸到两个层面或节理面之间时，为了保守起见，可以作震裂裂缝的延长线，与下部结构面交于 a 点，该结构面即为可能的滑动面。假设危岩体纵剖面的面积为 S，距离临空面最远的震裂裂缝的长度为 L，则该震裂物源的动储量 $V=S\times L$。

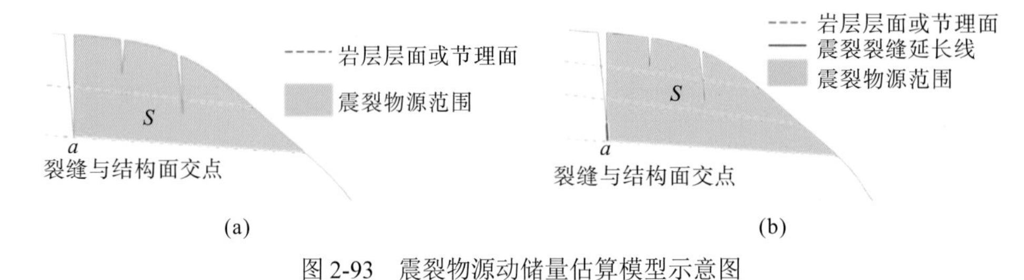

图 2-93 震裂物源动储量估算模型示意图

2.3.2.3 基于有限差分法的动储量评价模型

采用有限差分法，研究震裂山体在地震作用下的震裂范围。由于滑坡后缘变形主要为拉张变形，因此后缘的连续介质网格主要表现为拉破坏，前缘则以剪切为主。

输入的地震波曲线采用破坏力最强的“5・12”汶川地震 NE 向地震波(图 2-94)，其峰值加速度达 300cm/s^2。模拟过程中设置了 15°、30°、45°、60°、75°、90°共 6 个坡度，初步揭示了破坏范围与边坡坡度的关系，呈幂律分布(图 2-95，图 2-96)：

$$S_f = 524.61\theta^{0.4542} \tag{2-55}$$

其中，S_f为二维模型中拉张破坏区域的面积，m^2；θ为坡度，(°)。该公式的 R^2 等于 0.7086，显示了较好的相关性。边坡越陡峭，坡体表面拉张破坏面积越大。

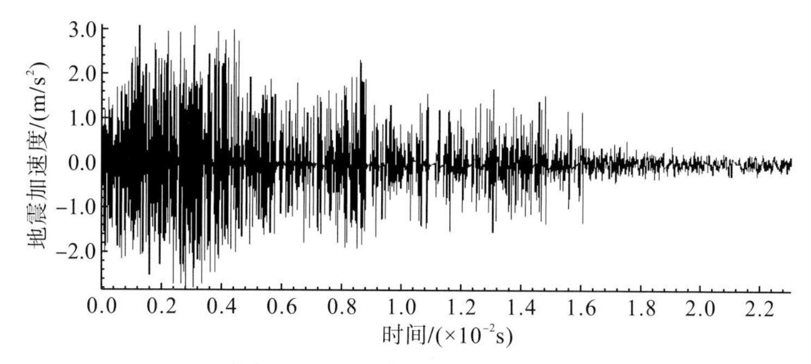

图 2-94　NE 向地震波加速度图

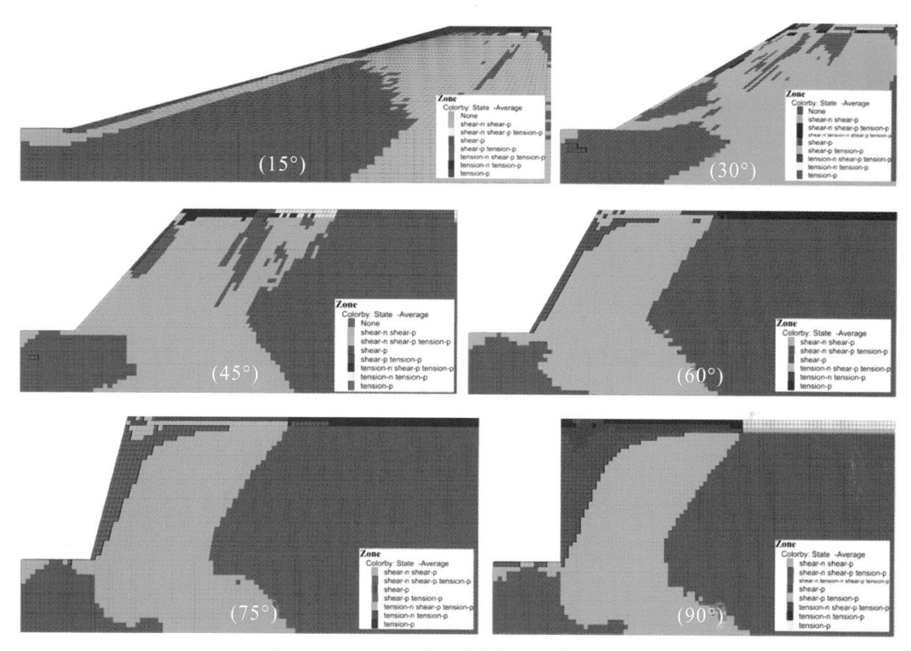

图 2-95　边坡破坏范围与坡度的关系

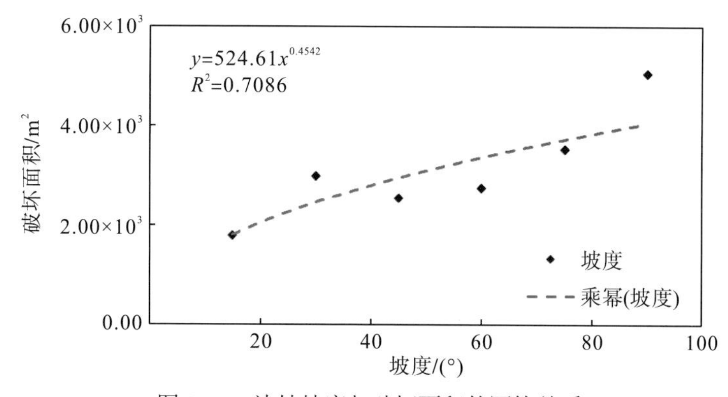

图 2-96　边坡坡度与破坏面积的幂律关系

为揭示坡高与震裂山体动储量的关系，设置了 50m、100m、200m、300m、400m、500m、600m、700m、800m、900m 共 10 种坡高，坡角选 45°。模拟中同样采用“5・12”汶川地震 NE 向地震波，其峰值加速度达 300cm/s^2。将模型的底部和两侧边界固定，在模型底部施加地震波。结果表明，当坡高为 50m 时塑性变形集中于坡折处；大于 100m 时塑性变形更为明显；当坡高在 100～500m 时边坡后缘形成次级滑面，成为不稳定边坡；当坡高大于 500m 时，边坡破坏主要集中在坡体上部，主要受放大效应影响，随着坡高越大，其后缘越深(图 2-97)。边坡破坏范围与坡高的关系(图 2-98)如下：

$$S_{\mathrm{f}} = 0.5417h^{1.5063} \tag{2-56}$$

式中，S_{f}为二维模型中拉张破坏区域的面积，m^2；h 为坡高，m。该公式的 R^2 等于 0.9545，显示了极好的相关性。由于地震波的放大效应，边坡越高，坡体表面拉张破坏面积越大。将二维模型的破坏面积乘以实际边坡的平均宽度，即可得到震裂山体的动储量。

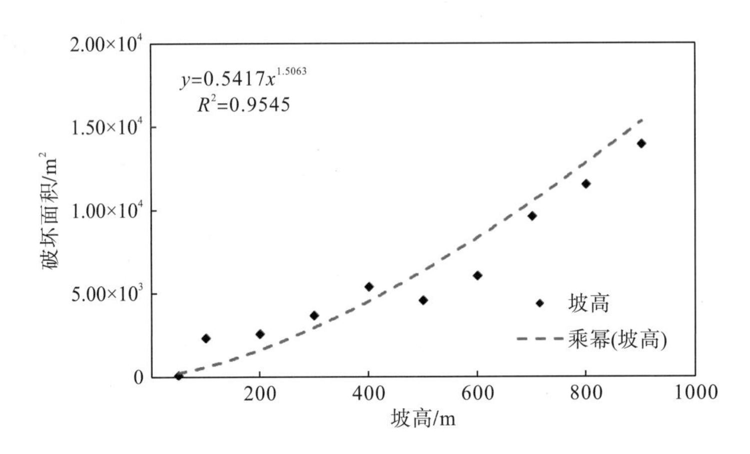

图 2-97 边坡坡高与破坏面积的幂律关系

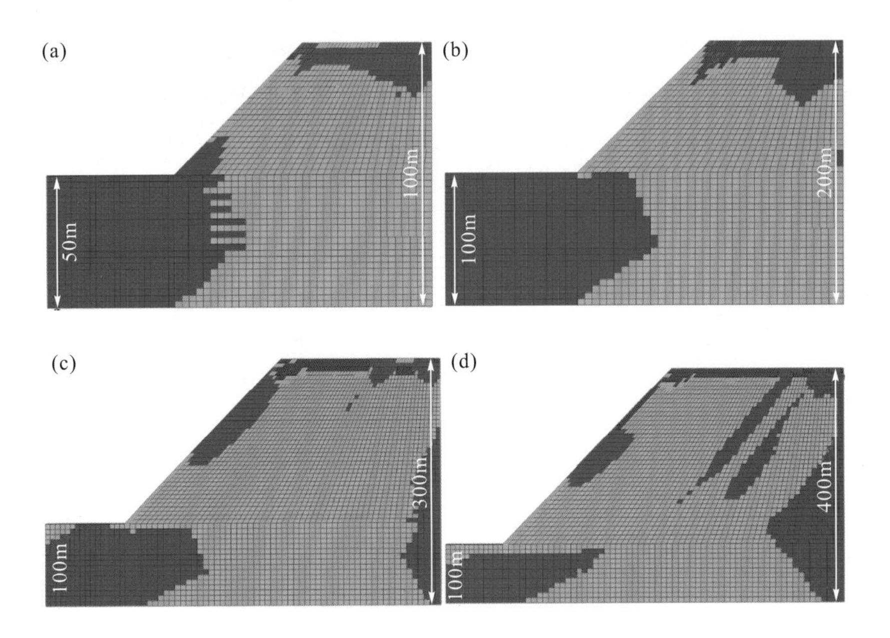

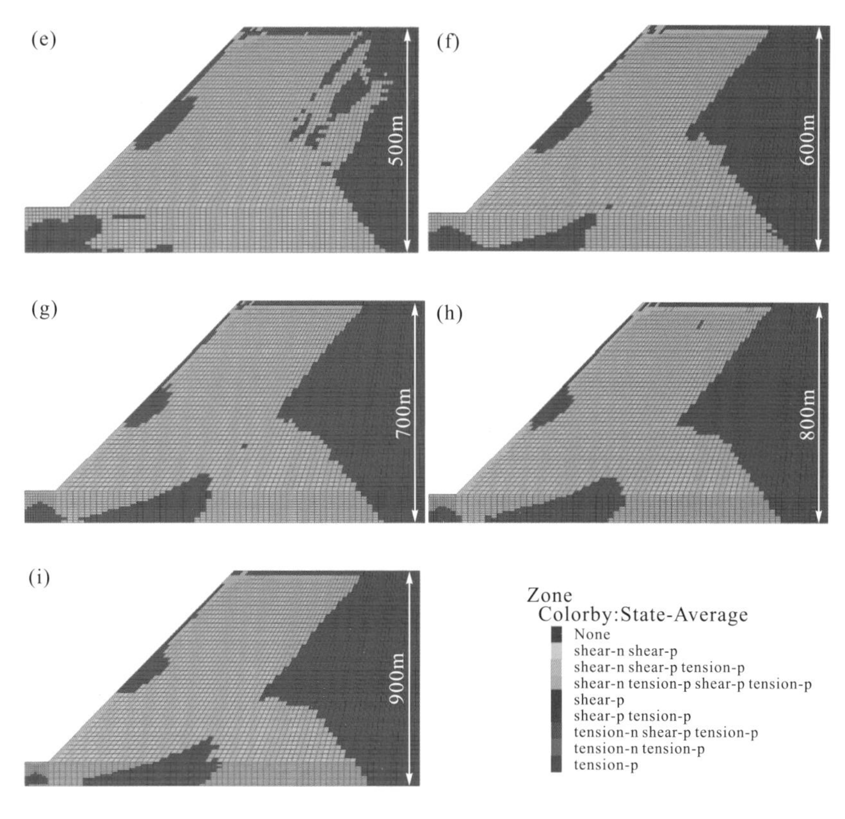

图 2-98　边坡破坏范围与坡高的关系

2.4　强震区不同成因松散物源储量评价新技术

2.4.1　基于多期无人机航测的泥石流物源三维精确量化技术

无人机遥感能够获取高精度、高分辨率的泥石流沟表面三维形态，有助于揭示沟域内物源的起动和运移变化，现已成为地质灾害监测的重要技术支撑。针对无人机高分辨率影像的灵活机动性以及能够有效识别沟体表面细节特征点的优势，以汶川县锄头沟流域为研究区域，利用高分辨率无人机影像生成同年汛前(2020 年 5 月)、汛后(2020 年 11 月)的三维影像数据、正射影像数据和数字表面模型，通过对匹配融合后的两期锄头沟数字表面模型进行比较分析，Z 轴方向变化分析计算成果清晰揭示了锄头沟物源在汛期前后的变化特征，准确获取了物源区范围、剥蚀深度，同时也明确显示了堆积区范围、厚度等信息。根据三维形变结果，统计 2020 年汛期锄头沟泥石流形成区新剥蚀物源方量为 $587.64\times10^4\text{m}^3$，新堆积物源方量为 $193.23\times10^4\text{m}^3$，沟道运移减少物源 $266.93\times10^4\text{m}^3$。主沟道内物源方量增加、物源向沟口运移明显，主沟道在 2020 年汛期新增物源 $12.64\times10^4\text{m}^3$。本研究为复杂地形山区地质灾害动态监测提供了一种新方法。

如前所述，锄头沟位于汶川县绵虒镇附近，流域面积达 21.7km^2，主沟长度为 8.9km，流域内最高高程为 4118m，最低高程为 1166m，高差为 2952m。受“5・12”汶川地震作用，山体内岩体破碎，极易发生崩滑现象，大量物源(含震裂山体物源)为泥石流的发生创造了良好条件。2013 年 7 月，在强降雨作用下，锄头沟发生泥石流，据调查，泥石流冲出量达到 38.5×10^{4}m^3。该次泥石流发生后，在锄头沟流域内修建了以三级拦砂坝为主的防治工程。受 2019 年 8 月强降雨作用，锄头沟再次发生泥石流，原有防治工程直接淤满溢出，该次泥石流淤堵了 1/2 的岷江河道并冲断锄头沟 G213 国道岷江大桥。

2.4.1.1 技术简介

1. 无人机摄影测量

1) 前期调查与准备

前期调查与准备包括研究区资料收集、飞行场地条件勘查、无人机检查及充电、航线初步规划。

2) 现场作业

现场依次完成相机校验及参数设置、航线确认及参数设置、控制点布设与测量，最后执行飞行任务。

3) 数据处理内业

数据处理内业包括数据预处理、空中三角测量、影像匹配、影像融合，最后生成数字正射影像图(digital orthophoto map，DOM)、数字表面模型(digital surface model，DSM)、三维模型、点云等基础数据。

2. 数据校正

模型数据的精度与控制点布设相关，但复杂山区部分区域面临控制点难以布设的问题，而控制点的布设不均将不同程度影响影像数据的精度，导致多期数据不能很好地重合。因此，需要开展成果数据校正，校正方法有几何校正和高程校正。

1) 几何校正

对正射影像数据及高程数据，开展基于 GIS 平台的几何精校正，为保证相对精度，以一期正射影像数据为基准，对其他期数据开展几何精校正，特征同名点按照地面控制点的选取原则进行，选取地形稳定、未发生变化的区域，均匀分布，最后误差控制在精度要求内，实现 X、Y 方向的平面几何精校正。

2) 高程校正

几何校正保证了 X、Y 方向上的重叠，高程校正即对 Z 方向误差进行处理。本书使用克里金法(Kriging method)，该方法通过人工寻找控制点，得出同名点在多期 DEM 数据中的差异值，并对控制点进行插值，得到区域性偏移值，从而对汛后 DEM 数据进行校正。

方法步骤细分如下。

(1) 控制点选取。控制点选取在 DOM 基础上完成。在选取控制点时，除考虑特征鲜明、均匀分布外，还必须是汛前、汛后两期没有任何变化的同名点。

(2) 偏移量提取。针对选取的控制点，提取两期数据差值，将该值赋予控制点。

(3) 插值。将点偏移数据通过克里金法进行空间建模和预测，形成面偏移数据值。

(4) DEM 数据校正。通过取汛后 DEM 数据值与插值的差值，得到汛后 DEM 的高程校正数据。

(5) 精度验证。对结果开展精度验证，验证点的选取同样需满足两期数据没有变化的地形，且分布均匀。

3. 干扰因素掩膜

为得到地表 DEM 数据，需在 DSM 基础上对植被、房屋等干扰数据进行去除。由于数据来源于高分辨率相机，仅有 R、G、B 三波段数据，无法用常用的归一化植被指数 (NDVI) 进行植被提取。而目前对于仅基于可见光波段的植被指数研究较少，本节通过各指数间的对比分析，结合研究区域的植被影像特征，最终创新性提出了超绿超蓝 (EXG-EXB) 植被指数，并采用大津法自动计算获取阈值(图 2-99)。指数分离植被与背景的精度较高，能有效解决大部分指数在分离过程中与蓝顶建筑、阴影、水体混淆的问题。最后，对提取出的干扰因素进行掩膜处理，得到区域 DEM 数据。

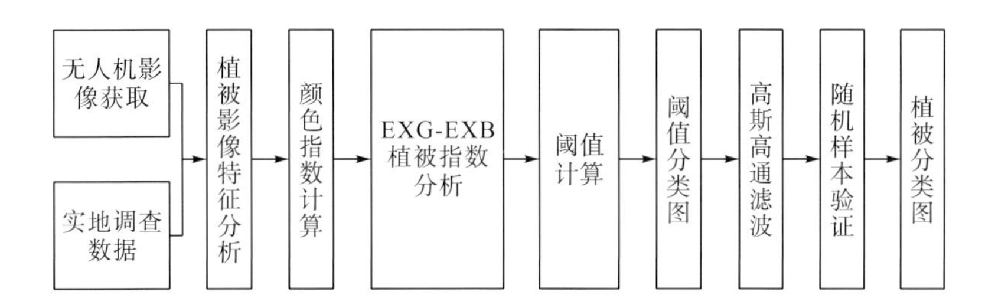

图 2-99　植被信息提取技术方法

4. 差值计算

将两期带有三维空间信息的 DEM 在 X、Y 方向对齐配准后进行 Z 方向的差分测量，能够较好地满足多期模型的体积测量要求。设置其中一期的三维模型为参考模型，其他期数据作为数据模型，分别对数据模型与参考模型进行差分计算，得到区域时空内的变形特征及体积变化值。

$$V=\sum_{j=1}^{k}\sum_{i=1}^{n}\left[s\times\left(h_{ij\text{前}}-h_{ij\text{后}}\right)\right] \tag{2-57}$$

式中，V 表示土石方量体积；i、j 表示 DEM 栅格的行号、列号；n、k 表示 DEM 栅格的行数、列数；s 表示每个栅格的面积；h 表示每个栅格的高程。为了避免正负值抵消的情况出现，设置零值为起算点，分别计算填方、挖方数据。

通过多期无人机航测进行三维建模，对每期泥石流暴发前后模型进行布尔运算，可以精确计算出泥石流活动物源量，并且能够精确圈定每处物源参与本次泥石流活动的物源量，从而精确指导防治工程设计，为揭示整个泥石流沟物源活动提供数据支撑。

2.4.1.2 新技术验证——以锄头沟为例

1. 数据获取

针对锄头沟山区高差起伏大、纵深长的特点，本次采用的数据获取手段为小型低空无人机摄影测量技术。分别于 2020 年 5 月(第 1 期)和 2020 年 11 月(第 2 期)使用固定翼无人机采集了锄头沟整沟域汛前和汛后两期影像数据。无人机航测相机配备 1 个 3640 万像素的 SONY 相机，镜头焦距为 50mm。为保证成图和三维建模精度，使用航向重叠度为 85%、旁向重叠度为 55%的飞行参数。

2. 几何校正

通过以上方法，获取了汛前、汛后两期三维模型数据、DOM 数据以及 DEM 数据。由于锄头沟纵深长，沟域内多为人迹罕至、无信号的无人区，因此像控点的布设只能集中于沟口位置，一定程度上影响了部分区域的位置精度，导致两期数据不能很好地重合，存在一定误差。针对以上问题，分别对三维模型数据、DOM 数据、DEM 数据进行了校正。

针对三维模型数据，由于模型数据主要用于对比浏览、解译分析，两期数据误差不大的情况下，以汛前数据为基准，对汛后数据部分区域的模型进行平移以及高度的微调，使两期数据基本一致。

针对 DOM 数据及 DEM 数据，开展基于 GIS 平台的几何精校正，本次共选取了 59 个校正点，均匀分布于研究区内，最终误差控制在 0.5 个像元内。通过以上步骤，实现了 X、Y 方向的平面几何精校正，两期数据在平面上重合较好。

3. 高程校正

通过对两期 DEM 数据进行平面精校正，实现了 X、Y 方向上的重叠，但是对 Z 方向上的误差尚未处理。由于两期数据条件的差异(例如，载具稳定性与姿态定位精度、航高、拍摄角度与取样距离、地物空间尺度、地形条件、地表植被、坐标解算模式等)，多期 DEM 数据经常会出现非地形变化导致的高程差异，因此容易给多期 DEM 分析带来显著的误差。因此，需对多期 DEM 的 Z 数据即高程数据进行相对校正，作为数值分析的前提，以汛前 DEM 为基准，对汛后 DEM 数据开展高程校正。

总体而言，受控制点影响，沟口处误差较小，接近 0，但远离沟口处，误差逐渐增大，但本次高程误差并非线性规律，受地形起伏影响，地形起伏较大的区域相对误差更大，相对误差的不规律性为本次校正增加了难度。

研究初期尝试划区域校正，通过把研究区划分为多个小区域，分别开展高程校正，以汛前数据为基准，将两期数据误差相减，进而对汛后数据进行校正。研究发现，当区域范围切割得足够小时，高程误差精度可以达到要求。但该方法仅适用于小范围研究区，校正后的区块数据由于高程边界差异无法整体拼接，因此无法对锄头沟整体开展分析研究，故该方法被放弃。

通过尝试多种方法，最终确定使用克里金法，该方法通过人工寻找控制点，得出同名点在两期 DEM 数据中的差异值，并对控制点进行插值，得到区域性的偏移值，从而对汛后 DEM 数据进行校正。通过比对，该方法步骤简略，效果较好，基本满足多期 DEM 分析的要求。步骤细分如下。

(1) 控制点选取。由于同期正射影像与 DEM 数据具有绝对的一致性，控制点选取在 DOM 基础上完成。在选取控制点时，除考虑特征鲜明、均匀分布外，还需注意是汛前、汛后两期没有任何变化的同名点，本次共选取 74 个控制点，如图 2-100 所示。

图 2-100　控制点选取及偏移量提取

(2) 偏移量提取。针对选取的控制点，提取两期数据的差值，将该值赋予控制点。

(3) 插值。该步骤旨在将点偏移数据通过克里金法进行空间建模和预测，形成面偏移数据值(图 2-101)。

(4) DEM 数据校正。通过取汛后 DEM 数据值与插值的差值，得到汛后 DEM 的高程校正数据。

需说明的是，在插值方法选取过程中，尝试过克里金法、反距离权重法、样条函数法、自然邻域法、趋势面法等多种方法，通过比对分析，该区域采用克里金法的完成精度更高，效果更优。

图 2-101 采用克里金法的 DEM 数据校正

(5)精度验证。对结果开展验证，共选取 20 个验证点，与控制点的选取方式相同，验证点的选取同样需满足两期数据没有变化的地形，且分布均匀，检查点误差验证结果如表 2-20 所示。

表 2-20 高程校正检查点误差结果对比

点号	纬度	经度	高程差(ΔH)/m
1	31°22′9.125″N	103°26′28.550″E	1.0270
2	31°22′26.805″N	103°26′53.264″E	0.2246
3	31°21′56.640″N	103°26′8.615″E	0.3715
4	31°22′35.817″N	103°26′12.455″E	0.2150
5	31°22′6.913″N	103°27′29.317″E	0.3733
6	31°21′48.664″N	103°27′20.747″E	0.5718
7	31°21′18.358″N	103°27′20.941″E	0.0749
8	31°22′24.241″N	103°26′19.907″E	0.4578
9	31°22′56.605″N	103°26′29.171″E	0.2121
10	31°21′44.300″N	103°26′10.650″E	0.7862
11	31°21′35.170″N	103°26′2.163″E	0.4271
12	31°21′32.821″N	103°26′27.832″E	0.4987
13	31°23′16.471″N	103°26′46.226″E	0.0230
14	31°23′7.417″N	103°25′34.598″E	0.0260
15	31°21′6.657″N	103°27′41.729″E	0.1683

续表

点号	纬度	经度	高程差(ΔH)/m
16	31°20′58.632″N	103°28′22.540″E	0.0021
17	31°20′43.275″N	103°28′35.911″E	0.0005
18	31°20′22.756″N	103°29′4.813″E	0.0001
19	31°21′12.399″N	103°26′34.557″E	0.1377
20	31°22′43.404″N	103°27′18.675″E	0.2389

可以看出，在本次随机选取的 20 个检查点中，最大误差为 1.027m，最小误差为 0.0001m，均误差为 0.2918m，与校正前的均误差 4.993m 相比(74 个控制点的均误差)，精度显著提高，证明该方法具有可操作性，且随着控制点数的增加，精度提高。

4. 干扰因素掩膜

直接利用航飞数据建模所得到的结果包含了所有物体表面的高程数据，即 DSM，当存在植被、房屋时，测量的是植被、房屋表面高程，不能反映地表实际高程。故需对这类干扰数据进行去除，得到地表高程数据，即 DEM。

锄头沟测区的干扰因素以植被为主。房屋、桥梁等由于主要存在于沟口处，特征明显、数量较少，可手动掩膜。

如前所述，由于本次数据来源于高分辨率相机，仅拥有 R、G、B 三波段数据，无法用常用的归一化植被指数(NDVI)开展植被提取。故结合研究区域的植被特征，提出了超绿超蓝(EXG-EXB)植被指数，采用大津法自动计算获取阈值，该指数分离植被与背景的精度较高，能有效解决大部分指数在分离过程中与蓝顶建筑、阴影、水体混淆的问题。

通过以上方法，得到植被分类数据，结合其他干扰因素数据，最终获取植被等干扰因素掩膜数据，如图 2-102 所示。

图 2-102　植被及其他干扰因素掩膜

在提取出植被数据及其他干扰因素后，利用 DOM 和提取过之后的数据图进行对比，验证了提取出的数据就是植被等数据(无用数据)，达到了预期的效果，通过掩膜后的数据即为真正的地表面数据。

5. 差值计算

将两期带有三维空间信息的 DEM 在 X、Y 方向对齐配准后进行 Z 方向的差分测量，能够较好地满足多期模型的体积测量要求。设置汛前三维模型(2020 年 5 月)为参考模型，汛后模型(2020 年 11 月)为数据模型(图 2-103)，分别对数据模型与参考模型进行差分计算，得到汛前与汛后锄头沟内的变形特征及体积变化值。

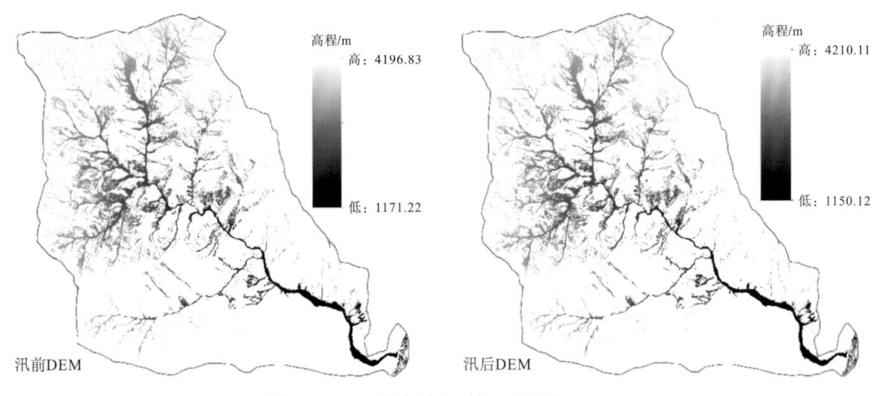

图 2-103 锄头沟汛前、汛后 DEM

计算原理与填挖土石方计算类似，利用锄头沟的汛前 DEM 减去汛后 DEM，得到两期 DEM 发生变化的部分，其中正值代表挖方数据，负值代表填方数据，差分计算结果如图 2-104 所示。

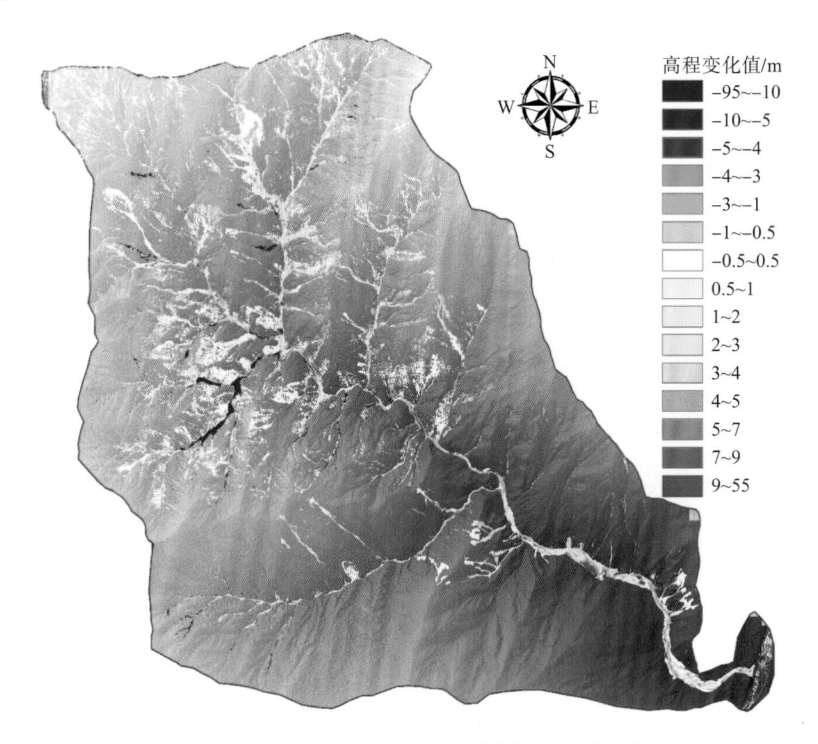

图 2-104 锄头沟汛前、汛后模型差分计算结果

DEM 对比法是时空对比分析中最为成熟的一项技术，该方法被广泛应用于面积较大的区域。通过生成多期 DEM，计算多期 DEM 垂直方向上的变化量。这种方法实现简单、计算速度快，并且可以将地形形变特征量化。其缺点在于对于高陡边坡、滑坡等坡度较高的灾害体，不能很好地表现灾害体细节特征，从而产生较大误差，此外，这种方法对灾害体的表面粗糙度和规则格网间距较为敏感。

6. 结果分析

1) 泥石流形成区物源变化情况

锄头沟泥石流形成区分布于锄头沟中上游 1500m 高程以上的沟域，面积为 16.4km^2，占沟域总面积的 75.5%，主要支沟有锄头沟、牛圈沟、大塘沟、小沟、蚂蟥沟、麻地槽沟以及其他支沟。地貌特征以陡峻地形为主，沟谷坡度大，沟道窄，主沟坡度多为 40°～45°。泥石流形成区陡峭沟谷汇聚降雨，给泥石流的发生提供了良好的水源条件。

基于 2020 年汛前、汛后两期无人机数据，通过两期 DEM 数据对比，分析泥石流形成区各支沟物源条件变化，对 2020 年汛期阶段的锄头沟物源进行量化。

(1) 锄头支沟验证分析。锄头沟支沟位于锄头沟流域正北，是锄头沟较大支沟之一，汇水面积为 3.17km^2，沟口和沟源高程分别为 2006m 和 3676m，相对高差为 1670m，总体沟长 2760m。支沟平均沟谷宽度约 20m，断面为 U 形，平均坡降为 550‰。

锄头沟支沟物源主要为崩滑物源和坡面侵蚀物源。从锄头沟支沟汛前、汛后两期高程演变（图 2-104）可以看出，锄头沟支沟内物源起动多、变化大，汇水沟道内堆积物源较多，部分堆积物源冲出沟道至锄头沟主沟道内。

通过两期数据差分计算获得了锄头沟的物源体积变化量和各处物源的变形量。锄头沟沟道两侧新剥蚀物源量为 120.05×10^{4}m^3，新堆积物源量为 53.85×10^{4}m^3。支沟沟道内新增堆积物源 7.52×10^{4}m^3，属于流域内物源变化较大的支沟。

①崩滑物源、坡面侵蚀物源。锄头沟支沟前后两期物源变化分布情况如图 2-105 所示。

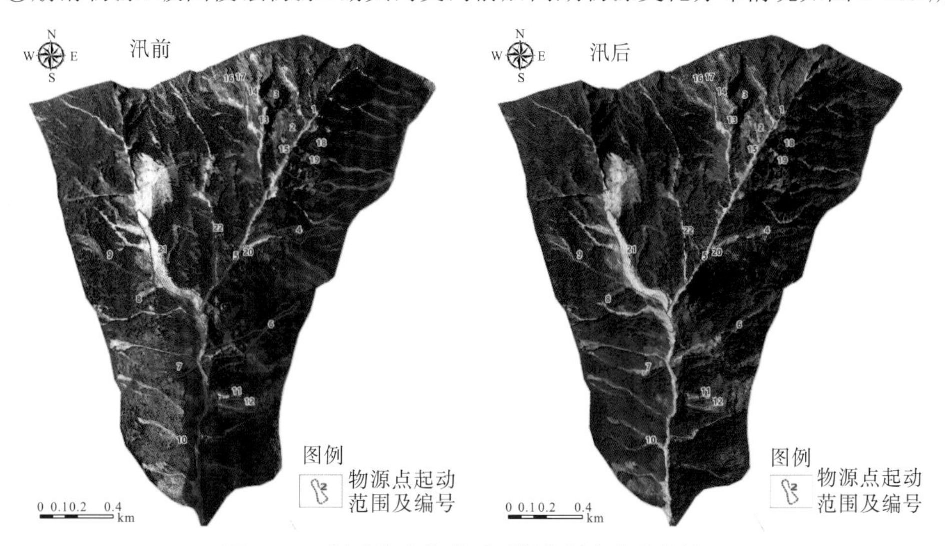

图 2-105　锄头沟支沟前后两期物源变化分布情况

崩滑物源是锄头沟主要物源，分布于支沟沟道两侧，锄头沟本次起动崩滑物源体面积约为 $15.44\times10^4m^2$，起动物源量为 $119.20\times10^4m^3$。

锄头沟支沟发育坡面侵蚀物源，主要分布于沟道两岸斜坡上。锄头沟本次起动坡面侵蚀物源面积为 $0.67\times10^4m^2$，起动物源量为 $0.85\times10^4m^3$。

根据两期差值数据，解译出本次锄头沟支沟物源起动变化点，其分布如图 2-106 所示，各个物源点变形量统计情况如表 2-21 所示。

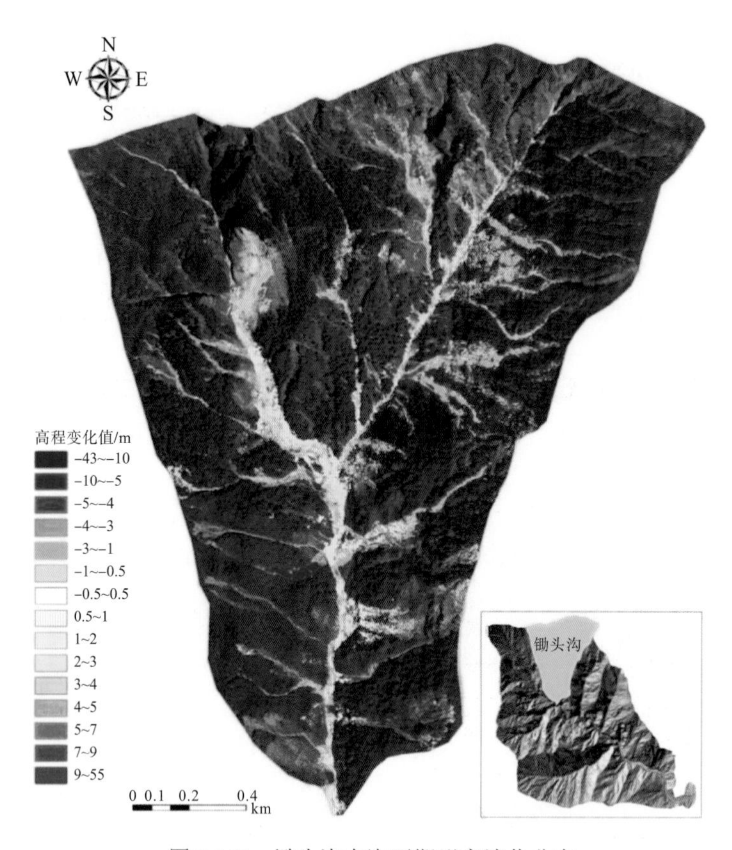

图 2-106 锄头沟支沟两期形变演化分布

表 2-21 锄头沟支沟 2020 年汛前、汛后物源变形量统计

编号	面积/m²	负变形最大值/m	正变形最大值/m	负变形方量/m³	正变形方量/m³	物源类型
1	207.25	24.09	21.98	1186.43	147.13	坡面侵蚀物源
2	2456.00	2.28	45.65	663.80	2662.26	坡面侵蚀物源
3	259.00	1.88	1.16	70.32	14.77	坡面侵蚀物源
4	16194.50	25.97	44.57	92482.49	40315.79	崩滑物源
5	290.50	10.93	10.37	1443.93	218.48	崩滑物源
6	22754.50	29.99	34.46	49784.75	38193.94	崩滑物源
7	7324.75	32.35	33.34	253066.11	2561.08	崩滑物源
8	15317.25	43.50	41.71	184477.47	29417.34	崩滑物源
9	6409.75	22.38	32.79	13793.75	12229.46	崩滑物源

续表

编号	面积/m^2	负变形最大值/m	正变形最大值/m	负变形方量/m^3	正变形方量/m^3	物源类型
10	1694.00	12.06	27.23	14807.04	2472.18	崩滑物源
11	4616.50	6.92	23.52	5497.55	10053.16	崩滑物源
12	7576.25	6.76	12.45	1391.48	12628.82	崩滑物源
13	1078.00	3.06	18.49	1278.04	1987.34	坡面侵蚀物源
14	12479.25	27.57	26.82	34404.64	10890.60	崩滑物源
15	81.00	28.94	11.21	1054.78	138.39	崩滑物源
16	951.50	0.20	1.07	0.51	25.03	坡面侵蚀物源
17	1762.50	25.30	23.51	2602.87	1036.93	坡面侵蚀物源
18	747.75	33.35	30.73	19642.46	818.53	崩滑物源
19	12843.00	31.65	23.44	69589.27	14818.30	崩滑物源
20	361.00	25.50	3.36	5964.19	24.76	崩滑物源
21	37190.00	37.10	43.84	50591.94	89404.71	崩滑物源
22	8514.50	28.72	32.96	13243.58	21895.18	崩滑物源

根据锄头沟支沟物源变形测量结果，负变形最大值为 43.50m，正变形最大值为 45.65m，负变形方量最大为 253066.11m^3，正变形方量最大为 89404.71m^3，崩滑物源规模普遍大于坡面侵蚀物源规模。

图 2-107 为 8 号物源点汛前、汛后两期物源变化情况图，该物源为本次汛期新发生的一处震裂山体崩滑物源，该崩滑源区地形陡峭，基岩裸露，其最高点高程为 2802m，沟床

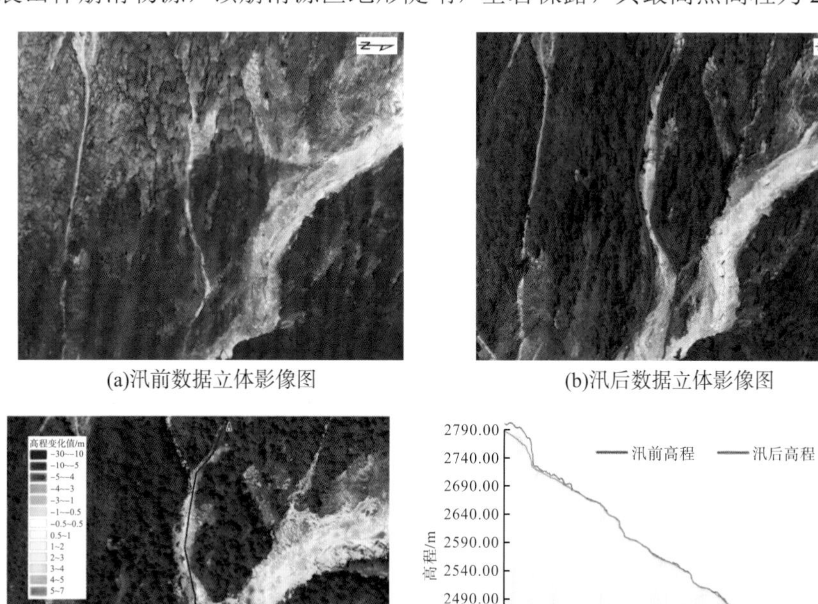

(a)汛前数据立体影像图　(b)汛后数据立体影像图

(c)高程差值结果　(d)两期剖面变化图

图 2-107　8 号物源点汛前、汛后两期物源变化情况

高程为2340m，高差为462m，水平距离为400m，为山区高位震裂山体碎屑流。从剖面图[图2-107(d)]上可见，崩滑源区为一高陡边坡，崩落块体厚度最大达26m，在降雨作用下失稳，形成碎屑流，沿途铲刮了350～380m处的坡面原有崩滑堆积物，到支沟底部开始堆积，堆积深度为6m。

②沟床侵蚀物源。沟床侵蚀物源主要堆积于锄头沟主沟道，其物源量较大，分布不均，在坡降大的沟段由于水动力条件好、冲刷力强，使得该处沟床物源量相对较小；而坡降小、沟谷宽的地段由于水动力条件相对较差、冲刷力较弱，在这些沟段固体物质更容易堆积下来，其沟床物源量较大。

根据锄头沟支沟物源变形量统计结果，锄头沟支沟汛前、汛后两期汇水沟道剖面图如图2-108所示。

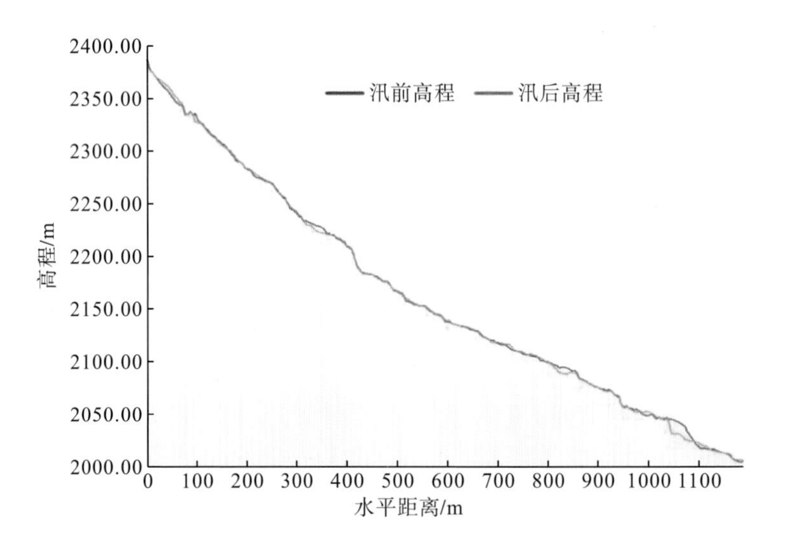

图2-108 锄头沟支沟沟床高程变化剖面图

(2)大塘沟支沟验证分析。大塘沟支沟位于锄头沟流域西侧，汇水面积为2.0km^2，沟口和沟源高程分别为2400m和3300m，相对高差为900m，总体沟长为3889m。支沟的平均沟谷宽度约20m，断面为U形，平均坡降为450‰。

通过两期数据的差分计算获得了大塘沟物源体积变化量和各处物源的变形量。大塘沟沟道两侧新剥蚀物源量为108.26×10^{4}m^3，新堆积物源方量为41.09×10^{4}m^3。支沟沟道移出物源量为211.84×10^{4}m^3，主要随着降雨运移到主沟道内。

从大塘沟支沟汛前、汛后两期高程形变演化分布(图2-109)可以看出，大塘沟支沟内物源起动较多，三维变形变化大，以物源侵蚀为主，汇水沟道内物源运移量较大，汛前、汛后高程差达到78m，向主沟道提供了大量物源。

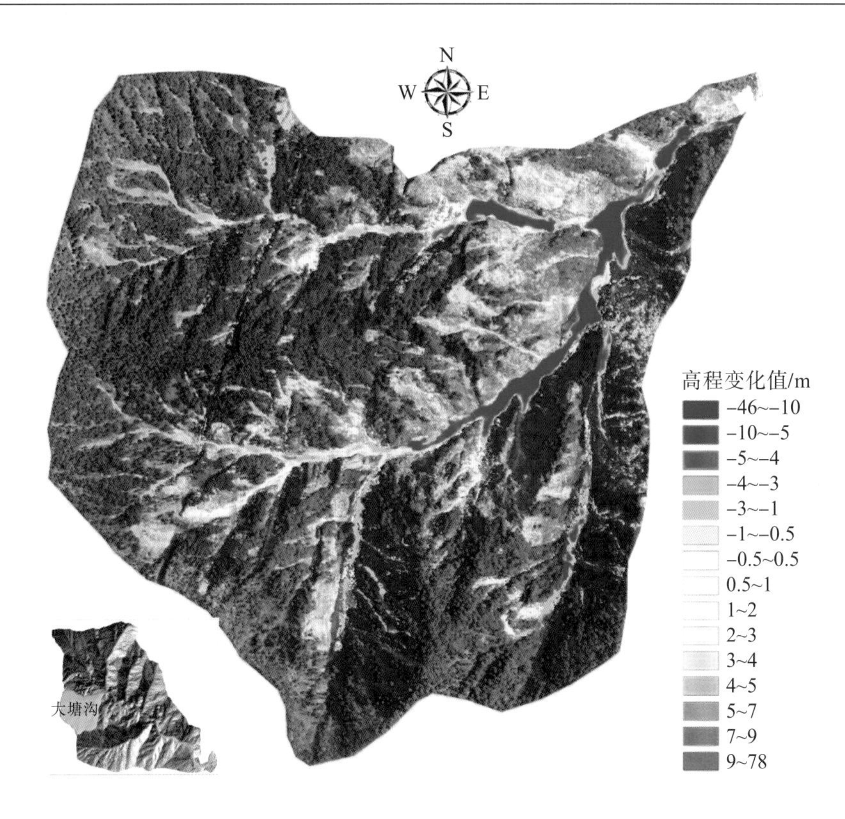

图 2-109　大塘沟支沟两期形变演化分布

①崩滑物源、坡面侵蚀物源。大塘沟支沟前后两期物源变化情况如图 2-110 所示。大塘沟本次起动崩滑物源体面积约为 $7.44\times10^4\mathrm{m}^2$，起动物源量为 $105.82\times10^4\mathrm{m}^3$。起动坡面侵蚀物源面积为 $0.58\times10^4\mathrm{m}^2$，起动物源量为 $2.44\times10^4\mathrm{m}^3$。根据三维空间变化结果，解译出主要物源分布 19 处，其中 9 处为崩滑物源，6 处为坡面侵蚀物源，4 处沟床物源，如图 2-110 所示。

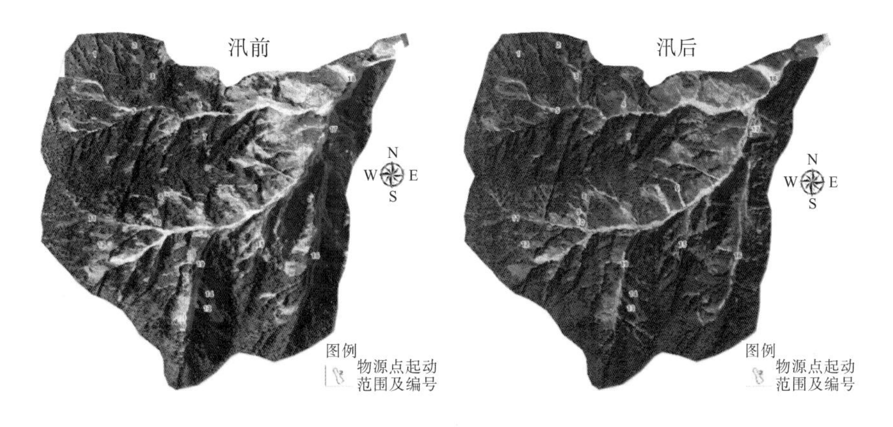

图 2-110　大塘沟支沟前后两期物源变化情况

各个物源点的物源变形量统计如表 2-22 所示。

表 2-22 大塘沟支沟各物源点物源变形量统计

编号	面积/m^2	负变形最大值/m	正变形最大值/m	负变形方量/m^3	正变形方量/m^3	物源类型
1	567.75	23.51	26.28	3929.72	553.09	坡面侵蚀物源
2	301.25	16.41	28.14	1500.83	1832.23	坡面侵蚀物源
3	4585.00	38.03	16.70	81976.92	770.99	崩滑物源
4	1995.00	19.84	12.37	2341.63	1534.53	坡面侵蚀物源
5	7062.00	31.28	30.67	27037.43	5951.62	崩滑物源
6	3125.50	33.07	24.41	39253.91	2023.21	崩滑物源
7	1533.00	32.03	24.40	15385.96	1464.80	崩滑物源
8	741.00	18.12	30.27	2339.43	973.45	坡面侵蚀物源
9	1510.25	33.28	37.37	6830.06	2744.53	坡面侵蚀物源
10	638.00	14.91	29.17	1263.28	383.47	坡面侵蚀物源
11	3007.00	26.05	26.81	14436.72	4184.33	崩滑物源
12	1982.25	30.66	30.85	8975.39	4167.08	崩滑物源
13	1078.75	17.32	20.62	3948.73	4161.29	崩滑物源
14	1269.25	29.76	36.01	14827.47	3574.42	崩滑物源
15	7428.50	36.41	36.29	91177.05	10725.49	崩滑物源
16	15073.25	38.28	31.23	197132.64	12400.84	崩滑物源
17	8761.00	30.73	6.32	169578.12	4907.15	崩滑物源
18	9647.75	17.53	16.83	91301.05	11663.09	崩滑物源
19	9856.50	29.34	49.02	35207.08	27019.72	崩滑物源

根据大塘沟支沟物源变形量统计结果，负变形最大值为 38.28m，正变形最大值为 49.02m，负变形方量最大为 197132.64m^3，正变形方量最大为 27019.72m^3，崩滑物源规模普遍大于坡面侵蚀物源规模。

②沟床侵蚀物源。根据大塘沟支沟物源变形量统计结果，大塘沟沟道物源在本次汛期移出量较大，多处地形降低，随着降雨持续，支沟沟道内移出物源量 $511.84\times10^4m^3$ 至主沟内。大塘沟支沟沟床高程变化剖面图如图 2-111 所示。

(3) 小沟支沟验证分析。小沟支沟位置相对靠下游，汇水面积为 3.79km^2，是锄头沟面积最大的支沟。沟口和沟源高程分别为 1500m 和 3100m，相对高差为 1600m，总体沟长为 3320m。支沟平均沟谷宽度约 11m，断面为 U 形，平均坡降为 531‰。

通过两期数据差分计算获得了小沟沟域内物源体积变化量和各处物源的变形量。小沟沟道两侧新剥蚀物源量为 $93.47\times10^4m^3$，新堆积物源量为 $23.67\times10^4m^3$。支沟沟道内运移出物源 $9.39\times10^4m^3$，主要随着降雨运移到主沟道内。

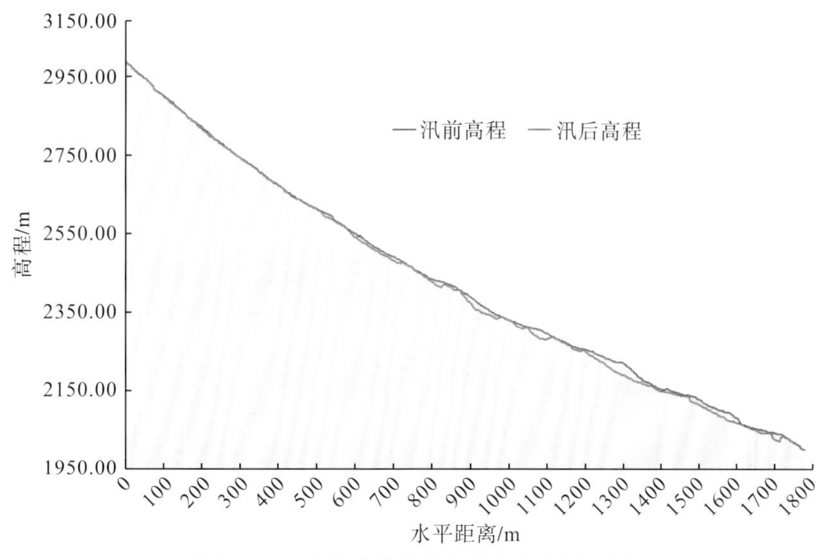

图 2-111　大塘沟支沟沟床高程变化剖面图

从小沟支沟汛前、汛后两期形变演化分布(图 2-112)可以看出，小沟支沟内物源起动较多，三维变形变化大，以物源侵蚀为主，汇水沟道内物源运移量较大，汛前、汛后高程差达到 61m，向主沟道提供了大量物源。

图 2-112　小沟支沟两期形变演化分布

①崩滑物源。小沟支沟的崩滑物源前后两期物源变化分布情况如图 2-113 所示。小沟本次起动崩滑物源体面积约为 $7.22\times10^4m^2$，起动物源量为 $93.47\times10^4m^3$。根据三维空间变化结果，解译出主要的物源分布 13 处，如图 2-113 所示。

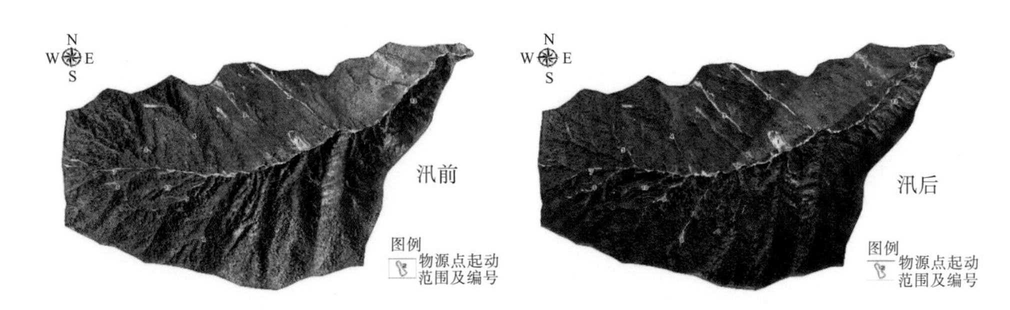

图 2-113　小沟支沟前后两期物源变化分布情况

各个物源点的物源变形量统计情况如表 2-23 所示。

表 2-23　小沟支沟各物源点物源变形量统计

编号	面积/m^2	负变形最大值/m	正变形最大值/m	负变形方量/m^3	正变形方量/m^3	物源类型
1	11275.00	18.86	21.70	29380.20	19120.94	崩滑物源
2	8981.50	43.74	7.37	27869.88	6855.79	崩滑物源
3	9617.00	37.68	20.10	30397.08	28796.60	崩滑物源
4	2032.75	44.70	27.13	31809.15	4242.98	崩滑物源
5	2359.00	54.93	28.78	48454.36	5766.37	崩滑物源
6	10428.00	35.63	36.57	212024.15	18388.73	崩滑物源
7	7463.75	36.94	32.70	91552.99	17221.83	崩滑物源
8	8779.75	42.82	31.09	168382.06	3369.81	崩滑物源
9	6105.25	40.07	23.53	65707.20	18026.98	崩滑物源
10	3659.75	37.03	33.98	7412.51	22044.11	崩滑物源
11	844.25	8.53	0.69	8836.09	4.20	崩滑物源
12	411.00	9.40	4.67	3105.37	72.55	崩滑物源
13	230.00	6.30	1.72	1146.58	297.62	崩滑物源

根据小沟支沟物源变形量统计结果，负变形最大值为 54.93m，正变形最大值为 36.57m，负变形方量最大为 212024.15m^3，正变形方量最大为 28796.60m^3。

图 2-114 为 1 号物源点汛前、汛后两期物源变化情况图，该物源为老滑坡，可见明显的滑坡后壁，2020 年汛期滑坡局部新发生了滑塌，如图 2-114(a)、(b)所示。滑坡前缘原有堆积体也在汛期降雨作用下运移至主沟道内，从剖面图上可以看出，堆积体冲出最大深度达 12m。

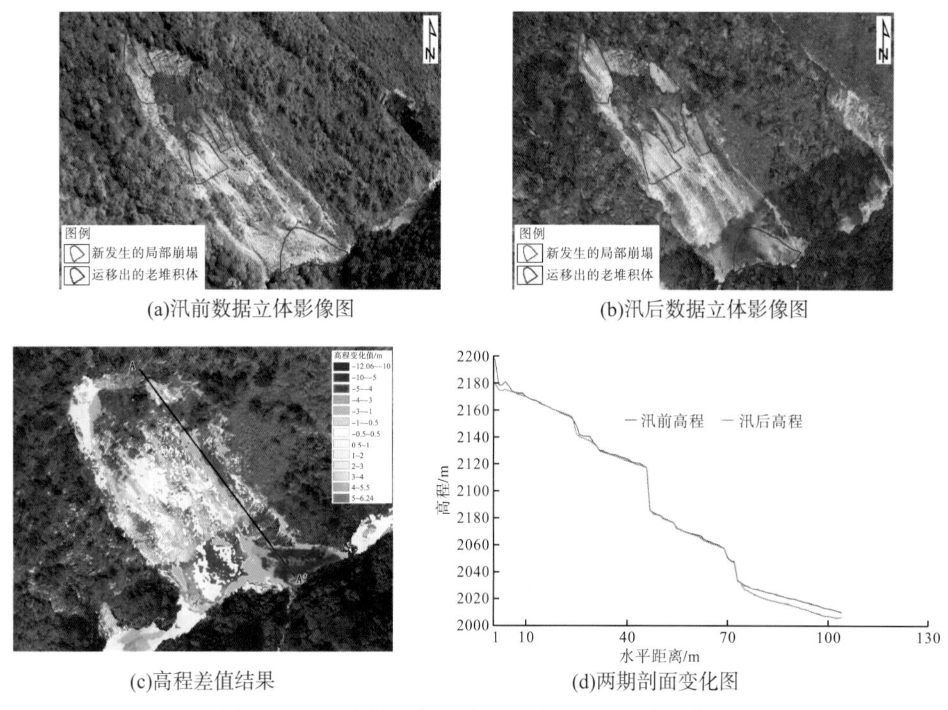

(a)汛前数据立体影像图　(b)汛后数据立体影像图

(c)高程差值结果　(d)两期剖面变化图

图 2-114　1 号物源点汛前、汛后两期物源变化情况

②沟床侵蚀物源。根据小沟支沟物源变形量统计结果，小沟沟道物源在本次汛期地形变化不大，随着降雨，支沟沟道内移出物源量 $9.39\times10^4m^3$ 至主沟内。小沟支沟沟床高程变化剖面图如图 2-115 所示。

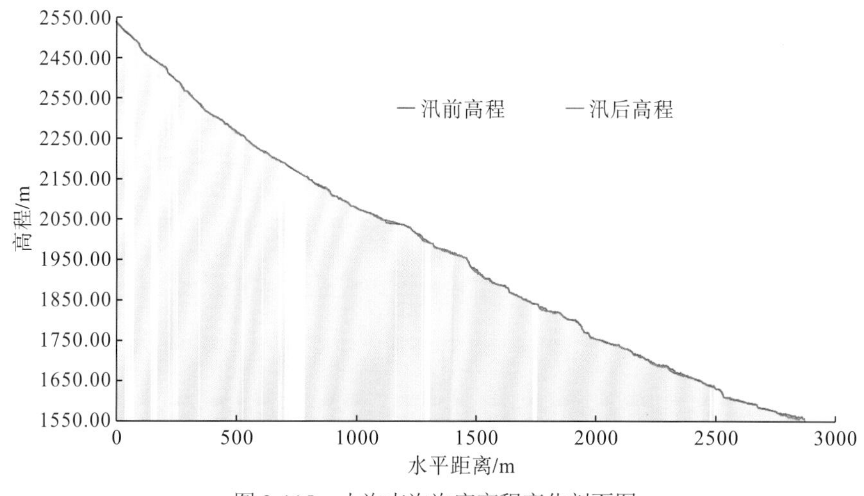

图 2-115　小沟支沟沟床高程变化剖面图

2）泥石流形成区物源变化特征小结

根据上述分析及三维地形形变数据，2020 年汛期锄头沟泥石流形成区内各支沟物源起动情况、支沟沟道物源堆积情况如表 2-24 所示。

表 2-24　2020 年汛期锄头沟泥石流形成区内各支沟物源情况　(单位：$\times10^4m^3$)

项目	新剥蚀物源方量	新堆积物源方量	沟道物源变化
小沟	93.47	23.67	−9.39
大塘沟	108.26	41.09	−211.84
蚂蟥沟	20.75	13.75	2.35
锄头沟	120.05	53.85	7.52
牛圈沟	89.81	23.01	−54.85
麻地槽沟	11.68	5.32	−0.72
其他物源	143.62	32.54	—
合计	587.64	193.23	−266.93

从表 2-24 可以得出如下结论。

(1)泥石流形成区上游支沟(锄头沟、牛圈沟、大塘沟)物源起动较多，新剥蚀物源、新堆积物源及沟道物源变化量大，物源类型主要为震裂山体崩滑；泥石流形成区中下游的小沟沟道两侧边坡物源起动较多，但汇水沟道内物源变化不大，蚂蟥沟、麻地槽沟物源起动量相对较少，物源主要类型仍为震裂山体的岩质崩塌(图 2-116)。

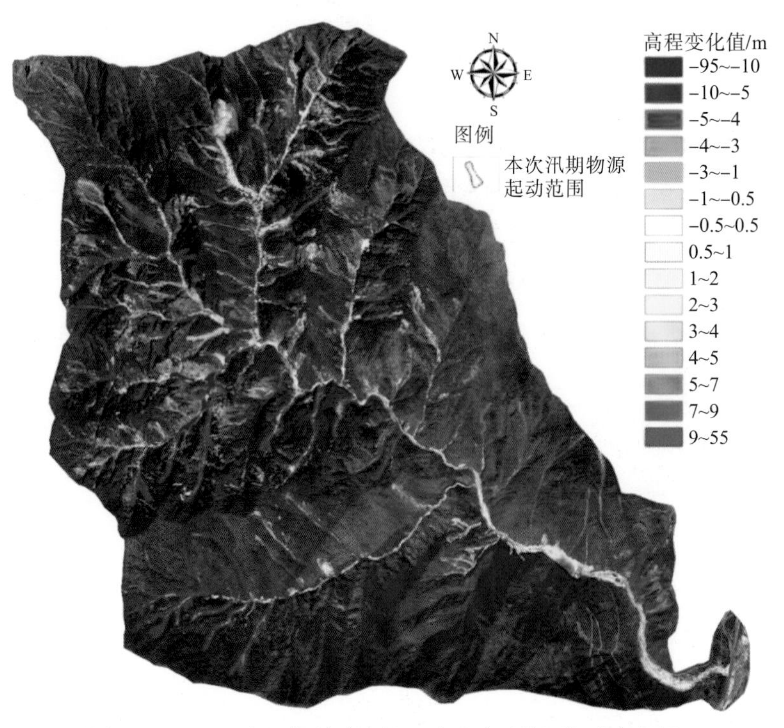

图 2-116　2020 年汛期锄头沟泥石流形成区物源起动点解译

(2)物源起动以震裂山体崩滑物源为主，其次为坡面侵蚀物源。

(3)2020 年汛期泥石流形成区新剥蚀物源量为 $587.64\times10^4m^3$，新堆积物源量为 $193.23\times10^4m^3$，沟道运移减少物源 $266.93\times10^4m^3$。

3）流通区物源变化情况

通过汛前、汛后两期数据进行对比，主沟道内物源方量增加、物源向沟口运移明显，三维地形变化数据显示，主沟道（三沟汇水处至沟口）在 2020 年汛期新增物源 $12.64\times10^4m^3$，主沟道剖面汛前、汛后剖面图如图 2-117 所示。

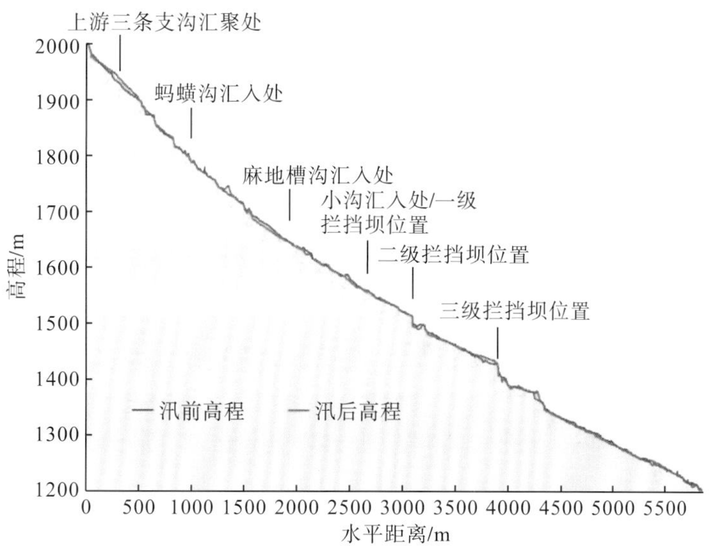

图 2-117　锄头沟主沟道汛前、汛后剖面图

从主沟道汛前、汛后剖面图上可以看出，主沟道内汛后堆积量较大，尤其是在支沟汇入处，物源大量堆积。图 2-118 为锄头沟、牛圈沟、大塘沟三条支沟交汇处沟道物源堆积情况，支沟内冲出的物源在主沟道内大量堆积，新物源堆积深度达到 15m。

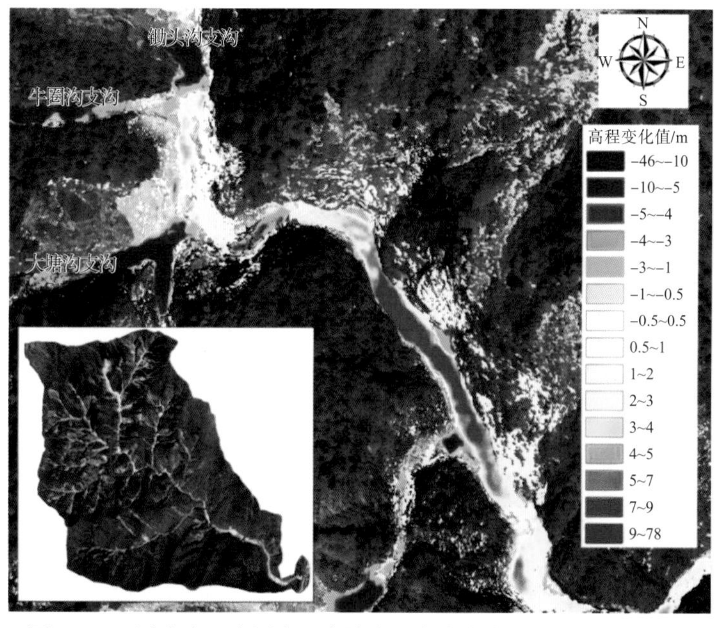

图 2-118　锄头沟、牛圈沟、大塘沟三条支沟交汇处沟道物源堆积

4) 拦砂坝堆积体变化情况

锄头沟在 2013 年暴发特大泥石流后，沟域内修建了防治工程，包括主沟道中游修建的三级拦砂坝以及下游修建的排导槽，其防治工程分布示意图如图 2-119 所示。

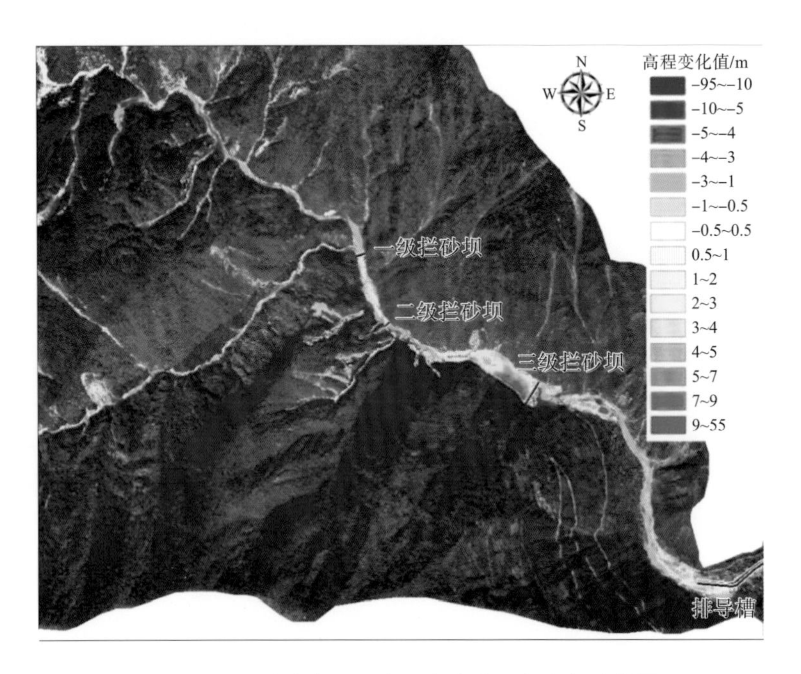

图 2-119　锄头沟泥石流已有防治工程分布示意图

从两期三维影像上看到，在多次泥石流冲击下，汛前最上游一级拦砂坝已被部分破坏，在 2020 年 8 月发生的泥石流中，该拦砂坝已完全失去作用(图 2-120)，二级拦砂坝(图 2-121)为淤满状态。三级拦砂坝在锄头沟泥石流治理工程中发挥主要作用，为确保更多有效库容，2020 年 6 月，将原有坝高增加了 4m，但即使汛前完成了清淤、加高坝体等工作，随着 2020 年汛期泥石流的发生，三级拦砂坝也已经淤满(图 2-122)。

(a)汛前

(b)汛后

图 2-120　一级拦砂坝汛前、汛后三维影像对比

(a)汛前

(b)汛后

图 2-121　二级拦砂坝汛前、汛后三维影像对比

(a)汛前

(b)汛后

图 2-122　三级拦砂坝汛前、汛后三维影像对比

2.4.1.3　验证效果评述

本节通过无人机获取的两期 DEM 数据差值，获取了锄头沟流域准确的地形变化数据，进而分析物源变化情况，得出了如下结论。

(1) Z 轴方向变化分析计算成果清晰揭示了锄头沟物源在汛期前后的变化特征，根据图像彩色云图显示，可以准确获取物源区范围、剥蚀深度，同时也明确显示了堆积区范围、厚度等信息。

(2) 2020 年汛期锄头沟流域泥石流形成区新剥蚀物源方量为 $587.64\times10^4\mathrm{m}^3$，新堆积物源方量为 $193.23\times10^4\mathrm{m}^3$，沟道运移减少物源 $266.93\times10^4\mathrm{m}^3$。主沟道内物源方量增加，物源向沟口运移明显，主沟道在 2020 年汛期相对新增物源 $12.64\times10^4\mathrm{m}^3$。

(3) 泥石流形成区上游支沟(锄头沟、牛圈沟、大塘沟)物源起动较多，新剥蚀物源、新堆积物源及沟道物源变化量大；泥石流形成区中下游的小沟沟道两侧边坡物源起动较多，但汇水沟道内物源变化不大，蚂蟥沟、麻地槽沟物源起动量相对较少。

(4) 锄头沟流域主要为沟道物源、崩滑物源、坡面侵蚀物源。物源起动以震裂山体的崩滑物源为主，其次为坡面侵蚀物源。

总体认为，该项技术对于泥石流沟道内汛前、汛后物源变化进行了较为精确的获取和对比，能够有效指导泥石流治理工程的勘查设计。

2.4.2 泥石流堆积体半航空瞬变电磁探测技术

半航空瞬变电磁探测技术是一种基于航空瞬变电磁探测方法发展起来的新技术，一维快速反演方法(自适应正则化反演法)是半航空瞬变电磁法(semi-airborne transient electromagnetic method，SATEM)目前常用的数据反演方法，该方法对初始模型的精度要求低，初始模型一般选用均匀半空间模型，该模型具有稳定收敛的优势。正则化反演是基于尽可能拟合观测数据，同时获得最理想的约束模型的一种算法，其基本思路是把地下介质分成多层层状结构，把每层厚度加入模型约束函数，即粗糙度矩阵，通过计算得到每层电阻率，从而构建地下地电结构。通过建立的地电结构，结合灾害地质体地形、地质特征，对其基覆界线、灾害体结构特征、基岩岩性、地下水分布情况等进行推断解释，为灾害体稳定性分析提供有效的地球物理资料。

2.4.2.1 技术简介

1. 基本特点

高位隐蔽性地质灾害(震裂山体)发生后的应急抢险过程中，由于其复杂的高陡地形、危险的工作环境，给现场地质工作者带来了诸多限制和安全隐患。同时，在地质灾害勘查过程中，受地形条件限制和工作时限等影响，常规的钻探、物探手段受到了很大的制约。因此，如何高效、快速、准确地获得灾害地质体的地质特征显得尤为重要。

半航空瞬变电磁探测技术是通过地面长导线源发射，无人机搭载接收线圈进行空中观测的瞬变电磁技术，它综合了地面瞬变电磁探测技术和航空瞬变电磁探测技术的特点，具有工作效率高、成本低、观测范围宽和勘探方式灵活等优点，能适应复杂地形地貌条件下地质探测的需要，已逐渐发展为地球物理电磁探测的一种重要技术(图 2-123)。

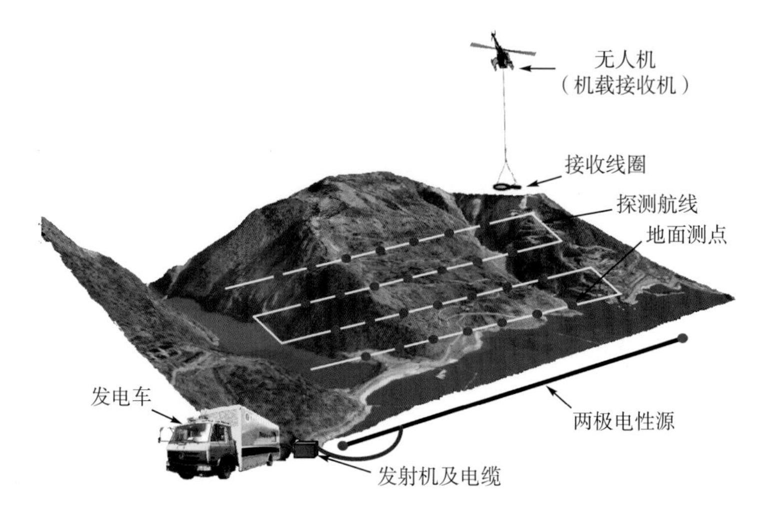

图 2-123 半航空瞬变电磁探测技术应用于地质灾害调查野外工作示意图

2. 技术原理

半航空瞬变电磁探测技术是一种采用地面发射、空中接收工作模式的瞬变电磁测量系统(图 2-124)，通过获得电性资料，经过数据处理和反演得到其电性结构特征，结合相关资料，推断解释地质结构特点。相对于地面瞬变电磁系统和航空瞬变电磁系统，该方法适合在高山峡谷、跨江过河等常规地球物理勘探不宜开展工作的地区采用。

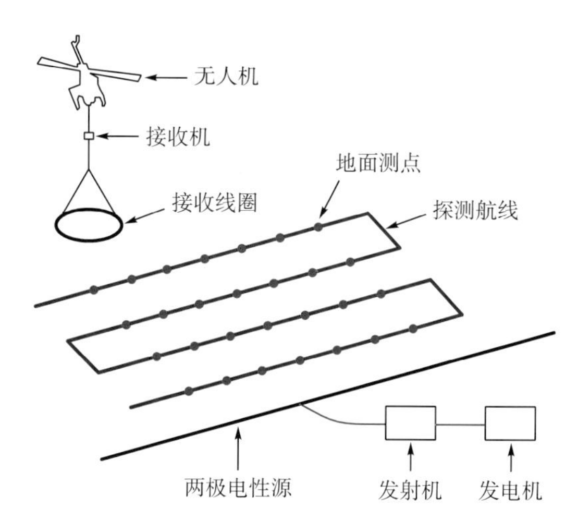

图 2-124 半航空瞬变电磁探测技术工作原理图

半航空瞬变电磁数据反演采用自适应正则化一维快速反演法，该方法是通过拟合观测数据，获得最理想约束模型的一种算法，其基本思路是把地下介质分成多层层状结构，将每层厚度加入模型约束函数，即粗糙度矩阵，通过计算得到每层电阻率，从而构建地下地电结构。其总目标函数可归结为

$$\phi(\boldsymbol{m}) = \phi_{\mathrm{d}}(\boldsymbol{m}) + \lambda\phi_{\mathrm{m}}(\boldsymbol{m}) \tag{2-58}$$

$$\phi_{\mathrm{d}}(\boldsymbol{m}) = \left\|\boldsymbol{W}_{\mathbf{d}}(d - F(\boldsymbol{m}) - \boldsymbol{J}\Delta\boldsymbol{m})\right\|^2 \tag{2-59}$$

$$\phi_{\mathrm{m}}(\boldsymbol{m}) = \left\|\boldsymbol{R}_{\mathbf{m}}\boldsymbol{m}\right\|^2 \tag{2-60}$$

$$\lambda^k = \frac{\phi_{\mathrm{d}}^{k-1}(\boldsymbol{m})}{\phi_{\mathrm{d}}^{k-1}(\boldsymbol{m}) + \phi_{\mathrm{m}}^{k-1}(\boldsymbol{m})} \tag{2-61}$$

式中，$\phi(\boldsymbol{m})$为总目标函数；$\phi_{\mathrm{d}}(\boldsymbol{m})$为观测数据目标函数；$\lambda$为正则化因子；$\phi_{\mathrm{m}}(\boldsymbol{m})$为模型约束目标函数；$\boldsymbol{m}$ 为模型向量；$\boldsymbol{W}_{\mathbf{d}}$为数据加权矩阵；$d$ 为观测数据；$F(\boldsymbol{m})$为正演算子；$\boldsymbol{J}$ 为经过泰勒级数展开后正演响应对电阻率的偏导数矩阵，即雅克比矩阵；$\Delta\boldsymbol{m}$ 为待求模型修正向量；$\boldsymbol{R}_{\mathbf{m}}$为粗糙度矩阵；$k$ 为第 k 次迭代反演。

3. 数据处理与反演

1) 数据处理

半航空瞬变电磁探测技术采用无人机搭载接收线圈进行连续的数据采集，相对地面而言具有快速高效等优点，但是其观测数据量大，容易受外界噪声的干扰。因此，需要对半航空瞬变电磁数据进行预处理，在减小数据量的同时抑制一部分随机噪声，从而提高观测数据的质量，为后期反演解译提供可靠的数据。半航空瞬变电磁数据处理流程如图 2-125 所示，其中原始数据预处理的具体流程如图 2-126 所示。

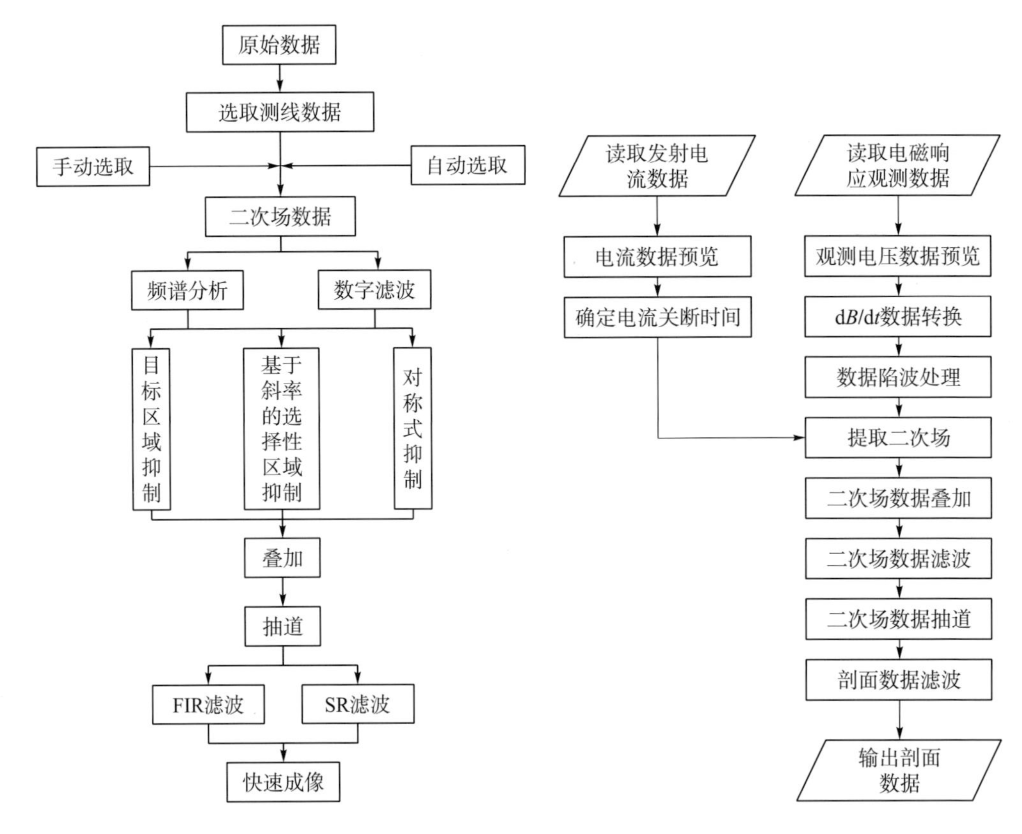

图 2-125 半航空瞬变电磁数据处理流程图　　图 2-126 原始数据预处理流程图

2）数据反演

目前半航空瞬变电磁数据的反演解释方法主要是一维快速反演方法，如自适应正则化反演法。该方法一般选用均匀半空间模型作为初始模型且稳定收敛。正则化反演是基于尽可能拟合观测数据，同时获得最理想的约束模型的一种算法，其基本思路是把地下介质分成多层层状结构，把每层厚度加入模型约束函数，即粗糙度矩阵，通过计算得到每层电阻率，从而构建地下地电结构。

通过建立的地电结构，结合诸如震裂山体、泥石流沟道物源等灾害地质体的地形、地质特征，对其基覆界线、灾害体结构特征、基岩岩性、地下水分布情况等进行推断解译，为灾害体稳定性分析提供有效的地球物理资料。

通过半航空瞬变电磁探测技术对泥石流新近物源或堆积物进行测量，验证调查沟域内震裂物源发育深度、崩滑物源厚度、沟道堆积体以及泥石流堆积层厚度等技术的可行性。

2.4.2.2　新技术验证——以锄头沟为例

1. 测线布置

锄头沟沟口附近泥石流堆积体采用半航空瞬变电磁探测技术于 2019 年 8 月开展了先期实验(图 2-127)，具体工作参数如下。

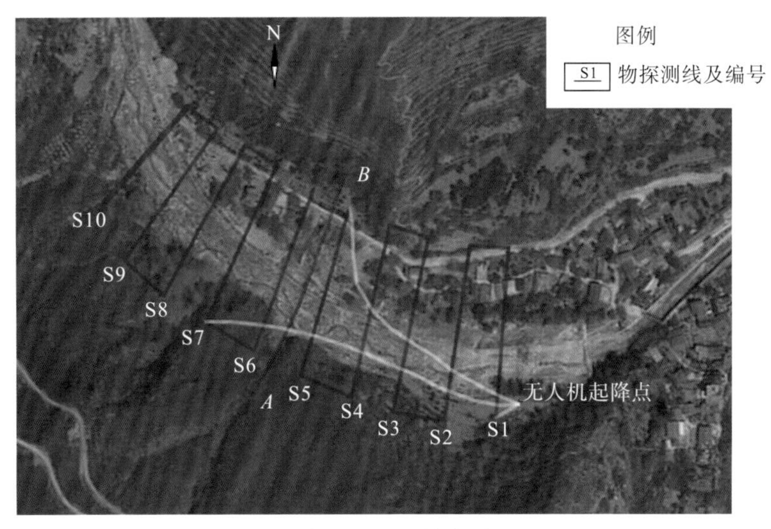

图 2-127　测线布置

测线布设：线源 AB 长 183m，共 10 条测线，包括 S1～S10，其中 S1～S5 位于线源下方，S6～S10 位于线源上方，测线长度以能覆盖泥石流堆积体为准，最小偏移距为 17m，测线距为 40～50m。

2. 推断解释

基于 10 条测线采集的数据，经预处理后，可获得任意测点组成的物探剖面。以 S1 物探剖面为例，分析该堆积体地质特征。

结合现场情况，引起电阻率差异的因素主要有地层岩(土)性、含水性、密实程度等。一般情况下，花岗岩体电阻率＞密实的冲洪积层电阻率＞富水冲洪积层电阻率＞含碎石黏土电阻率＞泥石流堆积体电阻率，密实(未风化、弱风化)地层电阻率＞松散(中风化、强风化)地层电阻率，含水性差的地层的电阻率＞含水性好的地层的电阻率。从图 2-128 中可以看出，S1 半航空瞬变电磁法剖面里程 0～89m 段均有泥石流堆积体，堆积体厚度在 0～10m 不等。半航空瞬变电磁法 S1 测线的电阻率剖面呈现明显的电阻率差异。

(1)纵向上，随着探测深度增大，电阻率呈升高的趋势，地表泥石流堆积体的视电阻率为 180～320Ω·m，富水的冲洪积层电阻率为 280～360Ω·m，密实且富水性较差的冲洪积层电阻率为 320～400Ω·m，花岗岩体电阻率为 420～500Ω·m，整体看，地层埋深与电阻率呈正相关关系。推断浅表地层密实程度低、含水性好，因此电阻率低，随着深度增加，地层压实程度增大，含水性降低，电阻率逐渐升高。

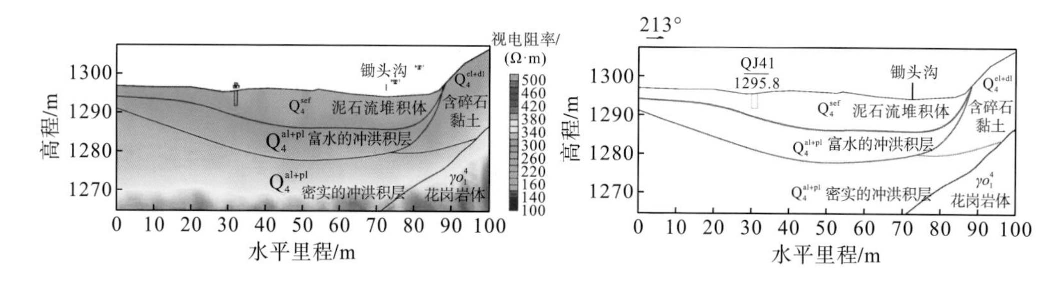

图 2-128 S1 测线初步推断解释成果图

(2)横向上，泥石流堆积体以内电阻率较低，含碎石黏土电阻率次之；当横向往泥石流沟两侧延伸时，山体内含碎石土下部基岩主要为花岗岩体，电阻率逐渐升高。

综合以上分析，结合现场初步调查资料，对 S1 电阻率与堆积体进行标定，可以得出在测线 0～89m 段距离地表 0～10m 范围内，电阻率呈现明显低值(＜300Ω·m)，正好位于泥石流堆积体范围内；测线 32～80m 段距离地表 10～21m 范围内为富水的冲洪积层，电阻率为 280～360Ω·m；测线 0～71m 段为密实的冲洪积层，电阻率为 320～400Ω·m；测线 78～100m 段为山体残坡积碎石黏土层，电阻率略高于泥石流堆积体，为 260～300Ω·m；残坡积碎石黏土层以下为花岗岩体，电阻率一般大于 400Ω·m，由此得出泥石流堆积体与周边岩土体的电阻率特征值，见表 2-25。

表 2-25 锄头沟沟口沟道地面岩土体岩性及电阻率特征值统计表

项目	泥石流堆积体	富水的冲洪积层	密实的冲洪积层	残坡积碎石黏土层	花岗岩体(基岩)
岩性	相对松散、富水	松散、湿润	密实、富水较差	松散	风积土层 相对干燥
电阻率	＜300Ω·m	280～360Ω·m	320～400Ω·m	260～300Ω·m	＞400Ω·m

3. 泥石流堆积体特征研究

1)堆积体结构特征

S1 测线显示泥石流堆积体厚度差异较大，靠近山体一侧厚度较薄，厚度为 0～3m，沟道内厚度较厚，中前部厚度较大，平均为 10m。

泥石流堆积体主要由相对松散、富水的块石组成(Q_4^{sef})，厚度平均为 9m。

泥石流堆积体下部为第四系冲洪积层，受地层密实程度影响，电阻率变化较大，厚度一般大于 20m。泥石流堆积体两侧主要为残坡积碎石黏土层，厚度变化较大，电阻率略高于泥石流堆积体。

2)泥石流边界与形态特征

从图 2-129 可以看出，在探测范围内，半航空瞬变电磁探测技术得到的泥石流堆积体边界、形态与现场地质调查的泥石流堆积体边界、形态吻合度高，且纵向上与钻探或浅井资料吻合程度较高，说明本技术结果可靠。该技术在新近泥石流堆积区、地面探测困难区用于探测泥石流堆积物厚度、分布方面具有独特的技术优势。

结合相关资料，可进一步建立堆积体的三维电性空间结构(图 2-130)。

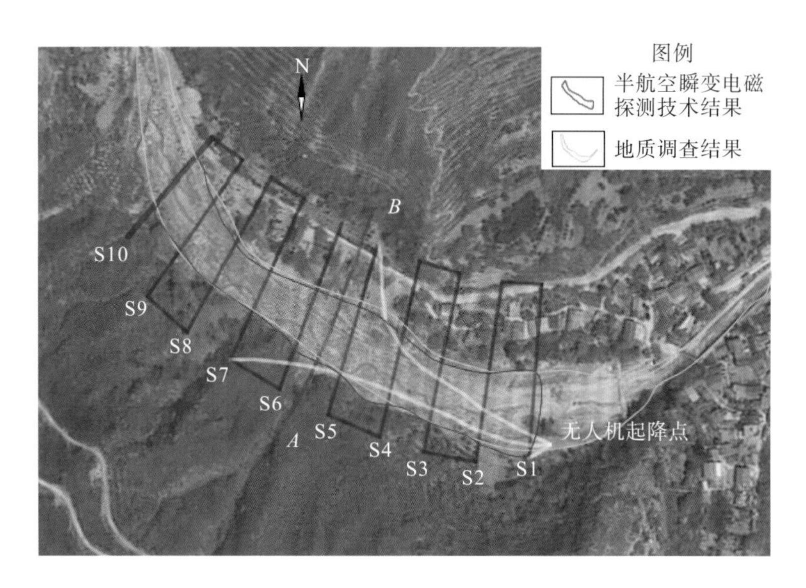

图 2-129　锄头沟泥石流堆积体边界、形态推断解释对比图

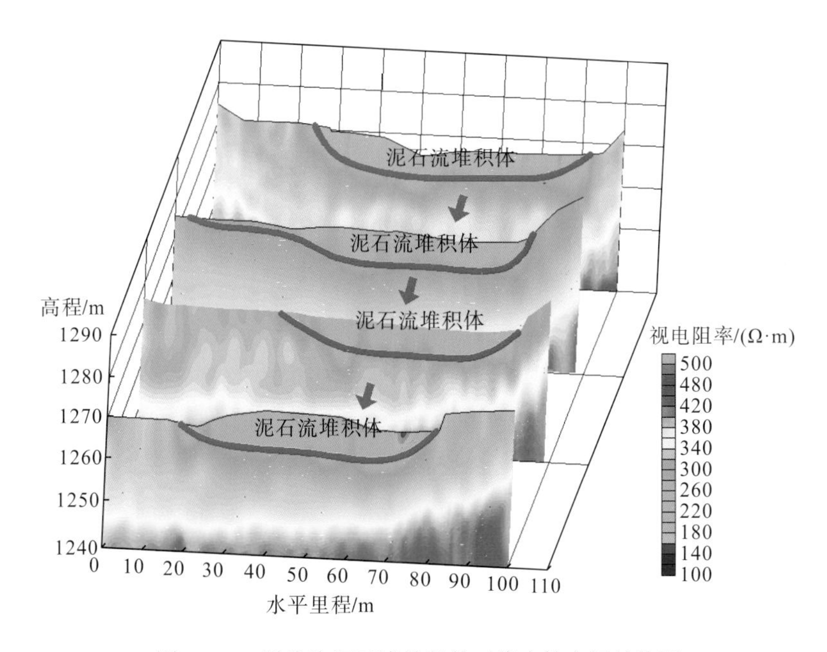

图 2-130　锄头沟泥石流堆积体三维电性空间结构图

2.5　小　　结

针对强震区沟道泥石流不同成因类型物源发育特征，通过现场调查、室内模型实验、多源遥感、神经网络、数值模拟，探讨了震后不同类型物源的起动机制及动储量评价模型

以及震裂山体识别方法、起动模式和动力学致灾机理，主要结论如下。

(1)建立了宽缓沟道型物源动储量评价模型。沟道堆积体组成结构对其起动模式影响显著，细粒土在后方径流开始后在前缘出现细沟，逐渐发展为拉槽，贯穿至后缘；粗粒土在径流开始后前缘坍滑，呈溯源侵蚀的特点；上细下粗土率先在土层分界处形成凹槽，并逐渐向后缘延伸；上粗下细土于前缘部分先形成细沟，其后面层的粗粒土滑动，铲刮前缘细粒土。

(2)构建了窄陡沟道型物源动储量评价模型。窄陡沟道型物源起动影响因素的主控关系：沟道坡度＞降雨强度＞沟床糙率。物源起动模式为：坡面汇流→入渗→冲蚀(下切侵蚀和侧蚀)→冲沟→两侧坍塌→局部堵塞→溃决→泥石流。

(3)建立了基于 RUSLE 模型的坡面物源动储量评价模型。坡面物源失稳破坏过程可分为冲刷沟蚀型、整体失稳型两种类型。冲刷沟蚀型坡面物源失稳破坏过程为：初期浸润→局部饱和、面蚀→坡体沉降、局部蠕移→局部失稳、坍滑→局部坡面泥石流。整体失稳型坡面物源的失稳破坏过程为：初期浸润→整体失稳→蠕移、坍滑→溯源侵蚀→大面积暴发。

(4)提出了基于局部阈值与蒙特卡罗模拟的改进二值化分割方法，用于震裂山体识别，引入 Dyna-head Yolo v3 对于震裂山体物源检测具有更好的解译与识别性能，在震裂山体物源识别基础上，提出了引入遥感影像倒金字塔增强算法的 FPN-rUnet 网络架构，在不显著增加网络复杂度的同时，提高了图像信息转化率，最终可快速获得强震区区域内震裂山体物源分布及体积。

(5)震裂山体失稳起动主要受震动拉裂缝及其他构造节理控制，主要影响因素是地震和降雨。大量雨水沿后缘震动拉裂缝进入坡体形成一定高度的水柱，导致裂缝变形扩大。雨水入渗使震裂山体潜在滑动面抗剪强度再次弱化，在后缘水柱静水压力和底部浮托力的双重水压力作用下，滑面部位岩体被剪断，底部剪切面贯通，从而形成平面滑动破坏。其起动过程可分为三个阶段：潜在危岩体坡体早期构造及卸荷裂隙形成阶段、震裂山体(危岩体)形成阶段和崩塌失稳阶段。

(6)震裂山体破坏模式主要包括滑移破坏型、楔形破坏型和溯源塌滑型。体积法估算震裂山体动储量的核心在于通过现场调查及遥感解译获取震裂山体的最后缘拉裂缝部位，结合坡体结构及地形条件分析震动拉裂缝可能贯入深度、裂缝的横向扩展程度，综合评估震裂山体动储量。震裂山体动储量与所在坡体高度及坡度相关性明显，边坡越高、坡度越陡，由于地震波的放大效应，坡体表面拉张破坏面积越大，动储量规模也越大。

第 3 章　强震区宽缓与窄陡沟道型泥石流致灾机理及灾害链效应

2008 年“5・12”汶川地震诱发了大量的崩塌、滑坡，为震后泥石流活动提供了丰富的物源。强震区先后出现了数次群发性、特大泥石流灾害，造成了重大的人员伤亡和财产损失，给灾后重建造成了巨大的障碍，如 2010 年绵竹、都江堰和汶川泥石流灾害中的文家沟、龙池镇八一沟等，2013 年汶川“7・10”泥石流灾害中的桃关沟、锄头沟、七盘沟等，2019 年汶川“8・20”泥石流灾害中的锄头沟、板子沟、登溪沟等。

震后泥石流与常规泥石流的主要区别在于地震触发大量的松散物源，导致泥石流孕灾环境在短时间内发生剧烈改变，因而震后泥石流孕灾模式和形成机理与常规泥石流有显著差异。强震区宽缓沟道型泥石流频发，因其流量大、总量巨大，常常造成巨大损失。而窄陡沟道型泥石流具有流域面积小、流通通道窄、沟道纵坡陡、沟岸纵坡陡等特点，在运动学上具有产流汇流急、运动堆积急等显著特征，其特征与宽缓沟道型泥石流有所不同。汶川地震导致西南山区地质地貌更加脆弱，大量的崩塌、滑坡及松散固体物质堆积在沟道中，为震后泥石流暴发提供了充足的物源条件。当泥石流沟道中含有一个或多个堰塞体时，在强降雨及上游汇流作用下极易失稳形成溃决型泥石流，并引发流量放大效应，对沟口的人民生命财产安全构成巨大威胁，造成的损失远高于一般的泥石流灾害。

3.1　强震区宽缓和窄陡沟道型泥石流孕灾模式及起动机理

3.1.1　宽缓与窄陡沟道型泥石流孕灾模式

汶川地震后，相关学者主要通过现场调查、遥感调查等技术手段，对震后泥石流孕灾模式开展了相关研究。杨成林等(2011)分析了汶川地震次生泥石流形成的地形地貌、降雨和土源条件特征，概括分析了汶川地震泥石流的五种形成模式，即沟床起动型、坡面崩滑转化型、震裂表土侵蚀起动型、滑坡表面土体液化型和松散坡积物冲切沟起动型。魏昌利等(2013)在分析震后泥石流成因机理及形成条件等的基础上，总结出“滑坡-碎屑流-泥石流型”“支沟群发汇集型”“堵溃型”“阶梯沟道型”“复合型”五种孕灾模式。“滑坡-碎屑流-泥石流型”典型代表为文家沟泥石流、牛圈沟泥石流，“支沟群发汇集型”典型代表为走马岭沟泥石流，“堵溃型”典型代表为红椿沟泥石流，“阶梯沟道型”典型代表为烧房沟泥石流，“复合型”典型代表为八一沟泥石流。郝红兵等(2015)通过野外调查，将汶川地震区特大泥石流物源集中起动模式归纳为“归流拉槽”、“深切揭底”和“堵塞溃决”三种孕灾模式。胡涛(2017)根据对震后泥石流的调查、分析和归纳，将泥石流沟物源集中起动成灾模式分为三种，即“堵塞溃决型”(七盘沟泥石流)、“下切揭底型”(高家沟泥石流)和“崩滑补给型”(烧房沟泥石流)，并认为沟道堵溃是震后极重灾区泥石流规模明显增大的主要因素之一。由于堵溃而导致“堵塞溃决型”泥石流的成因特点明显不同于一般的泥石流，因堵塞后溃决产生连锁效应，规模超常是其重要的特征之一；由于物源在降雨作用下很容易遭受冲刷并切槽，加上两岸物质垮塌补给形成“下切揭底型”泥石流；“崩滑补给型”泥石流是崩塌和滑坡直接起动为泥石流的现象，是滑坡体上发生溯源侵蚀的过程，侵蚀形成的沟床往往有一个临界坡度。当沟道下切至滑坡的滑动面，形成新的临空面时，会再次诱发滑坡滑动，继续为泥石流提供物源。

Fan 等(2018)通过对震中区汶川县高家沟震后 9 次泥石流灾害的现场调查和遥感分析，认为该沟泥石流的物源供给方式随时间推移也发生了显著变化，2008～2010 年泥石流物源以斜坡上地震滑坡松散堆积物的失稳和侵蚀为主，2011～2013 年泥石流物源以主沟沟道物源的侵蚀及震裂山体崩滑补给为主。

在归纳总结前人研究的基础上，通过对汶川地震区大量典型泥石流沟的遥感解译和野外调查，以沟道类型、物源类型、物源起动方式为指标对震后沟谷型泥石流孕灾模式进行分类。

3.1.1.1 震后泥石流沟道类型

震后沟谷型泥石流分为窄陡沟道型和宽缓沟道型两类(图 3-1)。震后泥石流物源类型及特征与常规泥石流有较大差别(赵松江等，2021)。乔建平等(2012)研究表明，汶川震区泥石流物源供给主要为滑坡堵沟型、崩塌覆盖型和碎屑坡积型。赵松江等(2021)将 2017 年九寨沟地震后引发的泥石流物源分为崩滑型物源、沟道冲刷型物源和坡面侵蚀型物源。

(a)小岗剑泥石流

(b)羊岭沟泥石流

(c)七盘沟泥石流

图 3-1　典型窄陡沟道型泥石流(a、b)和宽缓沟道型泥石流(c)

在前人研究的基础上，将汶川地震区泥石流物源类型分为分散崩滑体、大规模崩滑堆积体和震裂山体三类。分散崩滑体指单体规模相对较小、厚度不一的分散分布于流域斜坡上的同震崩塌、滑坡松散堆积体，一般在后期降雨作用下通过表面侵蚀和汇流搬运到泥石流沟道后，揭底侵蚀沟道物源形成泥石流，这类物源分布最为广泛、数量最多，是绝大部分震后泥石流的主要物源(图 3-2)。大规模崩滑堆积体是指地震触发的大规模崩塌滑坡失稳后堆积在泥石流主沟或支沟内，堵塞沟道，在后期地表径流冲刷侵蚀作用下形成泥石流(图 3-3～图 3-5)。震裂山体是指在地震过程中，震裂松动但没有整体失稳的山体，后期在降雨作用下发生高位滑坡失稳，铲刮下游堆积物而形成泥石流(图 3-6，图 3-7)。

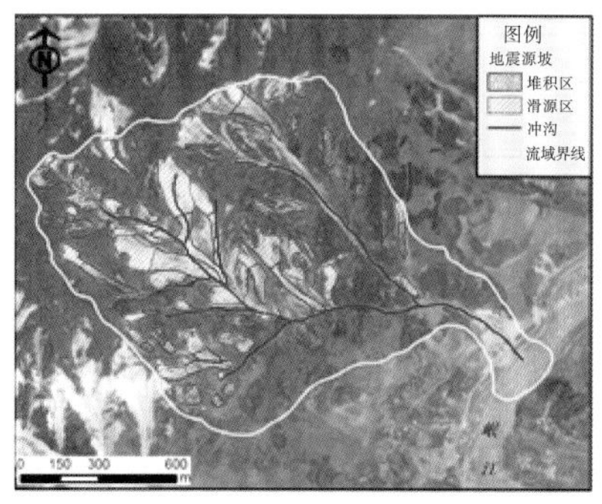

(a)2008年5月23日航空影像图

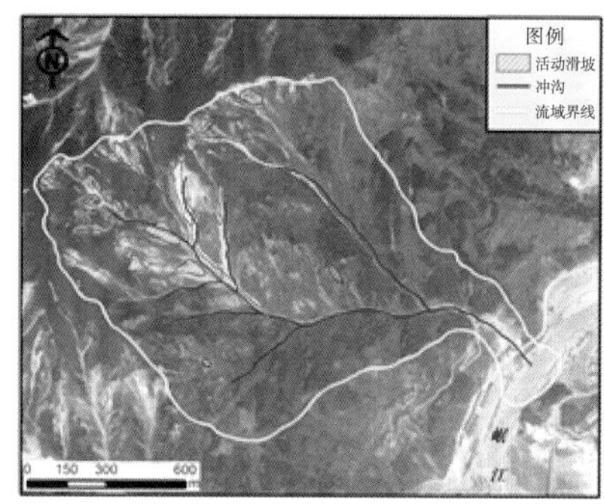

(b)2011年4月26日WorldView-2卫星影像图

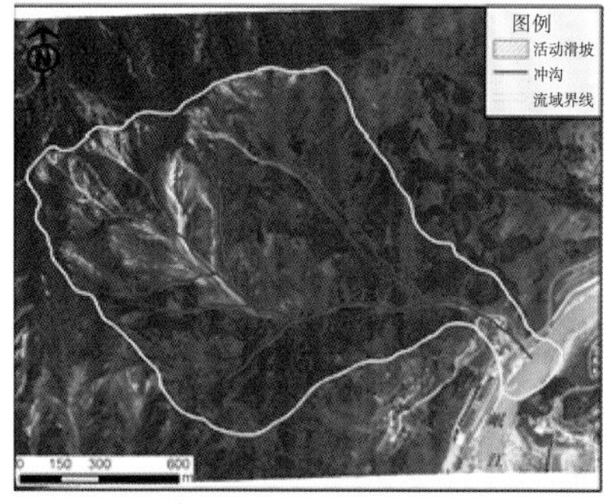

(c)2013年4月17日Pleiades卫星影像

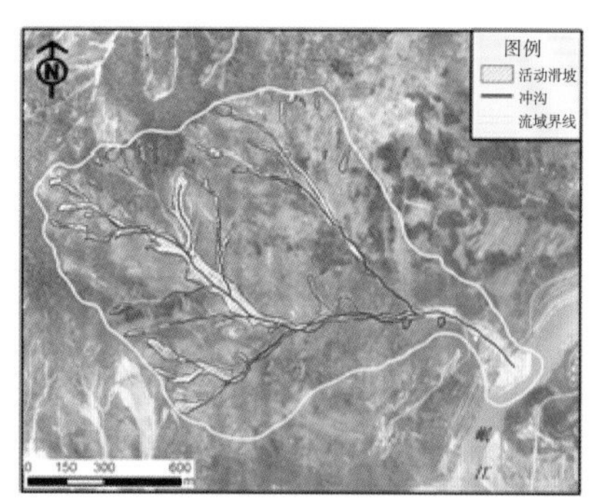

(d)2013年7月15日航空影像图

图 3-2　张家坪沟分散崩塌滑坡物源遥感解译图

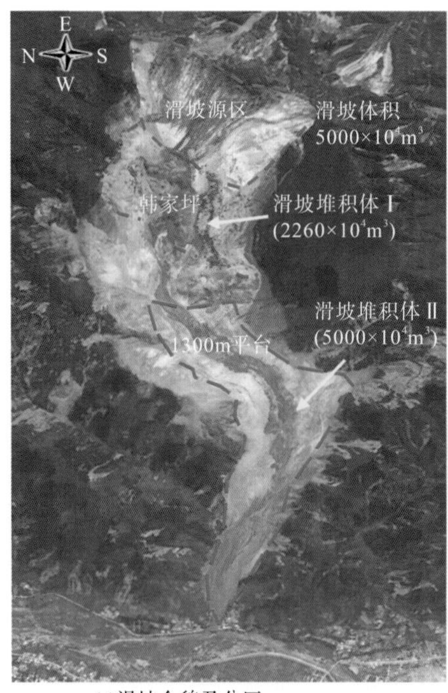

(a)滑坡全貌及分区

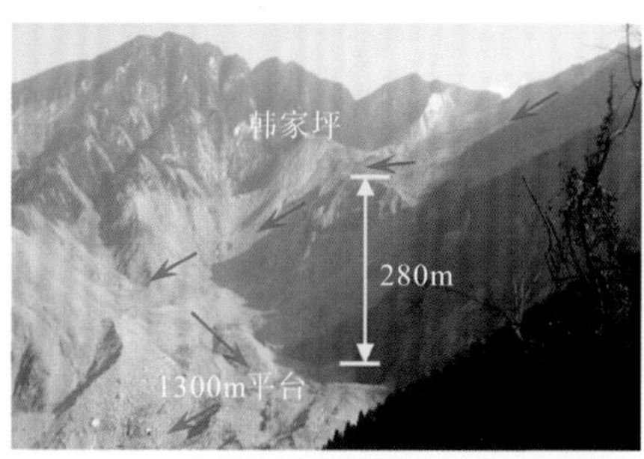

(b)滑坡源区照片

(c)1300m平台堆积物源

图 3-3 文家沟大规模滑坡泥石流物源

(a)2008年9月24日泥石流发生后照片

(b)2010年8月13日泥石流发生后照片

图 3-4 文家沟泥石流形成区拉槽现象

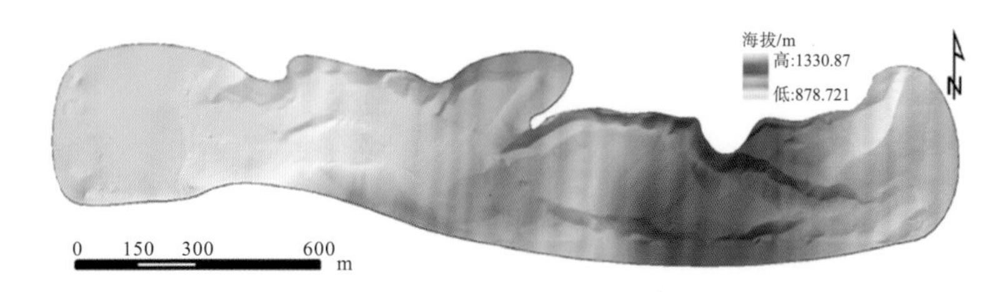

(a)2008年9月24日泥石流发生后的DEM

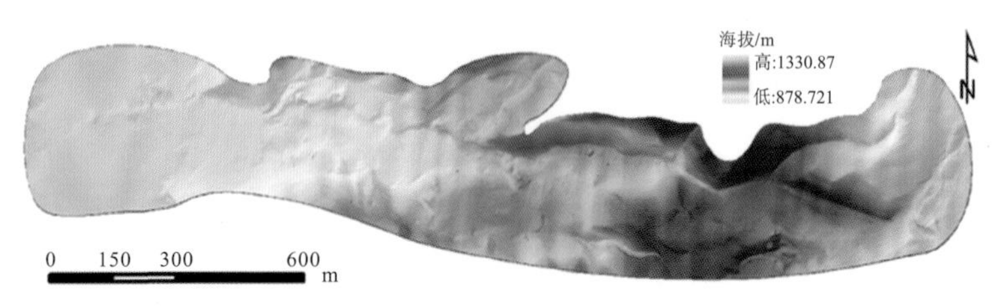

(b)2010年8月13日泥石流发生后的DEM

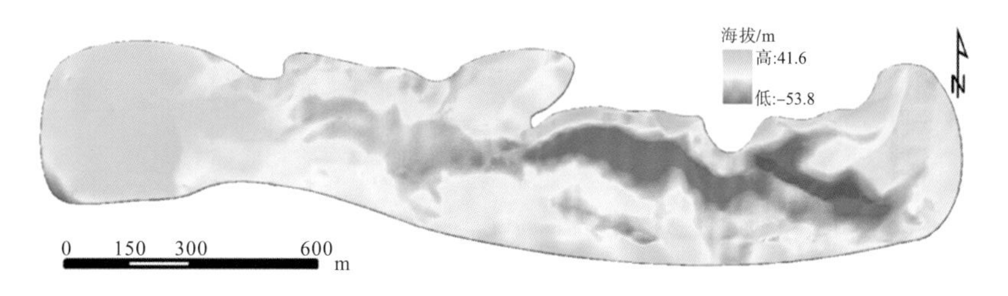

(c)两次泥石流DEM差分结果

图 3-5　文家沟两次泥石流后地形变化

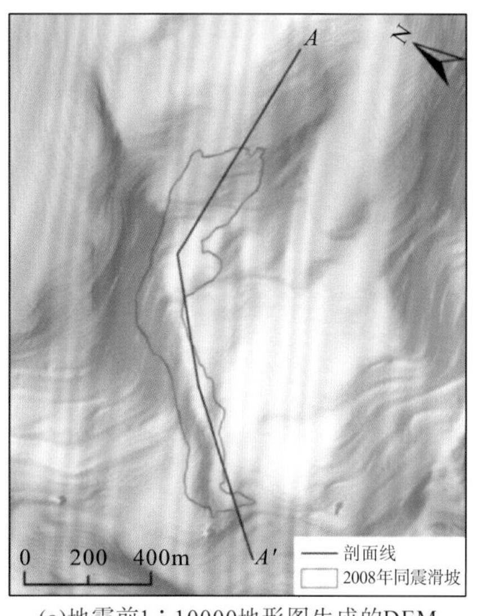

(a)地震前1：10000地形图生成的DEM

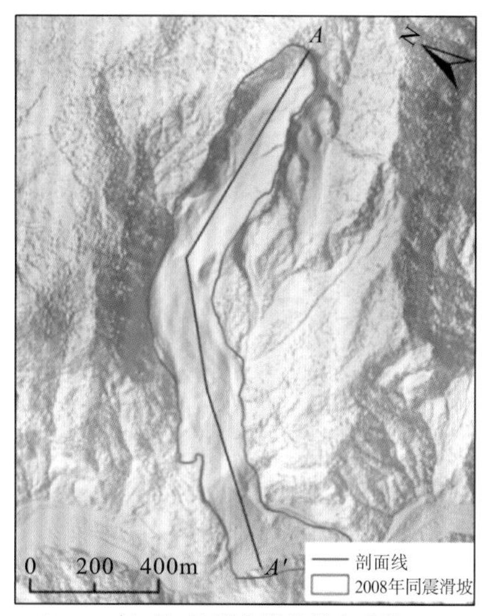

(b)2016年5月4日无人机航拍生成的DSM

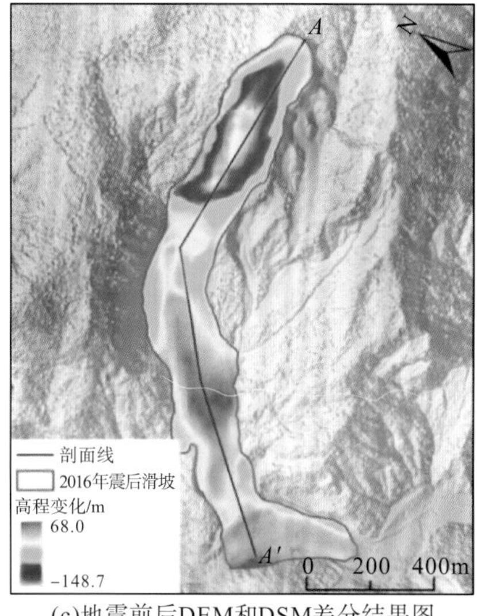

(c)地震前后DEM和DSM差分结果图

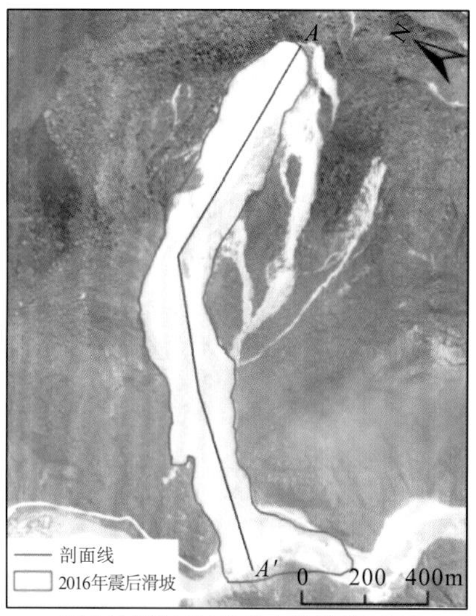

(d)2016年5月4日无人机航拍DSM

图 3-6　小岗剑地震前后地形变化图

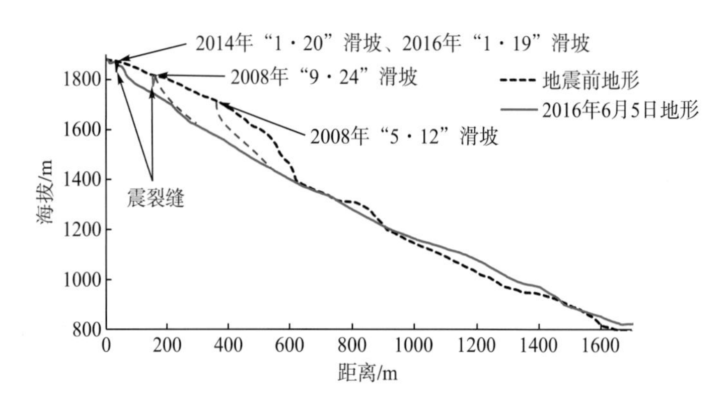

图 3-7　小岗剑滑坡-泥石流剖面图

本小节将汶川地震区震后泥石流物源起动方式分为分散崩滑体汇流揭底侵蚀、拉槽侵蚀、堵塞溃决和高位失稳四种方式(图 3-8)。

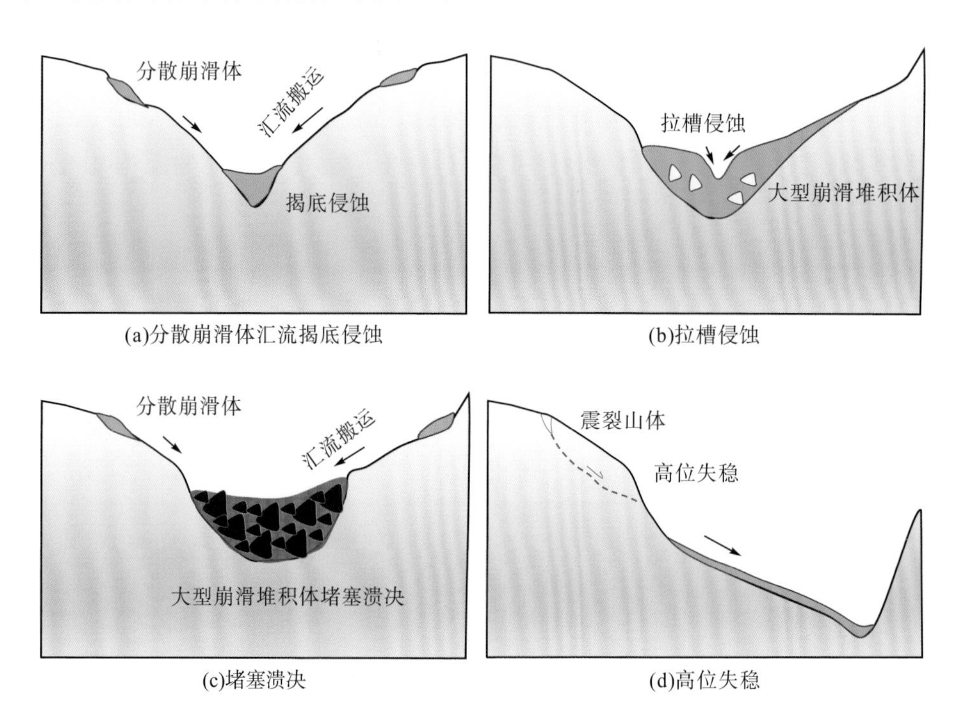

图 3-8　震后泥石流物源起动方式

3.1.1.2　震后泥石流孕灾模式

在归纳总结前人研究的基础上，通过对汶川地震区大量典型泥石流沟的遥感解译和野外调查，按沟道类型、物源类型、物源起动方式将汶川地震区震后沟谷型泥石流孕灾模式分为 6 类(表 3-1，图 3-9)。

表 3-1　震后泥石流主要孕灾模式

沟道类型	物源类型	物源起动方式	典型案例
窄陡沟道型	分散崩滑体	汇流揭底侵蚀	张家坪、高家沟
	大规模崩滑堆积体	拉槽侵蚀	烧房沟
	震裂山体	高位失稳	小岗剑
宽缓沟道型	分散崩滑体	汇流揭底侵蚀	板子沟、锄头沟、登溪沟
	大规模崩滑堆积体	拉槽侵蚀	文家沟
	分散崩滑体+崩滑堆积体	汇流揭底+堵塞溃决	七盘沟、红椿沟、牛眠沟

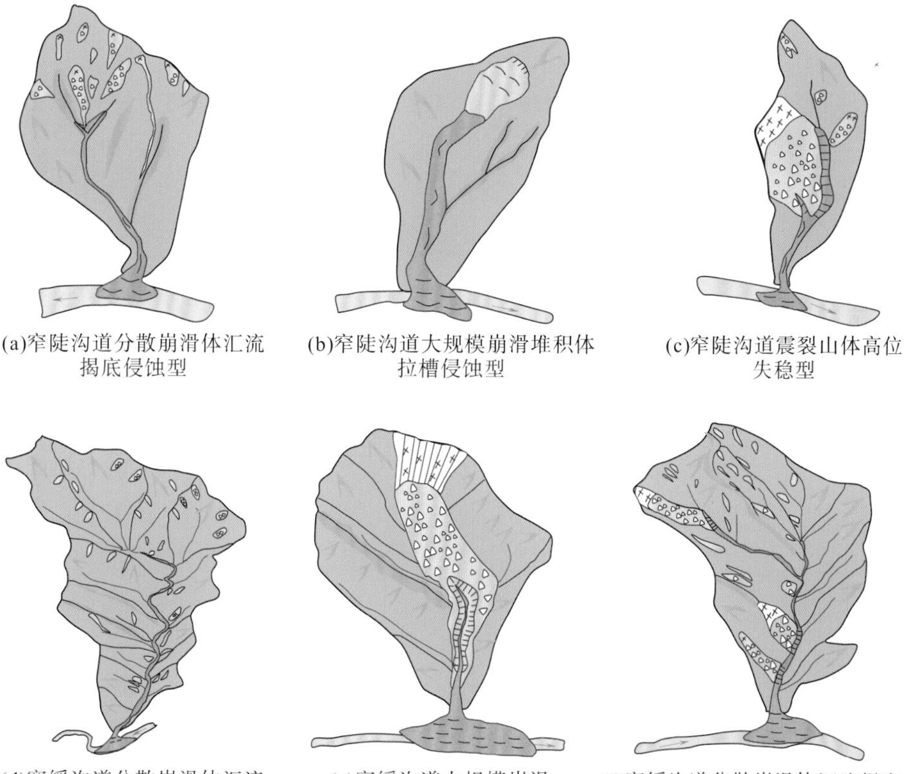

(a)窄陡沟道分散崩滑体汇流揭底侵蚀型

(b)窄陡沟道大规模崩滑堆积体拉槽侵蚀型

(c)窄陡沟道震裂山体高位失稳型

(d)宽缓沟道分散崩滑体汇流揭底侵蚀型

(e)宽缓沟道大规模崩滑堆积体拉槽侵蚀型

(f)宽缓沟道分散崩滑体汇流揭底与崩滑堆积体堵塞溃决复合型

图 3-9　震后泥石流主要孕灾模式

3.1.2　宽缓沟道型泥石流起动机理

地震触发的大型崩滑体常入沟堵断沟道形成堰塞体，后期积水成堰塞湖，溃决后可能会引发大规模泥石流，如红椿沟泥石流、牛眠沟泥石流、甘沟泥石流等(覃浩坤等，2016)。堵沟溃决型泥石流的形成过程特殊，暴发突然，历时短暂，溃决流量远大于正常泥石流，如果沟内存在多个堰塞体，则可在强降雨作用下形成多级多点堵溃泥石流灾害，泥石流规模则可能放大到更大倍数。如 2013 年 7 月 10 日，汶川县七盘沟发生多级堵溃泥石流灾害，主沟和支沟一共有 5 级堰塞体发生溃决，导致一次性冲出固体物质总量达 $80\times10^4m^3$，泥石流规模被放大数十倍(覃浩坤等，2016)。国内学者针对单个堰塞体溃决型泥石流的起动机理和放大效应研究较多(党超等，2008；张健楠等，2010；陈华勇等，2013)，而对震后多级多点堵溃型泥石流的研究相对较少，其起动机理尚不明晰。Chen 等(2014a)利用水槽实验研究了完全堵塞、部分堵塞工况下，泥石流多级多点堵溃放大效应，研究发现溃坝方式对泥石流规模放大有重要影响。Cui 等(2013)和 Zhou 等(2013，2015)先后通过现场调查和现场实验分析了 2010 年 8 月 8 日舟曲泥石流的级联堵溃放大效应。

下面介绍震后泥石流多级多点堵溃起动机理水槽实验。

1. 实验装备和实验材料

本实验中所用的水槽由两段组成，前段水槽长 8m，后段长 10m，长度共计 18m，宽 0.35m(图 3-10)。水槽的坡度范围为 3°～12°，水槽的两侧由有机玻璃组成，用角钢固定。水槽前缘的上部为一次性泥流放入罐，用以模拟从上游来流的泥石流。同时，在水槽的底部贴上一层 3M 双面胶，然后在双面胶上铺撒一层细沙，增大水槽底部的摩擦(图 3-10)。

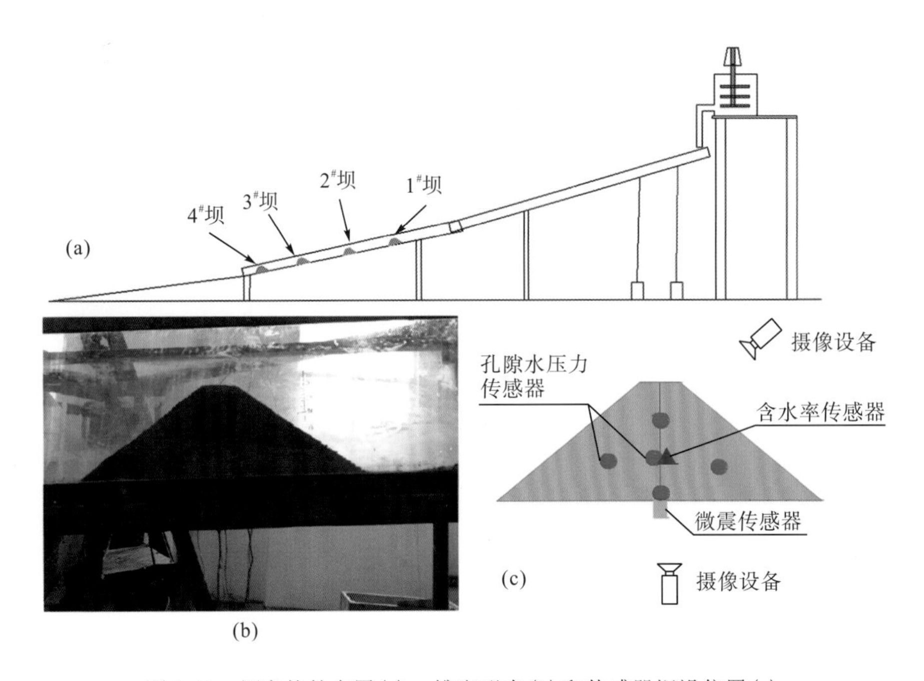

图 3-10 堰塞体的布置(a)、堆砌形态(b)和传感器埋设位置(c)

实验所用泥流材料取自七盘沟泥石流堆积体及堰塞体的现场土料。在沟道不同位置处取土料样品，并经过分级筛分处理得到现场的土料级配，但是由于受到室内实验的仪器尺寸条件限制以及为了使实验土料的内部结构张量与现场的松散堆积物一样，通过将现场的土料级配经过平移缩小之后得到的实验级配来开展泥石流多级堵溃水槽实验。

2. 实验设计与实验过程

1) 材料的配制准备

将野外取得的现场土料级配按照一定的比例经过平移缩小后得到实验所需要的土料级配，经过晒干后，用不同筛孔大小的筛子进行筛分处理，从而分别得到不同粒径的土粒，之后按照平移过后的土样级配来分别称重配制实验的土料，堰塞体的土料中最大粒径是20mm。将按照实验级配配制的土料混合均匀，再依据实验过程中所要求的土样初始含水率加水，混合均匀。为了使实验中的上游来流与现场情况尽量一致，对上游来流的配制按照泥石流来流的标准及野外考察相结合，得出适当的来流级配，在配制过程中不断搅拌，充分混合均匀。

2) 堰塞体的堆砌及传感器的埋置、摄像机的架设

在水槽内堆筑 4 个堰塞体，每个堰塞体中心间距为 2m，每次实验整个过程的上游来流的流量、流速及级配比保持不变，即采取定流量的方式进行连续堰塞体溃决对泥石流的放大效应实验。

在堰塞体堆砌之前，先将水槽调整至一定的坡度，本实验中前端水槽坡度为 15°，后端水槽坡度为 5°，实验采用分层铺设的方法，将堰塞体分三层进行铺设，在水槽有机玻璃上画上坝体及分层直线，每次铺设时，用控制铺设土体质量的方法来控制土体的密实度，这样就可以保证所有实验的堰塞体的初始密实度相同，且材料铺设相对均匀。堰塞体是底部边长为 80cm、上部边长为 10cm、高为 30cm、水槽宽为 40cm 的梯形。堰塞体底部放置三个孔压传感器，第二层放置一个传感器，第三层放置一个堰塞体。每个堰塞体的中心位置对应的水槽下部放置微震传感器，每个堰塞体采取侧面摄像，对整个连续的堰塞体群进行录像。

3. 实验现象

当径流涨到坝体底部时，洪水就进行过坝冲刷，背水面也进行回流掏蚀，此时径流通过 1#坝体，到达 2#坝体，而 1#坝体被剥蚀成一个尖瘦的坝体，此时流量达到一定的峰值，堰塞体发生剪切破坏，1#坝体溃决。当 1#坝体溃决之后，水槽内的流量到达峰值，且 2#坝体也已经被剥蚀成为“细小”坝体，在 1#坝体溃决之后，随之 2#坝体马上溃决，之后 3#坝体也溃决，当来到 4#坝体时，流量峰值达到最大，能量也最大，速度也很快，加之之前过坝的来流对坝体的渗透，这时的坝体饱和度较高，除了过坝冲刷外，4#坝体会在 3#坝体溃决的瞬间溃决(图 3-11～图 3-14)。

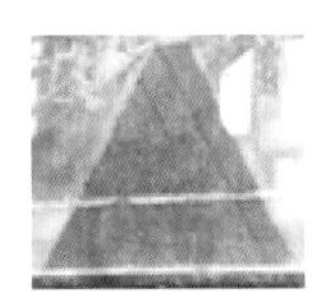
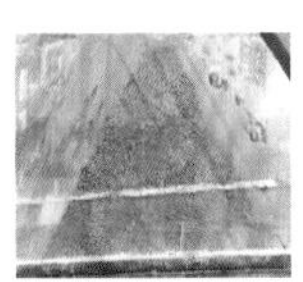
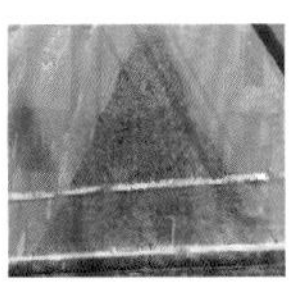
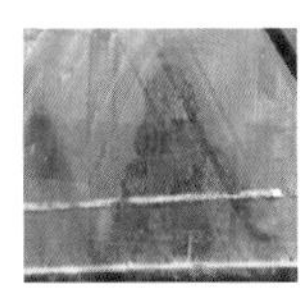
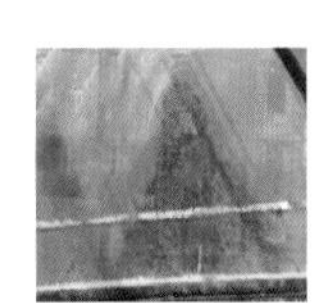
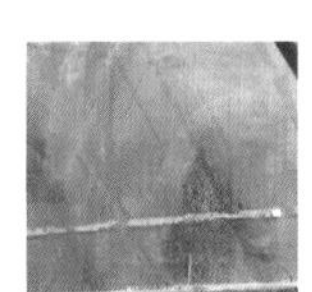

图 3-11　1#坝体溃决过程

图 3-12 2#坝体溃决过程

图 3-13 3#坝体溃决过程

图 3-14 4#坝体溃决过程

4. 实验结果分析

1) 坝体溃决后的泥石流容重分析

图 3-15 显示的是堰塞体溃决时坝体位置的泥石流容重变化情况，总体表现为随着堰塞体的连续溃决，泥石流的容重增大，主要是因为坝体的冲刷侵蚀造成泥石流固体物质的不断增加。

2) 坝体内部含水率的变化

图 3-16 为三个堰塞体内部含水率的变化情况(由于其中一个传感器在实验中出现故障，所以只有三个传感器数据)。从图 3-16 中可以明显地看出：堰塞体最初的含水率为 5%，由于含水率传感器埋置在坝体内部，可知坝体内部最初的含水率的变化不是很大，而且来流到达下一个堰塞体的时间很短。1#坝体内部的含水率的增长时间最长，增长了 1min，含水率最大值为 15.02%。2#坝体和 3#坝体内部的含水率增长时间非常短，几乎在第 2min 时含水率迅速增长到峰值，含水率分别为 13.32%和 10.68%。可以看出，坝体溃决前内部土体的水是没有饱和的。

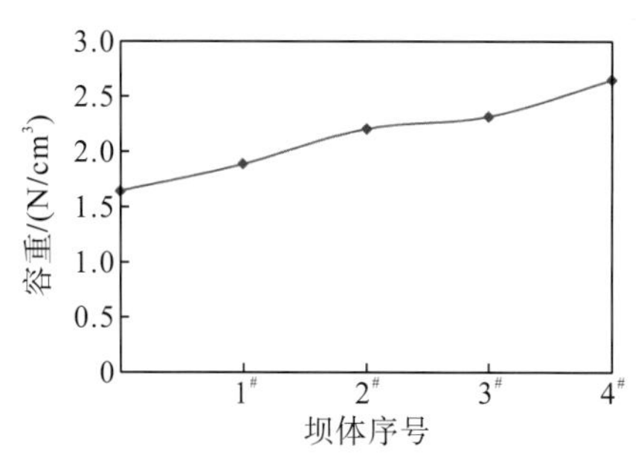

图 3-15 坝体溃决时的泥石流容重变化曲线

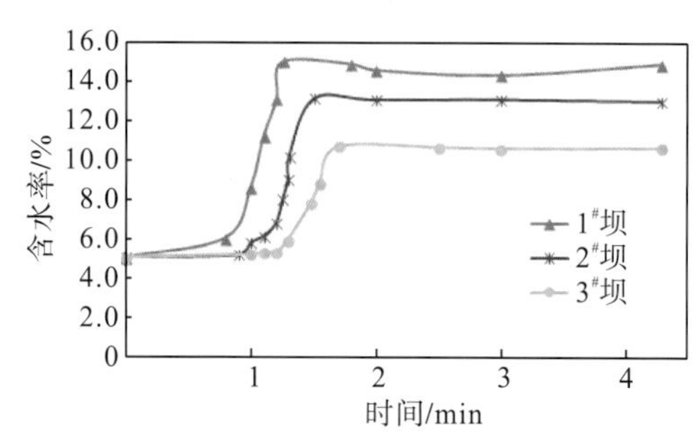

图 3-16 坝体内部含水率的变化情况

3）坝体孔隙水压力变化

从图 3-17 中可以明显观察到在堰塞体溃决瞬间，坝体内部的孔隙水压力（简称“孔压”）迅速增大，一瞬间达到峰值，坝体溃决后，孔压消散。从堰塞体内部孔压变化分析可知：堰塞体内部的孔压增长是非常迅速的，当孔压达到峰值时，坝体溃决。堰塞体的溃决先后顺序较明显，但坝体溃决的时间间隔很短，尤其是 3#坝体与 4#坝体之间，相隔的时间仅有 1s，基本上是在 3#坝体溃决后，4#坝体马上溃决。这说明连续的堰塞体溃决时，上游的堰塞体溃决会导致下游堰塞体加速溃决。1#坝体孔压增长时间大于 4#坝体孔压增长的时间，说明 4#坝体溃决时间最短，根据公式 $dV/dT=Q$（Q 为流量，V 为库区水量，T 为时间）可知，时间越短，溃决的流量越大。因此，4#坝体溃决后的泥石流流量大于 1#坝体溃决产生的泥石流流量。1#坝体的孔压大于 4#坝体的孔压，这是由于 4#坝体的溃决除了泥石流来流的冲刷作用，还有 3#坝体溃决后产生的溃坝洪水，洪水涌到 4#坝体上，迅速侵蚀 4#坝体，导致坝体溃决。

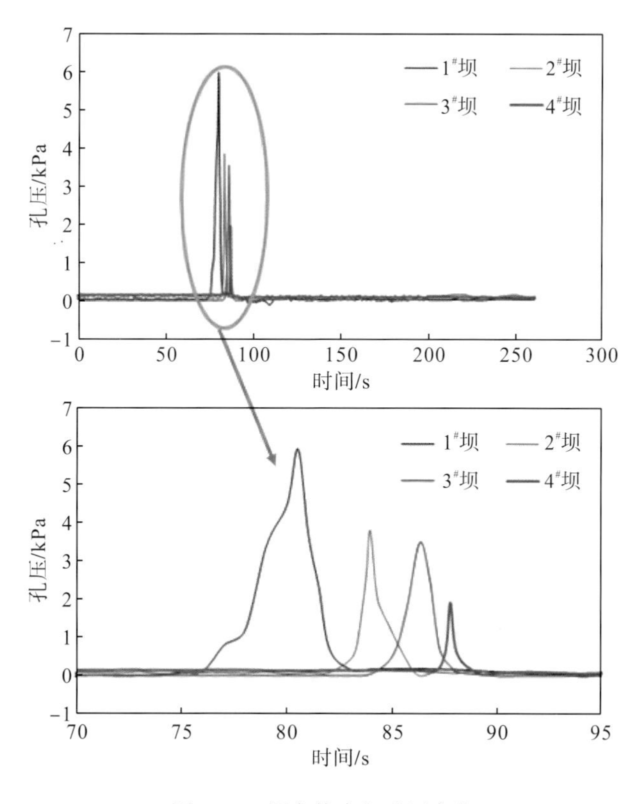

图 3-17 堰塞体内部孔压变化

4）泥石流流量流速

泥石流来流抵达 1#坝体前的流速为 2.1m/s，流量为 7.094L/s。溃坝峰值流量计算结果如表 3-2 所示，从表中可知：前一个堰塞体溃决后对后面的堰塞体有重大的影响，泥石流流速和流量均增大，同时会对后面的坝体产生冲刷作用。

表 3-2　溃坝峰值流量计算结果

坝体序号	溃决后流速/(m/s)	溃决后流量/(L/s)
1#	2.7	19.928
2#	3.1	25.862
3#	3.7	37.491
4#	4.2	54.197

5) 堰塞体溃决能量放大效应

根据堰塞体溃决震动加速度得到的溃决能量，即艾里阿斯烈度(Arias intensity)曲线如图 3-18 所示，可见坝体溃决产生的能量可分为四个阶段。

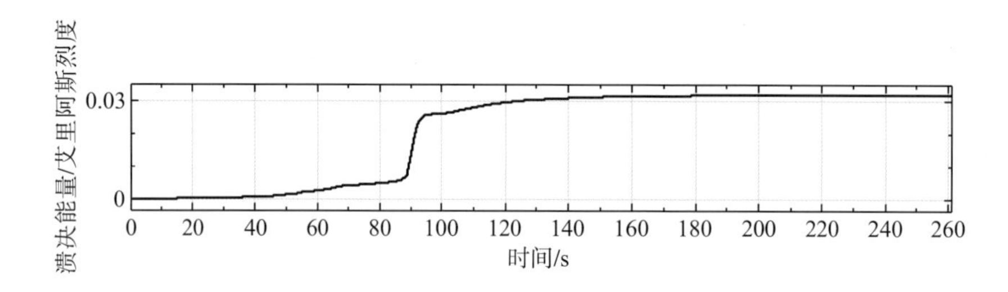

图 3-18　1#坝溃决产生的能量

第一阶段：来流在 40s 以后抵达坝体，并且径流冲刷堰塞体，在 43～83s 坝体产生的震动能量虽然在 0 以上开始增长，但是能量增长曲线发展很缓慢，溃坝产生的能量增加值较小。该阶段坝体结构还比较稳定。

第二阶段：来流对堰塞体进行漫顶溃决，包括势能的快速释放，该阶段坝体溃口快速拓宽，在短时间内达到峰值流量，坝体发生剪切破坏，堰塞体溃决产生的震动能量激增，能量随时间迅速增加，由于堰塞体溃决形式为漫顶溃决，溃决时间较短，故溃决能量增长值较大。

第三阶段：为坝体溃决过程中产生洪水峰值流量过后的粗化再平衡阶段，此时堰塞体已经发生了剪切破坏，但是坝体还没有整体破坏，来流还在对其产生冲刷破坏。坝体震动能量虽然也在增长，但增长速度变缓。

第四阶段：坝体完全破坏阶段，120s 以后溃决产生的能量不再增长，说明坝体溃决过程结束，坝体完全破坏。1#坝体溃决产生的能量最终值为 0.031 艾里阿斯烈度，说明坝体溃决后形成的泥石流规模与溃决能量成正比关系。

6) 坝体颗粒级配对放大效应的影响

从 1#坝体孔压看出，颗粒粒径中值为 5mm 时，堰塞体溃决释放的能量最大；颗粒粒径中值为 3mm 时，坝体溃决能量最小。因此，坝体溃决形成的泥石流规模随着颗粒中值的增大而增大。但是随着粒径中值的增大，坝体颗粒的不均匀系数也在增大，反而使得最后的泥石流规模扩大效应减小。换言之，随着粒径中值增大和颗粒不均匀系数增大，连续溃坝溃决能量扩大倍数反而在减小，即连续堰塞体溃决造成的泥石流规模的放大倍数减小。当中值为 3mm，不均匀系数为 63 时，堰塞体连续溃决对泥石流规模的放大倍数约为 5，泥石流规模的放大效应明显。由此推测：当坝体颗粒的粒径中值较小和不均匀系数较大时，堰塞体连续溃决后对泥石流规模的放大效应明显。

7) 坝体初始含水率对连续溃决型泥石流放大效应的影响

当坝体初始含水率为 5%～11%时，堰塞体溃决过程为：首先进行表面侵蚀，再整体失稳，最后坝体进入阻溃效应破坏模式。此时连续堰塞体溃决对泥石流规模的放大效应呈 2～3 倍增长。当含水率大于 12%时，堰塞体斜坡表现为阻溃效应破坏模式，水流未渗入坝体而是在坡体表面形成径流，进而下蚀将坝体冲刷溃决，整个过程坝体反复出现阻溃效应，此时的连续堰塞体溃决对泥石流规模的放大效应约为 4.2 倍。

3.1.3　窄陡沟道型泥石流起动机理

3.1.3.1　震后窄陡沟道型泥石流起动机理研究现状

窄陡沟道型泥石流具有起动迅速、侵蚀强烈、冲出规模大、冲淤迅速和危害大等特点(李宁等，2020a)，与宽缓沟道型泥石流在起动机理方面存在较大差异。系统研究窄陡沟道型泥石流特征，揭示其起动模式及力学机理，对进一步研究针对性防治措施有重要实际意义。目前关于泥石流起动机理的研究主要是针对宽缓沟道型泥石流，针对窄陡沟道型泥石流的研究相对较少。Hu 等(2014)通过水槽物理模拟实验，分析了沟床坡度小于 29°时泥石流的起动过程，并采集和分析了相应土体内部含水率及孔隙水压力变化特征，揭示了碎屑流形成的三个阶段：少量物质被侵蚀，形成较小侵蚀沟；剪切强度降低产生了浅层滑坡，转化为泥石流；沟道侵蚀扩大。龚凌枫等(2018)通过水槽实验发现，急陡沟道泥石流起动有“消防管效应”和“坡体流态化”两种基本的模式，前者出现在不饱和或高渗透系数坡体中，后者出现在具有一定细颗粒物质的土体中。李宁等(2020b)通过水槽实验对汶川县福堂沟窄陡沟道型泥石流的起动机理进行了研究，发现不同坡度条件下泥石流起动方式分别为沟床侵蚀、滑坡流态化和消防管效应，不同实验条件下的泥石流起动孔隙水压力呈现出规律性差异，即水槽坡度、径流量越大，泥石流所需的起动力越小；此外，坡度越大，土体所需的饱水时间越长，而在相同坡度下，流速越大，预饱水时间越短；研究还发现，泥石流的暴发时间与沟床坡度成反比，并且径流量越大，泥石流持续时间也越长。

3.1.3.2　震后窄陡沟道型泥石流起动机理水槽实验

1. 实验装备和传感器

本次实验以蟹子沟泥石流形成区窄陡沟道为原型，考虑综合因素后设计了直斜式小型模拟实验装置(图 3-19)，该装置由供水系统、实验水槽、数据采集系统等组成：供水系统包括聚乙烯(polyethylene，PE)管及流量计，PE 管接引稳定水源，流量计精确控制流量；实验水槽采用矩形有机玻璃实验槽；数据采集系统由摄像设备、小头子声发射装置、孔隙水压力传感器、含水率传感器及数据采集仪组成。

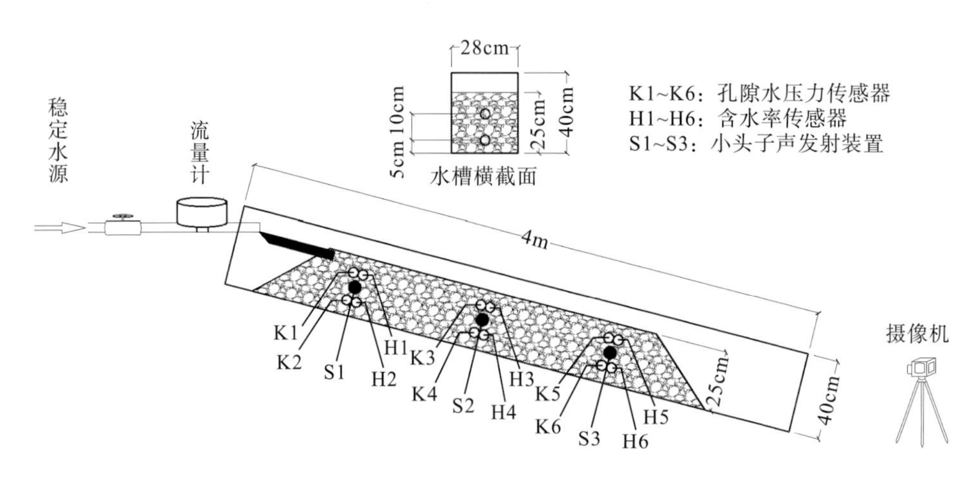

图 3-19 水槽模型实验装置图

本次实验通过改变级配特征中的中值粒径及沟道坡度，研究“窄”和“陡”的特征对窄陡沟道型泥石流形成模式和机理的影响。根据野外调查，蟹子沟泥石流形成区平均纵坡为 727‰，结合坡度增减对泥石流形成过程的影响，最终确定以坡度为 25°、30°和 35°作为实验坡度。实验水槽长 4m、宽 28cm、深 40cm，观测段长 3m，槽底的糙率为 0.06，同时水槽侧壁标有刻度，精度为 0.1cm，以便通过读取玻璃水槽刻度获取泥石流的起动特征。实验中采用电磁流量计控制流量，模拟强降雨下的汇流条件，并根据研究区实际情况，选定以 310mL/s、360mL/s、410mL/s 依次递增的方式作为本次实验径流量。实验条件及参数如表 3-3 所示。

表 3-3 实验条件及参数

实验槽条件			参数设计	
断面尺寸(宽×深)	槽底糙率	堆积物厚度/cm	实验槽坡度/(°)	中值粒径/mm
28cm×40cm	0.06	25	25，30，35	4.4，8.5，12.3

2. 实验参数

1）实验材料

本次实验材料取自蟹子沟泥石流堆积扇。前期研究成果表明，如果实验装置中铺设松散堆积物厚度为 25cm，考虑粒径过大会影响实验的准确性，因此实验中粗颗粒最大粒径小于 20mm。实验土样颗粒粒径分布为 0.002～20mm。在蟹子沟泥石流堆积区获取了共 6 组土样，对其进行了室内物理力学性质实验，获得实验样品的基本参数，土样平均初始含水率约为 1.5%，土样不均匀系数较高，达 22.5，容重为 2.01g/cm^3，d_{50} 为 8.68mm。由于泥石流物源堆积体内堆积密实度、黏粒含量及内摩擦角不同，堆积体在外力条件下的剪切破坏存在差异，这些特征将影响泥石流的起动模式和机理。

2) 堆积体级配

实验中以蟹子沟碎屑堆积体颗粒级配作为实验原型级配，结合其他典型沟颗粒堆积体特征比较可得出，影响泥石流起动形成的碎屑堆积体特征主要是颗粒级配。为了研究该因素对泥石流起动形成的影响，通过变化 d_{50} 值设计 3 组颗粒级配进行实验(图 3-20～图 3-22)。

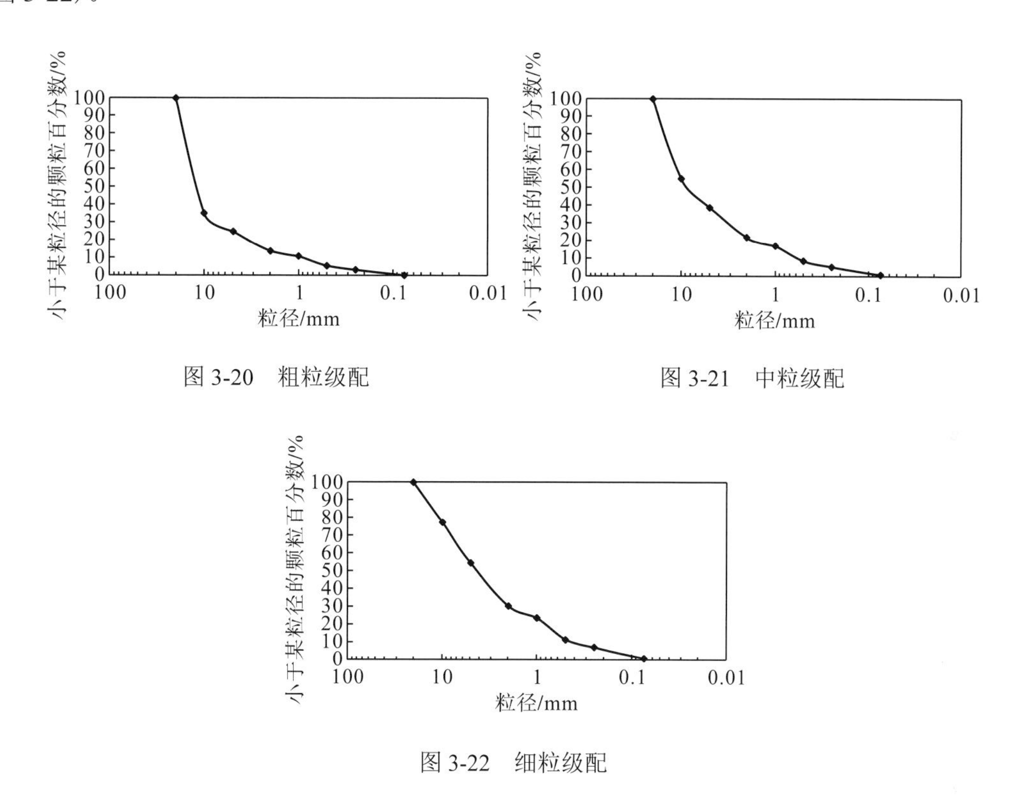

图 3-20　粗粒级配

图 3-21　中粒级配

图 3-22　细粒级配

3. 实验过程

本次实验共考虑 3 组不同坡度、3 组中值粒径组合成的 9 组工况，实验步骤如下。

(1) 在配置好的实验材料中加入一定量的水，使其含水率达到天然状态下的 10%，并充分搅拌混合，然后将其在实验水槽中由上而下铺设，铺设厚度为 25cm，铺设长度为 3m，同时在观测段土体中以 10cm、20cm 深度等距共埋设 6 组传感器，并将传输线固定在实验槽一侧，以防止实验过程中传感器被冲走。铺设完成后用重锤压实平整堆积体，并静置 1h 左右。

(2) 将水槽坡度调节至设定坡度(25°、30°、35°)，设置好摄像机，一台放置于水槽正前方以观察泥石流起动过程和起动流速 v；另一台摄像机放置于水槽侧面以观察实验过程中起动水深 h 的变化，利用流量计控制流量，完成所有实验，记录实验数据。

(3) 分析实验现象及数据，筛选出存在误差的部分实验结果，补充误差较大的实验组，提取窄陡沟道型泥石流起动过程的有关数据(孔隙水压力、含水率、起动水深、流速、起动流量等)，通过相似比换算成野外窄陡沟道型泥石流起动时的相应数据。

4. 实验组次

在 3 组坡度(25°、30°、35°)、3 组中值粒径(4.4mm、8.5mm、12.3mm)组合下进行了 9 组实验(表 3-4，表 3-5)，其中 Z1、Z2、Z3 组为消防管效应起动型(图 3-23)，Z4、Z5、Z6 组为沟床侵蚀起动型(图 3-24)，Z7、Z8、Z9 组为滑坡流态化起动型(图 3-25)。实验中测定各单一变量因素条件下的堆积体起动形成泥石流和揭底所需单宽流量，研究各单一变量因素与形成泥石流单宽流量以及泥石流揭底单宽流量的关系。

表 3-4 窄陡沟道型泥石流起动室内水槽模型实验组次

实验组次	Z1	Z2	Z3	Z4	Z5	Z6	Z7	Z8	Z9
沟道坡度/(°)	25	30	35	25	30	35	25	30	35
中值粒径 d_{50}/mm	4.4	4.4	4.4	8.5	8.5	8.5	12.3	12.3	12.3

表 3-5 窄陡沟道型泥石流起动室内水槽模型实验结果数据汇总

实验组次	中值粒径/mm	坡度/(°)	起动模式	起动水深/cm	起动流量/(mL/s)
Z1	4.4	25	消防管效应起动型	1.5	310
Z2	4.4	30	消防管效应起动型	1.3	310
Z3	4.4	35	消防管效应起动型	1.0	310
Z4	8.5	25	沟床侵蚀起动型	2.5	360
Z5	8.5	30	沟床侵蚀起动型	2.1	310
Z6	8.5	35	沟床侵蚀起动型	1.6	310
Z7	12.3	25	滑坡流态化起动型	25.0	510
Z8	12.3	30	滑坡流态化起动型	23.0	460
Z9	12.3	35	滑坡流态化起动型	12.0	410

图 3-23 消防管效应起动型

图 3-24 沟床侵蚀起动型

图 3-25 滑坡流态化起动型

5. 实验结果分析

1) 沟床侵蚀起动型

沟床侵蚀起动型泥石流堆积体内部孔隙水压力及含水率变化如图 3-26、图 3-27 所示。

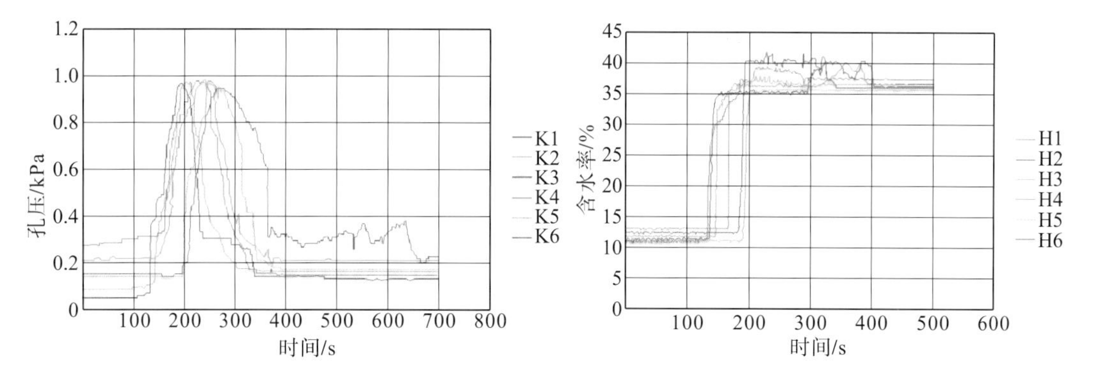

图 3-26　Z6 组沟道堆积体孔压变化曲线　　图 3-27　Z6 组含水率变化曲线

该类型泥石流的孔压变化曲线具有上升和下降特征，可分为以下 3 个过程。

(1) 随着坡表径流作用，水流沿着松散堆积体颗粒间缝隙不断下渗，处于上部的表层堆积体逐渐被水饱和，堆积体中孔压及含水率也逐渐升高。

(2) 运动水流不断带走堆积体浅表层颗粒，且在下方淤积并形成堰塞体，导致径流受阻，渗流增大，中下部孔压和含水率也依次升高。

(3) 当土体含水率升高至一定程度时，孔压增大到峰值，导致堰塞体失稳，产生溃决形成泥石流，孔压随即降低并消失。

以 Z6 组数据为例，6 个部位的孔压变化都经过了快速增长过程，堆积体遭受破坏之后孔压便迅速降低。打开冲水阀门之前，堆积体为自然含水率，无流水入渗，孔压传感器读数保持恒定。在该级配与坡度条件下，坡面径流速度慢于下渗作用，打开冲水开关之后，流水持续向堆积体下部渗透，堆积体内部孔压快速增长。在持续不断的水流作用下，堆积体内部含水率达到一定值时，渗透作用将会渐渐减小，同时坡表形成径流，堆积体表层细小颗粒被逐步冲走，随后粒径较大的颗粒也被带走，导致泥石流形成。堆积体被破坏时，堆积体内部孔隙水随之排出，孔压便迅速降低。

实验开始到 190s 时，堆积体上部基本呈饱和状态，坡面径流遭受堰塞体阻塞，渗透作用增强，致使土体内部水量增加，而此时 K1 处孔压最先达到峰值，随后伴随堆积体被破坏便渐渐减小。实验 210～250s 时，堆积体遭受水流作用，产生局部整体破坏，同时 K2、K3、K4、K5、K6 处孔压相继达到最大值，堆积体下部被水流冲出，导致牵引后方堆积体迅速产生滑动。

控水阀门前的堆积体因无流水入渗，堆积体自身含水率保持恒定。打开开关后，流水不停入渗堆积体，堆积体内部水量快速增长，被破坏时堆积体内没有及时排出的水流伴随堆积体的破坏而迅速排出，含水率便迅速降低。堆积体被破坏后，伴随堆积体的起动，侵蚀深度持续增加，当侵蚀深度超过含水率传感器的埋深时，含水率传感器将被暴露在空气里，之后测得的数据不再使用。

结合堆积体整体破坏过程和对应的孔压、含水率变化曲线，可知堆积体变形破坏和含水率、饱和度密切相关。堆积体含水率大于 43%时，堆积体便迅速产生破坏且快速形成泥石流。

结合声发射装置 S1、S2、S3 数据变化情况(图 3-28～图 3-30)，前期由于渗透作用较强，累积能量与幅值均无示数，随着土体饱和形成坡面径流，堆积体逐步被破坏，累积能量与幅值迅速增长，并平稳过渡至峰值。其中 S3 累积能量最大，表示随着坡体下部被破坏，导致上部引发牵引式整体性滑动，从而引起 S3 累积能量变大，最终产生泥石流。

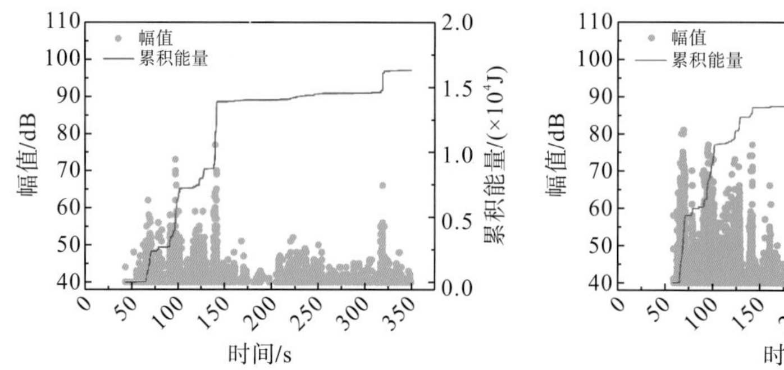

图 3-28 Z6 组声发射装置 S1 变化曲线

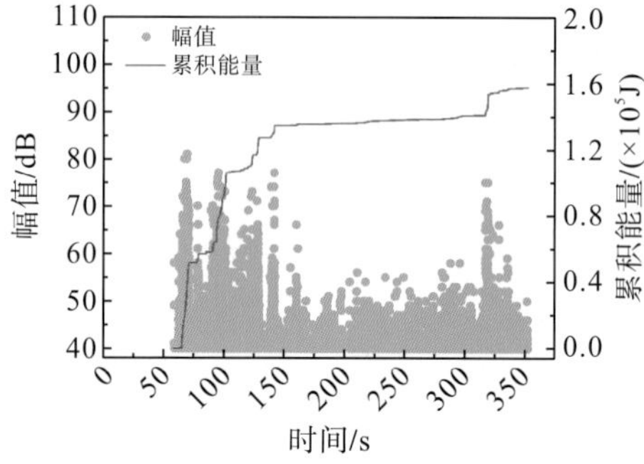

图 3-29 Z6 组声发射装置 S2 变化曲线

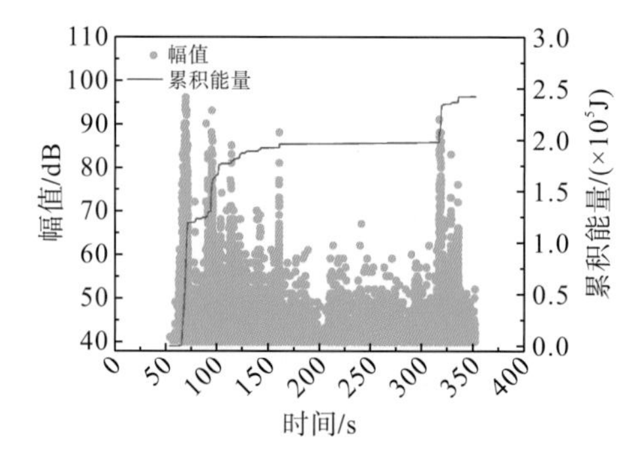

图 3-30 Z6 组声发射装置 S3 变化曲线

2)滑坡流态化起动型

分析 Z9 组实验数据，得到滑坡流态化起动型泥石流的孔压和含水率变化过程(图 3-31，图 3-32)。这种类型的泥石流孔压与含水率也显示出了升降特点，但是其下落阶段没有显示出和沟床侵蚀起动型同样的波动，而是表现出几乎同时变化的情况。其变化过程可大致划分成两个阶段。

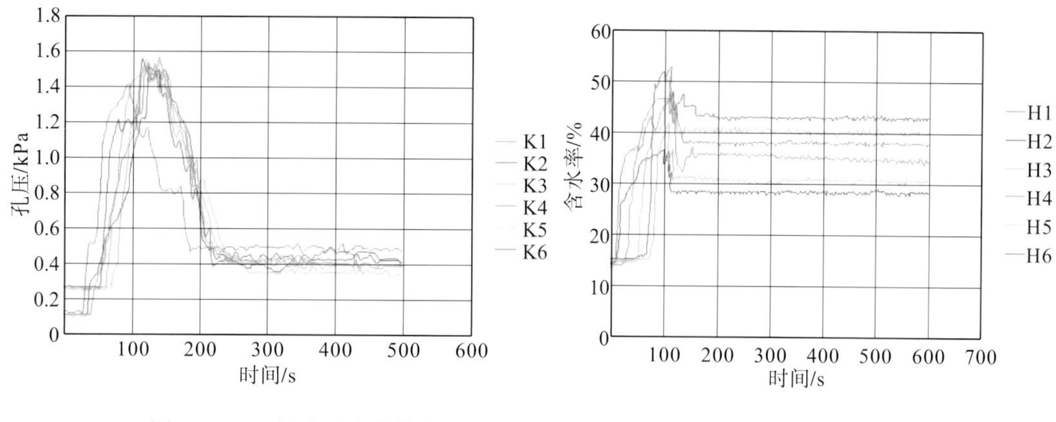

图 3-31 Z9 组孔压变化曲线

图 3-32 Z9 组含水率变化曲线

(1)伴随下渗作用不断加强，堆积体内部含水率从上至下依次逐步升高，中下部孔压同时开始变大。

(2)当含水率升高至一定程度时，孔压便同时依次升高到最大值，从而引起坡体产生整体失稳造成滑动，坡体产生滑坡流态化失稳，进而形成泥石流，同时孔压快速降低，流水瞬时流失，之后堆积体含水率减小到较为稳定的值。

孔隙水压力变化曲线同实验过程及现象基本符合，堆积体内 6 处监测位置都显示了孔压快速增长的阶段，堆积体整体性遭受破坏之后，孔压随之迅速降低。打开冲水阀门前，堆积体处于自然含水率条件，因无流水下渗作用，孔隙水压力传感器读数几乎维持恒定。打开水流开关之后，在该级配与坡度条件下，流水形成坡面径流的时间和渗透作用几乎相同，伴随水流的持续作用，流水不停向堆积体内入渗，堆积体内部孔压快速增长，在堆积体遭受到破坏时，堆积体内部孔隙水伴随坡体滑动而迅速流出，孔压随之迅速减小。以 Z9 组实验为例，K1、K6、K5、K3、K4、K2 处孔压分别在 94s、113s、119s、120s、123s、125s 时达到峰值，峰值分别为 1.43kPa、1.57kPa、1.56kPa、1.54kPa、1.55kPa、1.51kPa。

实验开始约 90s，堆积体产生短暂瞬时破坏，坡体浅层遭遇水流的剧烈冲蚀作用，从而产生破坏，朝下方堆积淤高，此时 K1 处孔压最先到达峰值，随后伴随堆积体整体性滑动便逐步减小。开始约 115s 时，堆积体坡脚产生短暂性溜滑，此时 K5、K6 孔压示数到达最大值，坡脚处堆积体颗粒被水流带走，从而导致后部堆积体遭受牵引而迅速产生整体性下滑。开始约 123s 时，随着水流的冲蚀作用和下部堆积体的持续牵引作用，上方堆积体逐渐被掏蚀，K3、K4、K2 处孔压相继到达最大值且被破坏，这也符合上方堆积体基本被流水冲出的实验现象。这表明堆积体内部达到临界起动水量之后，流水渗透作用由堆积体上方逐步朝下方持续推进，伴随入渗作用逐步使整个堆积体完全贯穿，堆积体下方坡脚处不断有流水渗出，下渗流水具备一定的润滑功能，从而使得堆积体稳定性逐渐降低。伴随持续的水流作用，堆积体内部水量逐步增长，孔压随之迅速升高，孔压使得堆积体稳定性进一步变差，当下方堆积体抗滑力与坡脚处摩擦阻力之和小于下滑力时，导致下方堆积体牵引着上方堆积体迅速产生滑动，从而形成泥石流，随之孔压也迅速减小。

由声发射装置 S1、S2、S3 变化曲线(图 3-33～图 3-35)可知，前期随着水流的不断入渗，累积能量与幅值较小，当堆积体发生整体性失稳下滑瞬间，累积能量与幅值同时瞬间急剧增长到峰值，随后渐渐趋于平稳，该曲线变化过程也较好地反映出了整个泥石流流态化起动过程，与实验现象相吻合。其中 S3 处累积能量与幅值较早出现变化，也说明随着水流不断入渗，坡脚处开始有水渗出且最先出现垮塌与滑动，进而牵引后部堆积体发生整体性流态化下滑，形成泥石流。

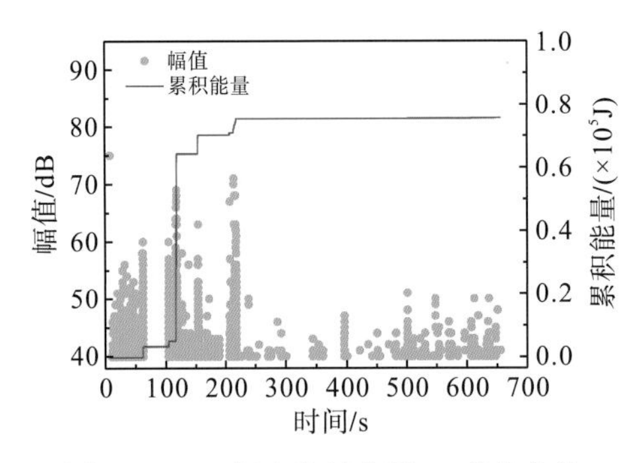

图 3-33　Z9 组声发射装置 S1 变化曲线

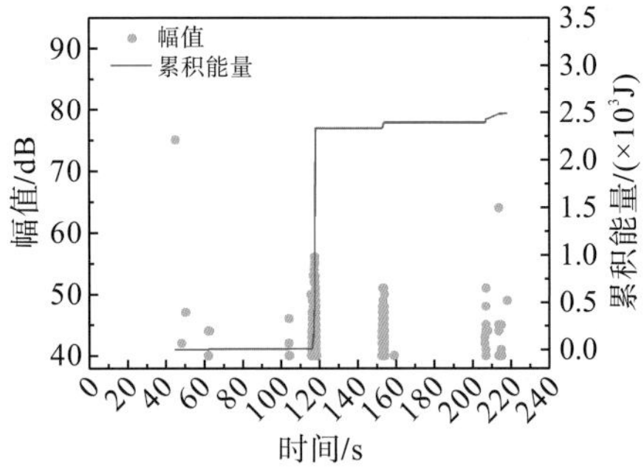

图 3-34　Z9 组声发射装置 S2 变化曲线

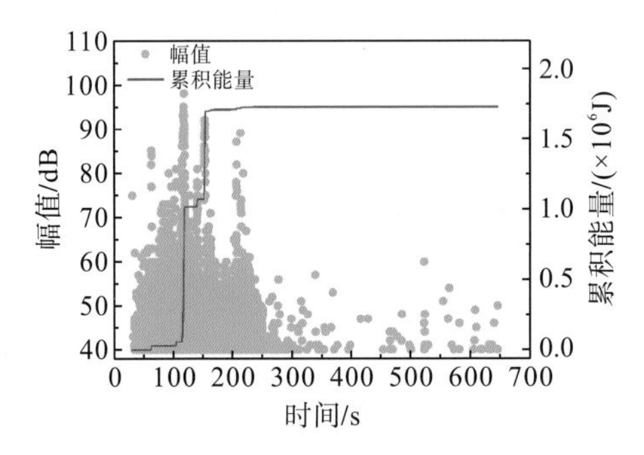

图 3-35　Z9 组声发射装置 S3 变化曲线

3) 消防管效应起动型

分析 Z3 组实验数据，可得到消防管效应起动型泥石流的孔压与含水率变化过程(图 3-36，图 3-37)。

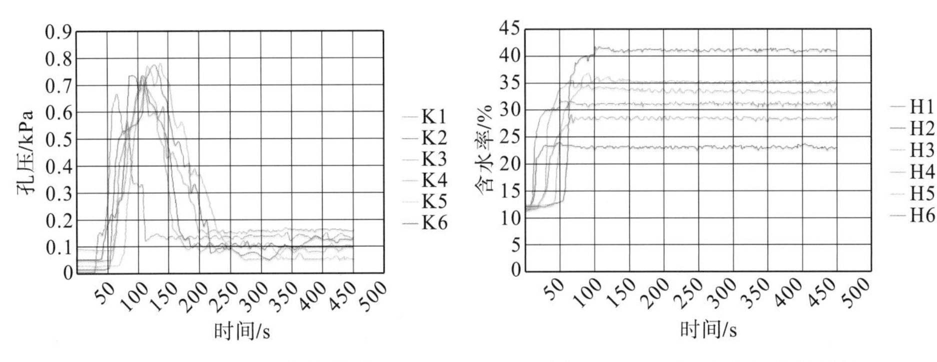

图 3-36　Z3 组孔压变化曲线　　　图 3-37　Z3 组含水率变化曲线

根据孔压及含水率变化曲线可知，伴随坡面径流不断扩展，堆积体上方和表层含水率比下方及深层堆积体先表现出增大趋势，且表面径流量越小，堆积体含水率增长越迅速，反之便越缓慢，这说明表面径流量越大反而越不利于流水的下渗作用，但越有利于坡面径流。径流连续对坡面堆积体颗粒进行侵蚀，堆积体上方浅层土体内孔压快速达到最大值，之后堆积体形成溃决过程，孔压迅速降低，同时伴随径流量瞬时增加，上方堆积体颗粒持续被裹挟进入径流中，最终形成泥石流。这种现象同冲沟类泥石流相仿，孔压的变化过程较好展现出了此类泥石流的起动机理。

孔压变化曲线中 6 处位置都有一个孔压快速增长阶段，堆积体遭受破坏之后孔压立即减小，以 Z3 组数据为例，打开冲水阀门前，堆积体维持自然含水率条件。在该级配与坡度条件下，流水产生的坡表径流速度大于渗透作用，打开水流开关之后，流水逐渐形成坡表径流的同时不停向堆积体入渗，堆积体孔压快速增长，坡表形成的径流逐渐扩展开来，堆积体浅层较为细小的颗粒逐步被裹挟冲走，进而更多更大的堆积体颗粒被逐渐冲走，泥石流渐渐产生，堆积体被破坏时，堆积体里流水伴随着坡体的破坏而流出，孔压瞬时减小。坡度较陡情况下入渗流水较易留存在堆积体里，埋深 15cm 处的孔压变化情况相比于埋深 5cm 处有显著滞后现象。K1、K3、K5、K2、K4、K6 处孔压传感器读数分别在 67s、87s、112s、118s、132s、140s 时达到峰值，峰值分别为 0.67kPa、0.70kPa、0.72kPa、0.73kPa、0.77kPa、0.78kPa。

实验开始约 60s，受到类似消防管效应的影响，堆积体上方颗粒遭受径流的集中作用，入渗能力瞬间增强，致使浅层堆积体水量增多，孔压最先到达峰值，之后伴随堆积体被破坏便逐步减小。开始约 80s，因为堆积体自身重力和下滑动力增加，在堰塞处达到平衡状态，被破坏时 K2 处孔压到达最大值，堆积体下方颗粒逐步被水流带走，从而导致后方堆积体受到牵引而迅速产生下滑，孔压随之逐渐降低。112～127s，伴随冲蚀、淤高、堵塞、溃决，堆积体深部土体从上到下依次产生破坏，K4、K3、K5、K6 处的孔压接连到达最大值，对应所在堆积体处也接连产生破坏，从而形成泥石流。

打开冲水阀门前，堆积体维持在自然含水率状态。打开水流开关之后，流水持续入渗，堆积体内水量快速增多，当堆积体被破坏时，没有流出的孔隙水瞬间流走，堆积体含水率迅速降低。坡度较陡条件下入渗流水比较容易留存在堆积体里，埋深 15cm 处含水率变化相比于埋深 5cm 处有显著滞后现象。

由声发射装置 S1、S2、S3 处的变化曲线可知(图 3-38～图 3-40)，随着堆积体表面径

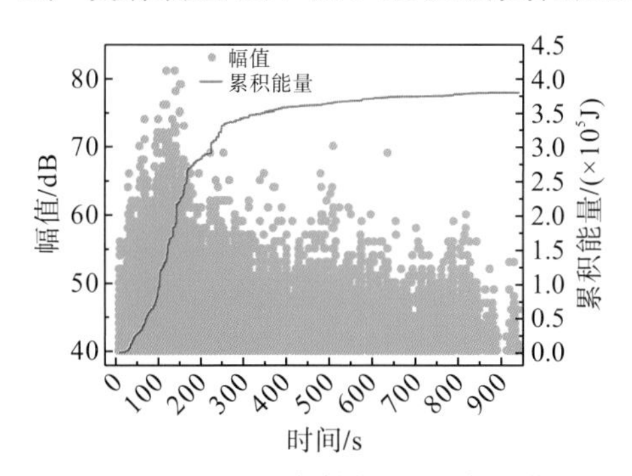

图 3-38　Z3 组声发射装置 S1 变化曲线

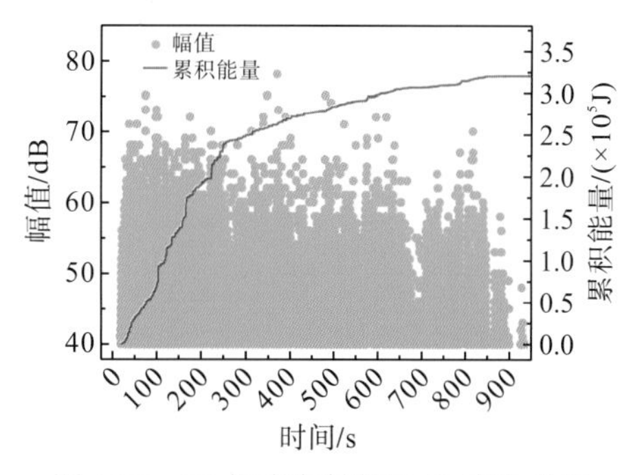

图 3-39　Z3 组声发射装置 S2 变化曲线

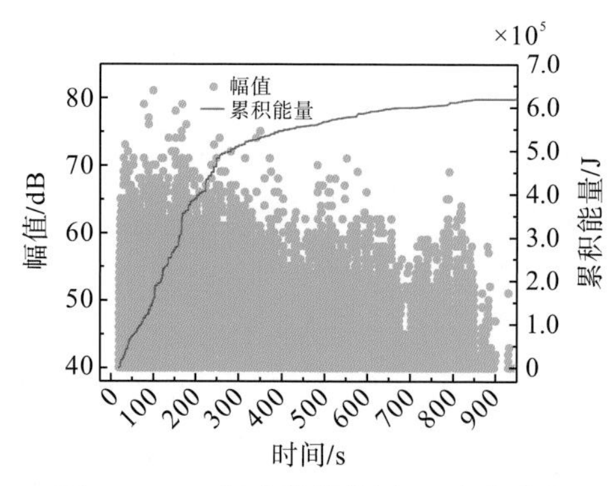

图 3-40 Z3 组声发射装置 S3 变化曲线

流的形成，累积能量与幅值均出现逐步增长的趋势，直至趋于稳定，能够较好反映出消防管效应起动型泥石流的逐步起动过程。其中 S1 处由于处于堆积体中上部，最先遭受到水流的冲蚀作用，故其累积能量与幅值最先出现变化，当堆积体中上部发生揭底时，累积能量与幅值趋于稳定状态，泥石流逐渐形成。

3.2 强震区宽缓沟道型泥石流致灾机理及灾害链效应

3.2.1 宽缓沟道型泥石流特征

3.2.1.1 锄头沟泥石流特征

锄头沟位于四川省汶川县绵虒镇羌锋村，岷江右岸，距绵虒场镇约 1.5km，沟口地理坐标为 103°28′46.5″E、31°20′28.0″N，堆积区前缘有都汶高速公路和 G213 国道通过。锄头沟流域面积为 21.7km^2，主沟长度为 8.9km，最高海拔为 4118m，最低海拔为 1166m，相对高差为 2952m，沟道平均纵坡为 184‰。

研究区属于大陆性半干旱季风气候区，具有显著的气候垂直分带特征，年平均降雨量为 719.70mm，最大年降雨量达 940mm，其中雨季(5～8 月)降雨量占全年的 65%。区域内岷江为主要河流，年平均流量为 168～268m^3/s，最大流量达 1890m^3/s，锄头沟沟口流向与其正交。

锄头沟属“V”形深切构造侵蚀地貌，流域形态呈树叶形，总体地形陡峻，流域内坡度大于 20°的地区占 87%以上。龙门山断裂带主断裂映秀-北川断裂从锄头沟沟口穿过(图 3-41)，导致沟内岩体节理裂隙发育，岩体破碎。流域位于龙门山分区域马尔康分区的接触带，区内出露地层包括“彭灌杂岩”(γo^2)、中元古界黄水河群(Pt_2hn)、志留系茂县群(Smx)和第四系松散堆积层(Q_4)。其中，“彭灌杂岩”(γo^2)主要出露于沟道中上游，岩性以花岗岩、花岗闪长岩和闪长岩为主。中元古界黄水河群(Pt_2hn)主要出露于沟道下游，岩性以安山岩、流纹斑岩、玄武岩及绿泥石片岩为主。志留系茂县群(Smx)主要出露于沟口，岩性以千枚岩和结晶灰岩为主。第四系松散堆积层主要分布于沟道内，以块碎石土为主，为泥石流的主要物源。

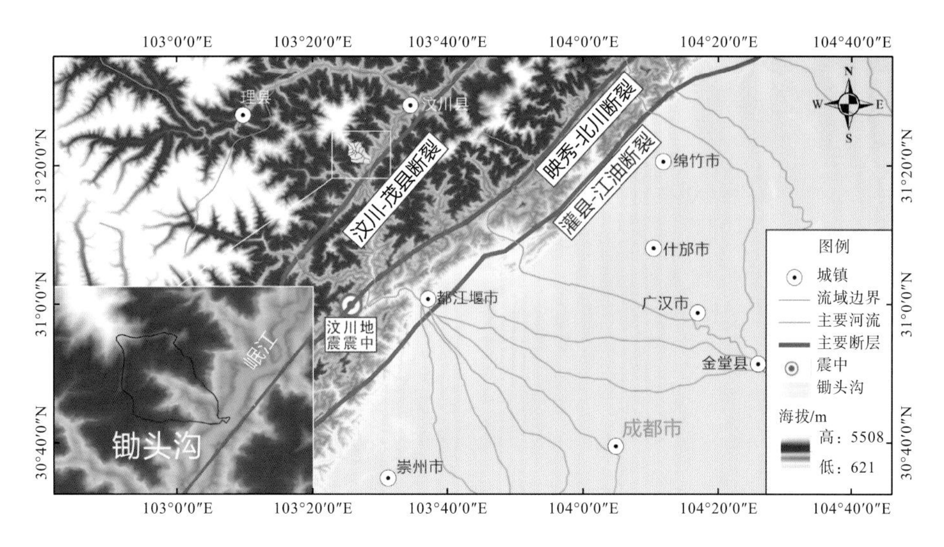

图 3-41　研究区地貌及构造分布图

锄头沟流域发育有支沟 16 条，各支沟普遍沟谷狭窄，纵坡较大，水动力条件较好，两侧山坡坡角一般大于 45°，坡脚山谷宽度为 10～20m，整体沟道纵比降为 371‰～737‰，支沟内各类物源为锄头沟泥石流提供了充足的物质来源和汇聚条件，锄头沟泥石流主要支沟为小沟、锄头沟、蚂蟥沟、麻地槽沟及大塘沟(图 3-42)，其流域面积分别为 3.56km^2、3.27km^2、1.46km^2、1.04km^2 和 1.25km^2。

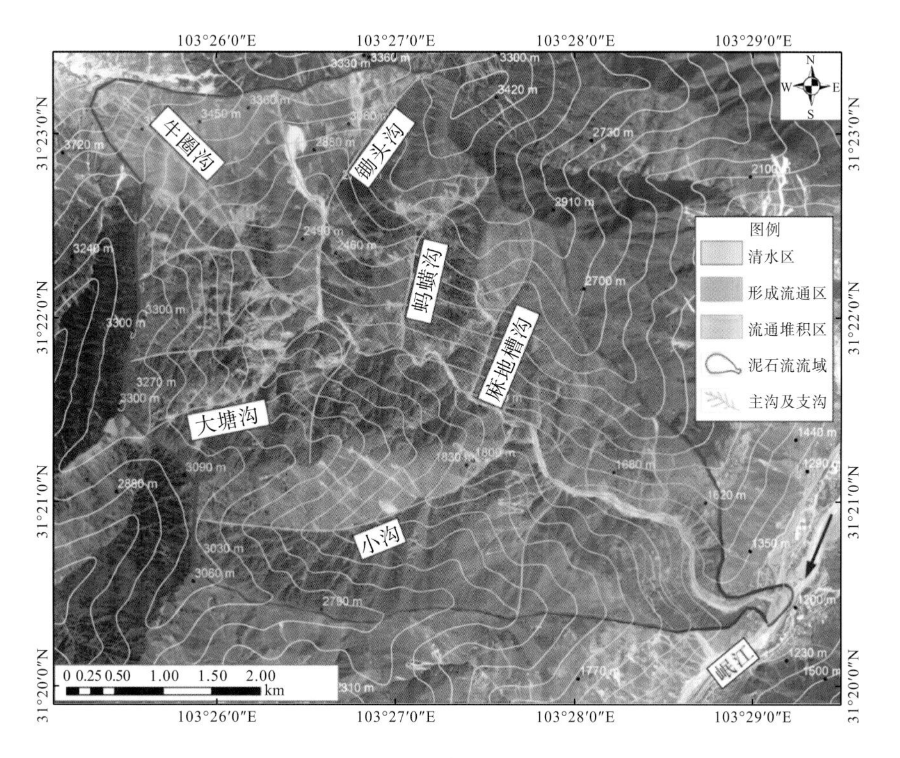

图 3-42　锄头沟泥石流沟道分区及支沟分布

锄头沟泥石流流域清水区主要分布在各支沟上游沟域，总面积为 14.88km^2，地形坡度陡峭，沟谷纵坡大，多在 650‰以上，植被发育，其冲淤特征以冲刷为主。

形成流通区分布于锄头沟各支沟下游至沟道海拔 1390m 以上的主沟段，总面积为 6.66km^2，约占沟域总面积的 30.69%。该区沟谷岸坡陡峻，汶川地震后新产生大量崩滑体及震裂山体，为泥石流发育提供了大量松散固体物源，冲刷作用也相对较为强烈，因此该段冲淤特征为冲淤平衡。

流通堆积区位于沟道海拔 1390m 以下的主沟道，长 2200m，宽 50m，面积为 11×10^{4}m^2，下游沟道内泥石流新近堆积厚度为 3～8m，泥石流堆积物方量为 50×10^{4}m^3；沟口扇区堆积厚度为 5～10m，泥石流堆积物方量为 15×10^{4}m^3，挤压岷江形成凸岸。根据野外调查，堆积扇物质组成以碎块石为主，占 70%，结构松散，以花岗岩为主，粒径为 20～80cm，最大可超过 6 m。

锄头沟为一条多发性泥石流沟，沟口坐落着美丽的羌锋村。汶川地震后 12 年内，锄头沟在 2013 年 7 月 10 日、2014 年 6 月 10 日和 2019 年 8 月 20 日分别暴发过大型泥石流，分别命名为“7・10”泥石流、“6・10”泥石流和“8・20”泥石流。

不同时期的历史影像显示了锄头沟泥石流沟口堆积扇动态演化过程(图 3-43)。汶川地震之前，锄头沟内植被茂盛，沟域地形地貌完整，沟口无公路等公共设施[图 3-43(a)]。受汶川地震影响，流域内地形地貌破坏严重，产生大量崩塌和滑坡，松散固体物源显著增多。震后沟口修建了都(江堰)汶(川)高速并拓宽了国道 G213 [图 3-43(b)]。

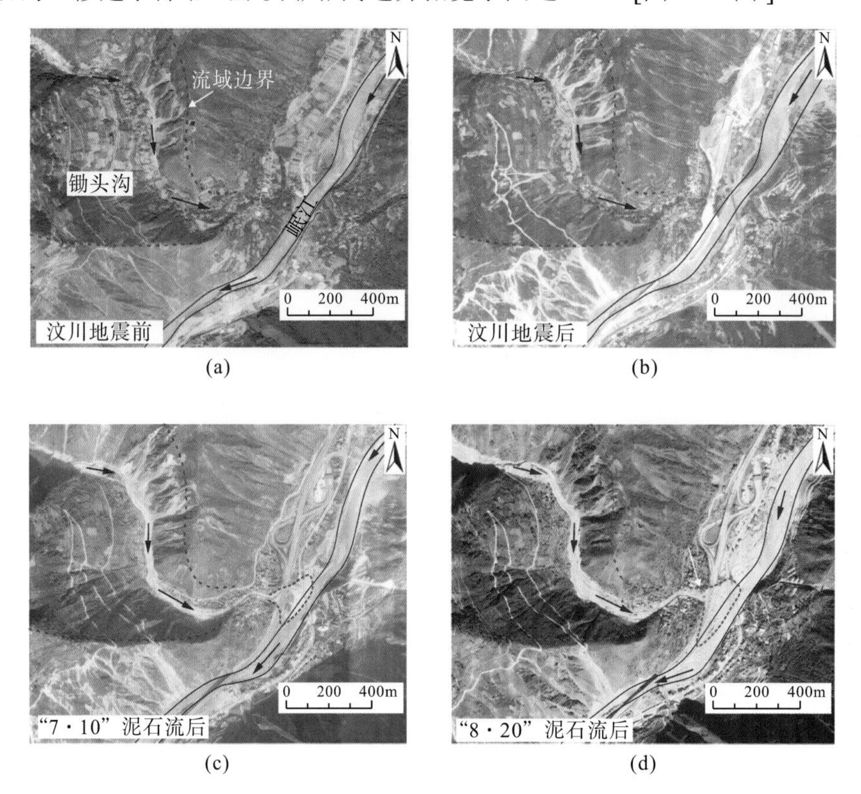

图 3-43　锄头沟汶川地震前后及震后多次泥石流沟口附近地貌形态

2013 年 7 月 10 日，锄头沟暴发特大规模泥石流，大量固体物质冲出沟口形成堆积扇[图 3-43(c)]，此次泥石流后，当地政府在该泥石流沟内修建了 3 道拦砂坝和排导槽，按照 20 年一遇降雨频率设计，2014 年 5 月拦砂坝等治理工程竣工后，当年 6 月 10 日再次暴发大规模泥石流，所修建高拦砂坝经受住了此次泥石流考验。

2019 年 8 月 20 日，汶川县发生持续性特大暴雨，本次降雨导致锄头沟再次暴发特大型泥石流[图 3-44(a)]，此次冲出沟口的固体物质规模[图 3-43(d)]超过 2013 年“7・10”泥石流。根据现场调查，冲出固体物质体积约为 $38.5\times10^4\text{m}^3$。本次泥石流造成沟内防治工程(如拦砂坝、护坦)部分损毁(图 3-45)，沟口都汶高速公路被淤埋约 200m，跨岷江的国道 G213 桥梁被冲断[图 3-44(b)]，沟口排导槽淤满，10 余户房屋受损(图 3-46)，超过一半岷江主河道被堵塞，河水被推到对岸，导致对岸村庄受灾[图 3-44(b)]。由于监测预警准确，当地政府通知撤离及时，此次泥石流未造成人员伤亡。

(a)“8・20”泥石流发生前沟口情况

(b)“8・20”泥石流堆积扇

图 3-44　2019 年“8・20”泥石流沟口堆积扇及沟道堵塞特征

(a)“8・20”泥石流前

(b)“8・20”泥石流后

图 3-45　2019 年“8・20”泥石流发生前后锄头沟 $1^{\#}$拦砂坝拦蓄效果

(a)“8・20”泥石流前

(b)“8・20”泥石流后

图 3-46　2019 年“8・20”泥石流发生前后锄头沟沟口居民区排导槽运行情况对比

3.2.1.2 泥石流灾害链效应

由于汶川强震区山高谷深，且适宜耕种及居住的土地匮乏，而泥石流堆积扇相对较为宽缓，且土壤肥沃，因此大多数村庄被迫建于此类低频大型泥石流堆积扇上。同时，为降低成本和方便出行，公路等线路工程也沿河而建，不可避免地会跨过许多泥石流沟口，这为泥石流形成链式灾害提供了充分条件。锄头沟具有独特的地形地貌特征，泥石流排导槽顺原沟道在沟口有一个大的拐弯，沟口都汶高速从泥石流排导槽上方跨过。同时，国道 G213 在锄头沟对面以高架桥方式斜跨岷江，与锄头沟流动方向斜交。以上因素共同作用形成了一系列链式灾害效应：

(1)泥石流峰值流量过大，超设计频率—溢出排导槽—冲毁两侧建筑物(图 3-47)；

(2)泥石流冲出固体物质的巨大冲击力冲毁沟口高速公路—向岷江对岸堆积—冲毁岷江内国道 G213 桥梁[图 3-44(b)]；

(3)泥石流阻断岷江河道—形成堰塞湖—岷江上游回水并淹没建筑物[图 3-48(a)]；

(4)泥石流挤压河道—岷江水位壅高、流速增大—冲毁对岸下游建筑物[图 3-48(b)]。

(a)沟口房屋受损

(b)沟口排导槽被淤埋损毁

图 3-47 锄头沟沟口房屋受损及排导槽被淤埋损毁情况

(a)岷江上游房屋和车辆被淹没

(b)岷江下游绵虒服务区被淹没

图 3-48 锄头沟泥石流冲毁国道 G213 大桥及导致下游绵虒服务区被淹情况

泥石流成灾模式主要有以下五种方式。

1)冲击破坏

快速运动的泥石流，尤其是其中的巨石具有很大的冲击动能。本次锄头沟泥石流搬运巨石较多(图 3-49)，具有强烈的冲击力。泥石流强烈下切和横向侵蚀主沟两侧的残坡积物、阶地，在得到沿途固体物质补给的同时也严重威胁和破坏沟道两侧民房与设施，造成排导槽侧墙垮塌、排导槽槽底磨蚀破坏与揭底破坏(图 3-50)，进而造成工程两侧 39 户农房被泥石流冲击漫流损坏。

图 3-49　泥石流挟带的大块石

图 3-50　泥石流冲毁单边防护堤

2)淤埋破坏

淤埋是泥石流宽缓区主要的破坏形式，多发生于泥石流沟沟口或地形宽缓区。都汶高速公路横穿锄头沟下游堆积区，由于桥涵设计净空不足，阻碍泥石流排泄，泥石流运动的直进性导致其遇阻爬高，2019 年“8・20”泥石流淤埋高速公路路面近 200m。泥石流向下游运动时，淤塞沟口高速公路桥涵(图 3-51)造成下游河床抬升，威胁都汶公路跨江大桥。

图 3-51　2019 年“8・20”泥石流淤埋都汶高速公路路面

3)对耕地的破坏

在锄头沟上游流通区，泥石流冲刷、掏蚀沟道两侧耕地台地，造成耕地垮塌；在锄头沟下游堆积区，由于地形较平缓，泥石流流速降低，大量泥石流淤积，淤埋河谷耕地(图 3-52)。

图 3-52　泥石流毁坏耕地

4) 对建筑物的破坏

冲击和淤埋是“8・20”泥石流对建筑物的主要破坏方式，共造成羌锋村 39 户农房严重损毁，其中以冲击作用为主致结构破坏的房屋共 33 户，另有 6 户被泥石流挟带的泥沙部分淤积。泥石流破坏建筑物是物质和能量转移的过程，当冲击动能高于建筑物抵抗能力时，泥石流将摧毁建筑物，同时将部分动能转化为建筑物形变所消耗的能量；当泥石流动能不足以破坏建筑物结构时，泥石流物质会进入室内导致淤埋破坏，即物质积聚的过程。实际上这两种情况常同时发生，且受冲击作用为主的建筑物破坏程度较受淤积作用导致的破坏更为严重(图 3-53)。

图 3-53　锄头沟沟口两侧建筑物被冲毁掩埋

建筑物破坏方式因泥石流物质组成和两者接触方式的不同而不同。此次泥石流性质为黏性，沿途挟带大量巨砾、漂木，使得建筑物受多种介质的危害：①泥石流中的大石块多聚集于龙头，在龙头瞬间冲击过程中，直接摧毁建筑物，或撞坏其主体支撑结构，导致其结构完全破坏或失效；②流体中沿程挟带的废弃物、漂木等也是危害建筑物的重要介质；③当高速运动的泥石流受建筑物阻挡时，会产生壅高和飞溅，壅高的泥石流体将其挟带的动能充分转化为对建筑物的破坏能，且由于泥位升高，建筑物受冲面积增大，泥石流静压力增加，导致更为严重的破坏。

5) 堵断桥涵

2019 年“8・20”泥石流从排导槽出口冲出的固体物质，在淤满堵塞都汶高速涵洞后，堵塞岷江，造成岷江断流约 2h，并冲断国道 G213 高店大桥。据现场调查，此次泥石流淤埋高速公路路面长 200m，高店大桥被冲毁段长约 122m（图 3-54）。

图 3-54　锄头沟 2019 年“8・20”泥石流冲毁国道 G213 高店大桥

3.2.2　宽缓沟道型泥石流成灾机理

3.2.2.1　泥石流物源

强震区震后泥石流的显著特点是物源量十分丰富，暴雨后强震区泥石流流域内震裂物源会发生不同程度的滑移扩张。锄头沟泥石流松散固体物源丰富，其类型包括崩滑型物源、震裂山体物源、沟道堆积型物源和坡面型物源四种，主要沿沟道及支沟沟道两侧分布。物源粒径主要集中在 0.05～0.5m，且自上游至下游细颗粒物含量逐渐增加，巨型块石含量逐渐减少。根据 2019 年“8・20”泥石流发生前的野外调查和遥感解译，沟域内共发育不同规模松散物源点 93 处（图 3-55），总物源量约为 $858.59\times10^4m^3$，其中可参与泥石流活动的动储量约为 $321.43\times10^4m^3$。

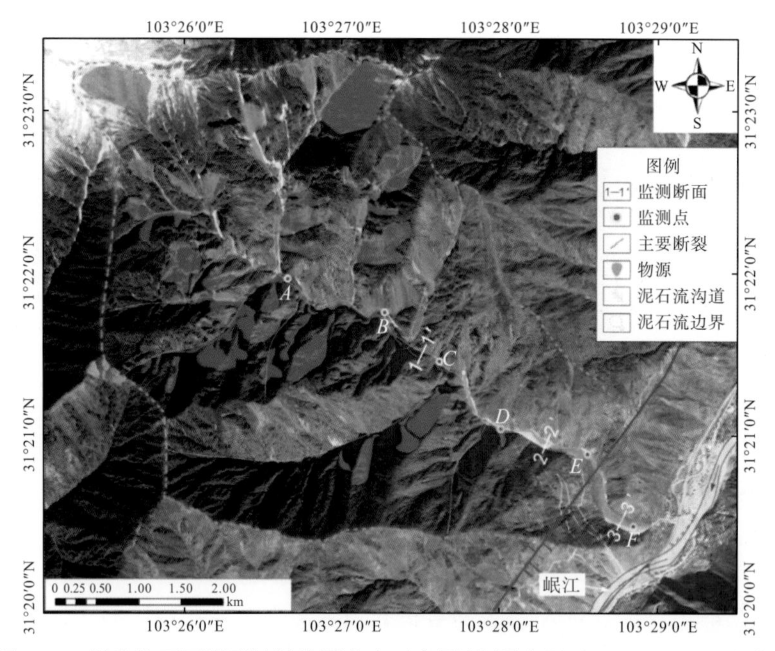

图 3-55　锄头沟不同类型松散物源分布示意图(底图来源于 Google Earth 影像)

锄头沟沟域内普遍以崩塌为主，滑坡相对偏少，沟域内共发育不同规模的崩塌堆积物源点 35 处，按规模划分共有大型崩塌 6 处、中型崩塌 11 处、小型崩塌 18 处。根据调查，沟内崩塌堆积物源总储量为 $235.67\times10^4\text{m}^3$，其中可参与泥石流活动的动储量为 $96.07\times10^4\text{m}^3$，如图 3-56 所示。

(a)沟口右岸崩塌堆积物源

(b)沟道上游左岸崩塌堆积体堵塞沟道

图 3-56　锄头沟沟域内典型崩塌堆积物源

震裂山体物源主要发育于花岗岩等坚硬岩质边坡，尤其在受地震作用震裂松动的高陡单薄山脊部位岩体最为发育，尽管这类震裂山体仍存留于斜坡体上，但处于欠稳定-不稳定状态，在暴雨等作用下可能破坏失稳，转化为崩滑物源并参与泥石流活动。根据现场调查及遥感解译，在 2019 年“8・20”泥石流发生后，锄头沟共有 26 处震裂山体物源起动，形成崩塌或滑坡，其崩滑堆积体颗粒组成均一性极差。流域内震裂山体物源总量达 $223.82\times10^4\text{m}^3$，动储量为 $85.33\times10^4\text{m}^3$，这些物质为强震区后效应泥石流发育提供了充足的物质补给(图 3-57)。

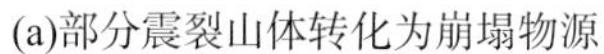

(a)部分震裂山体转化为崩塌物源

(b)新起动震裂山体滑坡

图 3-57　沟域内震裂山体分布位置和补给情况

沟道堆积物源为堆积在沟道部位的早期和新近泥石流堆积块碎石土，锄头沟内共发育沟道堆积物源 27 处，沟道堆积总量约为 $366.65\times10^4\text{m}^3$，可能参与泥石流活动的动储量约为 $135.80\times10^4\text{m}^3$，如图 3-58 所示。

(a)沟道中游分布沟道堆积物

(b)沟口下游堆积体

图 3-58　锄头沟泥石流沟道物源分布

锄头沟内主要坡面侵蚀物源共 4 处，物源总量为 $32.45\times10^4\text{m}^3$，其中可参与泥石流活动的物源量为 $4.23\times10^4\text{m}^3$，如图 3-59 所示。

图 3-59　锄头沟沟域内典型坡面侵蚀物源

沟道堵溃是震后极重灾区泥石流规模明显增大的主要因素之一，堵溃型泥石流在溃决后产生链式效应，通常导致泥石流规模超常。泥石流沟内堵塞点主要分为两种，一种为震裂山体崩滑堆积体堵塞沟道，在沟道内形成堵塞点；另一种为大量支沟物源汇聚至主沟后来不及排出，导致主沟堵塞。根据现场调查，锄头沟内包含多处崩滑堆积堵塞点，以及支沟汇聚堵塞点，其堵塞点沿主沟纵剖面分布，如图 3-60 所示。

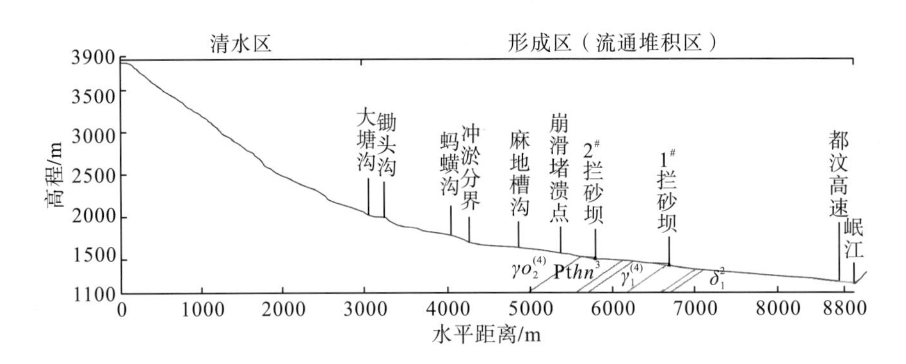

图 3-60 锄头沟内各支沟汇聚点及崩滑潜在堵溃点部位纵剖面示意图

3.2.2.2 锄头沟泥石流致灾动力学过程模拟

通过泥石流致灾动力学过程模拟可以获取在不考虑溃决效应作用下锄头沟泥石流的动力学特征，揭示其致灾机理。快速物质运动模拟（rapid mass movement simulation，RAMMS）软件采用 Voellmy-Salm 模型（简称 VS 模型）模拟泥石流，假设泥石流体在空间连续而无空隙分布，其宏观物理量如速度、密度等都是空间和时间的连续函数，满足质量、动量和能量守恒定律。

由于锄头沟内不同成因类型的物源丰富，分布范围广，因此采用块体释放法设置泥石流的起动条件。多点起动型泥石流沟通常范围较大且地形陡峻，部分区域很难到达和进行彻底的现场调查。因此，采用现场调查与遥感解译确定物源位置，共同确定了 93 个物源点，物源动储量总量为 $321.43\times10^4\text{m}^3$。

地形数据是数值模拟最重要的输入条件，高分辨率和准确的地形数据有助于获得更加准确的模拟结果。日本先进陆地观测卫星（advanced land observing satellite，ALOS）发射于 2006 年，可为区域环境监测、地质测绘、资源调查和灾害监测等方面提供支持。该卫星搭载了用于数字高程测绘的 PRISM 传感器，其分辨率可达 12.5m×12.5m，可为泥石流仿真模拟提供准确的地形数据。卫星影像主要通过谷歌地球（Google Earth）获取，其原始影像源自锁眼卫星影像以及其卫星图片扩展数据库的历史影像，空间分辨率可达 0.5m。

基于 2013 年“7·10”泥石流事件对锄头沟泥石流摩擦参数进行校准，找到最适合锄头沟的 VS 模型摩擦系数为μ=0.225，ξ=180m/s^2。采用该摩擦系数模拟 2019 年“8·20”锄头沟泥石流的暴发过程，并通过其泥石流流动高度（泥深）、流速、典型剖面流量和总冲出量等动力学特征参数来评估锄头沟泥石流的运动成灾过程。泥石流容重通过现场调查实验法获得，模拟时间为 7200s，网格采用 5m 精度，泥石流流体密度为 1860kg/m^3。

泥深由地表径流、冲出规模和所在部位地形条件的摩擦系数所控制。在本次模拟中，假设给定震裂山体崩塌堆积物源全部起动，在给定地形特征基础上，泥石流会沿着沟道按照运动方程向沟口流动。在流动过程中受重力作用而加速，其减速过程则受摩擦方程控制。最初，沟内物质增加主要源于崩滑物源、震裂物源和坡面物源，在泥石流流动过程中，沿途各支沟的物源不断向主沟汇聚，导致主沟泥石流泥深迅速增大。

如图 3-61 所示，在泥石流起动之后约 1200s，位于沟道两侧的崩滑物源以及距离主沟道较近的固体物质向沟道汇集，在沟内形成物源聚集点，最大泥深达 7.52m。约 2400s 时，崩滑物源、震裂物源和坡面物源基本已汇聚至主沟道，主沟内泥石流流体高度明显增大，此时物源最集中的地方位于上游支沟与主沟交汇处，同时泥石流开始沉积。约 4800s 时，只有上游两条较大的支沟仍在向主沟汇聚，固体物质汇聚点向中下游转移，此时最大泥深达 15.73m，位于中游，同时泥石流龙头到达沟口。约 7200s 时，所有起动物源基本沉积完成，可以看到固体物质主要沉积在锄头沟主沟沟道中下游，最大泥深为 13.42m，冲出沟口的固体物质呈扇形堆积，沟口堆积扇高度为 0～4m。

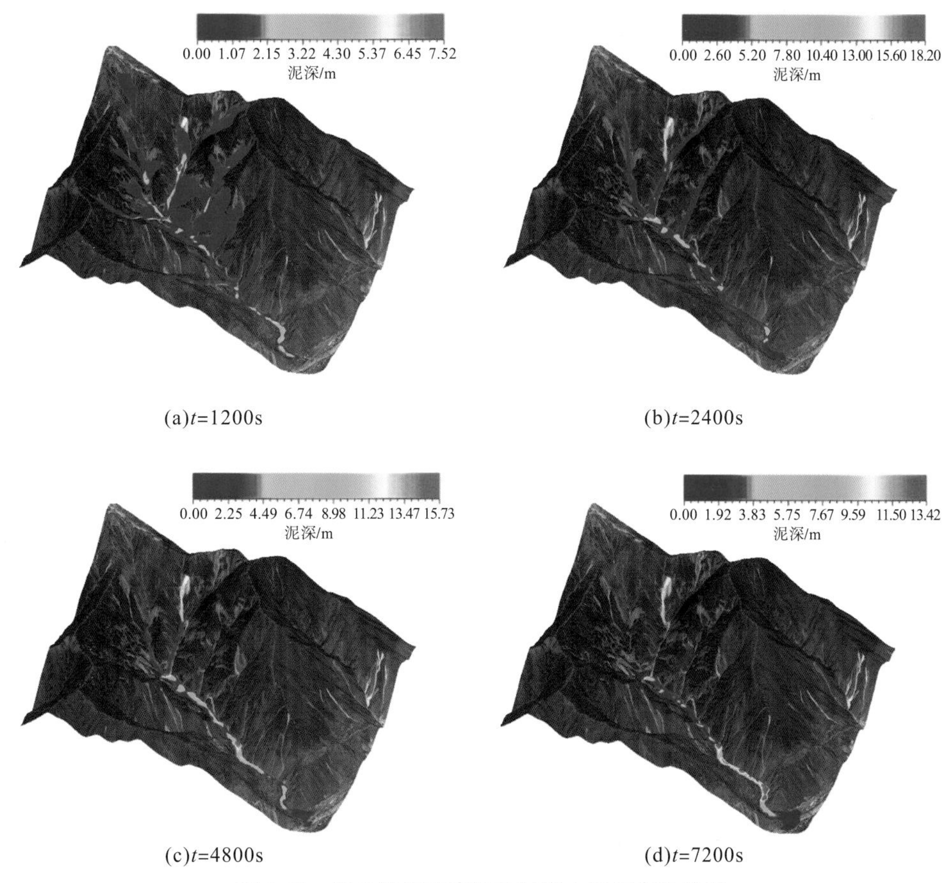

图 3-61　锄头沟泥石流运动过程中泥深变化特征

为更好地将模拟结果与野外调查迹象进行验证对比，在模拟之前设置 A、B、C、D、E、F 共六个监测点(图 3-55)，观察其不同时刻的泥深变化(图 3-62)，并将最终泥深与现场调查结果进行对比。如图 3-62 所示，在沟道上游泥石流以冲刷为主，在经历了泥深的迅速增大之后，随着固体物质的补给减少，泥深又迅速减小[图 3-62(a)～(c)]。同时，中上游沟道由于间歇性受到支沟物源补给，因此泥深出现多个峰值[图 3-62(b)、(c)]。随着泥石流发展，在 t=1200s 以后，固体物质逐渐到达下游的 D、E、F 点[图 3-62(d)～(f)]，由于下游沟道平缓，泥石流到达之后同时开始沉积，由于 D、E 位于拦砂坝上游，因此其泥深不断累积，最终泥深接近 12m。泥石流洪峰在约 2000s 时到达沟口，但由于已建拦砂坝的拦截，此时下游最大高度为 4.7m[图 3-62(f)]。各部位泥石流最终泥深与现场调查结果基本吻合，但略大于现场调查结果，尤其是上游最为明显，原因可能是现场调查时，一部分沟道内松散泥石流沉积物被沟内常年流水带走，而上游的坡降更大，冲刷效果更为明显。

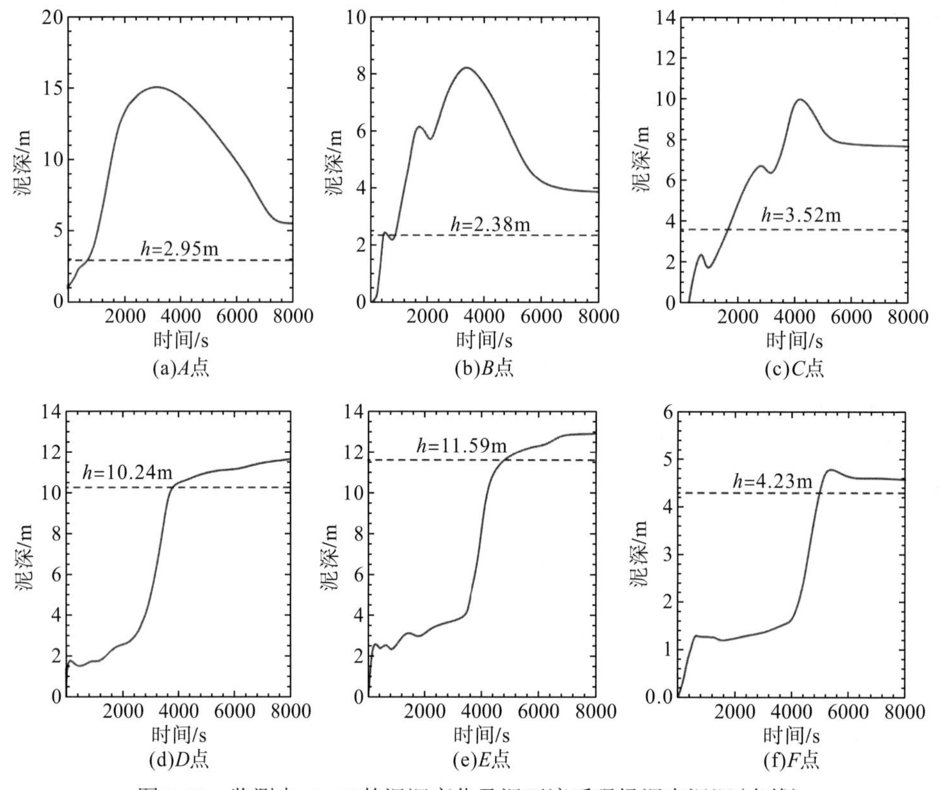

图 3-62 监测点 A～F 的泥深变化及泥石流后现场调查泥深(虚线)

泥石流影响区域分布很大程度上与泥石流物源空间分布和径流特征有关。如图 3-63 所示，将模拟过程中泥石流流经区域标记为泥石流影响范围，用蓝色表示。影响范围面积为 5.86km^2，约为沟域总面积的 27%。锄头沟泥石流掩埋了沟口的都汶高速公路。由于岷江河道受挤压变窄，间接导致岷江上下游水位升高。如图 3-63(b)所示，提取扇形堆积体范围和泥深的 ASCII 数据，由于 DEM 分辨率为 5m×5m，因此将扇形堆积区每个像素的泥深与面积相乘并求和得到总冲出体积。计算结果显示，锄头沟泥石流总冲出体积为 68.5×10^{4}m^3，约占初始释放体积的 1/5。同时，模拟结果表明，约有 4/5 的固体物质仍然堆积在沟道内(主要堆积在沟道下游宽缓地带)，仍然具有暴发大型泥石流的风险。

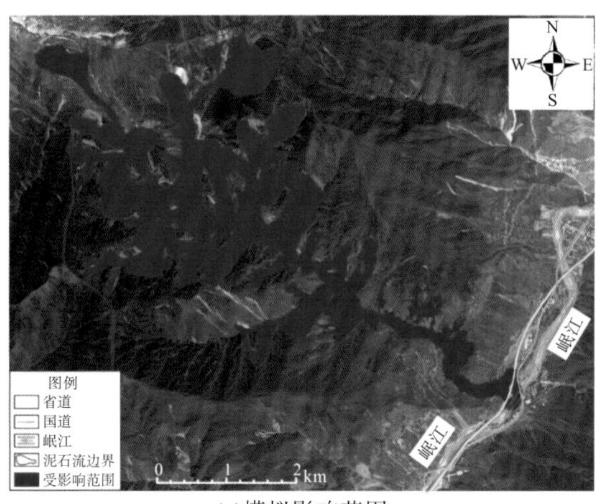

(a)模拟影响范围

(b)锄头沟泥石流堆积扇模拟结果

图3-63 2019年“8·20”锄头沟泥石流影响范围模拟图

3.2.3 泥石流堵溃放大效应模拟

3.2.3.1 流量叠加效应

泥石流堵溃放大效应是指在泥石流暴发过程中，由于沟道内堰塞体溃决，导致泥石流峰值流量增大的现象。泥石流堵溃效应可以看作一种流量叠加效应，当不考虑堵溃效应时，随着物源和水源汇聚，常规泥石流本身具有随时间变化的流量曲线，该曲线通常呈单峰或双峰形，同时堵塞点溃决后也将产生独立的溃决流量曲线，当常规泥石流流量曲线与堵塞点溃决流量曲线叠加后，将可能对泥石流流量产生不同程度的放大效应，其放大程度取决于溃决时刻以及溃决点在沟道的分布位置，因此研究泥石流堵溃放大效应首先是要确定泥石流的流量曲线和堵塞点溃决流量曲线。

震裂山体崩滑堆积体可能在沟内形成具有一定蓄水能力的天然坝体，若发生强降雨导致上游形成高含沙洪水，水流冲击或漫过坝体，由于崩滑型堰塞体结构松散，抗冲击及抗冲刷性较弱，坝体顶部会出现冲沟，该过程持续一段时间后将可能导致坝体逐渐溃决(Dong et al.，2011)。堰塞体溃口处流量过程曲线如图3-64所示，包括以下四个阶段：

(1)漫流阶段(AB)：在该阶段堰塞湖水位高过坝顶高度，水流以Q_1流量漫过坝顶，将持续一段时间。

(2)溃决阶段(BC)：随着水流冲刷，坝体开始出现小冲沟，同时流量开始增大，加剧对坝体的冲刷。随着溃口深度不断加大，直到到达C点，此时到达峰值流量$Q_{\max}$，之后堰塞体库内水量减少使得流量开始减小。

(3)快速削弱阶段(CD)：在该阶段，堰塞体库内仍有蓄水，但水体势能降低，流量迅速降低。

(4)缓慢削弱阶段(DE)：由于整体库容大幅度减小，该阶段流量将缓慢降低至零。

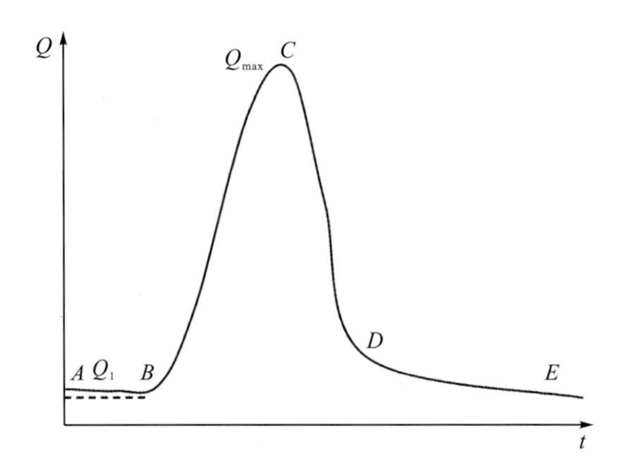

图 3-64 堰塞体溃决流量过程曲线示意图

堰塞体溃决泥石流的峰值流量Q_{max}与堰塞体溃决口宽度 B 及堰塞体前最大水深 H 有密切联系(图 3-65)，国内外有许多学者进行了研究，并且提出了不少计算公式，其中峰值流量计算采用谢任之公式(谢任之，1993)：

$$Q_{max} = \lambda B\sqrt{g}H^{\frac{3}{2}} \tag{3-1}$$

式中，Q_{max}为溃决洪水峰值流量；λ为流量参数，与沟道断面指数 m 有关；B 为堰塞体溃决口宽度；g 为重力加速度(9.8m/s^2)；H 为堰塞体前最大水深。

$$\lambda = m^{2m-0.5}\left(\frac{2}{2m+1}\right)^{2m+1} \tag{3-2}$$

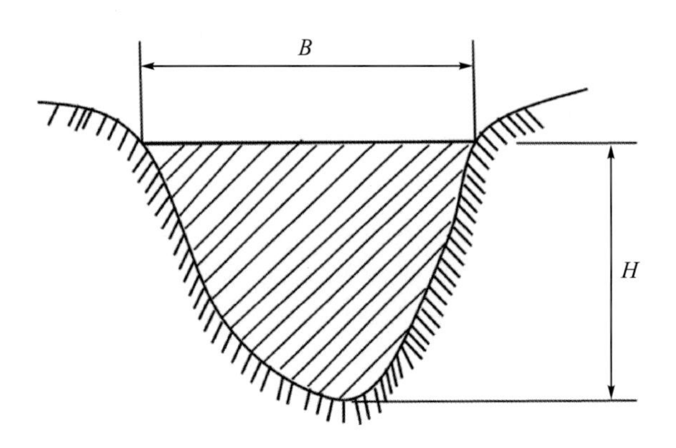

图 3-65 沟道型泥石流瞬间溃决溃口简化模型图

λ与沟道断面指数 m 有关，即假设沟道断面面积 F 关于沟道深度呈指数级关系(概化为抛物线)，表达为$F = CH^m$，其中 C 为常量。矩形断面 m 取值为 1，三角形断面 m 取值为 2，二次抛物线 m 取值为 1.5，四次抛物线 m 取值为 1.25，自然状态下复合断面 m 可能大于 2。

通过现场调查，锄头沟内发育多处堵溃点，由于锄头沟沟道上游窄陡、下游宽阔，个别部位弯曲明显，因此堵溃点主要发育在沟道中上游。其中，典型堵溃点为沟道中游 1$^\#$

滑坡，该滑坡位于锄头沟主沟左岸斜坡，距离沟口约 4.4km，距离 1#坝约 2.3km。滑坡平面形态呈三角状，主滑方向约 225°，与坡向基本一致，前缘高程为 2290m，后缘高程为 2596m，前后缘高差为 306m，滑坡体坡度较陡，一般为 30°～40°。滑坡纵向长约 176m，横向宽约 180m，滑体厚度约 15m，堆积体面积约 $27.26\times10^4\text{m}^2$，体积约 $4.09\times10^6\text{m}^3$。

震裂山体 1#滑坡坡脚处沟道较窄(图 3-66)，宽 5～10m，而其上游宽度为 10～20m，当上游泥石流运动至该滑坡坡脚时，由于沟道变窄，过流断面急剧减小，流速迅速增加，高速通过的泥石流强烈侧蚀滑坡坡脚。加之长时间连续降雨入渗，锄头沟 1#滑坡在雨水长期浸润作用下，整体稳定性大幅下降。当坡脚遭受泥石流强烈侧蚀后，前缘局部发生次级滑塌，形成高陡临空面，产生牵引式破坏，致使大量滑体失稳堵塞沟道，形成堵溃点，堵溃期间泥石流裹挟的松散物源不断汇聚、叠加，同时伴随上游水位的不断增加，能量不断累积，堰塞体短时间内发生溃决。

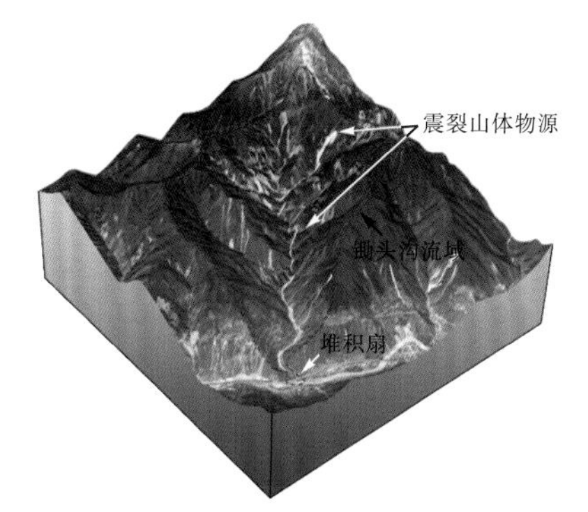

(a)锄头沟地表三维模型图

(b)锄头沟泥石流1#滑坡堵溃点

图 3-66　锄头沟地表三维模型及泥石流沟域内 1#滑坡堵溃点

根据现场调查，1#滑坡堰塞体溃决口宽度 B 为 10m，堰塞体前最大水深 H 为 15m，沟道断面接近四次抛物线型，m 值取 1.25，通过式(3-1)计算得到 1#堰塞体溃决峰值流量 Q_{mxa} 为 300.08m^3/s。通过体积法估算，该堰塞体回水总面积约 $2.57\times10^4\text{m}^2$，平均深度为 12m，总库容约 $30.84\times10^4\text{m}^3$，将溃决流量曲线简化为三角形，溃决过程持续时间约 2055s，1#滑坡堵溃点溃决流量曲线如图 3-67(a)所示，将其与常规泥石流流量曲线叠加后，总流量曲线见图 3-67(b)。

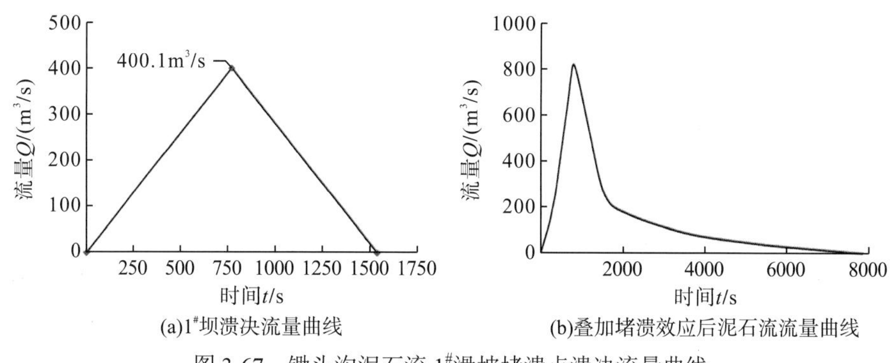

(a)1#坝溃决流量曲线　(b)叠加堵溃效应后泥石流流量曲线

图 3-67　锄头沟泥石流 1#滑坡堵溃点溃决流量曲线

3.2.3.2 震裂山体堰塞体堵溃放大效应

震裂山体崩滑堵溃效应不仅会造成泥石流流量增大，同时也会扩大泥石流致灾范围。假设锄头沟 1#滑坡在沟道内形成堵溃点，以 1#坝横剖面作为集水点，分别输入考虑堵溃与不考虑堵溃的泥石流流量曲线，分析其堵溃放大效应。如图 3-68 所示，在考虑堵溃效应之后，泥石流影响范围明显增大，影响范围侵入河道对岸。由于堵溃效应，泥石流最大堆积厚度由 3.24m 增大至 5.62m。模拟结果表明，在泥石流暴发过程中若叠加堵溃效应将显著增大泥石流致灾能力。

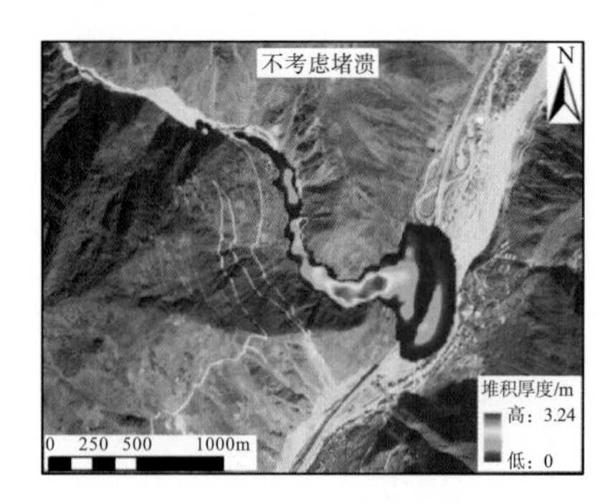

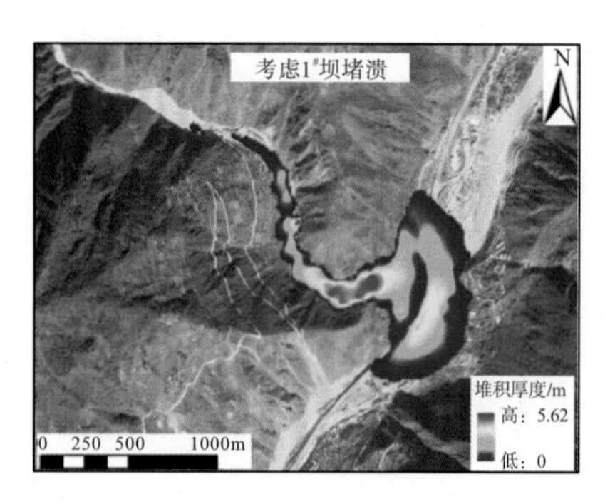

图 3-68 考虑堵溃与不考虑堵溃效应锄头沟泥石流堆积厚度及影响范围示意

3.2.3.3 堰塞体规模对堵溃效应的影响

由于堰塞体溃决发生在泥石流暴发过程中，因此溃决流量曲线呈现出流量叠加效应。由于两条曲线均有各自的峰值，因此各曲线达到峰值的时间相对关系将影响叠加后泥石流峰值流量大小。由于常规泥石流流量曲线基本稳定，因此叠加后的泥石流峰值流量主要受堰塞体溃决峰值流量影响。根据式(3-2)，堰塞体溃决峰值流量受堰塞体规模控制，随着堰塞体规模增大，堰塞体溃决峰值流量 Q_{max} 也将增大，相应也会形成更大的汇水面积和蓄水量。

为更加直观地比较级联堵溃效应后泥石流的危害程度，采用最大泥深或最大模拟泥深(*H*)与最大流速(*V*)的乘积作为评价指标(Chen et al.，2014b；Chang et al.，2017)，将泥石流所有流经区域及淤埋范围划分为危险区，并对其进行分级。泥石流级联堵溃危害程度评价指标如表 3-6 所示，当 $H \leqslant 1.0$m 或 $VH \leqslant 2.0\text{m}^2/\text{s}$ 时，危害程度为危险；当 $H > 1.0$m 或 $VH > 2.0\text{m}^2/\text{s}$ 时，危害程度为高度危险。利用 GIS 平台完成计算后，按照泥石流危害程度进行分级后即可得到泥石流级联堵溃危害程度分区图。

表 3-6 泥石流级联堵溃危害程度评价指标

泥石流强度	H/m	VH/(m^2/s)
危险	$H \leqslant 1.0$	$VH \leqslant 2.0$
高度危险	$H > 1.0$	$VH > 2.0$

从图 3-69 中可以看出，随着堵溃点数量增加，泥石流的淤埋范围增大，堆积扇面积逐渐增大。在沟道内仅有 1 个堵溃点时，其高度危险区域主要集中于沟道内部，随着堵溃点增多，泥石流峰值流量增大，高度危险区域逐渐扩展至沟口堆积扇。当沟道内具有 10 个(中等规模)堵溃点时，堆积扇危害程度逐渐升高。

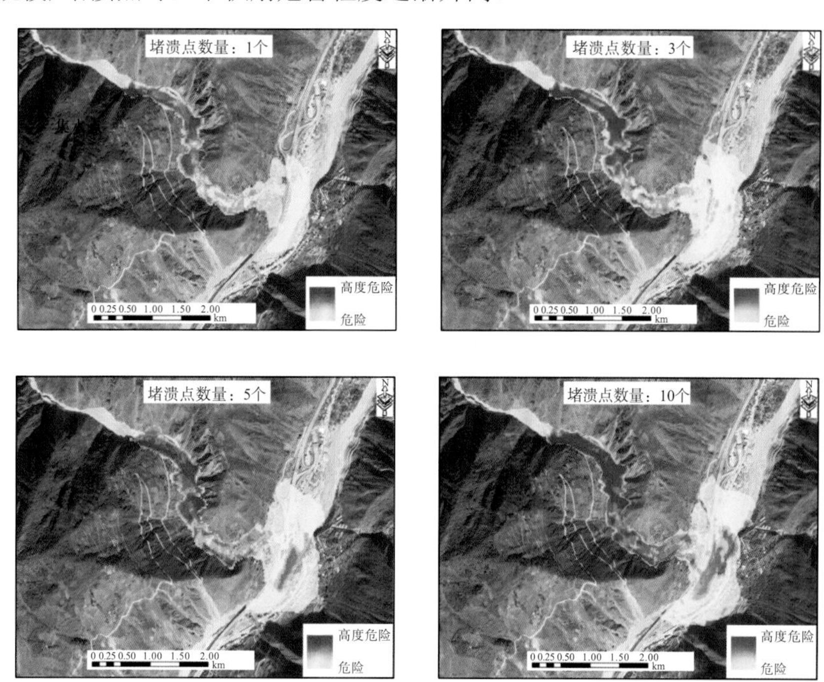

图 3-69　锄头沟泥石流级联堵溃危险性评价结果

3.3　强震区窄陡沟道型泥石流致灾机理及灾害链效应

3.3.1　窄陡沟道型泥石流特征

本节设计了一种大范围变坡的泥石流动床水槽实验装置，如图 3-70 所示，由固定装置、备料装置、水槽装置、堆积和监测装置组成。该模型原理是电动葫芦通过钢缆提升备料装置的吊装框架改变其高度，由此同步带动水槽装置下端的滚轮在导轨滑动实现 0°～45°坡度范围内任意改变，该系统弥补了目前变坡范围小、一体化程度低、可操作性不强等不足，水槽模型实物如图 3-71 所示。

泥石流动力学性质受固体颗粒上限粒径影响较大，通过开展泥石流容重与固液分离实验，发现在实验室条件下，既要保证泥石流流体具有一定的流动性，又要保证其不发生明显的固液分离，组成泥石流的固体颗粒最大粒径不超过 2mm，由此确定几何相似比为 1∶100，并保持缩放前后级配的不均匀系数和曲率系数保持相同。实验采用野外勘察获取的 5 条典型窄陡沟道型泥石流固体颗粒平均级配数据，缩放后的固体颗粒级配如图 3-72 所示，最大粒径为 2mm，粒径小于 1mm 的占 84%，缩放前后固体颗粒级配曲线的不均匀系数 C_U 分别为 21.80 和 21.90，曲率系数 C_C 分别为 1.66 和 1.60，基本保持一致。

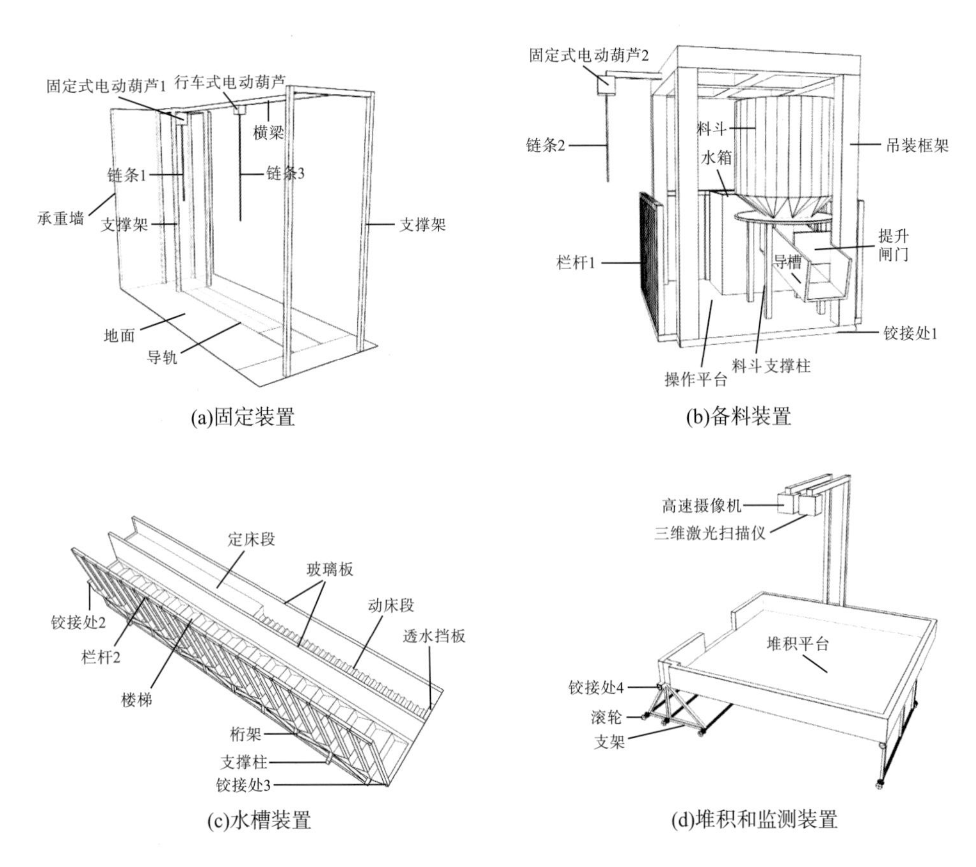

图 3-70 动床水槽实验装置

图 3-71 水槽模型实物($\theta = 20^{\circ}$)

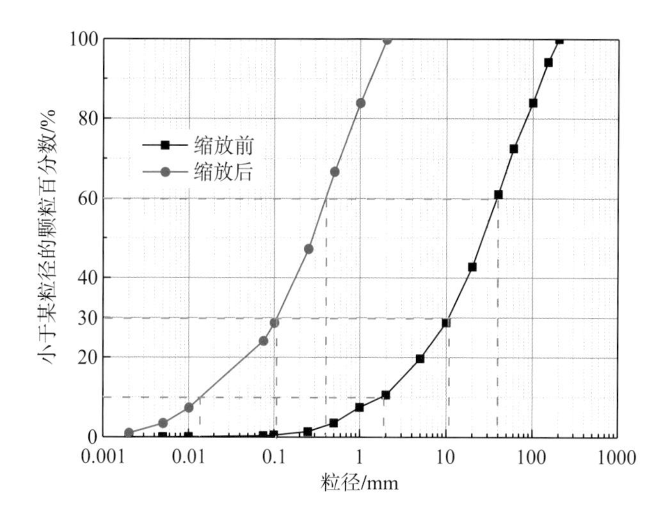

图 3-72 固体颗粒缩放前后级配曲线

强震区窄陡沟道型泥石流容重集中在 1.60～1.90g/cm³，少部分超过 2.0g/cm³，属于黏性泥石流。为了真实反映泥石流性质，实验泥石流容重与现场泥石流容重相似比为 1∶1，分别配置 1.70g/cm³、1.75g/cm³、1.80g/cm³ 三种容重，配置误差在±0.05g/cm³ 范围内，各自配合比如表 3-7 所示。

表 3-7 不同容重泥石流配合比

泥石流容重/(g/cm³)	固体颗粒质量分数/%	水的质量分数/%	水∶固体颗粒
1.70	68.19	31.81	1∶2.14
1.75	70.80	29.20	1∶2.42
1.80	73.75	26.25	1∶2.81

窄陡沟道型泥石流流通区沟道宽度一般为 5～30m，根据几何相似比，确定实验水槽宽 18cm，高 30cm，水槽总长 6m，为保证泥石流平稳进入动床段，在动床段前设置 3.7m 长定床段，动床段长 2.3m，动床铺料厚度为 20cm。经过前期预实验，确定实验坡度为 10°(176‰)～22°(404‰)。

实验选择 Revealer 5F04 高速摄像机对泥石流运动过程进行监测，记录流速、流态变化情况；选择 Scantech Prince 335 手持式三维激光扫描仪进行动床段监测，高速摄像机如图 3-73 所示。

实验以泥石流容重、沟道纵坡、动床粒径为变量，研究窄陡沟道型泥石流冲刷规律。泥石流容重变化范围为 1.70～1.80g/cm³，沟道纵坡变化范围为 10°(176‰)～22°(404‰)，为保证水槽宽度大于 5 倍的实验材料的最大粒径，动床段铺设的沟道下垫面粒径范围为 1～10mm。每次配置实验泥石流 50L。

为了开展多因素多水平实验，一共开展 47 组实验，实验方案组合如表 3-8 所示，实验流程如图 3-74 所示。

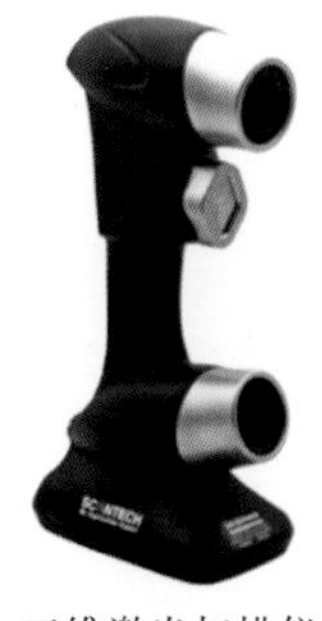
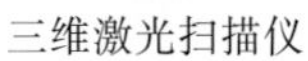
三维激光扫描仪

高速摄像机

图 3-73　主要实验设备

表 3-8　窄陡沟道型泥石流室内模型槽实验方案

实验编号	泥石流容重 /(g/cm^3)	沟道纵坡 /(°)	动床粒径 /mm	实验编号	泥石流容重 /(g/cm^3)	沟道纵坡 /(°)	动床粒径 /mm
1	1.7	10	1～2	25	1.8	16	1～2
2	1.7	10	2～5	26	1.8	16	2～5
3	1.7	10	5～10	27	1.8	16	5～10
4	1.75	10	1～2	28	1.7	19	1～2
5	1.75	10	2～5	29	1.7	19	2～5
6	1.75	10	5～10	30	1.7	19	5～10
7	1.8	10	1～2	31	1.75	19	1～2
8	1.8	10	2～5	32	1.75	19	2～5
9	1.8	10	5～10	33	1.75	19	5～10
10	1.7	13	1～2	34	1.8	19	1～2
11	1.7	13	2～5	35	1.8	19	2～5
12	1.7	13	5～10	36	1.8	19	5～10
13	1.75	13	1～2	37	1.7	22	1～2
14	1.75	13	2～5	38	1.7	22	2～5
15	1.75	13	5～10	39	1.7	22	5～10
16	1.8	13	1～2	40	1.75	22	1～2
17	1.8	13	2～5	41	1.75	22	2～5
18	1.8	13	5～10	42	1.75	22	5～10
19	1.7	16	1～2	43	1.8	22	1～2
20	1.7	16	2～5	44	1.8	22	2～5
21	1.7	16	5～10	45	1.8	22	5～10
22	1.75	16	1～2	46	1.7	4	5～10
23	1.75	16	2～5	47	1.7	7	5～10
24	1.75	16	5～10	—	—	—	—

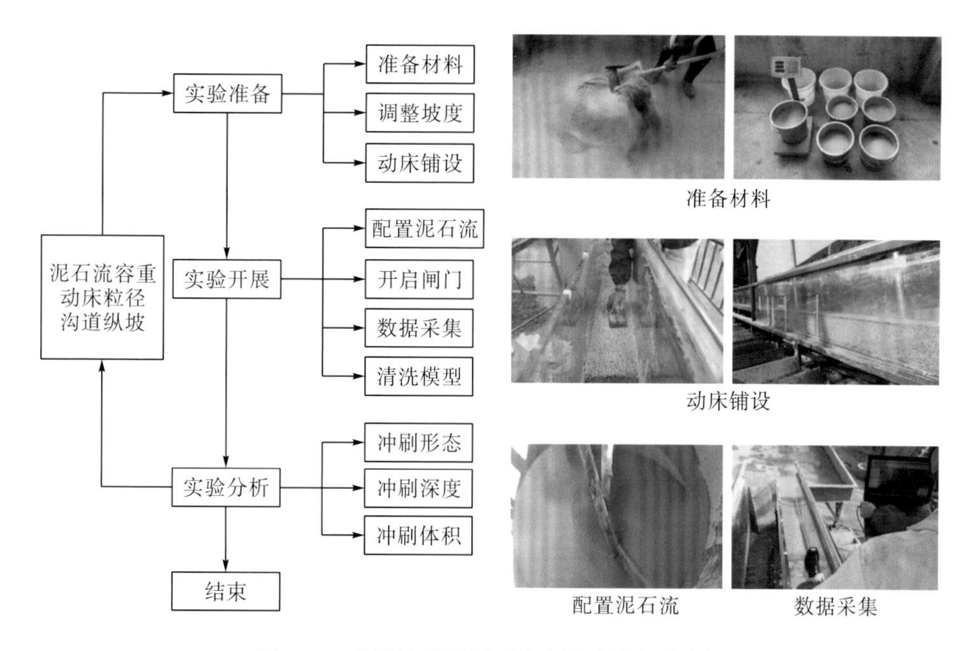

图 3-74　窄陡沟道型泥石流水槽冲刷实验流程

对于 47 组窄陡沟道型泥石流动床冲刷模型实验，基于 Geomagic 软件对三维激光扫描点云数据进行三维建模和对比，分析获得 3D 比较色谱图、冲刷深度、冲刷体积等参数。特征参数统计如表 3-9 所示。

表 3-9　窄陡沟道型泥石流模型实验结果特征参数

实验编号	实验条件/[(°)-g/cm³-mm]	入口流速/(m/s)	入口流深/mm	冲刷深度/mm	冲刷体积/mm³	淤积体积/mm³	冲淤判定/mm³
1	4-1.70-5～10	1.238	34	0.02	0	2180713	淤积 2180713
2	7-1.70-5～10	1.754	30	−3.76	12769	2170021	淤积 2157252
3	10-1.70-1～2	2.209	26	1.93	0	3744736	淤积 3744736
4	10-1.70-2～5	2.222	27	−6.43	223349	1792579	淤积 1569230
5	10-1.70-5～10	2.213	27	−61.80	4327613	1365902	冲刷 2961711
6	10-1.75-1～2	1.875	29	6.59	0	5616348	淤积 5616348
7	10-1.75-2～5	1.896	28	−1.19	551	4710597	淤积 4710046
8	10-1.75-5～10	1.869	28	−8.69	400195	2196227	淤积 1796032
9	10-1.80-1～2	1.076	34	5.67	0	6900819	淤积 6900819
10	10-1.80-2～5	1.029	33	9.73	0	7469753	淤积 7469753
11	10-1.80-5～10	1.039	34	10.32	0	7554304	淤积 7554304
12	13-1.70-1～2	2.386	25	−14.39	1747764	587220	冲刷 1160544
13	13-1.70-2～5	2.382	25	−56.88	5993118	1085376	冲刷 4907742
14	13-1.70-5～10	2.396	25	−74.24	6481939	1839003	冲刷 4642936
15	13-1.75-1～2	2.054	25	−2.00	42663	2542252	淤积 2499589
16	13-1.75-2～5	2.098	25	−3.43	76888	1894927	淤积 1818039
17	13-1.75-5～10	2.069	25	−42.68	2626817	1786088	冲刷 840729

续表

实验编号	实验条件/[(°)-g/cm³-mm]	入口流速/(m/s)	入口流深/mm	冲刷深度/mm	冲刷体积/mm³	淤积体积/mm³	冲淤判定/mm³
18	13-1.80-1～2	1.273	31	3.16	0	5807888	淤积 5807888
19	13-1.80-2～5	1.247	31	9.69	0	7561535	淤积 7561535
20	13-1.80-5～10	1.28	31	3.14	0	7538413	淤积 7538413
21	16-1.70-1～2	2.581	24	−24.74	2824577	978931	冲刷 1845646
22	16-1.70-2～5	2.601	24	−94.31	10644697	520334	冲刷 10124363
23	16-1.70-5～10	2.632	25	−115.83	16594318	1135519	冲刷 15458799
24	16-1.75-1～2	2.387	25	−5.39	251850	1851501	淤积 1599651
25	16-1.75-2～5	2.379	25	−42.04	6002575	761269	冲刷 5241306
26	16-1.75-5～10	2.333	26	−73.30	4988398	2373160	冲刷 2615238
27	16-1.80-1～2	1.579	29	1.56	0	5638694	淤积 5638694
28	16-1.80-2～5	1.626	29	−5.33	173342	2821140	淤积 2647798
29	16-1.80-5～10	1.602	29	−5.73	80295	5326778	淤积 5246483
30	19-1.70-1～2	2.831	25	−38.03	5118389	1255526	冲刷 3862863
31	19-1.70-2～5	2.853	25	−116.58	14482899	782562	冲刷 13700337
32	19-1.70-5～10	2.822	25	−148.04	20593935	1113307	冲刷 19480628
33	19-1.75-1～2	2.5667	26	−8.53	530193	1991728	淤积 1461535
34	19-1.75-2～5	2.589	25	−59.48	7122365	1198699	冲刷 5923666
35	19-1.75-5～10	2.575	26	−128.33	15644089	1354757	冲刷 14289332
36	19-1.80-1～2	1.816	28	−2.63	2626	5298459	淤积 5295833
37	19-1.80-2～5	1.784	28	−9.07	691895	2629958	淤积 1938063
38	19-1.80-5～10	1.807	28	−16.22	1241733	2213017	淤积 971284
39	22-1.70-1～2	3.158	24	−56.44	5332467	921255	冲刷 4411212
40	22-1.70-2～5	3.161	24	−125.10	14699386	879331	冲刷 13820055
41	22-1.70-5～10	3.197	25	−149.97	28172814	784665	冲刷 27388149
42	22-1.75-1～2	2.692	25	−14.90	1073174	1572153	淤积 498979
43	22-1.75-2～5	2.697	25	−87.92	8044160	1001776	冲刷 7042384
44	22-1.75-5～10	2.69	26	−133.55	17459399	717947	冲刷 16741452
45	22-1.80-1～2	2.222	28	−3.07	55030	4503941	淤积 4448911
46	22-1.80-2～5	2.209	28	−9.46	841754	1989925	淤积 1148171
47	22-1.80-5～10	2.217	28	−35.64	2178286	1600237	冲刷 578049

根据高速摄像机记录视频，从流态看，当泥石流容重为 1.80g/cm³ 时，其运动流态主要为层流，且在动床段无入渗现象，随着泥石流容重减小和动床粒径增大，流态逐渐转变为紊流并出现了明显的入渗现象。从流型看，泥石流运动过程中大多数为连续流，当泥石流容重为 1.80g/cm³ 且沟道纵坡较小时，出现了阵流现象。随着泥石流容重减小、沟道纵坡以及动床粒径增大，冲刷现象越来越明显。泥石流对动床的冲刷始于铺床过程中泥石流流体剪切床面不断加糙床面的过程，铺床结束后动床床面糙率明显减小，然后根据实验条件组合的不同分别发展为不同的实验现象。

表 3-9 中，实验条件涉及的三个参数分别对应沟道纵坡(°)、泥石流容重(g/cm^3)、动床粒径(mm)，冲刷深度为冲刷后动床面最低点距冲刷前动床面的距离，负值表示冲刷后动床面最低点比初始床面低。

1. 冲刷形态

从三维模型中提取动床段冲刷后最低点所在的纵剖面和横剖面，如图 3-75～图 3-83 所示。

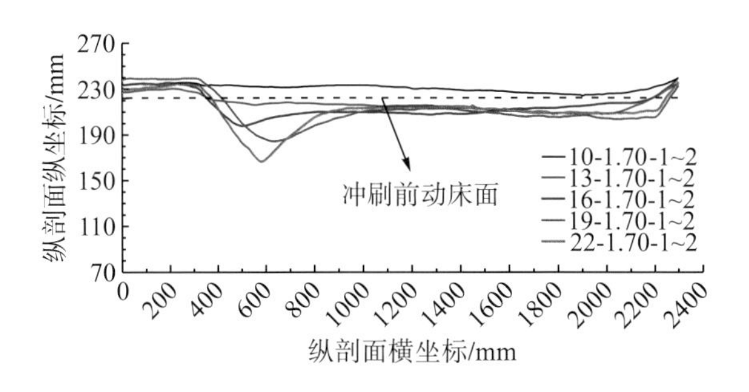

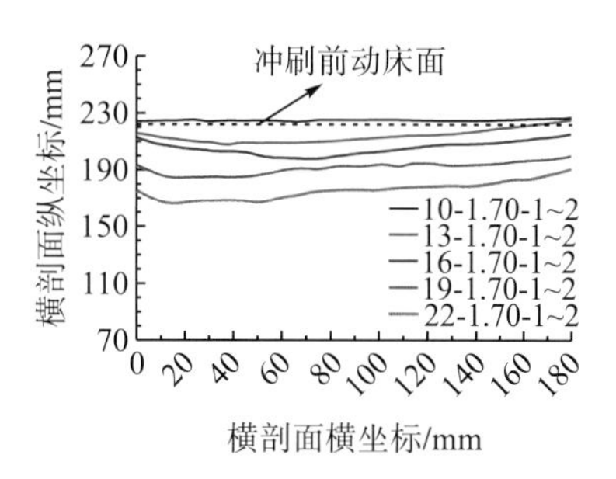

图 3-75 泥石流容重为 1.70g/cm^3、动床粒径为 1～2mm 条件下的冲刷纵剖面、横剖面

注：图例为沟道纵坡、泥石流容重、动床粒径/[(°)-(g/cm^3)-mm]，图 3-76～图 3-83 同。

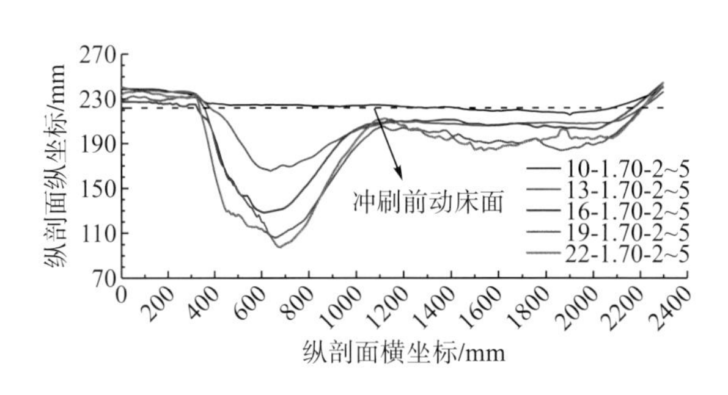

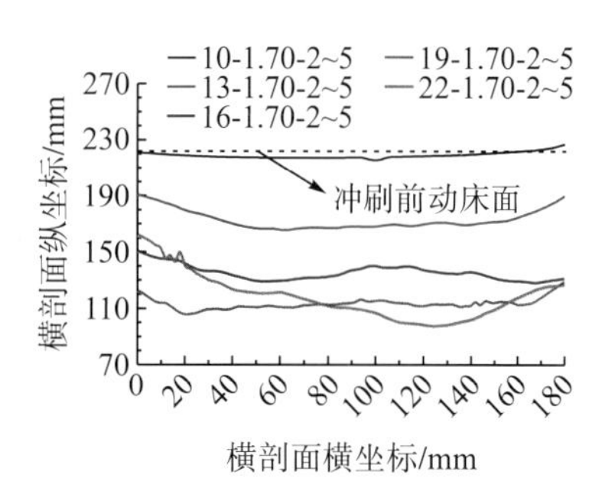

图 3-76 泥石流容重为 1.70g/cm^3、动床粒径为 2～5mm 条件下的冲刷纵剖面、横剖面

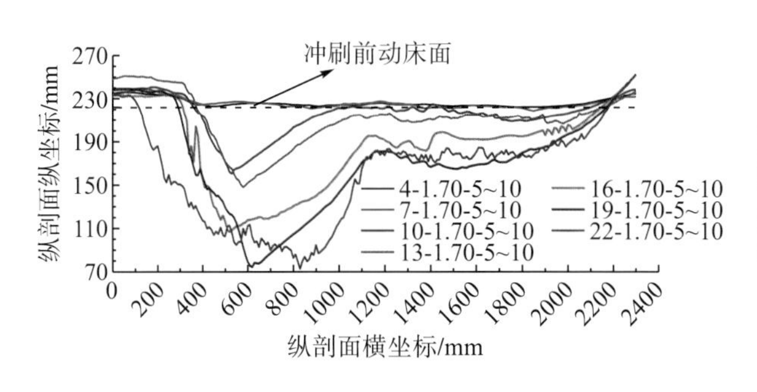

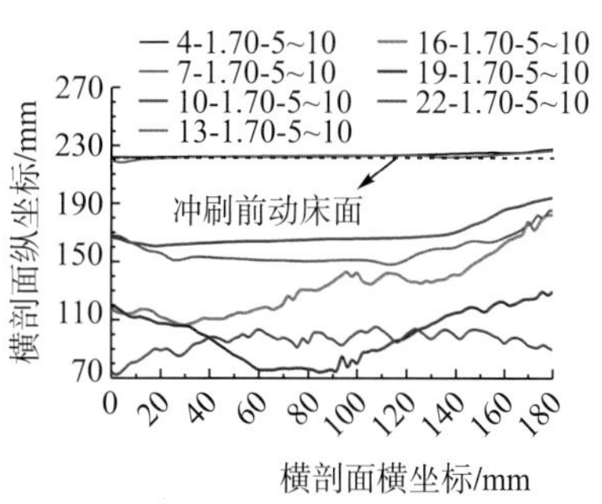

图 3-77 泥石流容重为 1.70g/cm^3、动床粒径为 5～10mm 条件下的冲刷纵剖面、横剖面

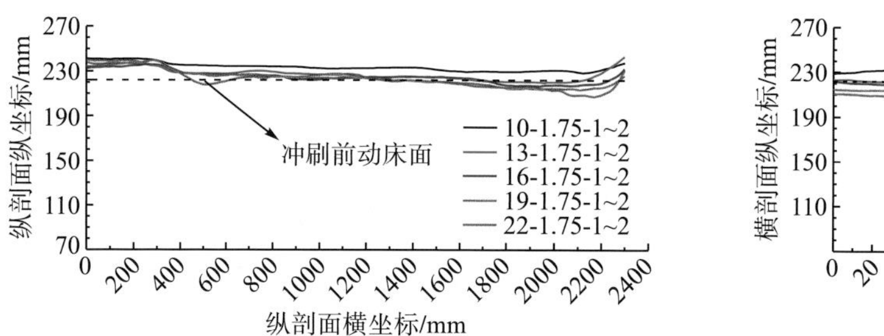

图 3-78 泥石流容重为 1.75g/cm³、动床粒径为 1～2mm 条件下的冲刷纵剖面、横剖面

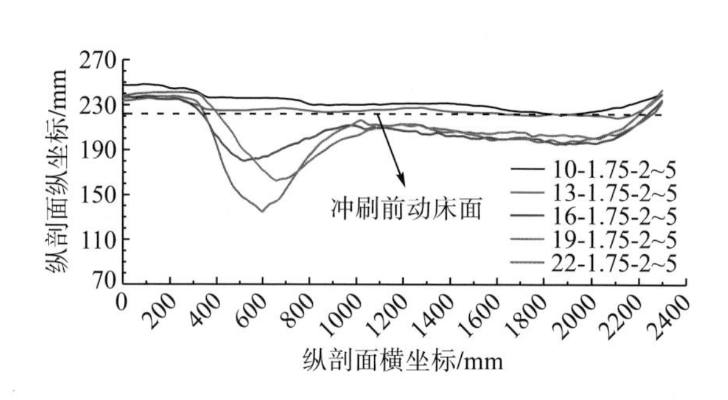

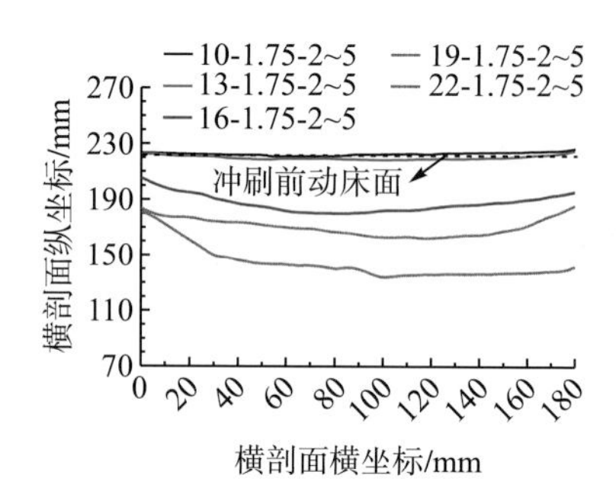

图 3-79 泥石流容重为 1.75g/cm³、动床粒径为 2～5mm 条件下的冲刷纵剖面、横剖面

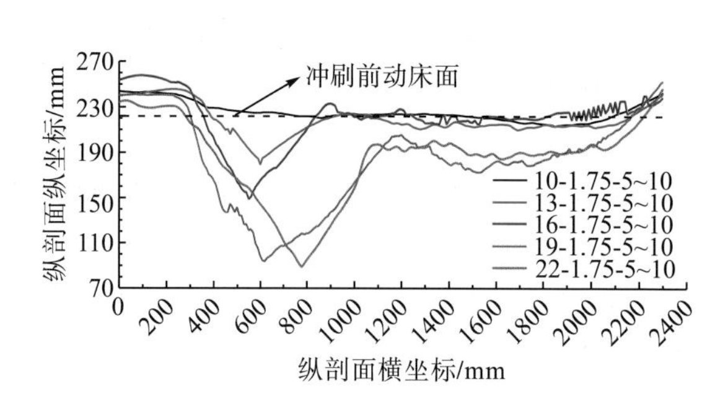

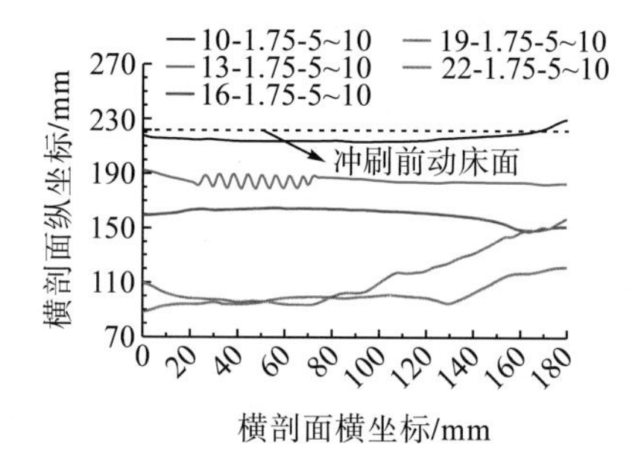

图 3-80 泥石流容重为 1.75g/cm³、动床粒径为 5～10mm 条件下的冲刷纵剖面、横剖面

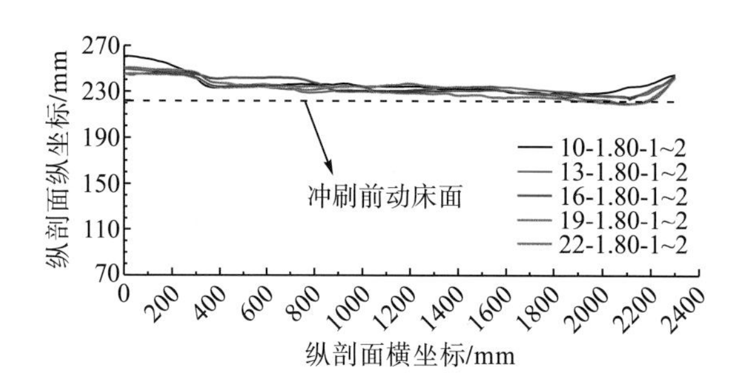

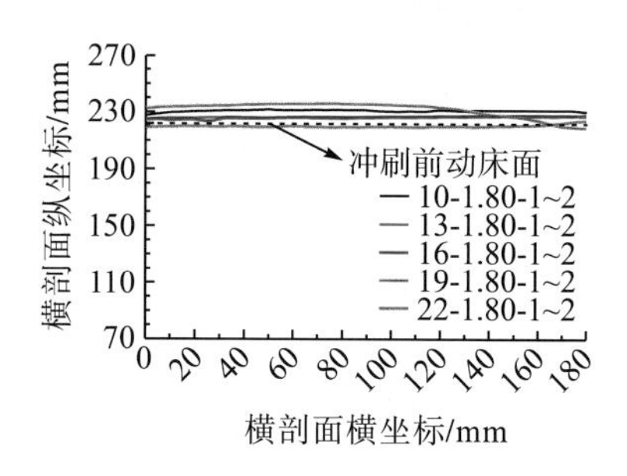

图 3-81 泥石流容重为 1.80g/cm³、动床粒径为 1～2mm 条件下的冲刷纵剖面、横剖面

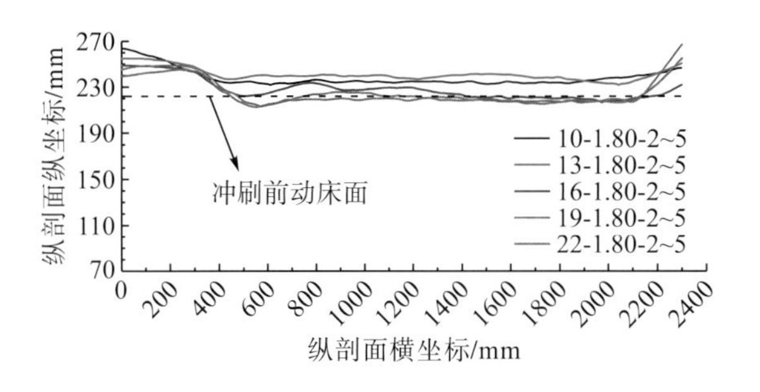

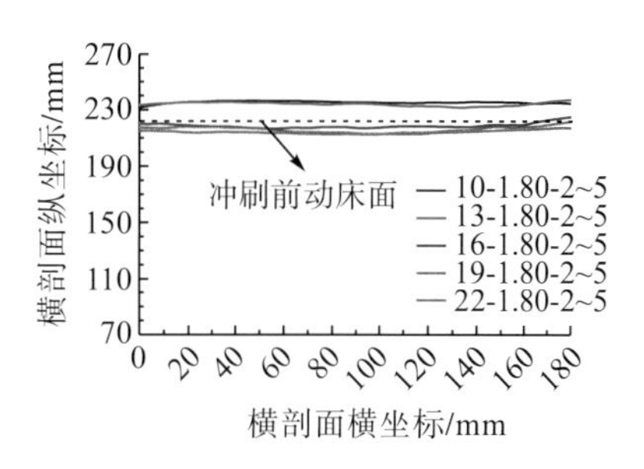

图 3-82　泥石流容重为 1.80g/cm³、动床粒径为 2～5mm 条件下的冲刷纵剖面、横剖面

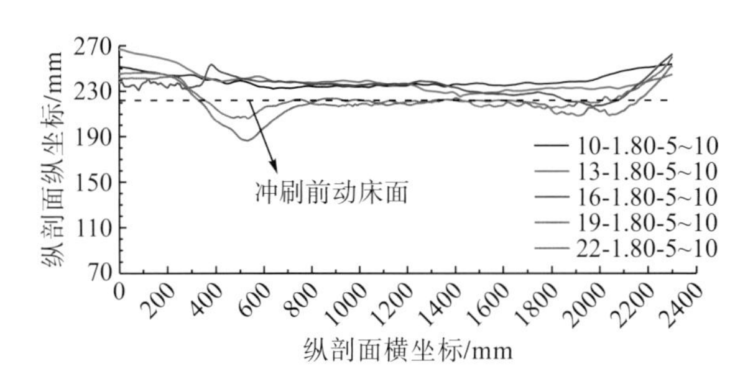

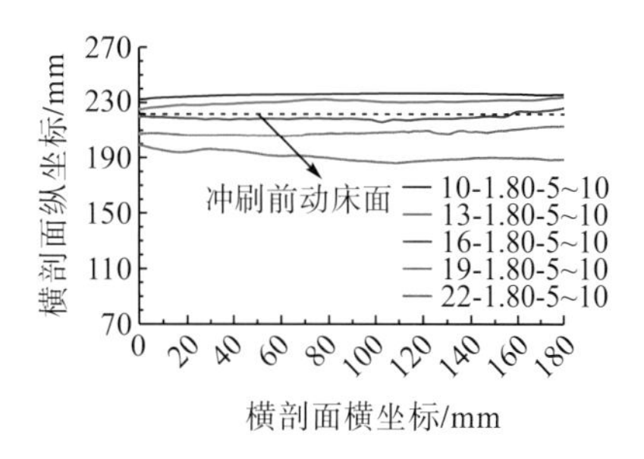

图 3-83　泥石流容重为 1.80g/cm³、动床粒径为 5～10mm 条件下的冲刷纵剖面、横剖面

不同泥石流容重和动床粒径组合条件下，剖面冲刷形态随沟道纵坡变化具有如下特征。

(1) 泥石流容重和动床粒径一定时，沟道纵坡越大，泥石流对沟道物源的冲刷深度越深，冲刷量越大。冲淤形态主要为床面淤积、形成冲坑、下切拉槽三种，当冲刷条件较强时，还会发生溯源侵蚀。

(2) 随着泥石流容重减小、动床粒径增大、沟道纵坡增大，实验过程中动床段冲淤形态变化主要经历以下五个阶段：全断面淤积、入口淤积+出口前冲刷、入口冲坑+中后部下切拉槽、入口冲坑+中部下切拉槽+出口前再次形成冲坑、入口冲坑+中部下切拉槽且深度逐渐与出口前的冲坑深度接近。第二、四、五阶段均是由于受到水槽模型出口刚性约束造成的。因此，排除水槽模型出口约束的影响因素后，冲刷形态主要经历两个演变阶段：第一阶段是全断面淤积，且淤积高度从入口到出口逐渐减小；第二阶段逐渐过渡为入口冲坑下切及溯源侵蚀+中后段下切拉槽，且中后段下切拉槽深度沿沟道长度基本保持不变。

(3) 泥石流对沟道物源的冲刷达到冲淤平衡状态时的沟道临界纵坡，随泥石流容重的增大和动床物源粒径的减小而增大。若窄陡沟道型泥石流沟道纵坡 I>300‰，当泥石流容重为 1.70～1.80g/cm³ 时，泥石流对粒径为 1～10mm 的沟道物源基本上均为冲刷状态；若过渡沟道型泥石流沟道纵坡为[200‰, 300‰]，随着冲刷条件的减弱，泥石流对沟道物源的作用从冲刷作用逐渐向淤积过渡；若宽缓沟道型泥石流沟道纵坡 I<200‰，当泥石流容重大于 1.80g/cm³ 时已经不再对动床有冲刷作用，泥石流容重为 1.70g/cm³ 时对动床的冲刷作用在沟道纵坡接近 4°(70‰) 时才逐渐消失。

2. 冲刷规律

在动床粒径和沟道纵坡一定的条件下，冲刷深度和冲刷体积均随泥石流的容重增加而减小。根据实验现象，分析主要有两方面原因。一方面，随着泥石流容重的增大，固体体积分数也相应增大，泥石流流经动床时的入渗能力降低，流速也急剧降低，由此对动床粒径的拖曳力与上举力相应减小。摩擦与碰撞作为泥石流冲刷沟道物源时固体颗粒间的两种主要作用形式，随着泥石流容重的增大，沟道物源冲刷耗能形式从碰撞作用向摩擦作用转变，因此泥石流作用于动床物源的动力作用相对减弱。另一方面，泥石流对动床的冲刷作用从铺床过程即开始，当泥石流容重较小时，泥石流在铺床过程中形成冲刷坑或下切拉槽后，由于存在较强的动力作用，冲刷作用便会沿着初始冲刷通道持续扩展，而当容重较大时，铺床过程中冲刷作用便较弱，铺床结束后床面形成了一层相对光滑的滑动面，后续泥石流便沿着铺床后的床面直接流走而不会引起冲刷。

动床最大冲刷深度和冲刷体积随泥石流容重的变化如图 3-84 所示。

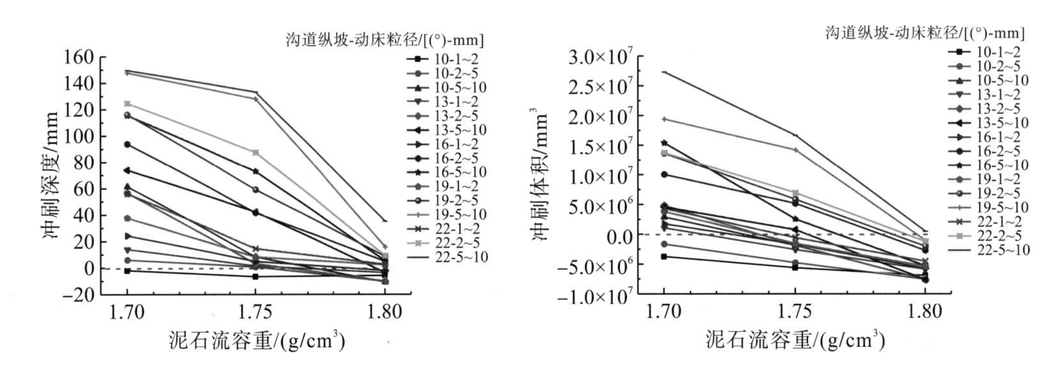

图 3-84 窄陡沟道型泥石流最大冲刷深度、冲刷体积与泥石流容重相关关系

动床最大冲刷深度和冲刷体积随沟道纵坡的变化如图 3-85 所示，在泥石流容重和动床粒径一定的条件下，冲刷深度和冲刷体积均随沟道纵坡增加而增大。分析其原因，一方面是由于沟道纵坡增大直接引起泥石流运动流速增大，进而导致泥石流冲刷动力作用增强；另一方面，是因为随着沟道纵坡增大，动床物源自身稳定性降低，更易被泥石流冲刷起动。

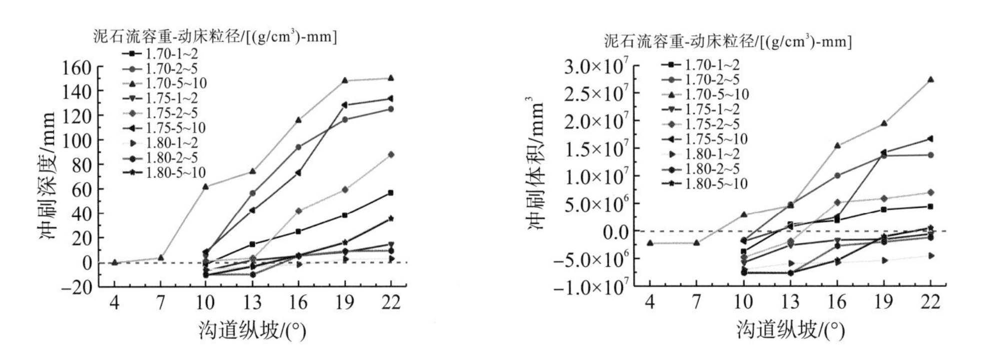

图 3-85 窄陡沟道型泥石流冲刷深度、冲刷体积与沟道纵坡相关关系

动床最大冲刷深度和冲刷体积随动床粒径的变化如图 3-86 所示，在泥石流容重和沟道纵坡一定的条件下，冲刷深度和冲刷体积均随动床粒径增加而增大。由于实验中动床铺设的是均匀粒径物源，粒径范围为 1～10mm，一方面粒径越大，动床物源间的孔隙尺寸和孔隙率越高，泥石流在流经动床时下渗能力越强，则动床粒径受到的上举力越大；此外，随着动床粒径增大，床面的粗糙程度也随之增大，泥石流流经床面时对床面的拖曳力也相应增大，由此导致泥石流对动床粒径的冲刷动力作用增强。另一方面，泥石流在流经动床时铺床后形成的光滑层厚度有限，铺床过程停留在床面的浆体会随着粒径间的空隙下渗，导致铺床后动床床面无法保持连续，床面的粗糙程度比铺床前小，但这种减小效应会随着动床粒径的增大而减弱，这也是泥石流对粒径较大的动床冲刷作用较强的原因。

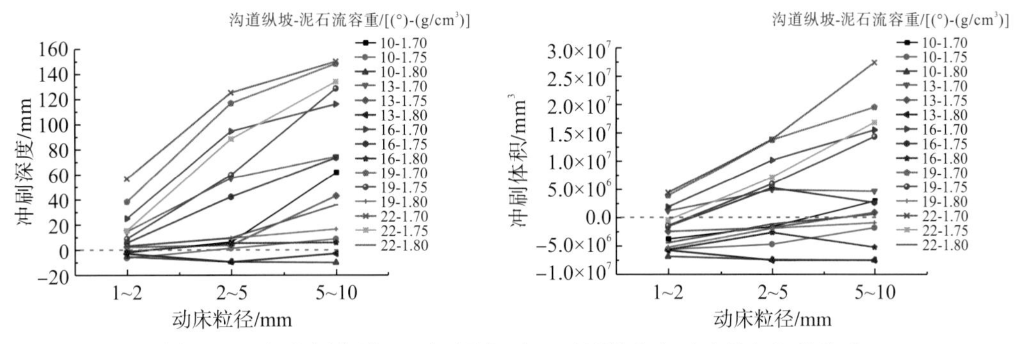

图 3-86　窄陡沟道型泥石流冲刷深度、冲刷体积与动床粒径相关关系

统计分析 47 组实验的冲淤形态结果，大致可分为三类：全断面淤积[图 3-87(a)]、上半部分淤积+下半部分冲刷[图 3-87(b)]以及入口冲坑+中后段下切拉槽[图 3-87(c)]。其中

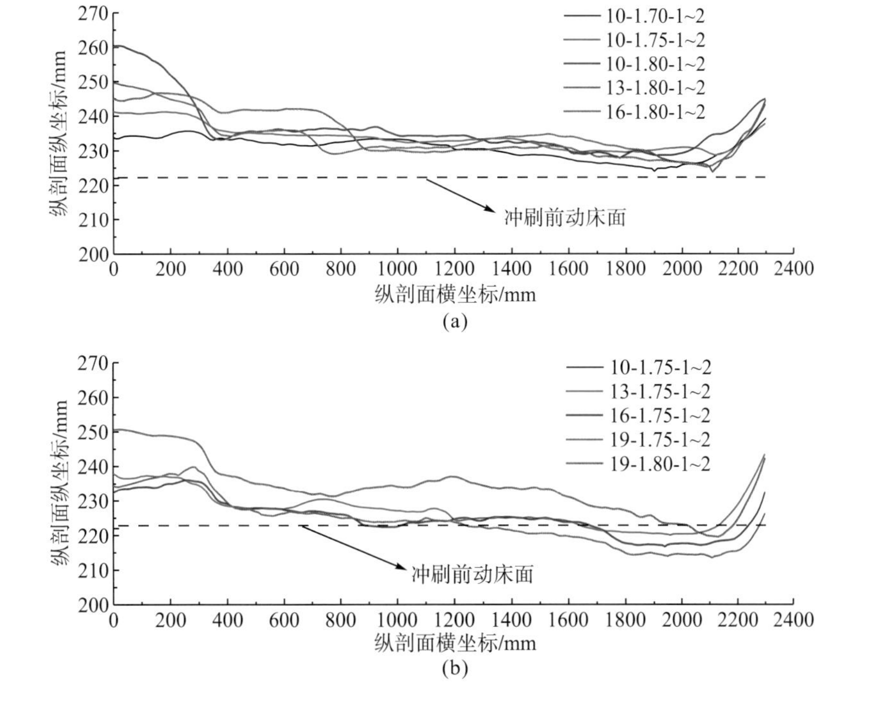

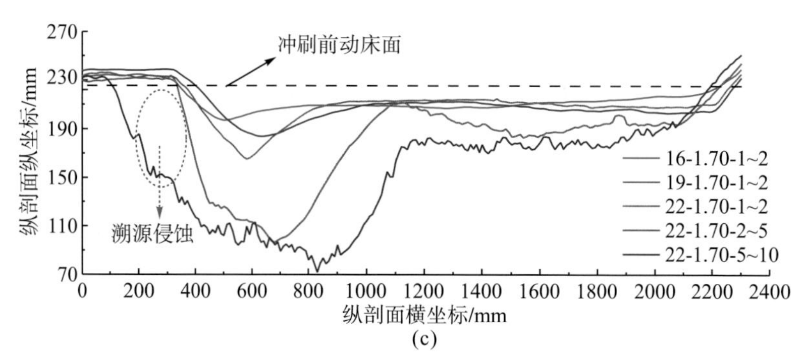

图 3-87 窄陡沟道型泥石流冲淤形态

注：图例含义同图 3-75。

入口冲坑+中后段下切拉槽冲刷强度大，冲刷过程带走大量的沟道物源，由于不断卷吸入口处物源，甚至还会进一步发生溯源侵蚀。

随着沟道纵坡增大，冲淤形态从全断面淤积变为上半部分淤积+下半部分冲刷，此时的沟道纵坡坡降称为临界冲刷角。以 3 种不同泥石流容重和 3 种不同动床粒径相互组合，得到了 9 组不同实验条件下刚好发生冲刷时的临界沟道纵坡，如图 3-88(a)所示。可见临界冲刷角随泥石流容重的增大而增大，随动床粒径的增大而减小。进一步增大沟道纵坡，冲淤形态从上半部分淤积+下半部分冲刷变化到入口冲坑+中后段下切拉槽时，此时泥石流会显著冲刷沟道物源，该沟道纵坡坡降可称为显著冲刷的临界角。统计 8 组不同实验条件下发生显著冲刷的临界沟道纵坡，如图 3-88(b)所示，显著冲刷临界角随泥石流容重的增大而增大，随动床粒径的增大而减小。

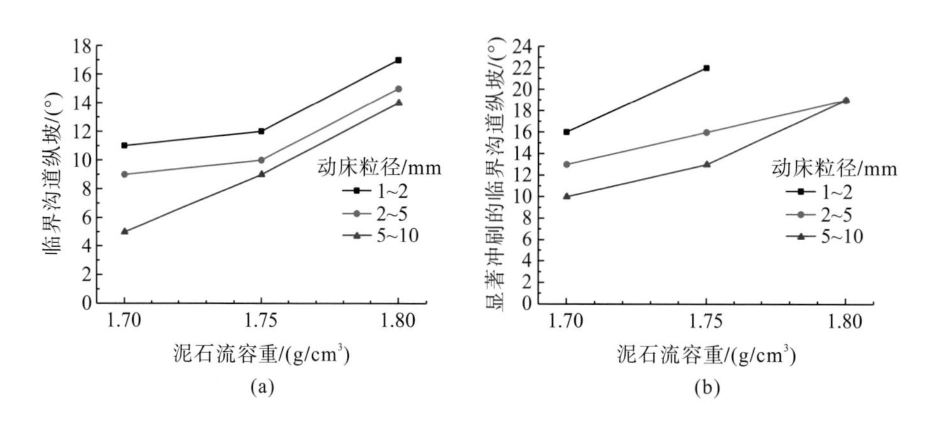

图 3-88 窄陡沟道型泥石流沟道纵坡坡降与泥石流容重变化关系

通过线性拟合，得到临界冲刷角(θ_a)的经验公式，如式(3-3)所示，R^2=0.912；显著冲刷的临界角(θ_d)经验公式如式(3-4)所示，R^2=0.838。

$$\theta_a = -108.488 + 70\gamma - 0.643D \tag{3-3}$$

$$\theta_d = -107.93 + 73.6\gamma - 0.98D \tag{3-4}$$

其中，γ 表示泥石流容重，g/cm³；D 表示动床粒径，mm。

当冲淤形态为入口冲坑+中后段下切拉槽时，若泥石流容重和动床粒径不变，最大冲刷深度随着沟道纵坡的增大而线性增大，如图 3-89 所示。

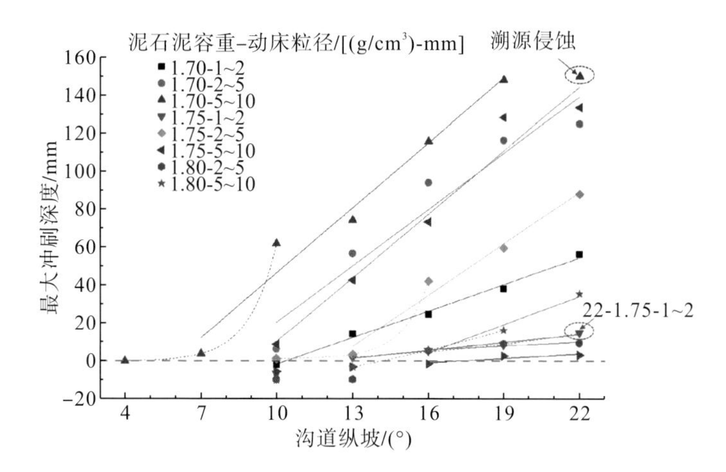

图 3-89　窄陡沟道型泥石流最大冲刷深度与沟道纵坡的变化关系

通过多元非线性回归，得到了泥石流最大冲刷深度相关的经验公式，如式(3-5)所示，R^2=0.958。

$$H_{\mathrm{m}} = -(3601 - 4174\gamma - 1.93D + 1208\gamma^2 + 0.131D^2)\theta + 49025 - 56081\gamma + 20.5D + 15995\gamma^2 - 1.923D^2 \tag{3-5}$$

式中，H_{m} 表示最大冲刷深度，mm；γ 表示泥石流容重，g/cm^3；D 表示动床粒径，mm；θ 表示沟道纵坡，(°)。

3.3.2　窄陡沟道型泥石流灾害链致灾机理

3.3.2.1　象鼻嘴沟泥石流

象鼻嘴沟位于平武县上游村，虎牙河左岸，距离虎牙乡场镇约 1.5km，沟口地理坐标：104°02′42.7″E，32°31′6.7″N。象鼻嘴沟流域形态呈倒三角状，流域面积为 2.55km^2，主沟长 4.45km，最高海拔为 3145m，沟口标高为 1484.6m，沟口与主河虎牙河相交，相对高差达 1660m，主沟平均坡降为 358.9‰。象鼻嘴沟流域多年平均降雨量为 806.0mm，流域区内出露地层主要为第四系滑坡堆积层(Q_4^{del})、残坡积层(Q_4^{el+dl})、崩坡积层(Q_4^{col+dl})、泥石流堆积层(Q_4^{sef})、三叠系中统杂谷脑组(T_2z)。2008 年“5·12”汶川地震距离象鼻嘴沟 175km，2017 年“8·8”九寨沟地震震中距研究点仅 76km。

根据泥石流形成条件，将象鼻嘴沟沟域划分为清水区、形成流通区及堆积区。主沟 2531m 以上段为清水区，该段植被发育，未发现大的滑坡、崩塌迹象，物源分布较少。2531～1550m 段为形成流通区，沟道两岸不良地质现象发育，沟床堆积物丰富，是泥石流物源主要补给区域。1550～1484m 段为堆积区，该段沟道变宽缓，纵比降降为 167.8‰，泥石流在此处开始堆积，在沟口形成了宽广的堆积扇。

2019 年 5 月 18 日，该沟遭遇 50 年一遇的集中降雨，从而引发大规模泥石流，泥石流冲出沟口，冲出方量约 $21.5\times10^4\text{m}^3$，掩埋村道约 390m，同时泥石流冲至主河虎牙河，造成虎牙河堰塞。

象鼻嘴沟流域松散固体物源丰富，主要分布于主沟中上游沟道内及沟道两侧。物源类型主要包括震裂山体物源、崩滑物源、坡面侵蚀物源和沟道物源(图 3-90)，物源总量为 $439.68\times10^4\text{m}^3$，其中动储量为 $56.05\times10^4\text{m}^3$。震裂山体位于形成流通区上段顶部[图 3-90(b)]，长约 248m，宽约 95m，平均厚度为 5.3m，总方量为 $12.5\times10^4\text{m}^3$。该震裂山体在 2019 年 5 月 18 日发生滑动，滑坡解体后作为补给物源，形成了大规模泥石流。

(a)同震崩滑物源

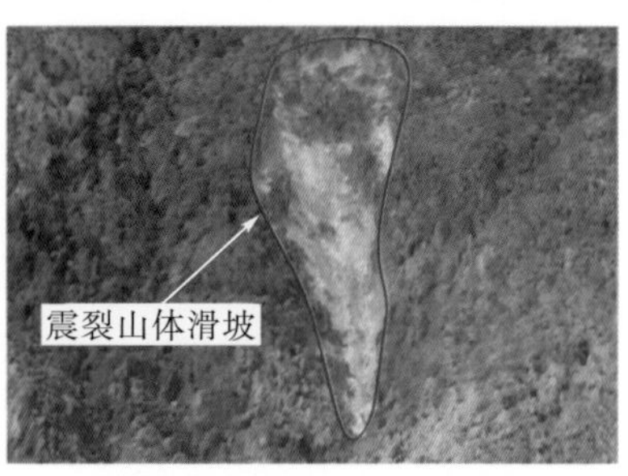

(b)象鼻嘴沟震裂山体及崩滑物源

图 3-90 象鼻嘴沟沟域右侧同震崩滑物源及震裂山体物源

根据国家气象科学数据中心观测资料记录(http://data.cma.cn/data/online/t/1)，诱发 2019 年“5·18”象鼻嘴沟泥石流的降雨量如图 3-91 所示，降雨从 2019 年 5 月 18 日 0:00 开始，在当日 04:00 降雨量达 26mm/h。根据调查走访，象鼻嘴沟泥石流暴发于 5 月 18 日凌晨 05:00 左右，此时累计降雨量为 73.6mm，激发小时雨强为 15.2mm/h。因此，持续强降雨是该次泥石流暴发的直接诱因。由于象鼻嘴沟域震裂山体位于主沟道上游，连续强降雨导致震裂山体松散物质饱水，直接诱发了滑坡起动。

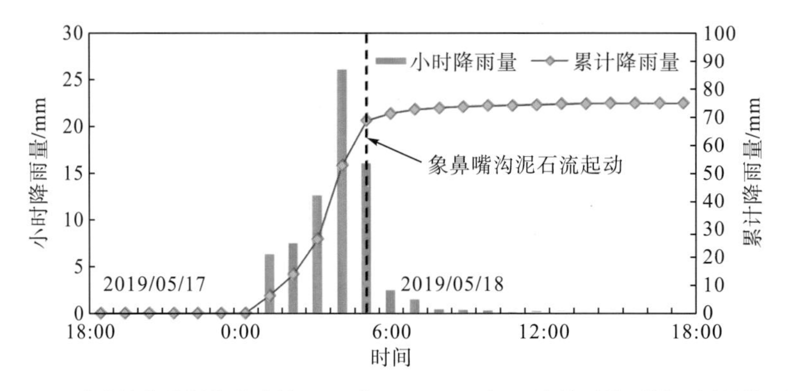

图 3-91 平武县上游村象鼻嘴沟 2019 年“5·18”泥石流前后降雨量及累计降雨量

根据卫星影像对比分析，1976 年松潘 7.2 级地震在象鼻嘴沟域右岸诱发了一处大型同震滑坡，2008 年“5·12”汶川地震又产生了大量的崩塌物质堆积其上。2017 年“8·8”

九寨沟地震之后，象鼻嘴沟发生过三次小规模泥石流(分别为 2017 年 10 月 23 日、2018 年 6 月 26 日和 7 月 11 日)，但最大冲出规模仅为 $1.2\times10^4m^3$，其主要物质来源为老滑坡堆积物。

2019 年 5 月 18 日约 05:00，在持续暴雨作用下，象鼻嘴上游沟道内一处大型震裂山体首先崩滑失稳起动补给泥石流[图 3-90(b)]，泥石流发生前后的三维图像如图 3-92 所示。由于沟道纵坡坡降大，象鼻嘴沟沟道被严重下切(图 3-93)，在沟道中部，滑坡最大下切深度达 10.47m。最终冲出沟口的固体物质规模约 $21.5\times10^4m^3$，物质运动距离约 1.8km(图 3-94)，总持续时间约 40min。象鼻嘴沟泥石流冲出沟口后，摧毁沟口高压线塔架，掩埋房屋一处，冲毁公路 600m，大量堆积体堵塞虎牙河，对下游 1.5km 虎牙乡场镇构成严重威胁。所幸当地政府群测群防做得及时，在灾害发生前及时通知居民撤离，因此该次泥石流未造成人员伤亡。

(a)泥石流发生前卫星图像

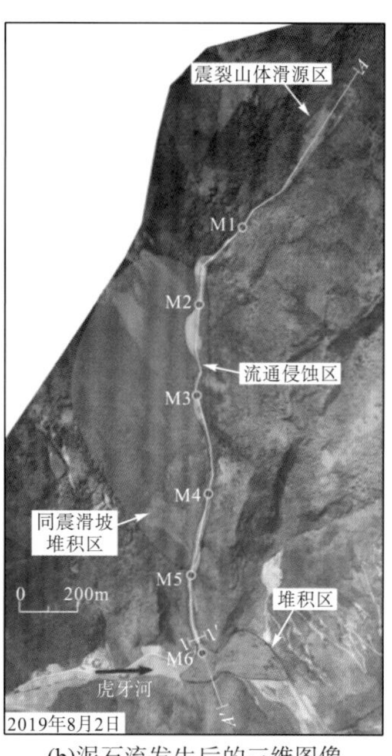

(b)泥石流发生后的三维图像

图 3-92　象鼻嘴沟震裂山体崩滑铲刮型泥石流发生前后对比(注：M1～M6 为泥深和速度监测点)

(a)中上游沟道侵蚀

(b)中下游沟道侵蚀

图 3-93　象鼻嘴沟泥石流沟道强烈铲刮侵蚀

(a)沟口泥石流堰塞体堵塞虎牙河后溃决

(b)泥石流堆积体及毁坏的房屋和道路

图 3-94　象鼻嘴沟崩滑铲刮型泥石流沟口形成堰塞体及致灾情况

结合以上分析可知，集中降雨诱发了象鼻嘴沟震裂山体失稳起动，震裂山体崩滑起动之后，由于主沟道上游坡度较大(图 3-95)，崩滑体在初始阶段就获得较高的运动速度，沿途发生铲刮侵蚀，汇集泥石流流量逐渐放大，当形成的泥石流到达沟道较为平缓的地段，即运动至低密实度的同震滑坡堆积体时，受连续降雨作用同震滑坡堆积体已处于饱水状态。因此，泥石流流经该处时，高速泥石流流体不断铲刮老的同震滑坡堆积体，又显著增大泥石流体积和流量，最终形成特大规模泥石流。因此，持续性强降雨是象鼻嘴沟泥石流暴发的直接诱因，而沟域内高位震裂山体、同震滑坡堆积体以及沟道原有堆积物丰富是该泥石流暴发的物质基础，尤其是高位震裂山体起动进而诱发的沿途铲刮侵蚀效应是冲出物质规模巨大的重要原因。

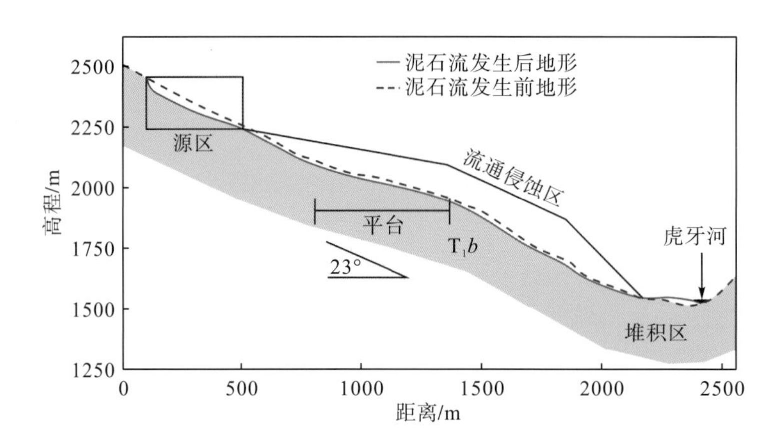

图 3-95　象鼻嘴沟崩滑铲刮型泥石流主沟道纵剖面示意图

通过野外调查及遥感影像收集象鼻嘴沟沟域地形地貌、水文、物源等基础数据，建立数据库为灾害分析提供输入数据。RAMMS 软件提供了块体释放和输入水文曲线两种方法来定义泥石流的起动条件。对于象鼻嘴沟泥石流，通过野外调查确定滑源区震裂山体分布位置及潜在崩滑体厚度，因此选择块体释放方法定义泥石流的起动条件。在模拟过程中考虑泥石流对沟道的侵蚀，将主沟沟道设为可被侵蚀区域。在模拟之前采用曾经发生过的泥石流对流体参数进行校准，确定泥石流摩擦参数和侵蚀速率。

RAMMS 软件采用 VS 模型描述泥石流流动特性，该模型是一种单相流连续介质模型。在 VS 模型中，泥石流流体被假设为一种非稳定以及非均质流体(图 3-96)，可以采用流体高度 $H(x,y,z)$ 和平均流速 $U(x,y,t)$ 来描述。

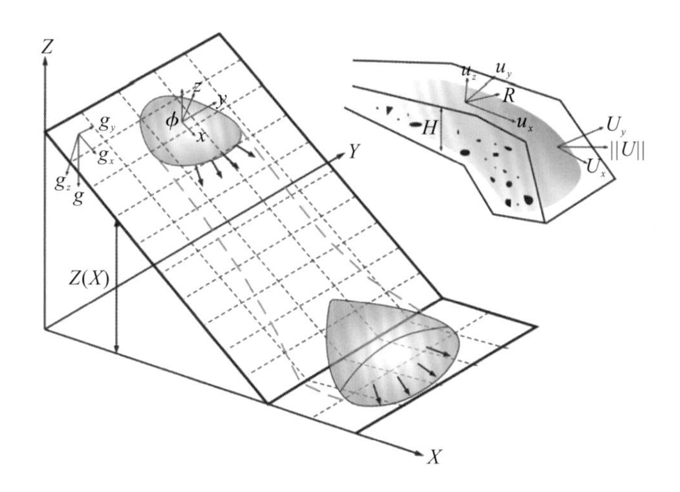

图 3-96　RAMMS 软件模型计算原理示意图

$$\boldsymbol{U}(x,y,t)=[U_x(x,y,t),\ \ U_y(x,y,t)]^{\mathrm{T}} \tag{3-6}$$

式中，U_x 为 X 方向速度；U_y 为 Y 方向速度；T 为矩阵转置符号。速度大小可以被定义为

$$\|\boldsymbol{U}\|=\sqrt{U_x^2+U_y^2} \tag{3-7}$$

式中，$\|\boldsymbol{U}\|$ 表示对 $\boldsymbol{U}$ 取绝对平均值，保证 $\boldsymbol{U}$ 在向量空间中成为严格的正速度，流体速度方向可以用单位向量($\boldsymbol{n_u}$)来定义：

$$\boldsymbol{n_u}=\frac{1}{\|\boldsymbol{U}\|}(U_x,\ \ U_y)^{\mathrm{T}} \tag{3-8}$$

从质量守恒和动量守恒第一原理出发，可导出基本的平衡定律。泥石流呈现浅层流动的几何形态，以流体平均高度作为自变量，得到反映流速、流体高度和流量之间关系的平衡方程如下：

$$\partial_t H+\partial_x(HU_x)+\partial_y(HU_y)=\dot{Q}(x,y,t) \tag{3-9}$$

式中，H 为流体高度，m；$\dot{Q}(x,y,t)$ 为物质来源项，当 $\dot{Q}$=0 时表示没有物质沉积，kg/(m^2·s)。在 X 和 Y 方向上，流体平均深度平衡方程可以分别表示为

$$\partial_t(HU_x)+\partial_x\left(c_x HU_x^2+g_z k_{a/p}\frac{H^2}{2}\right)+\partial_y(HU_xU_y)=S_{gx}-S_{fx} \tag{3-10}$$

$$\partial_t(HU_y)+\partial_y\left(c_y HU_y^2+g_z k_{a/p}\frac{H^2}{2}\right)+\partial_x(HU_xU_y)=S_{gy}-S_{fy} \tag{3-11}$$

式中，c_x 以及 c_y 为剖面系数；g_z 为垂直方向的重力加速度。在 VS 模型中，垂直方向上的接触关系可以定义为各向异性的 Mohr-Coulomb 关系(Savage and Hutter，1991)。垂直和水平方向的正应力与土压力系数 $k_{a/p}$ 成正比：

$$k_{a/p} = \tan\left[45^\circ \pm \frac{\phi}{2}\right] \tag{3-12}$$

式中，ϕ是内摩擦角。较大的$k_{a/p}$值产生较小的流体高度，在冲出区产生较高的静水压力。有效加速度表达式如下：

$$S_{gx} = g_x H \tag{3-13}$$

$$S_{gy} = g_y H \tag{3-14}$$

式中，g_x和g_y分别表示X和Y方向的重力加速度。VS 模型将摩擦阻力分为两部分：其一为静摩擦阻力，包含库仑型摩擦系数(μ)；其二为运动阻力，与速度和黏性湍流摩擦系数(ξ)有关。摩擦力$\boldsymbol{S}_f = (S_{fx}, S_{fy})^{\mathrm{T}}$，在 VS 模型中由下式给出：

$$S_{fx} = nU_x\left[\mu g_z H + \frac{g\|\boldsymbol{U}\|^2}{\xi}\right] \tag{3-15}$$

$$S_{fy} = nU_y\left[\mu g_z H + \frac{g\|\boldsymbol{U}\|^2}{\xi}\right] \tag{3-16}$$

将总基底摩擦分为速度独立部分和速度相关部分，可以模拟泥石流的行为，VS 模型的一个基本假设是剪切变形集中在基底流面附近，总阻力为

$$S = \mu\rho Hg\cos\phi + \frac{\rho g\boldsymbol{U}^2}{\xi} \tag{3-17}$$

式中，ρ是密度；H为流体高度；g是重力加速度；ϕ是内摩擦角；$\boldsymbol{U}$为流速，$\boldsymbol{U} = (U_x, U_y)^{\mathrm{T}}$，包括$X$和$Y$方向的流动速度。流动表面的法向应力为$\rho Hg\cos\phi$，VS 模型考虑了固相抗力($\mu$可表示为内部剪切角的正切值)和黏性或湍流相的阻力(ξ通过水动力参数表达)。摩擦系数决定了流动特性，当流体正在快速流动时由ξ主导，当流体快要停止时μ又作为主导，摩擦系数μ和ξ均是常数。

由于在模型中μ是一个常数，但泥石流并不表现为单纯的线性关系，因此 VS 模型可以被修正为含有屈服应力(黏聚力)，为了模拟屈服应力，引入参数N_0，用这种方法可以模拟出理想的塑料材料。在这种情况下，N_0作为屈服应力，μ作为“硬化”参数。摩擦阻力S的新方程为

$$S = \mu\rho Hg\cos\phi + \frac{\rho g\boldsymbol{U}^2}{\xi} + (1-\mu)N_0 - (1-\mu)N_0\,\mathrm{e}^{-\frac{N}{N_0}} \tag{3-18}$$

式中，N_0为流体材料的屈服应力，不像单纯的 Mohr-Coulomb 关系，该公式确保当N和$\boldsymbol{U}$同时趋于 0 时S也等于 0。在较高的正压力下，屈服应力N_0将增大剪切应力。在低法向应力(较低的流动高度)下，剪切应力从S=0 迅速增大到S=N_0。当法向应力较大时，S与N关系的斜率不变。如果μ=0，流体行为将变为黏弹性。

侵蚀和挟带对泥石流运移动力学特征有重要影响，已有学者提出了经验型侵蚀率计算公式，如 Pradhan 等(2012)采用遥感数据评估了滑坡与土壤侵蚀的关系。殷跃平和王文沛(2020)提出一种适用于滑坡动力侵蚀过程计算的犁切模型，该模型建立在滑块-弹簧模型和犁耕阻力模型的基础上，可定量计算动力侵蚀过程中滑坡体积增量。尽管基于动力学机理的侵蚀率计算公式物理意义更加明确，但为保证计算结果与实际情况相吻合，参数取值

往往也需要在试算后进行调整。RAMMS 软件中的侵蚀模型采用基于野外观测的经验模型，该模型基于重复地面激光扫描，可以预测泥石流的侵蚀深度(Schürch et al.，2011；Frank et al.，2015)。模型包括临界剪切应力τ，只有当任何给定单元中的剪切应力超过临界剪切应力值τ_c时允许出现侵蚀。侵蚀算法根据计算出的每个网格单元的沟底剪切应力，预测出最大的侵蚀流量深度e_m：

$$e_m = 0 \quad (\tau < \tau_c) \tag{3-19}$$

$$e_m = \frac{dz}{d\tau}(\tau - \tau_c) \quad (\tau \geqslant \tau_c) \tag{3-20}$$

式中，e_m为最大潜在侵蚀深度，kPa^{-1}；$dz/d\tau$作为沟底剪切应力的线性函数控制垂直侵蚀速率。同时，在侵蚀深度达到e_m时，侵蚀停止，可用于基岩表层侵蚀。

$$\frac{dz}{d\tau} = 0.025 \quad (e_t \leqslant e_m) \tag{3-21}$$

式中，e_t是t时刻的侵蚀深度(相对于模拟开始)，z为纵坐标。如果任何给定单元在侵蚀发生后的剪切应力超过e_m，则自动调整侵蚀的最大深度(相对于模拟开始时的初始沟床高度)，并进行附加侵蚀，直到达到新的e_m值。

对象鼻嘴沟 2018 年 7 月发生的一次小型泥石流进行校准。采用以下校准步骤寻找最准确的 VS 模型摩擦系数μ和ξ。首先假定μ和ξ的初始猜测值分别为 0.2 和 $200m/s^2$；然后以初始猜测值为基础进行调整，μ的变化范围为±0.05，ξ的变化范围为$\pm 20m/s^2$。在将初始结果与现场观察结果进行比较之后，首先进行微调，并在初始找到的最佳拟合值周围逐步改变μ和ξ。在给定总物源量条件下，通过将模拟结果与给定位置的泥痕高度、流动路径堆积范围和冲出量实地观察估计值进行匹配，确定象鼻嘴沟泥石流最合适的 VS 模型摩擦系数μ=0.25、$\xi=320m/s^2$，侵蚀速率$\frac{dz}{d\tau} = -0.013m/s$。象鼻嘴沟崩滑铲刮型泥石流的基本参数取值如表 3-10 所示。

表 3-10　RAMMS 软件模拟中的参数取值

参数	取值
摩擦系数/μ	0.25
黏滞系数/(m/s^2)	320
流体密度/(kg/m^3)	1860
运动时间/s	1000
网格精度/m	5.0
释放体积/m^3	12.6×10^4
单元数	183214
侵蚀速率/(m/s)	−0.013

RAMMS 软件计算中的停止条件基于动量参数确定。在经典力学中，动量p(SI 单位为 kg·m/s，或等效为 N·s)是物体质量m和速度v的乘积($p=mv$)，对于每个计算步，将所

有网格单元的动量之和相加，并与最大动量之和进行比较。如果该百分比小于用户定义的阈值(5%)，则程序将被终止，泥石流将被视为停止。

图 3-97 展示了象鼻嘴沟泥石流运动过程中不同时刻流速的特征。该泥石流从起动至到达沟口这一阶段速度如图 3-97(a)～(d)所示。在约 20s 时，由于沟道上游地形坡度较大，约 34°，崩滑体前缘最大速度达 18.29m/s。约 60s 时，由于地形平缓且受到沟道物质摩擦，泥石流的流速迅速降至 10.31m/s。约 120s 时，由于地形变陡，前缘滑体在此加速，最大速度达 10.98m/s。约 160s 时，沟道下游的物质流速最大，为 12.35m/s，而泥石流龙头物质到达沟口后则由快速运动逐渐转为漫流堆积。

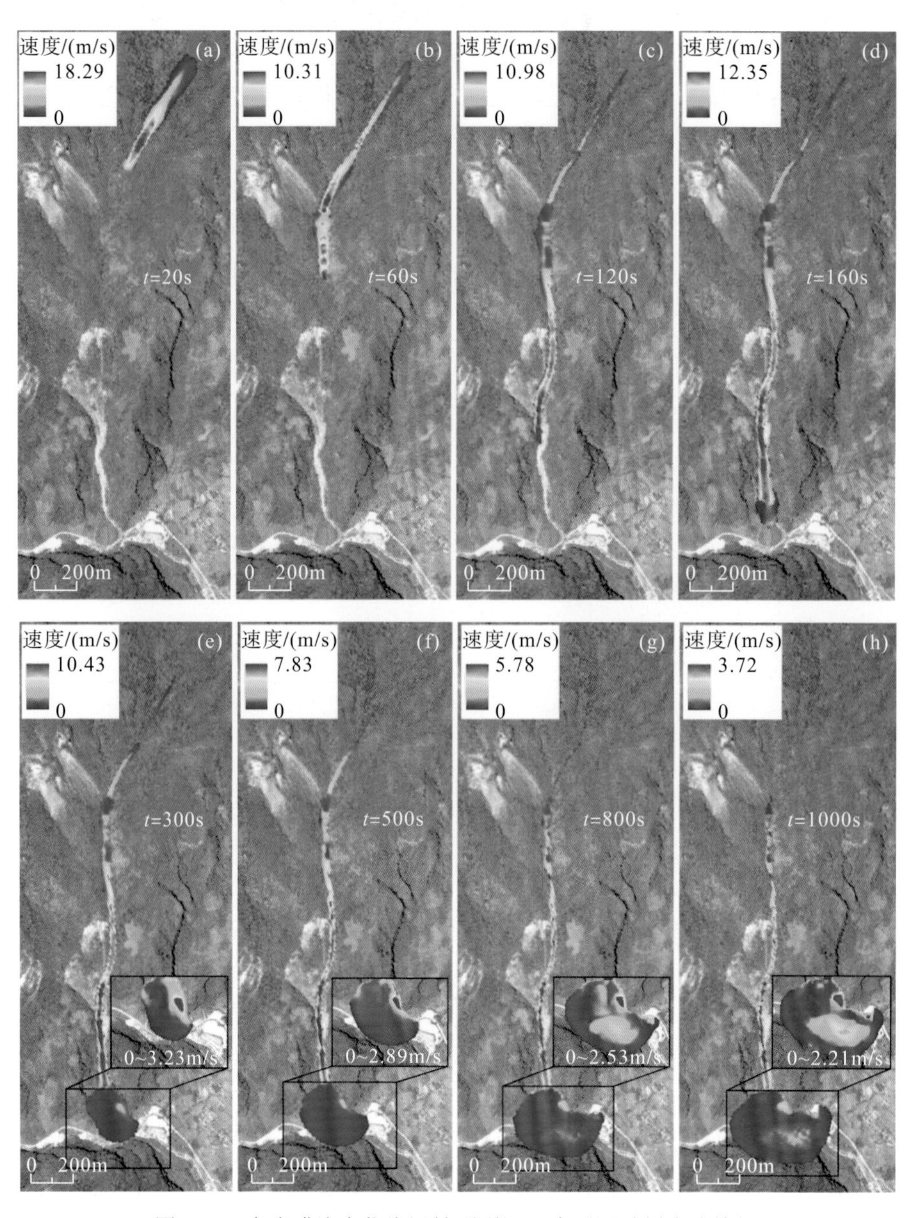

图 3-97　象鼻嘴沟高位崩滑铲刮型泥石流不同时刻流速特征

由于泥石流动能在沟口处大量损失，因此泥石流堆积扇发展方式近似于漫流。图 3-97(e)～(h)展示了崩滑铲刮型泥石流在沟口的漫流过程及速度变化。在堆积扇扩大过程中，沟道内物质仍然不断流向堆积扇，此时最大流速位于沟道下游坡度较大处，随着时间增加，泥石流最大流速从 10.43m/s 降至 3.72m/s，靠近沟口的最大流速从 3.91m/s 降至 0.85m/s。当一部分物质漫流至虎牙河后，由于地形坡降增加，速度开始逐渐增大，在约 800s 时达到最大，为 1.2m/s，1000s 时流速则降低至 0.62m/s。

在实际漫流过程中，由于主河道河水的冲刷作用，堆积扇扩散过程往往不如模拟结果理想。若泥石流沟口流量较小，冲出的物质易被更大流量的主河道洪水带走。若泥石流沟口流量大且泥石流过程持续时间长，则有可能堵塞河道。根据调查，此次泥石流堵塞了虎牙河，但是由于堆积体较为松散，因此很快被冲开溃决[图 3-94(a)]。

崩滑铲刮型泥石流的侵蚀效应是广泛存在的，但在模拟中经常容易被忽略。如图 3-98 所示，象鼻嘴沟泥石流对沟道的侵蚀随着时间增加而不断加强，坡度越陡的沟道，其侵蚀深度越深。在约 500s 时，沟道内主要侵蚀过程接近停止，此时最大侵蚀深度为 4.86m，严重侵蚀区域主要集中在沟道中上游，侵蚀深度与沟道纵坡成正比。

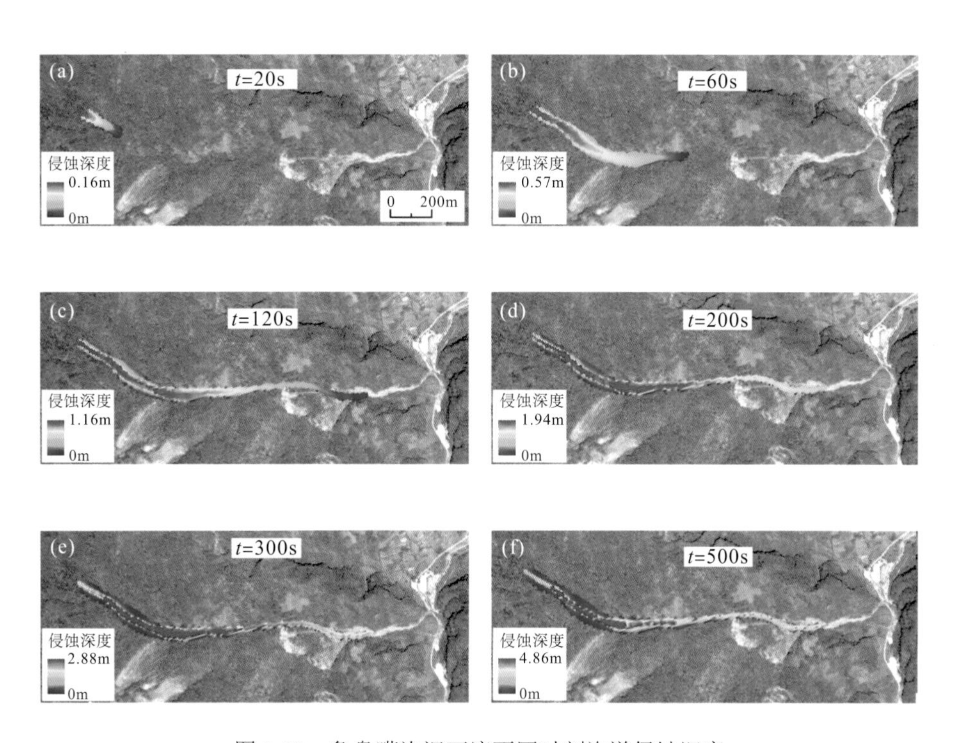

图 3-98　象鼻嘴沟泥石流不同时刻沟道侵蚀深度

泥石流漫流影响范围很大程度上受泥石流源区位置和径流特征所控制(Prochaska et al.，2008)，将模拟过程中泥石流流经区域标记为泥石流影响范围，影响范围面积约为 5.86km^2，约为沟域总面积的 27%。象鼻嘴沟泥石流掩埋了沟口的国道及房屋，同时，由于虎牙河河道受挤压变窄，间接导致虎牙河上游水位升高。

如图 3-99 所示，通过提取扇形堆积体边界范围和泥深的 ASCII 数据，然后利用 GIS 平台栅格计算器将扇形堆积区每个像素点的泥深与面积相乘，所有像素点的乘积之和即为总冲出体积。计算结果显示，象鼻嘴沟泥石流总冲出体积约为 $21.5\times10^4m^3$。模拟结果中冲出沟口物质规模比现场观察结果稍大，可能是现场调查时，已经有部分冲入虎牙河的固体物质被河水带走，使得野外调查结果偏小。

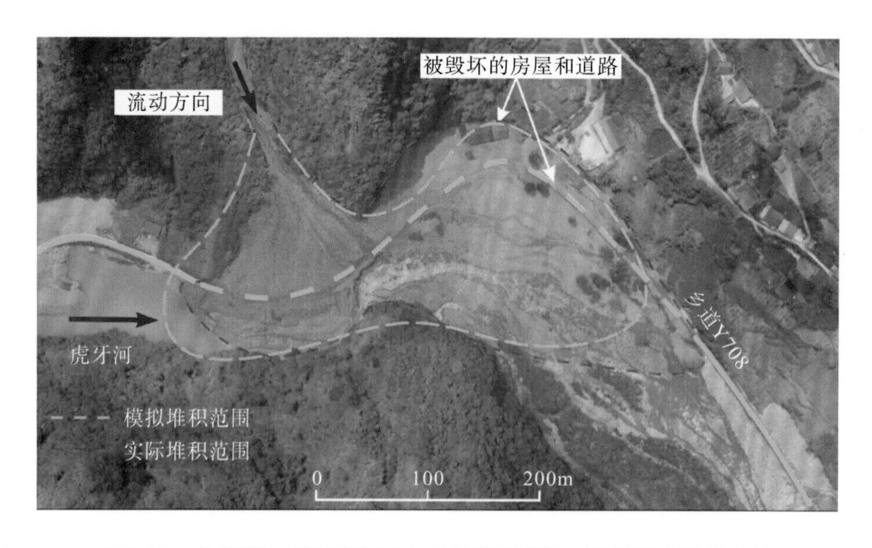

图 3-99 象鼻嘴沟泥石流沟口堆积扇范围模拟与现场调查结果对比

3.3.2.2 沟道侵蚀及放大效应

泥石流对沟道的侵蚀主要包括揭底侵蚀和侧蚀，侵蚀物质被泥石流带走将导致冲出量显著增加。降雨作用下形成的泥石流流动过程中向下侵蚀，从而导致沟道加深，之后两侧边坡失稳，沟道加宽。若暴雨作用强烈，还可能导致大型滑坡失稳。前面模拟中考虑了这种侵蚀效应，本节将其与不考虑侵蚀做比较，量化侵蚀对泥石流流量和冲出规模的放大效应。

在考虑侵蚀之后，泥石流影响范围由 $1.2\times10^4m^2$ 增大至 $3.06\times10^4m^2$，约为不考虑沟道侵蚀的 2.5 倍，影响范围直接覆盖了三处民房。受影响的公路长度也由 126m 增大至 342m。根据计算，不考虑侵蚀条件下冲出量约 $9.32\times10^4m^3$。由于侵蚀作用，总冲出固体物质量增大约 2.2 倍。由于侵蚀导致冲出量增加，在考虑侵蚀后最大泥深也由 13.55m 增大至 15.51m（图 3-100）。

在沟口位置设置一个剖面用于监测该部位泥深与流量变化（图 3-92 中的 1-1′剖面）。监测结果如图 3-101 所示，大约在 160s 时达到最大泥深，此时两种情况下该剖面的最大泥深分别为 3.02m 和 3.6m，流量分别为 $61.13m^3/s$ 和 $102.93m^3/s$。因此，在泥石流动力学模拟中，侵蚀效应对流量及冲出规模的影响不可忽略。

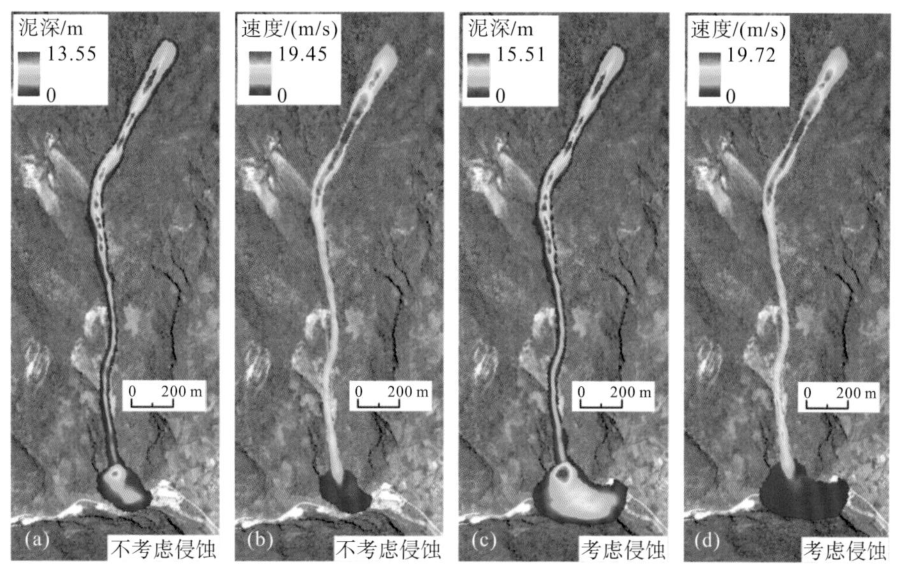

图 3-100　不考虑侵蚀(a，b)与考虑侵蚀(c，d)的泥石流最大泥深和最大流速区别

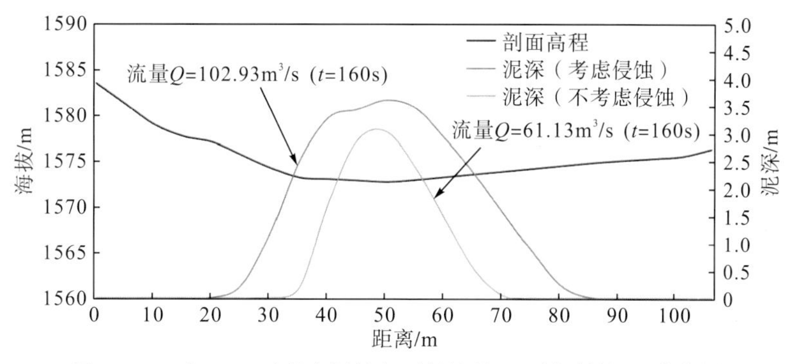

图 3-101　在 160s 时考虑侵蚀与不侵蚀的 1-1′剖面的泥深曲线图

3.4　强震区沟道型泥石流多级多点堵溃级联效应研究

3.4.1　典型级联溃决型泥石流特征分析

3.4.1.1　羊岭沟

羊岭沟位于阿坝州汶川县威州镇新桥村郭主铺组，沟口地理坐标为 31°27′50.02″N、103°34′12.19″E，沟口处位于汶川县大禹雕塑附近，有 G213 线经过。羊岭沟主沟长 5.50km，沟道流域面积为 7.95km^2，沟域最高点高程为 3410m，最低点位于该沟汇入的岷江口，高程为 1286.10m，相对高差为 2123.90m，平均坡度为 397‰。两侧谷坡坡角为 20°～50°，属于窄陡沟道型泥石流。

2013 年 7 月 9～11 日，汶川县普降暴雨，羊岭沟于 7 月 10 日 9 点至 11 日凌晨 3 点不断发生泥石流。在沟口上游 200m 处受居民房和一座小桥阻挡泥石流从两侧冲出，在沟口形成两个扇面。一个长约 60m、宽约 150m，另一个长约 50m、宽约 100m，平均厚度为 1.5m，堆积体块石最大块度为 4.0m×3.0m×3.0m，一般块度为 0.8m×0.6m×0.5m。经过野外实地考察，羊岭沟现存 3 处堰塞体，均分布于沟道下游，如图 3-102 所示。

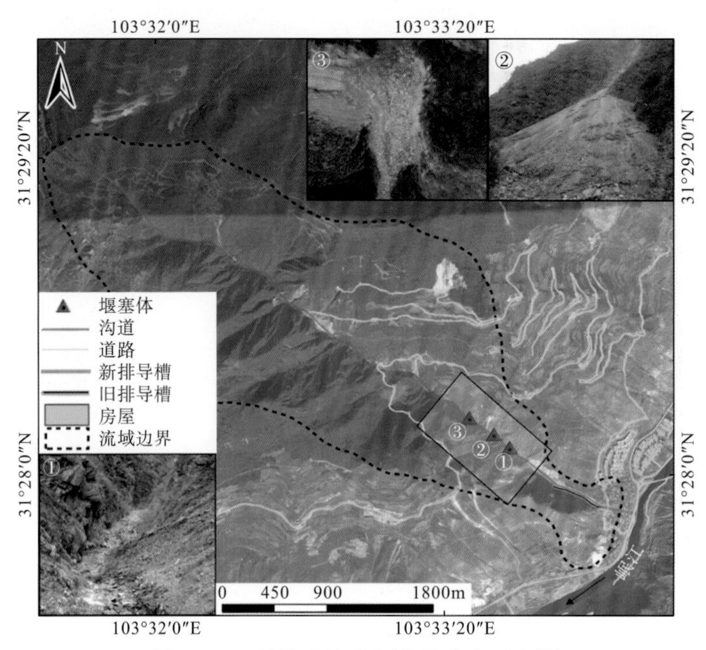

图 3-102　羊岭沟沟内堰塞体分布示意图

3.4.1.2　七盘沟

七盘沟是岷江左岸的一级支沟，位于汶川县城西南约 5km 处的威州镇七盘沟村，沟口地理坐标为 31°26′34.61″N、103°32′57.49″E，沟道流域面积为 54.20km^2，沟域最高点高程约为 4360m，最低点位于该沟汇入的岷江口，高程为 1320m，相对高差为 3040m，主沟长为 15.1km，平均坡度为 192‰，属于宽缓沟道型泥石流沟(图 3-103)。七盘沟流域地形呈叶脉状，发育数十条支沟，沟道弯曲多变。流域内出露地层由新至老包括第四系、泥盆系、震旦系和燕山期、印支期与华里西期火成岩。七盘沟泥石流属于典型的级联溃决型泥石流，在 2013 年“7·10”特大型泥石流暴发过程中，由于沟道内四个大规模同震滑坡堰塞体的蓄水拦挡作用，使得沟道内物质的势能不断增加，堰塞体最终发生溃决，从而形成大规模高强度级联溃决型泥石流。

3.4.1.3　红椿沟

红椿沟位于映秀镇东北侧，岷江左岸，沟口坐标为 31°04′01.1″N、103°29′32.7″E，沟口为都江堰至映秀高速公路出口及国道 G213 交会处(图 3-104)。红椿沟流域呈扇形，水系呈树枝状，流域面积约 5.82km^2。2008 年“5·12”汶川地震在沟道内存在的 2 个大规模同震滑坡堰塞体(图 3-104)，受 2010 年 8 月 14 日集中暴雨影响，诱发红椿沟暴发泥石流，这是沟内近百年来规模最大、危害最大的一次泥石流，具有强震区泥石流的明显特征。泥石流发生后，形成宽约 100m、长约 300m 的堰塞体，堵断岷江河道，致使河水改道岷江右岸，使映秀镇数十栋新建房屋成为孤岛，同时造成 17 名施工人员失踪(唐川等，2011)。

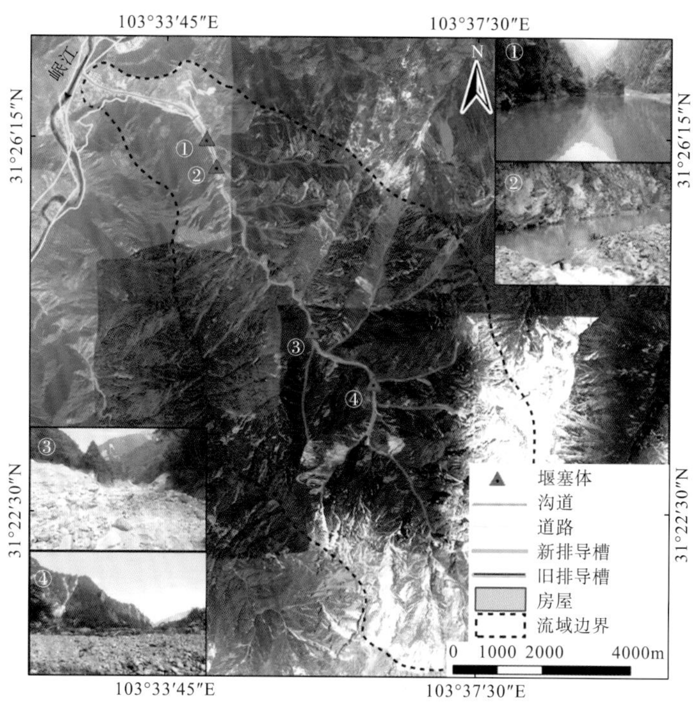

图 3-103　七盘沟堰塞体位置分布示意图

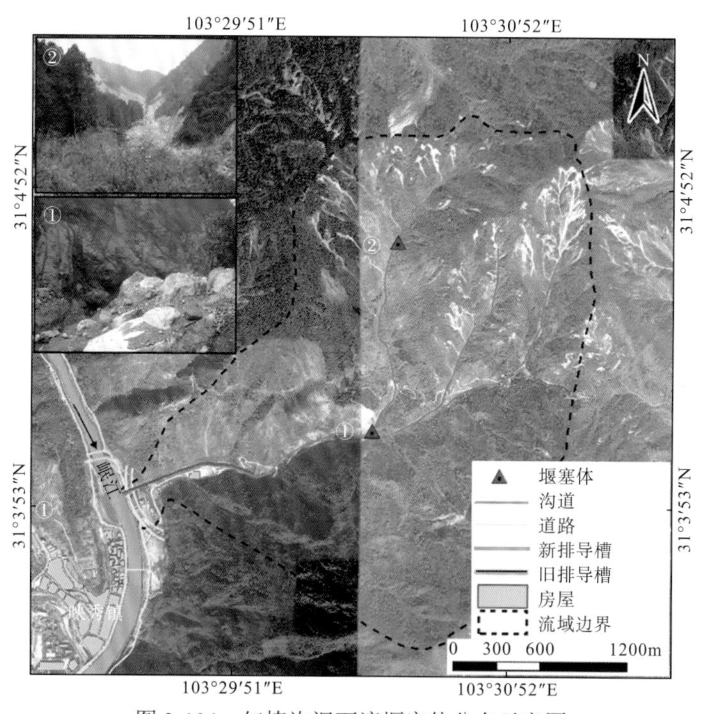

图 3-104　红椿沟泥石流堰塞体分布示意图

3.4.2 堰塞体失稳判别式构建

3.4.2.1 堰塞体失稳室内物理模型实验

1. 实验设计

多点堰塞体失稳级联溃决型泥石流室内物理模型实验平台包括实验水槽、堰塞体模型、水箱、堆积平台、传感器系统等，如图 3-105 所示。

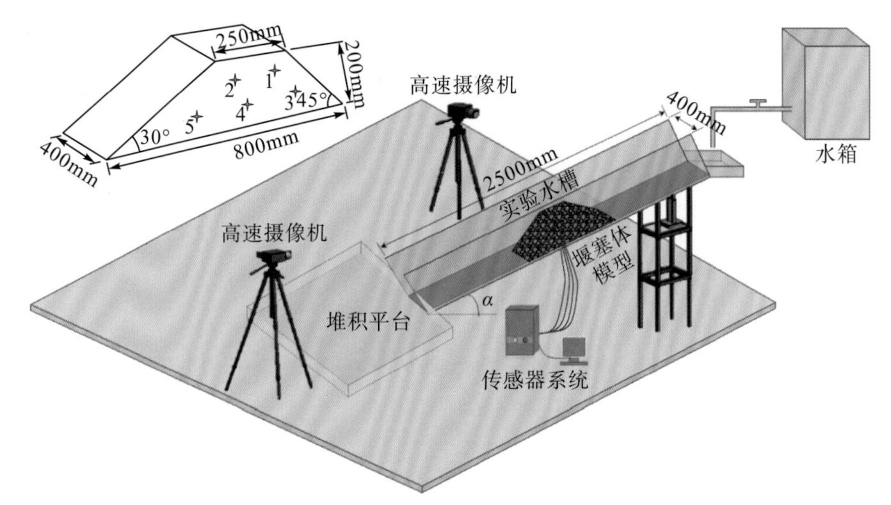

图 3-105 堰塞体失稳级联溃决型泥石流室内物理模型实验平台

实验装置由水箱、实验水槽及堆积平台构成。水箱底部为 0.7m×0.7m 的正方形，高 1.2m，总容积为 $0.588m^3$。实验水槽长 2.5m、宽 0.4m、高 0.6m，水槽可根据需要变动坡度，变坡范围为 5°～25°。为了在实验过程中便于观测坝体溃决情况，槽体两侧为透明钢化玻璃，底部为带花纹的钢化板，能提供足够的承重力。堆积平台长 1.5m、宽 1.5m。

测试系统由含水率传感器、高速摄像机等构成。其中含水率传感器用于测量坝体内部含水率变化，传感器分别埋设在坝高 8cm 处(3 处，编号为 3、4、5)、15cm 处(2 处，编号为 1、2)；高速摄像机主要记录堰塞体失稳全过程影像资料，分别布置在坝体侧面及正面。

堰塞体物料：选取汶川县羊岭沟①号堰塞体作为坝体材料，再通过配制形成实验所需物料级配。

Zhu 等(2019)通过 13 组堰塞体模型实验，发现堰塞体内部渗流是控制其破坏模式的主要因素之一，而渗流条件主要受堰塞体粒径分布控制(Jiang et al.，2018；Zhu et al.，2020)。Casagli 等(2003)将堰塞体颗粒划分为基质支撑型和颗粒支撑型，两种类型的主要区别是粗颗粒和细颗粒的含量，但是粗颗粒和细颗粒是一个相对概念，和水动力条件有关。因此，本次开展的堰塞体失稳物理模型实验两个控制因子为水槽坡度及堰塞体级配(图 3-106，表 3-11)：①水槽坡度依次为 5°、7°、9°、11°、13°、15°、17°；②6 种实验土颗粒级配的中值粒径 d_{50} 分别为 1.0mm、1.5mm、2.5mm、3.3mm、4.3mm、6.5mm。

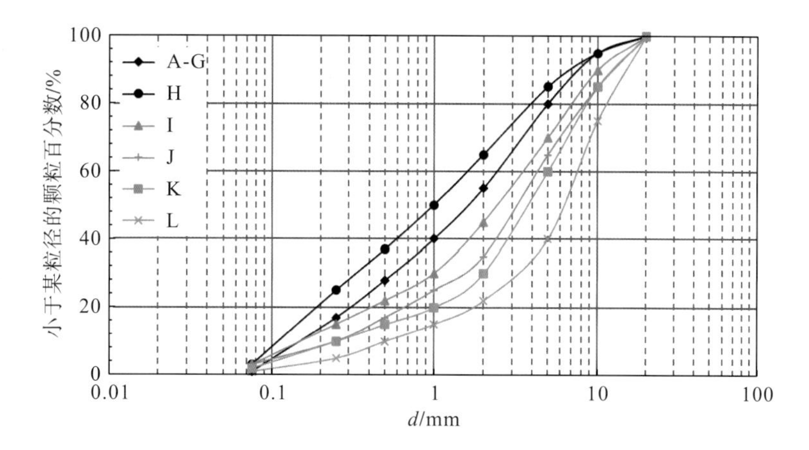

图 3-106　堰塞体土颗粒级配曲线

表 3-11　堰塞体实验参数表

实验编号	坝高/cm	坝长/cm	d_{50}/mm	C_U	水槽坡度/(°)
A	20	80	1.5	13.3	5
B	20	80	1.5	13.3	7
C	20	80	1.5	13.3	9
D	20	80	1.5	13.3	11
E	20	80	1.5	13.3	13
F	20	80	1.5	13.3	15
G	20	80	1.5	13.3	17
H	20	80	1.0	16.7	11
I	20	80	2.5	23.4	11
J	20	80	3.3	17.2	11
K	20	80	4.3	23.6	11
L	20	80	6.5	16.0	11

2. 实验结果分析

以上所述的 12 种模型实验中，堰塞体失稳模式可以划分为三种。其中 A～E、H 为漫顶破坏模式，F、G 表现为滑面破坏模式，I～L 表现为管涌破坏模式。

1) 漫顶破坏模式

漫顶破坏模式可以概括为漫顶溢流、溃口连通、快速下切、坝体稳定四个阶段。上游水流起动，堰塞体上游水位逐渐升高至漫顶状态，水流漫顶溢流开始冲刷堰塞体下游坡面，最开始在坝顶和下游坡面的过渡区冲刷，如图 3-107(a)所示；过渡区被冲刷后，向上游方向成溯源侵蚀冲刷，向下游形成冲刷下切，形成小型冲沟，并以下切为主，横向扩展较小，如图 3-107(b)所示；一旦溯源冲刷至坝后水体处，则溃口连通，堰塞体后水体开始下泄，溃口此时向两个方向同时快速扩展，即横向展宽、垂向下切，同时溃口两侧土体发生破坏，出现陡坎和坝坡失稳现象，如图 3-107(c)所示；随着堰塞体后方蓄水量逐渐减小，溃口处断面流量到达峰值之后，流量迅速减小，溃口展宽减缓直至趋于稳定，如图 3-107(d)所示。

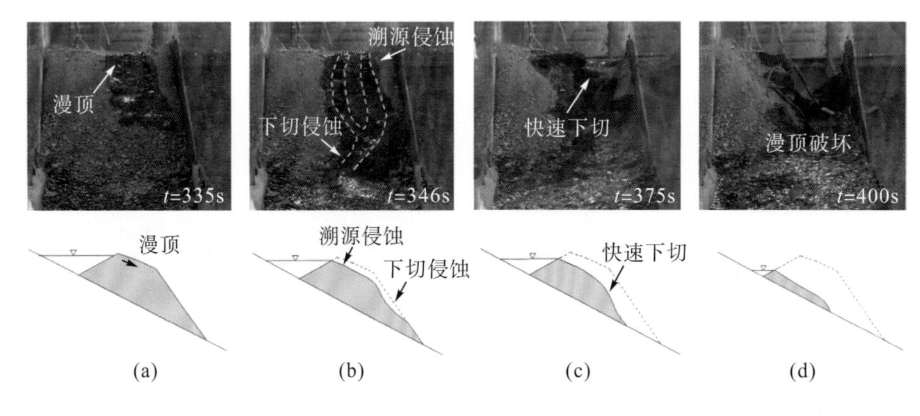

图 3-107 漫顶破坏过程及示意图

2)滑面破坏模式

滑面破坏模式可以概括为渗流浸润、前部滑动、多级滑动、坝体稳定四个阶段。此类天然堰塞体渗透系数较大，且强度极弱，当坝体内水位上升后，使得坡体自重增加，同时在坡体的饱和部分，因渗透水的浮力作用，颗粒间摩擦阻力降低，如图 3-108(a)所示；坡体前半部分沿着某一薄弱滑动面滑动，滑动面呈近似圆弧形，如图 3-108(b)所示；当坡体前半部分滑动后，后半部分因失去支撑从而沿某一滑动面向下滑动，并堆积于坡脚，如图 3-108(c)所示；第二次滑动后降低了堰塞体的整体高度，坝后蓄水倾泻而出，与失稳后的堰塞体混合后形成溃决型泥石流，如图 3-108(d)所示。滑动过程中有两个主要的滑动面，并且第二次滑动是沿着坝顶向下延伸的一个圆弧形滑面滑移，总体呈现牵引式滑动。

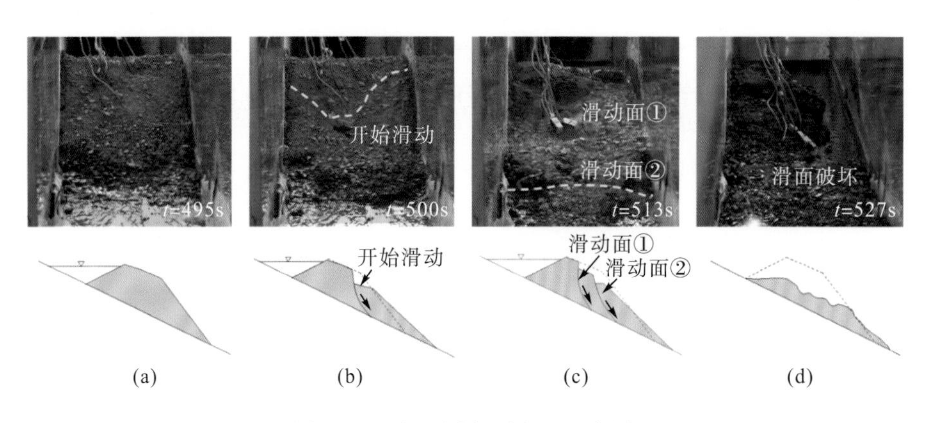

图 3-108 滑面破坏过程及示意图

3)管涌破坏模式

管涌破坏模式可以概括为管涌、小型崩滑、溢流侵蚀、坝体稳定四个阶段。随着上游来流的不断涌入，坝后水位逐渐升高，导致坝体内孔隙水压力增大，细小颗粒在渗流力作用下在较粗的骨架颗粒之间移动，并被逐渐冲出堰塞体，形成管涌，如图 3-109(a)所示；随后堰塞体管涌出口处发生小型崩滑，降低了堰塞体的整体稳定性，如图 3-109(b)所示；坝后水位上升至坝顶后出现漫顶溢流，堰塞体在坡面水流的冲刷下形成溃口，同时伴随着强烈的侧向展宽和下切侵蚀，溃口流量快速增加并到达峰值，如图 3-109(c)所示；随着堰塞体后方水量逐渐减小，断面流量到达峰值之后，流量迅速减小直至趋于稳定，如图 3-109(d)所示。

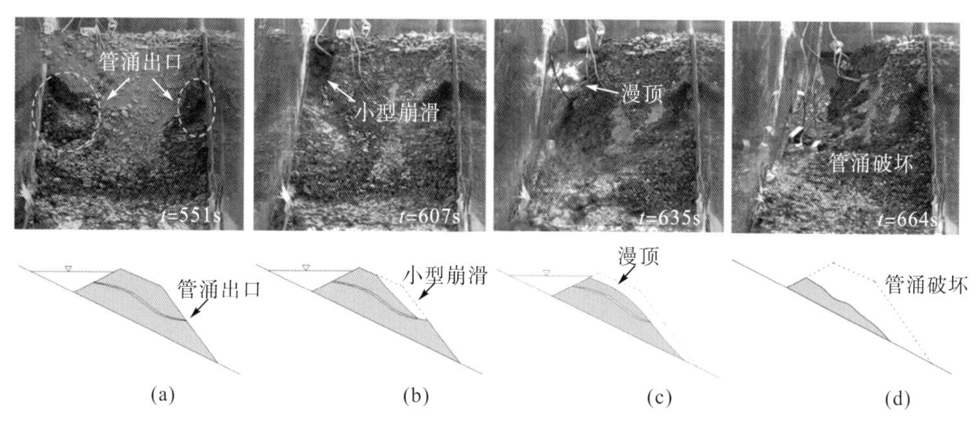

图 3-109　管涌模式破坏过程及示意图

3.4.2.2　堰塞体失稳判别式构建

1. 漫顶破坏模式

通过实验观测及野外调查表明，堰塞体发生漫顶溢流之后，由于强烈的溯源侵蚀及冲刷下切，冲沟迅速扩宽，最后导致堰塞体失稳。定量分析显示，发生漫顶溢流后，部分堰塞体材料开始移动，在坡面水流作用下起动的颗粒物质受力分为水下重力 W'，坡面摩擦力 f、坡面支持力 N、水流拖曳力 F_D 及上扬力 F_y，如图 3-110 所示。

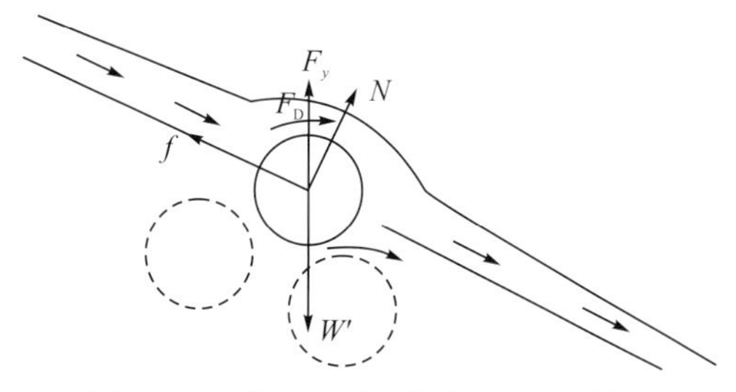

图 3-110　堰塞体坡面颗粒受力分析图

将沿坡面向上的阻抗力与沿坡面向下的起动力比值定义为稳定性系数 K_S，其表达式为

$$K_S=\frac{\tau_f}{\tau_d}=\frac{\left[\frac{\pi}{6}D^3(\gamma_s-\gamma_w)\cos\theta-\frac{1}{2}\gamma_w\left(\frac{2}{3}D+\sin\theta\right)\cos\theta\right]\tan\varphi+\frac{1}{2}\gamma_w\left(\frac{2}{3}D+\sin\theta\right)\cos\theta\sin\theta}{C_D\pi D^2\frac{\gamma_w v_c^2}{2g}+\frac{\pi}{6}D^3(\gamma_s-\gamma_w)\sin\theta} \tag{3-22}$$

式中，D 为颗粒物的直径，m；γ_s 为堰塞体容重，kN/m^3；γ_w 为水的容重，kN/m^3；θ 为

坡面倾角，(°)；φ为堰塞体内摩擦角，(°)；C_D为阻力系数，量纲一；g为重力加速度，取 9.8m/s^2。

2. 滑面破坏模式

该模式主要发生在堰塞体坡度较陡、渗透系数较大时，往往是由于强度降低而产生小型崩滑，并逐渐向上游逐级扩展形成的。坝体崩滑后会在坡脚堆积，在来流作用下将会形成溃决型泥石流。因此，可以借鉴边坡问题的研究方法来分析堰塞体稳定性。

1) 堆石体

通常情况下，堆石体是由一定级配的碎石土组成的，将其视为无黏性土坡，在坡面上取一土单元体，受力分析如图 3-111 所示。

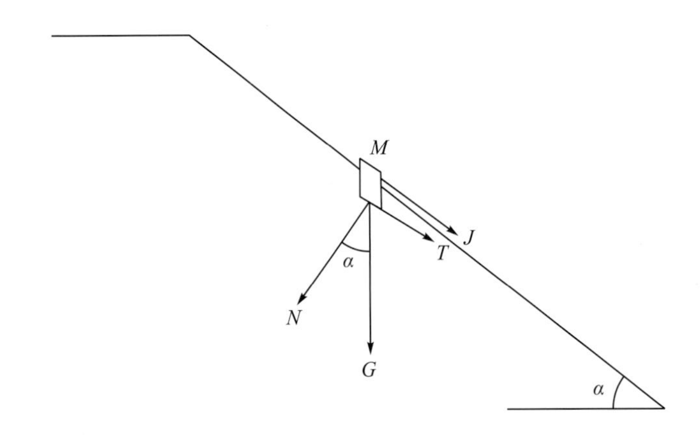

图 3-111 无黏性堆石体稳定性分析图

堰塞体的稳定性系数为

$$K_S = \frac{\tau_f}{\tau_d} = \frac{\gamma' \cos\alpha \tan\varphi}{\gamma' \sin\alpha + \gamma_w \sin\alpha} = \frac{\gamma' \tan\varphi}{\gamma_{sat} \tan\alpha} \tag{3-23}$$

式中，τ_d为堰塞体单元的下滑剪切力，kN/m^3；γ'为单元堰塞体自重，kN/m^3；γ_{sat}为堰塞体饱和容重，kN/m^3；α为堰塞体背水面坡度，(°)；γ_w为水的容重，kN/m^3；τ_f为堰塞体单元的抗剪力，kN/m^3；φ为堰塞体内摩擦角，(°)。

2) 堆积体

一般说来，当堰塞体中含有大量细颗粒物质，将其视为边坡问题分析时，不可忽略颗粒间的黏聚力，假设堰塞体为各向同性、完全浸水且不存在渗流作用。采用瑞典条分法，并考虑到上游来流对堰塞体的冲击力和渗流力，单个条块的受力分析如图 3-112 所示。

经过计算分析，得到堰塞体稳定性系数计算公式为

$$K_S = \frac{\sum b_i (c_i' + \gamma_{sat} h_i \cos^2\alpha_i - \gamma_{wi} h_i b_i) \sec\alpha_i \tan\varphi_i'}{\sum b_i \gamma_{sat} h_i \sec\alpha_i} \tag{3-24}$$

式中，γ_{wi}为堰塞体浮容重，kN/m^3；α_i为堰塞体背水面坡度，(°)；φ_i'为堰塞体内摩擦角，(°)；b_i为堰塞体土条宽度，m；h_i为堰塞体土条高度，m；c_i'为堰塞体有效黏聚力，kPa。

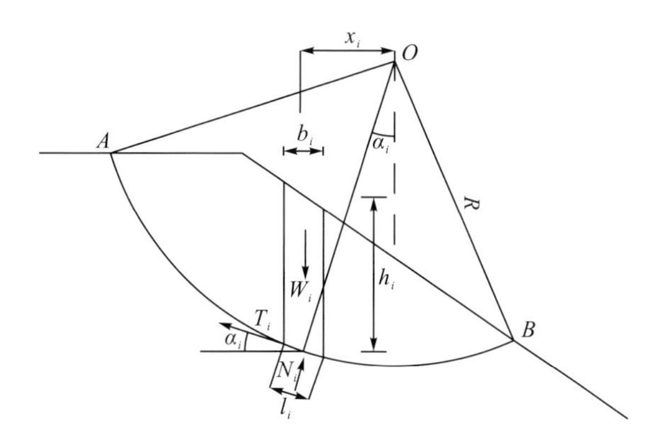

图 3-112　瑞典条分法计算示意图

3. 管涌破坏模式

依据堰塞体材料级配特点，可将堰塞体材料分为基质支撑型和颗粒支撑型两种结构形式。基质支撑型坝体材料，粗颗粒之间空隙由细颗粒填充，粗颗粒相互不接触，密实度较高，因此渗透性较低；颗粒支撑型坝体材料，粗颗粒的相互接触形成骨架，密实度较低，因此渗透性较高。管涌破坏一般发生在颗粒支撑型的堰塞体中，骨架孔隙中的可动颗粒受到以下作用力：渗流水流的拖曳力、水下重力、与孔隙壁之间的摩擦力和颗粒之间的相互作用力。对于堰塞体内部发生的管涌而言，只有渗透水对可动颗粒的拖曳力为起动力，其他力都为阻力。可动颗粒在孔隙壁中移动时，摩擦力是最大的阻力，而颗粒之间的碰撞力、电场力等都非常小且十分复杂。假设渗流通道流水，用重力沿渗流通道向下的起动力抵消颗粒之间的碰撞力、电场力等阻力，此时阻止颗粒起动以管道之间的摩擦力为主。

经过计算分析，得到管涌破坏模式下的堰塞体稳定性系数计算公式为

$$K_S=\frac{f}{F_{\mathrm{P}}}=\frac{\gamma_{\mathrm{w}}\dfrac{h_{\mathrm{w}}+l\sin\eta}{l}\sqrt{\dfrac{2.13k(l-n)^2}{gn^3}}}{\alpha(1-n)\left(0.75+\dfrac{0.25}{\sqrt{1-\dfrac{4}{\pi}(1-n)}}+\dfrac{\pi-2}{4}\sqrt{\dfrac{1-n}{\pi}}\right)D(\gamma_{\mathrm{s}}-\gamma_{\mathrm{w}})\tan\varphi}\tag{3-25}$$

式中，γ_{w} 为水的容重，kN/m^3；γ_{s} 为堰塞体颗粒容重，kN/m^3；h_{w} 为堰塞湖水深，m；n 为孔隙率；l 为堰塞体长度，m；φ 为堰塞体内摩擦角，(°)；K 为堰塞体渗透系数，m/s。

3.4.3　堵塞系数计算方法研究

3.4.3.1　溃决型泥石流流量计算方法

1. 溃口流量变化特征

溃口流量可以根据上游堰塞湖内水量平衡关系确定：

$$\frac{\mathrm{d}V}{\mathrm{d}t}+\frac{\mathrm{d}V_{\mathrm{S}}}{\mathrm{d}t}=Q_0-Q_{\mathrm{t}} \tag{3-26}$$

式中，V为堰塞湖库区内水体体积；t为时间；Q_0为上游来流量；Q_{t}为溃口处下泄流量；V_{S}为堰塞体体积。虽然下游流量随着溃口几何形状和上、下游库区水位差的变化而变化，但是只要t取得足够小，可以近似认为流量为一常数。

对于矩形沟道断面、V形沟道断面、U形沟道断面，其断面面积可分别表示为

$$F=CH \tag{3-27}$$

$$F=\frac{C}{4}H^2 \tag{3-28}$$

$$F=\frac{2}{3\sqrt{C}}H^{3/2} \tag{3-29}$$

式中，F为沟道断面面积；C为常数，如为矩形河谷，就等于河宽；H为堰塞湖水位。可将式(3-27)～式(3-29)统一写作：

$$F=aH^m \tag{3-30}$$

式中，a为河谷断面系数，如为矩形河谷，就等于河宽；m为河谷断面形状指数，矩形断面m=1，V形断面m=2，U形断面m=1.5，天然复式断面m可能大于2。可将F-H的关系点在双对数纸上，通常成直线关系，其切距即为a，而斜率即为m。

根据坝后沟道的几何尺寸及水位变化关系，式(3-26)也可以表示为

$$Q_{\mathrm{t}}=Q_0-\frac{\mathrm{d}V_{\mathrm{S}}}{\mathrm{d}t}-\frac{aI_{\mathrm{C}}}{m+1}(H_2^{m+1}-H_1^{m+1}) \tag{3-31}$$

式中，a为沟道断面系数；I_{C}为沟道纵坡；m为沟道断面形状指数。

2. 溃口堰流计算

流体质量守恒表述为：对于漫顶溢流，进入基元流体的净流量等于其体积的变化率(图3-113)。所谓基元流体，即垂直于流向方向的宽度为1、泥石流流向的长度为Δx、高度为h的水体(当然是有限的，x趋于零)。

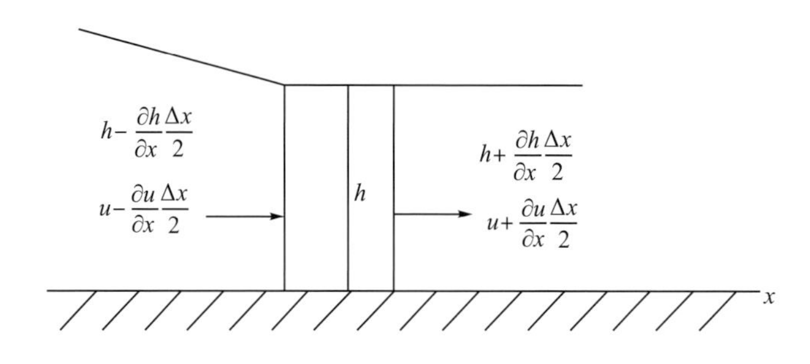

图3-113　基元流体净流量示意图

由图3-113可知，根据质量平衡，流入的流体净流量为$\left(u-\frac{\partial u}{\partial x}\frac{\Delta x}{2}\right)\left(h-\frac{\partial h}{\partial x}\frac{\Delta x}{2}\right)$，流

出的流体净流量为$-\left(u+\frac{\partial u}{\partial x}\frac{\Delta x}{2}\right)\left(h+\frac{\partial h}{\partial x}\frac{\Delta x}{2}\right)$，体积变化为$\frac{\partial h}{\partial t}\Delta x$，即

$$\left(u-\frac{\partial u}{\partial x}\frac{\Delta x}{2}\right)\left(h-\frac{\partial h}{\partial x}\frac{\Delta x}{2}\right)-\left(u+\frac{\partial u}{\partial x}\frac{\Delta x}{2}\right)\left(h+\frac{\partial h}{\partial x}\frac{\Delta x}{2}\right)=\frac{\partial h}{\partial t}\Delta x \tag{3-32}$$

展开可得

$$uh-h\frac{\partial u}{\partial x}\frac{\Delta x}{2}-u\frac{\partial h}{\partial x}\frac{\Delta x}{2}+\frac{\partial u}{\partial x}\frac{\partial h}{\partial x}\left(\frac{\Delta x}{2}\right)^2-uh-h\frac{\partial u}{\partial x}\frac{\Delta x}{2}-u\frac{\partial h}{\partial x}\frac{\Delta x}{2}-\frac{\partial u}{\partial x}\frac{\partial h}{\partial x}\left(\frac{\Delta x}{2}\right)^2=\frac{\partial h}{\partial t}\Delta x$$

因此得到：

$$\partial h/\partial t+\partial(uh)/\partial x=0 \tag{3-33}$$

流体动量守恒方程表述为：进入基元流体的净动量率加上作用于单元体的诸力之和，等于基元流体动量变化率。流体的动量通量为质量流量与速度之积，因此，进入堰塞体的泥石流动量通量为$\rho\left\{u(uh)-\frac{\partial}{\partial x}[u(uh)]\frac{\Delta x}{2}\right\}$，漫顶溢流出去的泥石流动量通量为$\rho\left\{u(uh)+\frac{\partial}{\partial x}[u(uh)]\frac{\Delta x}{2}\right\}$。

相应作用力有重力、压力、摩阻力和冲击力四种，这些力都应分解为沿 x 方向的分力。

由以上各力，可得动量守恒方程为

$$\rho\left\{u(uh)-\frac{\partial}{\partial x}[u(uh)]\frac{\Delta x}{2}\right\}-\rho\left\{u(uh)+\frac{\partial}{\partial x}[u(uh)]\frac{\Delta x}{2}\right\}+\rho gh\Delta x\sin\theta+\frac{1}{2}\rho g\left[\left(h^2+\frac{\partial h^2}{\partial x}\frac{\Delta x}{2}\right)\right.$$
$$\left.-\left(h^2-\frac{\partial h^2}{\partial x}\frac{\Delta x}{2}\right)\right]-\rho ghI_{\mathrm{C}}\Delta x+gh\left[\left(u^2-\frac{\partial u^2}{\partial x}\frac{\Delta x}{2}\right)-\left(h+\frac{\partial u^2}{\partial x}\frac{\Delta x}{2}\right)\right]=\frac{\partial}{\partial t}(\rho uh)\Delta x$$

经过推导和计算，得到堰流的基本方程：

$$Q_{\mathrm{m}}=\delta_{\mathrm{s}}\varepsilon\lambda B\sqrt{2g}H_1^{3/2} \tag{3-34}$$

$$\lambda=m^{m-1}\left(\frac{2\sqrt{m}+\frac{u_0}{\sqrt{gH_1}}}{1+2m}\right)^{1+2m} \tag{3-35}$$

式中，B 为堰流过水净宽，即溃口宽度，m；H_1 为包括流速水头在内的堰前总水头，随溃决过程逐渐减小，可近似认为等于残余坝体高度，m；λ 为流量系数；δ_{s} 为淹没系数，即坝下游水位升高造成淹没出流条件并引起泄水能力下降的流量折减系数，一般泥石流堰塞体不存在明显的淹没溢流，$\delta_{\mathrm{s}}=1$；ε 为侧收缩系数，考虑沿程溃口逐渐减小时流体的收缩效应，无收缩影响时$\varepsilon=1$；u_0 为上游来流流速，m/s；m 为沟道断面形状系数。

对于溃口梯形断面，考虑到溃口边坡坡度较大（>60°），在计算初始堰流时将溃口简化为矩形断面，即 $u_0=0$，$m=1$，则：

$$Q_{\mathrm{m}}=0.926BH_1^{3/2} \tag{3-36}$$

将初始溃口视为宽顶堰梯形溃口，溃口顶部宽度为 B_0，溃口深度为 H_0，溃口边坡与水平面夹角为β，用临界流量表示溃口连通瞬间的水动力条件，临界流量为

$$Q_1=H_0(B_0-H_0\cot\beta)\sqrt{gH_0(B_0-H_0\cot\beta)/B_0} \tag{3-37}$$

由曼宁公式可得到溃口明渠中泥石流的起动流速，即

$$V = \frac{k}{n} R^{2/3} S^{1/2} \tag{3-38}$$

式中，V 是泥石流流速，m/s；k 是转换常数，国际单位制中值为 1；n 是曼宁糙率系数，量纲一；R 是水力半径，是流体截面积与湿周长的比值，湿周长指流体与溃口断面接触的周长，m；S 是溃口的纵坡降，可用堰塞体背水面纵坡降表示。对于梯形溃口，水力半径按下式计算：

$$R = \frac{H_0(B_0 - H_0\cot\beta)}{2H_0\cot\beta + B_0 - H_0\cot\beta} \tag{3-39}$$

堰塞体在发生漫顶溃决时，上游堰塞湖水位是一个动态变化过程，计算堰塞湖湖水位变化时，需同时考虑不同湖水位的湖面面积、入流量及溃口出流量，使得整个过程服从水量平衡关系。

$$Q_0 - Q_t = A_L(t)\frac{dh}{dt} \tag{3-40}$$

式中，Q_0 为入流量，m^3/s；Q_t 为溃口流量，m^3/s；$A_L(t)$ 为堰塞湖湖面面积，m^2；dh 为堰塞湖水位变化率；t 为时间，s。

3. 溃口几何形态演化

溃口冲刷发展过程包括了溃口底部表面冲刷、溃口两侧扩宽冲刷两种情况（图 3-114）。通过分别计算单位时间内溃口底部侵蚀深度及侵蚀面积，得到堰塞体侵蚀量 dV_s/dt。

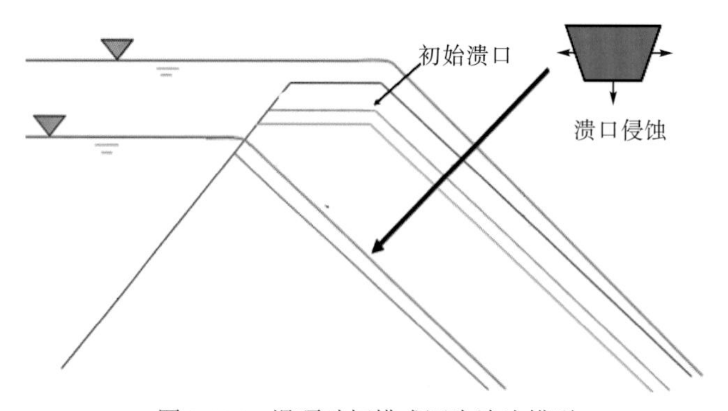

图 3-114 漫顶破坏模式逐步溃决模型

溃口的侵蚀速率是影响堰塞体溃坝过程及洪峰流量的关键性因素，而坝体表面颗粒抗剪强度与流体剪切应力强度则是影响溃口侵蚀速率的控制因素，根据溃口冲刷率在非恒定流中的演变关系，得到下式：

$$-\frac{dz}{dt} = f(\tau_d, \tau_f) = \min\{z_d, \max[k_d(\tau_d - \tau_f), 0]\} \tag{3-41}$$

式中，dz 为在 dt 时间内的溃口深度变化，m；τ_d 为流体的剪切应力，kPa；τ_f 为坝体表面颗粒的抗剪强度，kPa；z_d 为流体在最大挟沙力下的侵蚀速率，m/s；k_d 为侵蚀系数，与坝体级配有关，kPa·m/s。

流体挟沙力是指流体在一定条件下能够挟运泥沙的数量，一般受到流体速度及自身含沙量影响。当流体含沙量大于该段流体的挟沙量时，多余的泥沙便会沉积，反之会从溃口底部侵蚀更多的泥沙。当一定含沙量的流体经过溃口时，流体的泥沙量全部通过，且无变化，这时的泥沙量就是该流体条件下的流体挟沙力。当流体经过溃口时，由于卷起了溃口的泥沙，沿溃口路程向流体的含沙量逐渐增大，可能会达到最大挟沙量，不再对下游坝体产生侵蚀。Govers 等(1990)通过对坡面径流的实测资料进行研究，得出了坡面径流挟沙力的计算公式：

$$z_{\mathrm{d}}=\frac{1}{22284}\left(\frac{\tau_{\mathrm{d}}-\tau_{\mathrm{f}}}{D^{0.33}}\right) \tag{3-42}$$

式中，z_{d}为流体在最大挟沙力下的侵蚀速率，m/s；τ_{d}为流体剪切应力，kPa；τ_{f}为坝体表面颗粒抗剪强度，kPa；D为堰塞体颗粒物直径，取中值粒径d_{50}，m。

流体剪切应力及坝体表面颗粒抗剪强度按下式计算：

$$\tau_{\mathrm{d}}=F_{\mathrm{D}}+W'\sin\theta=C_{\mathrm{D}}\pi D^{2}\frac{\gamma_{\mathrm{w}}v_{\mathrm{c}}^{2}}{2g}+\frac{\pi}{6}D^{3}(\gamma_{\mathrm{s}}-\gamma_{\mathrm{w}})\sin\theta \tag{3-43}$$

$$\begin{aligned}\tau_{\mathrm{f}}=f+F_{\mathrm{y}}\sin\theta=&\left[\frac{\pi}{6}D^{3}(\gamma_{\mathrm{s}}-\gamma_{\mathrm{w}})\cos\theta-\frac{1}{2}\gamma_{\mathrm{w}}\left(\frac{2}{3}D+\sin\theta\right)\cos\theta\right]\tan\varphi\\&+\frac{1}{2}\gamma_{\mathrm{w}}\left(\frac{2}{3}D+\sin\theta\right)\cos\theta\cdot\sin\theta\end{aligned} \tag{3-44}$$

式中，D为堰塞体颗粒物直径，m；γ_{s}为堰塞体容重，kN/m^3；γ_{w}为水的容重，kN/m^3；θ为背水面坡面倾角，(°)；φ为堰塞体内摩擦角，(°)；C_{D}为阻力系数，量纲一；g为重力加速度，取 9.8m/s^2。

Chang 等(2011)通过野外堰塞体侵蚀实验得出了坝体侵蚀系数与颗粒级配的关系，即

$$k_{\mathrm{d}}=20075e^{4.77}C_{\mathrm{u}}^{-0.76} \tag{3-45}$$

式中，k_{d}为坝体侵蚀系数，kPa·m/s；e为坝体孔隙比，量纲一；C_{u}为坝体不均匀系数，量纲一，按下式计算：

$$C_{\mathrm{u}}=\frac{d_{60}}{d_{10}} \tag{3-46}$$

式中，d_{60}为小于某粒径的颗粒百分数为 60%对应的粒径，m；d_{10}为小于某粒径的颗粒百分数为 10%对应的粒径，m。

按式(3-42)即可计算出单位时间 dt 内的溃口深度变化量 dz，即坝体的侵蚀速率，可假设溃口边坡侵蚀速率与溃口侵蚀速率相等，则堰塞体的侵蚀量计算公式如下：

$$\frac{\mathrm{d}V_{\mathrm{S}}}{\mathrm{d}t}=\mathrm{d}zA_{\mathrm{e}} \tag{3-47}$$

式中，dz 为 dt 时间内的溃口深度侵蚀变化量，m/s；A_{e}为坝体侵蚀面积，m^2，包括溃口底面及溃口边坡，即

$$A_{\mathrm{e}}=A_{1}+2A_{2} \tag{3-48}$$

式中，A_1为溃口底部侵蚀面积，m^2；A_2为溃口边坡侵蚀面积，m^2。

假设溃口边坡侵蚀速率与溃口底部侵蚀速率相等，可得到溃口侵蚀速率 dz 与溃口宽度变化量 ΔB、溃口底部水平宽度变化量ΔC 的关系：

$$\Delta B = 2\mathrm{dz}\csc\beta \tag{3-49}$$

$$\Delta C = 2\mathrm{dz}(\csc\beta - \cot\beta) \tag{3-50}$$

式中，β 为溃口边坡与水平面夹角，(°)。

如图 3-115 所示，假设初始溃口连通时，溃口顶部宽度为 B_0，溃口深度为 H_0，背水面长度为 F_0，那么任一时刻 t 溃口底部水平宽度 C、水平溃口长度 D、背水面溃口长度 F 分别为

$$C = B_0 + 2\int_0^t f(t)\mathrm{dz}\csc\beta - 2\left(H_0 + \int_0^t f(t)\mathrm{dz}\right)\cot\beta \tag{3-51}$$

$$D = \left(H_0 + \int_0^t f(t)\mathrm{dz}\right)\cot\zeta + A \tag{3-52}$$

$$F = F_0 - \left(\int_0^t f(t)\mathrm{dz} + H_0\right)\cot\alpha \tag{3-53}$$

那么，任一时刻 t 溃口底部的侵蚀面积 $A_1(t)$ 表达式如下：

$$\begin{aligned} A_1(t) = & \left[B_0 + 2\int_0^t f(t)\mathrm{dz}\csc\beta - 2\left(H_0 + \int_0^t f(t)\mathrm{dz}\right)\cot\beta\right] \\ & \times\left\{\left[\left(H_0 + \int_0^t f(t)\mathrm{dz}\right)(\csc\zeta + \csc\theta) + A\right] + F_0 - \left(\int_0^t f(t)\mathrm{dz} + H_0\right)\cot\alpha\right\} \end{aligned} \tag{3-54}$$

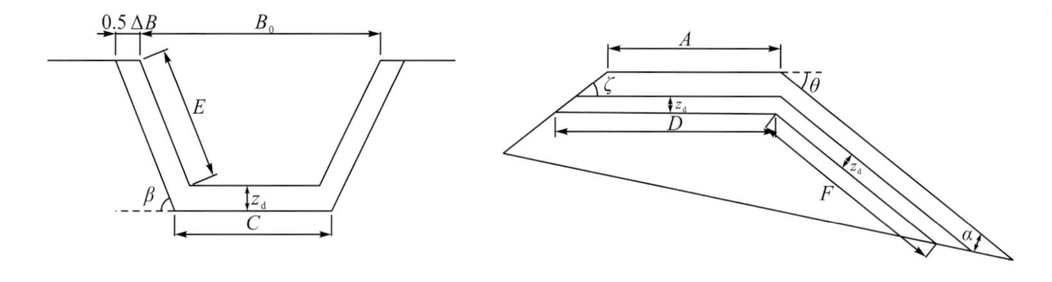

图 3-115 漫顶逐步溃决模式溃口侵蚀面积计算示意图

将溃口边坡简化为矩形边坡，矩形边坡的横向长度 E 为

$$E = \left(H_0 + \int_0^t f(t)\mathrm{dz}\right)\csc\beta \tag{3-55}$$

同样任一时刻 t 溃口边坡的侵蚀面积 $A_2(t)$ 表达式如下：

$$\begin{aligned} A_2(t) = & \left[\left(H_0 + \int_0^t f(t)\mathrm{dz}\right)(\cot\zeta + \cot\theta) + 2A + F_0 - \left(\int_0^t f(t)\mathrm{dz} + H_0\right)\cot\alpha\right] \\ & \times\left(H_0 + \int_0^t f(t)\mathrm{dz}\right)\csc\beta \end{aligned} \tag{3-56}$$

4. 算例分析

由于泥石流沟道中堰塞体往往难以到达，获得实测的泥石流沟道堰塞体失稳参数作为模型验证数据可实施性较差，故本次选择拥有完整水文实测资料和堰塞体材料特性的室内

堰塞体失稳物理模型实验实测数据作为堰塞体漫顶溢流逐步溃决溃口流量计算样本，验证模型的合理性，对堰塞体的溃决过程进行反演分析，分析溃口洪水流量变化过程和溃口发展过程的主要影响因素。

为简化计算，在崩滑堆积成因的堰塞体溃决过程数值计算中采用以下假设：

(1) 将堰塞体横断面和溃口纵断面分别视为倒梯形和正梯形；

(2) 下游坡面冲蚀深度与坝顶冲蚀深度相同；

(3) 冲蚀系数由经验公式确定，且冲蚀系数仅与堰塞体颗粒级配组成相关；

(4) 在堰塞体溃决过程中，溃口边坡坡角一直保持不变；

(5) 溃口处堰塞体材料始终视为饱和状态，且临界剪切应力为恒定值；

(6) 当坡面侵蚀形成的冲沟溯源侵蚀至坝后堰塞湖处时，初始溃口瞬间连通；

(7) 当溃口流速减小至某一值时，起动力小于临界剪切应力，则溃口保持稳定，溃坝过程停止。

基于以上假设，建立了一个可描述堰塞体溃决过程的数值计算方法，该方法主要包括溃口堰流计算及溃口几何参数计算两个模块。采用按时间步长迭代的计算方法模拟堰塞体溃决过程，输入初始参数(表 3-11)，设置时间步长 Δt，计算流程如图 3-116 所示，最终计算结果见表 3-12。

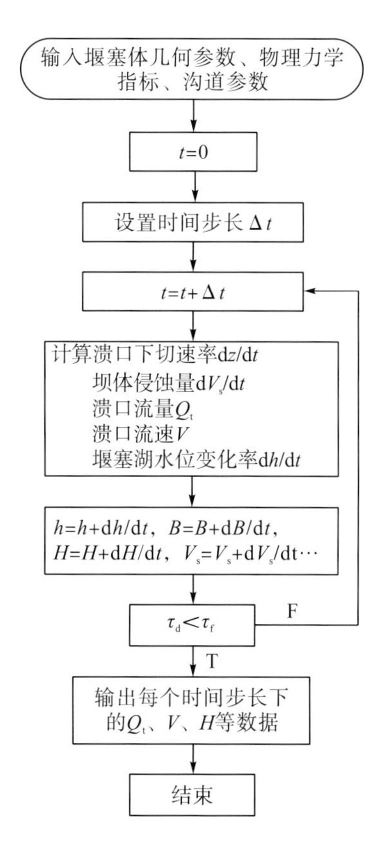

图 3-116　堰塞体溃决过程计算流程

表 3-12 堰塞体溃决模拟计算参数表

堰塞体	堰塞体几何参数					初始条件				
	高度/m	宽度/m	长度/m	上游坡度/(°)	下游坡度/(°)	底部宽度/m	顶部宽度/m	溃口深度/m	溃口坡度/(°)	侵蚀系数/(kPa·m/s)
实验堰塞体	0.2	0.4	0.8	40	30	0.03	0.0406	0.03	80	0.0003758
羊岭沟堰塞体①	9.28	4	17	45	36	0.5	0.96	0.5	65	0.00057353
七盘沟老鹰岩堰塞体	17.0	31.0	97.2	45	40	0.7	1.25	0.7	55	0.0007392

堰塞体	颗粒参数						堰塞湖参数		
	d_{50}/mm	孔隙比	黏聚力/kPa	摩擦角/(°)	抗剪强度/kPa	容重/(kN/m^3)	水位/m	入流量/(m^3/s)	容积/m^3
实验堰塞体	1.0	0.700	25	24	42.7	2100	0.2	0.0025	0.04
羊岭沟堰塞体①	8.0	0.45	27	25	46.2	2200	9.28	2.05	1928
七盘沟老鹰岩堰塞体	600	0.670	27	25	46.2	2180	17	930	24000

对模拟获得的溃口流量与实测值进行对比(图 3-117)，模拟计算得到的最大峰值流量为 2174.76mL/s，实验实测峰值流量为 2014.10mL/s，误差为 7.39%，且溃口流量发展过程与实测流量过程具有很大相似性，说明基于溃决过程反演模型的溃口流量计算方法具有较高的准确性，相应得到该堰塞体溃决的堵塞系数为 4.35。

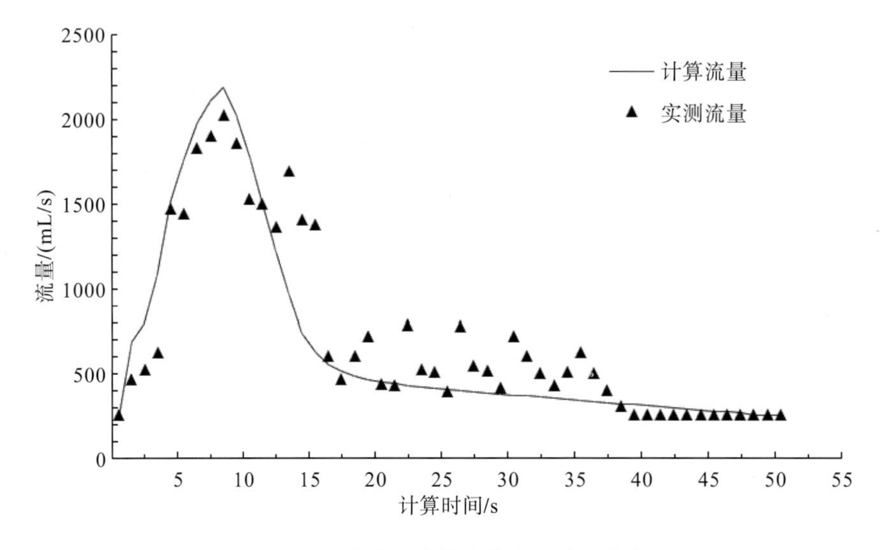

图 3-117 实验堰塞体溃决流量过程曲线

羊岭沟①号堰塞体形成于 2008 年“5・12”汶川地震之后，空间坐标为 103°33′42.70″E、31°28′00.44″N。堰塞体平均厚度为 7.7m，淤积长 17m，淤高 5～10m，堰塞体方量为 3549m^3。2013 年 7 月 10 日该沟暴发大型泥石流，在该堰塞体处上游来流作用下，坝后水位不断升高，最终发生漫顶溢流，堰塞体溃决，溃决后流量瞬间放大，在堰塞体下游测得泥位高度为 4.0m，形态调查法实测峰值流量为 372.61m^3/s，对计算获得的溃口流量变化过程与实测值进行对比(图 3-118)，计算得到的最大峰值流量 Q_{max} 为 437.01m^3/s，对应堵塞系数为 3.2。

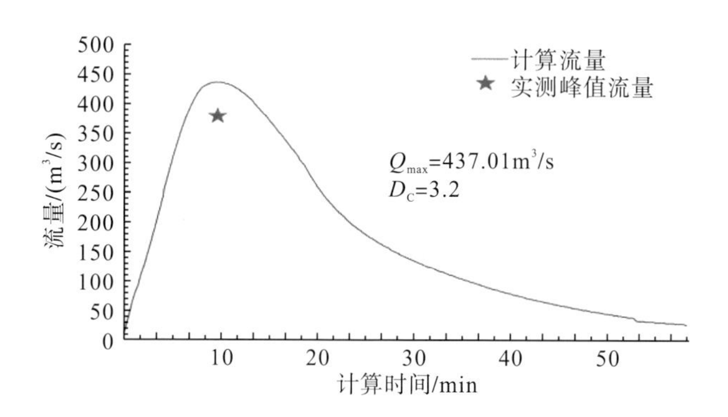

图 3-118 羊岭沟①号堰塞体溃决流量过程曲线

七盘沟老鹰岩堰塞体为 2008 年“5・12”汶川地震同震崩滑体，位于七盘沟中下游老鹰岩滑坡上游，地理坐标为 103°34′26.19″E、31°25′47.35″N。地震后，老鹰岩崩塌堆积体堵塞沟道，抬高沟床，形成堰塞湖。2013 年 7 月 10 日该沟暴发特大型泥石流，沟域内至少有 3 处堰塞湖溃决，而老鹰岩堰塞体为最下游一级，该堰塞体溃决后流量瞬间放大，形态调查法实测峰值流量达到 3161m^3/s，对计算获得的溃口流量与实测值对比(图 3-119)，计算得到的最大峰值流量 Q_{max} 为 2473m^3/s，对应堵塞系数 D_C 为 2.8，若按照实测峰值流量计算，相应堵塞系数为 3.6。

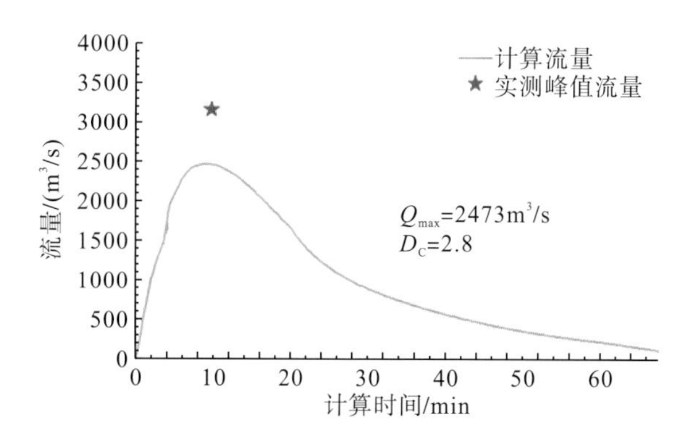

图 3-119 七盘沟老鹰岩堰塞体溃决流量过程曲线

3.4.3.2 堵塞系数取值

1. 堵塞系数计算公式

定义堵塞系数为堰塞体溃口峰值流量与上游来流泥石流流量的比值，即

$$D_C = \frac{Q_{max}}{Q_0(1+\varphi)} = \frac{\lambda\sqrt{2g}[B_0 + k_d(\tau_d - \tau_f)\csc\beta][H - H_0 - k_d(\tau_d - \tau_f)]^{3/2}}{Q_0(1+\varphi)} \tag{3-57}$$

式中，Q_{max}为堰塞体溃口峰值流量，m^3/s；Q_0为暴雨洪峰流量，m^3/s；φ为泥沙修正系数，量纲一；λ为流量系数，量纲一；k_d为侵蚀系数，与坝体级配有关，kPa·m/s；τ_d为流体剪切应力，kPa；τ_f为坝体颗粒抗剪强度，kPa；β为溃口边坡与水平面的夹角，(°)；H为坝高，m；B_0、H_0为堰塞体初始溃口宽度及高度，m。

2. 堵塞系数定性取值方法

对于强震区泥石流堵塞系数取值有较多学者做了研究工作。胡卸文等(2016)根据震后数次泥石流勘查情况，比较用泥痕调查法得出的流量与用雨洪修正法得出的结果，发现个别沟道堵塞系数最大可超过 4.0。胡凯衡(2010)用形态调查法在地震灾区泥石流现场得到的泥石流峰值流量Q_C来计算流量放大系数D_α，发现其值都在 2.0 以上，而且出现大于堵塞系数的上限(3.0)的情况。游勇等(2010)根据汶川地震灾区近年来泥石流观测数据研究发现，当地震引发大量崩滑堆积体，对泥石流沟道造成特别严重的堵塞时，堵塞系数取值可达到 3.1～5.0，甚至更高，见表 3-13。在现有泥石流规范中，泥石流堵塞系数一般取值为 1.0～3.0，其中轻微堵塞取 1.0～1.4，一般堵塞取 1.5～1.9，中等堵塞取 2.0～2.5，严重堵塞取 2.6～3.0。而据汶川地震灾区近年来泥石流观测数据，当地震引发大量崩滑堆积体，对泥石流沟道造成特别严重堵塞时，堵塞系数取值可达到 3.1～5.0，甚至更高。结合上述研究成果与野外实际调查情况，将泥石流堵塞系数定义为由沟道堵塞系数D_{C0}和堰塞体堵塞系数D_{Cm}组合而成，堵塞系数取值最大范围界定为 6.0 以内。根据《泥石流灾害防治工程勘查规范(试行)》(T/CAGHP 006—2018)，泥石流沟道堵溃判别方法见表 3-14，确定沟道堵塞系数D_{C0}与地震影响、沟谷发育程度、松散物源分布、沟道宽窄急剧变化情况及泥石流流体形态等参数相关；再结合规范中式(4-86)、式(4-87)、式(4-88)提供的溃决泥石流洪峰流量计算方法，确定堰塞体堵塞系数D_{Cm}与堰塞体库容、堰塞体宽度、堰塞体高度、堰塞体类型、有效堰塞体个数等参数相关。

表 3-13 强震区泥石流堵塞系数取值表

沟名	流域面积/km^2	沟道纵比降/‰	主沟长度/km	堵塞系数
桃关沟	50.86	220	14.2	2.4
磨子沟	7.40	420	4.80	2.4
七盘沟	54.20	190	15.1	3.0
华溪沟	10.3	290	5.15	3.0
羊岭沟	7.95	390	5.5	1.7
安夹沟	9.17	420	4.9	2.3

续表

沟名	流域面积/km^2	沟道纵比降/‰	主沟长度/km	堵塞系数
锄头沟	2170	180	8.9	2.0
瓦窑沟	1.21	650	2.78	1.7
张家坪沟	1.62	490	2.2	2.3
干沟	0.39	350	1.47	9.3
干沟子沟	3.50	370	3.38	3.9
黄泥地沟	6.19	220	3.77	2.9
关门子沟	5.37	300	3.3	2.2
席家沟	1.73	330	2.10	3.4
花石板沟	1.54	420	2.40	3.1
青林沟	23.70	110	9.90	1.4

表 3-14 《泥石流灾害防治工程勘查规范(试行)》(T/CAGHP 006—2018)确定泥石流沟道堵溃判别方法

参考指标	易堵溃泥石流	不易堵溃泥石流
沟道纵坡突变	沟道陡缓坡相间，主要为上游陡坡，中下游缓坡	沟道以陡坡为主，坡度变化不大
粗大漂砾	物源区软硬岩相间，物源成分粗大漂砾多	以软岩为主，物源中大漂砾石很少
卡口	沟道有狭窄的卡口段，卡口宽度小于物源中最大粒径的 1/2，0.5m^3 块度以下颗粒物质所占比例大于 60%	流域沟谷宽阔，无卡口段
弯道	沟道中弯道较多且弯道半径小	沟道顺直或沟道转弯半径大
滑坡崩塌	流通区崩塌滑坡发育，稳定性差	流通区无崩塌滑坡发育

全部溃决计算公式：

$$Q_{\mathrm{M}}=0.9\left(\frac{H-h}{H-0.827}\right)B\sqrt{H}(H-h) \tag{3-58}$$

局部溃决计算公式：

$$Q_{\mathrm{M}}=0.9\left(\frac{B}{b}\right)^{1/4}bH_0^{3/2} \tag{3-59}$$

溃坝洪峰最大流量向下游演进计算公式：

$$Q_{\mathrm{M}S}=\frac{W}{\dfrac{W}{Q_{\mathrm{M}}}+\dfrac{S}{VK}} \tag{3-60}$$

式中，Q_{M} 为堰塞体溃决最大流量，m^3/s；H 为坝高，m；h 为溃决后形成的坝高(m)，如堰塞体完全溃决，则 h=0；B 为坝长，m；S 为下游控制断面距堰塞体距离，m；Q_{MS} 为距堰塞体 S 距离处的控制面最大溃坝演进流量，m^3/s；W 为堰塞体形成的湖区库容，m^3；V 为河道洪水期断面平均流速(m/s)，在有资料地区 V 可取实测最大值，无资料时山区取 3～5m/s，丘陵区取 2～3m/s，平原区取 0.8～0.9m/s；K 为经验系数，山区取 1.1～1.5，丘陵区取 1.0，平原区取 0.8～0.9。

在《泥石流灾害防治工程勘查规范(试行)》(T/CAGHP 006—2018)基础上，结合强震区数次级联溃决型泥石流观测数据，拟定了沟道堵塞系数 D_{C0} 的取值表(表 3-15)。

表 3-15　沟道堵塞系取值表

堵塞程度	沟道特征	D_{C0}
特别严重	地震影响强烈区大型崩滑堆积体发育的沟谷；高速远程滑坡碎屑流堆积于沟道、堆积厚度大；沟岸新近滑坡崩塌发育、堆积于沟床并挤压沟道形成多处堵点；沟道中有多处宽窄急剧变化段，如峡谷卡口、过流断面不足的桥涵；观测到的泥石流流体黏性大，泥石流规模放大显著	2.5～3.0
严重	沟槽弯曲且曲率较大、沟道宽窄不均、纵坡降变化大，卡口、陡坎多，大部分支沟交汇角度大，松散物源丰富且分布较集中；沟岸稳定性差，崩滑现象发育且对沟道堵塞较为严重；沟道松散堆积物源丰富且沟槽堵塞严重，物源集中分布区沟道摆动严重，沟道物源易于起动并参与泥石流活动；观测到的泥石流流体黏性大、稠度高、阵流间隔时间长	2.1～2.5
中等	沟槽弯道发育但曲率不大，沟道宽度有一定变化，局部有陡坎、卡口分布，主支沟交角多小于 60°，物源分布集中程度中等；局部沟岸滑塌较发育，并对沟道造成一定程度的堵塞；沟道内聚集的松散堆积物源较丰富，并具备起动和参与泥石流活动的条件，沟床堵塞情况中等；观测到的泥石流流体多呈稠浆-稀粥状，具有一定的阵流特征	1.7～2.1
一般	沟槽基本顺直均匀，主支沟交汇角较小，基本无卡口、陡坎，物源分布较分散；沟岸基本稳定，局部沟岸滑塌，但对沟道的堵塞程度轻微；沟道基本稳定，松散堆积物厚度较薄且难于起动；观测到的泥石流物质组成黏度较小，阵流的间隔时间较短	1.5～1.7
轻微	沟槽顺直均匀，主支沟交汇角小，基本无卡口、陡坎，物源分散；沟岸稳定，崩滑现象不发育；沟道稳定，沟道见基岩出露，或松散堆积物厚度较薄且难于起动；观测到的泥石流物质组成黏度小，阵流的间隔时间短	1.0～1.5

根据沟道内堰塞体坝后的蓄水情况，可以分为空库和满库两种类型。

(1) 当堰塞体为空库时，即堰塞体的渗水能力较强，沟道内的常流水流量小于堰塞体渗水量，堰塞湖没有长期积蓄湖水。在溃坝过程中堰塞体经过了降雨汇流、堰塞湖蓄水、稳定性降低、失稳溃决几个阶段。当洪峰流量到达时，堰塞体才逐渐蓄水，泥石流体由于堰塞体的阻碍作用堵塞在库内并开始沉积，这也导致了泥石流流速下降。此外，沉积在库内的泥石流降低了堰塞湖库容，当堰塞体溃决下泄流量达到峰值时，上游洪峰流量早已结束。因此，空库堰塞体对上游泥石流有明显的削峰作用，对泥石流的放大作用可忽略不计。Chen 等(2014b)进行的级联溃坝模拟实验结果也显示，空库堰塞体虽然也会发生级联溃决，但由于强烈的阻塞效应，导致平均流速和洪峰流量减小，在这种模式下很少观察到泥石流放大。

(2) 当堰塞体为满库时，即堰塞体的渗水能力较差，流域内的常流水长期积蓄在坝后，堰塞湖水位与坝高相当，堰塞体内部已经到达了渗流平衡。在一次溃坝过程中，当上游强降雨形成的泥石流或清水洪峰到达堰塞体处，堰塞体即刻漫顶，在坡面侵蚀的作用下溃决。此时，坝后堰塞湖和泥石流体的重力势能迅速转化为动能，导致洪峰流量迅速增大。

综上所述，连续空库堰塞体对上游泥石流有明显的削峰作用，对泥石流的放大作用可忽略不计(Chen et al.，2014b；Peng and Zhang，2012；Shi et al.，2015)，因此在级联溃决型泥石流流量计算过程中，对于连续空库堰塞体只考虑最后一级堰塞体的堵塞系数，满库堰塞体需要逐个计算。在此基础上引入有效堰塞体的概念，它指在泥石流沟道中对泥石流流量具有明显放大效应的堰塞体，即连续空库堰塞体的最后一级堰塞体和满库堰塞体。表 3-16 为不同库容组合中的有效堰塞体判别案例。

表 3-16　强震区泥石流沟域内不同堰塞体库容组合下的有效堰塞体判别

	项目	⑦号堰塞体	⑥号堰塞体	⑤号堰塞体	④号堰塞体	③号堰塞体	②号堰塞体	①号堰塞体
1	库容组合	×	×	×	×	×	×	×
	是否有效	无效	无效	无效	无效	无效	无效	有效
2	库容组合	×	×	×	×	×	×	√
	是否有效	无效	无效	无效	无效	无效	有效	有效
3	库容组合	×	√	×	×	×	√	×
	是否有效	有效	有效	无效	无效	有效	有效	有效
4	库容组合	√	×	×	√	×	×	√
	是否有效	有效	无效	有效	有效	无效	有效	有效
5	库容组合	√	√	√	√	×	×	×
	是否有效	有效	有效	有效	有效	无效	无效	有效

注：“×”代表该堰塞体为空库；“√”代表该堰塞体为满库；“无效”代表该堰塞体为无效堰塞体，不考虑堵塞系数；“有效”代表该堰塞体为有效堰塞体，考虑堵塞系数。

已有的统计计算结果显示，溃决泥石流洪峰流量是堰塞体几何结构（坝高）和堰塞湖参数（湖水水位及库容）的函数。Peng 和 Zhang（2012）、Shi 等（2015）指出坝体高度系数 H/D、堰塞湖形状系数 V/D^3 是影响堰塞体溃坝流量的重要参数。其中，坝高 H 指堰塞体顶部到底部的垂直高差，表示最大水头或潜在的重力势能；堰塞湖形状系数 V/D^3 表示可能溃决的潜在库容量，影响溃口大小、溃口持续时间等。因此，在现行规范基础上，还需要考虑到堰塞体的坝高及库容这两个重要因子。

对于单个堰塞体的堵塞系数可按表 3-17 选取。

表 3-17　强震区泥石流沟域内单个堰塞体堵塞系取值表

特征	D_{Ci}	D_{Cj}
堰塞体规模及库容大，$V/D^3>3$ 或 $H/D>2$，堰塞体在泥石流暴发过程中起主要控制作用，$V/D^3\geqslant10$ 或 $H/D\geqslant3$ 时，取 1.0	0.6～1.0	0.3～0.5
堰塞体规模及库容中等，$1<V/D^3<3$ 或 $1<H/D<2$，对泥石流流量有显著影响	0.4～0.6	0.2～0.3
堰塞体规模及库容小，$0.25<V/D^3<1$ 或 $0.25<H/D<1$	0.2～0.4	0.1～0.2
堰塞体规模小且库容小，$V/D^3<0.25$ 或 $H/D<0.25$	0～0.2	0～0.1
沟道内无堰塞体分布	0	0

注：V 为堰塞体库容，m^3；D 为堰塞体宽度，m；H 为堰塞体高度，m；D_{Ci} 表示单个满库堰塞体的堵塞系数；D_{Cj} 表示单个空库堰塞体的堵塞系数。

在制定了单个堰塞体堵塞系数取值标准的基础上，采用研究区目前现存的比较完整的 6 处堰塞体为例，对取值表的准确性进行验证分析，结果如表 3-18 所示。

表 3-18 强震区泥石流沟域内单个堰塞体堵塞系数取值表验证计算结果

沟道	堰塞体	$D_{C计}$	D_{C0}	D_{Cm}	D	H	V	V/D^3	H/D	D_{Cn}	误差
羊岭沟	①号堰塞体	3.20	2.4	0.80	4	9.28	1928	30.1	4.25	1.00	0.25
	③号堰塞体	2.80	2.4	0.40	17	10	680	0.34	0.58	0.29	−0.28
七盘沟	红石潮堰塞体	2.50	2.2	0.30	73.7	20	35000	0.09	0.27	0.21	−0.30
	小沟沟口堰塞体	2.35	2.2	0.15	61.5	7.2	1960	0.01	0.12	0.10	−0.33
	黄泥槽堰塞体	2.30	2.2	0.10	69.8	7.5	1820	0.01	0.11	0.09	−0.10
	老鹰岩堰塞体	2.70	2.2	0.50	31	17	24000	0.81	0.55	0.35	−0.30

表 3-18 中，$D_{C计}$为由式(3-57)计算得到的堵塞系数；D_{C0}为表 3-15 得到的沟道堵塞系数；D_{Cm}为堰塞体的堵塞系数；D 为堰塞体宽度，m；H 为堰塞体坝高，m；V 为堰塞体库容，m^3；D_{Cn}为表 3-17 得到的单个堰塞体堵塞系数。

从表 3-18 中的数据分析可知，单个堰塞体堵塞系数计算值与单个堰塞体堵塞系取值表结果基本吻合。为了验证推导公式的可信度，利用相对误差计算公式(3-61)对样本数据进行分析，得到相对误差图如图 3-120 所示。

$$e_r = \frac{D_{Cm} - D_{Cn}}{D_{Cm}} \times 100\% \tag{3-61}$$

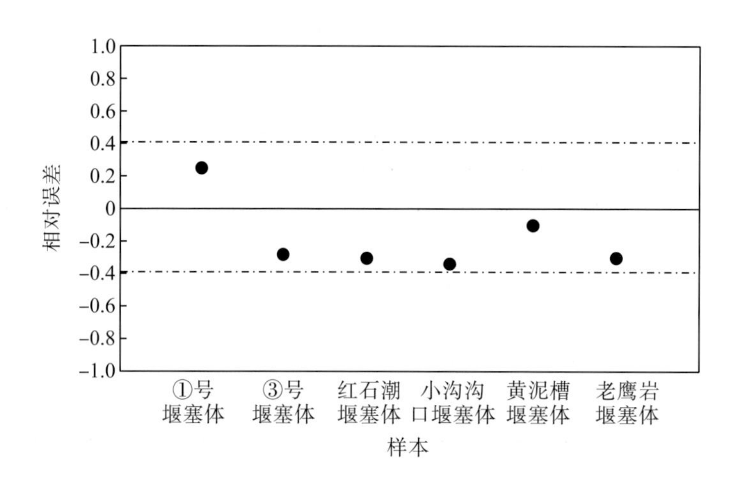

图 3-120 样本数据的相对误差图

从图 3-120 分析可知，样本数据的计算值与验证值之间相对误差均在 40%以内，最大为 33%，相对误差在±30%之内的样本数占总数的 83%。由此可见，利用堰塞体坝高与库容组合建立的堵塞系数取值模型是具备一定合理性的。

级联溃决型泥石流流量计算除了考虑单个堰塞体的堵塞系数之外，还需要考虑泥石流的洪峰流量演进。泥石流洪峰流量演进过程主要受下游沟道地形和沟床松散物源的影响，堰塞体溃决形成的泥石流流量沿沟道缓慢下降，其下降速度受峰值流量、沟床松散物源影响显著。峰值流量越大其持续时间越长，溃坝泥石流流量下降速率越缓慢。产生这一现象的原因是，通常情况下，水流流量越大，其初始能量越大，使得能量在克服河床摩擦时所消耗的能量相对越小，从而使得水流流量影响也随之减小，最终导致峰值流量越大，往往沿程流量下降速率越慢。影响泥石流演进的另一个重要因素是堰塞体坝后的河床沟道松散堆积物。已有研究表明，堰塞体坝后的沟道松散物质实际上充当了与溃决泥石流直接接触的粗糙接触面，这种粗糙接触面会消耗溃决洪水的动能，起到了对泥石流运动的阻碍作用。

总体而言，在泥石流演进过程中，泥石流峰值流量沿沟道下降，削弱了堰塞体的流量放大效应。因此，当泥石流沟道中存在多级堰塞体时，应考虑到下级堰塞体对上级堰塞体的流量放大效应具有衰减作用。结合胡卸文等(2016)、胡凯衡等(2010)、游勇等(2010)等的研究成果与野外实际调查情况，将堵塞系数取值最大范围界定为 6.0 以内。沟道堵塞系数和堰塞体堵塞系数取值上限均为 3.0，经过反复试算，将每级堰塞体衰减系数设置为 0.2，可得到级联溃决型泥石流堵塞系数计算公式：

$$D_{\mathrm{C}} = D_{\mathrm{C0}} + \sum_{k=1}^{n}(1.2-0.2m)D_{\mathrm{Cm}k} \quad (n \leqslant 5) \tag{3-62}$$

式中，D_{C0} 为泥石流沟道堵塞系数；$D_{\mathrm{Cm}k}$ 为下游至上游的第 m 级有效堰塞体堵塞系数。

当沟道中存在大于 5 个有效堰塞体时，取规模较大的 5 处堰塞体进行计算(按表 3-16 计算得到的堵塞系数最大的 5 处堰塞体)，其余堰塞体则忽略不计。以沟道内存在 5 个堰塞体为例，得到典型堰塞体库容组合下的泥石流堵塞系取值表，见表 3-19，其他堰塞体库容组合的堵塞系数也可按照此表推算。

表 3-19　不同堰塞体库容组合下的泥石流堵塞系取值表

序号		⑤号堰塞体	④号堰塞体	③号堰塞体	②号堰塞体	①号堰塞体	D_{C}
1	库容组合	×	×	×	×	×	$D_{\mathrm{C0}}+D_{\mathrm{Cm1}}$
	堵塞系数	—	—	—	—	D_{C1}	
2	库容组合	×	×	×	×	√	$D_{\mathrm{C0}}+D_{\mathrm{Cm1}}+0.8\times D_{\mathrm{Cm2}}$
	堵塞系数	—	—	—	D_{C2}	D_{C1}	
3	库容组合	×	×	×	√	×	$D_{\mathrm{C0}}+D_{\mathrm{Cm1}}+0.8\times D_{\mathrm{Cm2}}+0.6\times D_{\mathrm{Cm3}}$
	堵塞系数	—	—	D_{C3}	D_{C2}	D_{C1}	
4	库容组合	×	√	×	×	√	$D_{\mathrm{C0}}+D_{\mathrm{Cm1}}+0.8\times D_{\mathrm{Cm2}}+0.6\times D_{\mathrm{Cm3}}+0.4\times D_{\mathrm{Cm4}}$
	堵塞系数	D_{C4}	D_{C3}	—	D_{C2}	D_{C1}	
5	库容组合	√	√	√	√	√	$D_{\mathrm{C0}}+D_{\mathrm{Cm1}}+0.8\times D_{\mathrm{Cm2}}+0.6\times D_{\mathrm{Cm3}}+0.4\times D_{\mathrm{Cm4}}+0.2\times D_{\mathrm{Cm5}}$
	堵塞系数	D_{C5}	D_{C4}	D_{C3}	D_{C2}	D_{C1}	

注：“×”代表该堰塞体为空库；“√”代表该堰塞体为满库；“—”代表该堰塞体为无效堰塞体，不考虑堵塞系数；D_{Cm1}、D_{Cm2}…表示对应堰塞体的堵塞系数。

3.4.3.3　堵塞系数计算模型模拟验证

针对研究区羊岭沟、七盘沟及红椿沟泥石流灾害的实际暴发过程，开展基于 FLO-2D 的数值模拟验证，验证本次提出的堵塞系数取值方法的准确性。

1. 不同堵塞系数取值方法下的泥石流流量计算

在羊岭沟、七盘沟、红椿沟流域内，由于汶川地震直接诱发的大量同震崩塌、滑坡堵塞沟道，形成很多堰塞体，这些堰塞体溃决后极易形成堵溃型泥石流，由于其成灾快及规模大等特征，该类泥石流造成的灾害损失比一般的暴雨泥石流要严重得多。为此，针对羊岭沟、七盘沟、红椿沟开展溃决工况下的运动学特征数值研究(图 3-121～图 3-123)。

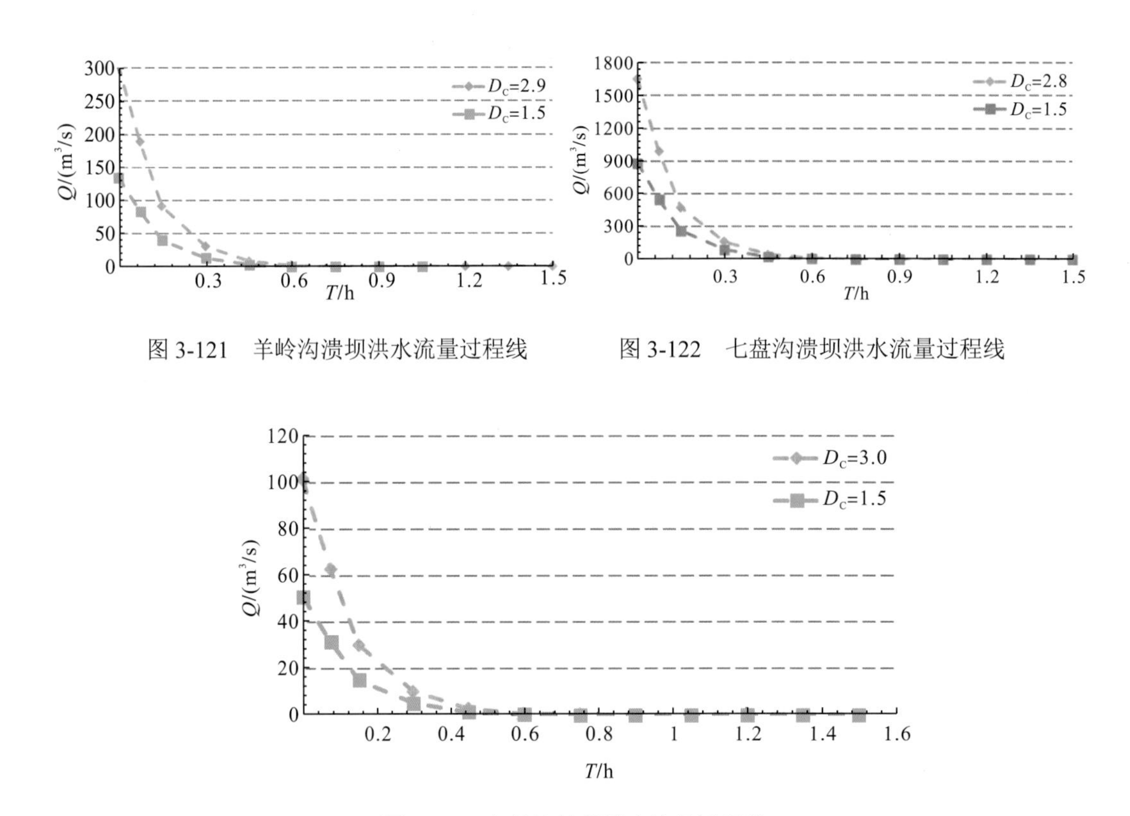

图 3-121　羊岭沟溃坝洪水流量过程线

图 3-122　七盘沟溃坝洪水流量过程线

图 3-123　红椿沟溃坝洪水流量过程线

采用雨洪法计算流量作为本次模拟溃决工况下的流量值，用于检验已建防治工程效果，根据《泥石流灾害防治工程勘查规范(试行)》(T/CAGHP 006—2018)，采用下式进行泥石流峰值流量的计算：

$$Q_C = (1+\varphi)Q_P D_C \tag{3-63}$$

式中，Q_C 表示泥石流断面峰值流量，m^3/s；φ 表示泥沙修正系数；Q_P 表示暴雨洪峰流量；D_C 表示堵塞系数。

对于泥石流沟道堵塞系数，采用本书研究成果，其中羊岭沟三处堰塞体均为空库，仅对最下游堰塞体进行计算；七盘沟第二级堰塞体为空库，其余均为满库；红椿沟两处堰塞体均为满库。三条泥石流沟道堵塞系数取值表见表 3-20。根据《泥石流灾害防治工程勘查规范(试行)》(T/CAGHP 006—2018)及相关勘察报告，查表得羊岭沟、七盘沟、红椿沟的堵塞系数分别为 1.5、1.5、1.5。两者相差比较大，故将对本次计算得到的结果进行数值模拟验证(表 3-21)。

表 3-20　强震区典型泥石流沟堵塞系数取值表

沟道名称	项目	④号堰塞体	③号堰塞体	②号堰塞体	①号堰塞体	D_{C0}	D_C
羊岭沟	库容组合		×	×	×	2.4	$D_{C0}+D_{Cm1}=2.9$
	堵塞系数		—	—	0.5		
七盘沟	库容组合	√	×	√	√	2.2	$D_{C0}+D_{Cm1}+0.8\times D_{Cm2}+0.6\times D_{Cm3}+0.4\times D_{Cm4}=2.8$
	堵塞系数	0.21	0.10	0.09	0.35		
红椿沟	库容组合			√	√	1.8	$D_{C0}+D_{Cm1}+0.8\times D_{Cm2}=3.0$
	堵塞系数			0.5	0.8		

注：“×”代表该堰塞体为空库，“√”代表该堰塞体为满库，“—”代表该堰塞体为无效堰塞体。

表 3-21　泥石流流量计算表(雨洪法)

沟道名称	依据	泥沙修正系数φ	堰塞体数量/处	泥石流堵塞系数 D_C	泥石流峰值流量 Q_C/(m^3/s)
羊岭沟	本次研究	1.25	3	2.9	253.50
	已有规范	1.25		1.5	134.77
七盘沟	本次研究	0.797	4	2.8	1654.08
	已有规范	0.797		1.5	881.79
红椿沟	本次研究	0.778	2	3.0	101.52
	已有规范	0.778		1.5	50.76

根据《四川省中小流域暴雨洪水计算手册》，采用水量平衡原理得到概化过程线作为近似的洪水过程线。假定在溃决开始时初瞬流量为 Q_m，随着流量迅速下降，最后趋近于入库流量 Q_0，其中 T_n 表示总历时，溃坝洪水概化过程线由几个重要时刻点控制(图 3-121～图 3-123)。

2. 级联溃决型泥石流动力过程数值模拟

针对研究区羊岭沟、七盘沟泥石流灾害实际暴发过程，开展基于 FLO-2D 的数值模拟研究，得到羊岭沟、七盘沟泥石流在正常流量工况下以及溃决工况下的运动堆积特征参数，并且获得泥石流暴发过程中泥石流流体的堆积深度、运动速度、堆积范围等。

1) 羊岭沟泥石流

图 3-124 为本书研究采用的堵塞系数(2.9)进行的类值模拟。利用经验取值得到的堵塞系数(1.5)进行羊岭沟 50 年一遇降雨诱发泥石流数值模拟，结果显示松散堆积物主要淤积于沟道之中，但是堆积范围较 2013 年“7 • 10”泥石流的堆积范围要小，不能准确还原泥石流暴发真实情况(图 3-125)。

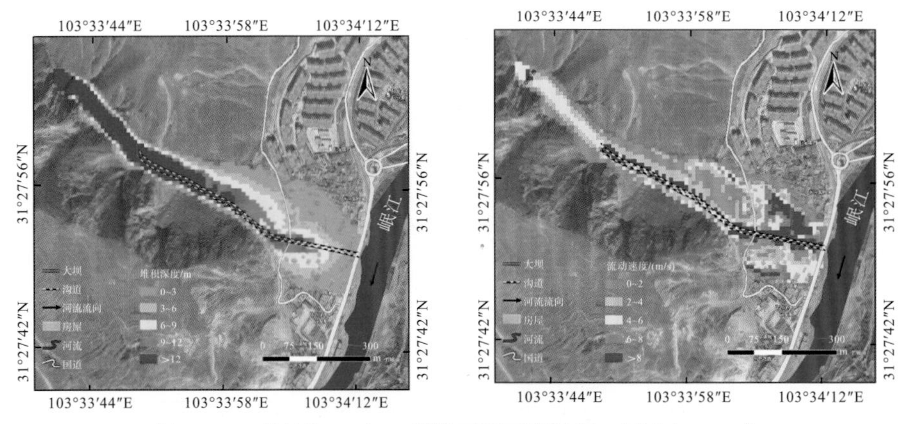

图 3-124　羊岭沟 50 年一遇降雨泥石流泥深、流速(D_C=2.9)

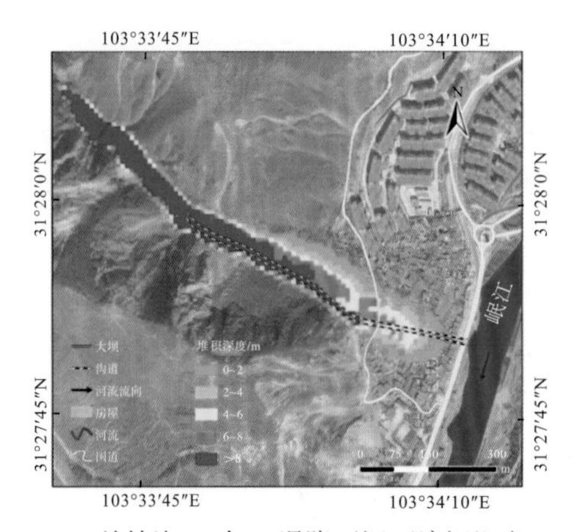

图 3-125　羊岭沟 50 年一遇降雨泥石流泥深(D_C=1.5)

2) 七盘沟泥石流

图 3-126 为本书研究采用的堵塞系数(2.8)进行的数值模拟。利用经验取值得到的堵塞系数(1.5)进行七盘沟 50 年一遇降雨诱发泥石流数值模拟，得到松散堆积物主要淤积于沟道之中，并未堵塞岷江，虽然堆积范围与 2013 年“7·10”泥石流堆积范围大致相当，但未反映出堵江的准确情况，同样不能准确地还原泥石流暴发真实情况(图 3-127)。

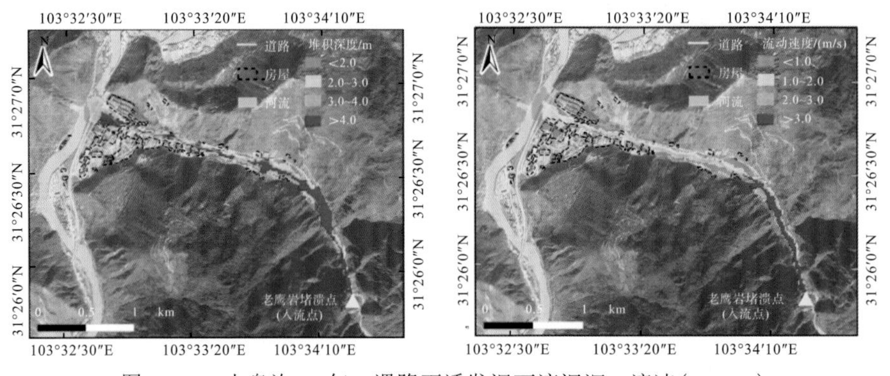

图 3-126　七盘沟 50 年一遇降雨诱发泥石流泥深、流速(D_C=2.8)

图 3-127 七盘沟 50 年一遇降雨诱发泥石流泥深(D_C=1.5)

3)红椿沟泥石流

图 3-128 为本书研究采用的堵塞系数(3.0)进行的数值模拟。利用经验取值得到的堵塞系数(1.5)进行红椿沟 50 年一遇降雨诱发泥石流数值模拟，结果同样显示松散堆积物主要淤积于沟道之中，但是堆积范围较 2010 年“8·14”泥石流的堆积范围小，也不能准确还原泥石流真实情况(图 3-129)。

图 3-128 红椿沟 50 年一遇降雨诱发泥石流泥深(D_C=3.0)

图 3-129 红椿沟 50 年一遇降雨诱发泥石流泥深(D_C=1.5)

3. 模拟结果验证

1) 羊岭沟

由于羊岭沟2013年“7·10”泥石流为50年一遇降雨诱发的溃决型泥石流，故可以将50年一遇降雨诱发溃决工况与真实情况进行对比，根据数值模拟所提出的验证方法进行计算(图3-130，图3-131)。

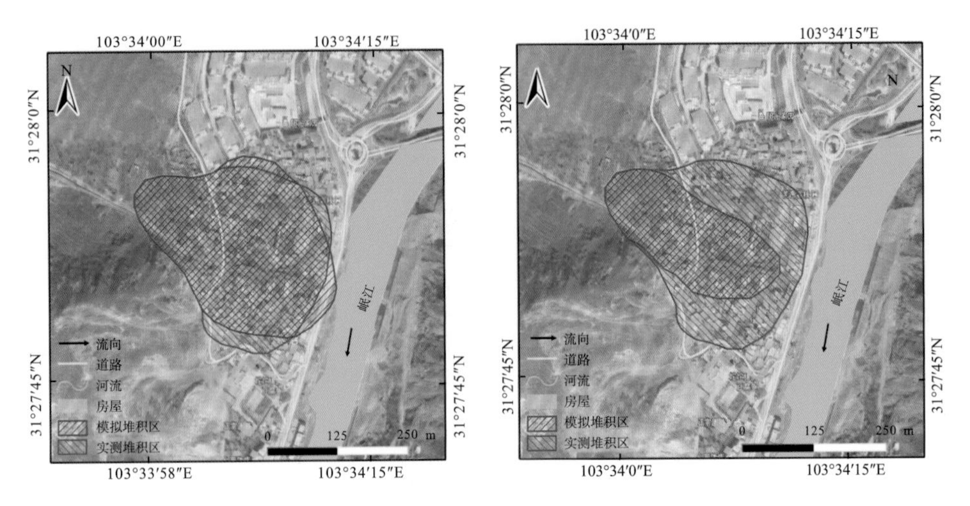

图3-130 羊岭沟50年一遇降雨诱发泥石流沟口淤积范围模拟验证(D_C=2.9)

图3-131 羊岭沟50年一遇降雨诱发泥石流沟口淤积范围模拟验证(D_C=1.5)

采用评估参数Ω，可表示2013年“7·10”泥石流模拟总体准确度值：

$$\Omega=\alpha-\beta-\gamma+\delta \quad (-2\leqslant\Omega\leqslant2) \tag{3-64}$$

式中，α与δ表示正精度，$\alpha=\dfrac{A_X}{A_{\text{observed}}}$，$\delta=\dfrac{v_{AX}}{V_{\text{observed}}}$；$\beta$与$\gamma$表示负精度，$\beta=\dfrac{A_Y}{A_{\text{observed}}}$，$\gamma=\dfrac{A_Z}{A_{\text{observed}}}$。$A_X$为正判区面积，$A_Y$为误判区面积，$A_Z$为漏判区面积，$A_{\text{observed}}$为实际堆积区面积，$v_{AX}$为正判区堆积体积，$V_{\text{observed}}$为实际堆积体积。

当Ω=2时，模拟堆积面积等于观测沉积面积，而Ω=−2意味着完全没有重叠。Ω值表示模拟和观测到的泥石流重叠程度：2代表完美重叠，−2代表不重叠。

当堵塞系数为2.9时，计算结果为1.72，与实际情况的拟合度较好；当堵塞系数为1.5时，计算结果为0.70，表明按照经验公式得出的堵塞系数1.5不能准确反映羊岭沟实际情况。

2) 七盘沟

七盘沟泥石流2013年“7·10”同样为50年一遇降雨诱发的溃决型泥石流，可将50年一遇降雨诱发泥石流溃决工况与真实情况进行对比，利用与羊岭沟同样的方法进行验证，得到堵塞系数按照经验取值、堵塞系数按照本书研究成果取值与七盘沟2013年“7·10”泥石流形成的堆积范围对比图(图3-132，图3-133)。

计算表明，堵塞系数为 2.8 的数值模拟结果与泥石流实际范围的重叠程度 Ω=1.68，而堵塞系数为 1.5 的数值模拟结果与泥石流实际范围的重叠程度 Ω=1.21，同样证明本书研究提出的堵塞系数取值与实际情况更加接近。

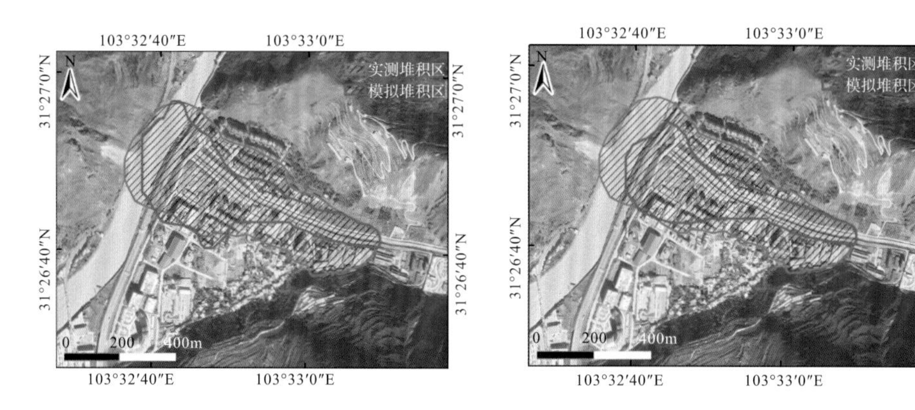

图 3-132　七盘沟 50 年一遇降雨诱发泥石流沟口淤积范围模拟验证(D_C=2.8)

图 3-133　七盘沟 50 年一遇降雨诱发泥石流沟口淤积范围模拟验证(D_C=1.5)

3) 红椿沟

由于 2010 年“8·14”红椿沟泥石流也为 50 年一遇降雨诱发的溃决型泥石流，因此也将 50 年一遇降雨诱发泥石流溃决工况与真实情况进行对比，得到堵塞系数分别按照经验和本书研究成果取值与红椿沟 2010 年“8·14”泥石流形成的堆积范围对比图(图 3-134，图 3-135)。

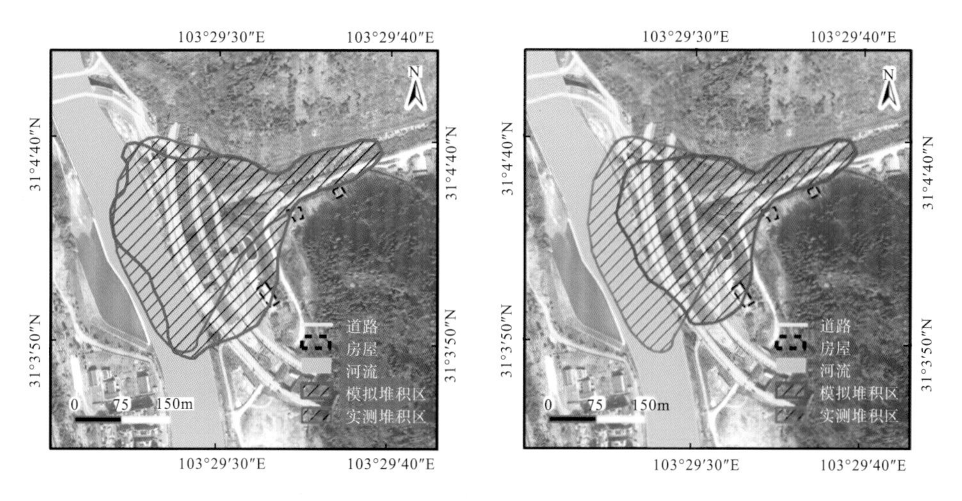

图 3-134　红椿沟 50 年一遇降雨诱发泥石流沟口淤积范围模拟验证(D_C=3.0)

图 3-135　红椿沟 50 年一遇降雨诱发泥石流沟口淤积范围模拟验证(D_C=1.5)

计算显示，堵塞系数为 3.0 的数值模拟结果与泥石流实际范围的重叠程度 Ω=1.76，而堵塞系数为 1.5 的 Ω=1.01，由此可见本书研究提出的堵塞系数取值与实际情况更相符。

3.5 小　结

(1)按沟道类型、物源类型、物源起动方式，可将汶川地震区震后沟谷型泥石流孕灾模式分为窄陡沟道分散崩滑体汇流揭底侵蚀型、窄陡沟道大规模崩滑堆积体拉槽侵蚀型、窄陡沟道震裂山体高位失稳型、宽缓沟道分散崩滑体汇流揭底侵蚀型、宽缓沟道大规模崩滑堆积体拉槽侵蚀型和宽缓沟道分散崩滑体汇流揭底与崩滑堆积体堵塞溃决复合型六类，为震后泥石流孕灾模式判别提供了参考。

(2)通过室内四级堰塞体堵溃水槽实验研究了坝体溃决后的泥石流容重、坝体内部含水率、坝体孔隙水压力、泥石流流量、流速、堰塞溃决能量等参数变化特征，分析了坝体颗粒级配和坝体初始含水率对堰塞体多级溃决型泥石流规模放大效应的影响，初步揭示了震后泥石流多级多点堵溃起动机理。

(3)采用 RAMMS 软件，基于 VS 模型对汶川强震区锄头沟 2019 年“8·20”泥石流进行了数值模拟。模拟结果再现了锄头沟泥石流发展过程中全沟域流动泥位高度和速度等方面的动态变化，同时揭示了支沟对主沟汇聚堵溃产生的流量放大效应。

(4)窄陡沟道型泥石流冲刷实验表明，随着沟道纵坡的增加，泥石流冲淤形态共可分为 3 类，分别是全断面淤积、上半部分淤积+下半部分冲刷以及入口冲坑+中后段下切拉槽，甚至发生溯源侵蚀。进一步确定了三种形态变化的冲刷临界角及其变化规律，提出了入口冲坑形态下的最大冲刷深度计算公式。在实验条件范围内，泥石流容重越小，动床粒径越大，沟道纵坡越大，泥石流对沟道物源的冲刷深度越深，冲刷量越大。

(5)通过野外调查、室内外缩尺物理实验、力学模式分析等综合技术方法，重点研究了级联溃决型泥石流堰塞体失稳判别模型和灾变运动机制的堵塞系数取值方法，提出了堰塞体漫顶破坏、滑面破坏、管涌破坏三种失稳模式，总结了级联溃决型泥石流堰塞体溃决机理。基于堰塞体简化溃坝模型，重点研究了溃口下游边坡及溃口的侵蚀过程及溃口流量变化规律，演算了堰塞体的溃坝过程，结合沟道参数及堰塞体参数共同提出了级联溃决型泥石流堰塞体堵塞系数定量计算及定性取值方法体系。

(6)选取研究区典型级联溃决型泥石流沟道羊岭沟、七盘沟及红椿沟，利用 FLO-2D 软件对建立的堵塞系数计算方法进行了验证。结果显示，相较于现行的《泥石流灾害防治工程勘查规范(试行)》(T/CAGHP 006—2018)中的堵塞系数取值，本书研究建立的堵塞系数计算公式具有更高的精度。研究成果对于强震区级联溃决型泥石流防治工程设计、提高泥石流防灾减灾水平具有指导借鉴意义。

第 4 章　强震区宽缓与窄陡沟道型泥石流动力学特征

4.1　宽缓与窄陡沟道型泥石流流速特征

泥石流流速是泥石流防治工程设计中的重要参数，由于泥石流是一种多相性的复杂流体，野外原型观测困难、测量技术方法落后、室内实验测量误差大和运动机理复杂等难点都限制着泥石流流速研究的发展。现阶段泥石流流速大多指通过设备测量的泥石流龙头流速和平均速度，或基于野外观测数据通过流速经验公式计算的流速(基本也是平均流速)，不同观测数据有不同计算公式，通用性较差。

为准确计算强震区泥石流运动速度，探究泥石流内部流速分布规律，本章采用室内水槽实验揭示沟道型泥石流内部流速分布规律，建立泥石流内部流速计算模型。

4.1.1　泥石流内部流速模型实验

实验装置主要由料斗、水槽和回收池组成。测量设备主要有泥位计、内部流速仪、表面流速仪(图 4-1～图 4-4)。位于水槽上方的泥位计用于测量泥深，安装在水槽底部的内部流速仪测量内部流速在垂向上的分布，安装在水槽侧面的内部流速仪测量内部流速在横向上的分布，安装在水槽上方的表面流速仪测量泥石流表面平均流速。

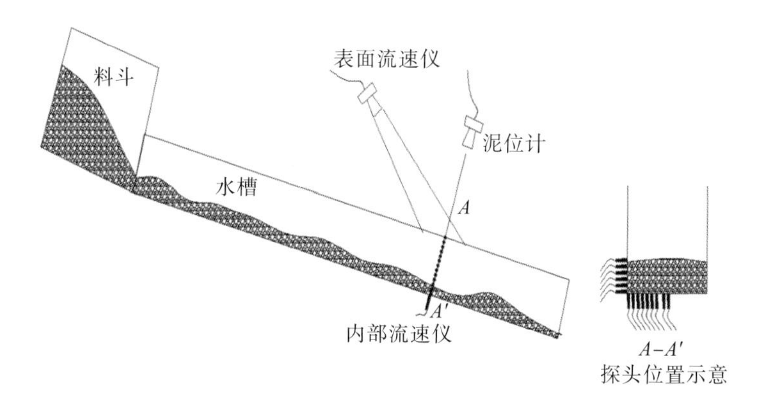

图 4-1　测量设备位置示意图

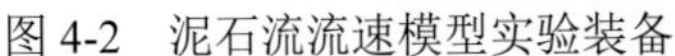

图 4-2　泥石流流速模型实验装备　　图 4-3　表面流速仪、泥位计和内部流速仪装置

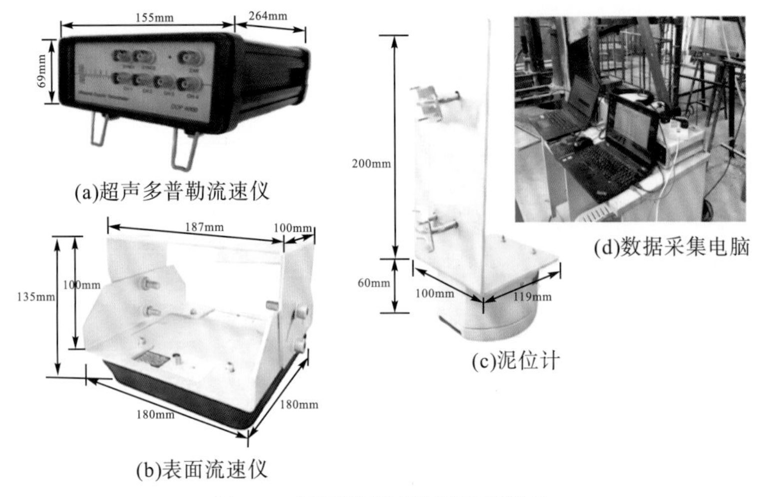

(a)超声多普勒流速仪　(b)表面流速仪　(c)泥位计　(d)数据采集电脑

图 4-4　泥石流流速数据采集设备

选择天然细砂、粗砂、膨润土(主要成分为蒙脱石)和 30mm 及以下的石子作为实验土石材料，按一定配比配制成某一容重的泥石流体。实验设置 8 种容重，即 1.3g/cm^3、1.4g/cm^3、1.5g/cm^3、1.6g/cm^3、1.7g/cm^3、1.8g/cm^3、1.9g/cm^3、2.0g/cm^3，代表泥流、稀性泥石流、过渡型泥石流、黏性泥石流。实验设置 6 个粒径组：≤1mm、≤2mm、≤5mm、≤10mm、≤20mm、≤30mm。在容重为 1.5g/cm^3、粒径≤10mm 和容重为 1.8g/cm^3、粒径≤10mm 的两个实验组中，分别开展 4 种坡度(8°、10°、12°、14°)的流速测定实验。

1. 相同容重、不同位置的泥石流内部流速分布

各粒径组在同种容重实验条件下，距边壁一定位置(即水平位置 b)处的泥石流内部流速分布见图 4-5～图 4-10。可见从实验水槽边壁(b=2cm)到水槽中心(b=15cm)，总体上泥石流流速逐渐增大，即在同一横断面上，泥石流横向流速中间最大，两侧边壁处流速最小；一定容重(ρ)范围内，总体上泥石流垂向流速随流深增大而增大[图 4-5(a)～(f)，图 4-6(a)～(f)，图 4-7(a)～(f)，图 4-8(a)～(c)，图 4-9(a)～(c)，图 4-10(a)～(c)]；当容重达到或超过某一值(≤1mm 和≤2mm 粒径组该值为 1.8g/cm^3；≤5mm 粒径组该值为 1.7g/cm^3；≤10mm、≤20mm 和≤30mm 粒径组该值为 1.6g/cm^3)时，泥石流垂向流速随流深增大呈先增加后减小的趋势，即泥石流表面流速出现减小的现象[图 4-5(g)、(h)，图 4-6(g)、(h)，图 4-7(g)、(h)，图 4-8(d)～(g)、图 4-9(d)～(h)、图 4-10(d)～(g)]。有部分数据未统计，但不影响实验结果。

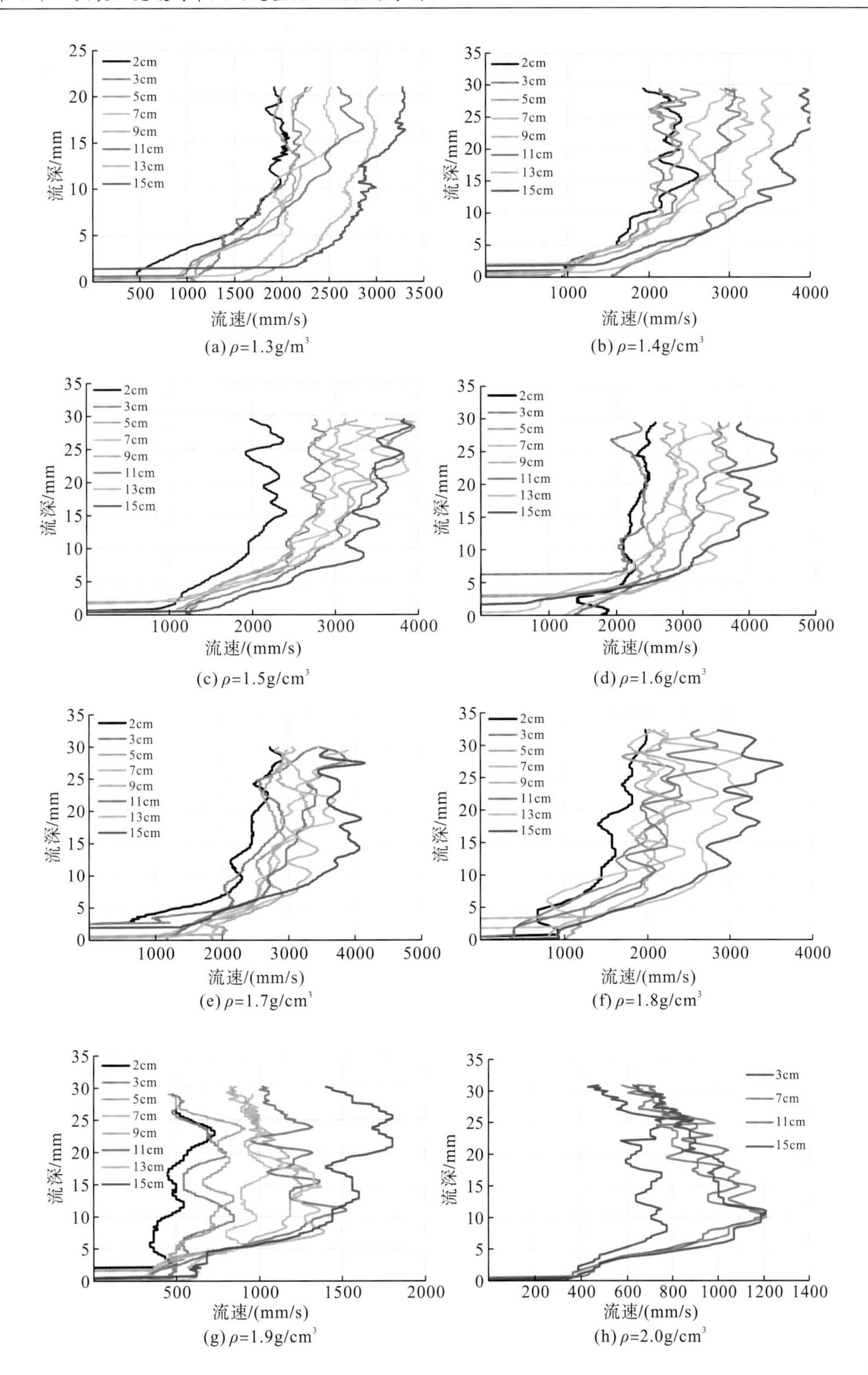

图 4-5　≤1mm 粒径组，相同容重、沟槽不同水平位置处的流速分布

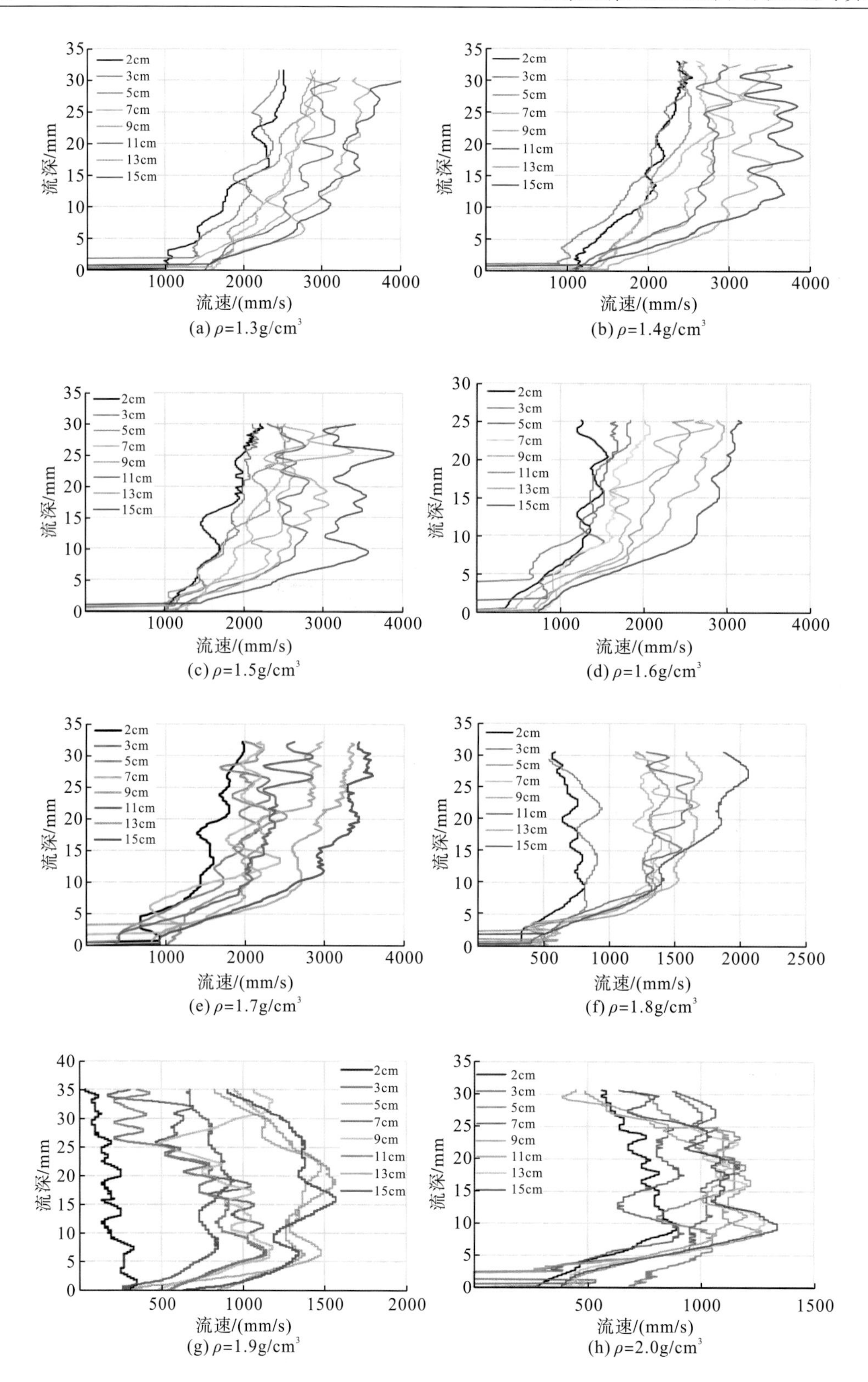

(a) ρ=1.3g/cm³ (b) ρ=1.4g/cm³
(c) ρ=1.5g/cm³ (d) ρ=1.6g/cm³
(e) ρ=1.7g/cm³ (f) ρ=1.8g/cm³
(g) ρ=1.9g/cm³ (h) ρ=2.0g/cm³

图 4-6 ≤2mm 粒径组，相同容重、沟槽不同水平位置处的流速分布

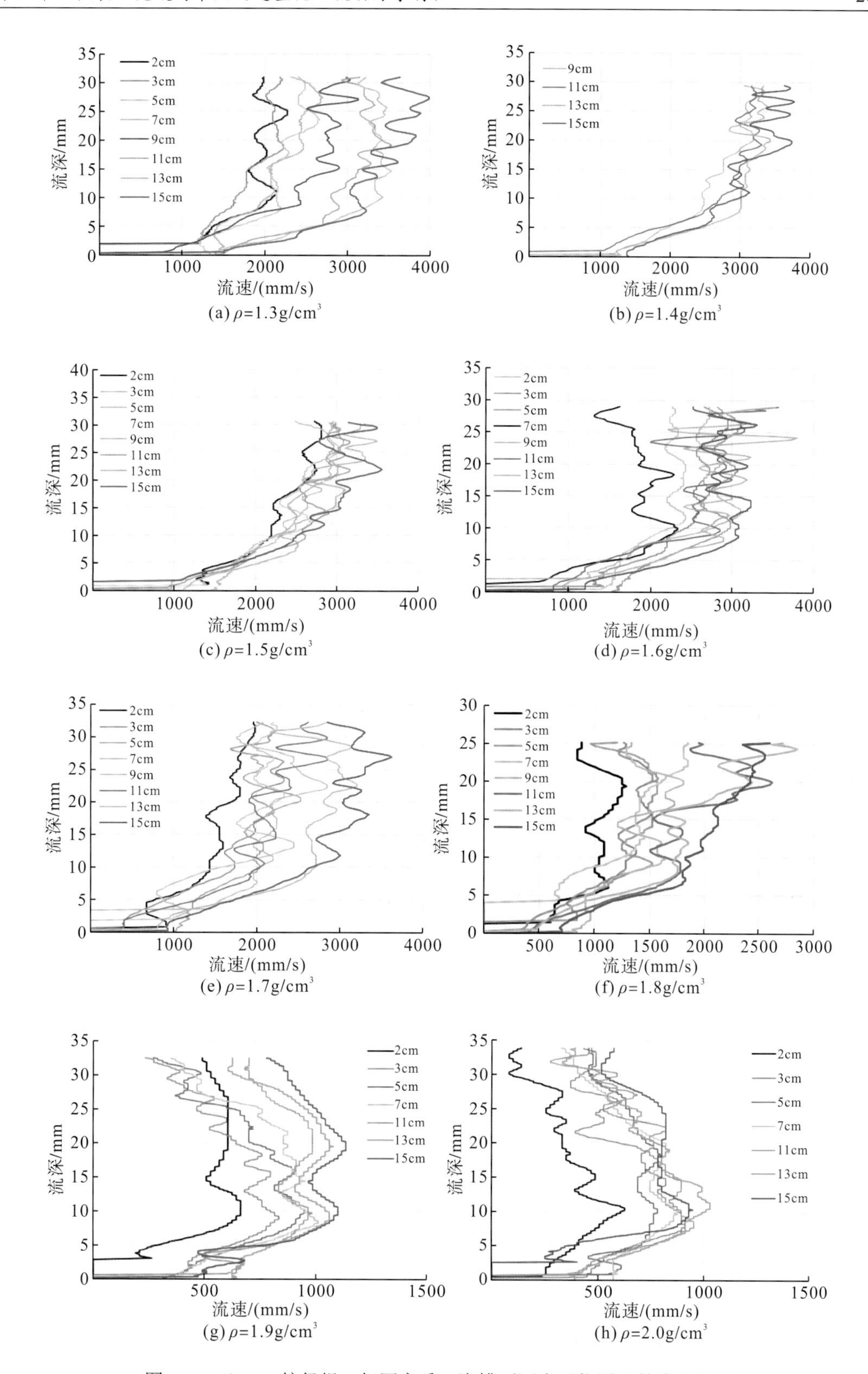

图 4-7　≤5mm 粒径组，相同容重、沟槽不同水平位置处的流速分布

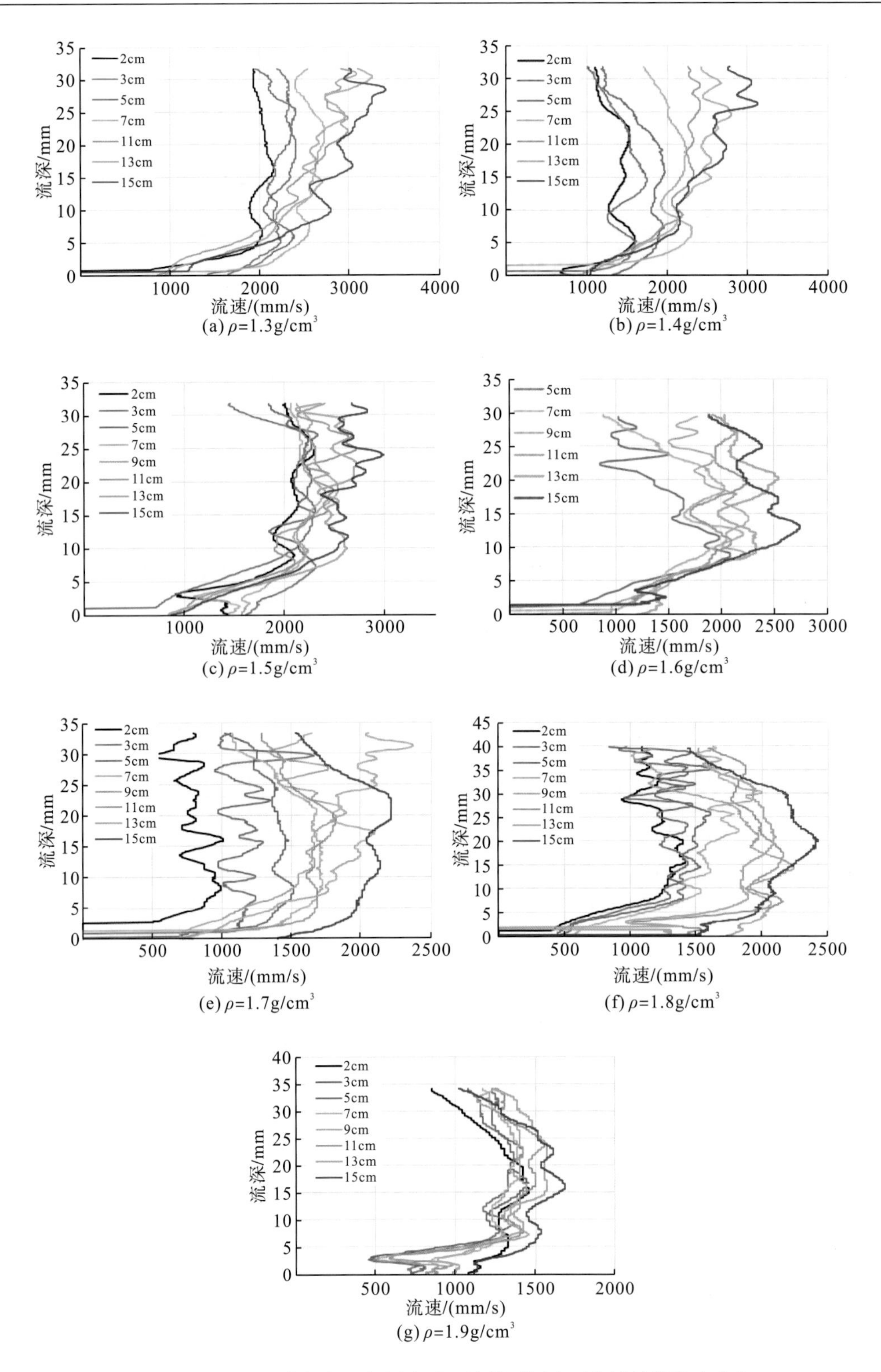

(a) ρ=1.3g/cm^3
(b) ρ=1.4g/cm^3
(c) ρ=1.5g/cm^3
(d) ρ=1.6g/cm^3
(e) ρ=1.7g/cm^3
(f) ρ=1.8g/cm^3
(g) ρ=1.9g/cm^3

图 4-8 ≤10mm 粒径组，相同容重、沟槽不同水平位置处的流速分布

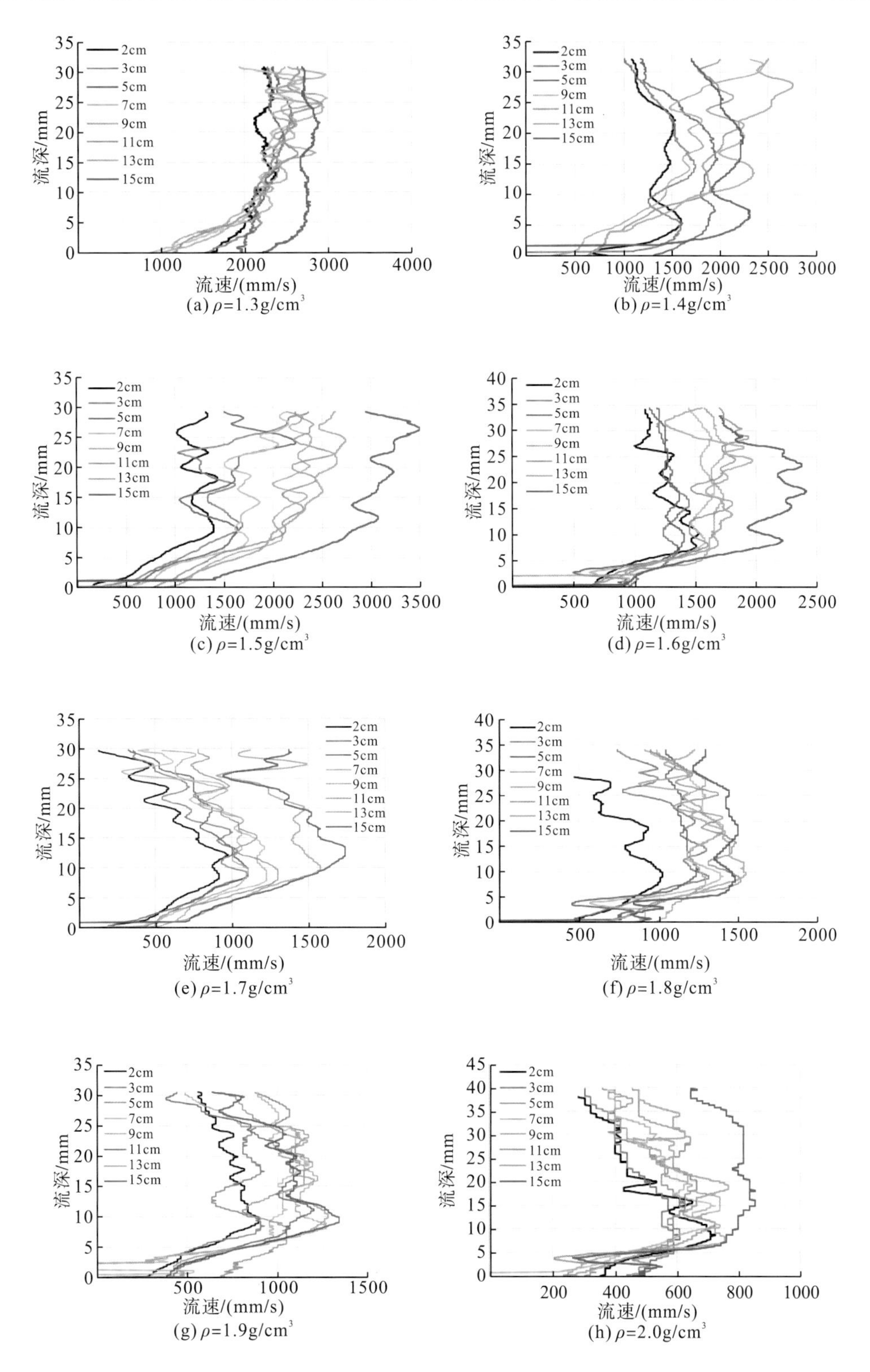

图 4-9　≤20mm 粒径组，相同容重、沟槽不同水平位置处的流速分布

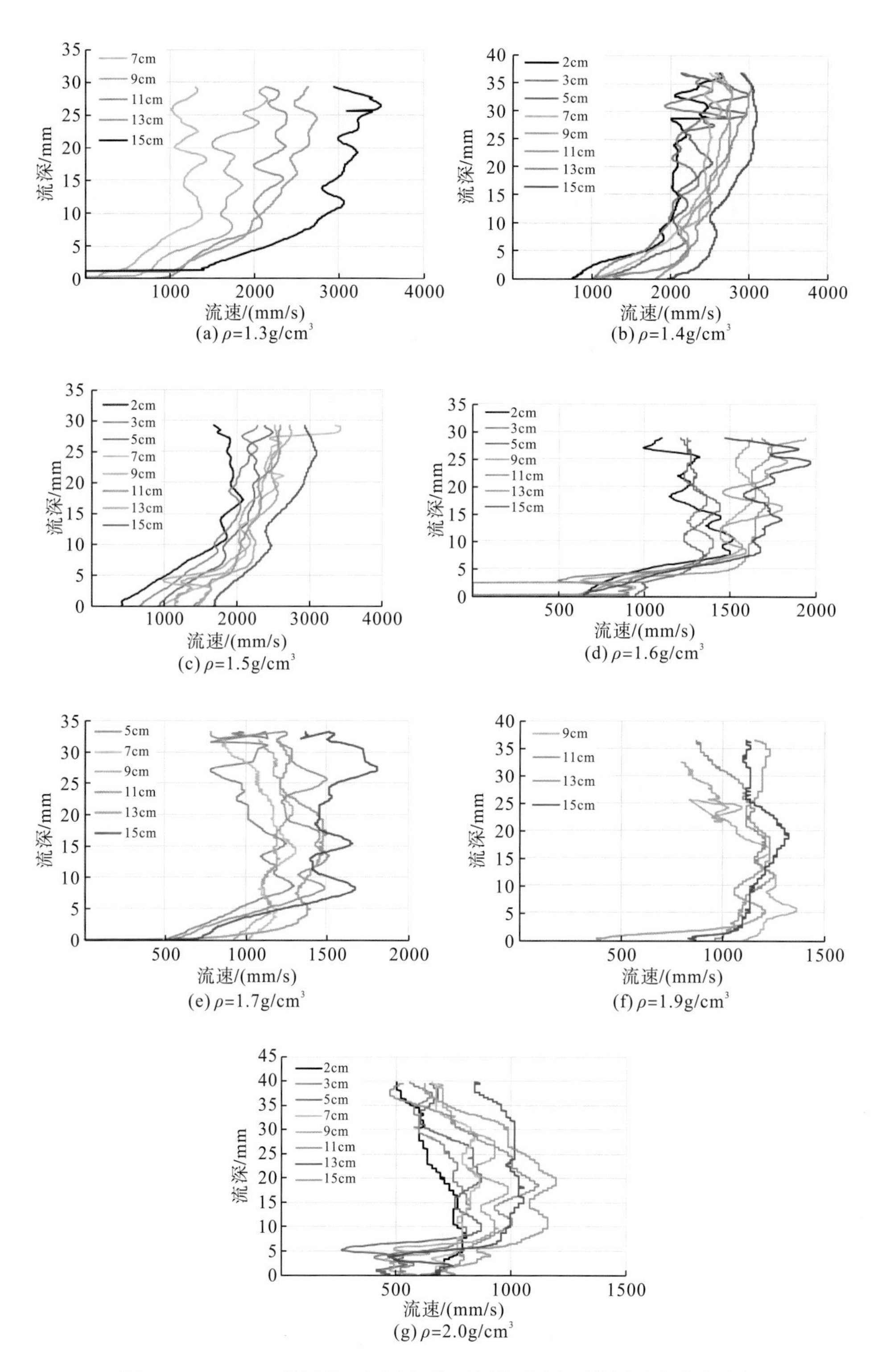

图 4-10 ≤30mm 粒径组，相同容重、沟槽不同水平位置处的流速分布

2. 相同位置、不同容重的泥石流流速

以≤1mm 粒径组为例，分析容重对泥石流内部流速的影响。根据图 4-11 可知，同位置处(相同深度且距离水槽边壁相同距离 b)，在容重为 1.7g/cm^3 以下时，总体上容重越大，泥石流流速越大，当容重超过 1.7g/cm^3 时，总体上泥石流流速随容重增加而减小。其他粒径组实验数据也存在与≤1mm 粒径组类似的规律。有部分数据未统计，但不影响实验结果。

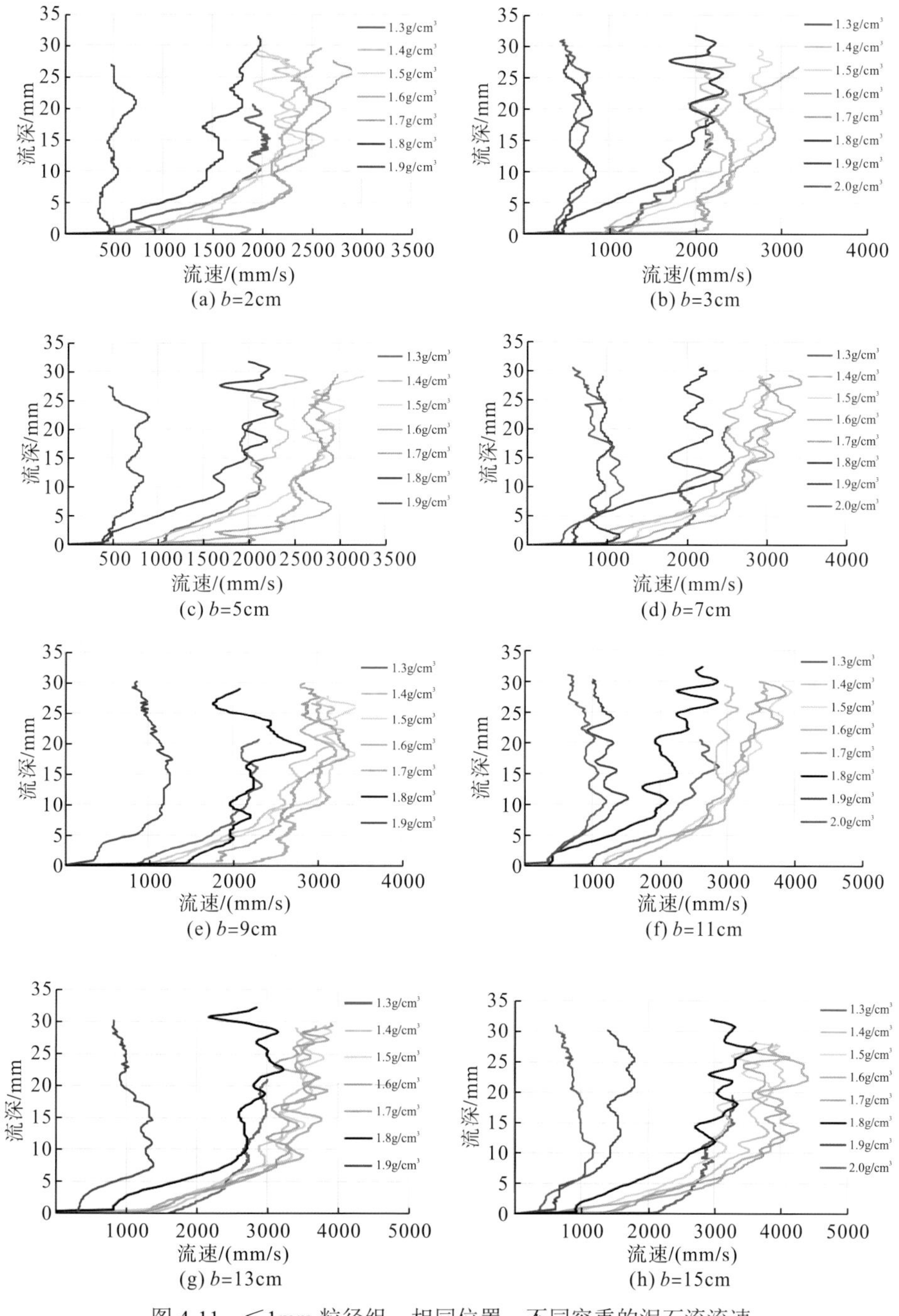

图 4-11　≤1mm 粒径组，相同位置、不同容重的泥石流流速

3. 沟道坡度对泥石流内部流速的影响

为研究沟道坡度对泥石流内部流速的影响，取4种坡度(8°、10°、12°、14°)，对≤10mm粒径组开展容重分别为$1.5g/cm^3$和$1.8g/cm^3$的实验，其分别代表稀性泥石流和黏性泥石流。

图4-12速度取自实验水槽中间位置(即距边壁15cm)的实验数据。数据分析表明，坡度基本上不会改变前述的泥石流内部流速分布规律，但坡度在一定程度上影响流速的大小，即坡度越大，流速越大。

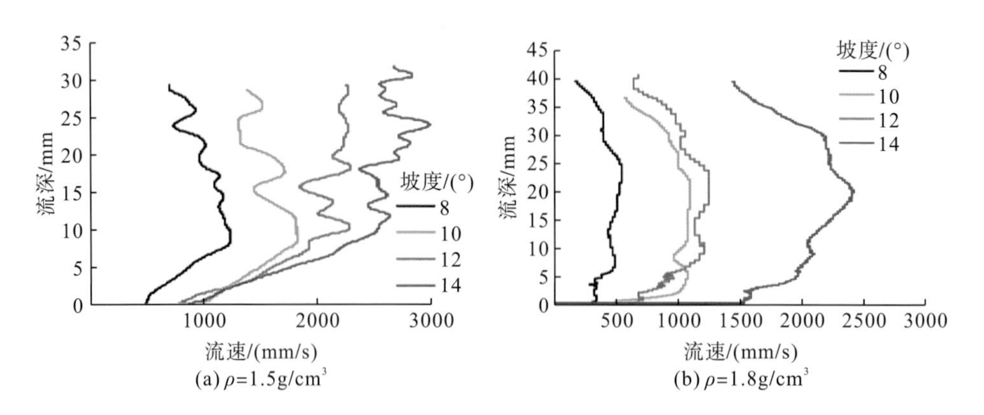

图4-12 不同沟道坡度下水槽中间位置的泥石流流速

4.1.2 泥石流内部流速计算模型

在配制泥石流流体时，将固体颗粒、蒙脱石、水充分搅拌，尽量保证固体颗粒在浆体中悬浮且均匀，因此可以认为泥石流流动过程中固相和液相运动速度相等。目前，该类泥石流垂向流速分布通常采用对数函数进行拟合。本章以$\frac{u}{U_{max}}$和$\frac{y}{H}$分别表示流速及流深的归一化量纲一值(u为距水槽底部深度为y处的流速，U_{max}为垂向断面上的最大流速，H为泥石流最大流深)，并对所有实验组数据进行归一化处理，按对数关系拟合如图4-13所示，拟合函数如式(4-1)所示。

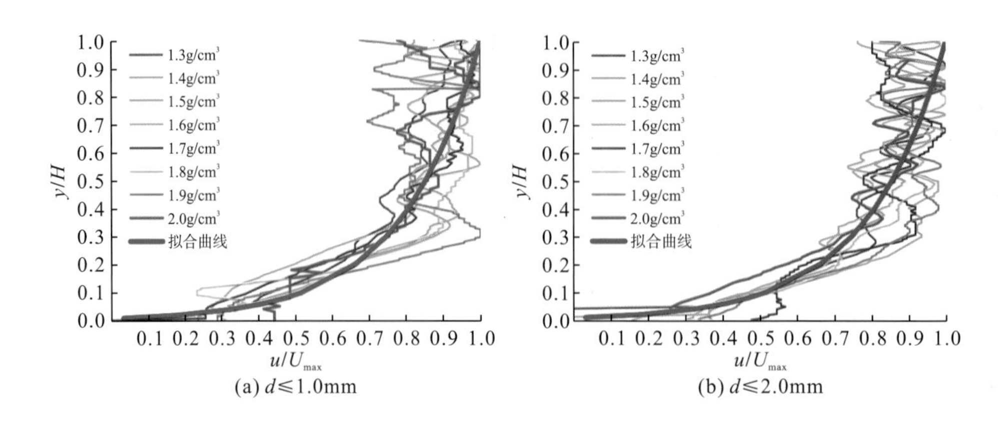

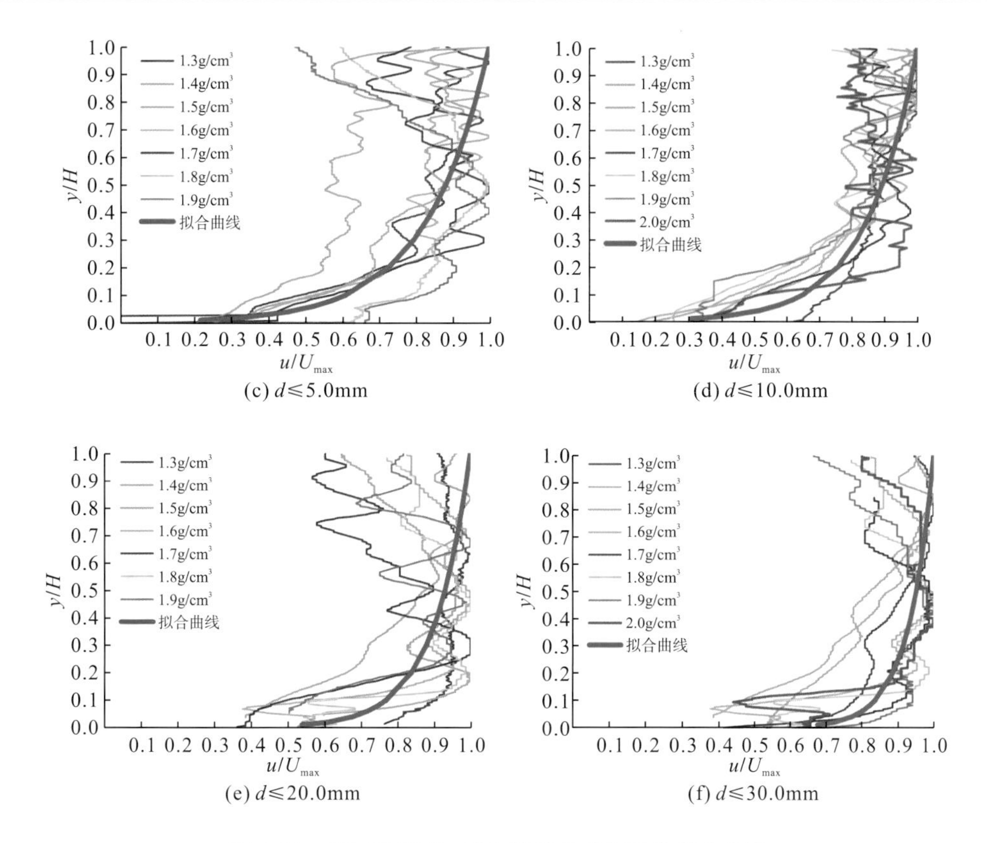

图 4-13　相同粒径下，垂向流速分布与对数拟合曲线

$$\frac{u}{U_{\max}} = 1 + a\ln\frac{y}{H} \tag{4-1}$$

进一步研究发现：式(4-1)的系数 a 随泥石流体固体颗粒粒径增大而减小，且与泥石流固体颗粒最大粒径(D)呈指数关系，如式(4-2)所示：

$$a = 0.2\mathrm{e}^{-0.04D} \tag{4-2}$$

根据式(4-1)、式(4-2)，得到最大流速在表面时的泥石流垂向流速计算公式：

$$\frac{u}{U_{\max}} = 1 + 0.2\mathrm{e}^{-0.04D}\ln\frac{y}{H} \tag{4-3}$$

在理论推导及小粒径(一般小于 2mm)或小容重(一般小于 1.6g/cm^3)泥石流内部流速实验中，均发现或观测到最大流速在表面。因此，对于容重较小的泥石流，只要通过浮标法或表面流速仪等获取到泥石流的表面流速，则可利用式(4-3)计算其垂向上任意深度的泥石流内部流速。

在粒径大、容重大的流速实验中，会出现最大流速不在表面的情况，这可能是因为存在固体颗粒间的碰撞现象，此时式(4-3)的应用存在一定局限。

针对粒径增大或容重增大时最大流速不在表面的情况，基于所有实验组的最大流速和平均流速数据，建立最大流速和平均流速的关系式[式(4-4)]，即通过泥石流平均流速换算得到泥石流最大流速：

$$U_{max} = \frac{\bar{U}}{0.83\rho - 0.32} \tag{4-4}$$

式中，$\bar{U}$ 为泥石流平均流速；ρ 为泥石流容重。

根据式(4-3)、式(4-4)，推导出基于泥石流平均流速的泥石流垂向流速计算公式：

$$\frac{u}{\bar{U}} = (0.83\rho - 0.32) \times \left(1 + 0.2\mathrm{e}^{-0.04D} \ln \frac{y}{H}\right) \tag{4-5}$$

式(4-5)中泥石流平均流速($\bar{U}$)可采用《泥石流灾害防治工程规范(试行)》(T/CAGHP 006—2018)附录 J 中的公式计算得到，相比于式(4-3)，式(4-5)不再受特别条件的限制，适用性更好。

利用≤1.0mm 粒径组的实验数据，对基于泥石流平均流速的泥石流垂向流速计算公式[式(4-5)]进行对比分析(图 4-14)，可见实验数据与推导公式吻合性较好，从而在一定程度上证实了式(4-5)泥石流垂向流速计算公式的可适用性。

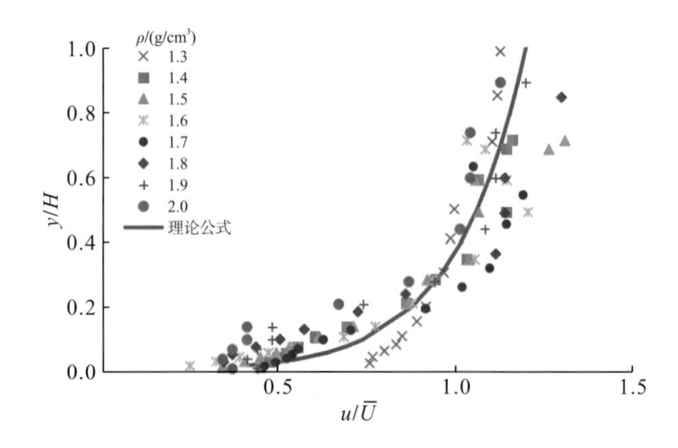

图 4-14　泥石流垂向流速实验数据和理论公式对比

4.2　泥石流大块石冲击力模型实验

4.2.1　冲击力计算模型推导

物体的冲击作用过程也是冲击力的做功过程，其总动能变化量等于冲击力与冲击位移的乘积。由于冲击位移不易获取，难以通过上述等量关系计算冲击力大小。另外，冲击位移是冲击物体与被冲击物体共同作用的结果，与各自自身的弹性模量和泊松比密切相关。

根据赫兹(Hertz)公式，冲击物体与被冲击物体的弹性模量和泊松比对冲击力的影响可用一个综合参数(E)表达：

$$E = \frac{E_1 E_2}{(1 - u_2^2)E_1 + E_2(1 - u_1^2)} \tag{4-6}$$

式中，E_1、E_2、u_1、u_2 分别为冲击物体及被冲击物体的弹性模量及泊松比。

因常见材料的泊松比值一般为 0～0.3，式(4-6)中 $1-u_1^2$、$1-u_2^2$ 的数值范围一般为 0.91～1.0，基于简化处理原则，将式(4-6)简化为

$$E=\frac{E_1E_2}{E_1+kE_2} \tag{4-7}$$

式中，k 表示冲击物体与被冲击物体弹性模量对 E 贡献相对大小的系数。

根据上述分析，影响冲击力(F)的因素可综合为：冲击物体总动能(E_k)、冲击与被冲击物体弹性模量综合参数(E)、冲击角度(a)。基于 Π-定理与量纲分析，推导出量纲一冲击力计算模型：

$$F=cE^{1/3}E_k^{2/3}f(\sin a) \tag{4-8}$$

式中，c 为函数式系数。

泥石流大块石在运动过程中常伴随翻滚，其冲击瞬间总动能包括转动动能和平动动能。日本道路协会(Japan Road Association，JRA)的研究表明，物体转动动能(E_r)与平动动能(E_t)存在比例关系，故 E_r 可以通过 E_t 估算。

设 E_r/E_t 的值为 β，则物体总动能(E_k)可表示为

$$E_k=(1+\beta)E_t \tag{4-9}$$

其中，

$$E_t=0.5MV^2 \tag{4-10}$$

式中，M 为冲击物体质量，kg；V 为冲击物体平动速度，m/s。

根据式(4-9)、式(4-10)，式(4-8)可进一步表达为

$$F=c(1+\beta)^{2/3}E^{1/3}M^{2/3}V^{4/3}f(\sin a) \tag{4-11}$$

未考虑转动动能的滚石冲击力实验研究表明：式(4-7)中 k 的取值为 2，即 $E=E_1E_2/(E_1+2E_2)$，且空气介质中滚石冲击力 F 与$[E_1E_2/(E_1+2E_2)]^{1/3}$、$M^{2/3}$、$V^{4/3}$、$(\sin\alpha)^{1/2}$ 有较好的函数相关性，具体表达式为

$$F=0.35[E_1E_2/(E_1+2E_2)]^{1/3}M^{2/3}V^{4/3}(\sin a)^{1/2} \tag{4-12}$$

现假设泥石流介质中大块石冲击力与$[E_1E_2/(E_1+2E_2)]^{1/3}$、$M^{2/3}$、$V^{4/3}$、$(\sin a)^{1/2}$ 的函数关系同空气介质中滚石冲击力与$[E_1E_2/(E_1+2E_2)]^{1/3}$、$M^{2/3}$、$V^{4/3}$、$(\sin a)^{1/2}$ 的函数关系相似，从而提出同时考虑冲击物体转动动能和平动动能的泥石流大块石量纲一冲击力计算模型为

$$F=c(1+\beta)^{2/3}[E_1E_2/(E_1+2E_2)]^{1/3}M^{2/3}V^{4/3}(\sin a)^{1/2} \tag{4-13}$$

本章通过泥石流冲击力室内模型实验，确定冲击力计算模型参数 c 和 β 取值。

4.2.2　冲击力模型实验

1. 冲击力实验装置

实验装置主要由实验槽及支架组成，槽长 8m、宽 0.5m，槽出口处安装钢板，其上固定传感器，传感器与相应数据采集系统及电脑相连。

2. 冲击力实验材料

以大理石球为冲击物体、钢板为被冲击物体，冲击角度 a =90°($\sin a$=1)。以水、蒙脱石、砂、砾石、小卵石等为原料配制冲击介质，依次开展清水、泥浆和泥石流介质的大理石球冲击力实验。

3. 转动滑移实验与 β 值

通过实验观测大理石球运动过程中的平动、滑移及转动速度，研究转动动能和平动动能比值(β)的取值。实验中大理石球平动速度为 1.0～3.5m/s，所有实验组中 β 值为 0.32～0.40。数据分析表明，β 与石球平动速度线性相关，其值随平动速度增大而减小，如当平动速度为 2.0m/s 时，β 为 0.37；当平动速度为 3.3m/s 时，β 为 0.34。

4. 实验数据分析

清水介质中，不同冲击速度条件下大理石球冲击力实测值 F 与根据石球质量 M、石球冲击速度 V 以及石球和钢板弹性模量综合参数 E 等得到的计算值 F' [$F'=(1+\beta)^{2/3}E^{1/3}M^{2/3}V^{4/3}$]之间存在很好的线性相关性(图 4-15)，拟合得到 F=0.1724F'，即 $F=0.1724(1+\beta)^{2/3}E^{1/3}M^{2/3}V^{4/3}$。可见，式(4-13)表示的冲击力计算模型适合用于清水介质的物体冲击力计算，此时 c=0.1724。

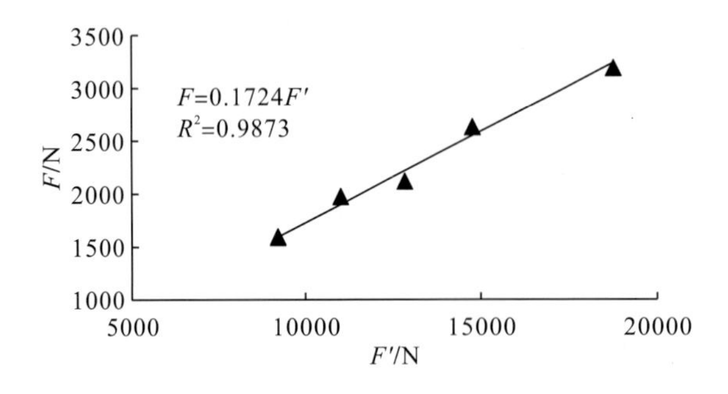

图 4-15 清水介质冲击力实测值(F)与计算值(F')

在蒙脱石浆体介质中，大理石球冲击力实测值 F 与计算值 F'的比值 c 不再是一个常数，其随浆体介质容重和屈服应力的增大而减小，但在相同容重和屈服应力的实验组中，c 是一个相对稳定的数值。

屈服应力、容重、粒径均是反映浆体介质性质的重要参数，基于量纲分析原理推导出 $c(F/F')$ 的函数式：

$$c = f\left(\frac{\tau}{rgd_1}\right) \tag{4-14}$$

式中，τ 为浆体屈服应力，Pa；r 为浆体容重，kg/m^3；g 为重力加速度，9.81m/s^2；d_1 为浆体粒径(m)，取 0.00005m。

基于浆体介质冲击力实验数据，以浆体介质冲击力 $c(F/F')$ 为纵坐标，$\tau/(rgd_1)$ 为横坐标，得到图 4-16。

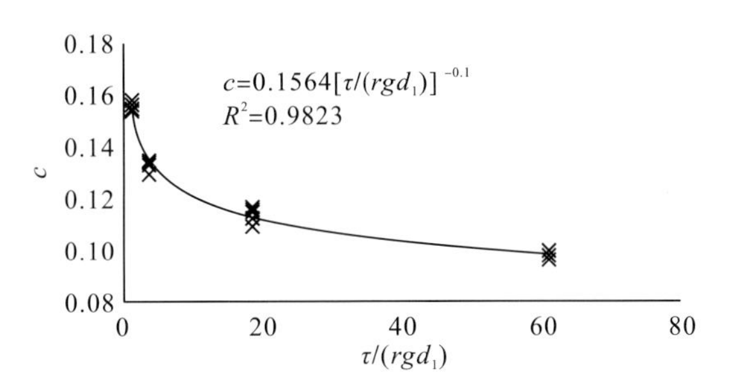

图 4-16　浆体介质冲击力 $c(F/F')$ 值与 $\tau/(rgd_1)$ 值的关系

根据图 4-16 可知，c 与 $\tau/(rgd_1)$ 存在较好的幂函数关系，且 $c=0.1564[\tau/(rgd_1)]^{-0.1}$，即 $F=0.1564[\tau/(rgd_1)]^{-0.1}(1+\beta)^{2/3}E^{1/3}M^{2/3}V^{4/3}$。因此，式(4-13)表示的冲击力计算模型适合用于浆体介质，c 根据表征浆体性质的屈服应力、容重及粒径由公式计算得到。

为研究单粒径泥石流介质中浆体以上的颗粒介质对 c 值的影响，采用单粒径粗砂(d=0.0015m)、小砾石(d=0.0035m)、中砾石(d=0.0075m)、大砾石(d=0.015m)及小卵石(d=0.035m)开展不同泥石流介质的冲击力实验。同样采用量纲一参数，以 $c/[\tau/(rgd_1)]^{-0.1}$ 为纵坐标、d/d_0 为横坐标，如图 4-17 所示，可见单粒径泥石流介质实验中，c 与 $\tau/(rgd_1)$、d/d_0 均存在和浆体介质类似的幂函数关系(d_1 为浆体粒径，取 0.00005m；d 为粗颗粒粒径，m；d_0 为上限粗砂粒径，0.002m)：$c=0.183[\tau/(rgd_1)]^{-0.1}(d/d_0)^{0.05}$，即 $F=0.183[\tau/(rgd_1)]^{-0.1}(d/d_0)^{0.05}(1+\beta)^{2/3}E^{1/3}M^{2/3}V^{4/3}$。因此，式(4-13)的冲击力计算模型适用于单粒径泥石流介质物体冲击力计算，c 与泥石流介质屈服应力、容重以及浆体粒径和粗颗粒介质粒径有关。

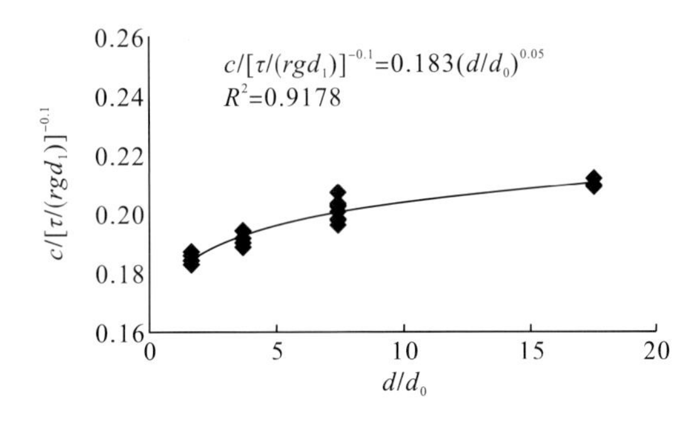

图 4-17　泥石流介质冲击力 $c/[\tau/(rgd_1)]^{-0.1}$ 与 d/d_0 的关系

以粗砂、小砾石、中砾石、大砾石、小卵石等为原料进行混合粒径泥石流介质大理石球冲击力实验。实验数据分析表明，屈服应力为 39.3Pa、容重为 1760kg/m³ 时，c 值与相同屈服应力及容重条件下粒径为 0.0015～0.002m 的单粒径泥石流介质的 c 值接近；屈服应力为 49Pa、容重为 1780kg/m³ 时，其 c 值与相同屈服应力及容重条件下粒径为 0.0035～0.0055m 的单粒径泥石流介质的 c 值接近；屈服应力为 64.5Pa、容重为 1850kg/m³

时，c 值与相同屈服应力及容重条件下粒径为 0.015～0.025m 的单粒径泥石流介质的 c 值接近。

综合分析认为，混合粒径泥石流介质中，对石球冲击钢板有缓冲作用的主要是悬浮介质。粗颗粒可以悬浮是一个相对定义，是指在相对较短的时间内不会沉降太多，即悬浮颗粒也是要沉降的，只是沉降速度相对较慢。较大悬浮颗粒沉降速度相对较快，在室内实验条件下，搅拌扰动不够充分，使得较大的悬浮颗粒在进入实际实验前就有部分沉降，在实验过程中继续沉降。当较大的悬浮颗粒处于较低位置，低于冲击处位置时，这些颗粒就不会影响冲击力；而处于冲击位置的较小悬浮颗粒，是实际影响冲击力的颗粒。实验中，泥石流体中存在大砾石、小卵石等大粒径成分，因该屈服应力没法使粗大颗粒长时间悬浮，其对冲击力 c 值没有明显影响，相应地悬浮时间更长的小颗粒对 c 值有主要影响作用。因此，混合粒径泥石流体中用于计算冲击力 c 值的实际粒径不是屈服应力条件能悬浮的最大颗粒，而是能在该屈服应力条件下悬浮较长时间的较小粒径。例如，屈服应力为 39.3Pa、容重为 1760kg/m^3 实验组，能使 0.0075m 的中砾石悬浮，但 c 值与相同屈服应力及容重条件下粒径为 0.0015～0.002m 的单粒径泥石流介质的 c 值接近；屈服应力为 49Pa、容重为 1780kg/m^3 的泥石流体能使 0.015m 的大砾石悬浮，但 c 值计算的实际粒径为 0.0035～0.0055m；屈服应力为 64.5Pa、容重为 1850kg/m^3 的泥石流体能使 0.035m 的小卵石悬浮，但 c 值计算的实际粒径为 0.015～0.025m。

在野外原型中，因为泥石流运动中有较强的紊动和强烈的扰动，大粒径颗粒伴随有翻滚等现象，使得大粒径颗粒可以较长时间悬浮。因此，实际冲击力计算中，采用长时间悬浮的最大颗粒粒径，可以代表泥石流介质中混合的颗粒部分，其参与泥石流中巨大块石的冲击过程。

4.2.3　泥石流大块石冲击力计算模型

通过清水、浆体、泥石流介质大理石球冲击力实验数据分析，同时考虑冲击物体转动动能和平动动能的泥石流大块石冲击力量纲一计算模型，即式(4-13)适用于泥石流大块石冲击力计算，式中 c 与泥石流介质的屈服应力、容重、浆体粒径以及泥石流体中长时间悬浮的最大颗粒粒径有关，具体计算模型如下：

$$F=0.183[\tau/(rgd_1)]^{-0.1}(d/d_0)^{0.05}(1+\beta)^{2/3}[E_1E_2/(E_1+2E_2)]^{1/3}M^{2/3}V^{4/3}(\sin a)^{1/2} \tag{4-15}$$

式中，F 为冲击力，N；τ 为泥石流屈服应力，Pa；r 为泥石流容重，kg/m^3；g 为重力加速度，取 9.81m/s^2；d_1 为浆体粒径，取 0.00005m；d 为泥石流中长时间悬浮的最大颗粒粒径，m；d_0 为上限粗砂粒径，取 0.002m；E_1 为冲击物体弹性模量，Pa；E_2 为被冲击物体弹性模量，Pa；M 为冲击物体质量，kg；V 为冲击速度，m/s；a 为冲击角度，(°)；β 为转动动能与平动动能的比值，一般取值为 0.05。

通过案例分析及验证(表 4-1)，本书研究构建的泥石流大块石冲击力量纲一计算模型具有实用性。

表 4-1　冲击计算的案例分析

案例	泥石流块石冲击强度/t	抗冲击强度/t	实际破坏情况
利子依达沟泥石流巨石冲击桥墩	2790	1200	截断
达德沟泥石流块石冲击钢管	530	2860	折弯未断
蒋家沟泥石流块石冲击跌水井	475	132	击碎

4.3　强震区沟道型泥石流堆积体承载能力时空变化特性

泥石流是山区比较常见的一种不良地质灾害，泥石流灾害主要通过堆积作用造成，泥石流堆积区往往是山区人类生产生活最频繁、最密集的场所，泥石流堆积容易淤埋沿线道路、农田及生活场所，引起交通中断，损坏建筑物。为了更好地解决泥石流堆积体在泥石流灾害防治实施中承载力变化的问题，有必要对泥石流堆积体沉积固结机理进行深入研究。目前对泥石流堆积体的研究主要集中在泥石流的沉积范围、泥石流固结特性及泥石流体沉积特征等方面，但对泥石流堆积体自身固结机理及泥石流堆积体在固结过程中承载力的时空变化特征研究较少。由于强震区特大型泥石流堆积体淤埋厚度大、含水量高、抗剪强度低、压缩性大、固结时间较长，被泥石流淤埋的公路桥涵在一年以后发生毁损破坏的工程事例时有发生，研究发现，发生这种现象的根本原因是覆盖在桥涵上的新近泥石流沉积物随着时间的推移发生流变固结，产生显著的附加应力，进而使桥涵结构发生渐进性破坏。因此，强震区特大型泥石流堆积体固结机理及固结过程中承载力的时空变化特征研究，对泥石流淤埋路段道路应急抢修、桥涵的致灾机理、泥石流淤埋堆积区的灾区重建具有重要的理论依据和技术参考价值。

本节基于大量的实地考察及室内实验，根据现场不同泥石流堆积体的物理参数，确定了不同泥石流堆积体浆体黏度范围、泥石流固相颗粒级配与固相比。通过实验，确定了不同黏度范围浆体的水土比例，根据水土比例，配置不同黏度的泥石流浆体。通过筛分实验，确定了泥石流固相颗粒级配。考虑泥石流浆体黏度、固相比、颗粒级配三因素不同组合，人工配置不同状态的泥石流堆积体，进行泥石流堆积体的承载力实验，研究不同黏度、不同固相比、不同颗粒级配的泥石流堆积体的固结特性及承载能力时空变化特性。

基于泥石流两相流理论，本节分析了泥石流沉积物流变固结机理，在泰尔扎吉(Terzaghi)一维固结理论基础上，建立超孔隙水压力、固结度及沉降压缩量随固结时间和沉积体尺寸变化的流变固结公式，研究了新近泥石流沉积物在流变固结过程中的力学效应，并推导出相应的流变固结平衡方程。

4.3.1　泥石流堆积体固结特性室内模拟实验

1. 实验目的

在考虑泥石流浆体黏度、固相比、颗粒级配三种因素不同组合的基础上，人工配置不同状态的泥石流堆积体，进行泥石流堆积体的承载力实验，研究不同黏度、不同固相比、不同颗粒级配泥石流堆积体的固结特性及承载能力的时空变化特性。

2. 实验装置

实验装置主要包括四个部分：旋转式黏度计、泥石流淤埋沉积物固结实验槽、泥石流堆积体承载力检测仪、泥石流堆积体搅拌槽。

1)旋转式黏度计

实验中用旋转式黏度计(图 4-18)测定不同浆体黏度的泥石流体中黏土、水的含量及浆体体积。

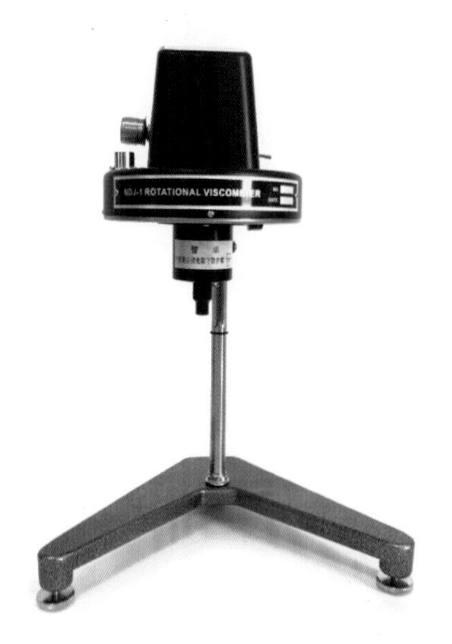

图 4-18　旋转式黏度计

2)泥石流淤埋沉积物固结实验槽

泥石流淤埋沉积物固结实验槽(图 4-19)为砖砌体结构，底部为正方形，边长为 1m，高度为 1.2m，壁厚 0.2m，共 20 组。

图 4-19　泥石流淤埋沉积物固结实验槽

3）泥石流堆积体承载力检测仪

泥石流堆积体承载力检测仪（图 4-20）主要测定泥石流堆积体的表层承载力，因此选用手持式地基承载力检测仪。

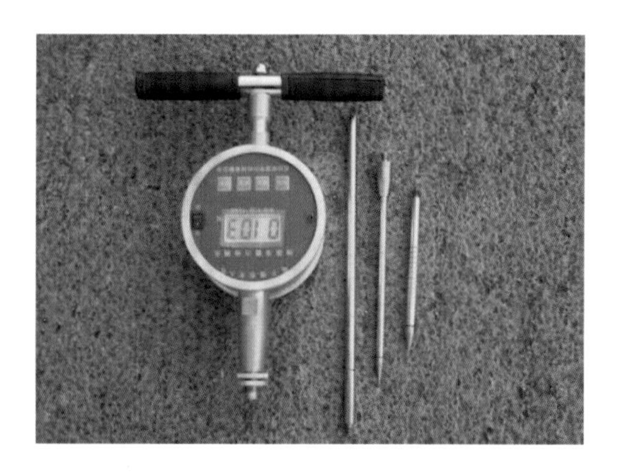

图 4-20　泥石流堆积体承载力检测仪

4）泥石流堆积体搅拌槽

利用泥石流堆积体搅拌槽（图 4-21）进行泥石流浆体和泥石流堆积体的制作。

图 4-21　泥石流堆积体搅拌槽

3. 实验材料

泥石流淤埋固结实验对象为不同浆体黏度、级配颗粒及固相比的泥石流体，本次实验人工模拟泥石流堆积体，由水、黏土及碎石按照一定比例混合搅拌而成。

1）黏土

土体来源为烧砖用黏土，黏土制备流程如下：①将土体摊平晾晒 5 天以上；②用夯土机对大颗粒土体进行破碎；③用 2mm 筛网筛分土体；④将小于 2mm 的土体颗粒放进粉土机粉碎；⑤将粉碎过的土体用 1000 目（孔径 0.013mm）筛网进行筛分即得到所需黏土，如图 4-22 所示。

图 4-22　泥石流堆积体实验所用黏土

2) 级配碎石

通过筛分实验，碎石颗粒依次过 0.15mm、5mm、10mm、15mm、20mm、25mm 筛网进行筛分，即可得到 0.15～5mm、5～10mm、10～15mm、15～20mm、20～25mm 共 5 种粒径范围的碎石颗粒。实验所需颗粒级配如图 4-23～图 4-27 所示。

图 4-23　0.15～5mm 碎石

图 4-24　5～10mm 碎石

图 4-25　10～15mm 碎石

图 4-26　15～20mm 碎石

图 4-27　20～25mm 碎石

4. 实验方法

1) 泥石流浆体黏度实验

通过实地考察，根据现场不同泥石流堆积体物理参数确定了实验泥石流堆积体的黏度范围，如表 4-2 所示。泥石流浆体黏度随水与黏土混合的比例不同而不同，为得到实验所需的浆体黏度范围，用旋转式黏度计进行浆体黏度试做实验，为了实验方便，取水 800mL，通过不断加土的方法，确定不同黏度范围的黏土量，所加黏土量到达某一个所需的黏度范围后，测量三次黏度值，取其平均值作为这个黏度范围的黏度值(表 4-2)。为得到所需浆体体积，在浆体充分搅拌后，测出浆体的体积，不同黏度浆体的体积见表 4-2。在进行泥石流堆积体承载力实验时，通过浆体体积控制黏土质量与水的体积，根据所需的泥石流堆积体体积按比例增加黏土质量与水的体积。

表 4-2　不同浆体黏度泥石流的黏土、水含量及浆体体积

黏度范围/(Pa·s)	黏度测量值/(Pa·s)	黏度均值/(Pa·s)	黏土质量/g	水体积/mL	浆体体积/mL
0.05～0.1	0.066 0.067 0.067	0.067	798.5	800	1085
0.15～0.2	0.184 0.188 0.184	0.185	988.5	800	1195
0.25～0.3	0.295 0.296 0.285	0.292	1039.5	800	1233
0.35～0.4	0.370 0.360 0.368	0.366	1088	800	1250
0.5～0.55	0.525 0.524 0.520	0.523	1167	800	1256
0.7～0.8	0.752 0.749 0.744	0.748	1214	800	1281
0.9～1.0	0.949 0.936 0.949	0.945	1258	800	1300

2) 泥石流堆积体固相颗粒级配与固相比的确定

基于大量的实地考察及室内实验，根据现场不同泥石流堆积体的物理参数，确定泥石流固相颗粒级配与固相比。

(1) 泥石流堆积体固相颗粒级配。泥石流堆积体固相颗粒级配选择 5 种系列，不同系列每 10kg 的不同颗粒含量如表 4-3 所示，颗粒级配曲线如图 4-28 所示。本次实验主要为系列 3 固相级配颗粒，混合搅拌后的级配颗粒如图 4-29 所示。

表 4-3　不同系列每 10kg 固相颗粒不同颗粒含量

系列	粒径				
	0.15～5mm	5～10mm	10～15mm	15～20mm	20～25mm
系列 1	8kg	1kg	0.5kg	0.3kg	0.2kg
系列 2	3kg	4kg	2kg	0.6kg	0.4kg
系列 3	1kg	2kg	4kg	2kg	1kg
系列 4	0.4kg	0.8kg	1.8kg	4kg	3kg
系列 5	0.1kg	0.2kg	0.4kg	1.3kg	8kg

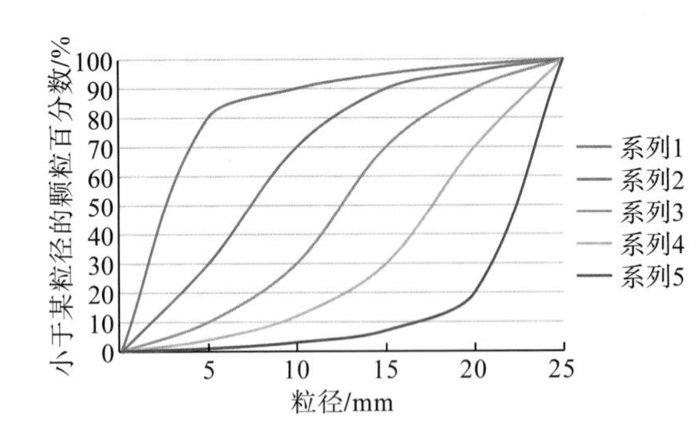

图 4-28　不同系列泥石流堆积体颗粒级配曲线

图 4-29　系列 3 级配颗粒

(2)泥石流堆积体固相比。泥石流堆积体固相比(体积比)分为 0、0.1、0.2、0.3、0.35 等 5 种情况。

(3)系列 3 级配颗粒泥石流堆积体固结实验工况。本次实验主要为系列 3 固相级配颗粒，在相同级配颗粒状态下不同黏度、不同固相比的泥石流堆积体固结实验工况如表 4-4、表 4-5 所示。

表 4-4　泥石流堆积体固结实验工况(相同黏土、不同固相比)

黏度/(Pa·s)	固相比	颗粒级配	黏土用量/kg	水体积/L	级配体积/L
0.15～0.2	0	1∶2∶4∶2∶1	1095	885	0
	0.1	1∶2∶4∶2∶1	1035	835	125
	0.2	1∶2∶4∶2∶1	930	750	220
	0.3	1∶2∶4∶2∶1	880	720	310
	0.35	1∶2∶4∶2∶1	840	680	390
0.35～0.4	0	1∶2∶4∶2∶1	1145	840	0
	0.1	1∶2∶4∶2∶1	990	725	115
	0.2	1∶2∶4∶2∶1	960	700	230
	0.3	1∶2∶4∶2∶1	930	680	310
	0.35	1∶2∶4∶2∶1	900	660	385

续表

黏度/(Pa·s)	固相比	颗粒级配	黏土用量/kg	水体积/L	级配体积/L
0.7～0.8	0	1∶2∶4∶2∶1	1240	820	0
	0.1	1∶2∶4∶2∶1	1130	740	120
	0.2	1∶2∶4∶2∶1	1090	720	230
	0.3	1∶2∶4∶2∶1	1060	700	320
	0.35	1∶2∶4∶2∶1	1040	685	380

表 4-5　泥石流堆积体固结实验实验工况(相同固相比、不同黏土)

固相比	黏度/(Pa·s)	颗粒级配	黏土用量/kg	水体积/L	级配体积/L
0	0.05～0.1	1∶2∶4∶2∶1	1050	900	0
	0.15～0.2	1∶2∶4∶2∶1	1095	885	0
	0.25～0.3	1∶2∶4∶2∶1	1120	870	0
	0.35～0.4	1∶2∶4∶2∶1	1145	840	0
	0.5～0.55	1∶2∶4∶2∶1	1180	830	0
	0.7～0.8	1∶2∶4∶2∶1	1240	820	0
	0.9～1	1∶2∶4∶2∶1	1310	810	0
0.2	0.05～0.1	1∶2∶4∶2∶1	910	780	230
	0.15～0.2	1∶2∶4∶2∶1	930	750	220
	0.25～0.3	1∶2∶4∶2∶1	945	730	230
	0.35～0.4	1∶2∶4∶2∶1	960	700	230
	0.5～0.55	1∶2∶4∶2∶1	1010	710	220
	0.7～0.8	1∶2∶4∶2∶1	1090	720	230
	0.9～1	1∶2∶4∶2∶1	1130	700	220
0.35	0.05～0.1	1∶2∶4∶2∶1	810	690	390
	0.15～0.2	1∶2∶4∶2∶1	840	680	390
	0.25～0.3	1∶2∶4∶2∶1	870	670	380
	0.35～0.4	1∶2∶4∶2∶1	900	660	385
	0.5～0.55	1∶2∶4∶2∶1	950	670	390
	0.7～0.8	1∶2∶4∶2∶1	1040	685	380
	0.9～1	1∶2∶4∶2∶1	—	—	—

(4) 人工配置不同泥石流堆积体。根据不同工况所需的浆体黏度，按指定量的黏土和水加入搅拌池进行搅拌，制作泥石流浆体，如图 4-30 所示。根据不同工况所需的固相比，加入指定量的系列 3 固相级配颗粒进行搅拌，完成泥石流堆积体制作，如图 4-31 所示。

图 4-30　泥石流浆体制作

图 4-31　泥石流堆积体制作

(5) 泥石流堆积体固结模型。将搅拌后的泥石流体注入泥石流淤埋固结实验槽，泥石流体分批次制作，以注满泥石流淤埋固结实验槽为标准，如图 4-32 所示。

图 4-32　注满泥石流淤埋固结实验槽

(6) 数据检测。用地基承载力检测仪检测泥石流淤埋固结实验槽内泥石流体固结过程中不同时段的承载力(图 4-33)，根据不同工况的泥石流体承载力实际变化情况，泥石流体承载力变化较大时，对泥石流体承载力进行加密检测，泥石流体承载力变化较小时，则增加泥石流体承载力的检测时间。由于承载力变化趋势与沉降变化趋势正相关，在观测泥石流体承载力的同时，用钢尺进行泥石流沉降观测(图 4-34)。

图 4-33　泥石流体承载力检测

图 4-34 泥石流体沉降观测

(7) 不同工况的泥石流体固结完成后的状态。因为时间和场地原因，第一组实验选择 1～10 号实验槽进行，泥石流体黏度和固相比如图 4-35 所示。

1号实验槽(黏度为0.7~0.8Pa·s、固相比为0.35)

2号实验槽(黏度为0.15~0.2Pa·s、固相比为0.2)

3号实验槽(黏度为0.15~0.2Pa·s、固相比为0)

4号实验槽(黏度为0.15~0.2Pa·s、固相比为0.1)

5号实验槽(黏度为0.7~0.8Pa·s、固相比为0.1)

6号实验槽(黏度为0.35~0.4Pa·s、固相比为0.1)

7号实验槽(黏度为0.35~0.4Pa·s、固相比为0)

8号实验槽(黏度为0.7~0.8Pa·s、固相比为0)

9号实验槽(黏度为0.5~0.55Pa·s、固相比为0)　10号实验槽(黏度为0.15~0.2Pa·s、固相比为0.3)

图 4-35　不同工况泥石流堆积体固结完成后状态

4.3.2　泥石流堆积体固结沉降实验结果分析

4.3.2.1　泥石流堆积体承载力时空变化特性

1. 相同黏度、不同固相比的泥石流堆积体承载力变化特性

相同黏度、不同固相比的泥石流堆积体承载力变化趋势如图 4-36～图 4-38 所示。通过实际泥石流现场勘察发现，在泥石流暴发堆积过程中，泥石流固相比在泥石流平面分布上不均匀，泥石流堆积区纵向中轴地带固相比较大，两侧固相比相对较小。根据实际勘察结果选取不同固相比的泥石流堆积体，其承载力变化反映了泥石流堆积体在平面空间分布的变化特性。

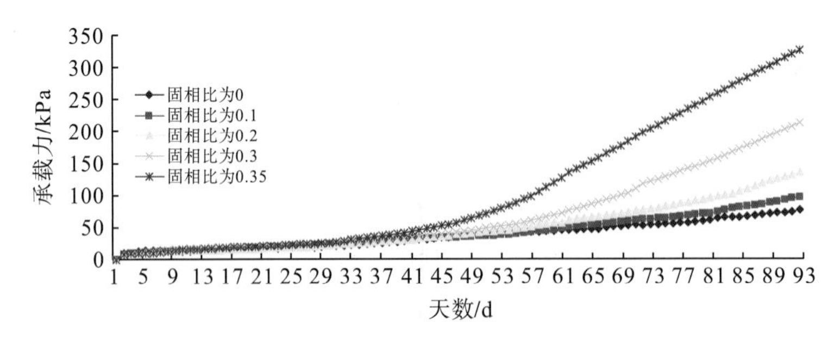

图 4-36　黏度为 0.15～0.2Pa·s、不同固相比工况下泥石流堆积体承载力变化趋势

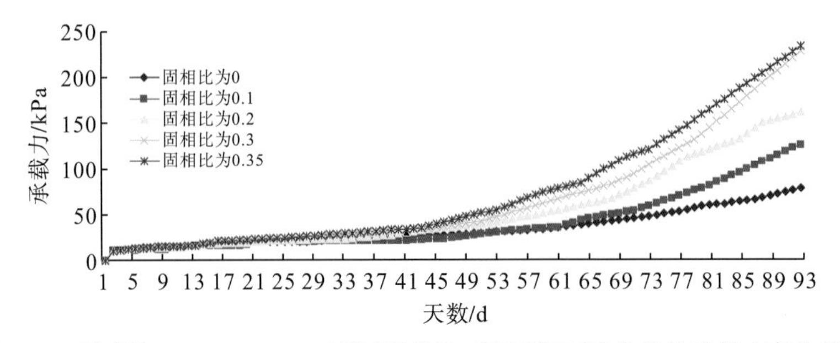

图 4-37　黏度为 0.35～0.4Pa·s、不同固相比工况下泥石流堆积体承载力变化趋势

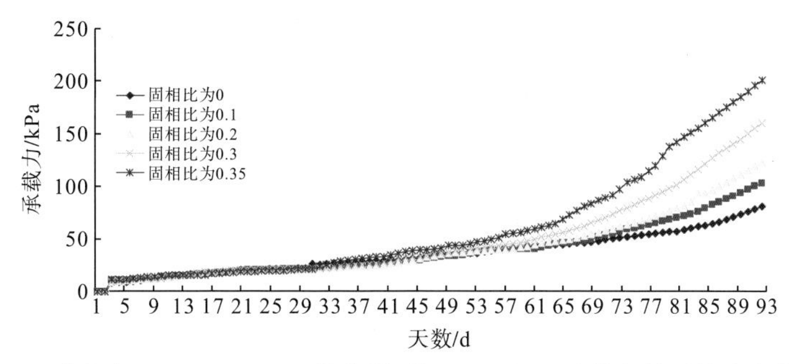

图 4-38　黏度为 0.7～0.8Pa·s、不同固相比工况下泥石流堆积体承载力变化趋势

从图 4-36～图 4-38 中可见，相同黏度、不同固相比的泥石流堆积体在初期固结阶段泥石流堆积体承载力变化曲线平缓上升，变化趋势基本一致，泥石流堆积体承载力都呈缓慢增大趋势，此阶段可称为缓慢增大阶段；在初期固结完成后，泥石流堆积体承载力变化曲线上凹，出现加速拐点，然后泥石流堆积体承载力增大的速率加快，此阶段可以称为加速增大阶段。经过一段时间加速后，泥石流堆积体承载力变化曲线呈直线倾斜上升趋势，泥石流堆积体承载力增大的速率基本不变，此阶段可以称为匀速增大阶段。

在泥石流堆积体承载力缓慢增大阶段，相同黏度、不同固相比泥石流堆积体的承载力大小在同一固结时间也基本相同，说明在泥石流堆积体承载力缓慢增大阶段泥石流堆积体平面空间分布上承载力大小基本相同。从泥石流堆积体承载力加速增大阶段开始，固相比越大，泥石流堆积体承载力增速越大，在同一固结时间泥石流堆积体承载力随着固相比的增大而增大，说明泥石流堆积体承载力从加速增大阶段开始，在泥石流堆积体平面空间分布上从中轴地带到两侧逐渐减小。

2. 相同固相比、不同黏度的泥石流堆积体承载力变化特性对比分析

相同固相比、不同黏度的泥石流堆积体承载力变化趋势如图 4-39～图 4-43 所示。由图可见，固相比越大，相同黏度、相同固结时间的泥石流堆积体承载力越大；相同固相比、不同黏度泥石流堆积体承载力变化趋势也分为三个变化阶段，与相同黏度、不同固相比的泥石流堆积体承载力变化趋势阶段一致。总体而言，相同固相比中，黏度越小，从第二阶段开始，承载力变大的速率越快，固相比越大越明显，但在固相比为 0、0.1 和 0.2 时，在第三阶段，三种黏度的承载力变化有振动变化趋势，主要原因是在泥石流沉降固结过程中，受天气因素影响较大，当气温较低、湿度较大时，泥石流堆积体中水分蒸发较慢，泥石流体排水固结过程变缓。

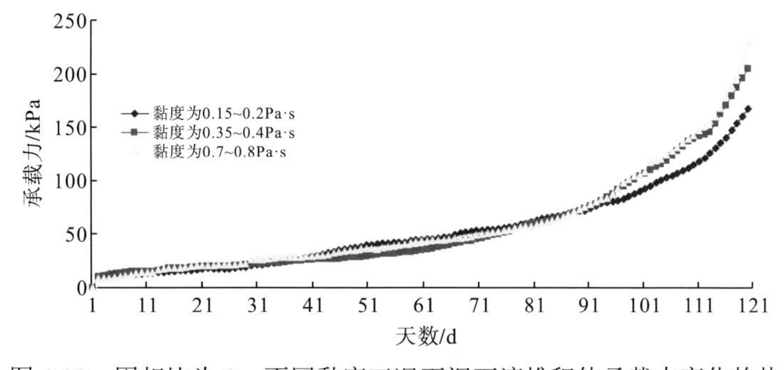

图 4-39　固相比为 0、不同黏度工况下泥石流堆积体承载力变化趋势

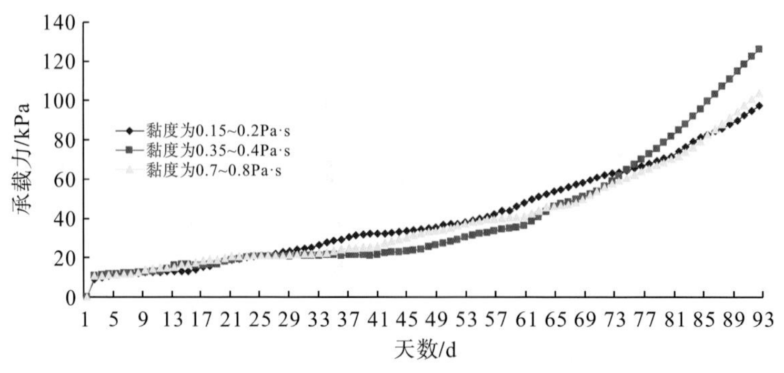

图 4-40 固相比为 0.1、不同黏度工况下泥石流堆积体承载力变化趋势

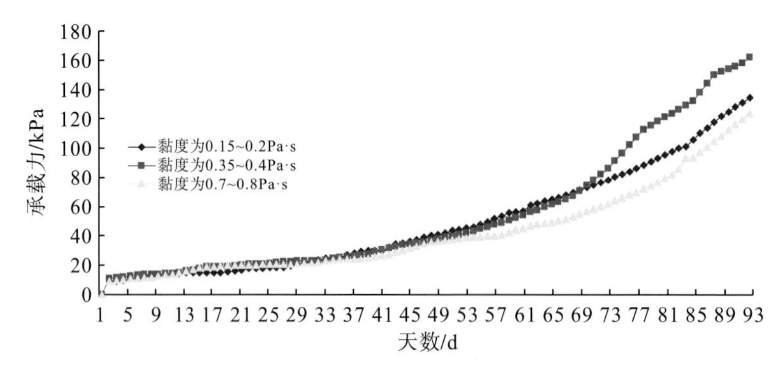

图 4-41 固相比为 0.2、不同黏度工况下泥石流堆积体承载力变化趋势

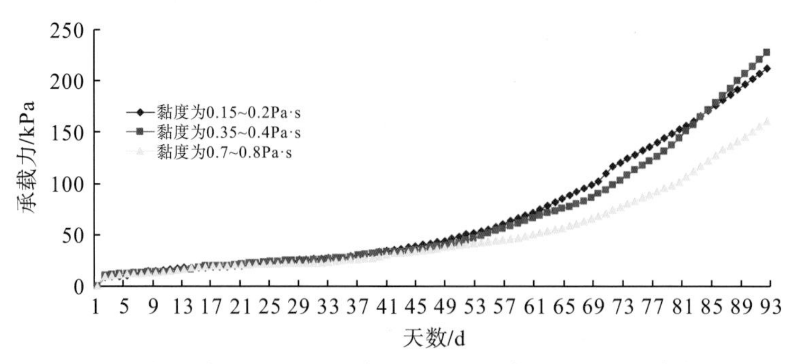

图 4-42 固相比为 0.3、不同黏度工况下泥石流堆积体承载力变化趋势

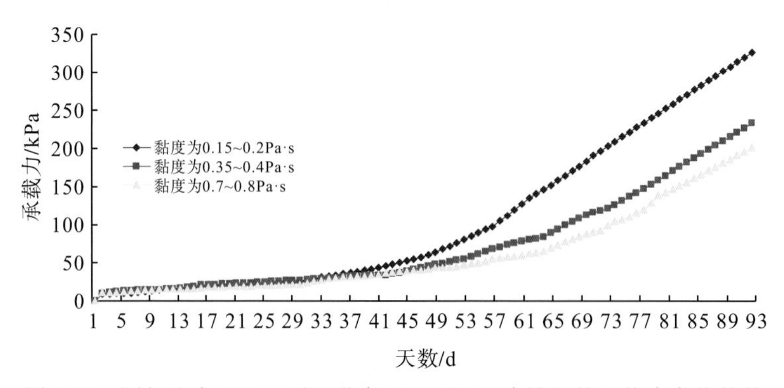

图 4-43 固相比为 0.35、不同黏度工况下泥石流堆积体承载力变化趋势

4.3.2.2　泥石流堆积体固结沉降变形变化特性

1. 相同黏度、不同固相比的泥石流堆积体固结沉降变形变化趋势对比分析

相同黏度、不同固相比的泥石流堆积体固结沉降变形变化趋势如图 4-44～图 4-46 所示。由于固结过程中沉降较小，尤其到了固结后期，测量沉降时间隔时间较长，因此用散点图表示其变化趋势。从图中可以看出，相同黏度、不同固相比的泥石流堆积体固结沉降变形总体变化趋势分为两个阶段，第一阶段是快速沉降变形阶段，第二阶段为缓慢沉降变形阶段。黏度越小，沉降变形发展越慢；黏度越大，同一种黏度的各固相比之间在同一时间段内的固结沉降变形差值越小，说明在泥石流堆积体黏度较大的情况下，不同固相比的泥石流堆积体同一时间段内固结沉降变形值相差不大。

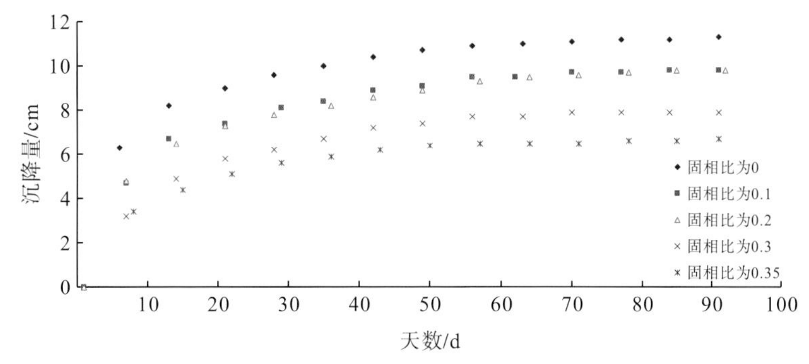

图 4-44　黏度为 0.15～0.2Pa·s、不同固相比工况下泥石流堆积体固结沉降变形变化趋势

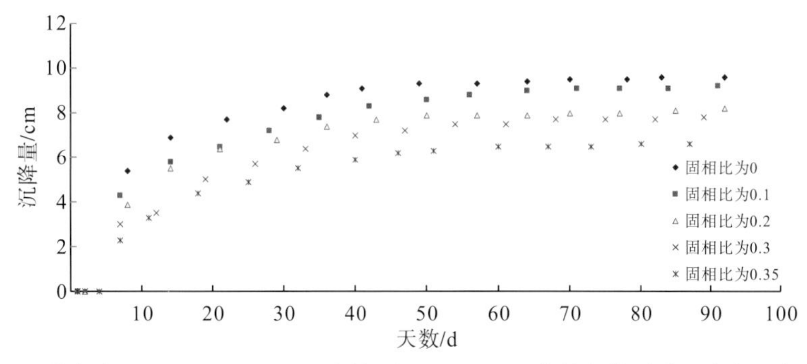

图 4-45　黏度为 0.35～0.4Pa·s、不同固相比工况下泥石流堆积体固结沉降变形变化趋势

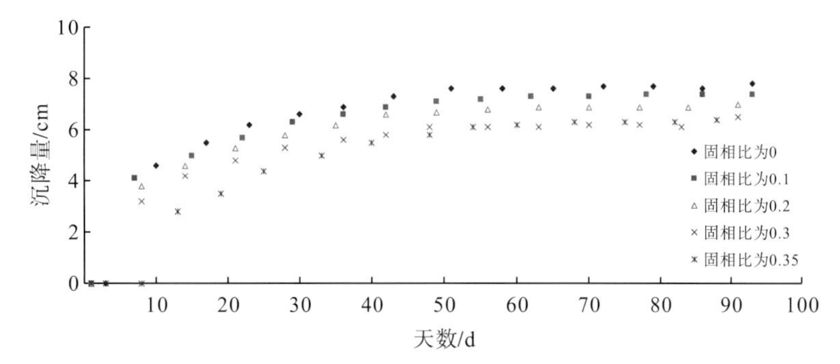

图 4-46　黏度为 0.7～0.8Pa·s、不同固相比工况下泥石流堆积体固结沉降变形变化趋势

同一种泥石流浆体黏度固相比不同时，在同一时间段内，固相比越小，泥石流堆积体固结沉降变形值越大。这说明泥石流堆积体在平面空间分布上中轴带的沉积变形值相对较小，而中轴带两侧的泥石流堆积体沉降变形值相对较大。

2. 相同固相比、不同黏度的泥石流堆积体固结沉降变形变化趋势对比分析

相同固相比、不同黏度的泥石流堆积体的固结沉降变形变化趋势如图 4-47～图 4-51 所示。

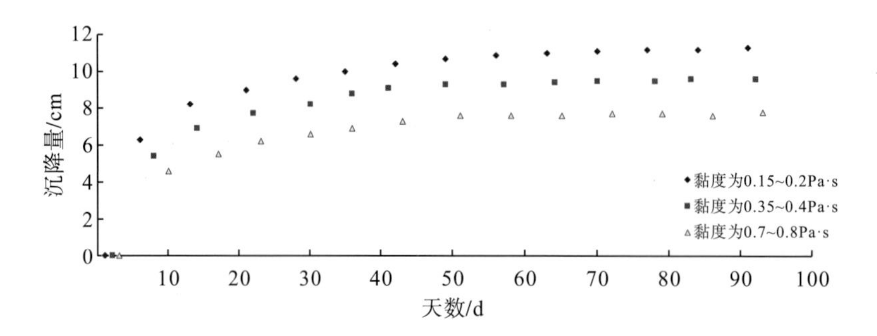

图 4-47 固相比为 0、不同黏度工况下泥石流堆积体固结沉降变形变化趋势

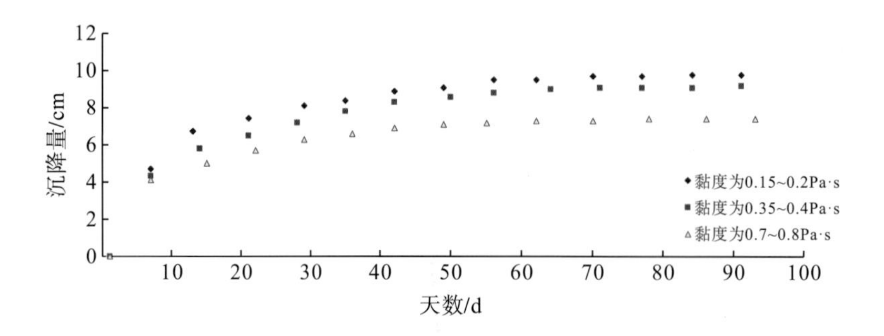

图 4-48 固相比为 0.1、不同黏度工况下泥石流堆积体固结沉降变形变化趋势

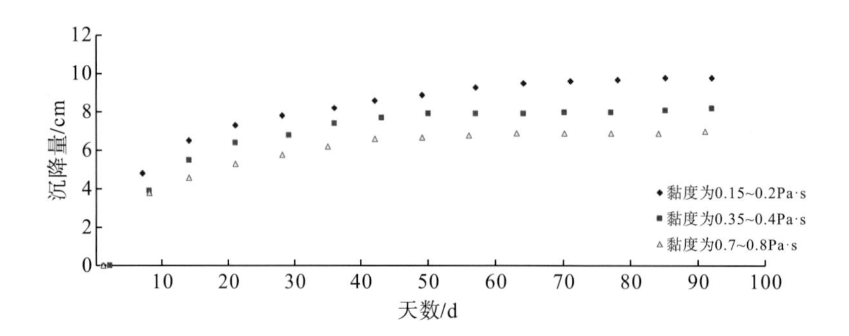

图 4-49 固相比为 0.2、不同黏度工况下泥石流堆积体固结沉降变形变化趋势

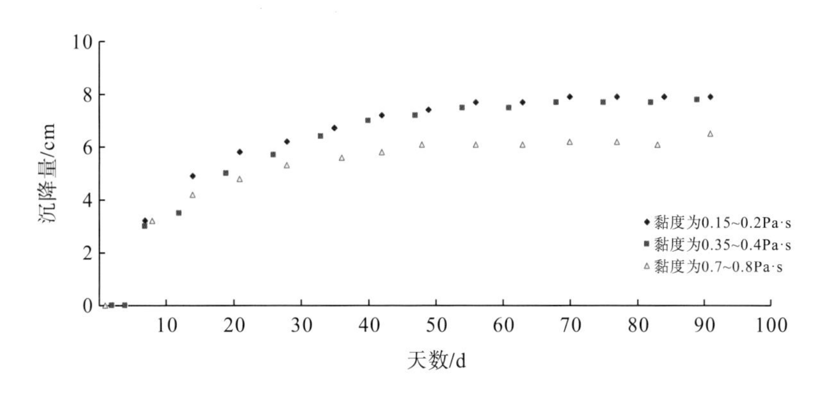

图4-50　固相比为0.3、不同黏度工况下泥石流堆积体固结沉降变形变化趋势

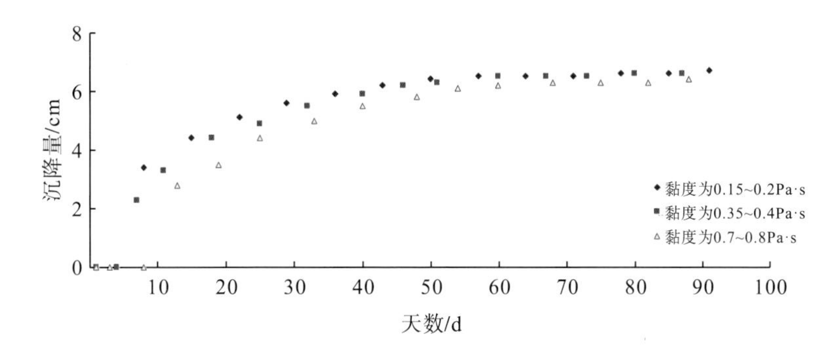

图4-51　固相比为0.35、不同黏度工况下泥石流堆积体固结沉降变形变化趋势

从图4-47～图4-51中可以看出，相同固相比、不同黏度的泥石流堆积体的固结沉降变形变化趋势也分为两个阶段，第一阶段是快速沉降变形阶段，第二阶段为缓慢沉降变形阶段。同一种固相比在黏度不同时，泥石流浆体黏度越小，同一时间段泥石流堆积体的固结沉降变形越大。固相比越大，不同黏度的泥石流堆积体固结沉降变形差值越小，说明随着固相比的增大，黏度差异对泥石流堆积体的固结沉降变形影响逐渐变小。

4.3.3　泥石流沉积物淤埋固结机理

4.3.3.1　泥石流两相流模型

泥石流体是一类特殊的高浓度水、砂、砾复合异向混合流，因此描述其特征的流体模型也就有别于一般意义上的混合流。陈洪凯和唐红梅(2006)基于多年科学研究和工程实践，将泥石流体作为两相流体考虑，即只考虑泥石流体中的土体、块石和水体，不考虑泥石流体中的气体，将泥石流体的物质组成主要分成两部分，即均质浆体(水和细颗粒泥沙掺混而成)和固体(泥石流体中较粗的泥沙颗粒)。

根据两相流理论，从新近沉积的黏性泥石流沉积物中取出一个研究体[图 4-52(a)]，将泥石流研究体等效为固相[图 4-52(b)]和液相[图 4-52(c)]两部分。其中，把泥石流固相等效为颗粒粒径相同的球形体，并且在泥石流沉积物流变固结过程中，固相颗粒本身的物理和化学性质可以认为是不变的，而且在泥石流流变固结过程中，可以认为泥石流固相颗粒之间的相对位置具有很好的相似性。如图 4-53 所示，取高度为 H_0 的研究体，固结初期固相颗粒之间相对位置构成三角形[图 4-53(a)]；t 时间后，泥石流沉积物固结到新的位置[图 4-53(b)]。通过对比图 4-53(a)和图 4-53(b)，固相颗粒之间位置所构成的三角形具有很好的相似性，另外，固结前沉积体内垂直线上的固相颗粒是三颗，经过 t 时间固结后，垂直线上固相颗粒的数量仍然是三颗，只不过它们之间的距离缩小了。

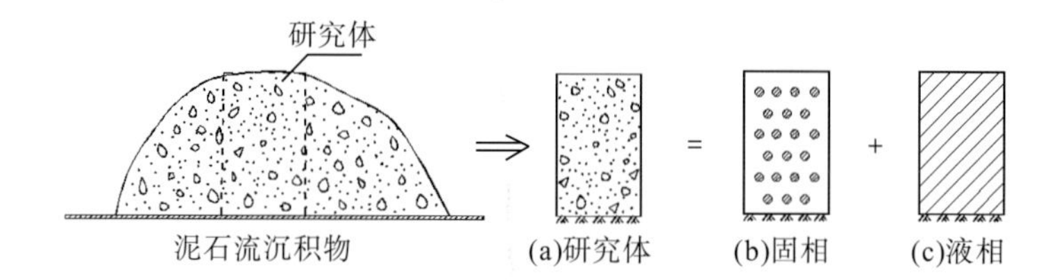

图 4-52 泥石流两相等效模型

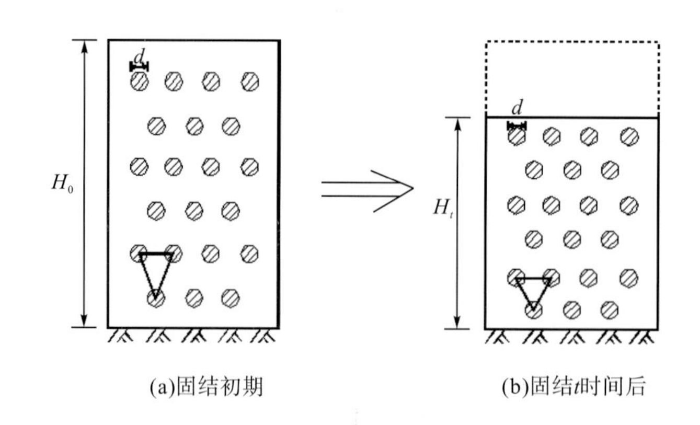

图 4-53 泥石流沉积物固相颗粒固结示意图

H_0.泥石流沉积物初始高度，cm；H_t.固结 t 时间后，泥石流沉积物的高度，cm；d.固相颗粒直径，mm

4.3.3.2 泥石流沉积物流变固结机理

泥石流体停积后，从外观上看，堆积物固结主要是蒸发失水和风化干涸过程。对于饱和的泥石流浆体而言，由于其含水空间大，不发育孔隙毛管，所含水分以重力水的形式渗透流失，直到泥石流体非饱和后，泥石流浆体体积收缩，含水空间变小，形成孔隙毛管。在蒸发作用下，堆积物表面湿度降低，毛细管水发生移动，调节湿度平衡，所含水分逐渐转化为薄膜水。由于毛细管水的消失，泥石流沉积体从表层开始逐渐变干，并收缩龟裂，产生裂隙，如图 4-54 所示。

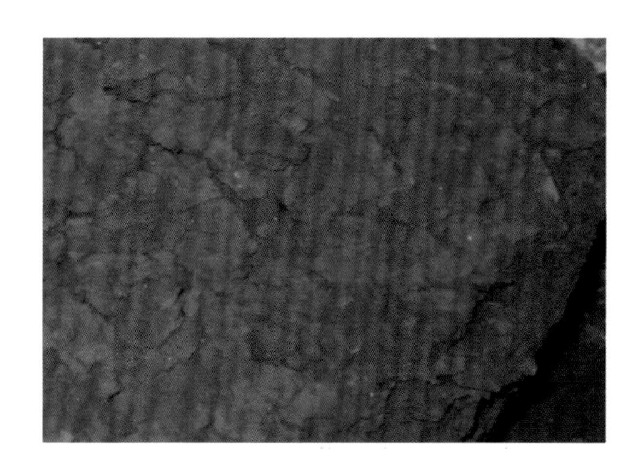

图 4-54　泥石流沉积物流变固结收缩干裂

在泥石流流变固结过程中，泥石流的固相颗粒只存在相对位置上的变化。泥石流沉积物流变固结实际上就是泥石流沉积物液相浆体的变化过程，该过程产生的裂纹其变化是很复杂的，具有很大的随机性，为了研究方便，在分析泥石流沉积物流变固结时，假定裂隙是均匀发展的，而且是从顶端随着流变固结过程的发展，逐渐发展到底端的，把这种裂隙称作追踪裂隙(图 4-55)。

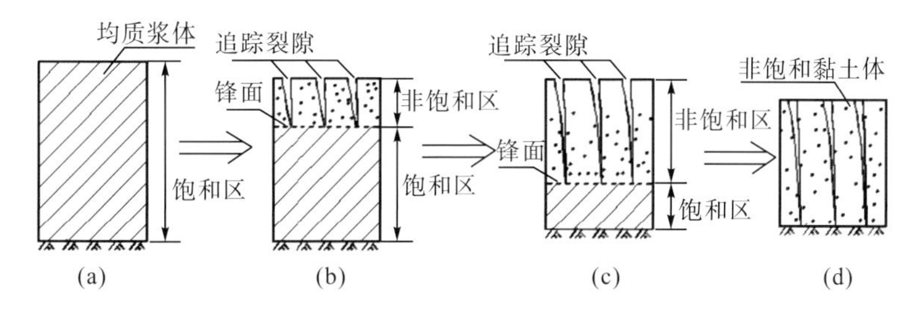

图 4-55　泥石流沉积物液相浆体流变固结过程示意图

泥石流沉积物流变固结开始时，其浆体是饱和的。随着水分的蒸发，泥石流沉积物表层由饱和变为非饱和，并且由液相浆体变为黏土体；而沉积物内部仍然是饱和的，它们之间有一个明显的分界面，定义该交界面为锋面，如图 4-56(b)所示。同时，位于泥石流沉积物表层的黏土体不但包覆着内部的液相浆体，还对内部的液相浆体产生挤压应力 P(图 4-57)；而且沉积物体积会随着挤压应力和自重应力的作用而逐渐减小，这个减小的体积可近似认为是浆体失水的体积。随着时间推移，沉积物中饱和浆体不断转变为非饱和黏土，锋面缓慢降低，使得非饱和区的面积逐步增大，经过某一时刻，锋面到达底部，泥石流沉积物浆体全部由饱和状态变为非饱和状态，使得均质浆体最终变为非饱和黏土体，固结过程结束。因此，泥石流沉积物流变固结过程也可以说是饱和浆体和非饱和黏土体的耦合过程。

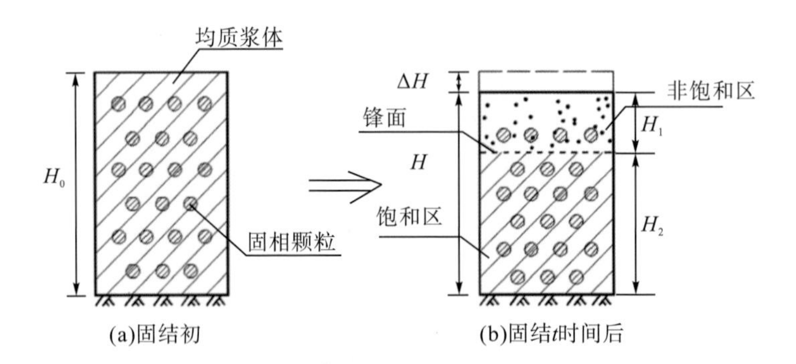

图 4-56 泥石流沉积物流变固结沉降示意图

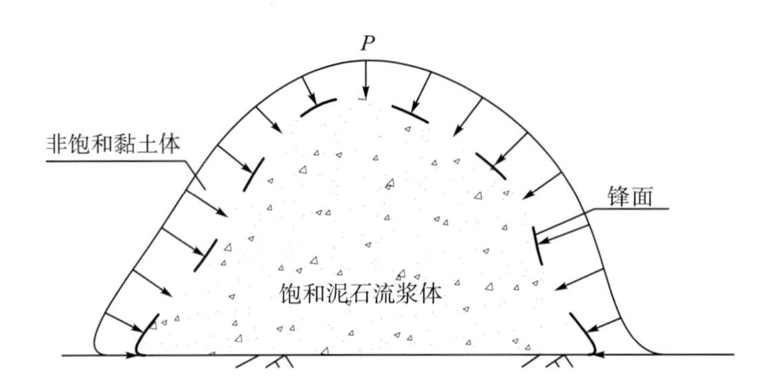

图 4-57 泥石流沉积物流变固结物理模型

4.3.3.3 泥石流沉积物流变固结过程

分别从非饱和泥石流体和饱和泥石流浆体中取厚度为 dz_1、dz 的微单元体为研究对象，且整个模型位于侧限条件下。

1. 非饱和区固结压力

对于饱和区泥石流浆体，上覆压力 P 等于非饱和区泥石流体固结产生的竖向应力，其值为时间 t 和非饱和土层厚度 H_1 的函数，其力学模型如图 4-58 所示，即

$$P=\sigma_z=\gamma_1 H_1 \tag{4-16}$$

式中，γ_1 为泥石流体容重，随固结时间变化而改变，kN/m^3；H_1 为泥石流沉积体厚度，m。

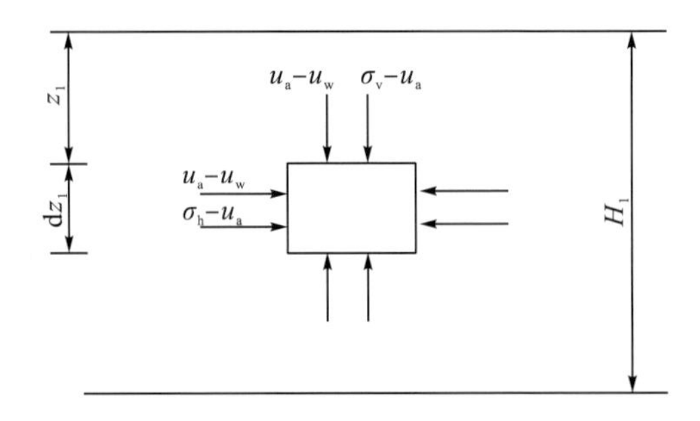

图 4-58 非饱和区泥石流体的力学模型

实际上，泥石流沉积体厚度 H_1 是随着固结时间 t 的变化而改变的，因此非饱和区泥石流体竖向应力 P 也是个变化量，为了弄清 P 随时间 t 的变化趋势，假定非饱和区泥石流体是各向同性的线弹性材料，根据广义胡克(Hooke)定律，导出非饱和泥石流结构的本构关系为

$$\begin{cases}\varepsilon_{\mathrm{v}}=\dfrac{\sigma_{\mathrm{v}}-u_{\mathrm{a}}}{E}-\dfrac{2\mu}{E}\left(\sigma_{\mathrm{h}}-u_{\mathrm{a}}\right)+\dfrac{u_{\mathrm{a}}-u_{\mathrm{w}}}{E'}\\ \varepsilon_{\mathrm{h}}=\dfrac{\sigma_{\mathrm{h}}-u_{\mathrm{a}}}{E}-\dfrac{\mu}{E}\left(\sigma_{\mathrm{v}}+\sigma_{\mathrm{h}}-2u_{\mathrm{a}}\right)+\dfrac{u_{\mathrm{a}}-u_{\mathrm{w}}}{E'}\end{cases} \tag{4-17}$$

式中，ε_{v} 为泥石流体水平应变；ε_{h} 为泥石流体竖向应变；σ_{v} 为泥石流体水平应力；σ_{h} 为泥石流体竖向应力；μ 为泥石流体泊松比；E 为与法向应力变化相关的泥石流结构弹性模量，MPa；E' 为与基质吸力变化相关的泥石流结构弹性模量，MPa；u_{a} 为孔隙气压力，kPa；u_{w} 为孔隙水压力，kPa。

结合强震区泥石流特点，泥石流体处于侧限条件下仅允许竖向变形(即 $\varepsilon_{\mathrm{v}}=0$)，则净水平应力可写成竖向应力的函数：

$$\sigma_{\mathrm{h}}-u_{\mathrm{a}}=\frac{\mu}{1-\mu}\left(\sigma_{\mathrm{v}}-u_{\mathrm{a}}\right)-\frac{E}{E'(1-\mu)}\left(u_{\mathrm{a}}-u_{\mathrm{w}}\right) \tag{4-18}$$

将式(4-18)代入式(4-17)中，可以得出：

$$\sigma_{\mathrm{v}}=\frac{E(1-\mu)}{(1+\mu)(1-2\mu)}\varepsilon_{\mathrm{v}}-\frac{E}{E'(1-2\mu)}\left[\left(1-E'+2\mu E'\right)u_{\mathrm{a}}-u_{\mathrm{w}}\right] \tag{4-19}$$

其中，

$$\varepsilon_{\mathrm{v}}=\frac{H_1(t)-H_{10}}{H_{10}}$$

式中，H_{10} 为非饱和泥石流体在流变固结初始的厚度，m；$H_1(t)$ 为非饱和泥石流体在流变固结进行到 t 时刻的厚度，m。

将式(4-19)对时间求偏微分就可以得到上覆压力 P 的变化率，非饱和泥石流体中的孔隙气压力 u_{a} 等效于大气压力，实际上，超孔隙气压力的消散几乎是立即完成的(即 $\partial u_{\mathrm{a}}/\partial t=0$)，只有液相经历瞬变过程，则：

$$\frac{\partial P}{\partial t}=\frac{\partial\sigma_{\mathrm{v}}}{\partial t}=\frac{E(1-\mu)}{(1+\mu)(1-2\mu)}\times\frac{\partial\varepsilon_{\mathrm{v}}}{\partial t}+\frac{E}{E'(1-2\mu)}\times\frac{\partial u_{\mathrm{w}}}{\partial t} \tag{4-20}$$

非饱和泥石流体为四相体系，即水、气、土粒及水-气分界面(亦称收缩膜)。土粒和收缩膜在力的作用下处于平衡状态，而空气和水在应力梯度作用下发生流动。如果假设土粒不可压缩，收缩膜又没有体积变化，则非饱和泥石流体的总体积变化 ε_{v} 必等于液相和气相体积变化之和，即连续条件为

$$\varepsilon_{\mathrm{v}}=\frac{\Delta V_{\mathrm{w}}}{V_0}+\frac{\Delta V_{\mathrm{a}}}{V_0} \tag{4-21}$$

式中，V_0 为泥石流体初始总体积，m^3；ΔV_{w}、ΔV_{a} 分别为水和气的体积变化量，m^3。

则有

$$\frac{\partial\varepsilon_{\mathrm{v}}}{\partial t}=\frac{\partial\left(V_{\mathrm{w}}/V_0\right)}{\partial t}+\frac{\partial\left(V_{\mathrm{a}}/V_0\right)}{\partial t} \tag{4-22}$$

假定非饱和泥石流体在稳态蒸发条件下发生固结，即水的渗透系数 k_w 和气相的传导系数 D_a 随空间系数没有显著变化，即 $\frac{\partial k_w}{\partial z_1}$、$\frac{\partial D_a}{\partial z_1}$ 可忽略不计，对于液相而言，通过泥石流体单位面积的水流符合达西(Darcy)定律：

$$\frac{\partial\left(V_w / V_0\right)}{\partial t}=\frac{\partial v_w}{\partial z_1}=\frac{\partial\left(-k_w \frac{\partial h_w}{\partial z_1}\right)}{\partial z_1}=-k_w \frac{\partial^2 h_w}{\partial z_1^2} \tag{4-23}$$

结合式(4-23)及液相本构方程可以导出液相偏微分方程为

$$\frac{\partial u_w}{\partial t}=c_v^w \frac{\partial^2 u_w}{\partial z_1^2} \tag{4-24}$$

式中，v_w 为水在 z_1 方向通过土单元体单位面积的流动速率；h_w 为水头，等于重力水头加孔隙水压力水头，cm；$\frac{\partial h_w}{\partial z_1}$ 为 z_1 方向的水头梯度；c_v^w 为液相的固结系数，cm^2/s。

对于气相而言，非饱和泥石流体内的空气流动可用气流的质量流动速率求出，且该质量速率满足菲克(Fick)第一定律，即

$$\frac{\partial J_a}{\partial z_1}=\frac{\partial\left(M_a / V_0\right)}{\partial t}=\frac{\partial\left(V_a \rho_a / V_0\right)}{\partial t}=\frac{\partial\left(-D_a \frac{\partial u_a}{\partial z_1}\right)}{\partial z_1}=-D_a \frac{\partial^2 u_a}{\partial z_1^2} \tag{4-25}$$

式中，J_a 为通过单位面积土体中的气体质量速率；M_a 为泥石流沉积体单元中的气体质量，kg；ρ_a 为空气密度，kg/m^3。

将式(4-25)进一步整理，可得出土体单位体积的空气流量：

$$\frac{\partial\left(V_a / V_0\right)}{\partial t}=-\frac{D_a}{\rho_a} \frac{\partial^2 u_a}{\partial z_1^2} \tag{4-26}$$

结合式(4-26)及气相的本构方程，同样可以导出气相偏微分方程：

$$\frac{\partial u_a}{\partial t}=-C_a \frac{\partial u_w}{\partial t}+c_v^a \frac{\partial^2 u_a}{\partial z_1^2} \tag{4-27}$$

式中，C_a 为与气相偏微分方程有关的相互作用常数；c_v^a 为与气相有关的固结系数，cm^2/s。

由于已知超孔隙气压力的消散是瞬时的，则式(4-27)可简化为

$$\begin{gathered}-C_a \frac{\partial u_w}{\partial t}+c_v^a \frac{\partial^2 u_a}{\partial z_1{ }^2}=0 \\ \Rightarrow \frac{\partial^2 u_a}{\partial z_1^2}=\frac{C_a}{c_v^a} \cdot \frac{\partial u_w}{\partial t}\end{gathered} \tag{4-28}$$

将式(4-28)代入式(4-26)中，则

$$\frac{\partial\left(V_a / V_0\right)}{\partial t}=-\frac{D_a C_a}{\rho_a c_v^a} \cdot \frac{\partial u_w}{\partial t} \tag{4-29}$$

将式(4-23)和式(4-29)代入式(4-22)中，得

$$\frac{\partial \varepsilon_v}{\partial t}=-k_w \frac{\partial^2 h_w}{\partial z_1^2}-\frac{D_a C_a}{\rho_a c_v^a} \cdot \frac{\partial u_w}{\partial t} \tag{4-30}$$

将式(4-30)代入式(4-20)中，整理得

$$\frac{\partial P}{\partial t}=-\frac{k_{\mathrm{w}}}{m_{\mathrm{s}}}\cdot\frac{\partial^2 h_{\mathrm{w}}}{\partial z_1^2}+\left[\frac{m_{\mathrm{a}}}{m_{\mathrm{s}}}+\frac{E}{E'(1-2\mu)}\right]\frac{\partial u_{\mathrm{w}}}{\partial t} \tag{4-31}$$

式中，m_{s} 为侧限条件下相应于净法向应力$(\sigma_{\mathrm{v}}-u_{\mathrm{a}})$的体积变化系数，即 $\frac{(1+\mu)(1-\mu)}{E(1-\mu)}$；$m_{\mathrm{a}}$ 为相应于基质吸力$(u_{\mathrm{a}}-u_{\mathrm{w}})$的气体体积变化系数，即 $\frac{1+\mu}{E(1+\mu)}-\frac{1}{E'_{\mathrm{w}}}+\frac{2E}{E'E_{\mathrm{w}}(1-\mu)}$，其中 E_{w} 为与法向应力$(\sigma-u_{\mathrm{a}})$变化相关的水的体积模量，MPa，E'_{w} 为与基质吸力$(u_{\mathrm{a}}-u_{\mathrm{w}})$变化相关的水的体积模量，MPa；其余变量同前。

将 $h_{\mathrm{w}}=z_1+\frac{u_{\mathrm{w}}}{\rho_{\mathrm{w}}g}$ 和式(4-24)代入式(4-31)，得

$$\frac{\partial P}{\partial t}=C'_{\mathrm{v}}\frac{\partial^2 u_{\mathrm{w}}}{\partial z_1^2} \tag{4-32}$$

式中，$C'_{\mathrm{v}}=-\frac{k_{\mathrm{w}}}{m_{\mathrm{s}}\rho_{\mathrm{w}}g}+\frac{m_{\mathrm{a}}c_{\mathrm{v}}^{\mathrm{w}}}{m_{\mathrm{s}}}+\frac{Ec_{\mathrm{v}}^{\mathrm{w}}}{E'(1-2\mu)}$。

根据非饱和黏土体在侧限条件下的应力-应变关系，有

$$\begin{aligned}&\mathrm{d}u_{\mathrm{w}}=B_{\mathrm{wk}}\mathrm{d}P\\&\Rightarrow C'_{\mathrm{v}}\frac{\partial^2 u_{\mathrm{w}}}{\partial z_1^2}=C'_{\mathrm{v}}B_{\mathrm{wk}}\frac{\partial^2 P}{\partial z_1^2}\end{aligned} \tag{4-33}$$

式中，B_{wk} 为 K_0 固结条件下的孔隙水压力参数；其余符号同前。

将式(4-33)代入式(4-32)中，可得

$$\frac{\partial P}{\partial t}=C'_{\mathrm{v}}B_{\mathrm{wk}}\frac{\partial^2 P}{\partial z_1^2} \tag{4-34}$$

非饱和黏土体固结过程中的初始条件和边界条件分别为

$$\begin{cases}P=\sigma_{z_1} & t=0,0\leqslant z_1\leqslant H_1+H_2\\P=0 & 0<t<\infty,z_1=0\\\frac{\partial P}{\partial z_1}=0 & 0<t<\infty,z_1=H_1+H_2\end{cases} \tag{4-35}$$

根据式(4-35)，对式(4-34)求解积分，得

$$P(z_1,t)=\frac{4(H_1+H_2)\sigma_{z_1}}{\pi}\sum_{k=1}^{\infty}\frac{1}{(2k-1)}\mathrm{e}^{-\frac{(2k-1)^2\pi^2}{4(H_1+H_2)^2}c'_{\mathrm{v}}B_{\mathrm{wk}}t}\sin\frac{(2k-1)\pi}{2(H_1+H_2)}z_1 \quad (k=1,2,3,\cdots) \tag{4-36}$$

2. 饱和区流变固结

在非饱和泥石流体产生的可变固结压力及饱和泥石流浆体自身重力作用下，浆体中将产生超静孔隙水压力，导致其中的孔隙水逐渐排出，沉积体被压缩，从而使沉积体的强度提高。随着时间持续，超静孔隙水压力逐步消散，沉积体的有效应力逐步增大，直至超静孔隙水压力完全消散，压缩过程相应停止。这种由孔隙水渗透引起的压缩过程，称为渗透固结(即主固结)。然而对于黏性泥石流沉积物而言，超静孔隙压力完全消散以后，整个沉

积体仍会随时间继续发生变形，即产生次固结效应。这种效应是由泥石流沉积物所具有的流变性质所致。在泥石流沉积物流变固结全过程中，主固结和次固结是同时进行的。

作为黏塑性宾干姆(Bingham)体的泥石流沉积浆体，为了在固结过程中更好地研究其流变性状，本节应用宾干姆流变模型来辅助研究，其流变方程为

$$\dot{\varepsilon}=\frac{(\sigma'-\sigma_{\mathrm{SB}})t}{\eta}\qquad(\sigma'>\sigma_{\mathrm{SB}})\tag{4-37}$$

式中，σ'为沉积体所受的有效应力，kPa，$\sigma'=P+\gamma_2 z-u$，其中γ_2为饱和泥石流浆体容重，kN/m^3，u为超静孔隙水压力，kPa；σ_{SB}为沉积体屈服应力，它为与法向应力无关的常数；η为沉积体的黏滞系数，Pa·s；其他变量同前。

由于$\sigma'\leqslant\sigma_{\mathrm{SB}}$时，饱和泥石流浆体不发生应变，所以不予讨论。

固结开始前，即固结时间t=0时，饱和泥石流浆体的应力状态为

$$\begin{cases}\sigma_{\mathrm{z}}=P_0\\u=\sigma_z\\\sigma_x=K_0(\sigma_{\mathrm{z}}-u)+u=\sigma_{\mathrm{z}}\end{cases}\tag{4-38}$$

式中，σ_z为饱和泥石流浆体所受的竖向应力，kPa；σ_x为饱和泥石流浆体所受的水平应力，kPa；P_0为主固结开始时的附加外荷载，kPa；K_0为侧向土压力系数，$K_0=\frac{\mu}{1-\mu}$，其中μ为饱和泥石流浆体的泊松比；u为超静孔隙水压力，kPa。

随着时间持续，饱和泥石流浆体的一维固结也在不断进行中，其力学模型如图 4-59所示。

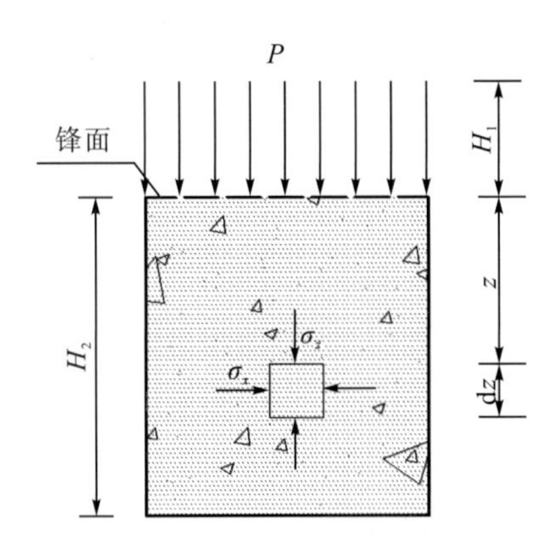

图 4-59 饱和泥石流浆体流变固结力学模型

$$\begin{cases}\sigma_z=P+\sigma_{\mathrm{c}}=P+\gamma_2 z\\\sigma_x=K_0(\sigma_z-u)+u\end{cases}\tag{4-39}$$

式中，σ_{c}为饱和泥石流浆体自重应力，kPa；γ_2为饱和泥石流浆体容重，kN/m^3；z为单元体在泥石流浆体中的高度，m；其余变量同前。

按照土力学中的应力-应变关系可以推导得出：

$$\frac{\partial z}{\partial t}=\dot{\varepsilon}=\frac{\sigma'-\sigma_{\mathrm{SB}}}{\eta}=\frac{P+\gamma_2 z-u-\sigma_{\mathrm{SB}}}{\eta}$$
$$\Rightarrow \frac{\partial z}{\partial t}-\frac{\gamma_2}{\eta}z=\frac{P-u-\sigma_{\mathrm{SB}}}{\eta} \tag{4-40}$$

按照一阶线性微分方程 $\frac{\mathrm{d}y}{\mathrm{d}x}+P(x)y=Q(x)$ 通解 $y=\mathrm{e}^{-\int P(x)\mathrm{d}x}\left(\int Q(x)\mathrm{e}^{\int P(x)\mathrm{d}x}\mathrm{d}x+C\right)$，求解式(4-40)得

$$z=\mathrm{e}^{-\int -\frac{\gamma_2}{\eta}\mathrm{d}t}\left(\int \frac{P-u-\sigma_{\mathrm{SB}}}{\eta}\mathrm{e}^{\int \frac{\gamma_2}{\eta}\mathrm{d}t}\mathrm{d}t+C\right) \tag{4-41}$$

利用 $z(0)=0$ 的初始条件，则式(4-41)中常数 $C=\frac{P-u-\sigma_{\mathrm{SB}}}{\gamma_2}$，即

$$z(t)=\frac{P-u-\sigma_{\mathrm{SB}}}{\gamma_2}\left(\mathrm{e}^{\frac{\gamma_2}{\eta}t}-1\right) \tag{4-42}$$

饱和泥石流浆体的顶面透水、底面不透水，整个沉积体在固结时会产生自下向上的渗流，假定每秒钟流入单元体的水体积为 q，则流出单元体的水体积为 $q+\frac{\partial q}{\partial z}\mathrm{d}z$；如果流出的水多、流入的水少，单元体内在 $\mathrm{d}t$ 时间内减少的水体积为

$$\left[\left(q+\frac{\partial q}{\partial z}\mathrm{d}z\right)-q\right]\mathrm{d}t=\frac{\partial q}{\partial z}\mathrm{d}z\mathrm{d}t \tag{4-43}$$

那么在 0～t 时间内，单元体减少的总水体积 ΔV_{w} 为

$$\Delta V_{\mathrm{w}}=\int_0^t \frac{\partial q}{\partial z}\mathrm{d}z\mathrm{d}t \tag{4-44}$$

取 z 轴向上，超静孔隙水压力 u 下大上小，则 $\frac{\partial u}{\partial z}<0$，而水力梯度 $i>0$，因此：

$$i=-\frac{\partial u}{\gamma_{\mathrm{w}}\partial z} \tag{4-45}$$

将式(4-45)代入达西定律，得

$$q=kiA=-\frac{k\partial u}{\gamma_{\mathrm{w}}\partial z}A \tag{4-46}$$

式中，k 为 z 方向的渗透系数，cm/s；A 为单元体的过水面积，cm^2，$A=\mathrm{d}x\mathrm{d}y$。

将式(4-46)代入式(4-44)中，得

$$\Delta V_{\mathrm{w}}=-\int_0^t \frac{kA}{\gamma_{\mathrm{w}}}\cdot\frac{\partial^2 u}{\partial z^2}\mathrm{d}z\mathrm{d}t \tag{4-47}$$

在 $t=0$ 时，假定浆体孔隙比为 e_0，而 $\sigma_z'=0$；在 t 时刻，孔隙比为 e，而 $\sigma_z'=P+\sigma_{\mathrm{c}}-u$；在饱和泥石流浆体的一维固结过程中，令压缩系数 α 为常量，则

$$\alpha=\frac{\Delta e}{\Delta\sigma_z'}=\frac{e_0-e}{P+\sigma_{\mathrm{c}}-u}$$
$$\Rightarrow \Delta e=e_0-e=\alpha\left(P+\sigma_{\mathrm{c}}-u\right) \tag{4-48}$$

相应单元体的体积减少量为

$$\Delta V=\Delta eV_{s}=\alpha\left(P+\gamma_{2}z-u\right)V_{s}=\frac{\alpha\left(P+\sigma_{c}-u\right)A}{1+e_{0}}dz \tag{4-49}$$

式中，V_s为饱和泥石流浆体中的固相颗粒体积，$V_{s}=\dfrac{Adz}{1+e_{0}}$；其余变量同前。

对于饱和泥石流浆体，ΔV=ΔV_w，则

$$-\int_{0}^{t}\frac{kA}{\gamma_{w}}\cdot\frac{\partial^{2}u}{\partial z^{2}}dzdt=\frac{\alpha\left(P+\sigma_{c}-u\right)A}{1+e_{0}}dz \tag{4-50}$$

等式两边同时除以Adz，并对t求偏导数得

$$\frac{k}{\gamma_{w}}\cdot\frac{\partial^{2}u}{\partial z^{2}}=\frac{\alpha}{1+e_{0}}\left[\frac{\partial u}{\partial t}-\frac{\partial P}{\partial t}-\frac{\partial\sigma_{c}}{\partial t}\right] \tag{4-51}$$

令$C_{v}=\dfrac{k\left(1+e_{0}\right)}{\gamma_{w}\alpha}$，即固结系数，则式(4-51)可以变成：

$$C_{v}\frac{\partial^{2}u}{\partial z^{2}}=\frac{\partial u}{\partial t}-\frac{\partial P}{\partial t}-\gamma_{2}\frac{\partial z}{\partial t} \tag{4-52}$$

将式(4-42)代入式(4-52)中，有

$$C_{v}\frac{\partial^{2}u}{\partial z^{2}}=\frac{\partial u}{\partial t}-\frac{\partial P}{\partial t}-\gamma_{2}\frac{\partial\left[\dfrac{P-u-\sigma_{SB}}{\gamma_{2}}\left(e^{\frac{\gamma_{2}}{\eta}t}-1\right)\right]}{\partial t}$$

整理得

$$C_{v}\frac{\partial^{2}u}{\partial z^{2}}=\frac{\partial\left(ue^{\frac{\gamma_{2}}{\eta}t}\right)}{\partial t}-\frac{\partial\left[\left(P-\sigma_{SB}\right)e^{\frac{\gamma_{2}}{\eta}t}\right]}{\partial t} \tag{4-53}$$

式(4-42)的初始条件和边界条件分别为

$$\begin{cases}t=0,0\leqslant z<H_{2}, & u=P_{0}\\ t>0,\left.\dfrac{\partial u}{\partial z}\right|_{z=H_{2}}=0, & u|_{z=0}=0\\ t=\infty,0\leqslant z\leqslant H_{2}, & u=0\end{cases} \tag{4-54}$$

参考 Terzaghi 单层地基一维固结方程的解$u(z,t)=\sum_{m=1}^{\infty}\frac{1}{m}\frac{4P}{\pi}e^{-\frac{m^{2}\pi^{2}C_{v}t}{4H^{2}}}\sin\frac{m\pi z}{2H}$ (m 为正奇数)，假定式(4-42)的解$u(z,t)$为

$$u(z,t)=\sum_{m=1}^{\infty}T_{m}(t)\sin\frac{m\pi z}{2H_{2}} \tag{4-55}$$

式中，m为正奇数；$T_m(t)$为待求的时间函数。

将式(4-55)代入式(4-53)中，得

$$T_{m}'(t)+MT_{m}(t)-\frac{f(z,t)}{N}=0 \tag{4-56}$$

式中，$f(z,t)=\dfrac{\partial\left[\left(P-\sigma_{\mathrm{SB}}\right)\mathrm{e}^{\frac{\gamma_2}{\eta}t}\right]}{\partial t}$，$M=C_{\mathrm{v}}\dfrac{m^2\pi^2}{4\mathrm{e}^{\frac{\gamma_2}{\eta}t}H_2^2}+\dfrac{\gamma_2}{\eta}$，$N=\mathrm{e}^{\frac{\gamma_2}{\eta}t}\sum\limits_{m=1}^{\infty}\sin\dfrac{m\pi z}{2H_2}$，$m$ 为正奇数。

为了更方便地求解式(4-56)，运用拉普拉斯(Laplace)变换法进行分析。

假定时间函数 $T_m(t)$ 的拉普拉斯变换形式为 $F_m(s)$，利用该变换的微分性质对式(4-56)进行拉普拉斯变换，得

$$sF_m(s)-T_m(0)+MF_m(s)-\frac{L[f(z,t)]}{N}=0$$

可推导出：

$$F_m(s)=F_{m1}(s)\left\{T_m(0)+\frac{L[f(z,t)]}{N}\right\} \tag{4-57}$$

式中，

$$F_{m1}(s)=\frac{1}{s+M} \tag{4-58}$$

对式(4-58)进行拉普拉斯逆变换：

$$T_{m1}(t)=L^{-1}\left[F_{m1}(s)\right]=L^{-1}\left[\frac{1}{s+M}\right]=\mathrm{e}^{-Mt} \tag{4-59}$$

同样，利用拉普拉斯变换线性性质和卷积性质对式(4-59)也进行拉普拉斯逆变换：

$$\begin{aligned}T_m(t)&=L^{-1}\left[F_m(s)\right]=L^{-1}\left\{F_{m1}(s)T_m(0)+F_{m1}(s)\frac{L[f(z,t)]}{N}\right\}\\&=T_m(0)T_{m1}(t)+\frac{T_{m1}(t)f(z,t)}{N}=T_{m1}(t)\left[T_m(0)+\frac{f(z,t)}{N}\right]\end{aligned} \tag{4-60}$$

把式(4-59)代入式(4-60)，可以得到时间函数 $T_m(t)$ 的表达式：

$$T_m(t)=\mathrm{e}^{-Mt}\left[T_m(0)+\frac{f(z,t)}{N}\right] \tag{4-61}$$

将式(4-61)代入式(4-55)中，得

$$\begin{aligned}u(z,t)&=\sum_{m=1}^{\infty}\mathrm{e}^{-Mt}\left[T_m(0)+\frac{f(z,t)}{N}\right]\sin\frac{m\pi z}{2H_2}\\&=\mathrm{e}^{-Mt}\sum_{m=1}^{\infty}T_m(0)\sin\frac{m\pi z}{2H_2}+\sum_{m=1}^{\infty}\mathrm{e}^{-Mt}\frac{f(z,t)}{N}\sin\frac{m\pi z}{2H_2}\end{aligned} \tag{4-62}$$

当 $t=0$，$0\leqslant z\leqslant H_2$ 时：$u(z,0)=\sum\limits_{m=1}^{\infty}\mathrm{e}^{-M\cdot 0}\left[T_m(0)+\dfrac{f(z,0)}{N}\right]\sin\dfrac{m\pi z}{2H_2}=\sum\limits_{m=1}^{\infty}T_m(0)\sin\dfrac{m\pi z}{2H_2}=P_0$。

将 $\sum\limits_{m=1}^{\infty}T_m(0)\sin\dfrac{m\pi z}{2H_2}=P_0$ 代入式(4-62)中，有

$$u(z,t)=\sum_{m=1}^{\infty}\mathrm{e}^{-Mt}\left[T_m(0)+\frac{f(z,t)}{N}\right]\sin\frac{m\pi z}{2H_2}=\mathrm{e}^{-Mt}P_0+\sum_{m=1}^{\infty}\mathrm{e}^{-Mt}\frac{f(z,t)}{N}\sin\frac{m\pi z}{2H_2}$$
$$=\mathrm{e}^{-Mt}\left\{P_0+\sum_{m=1}^{\infty}\frac{1}{\sum\limits_{m=1}^{\infty}\sin\frac{m\pi z}{2H_2}}\left[\frac{\partial p}{\partial t}+\frac{\gamma_2\left(p-\sigma_{\mathrm{SB}}\right)}{\eta}\right]\sin\frac{m\pi z}{2H_2}\right\} \tag{4-63}$$

可以得到在可变附加应力和自重应力双重作用影响下的超静孔隙水压力表达式：

$$u(z,t)=\mathrm{e}^{-Mt}\left(P_0+\sum_{m=1}^{\infty}Q\sin\frac{m\pi z}{2H_2}\right)\quad(m\text{ 为正奇数}) \tag{4-64}$$

式中，$M=C_{\mathrm{v}}\dfrac{m^2\pi^2}{4\mathrm{e}^{\frac{\gamma_2}{\eta}t}H_2^2}+\dfrac{\gamma_2}{\eta}$，$Q=\sum\limits_{m=1}^{\infty}\dfrac{1}{\sum\limits_{m=1}^{\infty}\sin\frac{m\pi z}{2H_2}}\left[\dfrac{\partial p}{\partial t}+\dfrac{\gamma_2\left(P-\sigma_{\mathrm{SB}}\right)}{\eta}\right]$；其余变量同前。

根据式(4-64)，流变固结 t 时刻，饱和泥石流浆体相关土力学参数如下。

平均超静孔隙水压力：

$$\overline{u(t)}=\frac{1}{H_2}\int_0^{H_2}u\mathrm{d}z=\mathrm{e}^{-Mt}P_0+\frac{2\mathrm{e}^{-Mt}}{m\pi}\sum_{m=1}^{\infty}Q \tag{4-65}$$

平均固结度：

$$U(t)=\frac{u_0-\overline{u(t)}}{u_0}=\frac{P_0-e^{-Mt}P_0-\frac{2\mathrm{e}^{-Mt}}{m\pi}\sum\limits_{m=1}^{\infty}Q}{P_0}=1-\mathrm{e}^{-Mt}-\frac{2\mathrm{e}^{-Mt}}{m\pi P_0}\sum_{m=1}^{\infty}Q \tag{4-66}$$

压缩量：

$$s(t)=m_{\mathrm{v}}\int_0^{H_2}\left(u_0-u\right)\mathrm{d}z=m_{\mathrm{v}}\left[P_0H_2-\mathrm{e}^{-Mt}P_0H_2-\frac{m\pi\mathrm{e}^{-Mt}}{2H_2}\sum_{m=1}^{\infty}Q\right] \tag{4-67}$$

式中，u_0 为饱和泥石流浆体的初始超静孔隙水压力，即 $u_0=P_0$，kPa；m_{v} 为饱和泥石流浆体的体积压缩系数，MPa^{-1}；其他变量同前。

通过以上分析可知，当 $z_1=H_1+H_2$ 时，饱和泥石流浆体已全部转化为非饱和黏土体，即泥石流沉积物的流变固结过程已完成。通过实测泥石流淤埋公路现场沉积物的相关物理力学性质实验，利用式(4-64)～式(4-67)计算出泥石流淤埋物随时间变化的相关土力学参数，如超静孔隙水压力、固结度、压缩量等。

4.3.3.4 流变固结平衡方程

新近沉积的黏性泥石流沉积物在流变固结过程中，存在着明显的附加应力，可以称为固结力，结合上述流变固结机理，可分析求出泥石流沉积物流变固结力。

1. 基本假定

(1)在固结过程中，固相颗粒等效为粒径大小相同的球体，其相对位置不变而绝对位置要变。仅考虑一维即沿竖直方向，固相颗粒的个数不变。

(2)固结过程中，沉积物减少的体积即为均质浆体失水的体积，浆体由饱和状态到非饱和状态，浆体的黏滞系数逐渐增大。

(3)方程推导过程中仅考虑一维，即只考虑在竖直方向上的变化。

(4)随着孔隙水的消散，泥石流浆体颗粒质量没有损失。

2. 方程推导

取单位面积的泥石流沉积物为研究对象，其固结沉降模型如图 4-60 所示。

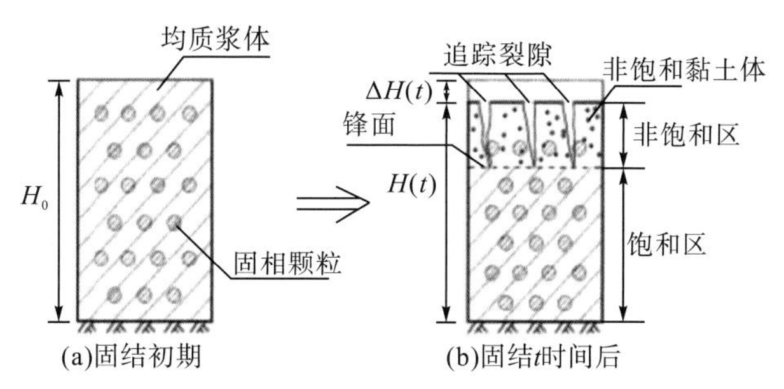

图 4-60　泥石流沉积物固结沉降

对于大面积泥石流沉积物堆场而言，其水平方向长度与垂直深度相比是很大的，可视为一维固结。也就是说，单位面积沉积体的体积变化与其高度变化相等，即单元体减小的高度 $\Delta H(t)$ 为

$$\Delta H(t)=H_0-H(t) \tag{4-68}$$

泥石流浆体单位长度沉降量：

$$\eta=\frac{\Delta H(t)}{H_0}=\rho_1\frac{W_1-W_2}{1+W_1} \tag{4-69}$$

式中，ρ_1 为均质浆体初始密度，kg/m^3；W_1 为均质浆体初始含水量；W_2 为均质浆体固结某一时刻的含水量。

当泥石流沉积物固结进行到某一时刻时，仍取单位面积的泥石流体进行受力分析。研究体受到固相颗粒和液相浆体的重力作 $G_{流}$，而研究体的饱和与非饱和界面上作用着基质吸力 S，单元体受力状态如图 4-61 所示。

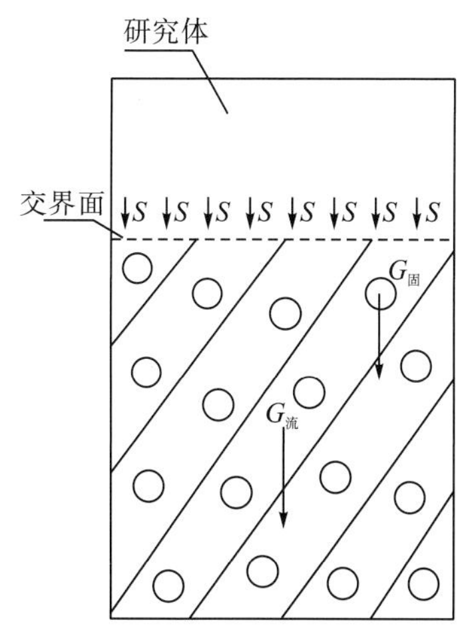

图 4-61　固结某一时刻泥石流体受力状态图

1) 泥石流沉积物固相颗粒的重力$G_{固}$

根据假定，可以推出：

$$G_{固} = H_0 \alpha \gamma_{固} \tag{4-70}$$

式中，$\gamma_{固}$ 为固相颗粒容重，kN/m³；α 为泥石流沉积物固结初始时刻的固相颗粒固相比。

2) 泥石流沉积物单元体液相浆体的重力$G_{液}$

$$G_{液} = G_0 - \Delta H(t)\gamma_{w} = H_0(1-\alpha)\gamma_{液} - \rho_1 \frac{(W_1 - W_2)H_0}{1+W_1}\gamma_{w} \tag{4-71}$$

式中，G_0为固结初始时刻均质浆体初始重力，kN；$\gamma_{液}$ 为固结初始时刻均质浆体初始容重，kN/m³；γ_{w} 为水的容重，取 10kN/m³。

3) 基质吸力 S

泥石流沉积物在流变固结过程中，随着沉积物固结的延续，沉积体表面将产生追踪裂隙，空气进入沉积体，孔隙内形成气水界面，随着固结持续，气水界面也随着发展，形成弯液面，导致产生毛细现象，其基质吸力也越来越大。如果把孔隙中的弯液面看作圆管中的弯液面，则基质吸力为作用于弯液面周边上表面张力的合力与周边在垂直于合力的表面上的投影曲线所围成的面积之商：

$$S = u_{a} - u_{w} = \frac{\beta \pi D}{\frac{\pi}{4}D^3} = \frac{4\beta}{D} \tag{4-72}$$

式中，u_{a} 为孔隙气压力，kN/m²；u_{w} 为孔隙水压力，kN/m²；β 为水的表面张力系数，取 0.073 N/m；D 为孔隙的平均直径，m。

4) 固结力学平衡方程

在单位面积泥石流体中，仅考虑竖向一维的情况，则固结初所产生的压力为

$$F_0 = G_{固} + G_0 \tag{4-73}$$

固结时刻为 t 时所产生的压力为

$$F(t) = G_{固} + G_{液} + S \tag{4-74}$$

固结过程中产生的压力增量，即固结力为

$$f = G_{液} + S - G_0 = \frac{4\beta}{D} - H_0 \frac{\rho_1 (W_1 - W_2)}{1+W_1}\gamma_{w} \tag{4-75}$$

式(4-75)中，随着固结持续，泥石流体的含水量 W_2 在变化，而且随着固结时间的发展，其变化率越来越小，因此公式右边第二项数值的增量较小。众多实验表明，基质吸力随着土体含水量减小而增加，土体含水量与吸力之间的关系曲线通常称为土-水特征曲线，当土体含水量趋近 0%时，基质吸力可达 620～980MPa。因此，式(4-75)右边第一项数值增量较大，可见泥石流沉积物固结力是随着固结时间持续而逐渐增大的。

4.4　强震区沟道型泥石流磨蚀性能研究

当前对泥石流治理的工程措施主要有拦挡、停淤和排导工程，其中排导槽是泥石流防治工程中应用最为广泛、减灾效果最好的措施之一。但在强震区已有排导槽实施过程中，由于泥石流流动的强烈磨蚀力，对排导槽表面造成了不可逆的磨损损伤，在汶川强震区的汶川、北川等地的排导槽中，均存在不同程度的磨蚀破坏，部分排导槽磨蚀深度可达到 18cm，甚至造成钢筋外露腐蚀(图 4-62)，降低了排导槽的有效使用寿命。如汶川县锄头沟、银杏坪沟，北川县青林沟等地，排导槽磨蚀损伤已经不同程度地影响到了其正常使用。

图 4-62　强震区泥石流对已建排导槽的强烈磨蚀

根据杨东旭等(2021)对泥石流排导槽磨蚀系统属性的分析，认为泥石流对排导槽的磨蚀与泥石流自身容重、流速、颗粒组分、材料强度等参数有关。秦明等(2019)探讨了固相比、浆体黏度对混凝土试件的磨蚀影响，研究发现泥石流磨蚀系数与泥石流固相比成正相关，与泥石流黏度呈负相关。陈洪凯等(2004)探讨了泥石流对防治结构的磨蚀问题，建立了泥石流磨蚀力计算方法。陈野鹰等(2007)提出了降低泥石流磨蚀的防治结构轴线方程。Arabnia 和 Sklar(2016)给出了泥石流在任意时刻对混凝土磨损量的分布函数，评估了泥石流排导结构的动态可靠性和概率失效时间。Banihabib 和 Iranpoor(2015)等提出了考虑泥石流侵蚀与腐蚀的排导结构耦合磨蚀计算公式。针对泥石流的磨蚀行为，当前的研究尚不充分，目前很难准确判断泥石流的磨蚀破坏程度，不利于泥石流防治结构优化设计。因此，有必要开展泥石流磨蚀实验，确定混凝土材料的泥石流磨蚀系数，为泥石流排导结构的有效设计提供科学依据。

4.4.1 泥石流磨蚀实验装置研制

为开展泥石流磨蚀实验研究，设计了泥石流磨蚀实验装置(图 4-63)。该实验装置由支撑板、实验桶、第一电机、第二电机、托盘和搅拌器组成。支撑板的下端面上设置有多根支脚，支撑板的上端面上设置有支架，第一电机固定在支架上。实验桶设置在支撑板的上端面上，实验桶位于第一电机的正下方。搅拌器与第一电机的传动轴连接，第一电机使搅拌器悬挂在实验桶中。第二电机通过吊架安装在支撑板的下侧。实验桶底部设置有安装孔，支撑板上设置有与安装孔匹配的通孔，第二电机的传动轴设置在安装孔中。托盘设置在实验桶中，位于搅拌器的下侧，与第二电机的传动轴连接。托盘的上侧面上设置有用于放置环形试样的环形槽。实验桶用于盛装泥石流体，搅拌器用于推动泥石流体做旋转运动。第一电机能传动搅拌器转动，第二电机能传动托盘转动，搅拌器和托盘的转动方向相反，但它们的转动轴同轴。

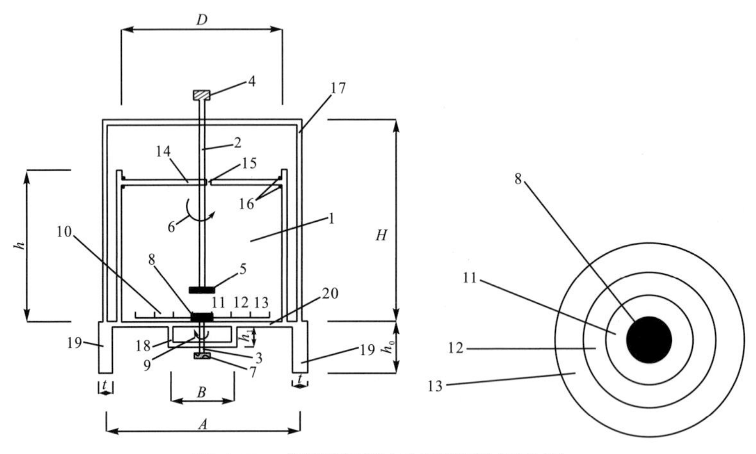

图 4-63 泥石流磨蚀实验装置设计图

1.泥石流磨蚀实验桶；2.泥石流运动速度控制装置；3.试样运动速度控制装置；4.泥石流运动速度控制装置电机；5.泥石流运动速度控制装置搅拌器；6.泥石流运动速度控制装置旋转方向(逆时针)；7.试样运动速度控制装置电机；8.试样运动速度控制装置转盘；9.试样运动速度控制装置旋转方向(顺时针)；10.试样载物台(托盘)；11.载物台内圈试样槽；12.载物台中圈试样槽；13.载物台外圈试样槽；14.泥石流磨蚀实验桶盖；15.泥石流磨蚀实验桶盖气孔；16.泥石流磨蚀实验桶盖固定卡槽；17.泥石流运动速度控制装置承载框架；18.试样运动速度控制装置承载框架；19.泥石流磨蚀实验装置支撑柱；20.泥石流磨蚀实验装置承载板；*A*.泥石流运动控制装置承载框架长度，cm；*B*.试样运动速度控制装置承载框架长度，cm；*H*.泥石流运动控制装置承载框架高度，cm；*D*.泥石流磨蚀实验桶直径，cm；*h*.泥石流磨蚀实验桶高度，cm；h_0.泥石流磨蚀实验装置支撑柱高度，cm；h_1.试样运动速度控制装置承载框架高度，cm；*t*.泥石流磨蚀实验装置支撑柱边长，cm

泥石流磨蚀实验装置的工作原理：预先在托盘内制作混凝土试样并调配好泥石流体，先将托盘安装到位，再将泥石流体注入实验桶内，然后起动第一电机和第二电机，在电机的传动下，泥石流体和托盘就能沿相反方向相对运动。如此，就能使泥石流体对混凝土试样形成磨蚀效果。实验过程中，可通过电机控制泥石流体和托盘的转速，以模拟不同流速的泥石流体，同时还可配置不同种类的泥石流体和不同标号的混凝土试样，以模拟多种情况。根据实验数据，可以测试出不同标号混凝土试样的抗泥石流磨蚀性能，从而为泥石流排导工程设计提供科学依据。

自主研制的泥石流磨蚀实验装置如图 4-64 所示。

图 4-64　泥石流磨蚀实验装置

该泥石流磨蚀实验装置具有以下两个技术特点。

1. 泥石流流速精准控制

泥石流浆体在搅拌器与托盘作用下运动，其运动速度可以通过控制搅拌器与托盘的旋转速度实现精确控制。搅拌器与托盘的相对角速度为 ω_0，则托盘内圈试件槽内试件的线速度为 $\omega_0 r_1$，托盘中圈试件槽内试件的线速度为 $\omega_0 r_2$，托盘外圈试件槽内试件的线速度为 $\omega_0 r_3$，其中 r_1 为托盘内圈试件槽中心线与托盘中心的距离，r_2 为托盘中圈试件槽中心线与托盘中心的距离，r_3 为托盘中圈试件槽中心线与托盘中心的距离，取 r_1=20cm、r_2=30cm、r_3=40cm，计算得出泥石流浆体磨蚀速度最大可以达到 30m/s。

2. 多试件同步磨蚀

该装置能够实现多个试件的同步磨蚀，即在同一泥石流固相比与黏度条件下，通过控制托盘内圈、中圈及外圈（图 4-65）水泥试件的强度，可以实现不同标号混凝土试件在多种泥石流速度下的同步磨蚀，一次实验可以完成多个工况条件下的磨蚀实验。

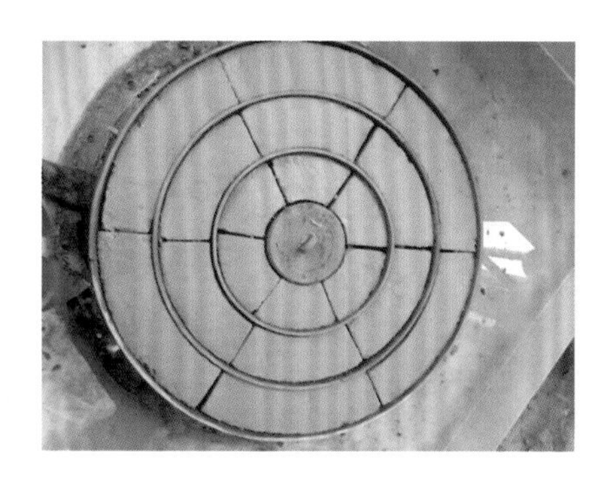

图 4-65　磨蚀实验装置托盘

4.4.2 泥石流磨蚀实验结果分析

本章所用泥石流浆体主要采用高岭土与水按照不同比例进行配制，并采用 SNB-2 数字旋转黏度计测定泥石流黏度，泥石流浆体参数如表 4-6 所示。

表 4-6 泥石流浆体参数(以每 0.5m^3 泥石流浆体为例，25℃)

黏度/(Pa·s)	水/kg	高岭土/kg
8.95×10^{-4}	500	0
0.067	403	241.0
0.163	375	312.5
0.29	346	356.4

每组实验以 0.5m^3 泥石流浆体为基础，根据不同的固相比确定泥石流中碎石的质量，碎石级配参数如表 4-7 所示。

表 4-7 碎石级配(以每 10kg 碎石为例) (单位：kg)

组号	粒径				
	＜5mm	5～10mm	10～15mm	15～20mm	＞20mm
1	8.0kg	1.0kg	0.5kg	0.3kg	0.2kg
2	3.0kg	4.0kg	2.0kg	0.6kg	0.4kg
3	1.0kg	2.0kg	4.0kg	2.0kg	1.0kg
4	0.4kg	0.8kg	1.8kg	4.0kg	3.0kg
5	0.1kg	0.2kg	0.4kg	1.3kg	8.0kg

混凝土试件的制备与抗压强度测试。所有试件均为 1d 脱模，脱模后移至标养室继续养护至 28d。混凝土抗压强度实验按照《混凝土物理力学性能实验方法标准》(GB/T 50081—2019)进行测试(表 4-8)。

表 4-8 实验用混凝土试件配合比

试件强度等级	混凝土/(kg/m^3)	碎石/(kg/m^3)	砂/(kg/m^3)	水/(kg/m^3)
C20	371.8	1175.4	720.4	215.6
C25	452.9	1184.3	637.7	262.7
C30	391.8	1201.7	675.9	227.2
C40	482.0	1185.1	610.5	279.6

为了研究泥石流对混凝土结构的磨蚀性能，分析泥石流浆体黏度、碎石级配、固相比及混凝土强度对磨蚀的影响，其中碎石级配为表 4-7 所列的 5 种颗粒组成，并据此设计泥石流磨蚀实验。混凝土试件磨蚀损失率与磨蚀速率计算如式(4-76)与式(4-77)所示。

$$磨蚀损失率=(m_2-m_1)/m_1\times100\%\tag{4-76}$$

式中，m_1 为磨蚀前混凝土试件的重量，kg；m_2 为磨蚀后混凝土试件的重量，kg。

$$磨蚀速率=(m_2-m_1)/(At)\tag{4-77}$$

式中，A 为磨蚀面积，m^2；t 为时间，s；m_1 为磨蚀前混凝土试件的重量，kg；m_2 为磨蚀后混凝土试件的重量，kg。

$$磨蚀系数=(m_2-m_1)/(\rho At)\tag{4-78}$$

式中，ρ 为混凝土试件密度，kg/m^3；t 为时间，s；m_1 为磨蚀前混凝土试件的重量，kg；m_2 为磨蚀后混凝土试件的重量，kg。

4.4.2.1　泥石流浆体黏度对磨蚀的影响

1. 泥石流浆体黏度对混凝土磨蚀损失率的影响

如图 4-66 所示，在固相比为 0.05、碎石级配为组号 4 的条件下，泥石流浆体黏度小于 0.163Pa·s 时，随着泥石流黏度的增加，混凝土损失率增大；当泥石流浆体黏度超过 0.163Pa·s 时，混凝土损失率开始降低。不同标号混凝土均出现类似规律。高黏度的泥石流容重大于低黏度的泥石流，相同速度下，高黏度泥石流挟带的能量大于低黏度泥石流。在泥石流流动过程中，高黏度泥石流以碰撞等形式传递给混凝土的能量较多，从而导致混凝土损失率增大，但是当黏度超过一定限度后，在泥石流黏性底层中会有大量细微泥沙颗粒沉积，从而起到对混凝土的保护作用，相应出现混凝土损失率减小的现象。

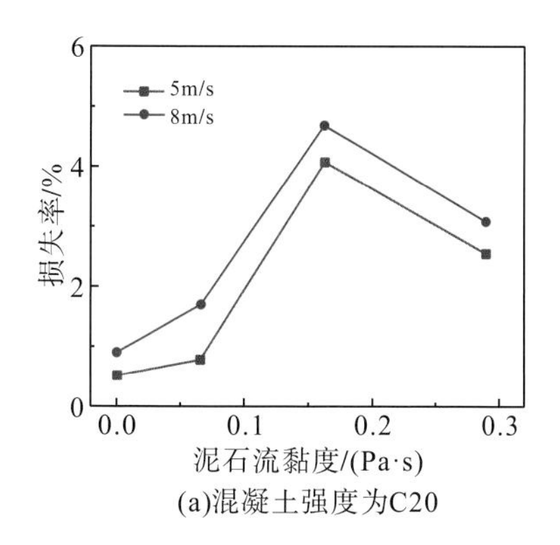

(a)混凝土强度为C20

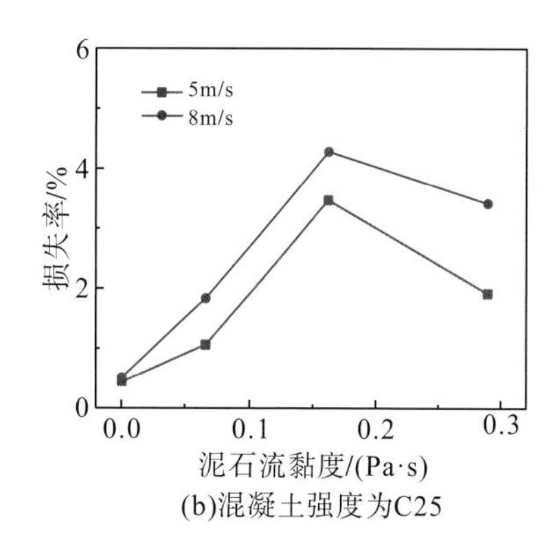

(b)混凝土强度为C25

图 4-66　泥石流黏度对混凝土试件磨蚀影响(碎石级配组号 4，固相比为 0.05)

2. 泥石流浆体黏度对混凝土磨蚀速率的影响

如图 4-67 所示，在 5m/s 的泥石流速度下，C20 混凝土磨蚀速率由 $1.72\times10^{-5}kg/(m^2\cdot s)$ 增加至 $1.30\times10^{-4}kg/(m^2\cdot s)$，当泥石流黏度超过 0.163Pa·s 时，磨蚀速率出现降低，在 0.29Pa·s 时，降至 $6.77\times10^{-5}kg/(m^2\cdot s)$；同样，对于 C25 混凝土磨蚀速率由 $1.56\times10^{-5}kg/(m^2\cdot s)$ 增加至 $1.04\times10^{-4}kg/(m^2\cdot s)$，当泥石流黏度超过 0.163Pa·s 时，磨蚀速率降低。在 8m/s 的泥石流速度下，C20 混凝土磨蚀速率由 $3.12\times10^{-5}kg/(m^2\cdot s)$ 增加至 $1.62\times10^{-4}kg/(m^2\cdot s)$，C25 混

凝土磨蚀速率由 1.83×10^{-5}kg/(m^2·s) 增加至 1.33×10^{-4}kg/(m^2·s)，当泥石流黏度超过 0.163Pa·s 时，磨蚀速率同样出现降低。

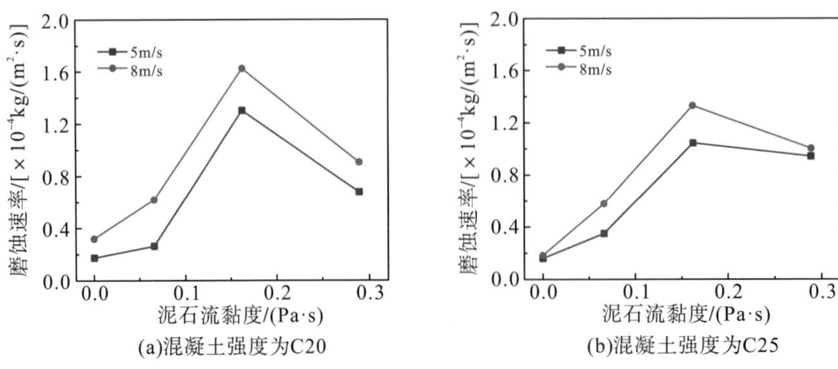

图 4-67　泥石流黏度对混凝土磨蚀速率的影响(碎石级配组号 4，固相比为 0.05)

3. 泥石流浆体黏度对混凝土磨蚀形貌的影响

如图 4-68～图 4-71 所示，在相同的泥石流速度下，当黏度不超过 0.163Pa·s 时，随着泥石流黏度的增加，混凝土表面粗糙程度增大。当黏度超过 0.163 Pa·s 时(图 4-68，图 4-69，图 4-71)，混凝土表面磨蚀深度与粗糙程度明显降低。C20 与 C25 混凝土均出现相似规律。当黏度低于 0.163Pa·s 时，随着黏度的增加，混凝土表面出现的磨蚀沟槽或凹陷逐渐变宽增深，泥石流对混凝土的磨蚀破坏逐步恶化。

图 4-68　黏度对 C20 混凝土表面形貌的影响(流速为 8m/s、固相比为 0.05、碎石级配组号 4，从左至右黏度依次为 8.95×10^{-4}Pa·s、0.067Pa·s、0.163Pa·s、0.29Pa·s)

图 4-69　黏度对 C20 混凝土表面形貌的影响(流速为 5m/s、固相比为 0.05、碎石级配组号 4，从左至右黏度依次为 8.95×10^{-4}Pa·s、0.067Pa·s、0.163Pa·s、0.29Pa·s)

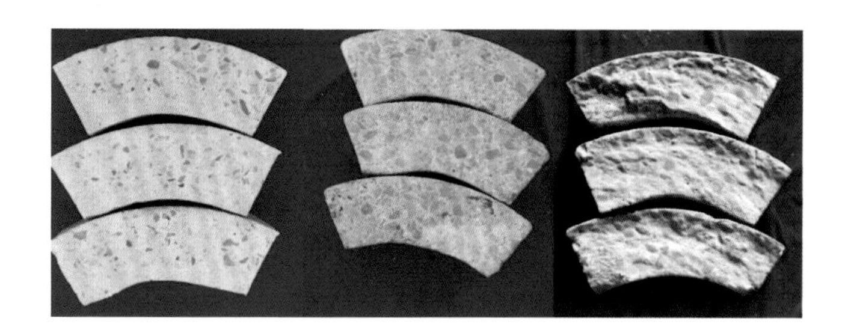

图 4-70　黏度对 C25 混凝土表面形貌的影响(流速为 8m/s、固相比为 0.05、碎石级配组号 4，从左至右黏度依次为 8.95×10^{-4}Pa·s、0.067Pa·s、0.163Pa·s)

图 4-71　黏度对 C25 混凝土表面形貌的影响(流速为 5m/s、固相比为 0.05、碎石级配组号 4，从左至右黏度依次为 8.95×10^{-4}Pa·s、0.067Pa·s、0.163Pa·s、0.29Pa·s)

4.4.2.2　碎石级配对混凝土磨蚀的影响

1. 碎石级配对混凝土磨蚀损失率的影响

如图 4-72 所示，C20 与 C25 混凝土的损失率随着碎石级配组号的增加(大颗粒碎石含量增加)而增大。在 5m/s 的泥石流速度下，C20 混凝土损失率随着碎石级配组号增加，由 2.26%增加至 4.03%；在 8m/s 的泥石流速度下，C20 混凝土损失率随着碎石级配组号增加，由 2.87%增加至 6.77%。在相同的碎石级配条件下，泥石流速度越大，混凝土损失率越高。由速度导致的混凝土损失率差异随着碎石级配的增加而增大，这是由大粒径的碎石在 8m/s 和 5m/s 速度下挟带的能量差异导致的。大粒径碎石的速度越高，越容易对混凝土造成损伤。

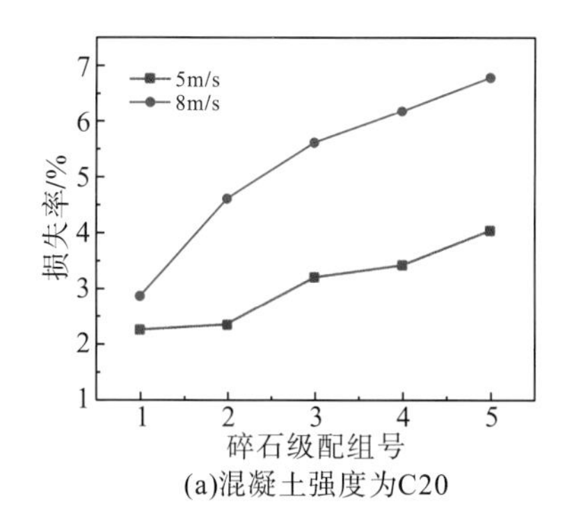

(a)混凝土强度为C20

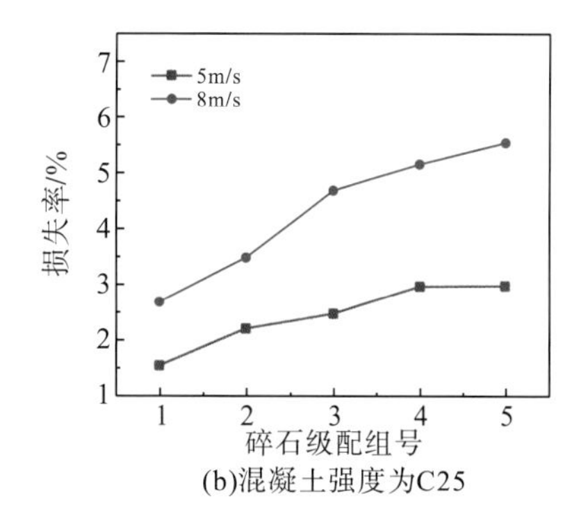

(b)混凝土强度为C25

图 4-72　碎石级配对混凝土试件的磨蚀损失率的影响(黏度为 0.163Pa·s、固相比为 0.1)

C25 混凝土损失率也存在类似的变化规律，在 5m/s 与 8m/s 的泥石流速度下，混凝土损失率分别由 1.54%增加至 2.96%，由 2.68%增加至 5.53%。C25 混凝土的损失率均小于相同泥石流速度与碎石级配条件下的 C20 混凝土的损失率，显然混凝土强度对磨蚀有较为明显的影响，混凝土强度越大，磨蚀损失率越小。

2. 碎石级配对混凝土磨蚀速率的影响

如图 4-73 所示，混凝土磨蚀速率与碎石级配成正相关。C20 与 C25 混凝土的磨蚀速率随着碎石级配组号的增加(大颗粒碎石含量增加)而增大。在 5m/s 的泥石流速度下，C20 混凝土磨蚀速率随着碎石级配组号增加，由 0.521×10^{-4}kg/(m^2·s)增加至 1.303×10^{-4}kg/(m^2·s)；在 8m/s 的泥石流速度下，C20 混凝土磨蚀速率随着碎石级配组号增加，由 1.03×10^{-4}kg/(m^2·s)增加至 2.51×10^{-4}kg/(m^2·s)。在相同的碎石级配条件下，泥石流速度越大，混凝土磨蚀速率越高。C25 混凝土磨蚀速率也存在类似的变化规律，在 5m/s 与 8m/s 的泥石流速度下，混凝土磨蚀速率分别由 0.520×10^{-4}kg/(m^2·s)增加至 1.298×10^{-4}kg/(m^2·s)，由 0.590×10^{-4}kg/(m^2·s)增加至 1.918×10^{-4}kg/(m^2·s)。C25 混凝土磨蚀速率均小于相同泥石流速度与碎石级配条件下的 C20 混凝土磨蚀速率，显然混凝土的强度对磨蚀速率有较为明显的影响，混凝土强度越大，磨蚀速率越小。故在泥石流防治工程尤其是在排导槽、拦砂坝溢流口等部位设计耐磨蚀结构时，建议采用高强度混凝土。

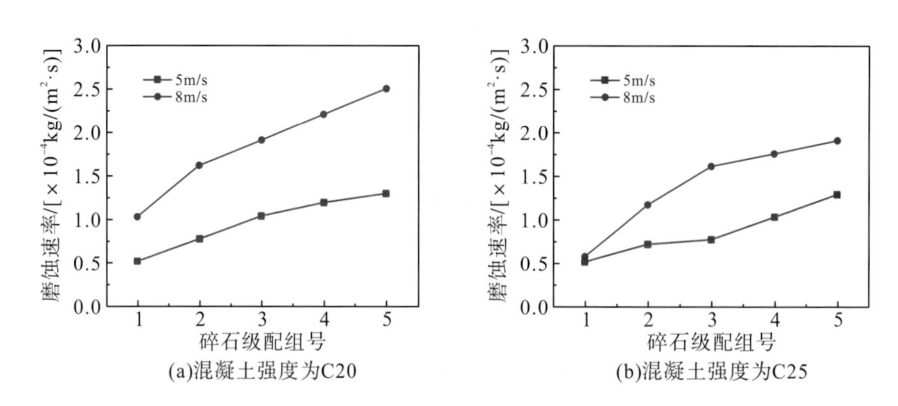

图 4-73 碎石级配对混凝土磨蚀速率的影响(黏度为 0.163Pa·s、固相比为 0.1)

3. 碎石级配对混凝土磨蚀形貌的影响

如图 4-74～图 4-77 所示，在相同的泥石流速度下，混凝土表面粗糙程度随着碎石级配组号的增加(大颗粒碎石含量增加)而升高。碎石级配组号越小，混凝土表面被磨蚀得越平滑，级配组号越大，混凝土表面越粗糙。泥石流运动过程中，其所含的碎石与混凝土发生碰撞，导致混凝土表面局部出现破损，随着时间的延长，破损处磨蚀进一步积累加剧，从而导致混凝土表面出现磨蚀沟槽或局部严重凹陷。对于同等强度的混凝土，泥石流流速越大，混凝土表面越粗糙。在相同的泥石流流速下，混凝土强度越大，其表面越平滑。这与高强度混凝土较低的损失率和磨蚀速率相一致。

图 4-74　碎石级配对 C20 混凝土表面形貌的影响(流速为 8m/s、黏度为 0.163Pa·s、固相比为 0.1，由左至右依次为级配组号 1、2、3、4、5)

图 4-75　碎石级配对 C20 混凝土表面形貌的影响(流速为 5m/s、黏度为 0.163Pa·s、固相比为 0.1，由左至右依次为级配组号 1、2、3、4、5)

图 4-76　碎石级配对 C25 混凝土表面形貌的影响(流速为 8m/s、黏度为 0.163Pa·s、固相比为 0.1，由左至右依次为级配组号 1、2、3、4、5)

图 4-77　碎石级配对 C25 混凝土表面形貌的影响(流速为 5m/s、黏度为 0.163Pa·s、固相比为 0.1，由左至右依次为级配组号 1、2、3、4、5)

4.4.2.3　固相比对混凝土磨蚀的影响

1. 固相比对混凝土磨蚀损失率的影响

如图 4-78 所示，C20 与 C25 混凝土受泥石流磨蚀后的损失率均随着泥石流固相比的增加而增大，该磨蚀规律与已有报道一致。对于 C20 混凝土，泥石流流速为 5m/s 时，其损失率由 0.051%增加至 6.4%；泥石流流速为 8m/s 时，其损失率由 0.09%增加至 9.68%。对于 C25 混凝土，泥石流流速为 5m/s 时，其损失率由 0.048%增加至 5.65%；泥石流流速为 8m/s 时，其损失率由 0.08%增加至 9.09%。出现此种现象的原因应该是随着泥石流固相比的增加，泥石流中碎石数量增加，在泥石流运动过程，增加了与混凝土的碰撞频率。在相同的固相比与泥石流速度下，混凝土损失率随着混凝土强度的增大而减小。

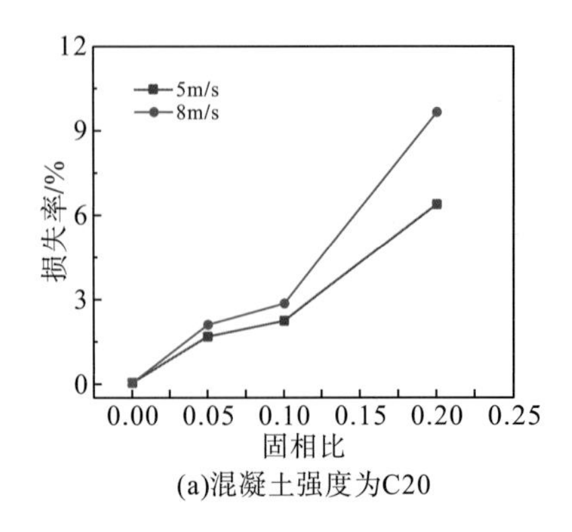

(a)混凝土强度为C20

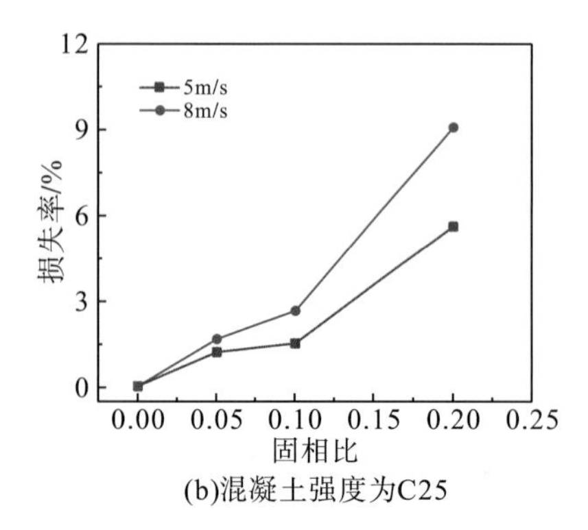

(b)混凝土强度为C25

图 4-78　泥石流固相比对混凝土试件磨蚀的影响(碎石级配组号 1，黏度为 0.163Pa·s)

2. 固相比对混凝土磨蚀速率的影响

如图 4-79 所示，在相同的泥石流速度下，C20 与 C25 混凝土的磨蚀速率随着固相比增加而增大。在 5m/s 的泥石流速度下，C20 混凝土磨蚀速率由 4.17×10^{-6}kg/(m^2·s)增加至 2.08×10^{-4}kg/(m^2·s)，C25 混凝土磨蚀速率由 2.61×10^{-6}kg/(m^2·s)增加至 1.82×10^{-4}kg/(m^2·s)；在 8m/s 的泥石流速度下，C20 混凝土磨蚀速率由 4.17×10^{-5}kg/(m^2·s)增加至 3.54×10^{-4}kg/(m^2·s)，C25 混凝土磨蚀速率由 3.54×10^{-5}kg/(m^2·s)增加至 3.10×10^{-4}kg/(m^2·s)。综合分析可知，固相比对混凝土磨蚀速率的影响大于碎石级配。

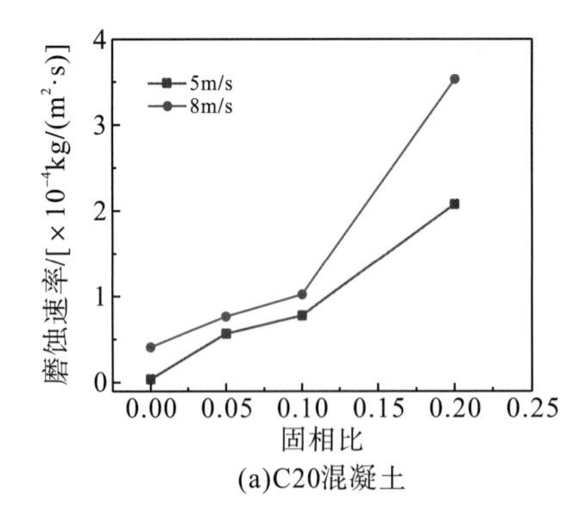

(a)C20混凝土

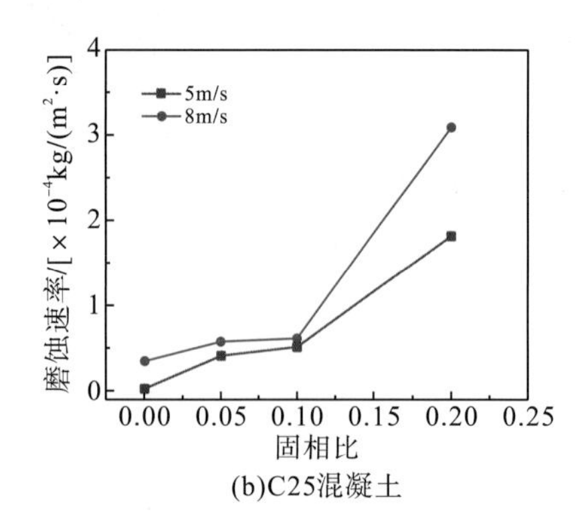

(b)C25混凝土

图 4-79　泥石流固相比对混凝土试件磨蚀速率的影响(碎石级配组号 1，黏度为 0.163Pa·s)

3. 固相比对混凝土磨蚀形貌的影响

如图 4-80～图 4-83 所示，在相同的泥石流速度下，混凝土表面粗糙程度随着固相比的增加而升高。固相比为 0 时(泥石流为浆体，无碎石)其表面几乎未出现损伤，此时对应的损失率与磨蚀速率均为最低。在相同的速度下，随泥石流中碎石含量增加，碎石与混凝土发生碰撞的概率大大增加，从而使得混凝土损失率与磨蚀速率均出现增大，在混凝土形貌方面则表现为表面粗糙程度增大。随着混凝土的磨蚀，其内部碎石裸露并出现损伤。故在设计建造泥石流防治工程耐磨蚀结构时，可以向混凝土中添加耐磨材料，如碎钢屑等。

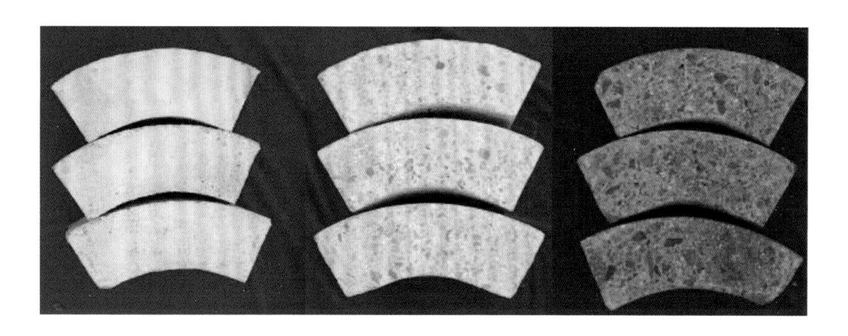

图 4-80　固相比对 C20 混凝土表面形貌磨蚀的影响(速度为 8m/s，黏度为 0.163Pa·s，碎石级配组号 1，由左至右依次为固相比分别为 0、0.05、0.10)

图 4-81　固相比对 C20 混凝土表面形貌磨蚀的影响(速度为 5m/s，黏度为 0.163Pa·s，碎石级配组号 1，由左至右依次为固相比分别为 0、0.05、0.10、0.20)

图 4-82　固相比对 C25 混凝土表面形貌磨蚀的影响(速度为 8m/s，黏度为 0.163Pa·s，碎石级配组号 1，由左至右依次为固相比分别为 0、0.05、0.10、0.20)

图 4-83　固相比对 C25 混凝土表面形貌磨蚀的影响(速度为 5 m/s，黏度为 0.163 Pa·s，碎石级配组号 1，由左至右依次为固相比分别为 0、0.05、0.10、0.20)

4.4.2.4 混凝土强度对磨蚀的影响

1. 混凝土强度对损失率的影响

如图 4-84 所示，随着混凝土强度降低，混凝土试件的损失率不断增大。在相同强度下，随着泥石流速度的增大，混凝土损失率增大。在泥石流速度为 10m/s 时，随着强度降低，试件损失率由 2.09%增加至 3.66%；在泥石流速度为 8m/s 时，随着强度降低，损失率由 1.89%增加至 2.85%；在泥石流速度为 5m/s 时，随着强度降低，试件损失率由 1.56%增加至 2.16%。显然混凝土强度对损失率影响显著，强度越高泥石流对其磨蚀程度越低。因此，在泥石流频发区域的排导结构建议采用高强度的混凝土，以降低泥石流磨蚀造成的损伤。

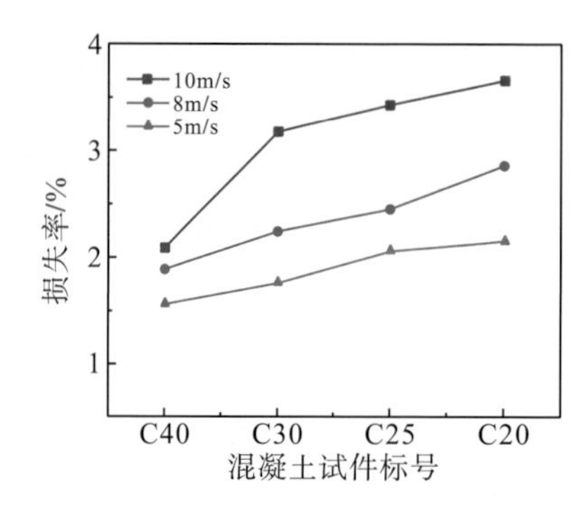

图 4-84 混凝土试件强度对损失率的影响(碎石级配组号 4，固相比为 0.1)

2. 混凝土强度对磨蚀速率的影响

如图 4-85 所示，在相同泥石流速度下，随着混凝土试件强度降低，混凝土磨蚀速率增大，基本呈现线性关系。在同种混凝土试件强度条件下，泥石流速度越大，试件的磨蚀速率越大。

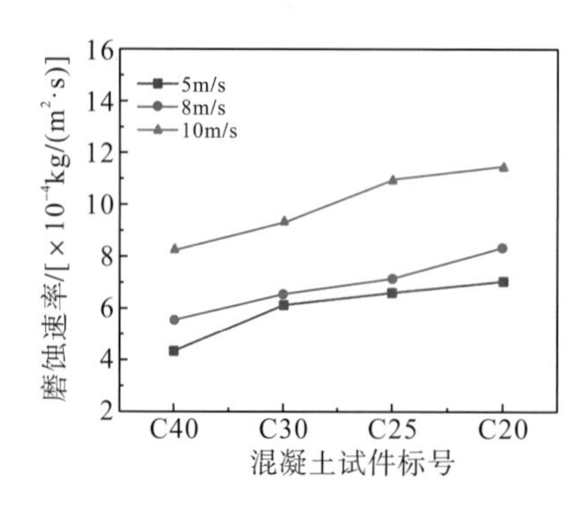

图 4-85 混凝土试件强度对磨蚀速率的影响(碎石级配 4，固相比为 0.1)

3. 混凝土强度对磨蚀形貌的影响

如图 4-86～图 4-88 所示，在相同的泥石流速度下，混凝土表面粗糙程度随着水泥标号的增加而降低。混凝土强度为 C40 时其表面仅出现轻微磨蚀，此时对应的损失率与磨蚀速率均为最低。在相同的混凝土试件强度下，泥石流速度增大，使得混凝土损失率与磨蚀速率均出现增大，在混凝土形貌方面则表现为表面粗糙程度增大。

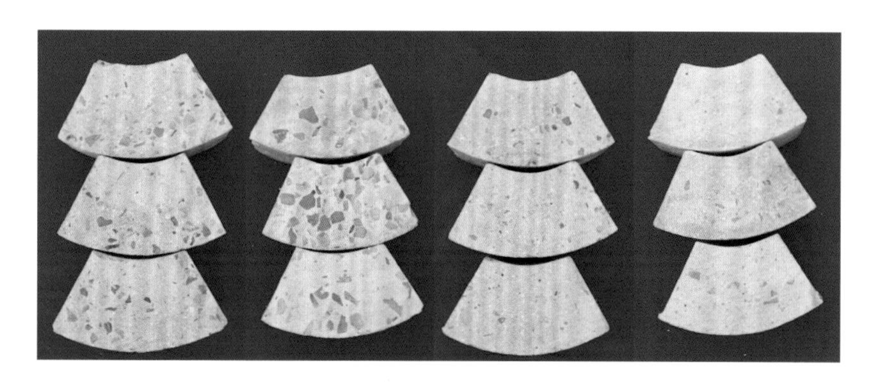

图 4-86　不同强度混凝土的磨损情况(从左向右依次为 C20、C25、C30、C40，速度为 5m/s)

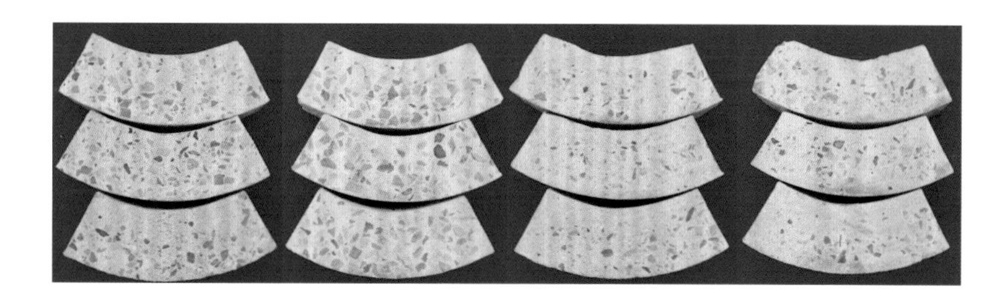

图 4-87　不同强度混凝土的磨损情况(从左向右依次为 C20、C25、C30、C40，速度为 8m/s)

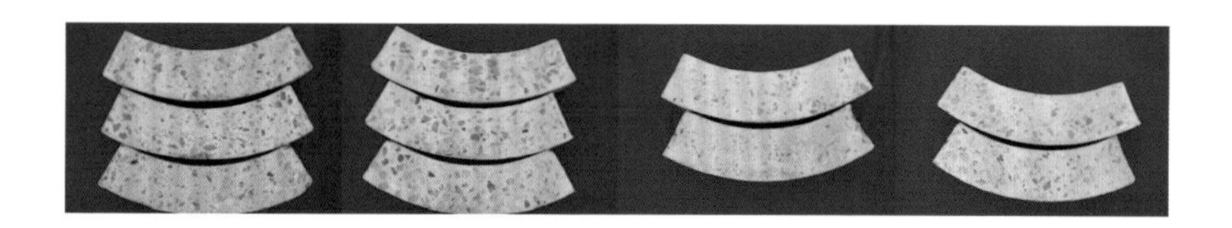

图 4-88　不同强度混凝土的磨损情况(从左向右依次为 C20、C25、C30、C40，速度为 10m/s)

泥石流对混凝土的磨蚀系数为磨蚀速率与混凝土密度的比值，单位为 m/s。根据泥石流磨蚀部分实验数据，计算获得了泥石流浆体黏度、固相比、颗粒直径、流速等参数对不同标号混凝土材料的磨蚀系数，如表 4-9 所示。根据泥石流特性(如流速、固相比、黏度、泥石流中固相颗粒平均粒径)可以查表获得其对不同标号混凝土的磨蚀系数。

表 4-9 不同标号混凝土材料泥石流磨蚀系数

混凝土标号	固相比	黏度/(Pa·s)	流速/(m/s)	平均粒径/mm	磨蚀系数/($\times10^{-8}$m/s)
C20	0.05	0.0089～0.29	5～10	2～12	70～120
	0.10	0.0089～0.29	5～10	2～12	120～230
	0.15	0.0089～0.29	5～10	2～12	220～350
	0.20	0.0089～0.29	5～10	2～12	450～800
C25	0.05	0.0089～0.29	5～10	2～12	60～100
	0.10	0.0089～0.29	5～10	2～12	80～210
	0.15	0.0089～0.29	5～10	2～12	180～320
	0.20	0.0089～0.29	5～10	2～12	360～750
C30	0.05	0.0089～0.29	5～10	2～6	50～100
	0.10	0.0089～0.29	5～10	2～6	70～150
	0.15	0.0089～0.29	5～10	2～6	95～200
	0.20	0.0089～0.29	5～10	2～6	120～350
C40	0.05	0.0089～0.29	5～10	2～6	30～50
	0.10	0.0089～0.29	5～10	2～6	50～120
	0.15	0.0089～0.29	5～10	2～6	70～150
	0.20	0.0089～0.29	5～10	2～6	85～200

4.4.3 泥石流磨蚀机理

4.4.3.1 液相浆体磨蚀理论

泥石流中液相浆体对沟壁的磨蚀作用主要体现在两个方面(图 4-89)，一方面是液相浆体具有一定黏性，其自身性质更加趋向于宾干姆流体，由于宾干姆流体在受外力作用时会产生明显的剪切力，剪切力大小与浆体屈服剪应力和流速梯度及黏滞系数有关，故泥石流液相浆体自身会对沟床壁面产生一定程度的磨蚀效应。另一方面，固相颗粒的运动特性受液相浆体控制，当液相浆体黏度较大时，固相颗粒受到的浮力也就越大，使得其有效重力显著降低，部分固相颗粒可在液相浆体中处于悬浮状态，与液相浆体一同运动，使得相对运动特征不明显，即液相浆体对沟壁的磨蚀特性可通过其对固体颗粒的影响来间接体现，液相浆体黏度越大，固相颗粒有效容重越小，对沟床磨蚀作用越小。综上分析，对于液相浆体自身对沟床壁面的磨蚀作用而言，其黏度越大，对沟床磨蚀作用越大，但从其对固体颗粒的间接影响来看，黏度越大，对沟床磨蚀作用越小。液相浆体对沟床的影响作用具有双面性，具体作用效应取决于何种因素占主导作用。

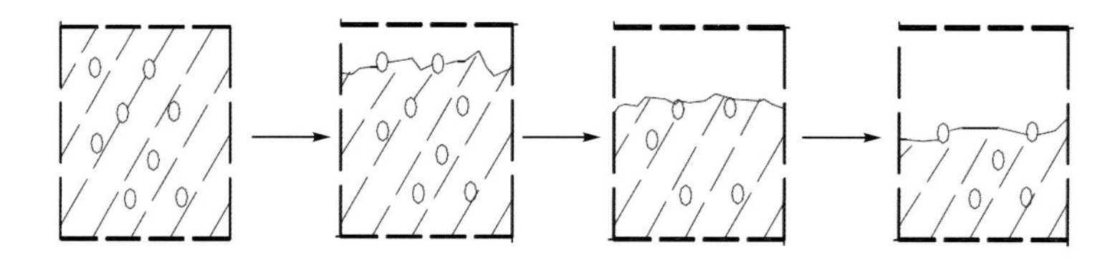

图 4-89　泥石流浆体的磨蚀作用

4.4.3.2　固相颗粒磨蚀理论

泥石流对沟床壁面的磨蚀特性本质上是固相颗粒和液相浆体对沟床壁面综合磨蚀能力的表现，其中固相颗粒占主导作用。最底层的固相颗粒物质在液相浆体的包裹和拖曳作用下沿沟床壁面滑动、滚动或跳动，与沟床上的凹凸起伏面“咬合”，进而对壁面产生切削磨蚀作用(图 4-90)。磨蚀作用强烈程度与固相颗粒级配、颗粒形状、颗粒运动速度以及颗粒含量(即固相比)有关。通常情况下，泥石流浆体中固相颗粒含量越多(即固相比越大)时，参与沟床磨蚀的颗粒量就越多，同时底层的颗粒骨架受到的有效重力就越大，进而对沟床的磨蚀作用越强烈。对于固相颗粒级配，相比而言，粗颗粒含量较多的泥石流对沟底的磨蚀作用更强烈。固相颗粒具有某些运动特征，如运动速度(相对于液相浆体的运动速度，也叫相对运动速度)和运动方式(滑动、滚动或跳动)，其中相对运动速度会影响到固相颗粒在液相浆体中所受到的拖曳力和上举力，相对运动速度越大，固相颗粒所受到的拖曳力和上举力就越大，增加拖曳力有助于保持固相颗粒持续随浆体运动，而且更容易使得固相颗粒产生滑动，故对增加泥石流磨蚀能力有利。但是在增加拖曳力的同时，上举力也会随之增加，上举力作用方向和重力相反，当上举力增加后固相颗粒沿流向法线方向的有效重力将会降低，而且可能会导致固相颗粒产生跳跃和滚动，相比于拖曳力，有效重力是影响固体对壁面磨蚀能力的重要因素。故综合分析，当固相颗粒与液相浆体相对运动速度越大时，固相颗粒对沟床壁面的磨蚀作用越弱。除此之外，固相颗粒形状对磨蚀作用也有影响，通常固相颗粒磨圆度越差，对沟床壁面的咬合作用越好，进而在液相浆体拖曳作用下产生的切削作用越明显，对沟床磨蚀作用越强烈。

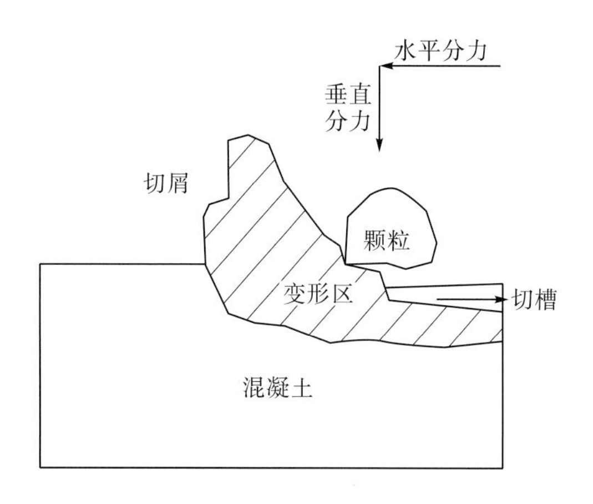

图 4-90　泥石流固相颗粒的切削作用

4.5 小　　结

围绕沟道型泥石流动力学特征参数，即流量、流速、冲击力，通过室内模拟实验和现场监测资料，重点开展了泥石流内部流速特征规律研究、泥石流块石冲击力研究，构建了多项强震区泥石流动力参数计算模型。

(1) 通过室内水槽实验，获得了泥石流垂向流速分布特征，构建了泥石流内部垂向流速数值计算模型。

(2) 利用动能定理、功能原理及量纲分析，推导了泥石流大块石量纲一冲击力计算公式，并开展了室内大型泥石流块石冲击实验，拟合不同介质流中块石冲击力的计算公式，通过案例分析验证冲击力计算公式的可靠性，为修正既有泥石流勘查规范中泥石流大块石冲击力计算公式提供参考。

(3) 混凝土损失率与磨蚀速率均随着碎石级配组号的增加(大颗粒碎石含量增加)而增大。在相同的碎石级配条件下，泥石流速度越大，混凝土损失率与磨蚀速率越大，混凝土表面越粗糙；混凝土强度越大，磨蚀损失率与磨蚀速率越小。混凝土损失率与磨蚀速率均随着泥石流固相比的增加而增大，混凝土表面也随之变得更为粗糙。混凝土损失率与磨蚀速率均随着泥石流黏度的增加而增大，混凝土表面也随之变得更为粗糙。在相同混凝土试件标号下，随着速度的增大，混凝土损失率增大。

(4) 为进一步提升泥石流排导槽、拦砂坝溢流口等部位混凝土结构的耐久性，工程中应采用高强度混凝土浇筑，如可在混凝土中添加钢屑等高强度材料，以提升混凝土的抗磨蚀性能。

(5) 利用Π-定理，对泥石流磨蚀排导槽过程进行了处理。在浆体黏度为 8.95×10^{-4}～0.29Pa·s，固相比为 0.05～0.20，平均流速为 5～10m/s，碎石平均粒径为 2～12mm 的条件下，结合室内模拟实验结果，可以较为准确地预测泥石流磨蚀速率，为选择合适的耐磨蚀材料提供依据。

第5章　强震区高位滑坡型泥石流运动机理及新型拦挡技术

高位滑坡型泥石流是泥石流的特殊类别，就致灾机理而言，是指滑坡、崩塌在地震、强暴雨条件下高位起动后迅速转化成泥石流的链式灾害，通常是指在很短时间内，由滑坡体的高位势能快速转化为动能的一次性滑动-流动堆积过程(图5-1)，一般具有高位起动、碰撞解体、动力侵蚀、流通堆积，往往在下游河沟形成堵溃放大效应的特点。根据其运动-堆积基本特征，高位滑坡型泥石流通常还包括高位远程滑坡-碎屑流、流状滑坡等，也可统一归类为高位远程滑坡(殷跃平等，2017)。

(a) 绵竹小岗剑

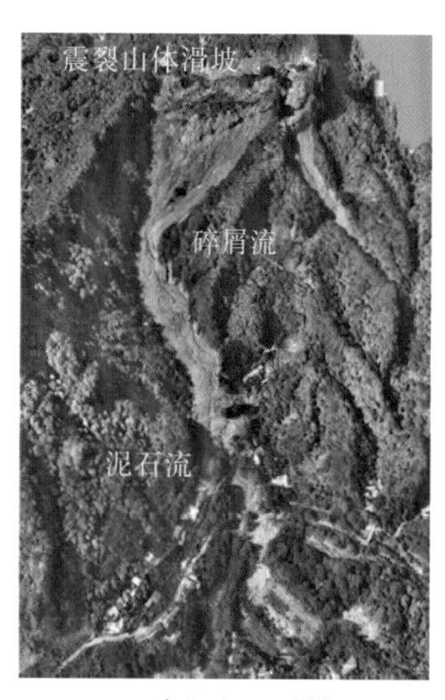

(b) 都江堰三溪村

图5-1　强震区典型高位滑坡型泥石流灾害

需要指出的是，在强震区有很多沟道型泥石流，如“5・12”汶川地震强震区的北川、汶川、绵竹等地泥石流，虽然物质来源为滑坡提供，但是其过程是地震诱发滑坡以后，滑体在坡脚处堆积，后续的强降雨冲刷滑体堆积物而形成泥石流，这类泥石流主要的动力来自强的地面径流而且转化过程不是连续的、一次性的，所以不属于滑坡型泥石流的范畴，也不属于本章研究范围。据统计，汶川地震强震区796条泥石流沟中有136条具有高位滑坡型泥石流特征，其成灾模式显著不同于常规沟道型泥石流(张永双等，2013)。

高位滑坡型泥石流(高位远程滑坡)在我国西南强震区、欧洲的阿尔卑斯山脉、北美洲的落基山脉和亚洲的喜马拉雅山脉尤为常见。以我国西南强震区为例，2013 年四川都江堰三溪村特大高位远程滑坡-泥石流，初始滑坡体积约为 $147\times10^4m^3$，撞击解体后转化为碎屑流，并顺冲沟形成泥石流，运动距离为 1.2km，最终堆积体积达到 $191.5\times10^4m^3$，导致 166 人死亡(Yin et al.，2016；冯文凯等，2016)。2017 年四川茂县新磨高位远程滑坡-碎屑流，滑坡源起动体积为 $390.6\times10^4m^3$，但由于滑坡前后缘高差达 1200m，滑动距离超过 2.8km，运动过程中对底部剧烈铲刮作用使得最终碎屑流堆积体积增至 $1637.6\times10^4m^3$，体积增大超过 4 倍，最终摧毁了整个新磨村，造成 83 人死亡(Su et al.，2017；Ouyang et al.，2017)。2018 年金沙江白格发生两次高位远程滑坡-堰塞湖灾害，第一次滑坡失稳体积达到 $3400\times10^4m^3$，约 $2400\times10^4m^3$ 滑坡物质进入并堵塞金沙江，另有 $1000\times10^4m^3$ 的滑坡物质堆积于滑面上；第二次滑坡高速加载并冲击铲刮第一次滑坡残留于滑面上的物质(约 $660\times10^4m^3$)，共导致约 $880\times10^4m^3$ 的岩土体滑入并再次堵塞河道，堰塞湖泄洪共造成下游直接经济损失约 135 亿元(Fan et al.，2019；邓建辉等，2019)。2019 年贵州水城县坪地村滑坡-碎屑流灾害，滑坡初始体积为 $36.86\times10^4m^3$，转化成碎屑流远程运动了约 1.3km，最终堆积体积达 $200\times10^4m^3$，造成 52 人遇难(Zhang et al.，2020；Zhao et al.，2020；郑光等，2020)。2021 年 2 月 7 日，中印边境杰莫利地区突然发生高位滑坡型泥石流堰塞溃决洪水灾害，滑坡初始体积约为 $1910\times10^4m^3$，最终估算固体堆积物总体积为 $6300\times10^4m^3$，滑坡滑落 2km 后撞击粉碎转化为富水碎屑流，高速运动 12km 堵塞干流，溃决后转化为山洪泥石流-山洪灾难，摧毁了下游数十千米处在建的两座电站，估计死亡失踪人数超过 200 人(殷跃平等，2021)。

可见高位滑坡型泥石流因超乎寻常的超高运动速度和远距离位移，往往具有超强破坏性，会造成重大人员伤亡和财产损失(图 5-2)。此类灾害是近年来国际国内防治的重点、难点，尽管高位危险源表面看似规模不大，但隐蔽性强，强震、降雨条件下出现失稳的风险较大，亟需对其运动过程及特征进行研究总结，继而提出针对性的防治拦挡技术，为高位滑坡型泥石流防治提供技术支撑。

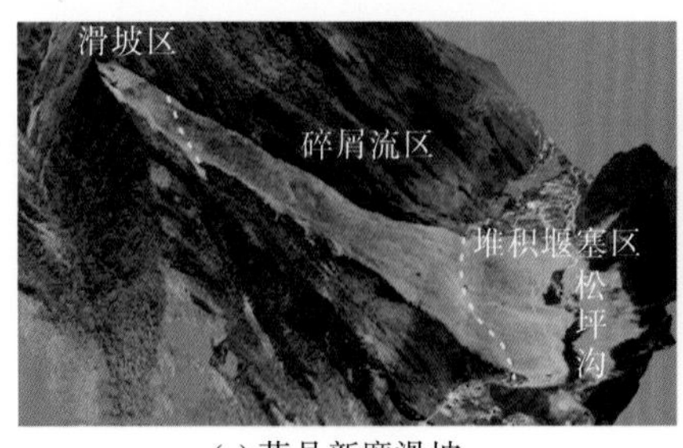

(a) 茂县新磨滑坡

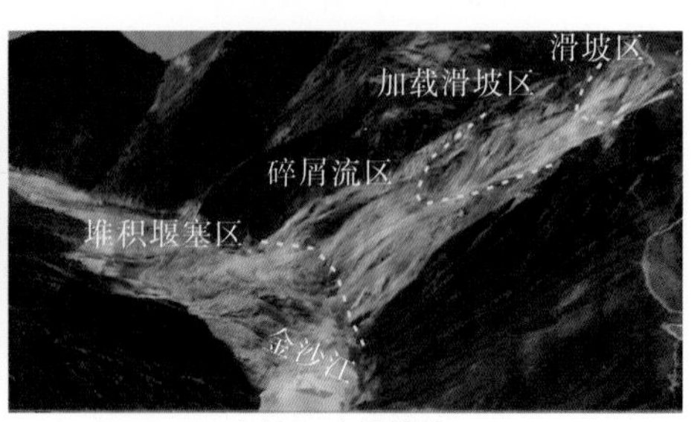

(b)金沙江白格滑坡

图 5-2　典型高位滑坡型泥石流运动特征分区图

5.1　高位滑坡型泥石流运动学特征及本构模型对比分析

2017 年 6 月 24 日，四川省茂县叠溪镇发生特大滑坡灾害，摧毁了新磨村村庄。茂县新磨滑坡位于岷江一级支流松坪沟左岸，地处校场弧形构造带前弧西翼。校场弧形带西翼部出露中-下三叠统中厚层变砂岩夹板岩，倒转向斜及活动断裂构造十分发育。新磨村后山斜坡体为顺向结构，出露地层为中三叠统杂谷脑组块状-中厚层和薄-中厚层状变质石英砂岩，夹千枚岩、板岩，产状为 184°∠53°，发育多期节理，其中两组主要节理：一组 100°∠70°，构成了滑坡的侧向分离边界；另一组 350°∠40°，该节理带与岩层倾向相反，为与斜坡倾向相反的逆倾结构面，这组结构面控制了滑源区岩体的剪出滑动(图 5-3)。这两组结构面在平面上将岩体切割成网格状，这种损伤破碎岩体结构与该地区的地震活跃程度密切相关，松坪沟地处著名的“南北向地震构造带”中段，历史上强震频发，仅 20 世纪以来，就先后经历了 1933 年 7.5 级叠溪地震、1976 年 7.6 级平武地震(两次地震)、2008 年 8.0 级汶川地震。甚至在滑坡发生后的 2017 年 8 月 8 日该地区还经历了 7.0 级九寨沟地震。其中，1933 年叠溪 7.5 级地震的震中就在校场附近，震源深度仅 6.1km，诱发了一系列不同规模的崩塌、滑坡、碎屑流，并使千年叠溪古镇毁于一旦，500 余人丧生。新磨村所坐落的老滑坡体应为地震触发，并且在斜坡中部残留有滑坡堆积体(倒石堆)。

新发生滑坡斜坡总体坡度为 40°，其中上部坡度较陡，为 55°～70°，中下部相对较缓，坡度为 30°～35°。滑坡边界特征明显，后缘可见滑坡滑移下错形成的滑面，两侧可见明显的侧边界，前缘也有陡坎发育。滑坡岩土体发生滑移后在后缘形成完整的基岩滑面，同时受岩体下滑牵引作用影响，形成一条张拉裂缝 L01；滑坡右侧发育张拉裂缝 L02；滑坡左侧为一潜在不稳定斜坡，微地貌特征明显；滑坡前缘发育基岩陡坎，滑动陡坎未发生明显变形，故依据地形地貌等特征推断前缘出露的大片基岩部位上部为滑坡剪出口(图 5-3)。

根据茂县气象站提供的降雨资料，全县多年平均降雨量为 490.7mm，滑坡所在的松坪沟降雨量高于平均值，年平均降雨量约为 600mm。2017 年 5 月 1 日进入汛期以来，降雨量较往年同期偏多。

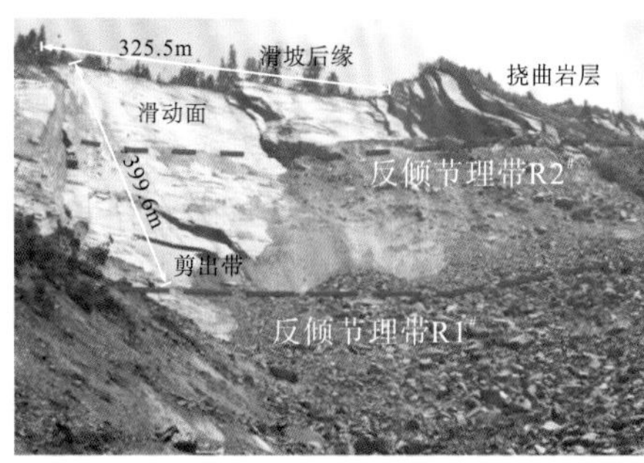

(a)滑源区全貌

(b)滑源区东侧边界

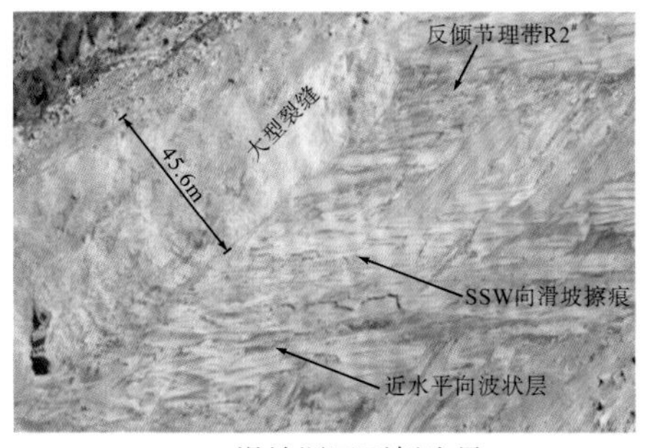

(c) 滑坡源区西侧边界

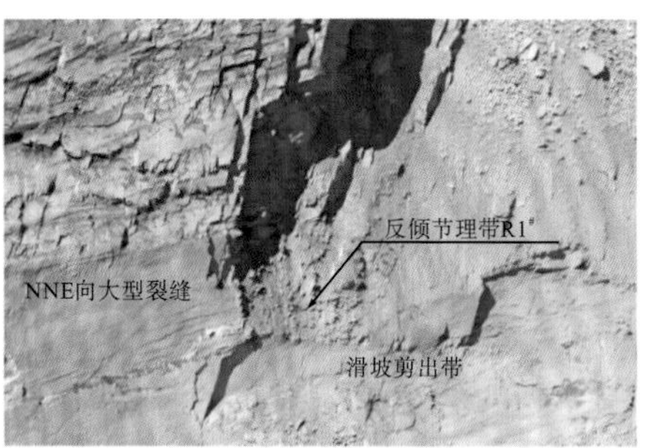

(d)西侧滑源区剪出带

(e)滑坡下滑后形成滑面

(f)滑坡后缘张拉裂缝L01

(g)滑坡右侧边界张拉裂缝L02

(h)滑坡左侧边界特征

图 5-3　茂县新磨滑坡滑源区岩体结构特征

据滑坡附近的松坪沟和叠溪镇两处气象站数据显示，6 月 1 日～23 日累计降雨量均超过 200mm，较往年同期多 30%以上，其中 6 月 8～14 日经历了一次较强的持续降雨过程，累计降雨量约 80mm(图 5-4)。

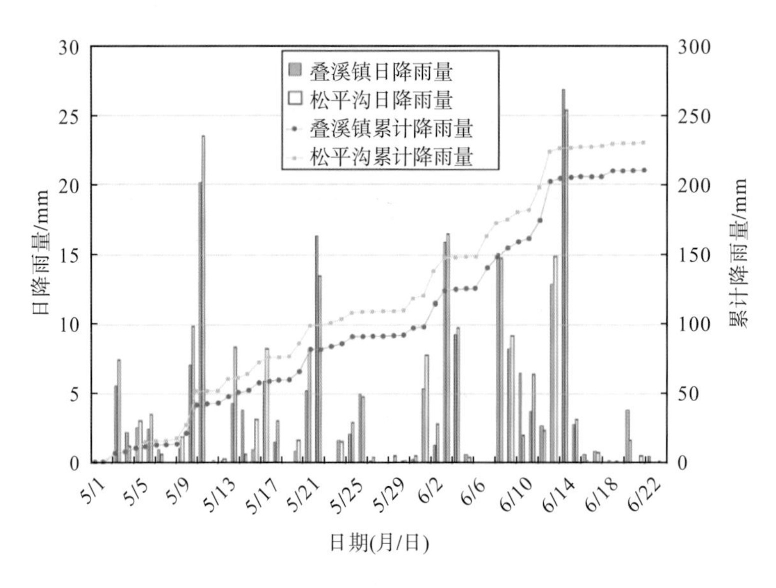

图 5-4　茂县新磨滑坡附近降雨情况统计

根据滑坡前后遥感影像分析并结合地面实际调查表明，滑坡灾害直接影响范围为$143.1\times10^4m^2$，纵向长约 3000m，水平距离为 2800m，相对高差为 1170m，前缘最大横宽约 1500m，后缘最窄处宽约 300m。可将滑坡区主要分成滑源区、碎屑流区(铲刮区)、堆积区(图 5-5，表 5-1)。

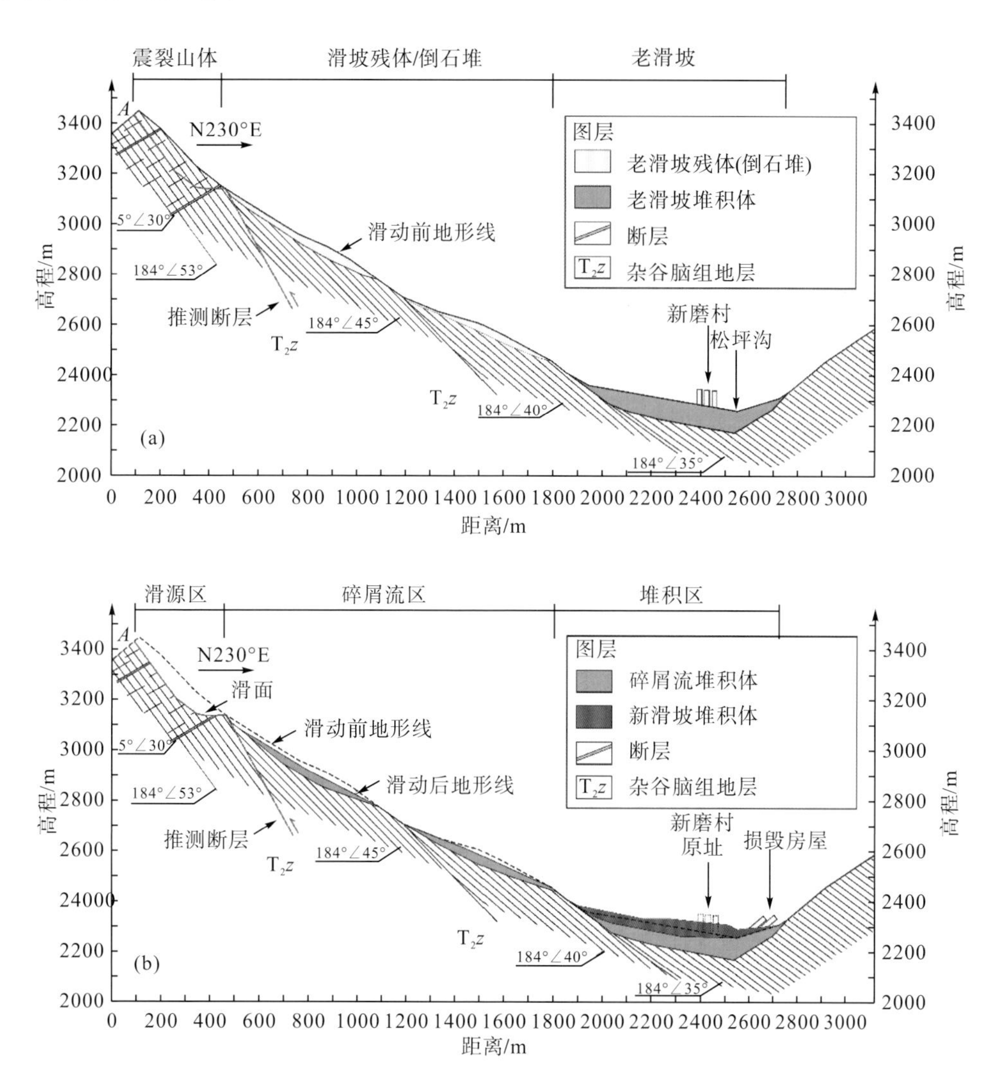

图 5-5　茂县新磨滑坡滑动前和滑动后工程地质剖面图

表 5-1　茂县新磨滑坡物源和堆积分区

项目		铲刮体积/($\times10^4m^3$)	堆积体积/($\times10^4m^3$)
分区名称	滑源区	546.8	150.0
	碎屑流区	873.8	326.0
	堆积区	217.0	1161.6
合计		1637.6	1637.6

滑源区平面呈长方形，斜长为400m，横宽326m。滑动铲刮区斜长约1350m，顺冲沟形成，呈管道状，斜坡倾角明显变缓，角度为27°，上部分布有两处老滑坡堆积体，以基岩露头为界，分别命名为上段老滑坡堆积体和下段老滑坡堆积体。而碎屑流堆积区斜长为900m，面积为$125\times10^{6}\mathrm{m}^{2}$，呈扇形展布。此外，滑动铲刮区的西侧有一变形体，受滑动牵引导致，体积为$5\times10^{4}\mathrm{m}^{3}$。

5.1.1 滑坡运动“加载效应”特征分析

5.1.1.1 滑坡运动学特征分析

新磨滑坡滑源区的地质构造和失稳机理与1989年发生的四川华蓥山溪口滑坡、1990年发生的云南昭通盘河滑坡非常类似，Huang和Li(2011)称之为“锁固段”突发脆性破坏形成的“挡墙溃决”效应。许强等(2018)研究发现，新磨滑坡源区山体在1933年叠溪地震中被震裂产生拉张裂缝，之后在多次地震、长期重力以及降雨作用下最终整体失稳破坏。Su等(2017)，Wang等(2018)也提出了长期降雨入渗导致裂隙水压力增加触发新磨滑坡的概念模型。殷跃平等(2017)强调新磨滑坡所处的脊状地形在强震作用下形成震裂山体，易孕育高位滑坡。

现场调查发现，滑坡发生后，震裂山体在滑源区山脊顶部失稳滑动，连续动力加载并堆积于斜坡中部的两处老滑坡堆积体上，导致老滑坡堆积体分别失稳(图5-6，图5-7)。堆积体物质组成主要为块碎石，最大块径为8～10m，一般块径为0.5～1.0m，堆积体在河道区约1.2km范围。

图5-6 滑坡-碎屑流动力加载堆积于两处老滑坡堆积体之上

利用FLAC软件中的重分区技术，当网格发生大变形时，可以生成新的、更规则的网格，以取代旧的、扭曲的网格，并将相关信息从旧的网格转移到新的网格。根据工程类比法，对滑坡体进行物理力学性质参数取值：滑坡堆积体容重$\gamma=26.5\mathrm{kN/m^3}$，内摩擦角$\varphi=29.0°$，黏聚力$C=35\mathrm{kPa}$。图5-7显示滑坡未从剪出口处(点$B$)剪出时，上段老滑坡堆积体的安全系数为1.11，属于稳定状态[图5-7(a)]，而在68s，滑坡从剪出口处(点B)剪出，并运动到上段老滑坡堆积体，使得其安全系数降至0.97，属于失稳状态[图5-7(b)]，老滑坡堆积体开始运动，说明动力加载效应较为显著。

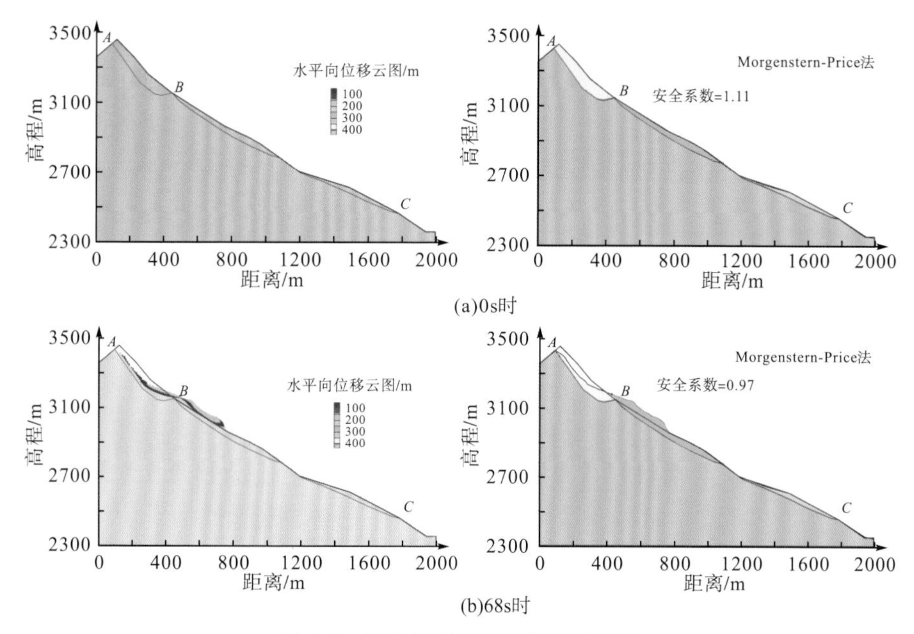

图 5-7　堆积加载引起老滑坡体失稳

注：Morgenstern-Price 法为摩根斯坦-普拉斯法。

实际上，以上失稳分析过程也可部分被合成孔径雷达干涉(interferometric synthetic aperture radar，InSAR)解译成果所证实(Intrieri et al.，2018)，即滑源区内出现高位变形区，而滑源区下部斜坡上的老堆积体几乎没有变形迹象。

这种堆积加载效应实际上在高位滑坡中并不少见，如 2015 年 6 月 14 日发生的四川省峨眉山市王山-抓口寺滑坡(图 5-8，图 5-9)，该滑坡在 2011 年 8 月 26 曾形成高速岩质滑坡，滑坡总体积约为 $600\times10^4m^3$。2015 年 6 月连续降雨及后缘变形体突然复活滑动，堆积并推挤原滑坡体，阻断九沙河形成新堰塞湖(罗刚等，2020)。

(a) 2011年滑坡无人机航拍图像

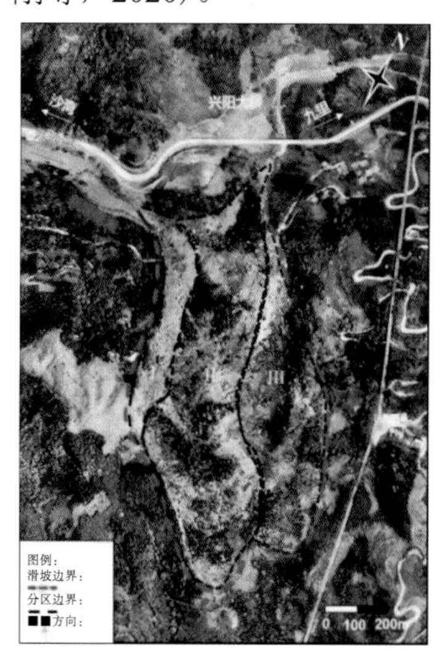

(b) 2015年滑坡复活滑动后无人机航拍图像

图 5-8　四川省峨眉山市王山-抓口寺滑坡遥感图

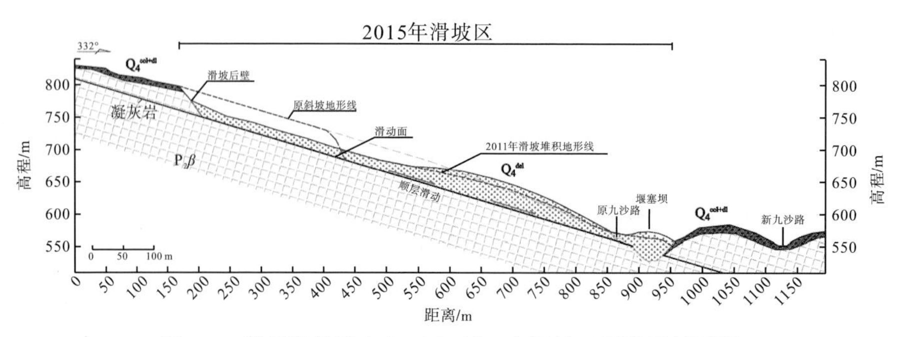

图 5-9 四川省峨眉山市王山-抓口寺滑坡工程地质剖面图

利用销盘式磨损仪对王山-抓口寺高速滑坡滑体(玄武岩)和滑面(凝灰岩)分别开展高速摩擦实验，研究滑带的摩擦特性，得出以下认识：①无论是天然状态还是饱水状态下，玄武岩岩块间的动摩擦系数远大于凝灰岩与玄武岩接触面的动摩擦系数；②饱和状态下岩块间的动摩擦系数远远低于天然状态下岩块间的动摩擦系数，说明降雨条件下，已经趋于稳定的岩质滑坡堆积体一旦起动，动摩擦系数将迅速降低，从而再次形成高速滑坡；③玄武岩与凝灰岩的动摩擦系数与法向正压力负相关，说明含软弱间层的岩质滑坡体积越大，起动速度越大，动摩擦系数越低，从而越容易形成高速滑坡；④无论是天然状态还是饱和状态，玄武岩间的动摩擦系数以及玄武岩与凝灰岩的动摩擦系数均与速率负相关。

此外，发生在西藏自治区江达县白格的二次高位滑坡也具有堆积加载效应。2018 年 10 月 11 日白格发生第一次高位滑坡，阻断金沙江，形成堰塞湖(图 5-10)。10 月 13 日堰

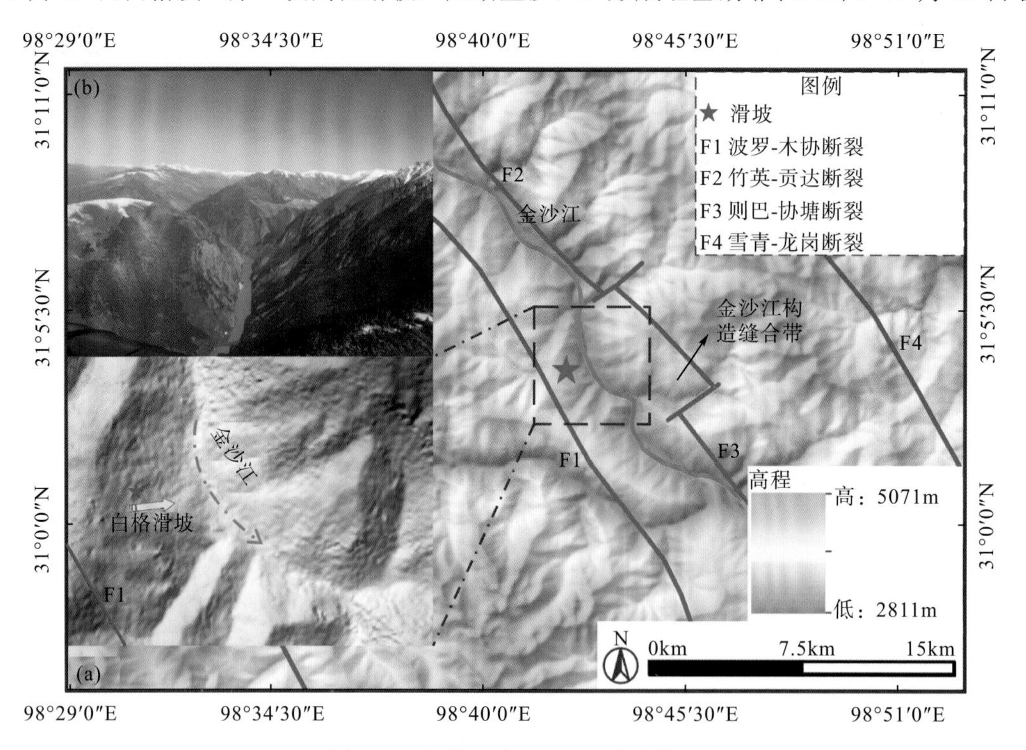

图 5-10 白格滑坡区域地质构造特征

塞坝自然溃口，险情解除。11 月 3 日，发生二次滑动，再次造成堵江。白格滑坡第一次滑坡总体的失稳方量达到 $3400\times10^4m^3$，约 $2400\times10^4m^3$ 滑坡物质进入并堵塞金沙江，另有 $1000\times10^4m^3$ 的滑坡物质堆积于凹地形的滑面上。第二次滑坡滑源区岩体失稳后，高速铲刮并夹带第一次滑坡残留于凹地形滑面上的滑坡物质 $(660\times10^4m^3)$，最终共导致约 $880\times10^4m^3$ 的岩土体滑入并再次堵塞河道。

白格滑坡动力学过程数值模拟结果表明(图 5-11，图 5-12)，第一次滑坡运动的总时长是 80s，期间最大运动速度为 42m/s；第二次滑坡冲击过程受到了坡面堆积物质的影响，滑源区高位起动后，以极大的加速状态冲击碰撞坡面堆积物，导致滑源区加速状态急剧降低，而坡面堆积物质(即铲刮区)突然起动，与滑源区一同冲入河道。

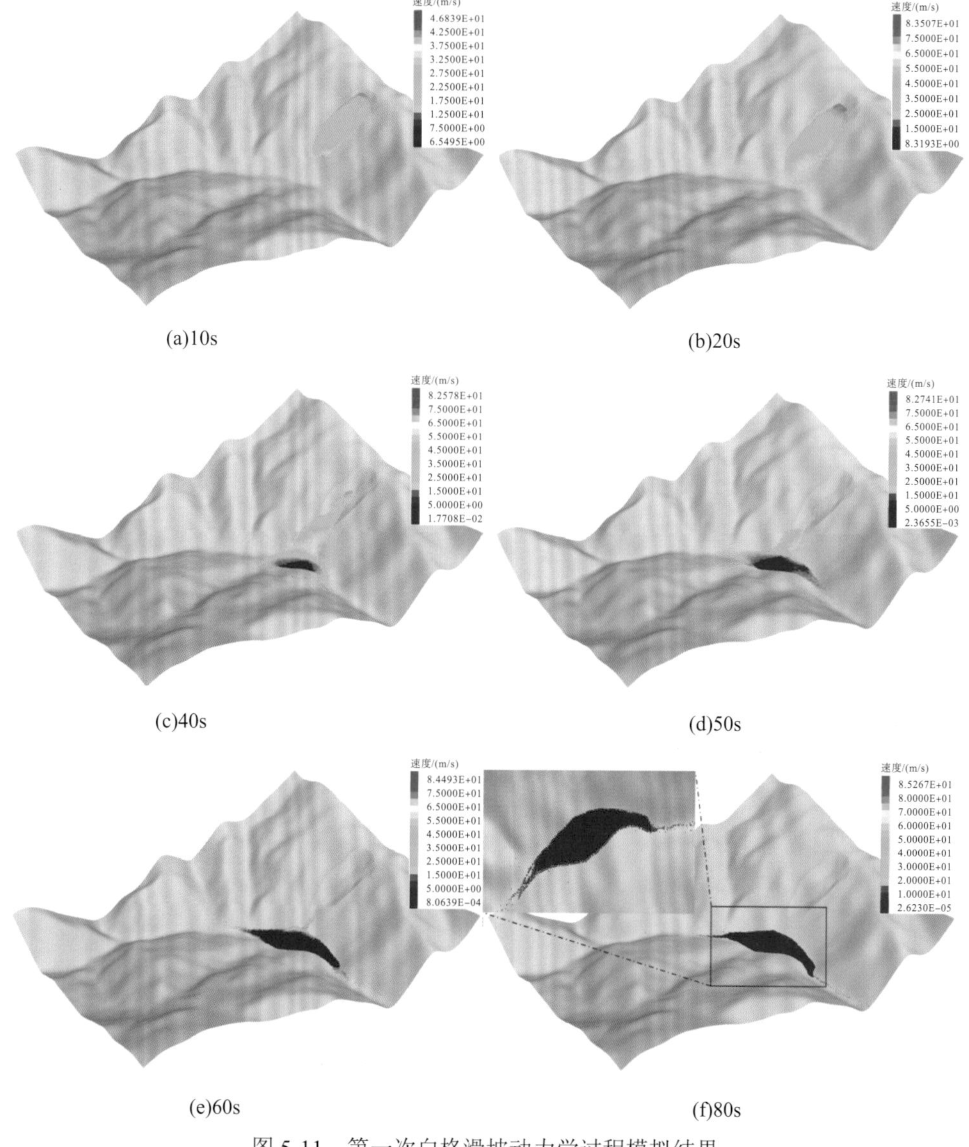

图 5-11　第一次白格滑坡动力学过程模拟结果

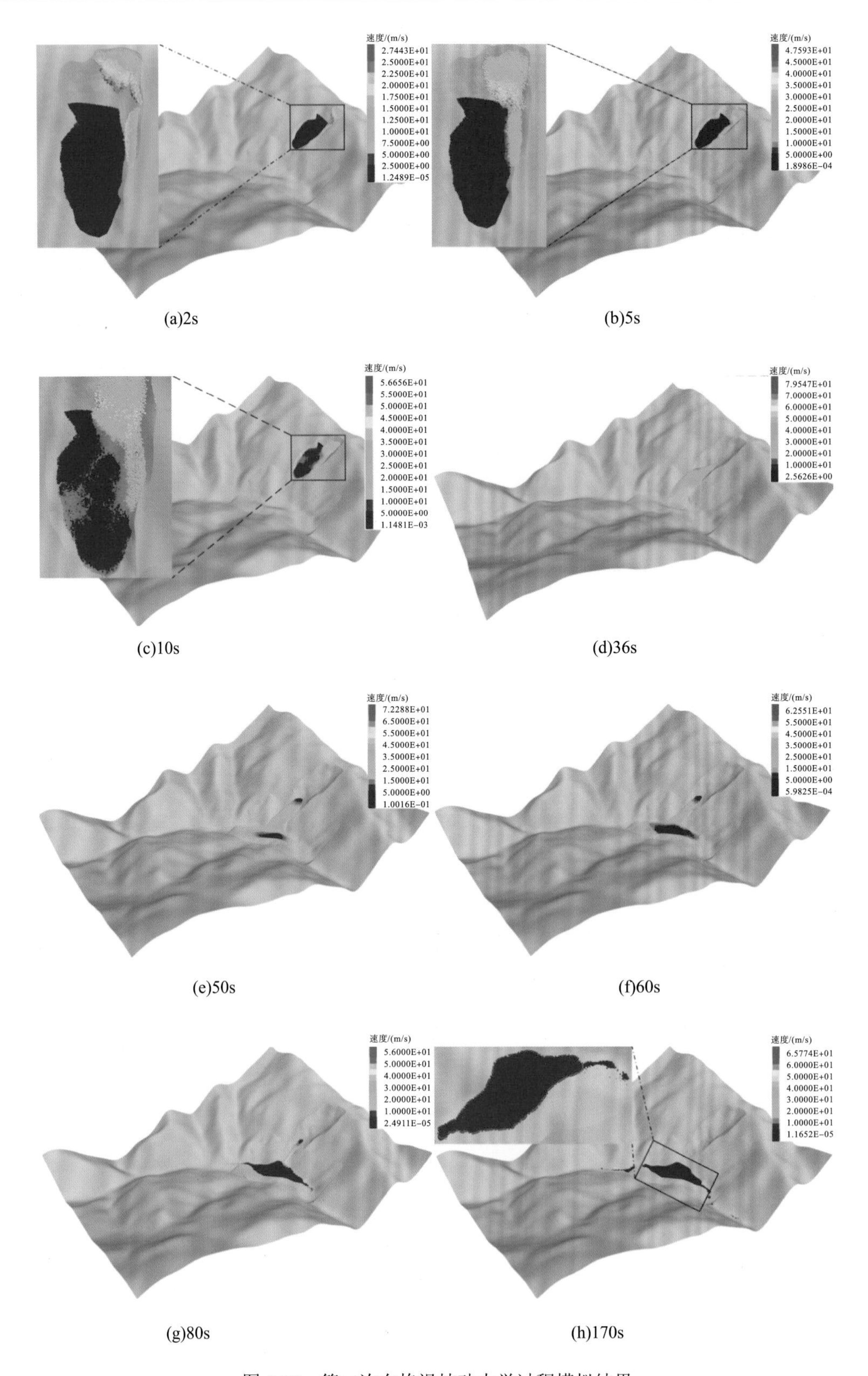

图 5-12 第二次白格滑坡动力学过程模拟结果

第一次白格滑坡在运动过程中总体呈现出一种低扰动强烈摩擦的密实流动状态，并且内部结构主要受到了“简单剪切变形”作用的控制。第二次白格滑坡数值模拟结果表明，高位滑坡起动后与坡面物质的侵蚀和夹带作用明显受到了“加载效应”引起的冲击侵蚀的影响。

5.1.1.2　滑坡运动速度估计

为进一步验证滑坡下滑运动过程，采用雪橇模型计算公式[式(5-1)]表示不同位置滑坡运动速度(Scheidegger，1973)。

$$V=\sqrt{2g(H-f\times L)} \tag{5-1}$$

式中，V 表示滑动速度；g 表示重力加速度；H 表示滑坡后缘顶点至滑程估算点的高差；L 表示滑坡后缘顶点至滑程上估算点的水平距离；f 表示滑坡后缘顶点至滑坡运动最远点的连线的斜率，即等效摩擦系数。

根据上述公式，建立了茂县新磨村滑坡滑动距离、高差与等效摩擦角之间的几何关系(图 5-13)，由此可计算出滑动阶段到达滑坡-碎屑流前缘松坪沟南岸时的滑动速度。

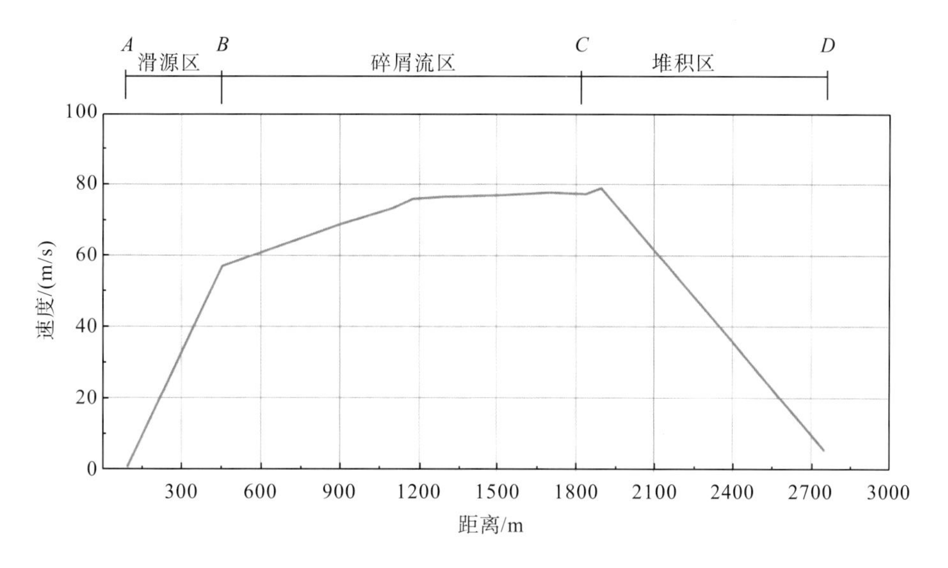

图 5-13　茂县新磨村特大滑坡运动速度分布图

滑坡-碎屑流的等效摩擦角约为 23°，相应可以推断出滑坡的运动速度，其中在剪出口处(点 B)，速度达 57.53m/s；在撞击上部堆积体(倒石堆)处(点 C)，速度达 72.81m/s；在老滑坡堆积体上部，由于地形变陡，基岩裸露，速度达到最大值，为 78.96m/s；到达老滑坡堆积体后，滑坡碎屑流体势能转化为动能，推动老滑坡上部向前滑动，并摧毁了新磨村村庄，将数十间房屋冲至松坪沟南岸，搬运距离达 200m。由于前方沟壁山体阻挡，滑坡体速度降低到 5.24m/s(点 D)。

需要指出的是，雪橇模型未考虑滑坡的铲刮、撞击、液化、气垫等动力学因素，仅初步刻画了滑坡的运动变化过程。

5.1.1.3 滑坡动力过程震相分析

通过中国地震台网中心赵永研究员提供的地震动记录可以对滑坡的运动失稳过程进一步分阶段证实。通过图 5-14 可以推断新磨村滑坡过程经历了三个阶段：上部岩体持续滑动阶段、滑动铲刮阶段以及滑坡-碎屑流堆积阶段。其中，第一阶段持续滑动约 56s，说明滑源区岩体的滑动具有持续滑落的特征，并以倒石堆的形式逐渐堆积于剪出口下方，对下部斜坡上的老滑坡残体形成加载。第二阶段过程持续约 22s，由于上部滑源区堆积体对老滑坡后缘冲击的加载效应，促使斜坡上的老滑坡残体堆积沿沟谷发生滑动，并转换为碎屑流。第三阶段持续约 43s，地形明显变平缓，坡度一般为 5°，加上地形突然由沟道形变为开阔的扇形，导致碎屑流体以散落超覆的形式堆积。

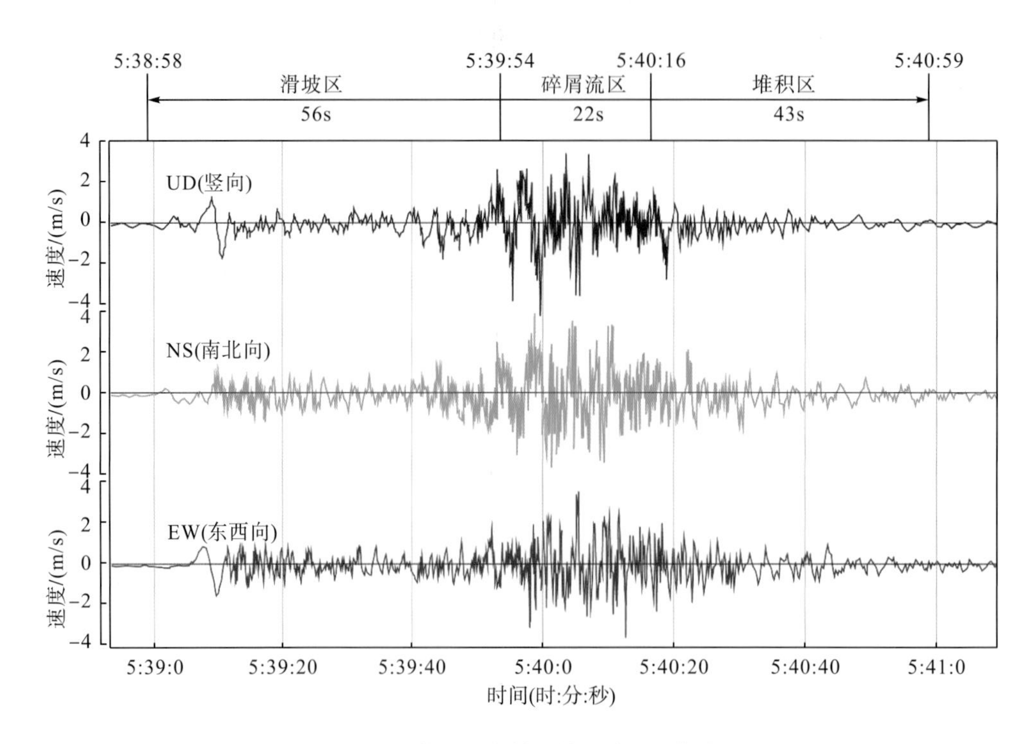

图 5-14 茂县新磨村滑坡地震记录曲线

5.1.2 颗粒流理论模型

EDEM 是一款基于离散元方法模拟颗粒介质运动及其相互作用的计算机辅助工程(computer aided engineering，CAE)软件。它通过牛顿第二定律计算颗粒间的相对位移及不平衡力，以记录和输出每个颗粒的物理信息和受力情况，并通过时步迭代进行数据更新。此外，利用 EDEM 软件的应用程序接口(application program interface，API)，还能够与有限元、计算流体力学等软件(Workbench、Fluent 等)双向耦合，从而有望在今后解决如下问题：巨石碰撞拦挡结构的力学行为、滑坡在运动过程中的铲刮力学效应、滑坡/危岩体损伤和致灾过程、滑坡运动过程中热和质量的传递、泥石流运动过程中固-液之间的相互作用。

5.1.2.1 接触模型

在 EDEM 软件中，颗粒接触和分离的相互作用力学特性是通过接触本构模型来实现的。EDEM 软件自带的接触本构模型有 Hertz-Mindlin 非滑移模型、Hertz-Mindlin 黏结模型、凝聚模型、Hysteretic Spring 模型等。

Hertz-Mindlin 非滑移模型是 EDEM 软件中使用的默认模型，在力的计算方面精确且高效(图 5-15)。在这个模型中，法向力分量基于赫兹接触(Hertzian contact)理论，切向力模型基于 Mindlin-Deresiewicz 的研究工作，法向力和切向力都具有阻尼分量。切向摩擦力遵守库伦摩擦定律，滚动摩擦力通过接触独立定向恒转矩模型确定。

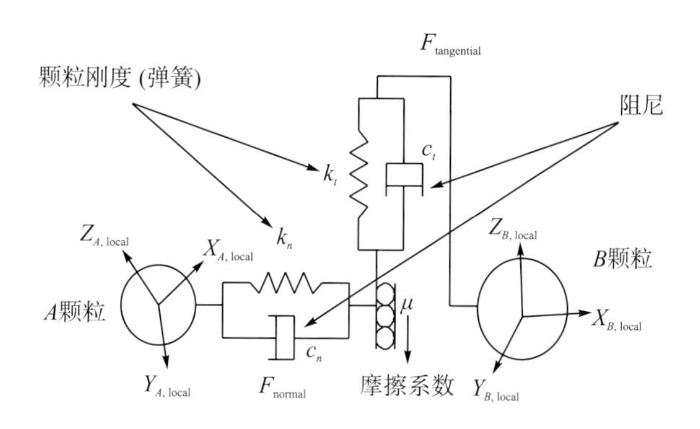

图 5-15 Hertz-Mindlin 非滑移模型

特别地，法向力 F_n 是法向重叠量 δ_n 的函数，表达式如下：

$$F_n = \frac{4}{3} E \sqrt{R'} \delta_n^{\frac{3}{2}} \tag{5-2}$$

其中，E、R' 分别为当量杨氏模量、当量半径。

5.1.2.2 颗粒工厂

路径地形通常作为颗粒工厂(用以设置颗粒生成的位置、时间和方式)的封闭容器，并在 CAD 制图软件上进行初步建模，然后导入 EDEM 软件生成。本章研究中的路径地形是根据滑坡前后的地形高程数据生成的。颗粒数据主要包括圆形颗粒本身尺寸、多个球面组成的不规则形状颗粒及颗粒工厂设置的相关数据。根据现场调查，并综合考虑计算分析效率，选用了两种形状颗粒，一种是单一的球形颗粒，平均直径为 5m，另一种是由三个球形颗粒按直线组合成的“柱状体”，长 10m，宽、高皆为 5m。颗粒工厂中选择将颗粒的数量设置为足够大，直至将滑源区的封闭容器填满，容器设置为规则六面体，总体积为 $5\times10^6\text{m}^3$。在滑源区的封闭容器填满后，移除容器，开启滑坡的运动学模拟。

5.1.3　多模型对比分析结果

5.1.3.1　运动过程和速度

图 5-16 通过不同时刻的滑坡-碎屑流运动状态及速度反映新磨村滑坡运动的全过程，其中红色颗粒代表了滑坡运动物质。

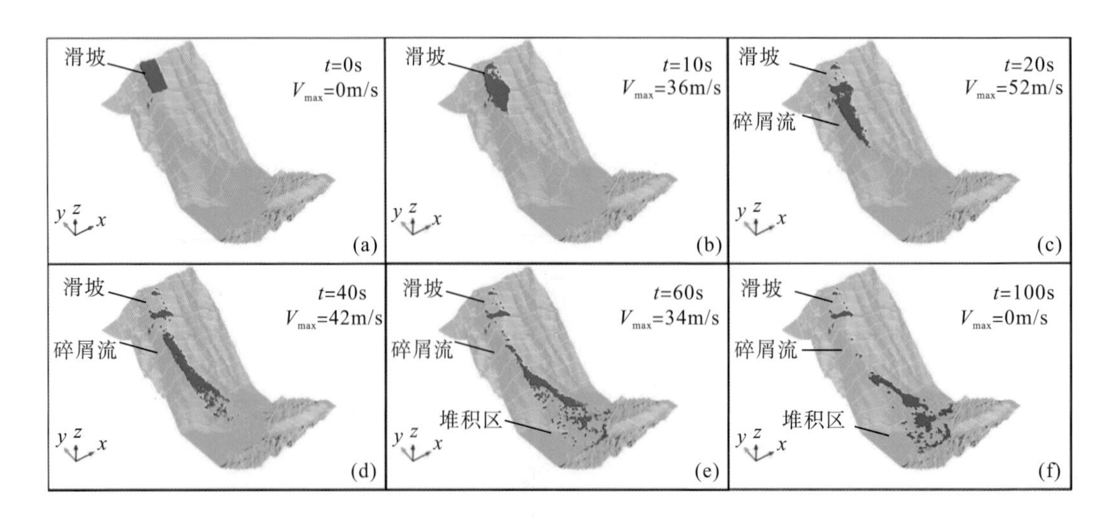

图 5-16　不同时刻茂县新磨村滑坡-碎屑流运动状态及速度变化

t=0s 时，滑坡在滑源区起动，此时滑坡体保持规则形状，滑坡初始速度为 0m/s。

t=10s 时，滑坡速度已经增大到 36m/s，此时滑坡体已经碎裂解体，并转化为管道型碎屑流，滑坡体长度增大，但仍保持连续、较完整的形状。

t=20s 时，滑坡速度已经达到峰值，为 52m/s，滑坡体长度进一步增大，虽然滑坡大部分保持完整外形，但后部部分物质已经开始停止运动，残留于滑源区。值得注意的是，由于地形起伏效应，前方地形逐渐变得开阔、坡度变缓，管道型碎屑流逐渐转化成扩散型碎屑流，速度开始出现降低的趋势。

t=40s 时，滑坡速度降低到 42m/s，随后滑坡峰值速度进一步降低，滑坡前部物质出现扩散分离，后部部分物质残留于滑源区，滑坡体逐渐呈不连续形式。

t=60s 时，滑坡速度降低到 34m/s，滑坡前部物质进一步扩散分离，部分滑坡物质已经运动到前方松坪沟内。

t=100s 时，滑坡速度接近 0m/s，也说明滑坡运动完全结束，此时滑坡物质主要堆积在前缘堆积区和松坪沟中。

5.1.3.2　运动模型比较

为了进一步验证运用离散元方法模拟新磨滑坡运动过程结果的准确性，雪橇模型、液化模型、F-V 流化模型和离散元模型等多种计算方法也被用来建立新磨村滑坡滑动距离与最大速度之间的几何关系。为更好描述，图 5-17 中 *A-B*、*B-C*、*C-D* 滑坡区域分别对应滑源区、碎屑流区、堆积区。

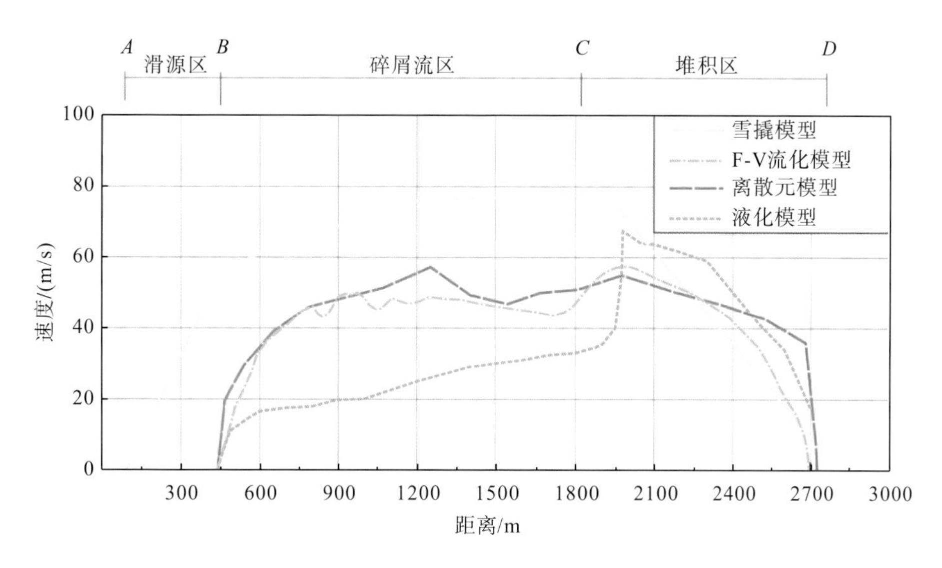

图 5-17　新磨村滑坡不同运动模型计算结果比较

(1) 雪橇模型。在滑坡后缘(点 *A*)滑坡速度就开始增大，在剪出口处(点 *B*)其速度已迅速增长到约 58m/s，但此处其他三种模型的速度还几乎为 0m/s。当滑坡运动到老滑坡堆积体后部(点 *C*)时，雪橇模型的速度已经达 77m/s，并在前方运动到老碎屑流堆积体上部时达到峰值，为 79m/s，随后由于坡度变缓，速度逐渐降低，直到运动到松坪沟附近(点 *D*)速度降为 0m/s。显然，该模型与实际不符，首先在滑坡剪出口(点 *B*)滑坡速度应为 0m/s；其次，在碎屑流阶段(*B-C*)距离约 1300m，同时滑坡地震动记录数据表明(图 5-14)，滑动铲刮阶段的总时长为 22s，相应滑坡运动平均速度应约为 60m/s，而雪橇模型在该段计算的平均速度为 72m/s，大于实际值。

(2) 液化模型。在剪出口(点 *B*)处滑坡速度从 0m/s 开始虽然有所增大，但增速缓慢，直到点 *C* 处，也只有 32m/s，远小于其他三种模型。但随后继续运动到老碎屑流堆积体上部时，滑坡速度却急剧增大，在运动近 150m 过程中，滑坡速度从约 40m/s 增大到约 70m/s。显然该模型速度增大的方式不同于其他模型，液化后的增速不容小觑。但根据现场调查，该增速段主要为基岩裸露和块石堆积区，没有形成液化的条件，因此选择该模型模拟新磨村滑坡不合理。

(3) F-V 流化模型和离散元模型。运用这两种模型获得的滑坡速度变化趋势基本一致，由剪出口(点 *B*)至 750m 处，二者的速度都迅速增长到 50m/s。在运动到 *C* 点之前，两者速度都出现了波谷，但很快都开始增加，在越过 *C* 点后，两者都出现了速度的极值。两者在滑动铲刮阶段的平均速度几乎一样，为 48～51m/s，与滑坡实际平均速度较为接近。两者较适用于新磨村滑坡的模拟分析。

5.2 高位滑坡型泥石流犁切动力侵蚀计算模型

高位滑坡型泥石流具有典型的动力侵蚀，即铲刮特征，尤其是当滑坡沿程高速撞击解体并转化为碎屑流/泥石流后，铲刮下伏和侧缘岩土体，导致滑坡体积明显增大。如前所述的四川省茂县新磨村高位远程滑坡-碎屑流动力侵蚀特征，滑坡源起动体积为 $390.6\times10^4\text{m}^3$，但由于滑坡前后缘高差达 1200m，滑动距离超过 2.8km，运动过程中对滑块底部剧烈铲刮作用使得最终碎屑流堆积体积增至 $1637.6\times10^4\text{m}^3$，体积增大至原始体积的约 4 倍。由于高位远程滑坡动力侵蚀实际过程较为复杂，而目前力学模型对于滑坡与底部材料之间的力学传递机制解释有限，缺少反映滑坡前缘动力侵蚀特征的力学模型。因此本节将在可变形滑块-弹簧模型和犁耕阻力模型基础上，建立一种高位远程滑坡滑动与犁切耦合模型，并将其运用到新疆伊犁阿热勒托别高位滑坡型泥石流的动力侵蚀分析中。

5.2.1 动力侵蚀犁切阻力计算模型

5.2.1.1 理论基础和基本假定

1. 可变形滑块-弹簧理论模型及假定

可变形滑块-弹簧模型是将高位远程滑坡失稳后运动的流滑体或碎屑流视作 n 块连续可变的块体滑动形式，滑块之间用无质量的水平弹簧连接(图 5-18)。

对滑块的受力分析做以下基本假定：

(a)滑块本身被视为在宽度和高度上具有伸缩可变特征的块体，各运动滑块间不存在宏观的块体分离现象，滑块的侧向边界始终保持竖直。

(b)滑块间条间力的竖直分量产生的剪切变形可忽略[类似于边坡稳定分析中简化毕晓普(Bishop)法的假定]，仅考虑水平分力产生的压缩或拉伸变形。

(c)滑块发生的侧向应变和弹簧变形一致，即用滑块宽度的变化表示弹簧变形。

(d)滑块运动中发生变形能储存和释放的过程，也就是说运动过程中滑块间条间力是产生变形能的原因，而变形能的改变又会反过来引起条间力的变化。

(e)滑块间的弹簧系数不随时间发生变化。

根据以上假定，建立反映运动过程的直角坐标系，如图 5-18(c)所示，其中 ox 为滑坡运动方向，oz 为滑坡高度方向。初始滑动时坡面及滑面函数可分别用 $f(x)$、$g(x)$ 拟合。此外，x_i^{c}、x_i^{b}、x_{i+1}^{b} 为第 i 个滑块中心的位置和左右两侧边界位置；h_i^{c}、h_i^{b}、h_{i+1}^{b} 为第 i 个滑块中心的平均高度和左右两侧边界高度，其中 h_1^{b}、h_{n+1}^{b} 值均为 0；P_i^{b}、P_{i+1}^{b} 为第 i 个滑块左右两侧边界侧向压力；θ_i 为第 i-1 个滑块底部(和滑动面重合)与水平面的夹角(以水平线为起始线，逆时针 $\theta_i>0$，顺时针 $\theta_i<0$)；b_i、ρ_i、V_i、m_i、W_i 分别为第 i 个滑块的宽度、密度、体积、质量和重量。

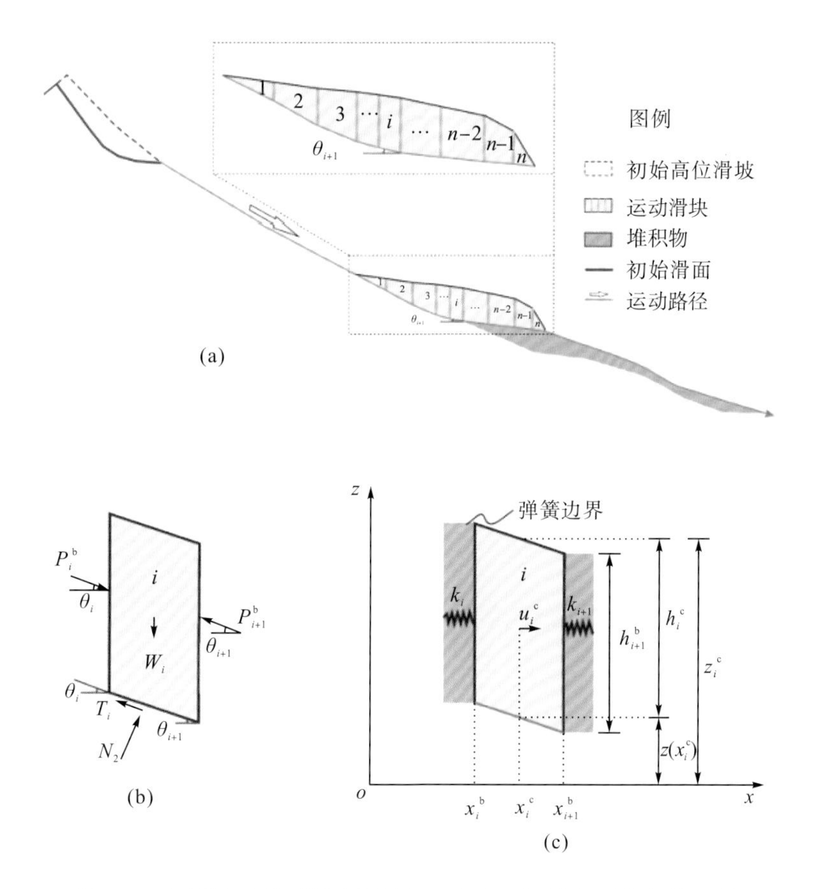

图 5-18　可变形滑块-弹簧模型(a)、单元受力(b)和直角坐标系(c)

将滑块视为质点，由牛顿第二定律则可获得平行、垂直于滑块运动方向的运动方程。

平行于滑块运动方向：

$$m_i a_i = P_i^{\mathrm{b}} \cos\left(\theta_i - \theta_{i+1}\right) - P_{i+1}^{b} + W_i \sin\theta_{i+1} - T_i \tag{5-3}$$

垂直于滑块运动方向：

$$N_i = W_i \cos\theta_{i+1} + P_i^{\mathrm{b}} \sin\left(\theta_i - \theta_{i+1}\right) \tag{5-4}$$

式中，a_i 为第 i 个滑块下滑惯性加速度；T_i 为滑坡运动时滑块底部阻力；N_i 为滑块底部对滑坡的支持力，垂直于滑块底部。

2. 犁切阻力基本理论及假定

式(5-3)中滑坡运动时底部阻力 T_i 通常只考虑了剪切面力。实际上，滑坡底部会对堆积物产生进一步的铲刮作用，形成类似犁沟、犁槽等形态，并会牵引周边坡体形成裂缝，甚至诱发多处小型牵引式滑坡(图 5-19)。

图 5-19 高位滑坡型泥石流流滑形成的铲刮槽(a)和拉裂缝(b)

本节将引入犁切阻力基本模型，作为滑块底部阻力模型的补充和动力侵蚀理论模型新的力学表述。

首先，在运动过程中滑块底部阻力会对堆积物产生铲刮力，形成铲刮层。根据牛顿第三定律，铲刮力和堆积物的抗剪力平衡(图 5-20)。

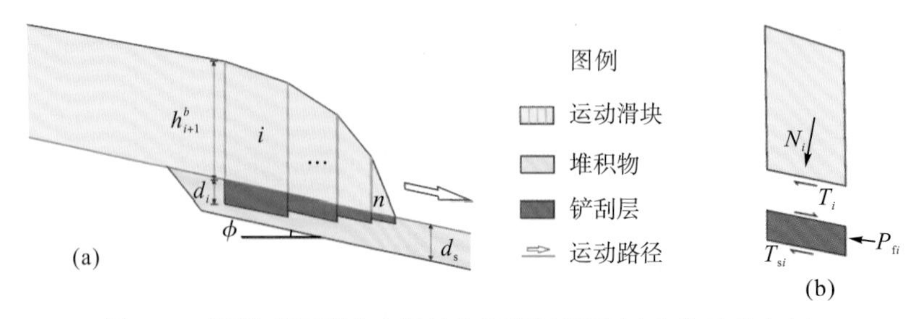

图 5-20 流滑/碎屑流动力侵蚀作用犁切模型(a)和单元受力(b)

堆积物中铲刮层的抗剪力不仅包含铲刮层底部抗剪阻力，还包括铲刮层推挤前部堆积物受到的阻力(图 5-21)，类似犁推挤土堡变形。

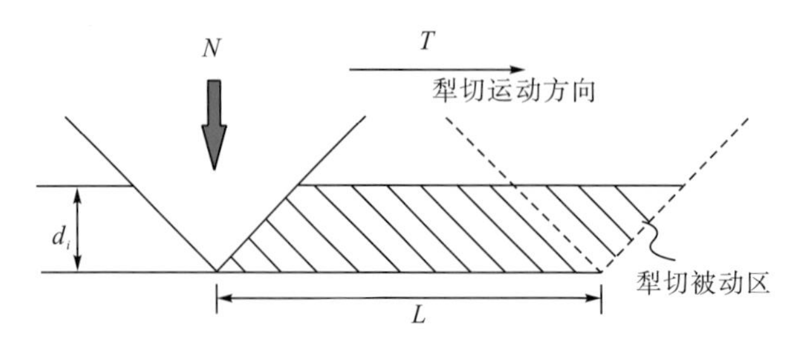

图 5-21 犁切原理示意图

堆积物抗剪力公式为

$$T_i = T_{si} + P_{fi} = T_{si} + kA_i = T_{si} + kd_i \cos\phi \tag{5-5}$$

式中，T_{si} 为铲刮层底部剪切阻力；P_{fi} 为铲刮层推挤前部堆积物受到的阻力，即犁切阻力；k 为堆积物抵抗变形的能力，即土壤比阻，取值可参考表 5-2；A_i 为犁切断面面积，一般为矩形；d_i 为铲刮层实际厚度，滑块自身重力变化对铲刮厚度有直接影响；ϕ 为堆积物倾角。

在滑块运动过程中，铲刮层推挤前部堆积物(即犁切被动区)，产生隆起或翻抛，使得滑块体积增加，详见图 5-20。

表 5-2　比阻参考值　(单位：kN/m²)

砂土	砂壤土	壤土	黏土	重黏土
20	20～30	30～50	50～80	＞80

根据犁切运动轨迹不同可将其分为挤压型、剪出型两种具体形式。对犁切被动区做以下基本假定：

(1) 犁切被动区密度在运动过程中保持恒定。

(2) 犁切被动区横断面形态为矩形。

5.2.1.2　犁切模型的两种具体形式

由图 5-20 逆时针旋转角度ϕ可得图 5-22、图 5-23。挤压式犁切模型一般发生于中部及尾部滑块(图 5-22)，其犁切被动区与铲刮层形状一致，犁切面与滑动面一致，犁切体积 V_i 计算公式可表示为

$$V_i = LA_i = Ld_i\cos\phi \tag{5-6}$$

式中，ϕ为堆积物的倾角；d_i 为铲刮层实际厚度；L 为滑动距离。

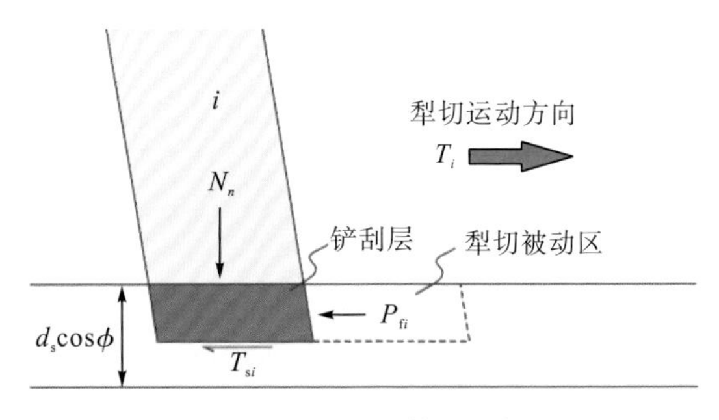

图 5-22　挤压犁切形式

注：d_s 为堆积物厚度。

剪出式犁切模型是指前部滑块的犁切被动区被剪出滑块底部，详见图 5-23。

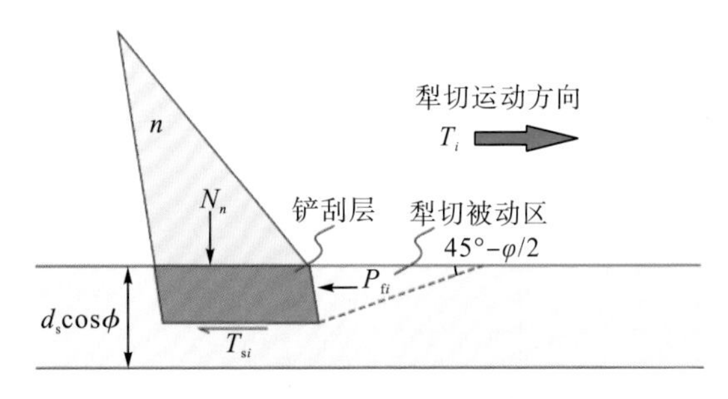

图 5-23　剪出犁切形式

犁切体积V_i的计算公式可表示为

$$V_i = 0.5d_i^2\cos\phi^2\tan\left(\pi/4-\varphi/2\right) \tag{5-7}$$

式中，φ为堆积物内摩擦角。

值得注意的是，若堆积物厚度$d_s < d_i$，则铲刮层厚度$d_i = d_s$。

5.2.1.3 动力侵蚀犁切模型计算步骤

高位滑坡型泥石流动力侵蚀计算模型中，因运动过程运用的是可变形滑块-弹簧模型公式，需要速度、加速度、力相关公式之间的循环迭代计算，具体步骤如下。

根据初始滑坡体积、形态分布等情况，将滑坡等距划分为 n 个竖直条块，建立滑块-弹簧模型。当滑块划分较密时，滑块宽度较小，计算时间也会增长，建议滑块数量不少于20，计算各滑块的体积、质量。

运用不平衡推力法计算滑块失稳瞬间条间力P_i^{b}、初始加速度a_i：

$$m_i a_i = P_{i+1}^b = P_i^{\mathrm{b}}\psi_i + D_i - T_i \tag{5-8}$$

式中，D_i为第 i 个滑块沿滑面的自重分力；ψ_i为失稳瞬间第 i 个滑块的剩余下滑力传递至第 i+1 个滑块的传递系数。

通过动量守恒方程，获得微小时间增量Δt 后，$t+\Delta t$ 时刻滑块的运动速度$u_i^{t+\Delta t}$、位置$x_i^{t+\Delta t}$、宽度$b_i^{t+\Delta t}$、高度$h_i^{t+\Delta t}$分别为

$$u_i^{t+\Delta t} = u_i^t + a_i\Delta t \tag{5-9}$$

$$x_i^{t+\Delta t} - x_i^t = 0.5\left(u_i^t + u_i^{t+\Delta t}\right)\Delta t\cos\theta_i \tag{5-10}$$

$$b_i^{t+\Delta t} = x_{i+1}^{t+\Delta t} - x_i^{t+\Delta t} \tag{5-11}$$

$$h_i^{t+\Delta t} = \left(V_i^t + \Delta V_i\right)/b_i^{t+\Delta t} \tag{5-12}$$

式中，ΔV_i为第 i 个滑块犁切铲刮体积增量。

运用犁切模型分析前面划分的滑块，其中第 n 个滑块运用剪出式犁切模型，第 1～n−1 个滑块运用挤压式犁切模型，根据牛顿第三定律，滑块底部铲刮力和堆积物的抗剪力平衡，确定铲刮层深度，获得犁切体积。

根据牛顿第二定律得出滑块运动方程，获得滑块在 $t+\Delta t$ 时刻的条间力：

$$P_i^{\mathrm{b}}\cos\theta_i = P_i^{\mathrm{b},t=0}\cos\theta_i^{t=0} + K_i s_i \tag{5-13}$$

式中，K_i为第 i-1 个滑块与第 i 个滑块之间的弹簧系数，与滑块弹性模量相关，s_i为第 i 个滑块宽度改变量，即弹簧的改变量(以压缩为正)。

$$K_i = E_0 h_i^0 / b_i^0 \tag{5-14}$$

式中，E_0为第 i 个滑块的弹性模量；h_i^0、b_i^0分别为第 i 个滑块初始的高度和宽度。

获得失稳后滑块运动新惯性加速度，详见公式(5-3)、式(5-4)。将结果直接代入式(5-5)～式(5-7)，依次迭代计算，直至各滑块的速度为 0m/s，停止计算。

需注意的是，滑块材料不能无限制进行拉压，在计算时应根据实际情况设定阈值。

5.2.2 动力侵蚀犁切模型计算实例

为了验证高位滑坡型泥石流犁切计算模型的合理性，运用 MATLAB 计算软件将以上算式编写为二维应用程序，用于模拟新疆伊犁河谷阿热勒托别高位滑坡型泥石流的动力侵蚀过程，分析不同比阻时计算的结果。

阿热勒托别滑坡发生于新疆维吾尔自治区新源县阿热勒托别镇，西侧为铁矿露天剥采区，山顶高程约 1975m，东侧冲沟下游为河谷平原地形，高程最低为 980m，冲沟方向为 220°～270°。滑坡滑源区为弃渣堆积边坡，在弃渣边坡堆填之前原始地貌为自然山脊西侧缓坡，边坡场地为坡面沟谷汇水区。出露基岩主要为板岩、页岩等透水性差的岩层，产状主要为 26°∠50°，沟谷山体表层覆盖厚度几米到几十米的黄土层。

根据运动过程，可将阿热勒托别滑坡分为滑源区(*A*-*B* 段)、撞击-铲刮区(*B*-*C* 段)和泥石流堆积区(*C*-*D* 段)，图 5-24 中已用 *A*、*B*、*C*、*D* 四个控制点进行分段标记。其中滑源区起动体积约 $2.5\times10^4\text{m}^3$，最终堆积总体积约 $60\times10^4\text{m}^3$，滑程长达 1800m，滑坡平均宽度约 90m。

图 5-24 新疆伊犁阿热勒托别高位滑坡型泥石流全貌图(2012 年 8 月)

犁切模型中可将滑源区滑坡划分为 30 个条块，具体动力学参数见表 5-3，参数选取依据现场调查取样和类比法。现场取样实验表明，滑坡最终堆积土样的塑性指数 I_{p} 为 9.3～9.8，属于低塑性黏质粉土，故选取比阻 k=50kN/m^2。此外，土样天然含水率为 18.3%～19.2%，介于塑限(16.7%)与液限(26.5%)之间，说明土体处于可塑状态，通过三轴固结不排水剪切实验，试样的静态内摩擦角 φ_{cu} 为 24.3°～25.5°。考虑到实际滑坡运动时等效摩擦角常小于静态内摩擦角，故取值参考等效流体模型。

表 5-3 滑坡犁切计算模型参数

密度/(kg/m^3)		滑块与堆积物间等效摩擦角/(°)	堆积物其他参数	
滑块	堆积物		摩擦角/(°)	比阻/(kN/m^2)
2200	2110	17	14	50

当堆积物比阻 k=50kN/m^{2}时，犁切模型模拟得到不同时刻的滑体运动形态(图 5-25)，显示滑坡失稳后逐渐加速，运动约 100s 至 1800m 处逐渐减速堆积。图中，T_{dura}为持续时间，s；U_{max}为滑块最大速度，一般为前缘第一个滑块的速度，m/s；V_{plow}为运动滑块铲刮总体积，m^3。

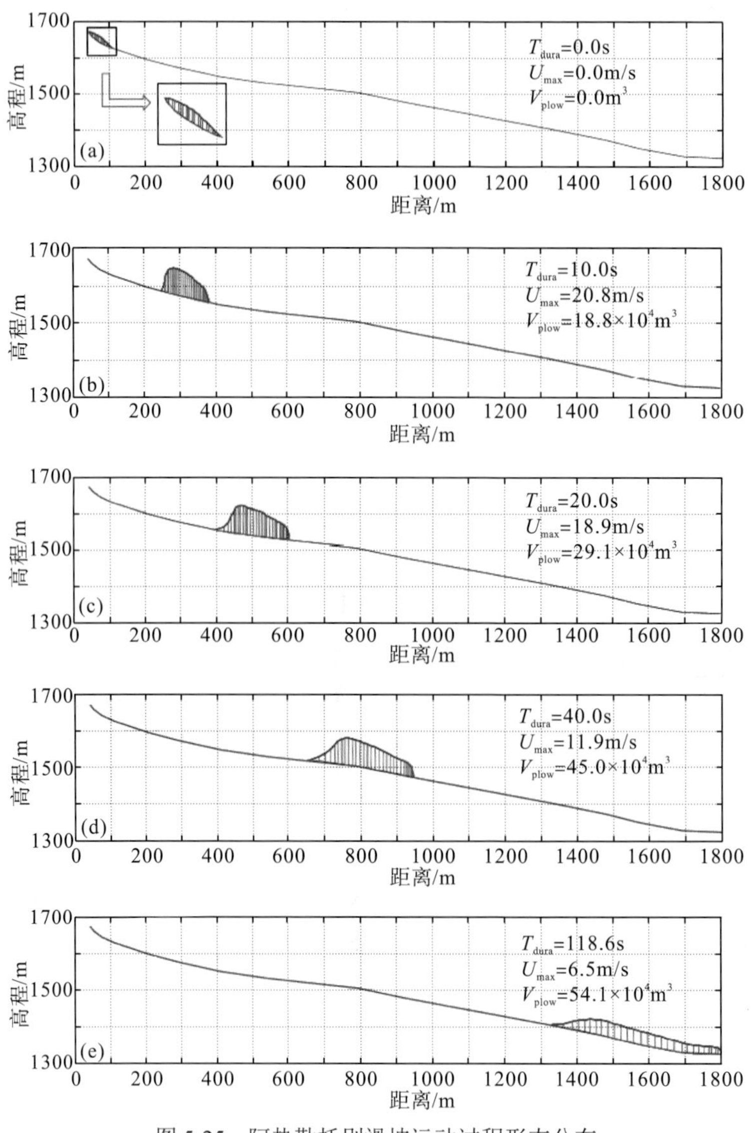

图 5-25 阿热勒托别滑坡运动过程形态分布

根据滑坡模拟运动全过程，可见体积约 2.5×10^{4}m^{3}的滑坡起动后，向前滑动 10s，即到达距离约 400m 处，此时最大速度为 20.8m/s，铲刮体积达 18.8×10^{4}m^3[图 5-25(b)]；滑动 20s 时，到达距离约 620m 处，向下持续铲刮斜坡表层，最大速度为 18.9m/s，铲刮体积达 29.1×10^{4}m^3[图 5-25(c)]；滑动 40s 时，到达距离约 900m 处，继续向下剧烈铲刮斜坡表层，最大速度为 11.9m/s，铲刮体积达 45.0×10^{4}m^3[图 5-25(d)]；滑动 118.6s 时，到达距离约 1800m 处，向下缓慢铲刮斜坡表层，并出现逐渐减速堆积的趋势，最大速度为 6.5m/s，铲刮体积达 $54.1\times10^4 m^3$[图 5-25(e)]。

滑坡起动后，最大运动速度可达 20.8m/s，此时运动滑块铲刮沿途底部堆积物。在运动至 900m 附近时，由于速度继续降低到 11.9m/s，滑块在形态上出现延展，铲刮体积迅速减小。

图 5-26 为不同比阻条件下滑坡动力侵蚀模型计算结果，其中蓝色条柱为犁切型铲刮总体积，红色条柱为平均铲刮深度。可知犁切模型中，随着比阻 k 值增加，铲刮深度随之减小，铲刮体积也随之减小。当比阻 $k=50kN/m^2$ 时，平均铲刮深度、铲刮总体积与现场调查结果 $57.5\times10^4 m^3$ 最为接近。

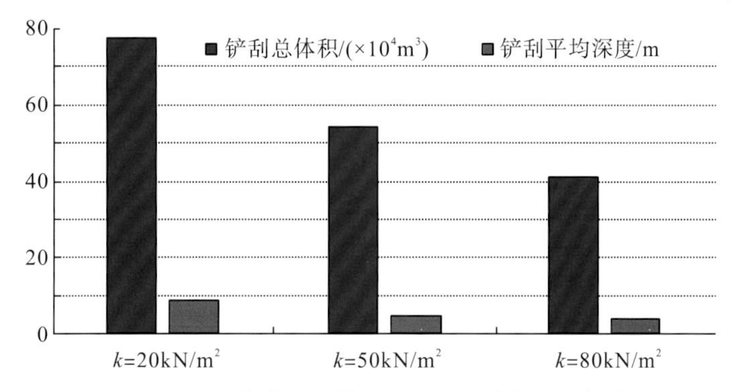

图 5-26　不同比阻条件下滑坡型泥石流动力侵蚀计算结果对比

由图 5-27 可知，犁切模型速度曲线变化趋势与雪橇模型、等效流体模型甚至液化模型基本一致，都是快速增大到一个极值后缓慢降速。但液化模型滑坡初始滑动后增速明显落后于其他三种模型，并且形成了较高的速度峰值，而不像其他三种模型均形成一定范围的速度峰值平台。其中等效流体模型与雪橇模型几乎都在滑坡剪出口(点 B)处迅速到达峰值平台，犁切模型紧随其后，液化模型最慢，但其峰值却突破雪橇模型、犁切模型峰值平台。随后，液化模型反而是最先开始降速的，约在碰撞铲刮区(B-C 段)中前部，即滑动距离为 400～600m 处；等效流体模型、犁切模型则大约在碰撞铲刮区(B-C 段)中部，即滑动距离为 600～800m 处开始降速。雪橇模型则在滑动距离 800m 之后开始降速。滑坡最终在堆积区前缘(点 D)处停积，其中雪橇模型速度计算值还未降为 0，约为 8m/s，犁切模型约为 6.5m/s。

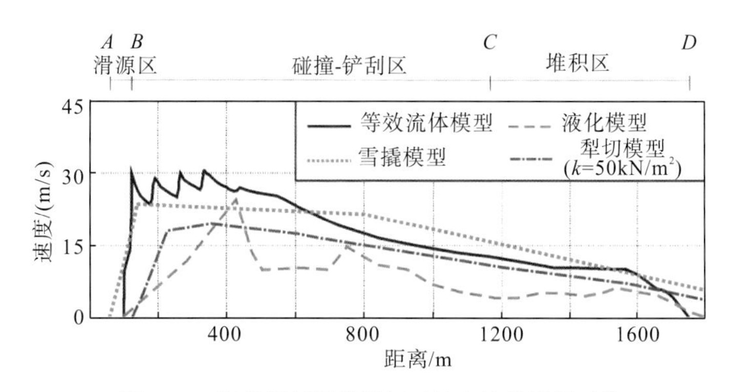

图 5-27　阿热勒托别滑坡运动速度计算结果对比

从数值上看，犁切模型计算的滑坡峰值速度最小，仅为 20.8m/s，小于雪橇模型、等效流体模型、液化模型的计算峰值。而等效流体模型计算的滑坡峰值速度最大，超过 30m/s。液化模型计算的滑坡峰值速度虽然仅次于等效流体，但速度随着运动距离增加很快又降到比其他三种模型更低的值，变化幅度最大，波动最为剧烈。犁切模型计算的滑坡速度变化较为稳定，其计算值较低是由于在运动过程中进一步考虑到空间犁切作用，动能在克服阻力的过程中进一步损耗，相比等效流体模型仅考虑平面剪切作用更为合理。雪橇模型则未考虑剪切、犁切等实际力学过程。

总体上，犁切模型速度曲线变化趋势接近雪橇模型与等效流体模型，数值上较这两种模型偏小，更为合理。

图 5-28 是通过犁切模型不同比阻计算获得的堆积形态对比，以进一步验证模型的有效性。可见犁切模型计算得到的滑坡最终堆积范围基本在 1300～1800m，其中随比阻 k 值的增加，滑坡最终堆积体积将进一步减小，分布范围也会进一步平铺延展。而液化模型计算的滑坡堆积分布范围最广，几乎全程都有分布。等效流体模型紧随其后，在 600～1800m 范围有分布。也就是说，虽然犁切模型中比阻 k=50kN/m^2 计算的铲刮总体积最为合理，但形态上犁切模型的流动延展性不如等效流体模型及液化模型。

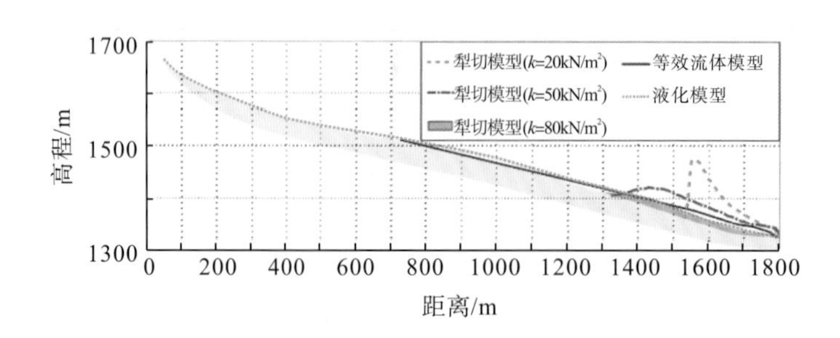

图 5-28 滑坡最终堆积形态计算结果对比

5.3 高位滑坡型泥石流小口径组合桩群主动固坡固源技术

5.3.1 茂县梯子槽高位滑坡基本特点

茂县石大关乡拴马村梯子槽滑坡距离新磨村滑坡仅 20km。该滑坡为一古滑坡，历经了从岷江的河谷下切、边坡岩体发生卸荷现象到岩体倾倒弯折变形折断的漫长地质动力发展过程。根据现场勘查及钻孔资料显示，滑坡目前正处于倾倒变形阶段。滑坡总方量约 1388×10^4m^3，为巨型滑坡，直接威胁到下部岷江对岸石大关乡政府、小学及加油站等设施的安全。此外，如果堵塞岷江回水将危及上游村庄，如果堵塞体溃决，还可能危及下游城镇和村庄的安全。因此以茂县梯子槽滑坡为例，提出一种针对强震区高位滑坡的主动固坡固源技术方法，以期供类似工程参考。

梯子槽滑坡位于岷江右岸，与石大关乡集镇隔江相望，地理坐标为 31°53′14.89″N、103°40′51.12″E。河谷左岸坡脚有国道 G213 通过，距离茂县县城约 35km，有通村公路可达滑坡体，交通条件较好。岷江河段河谷深切，两岸谷坡陡峻，坡度为 40°～50°，分水岭高程一般为 3700～3900m，谷底宽度为 100～200m，高程约 1730m(岷江水位标高)，相对高差为 2000m 左右。

滑坡区总体上呈圈椅状地形，地势西高东低，斜坡坡向为 44°～78°。岷江江边至 2000m 高程段为直线形陡坡，坡度约为 70°，多为基岩出露；2000m 以上至滑坡后缘裂缝分布区域地形略为平缓，坡度为 25°左右，为滑坡主要分布区域，由于滑动影响以及人为耕种的改造，坡体陡缓相间；滑坡后缘裂缝以上至 2450m 左右高程区为滑坡后壁陡坡，坡度为 45°左右，多为林地分布(图 5-29，图 5-30)。滑坡北侧至大槽沟附近，南侧至老熊洞沟，这些冲沟均为坡面冲沟，纵坡降大，平时干涸，暴雨条件下易集水汇流，形成短时洪水(图 5-29)。滑坡平面地质图如图 5-30 所示。

根据滑坡变形强弱、滑体厚度、滑动方向、地表形态等，划为 *A*、*B*、*C* 三个大区[图 5-29(b)]。北侧为 *A* 区：面积为 $11.15\times10^4m^2$，滑体厚度为 33.9m，方量为 $378.0\times10^4m^3$。中部为 *B* 区：面积为 $6.42\times10^4m^2$，滑体厚度为 48.9m，方量为 $313.9\times10^4m^3$。南侧为 *C* 区：面积为 $13.21\times10^4m^2$，滑体厚度为 52.7m，方量为 $696.3\times10^4m^3$。由于 *A* 区变形较为剧烈，尤其前缘已完全解体，持续不断发生滑塌，处于不稳定状态，将其进一步分为前缘塌落变形区(*A*1 分区)、后缘拉裂沉陷变形区(*A*2 分区)、北侧剪切变形影响区(*A*3 分区)3 个亚区。由于 *A*1 区已滑动约 $6\times10^4m^3$ 进入岷江，还经常发生规模不等的滑塌，若不及时进行治理加固，势必会引起 *A* 区乃至整个梯子槽滑坡整体滑移入江。

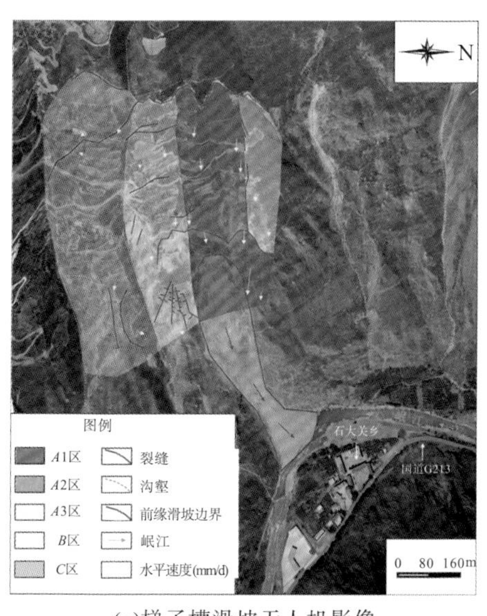

(a)梯子槽滑坡无人机影像

(b)梯子槽滑坡全貌

(c)梯子槽滑坡前缘崩落区

图 5-29　茂县梯子槽滑坡平面分区图

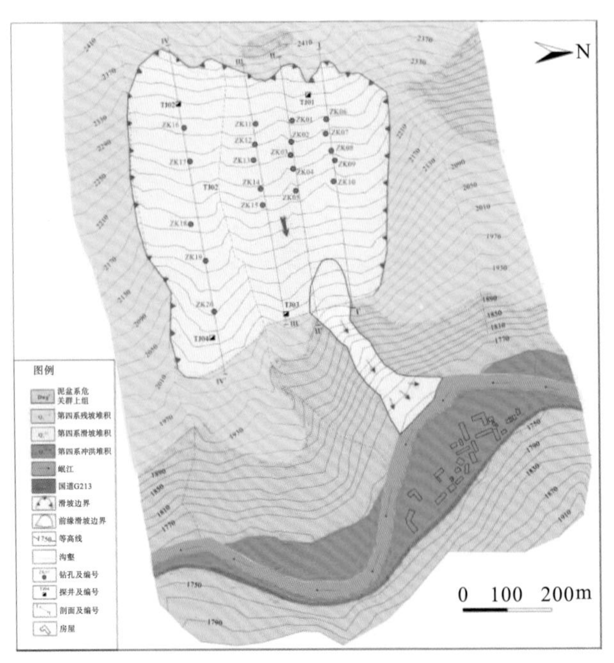

图 5-30 梯子槽滑坡平面地质图

图 5-31(a)为 A 区主剖面Ⅱ-Ⅱ′，含 ZK01～ZK05 钻孔，其中最前缘 ZK05 布设于 $A1$、$A2$ 交界处(裂缝 $A^{\#}$)后方。根据钻孔揭示的滑体结构特征为：滑体由表层松散堆积体和下部碎裂岩体组成，表层松散土体厚度一般为 3～10m，主要为灰黄色粉土夹碎块石或碎块石土；下部为碎裂岩体，原岩成分均为灰黑色、黑色碳质千枚岩，分布于整个滑坡区，厚度为 10～50m。综合判定为早期倾倒变形体。而下部滑带土主要为灰色或黄褐色的粉质黏土夹角砾、碎块石，呈硬塑状，密实，与上、下母岩一致，可见明显擦痕，滑带土一般厚度为 1.2～3.0m。

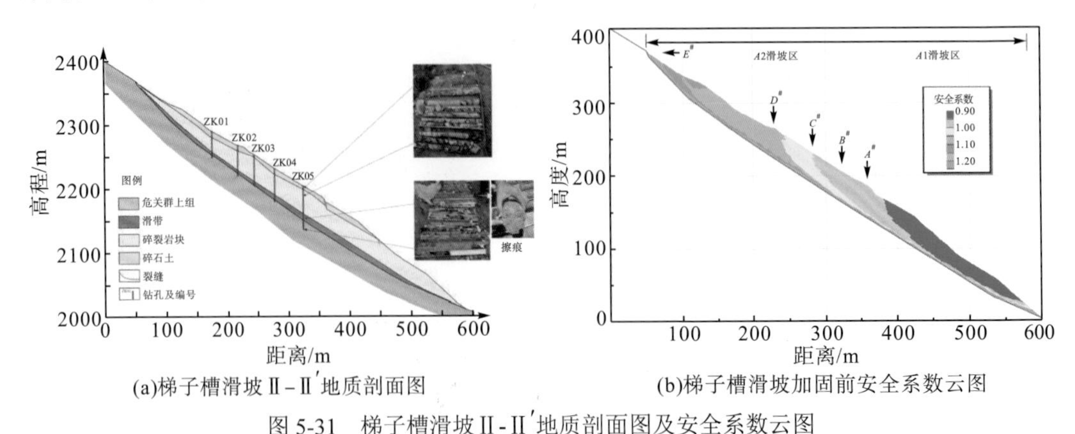

(a)梯子槽滑坡Ⅱ-Ⅱ′地质剖面图　(b)梯子槽滑坡加固前安全系数云图

图 5-31 梯子槽滑坡Ⅱ-Ⅱ′地质剖面图及安全系数云图

5.3.2 加固方案比选

作为高位滑坡，一旦起动，不仅形成高速碎屑流及作为泥石流物源，而且高速铲刮和冲击力将极大破坏沿途建筑，因此采取固坡固源的措施以防高位滑坡起动就显得极为必要。本书结合梯子槽高位滑坡，以 A 区主剖面 I-I′[图 5-31(a)]为例，评价滑坡在加固前、加固方案一(场镇搬迁：埋入式小口径组合桩群)、加固方案二(场镇搬迁：锚索+埋入式小口径组合桩群)时的稳定性(图 5-32)。其中，考虑到一般桩长设计达到 60m 以上时，有效长度仅有 30m 左右，故创造性地提出埋入式小口径组合桩群，其中桩径为 300mm，C30 工字钢砼结构，桩顶至地表采用砂浆回填，桩群布设形式为拱形，桩间距为 2m。采用预应力锚索，预应力为 2000kN。在考虑滑坡前缘、岷江对岸场镇搬迁的情况下，该滑坡防治等级标准可按 III 级设防，依据《滑坡防治设计规范》(GB/T 38509—2020)，其天然工况下对应的安全系数为 1.20。

加固方案对比的依据是利用安全系数分区云图[图 5-31(b)]，选用计算软件为 FLAC，采用强度折减法，安全系数分区需设置一个初始的安全系数值和稳定阈值速度，通过多次迭代，最后逐一找出各分区安全系数。其中，计算云图中红色安全系数为 0.90～0.95，橙色为 0.95～1.00，黄色为 1.00～1.05，浅绿色为 1.05～1.10，绿色为 1.10～1.15，浅蓝色为 1.15～1.20，蓝色为 1.20 以上。天然状态下，$A^{\#}$以下滑坡体发生局部滑动($A1$ 区滑坡)，并形成滑槽，这与图 5-31(b)的红色区域基本吻合，即在 $A^{\#}$附近。通过云图发现橙色区域上部在 $C^{\#}$，黄色区域上部在 $D^{\#}$附近，浅绿色区域上部几乎延伸到整个滑坡的后缘，即将接近 $E^{\#}$。滑坡整体安全系数为 1.05～1.10。

加固方案一完全采用埋入式小口径组合桩群，属于单一方案；方案二采用锚索+埋入式小口径组合桩群，$A2$ 区前部设置埋入式小口径组合桩群，属于组合方案(图 5-32)。

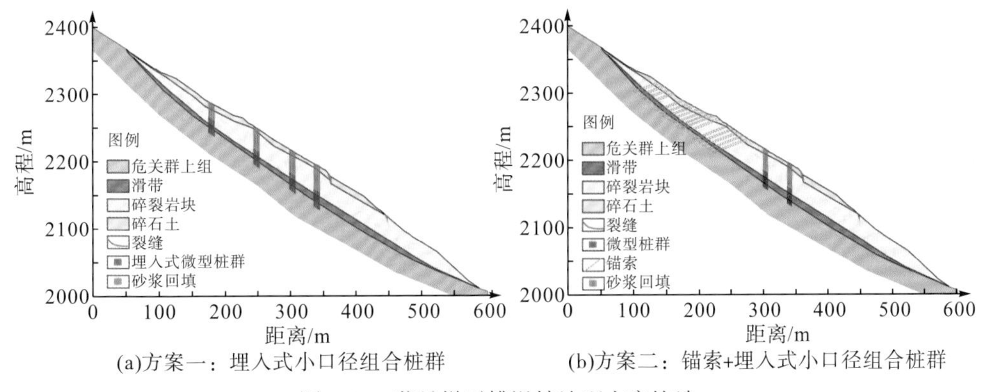

(a)方案一：埋入式小口径组合桩群　(b)方案二：锚索+埋入式小口径组合桩群

图 5-32　茂县梯子槽滑坡治理方案比选

图 5-33(a)为采用方案一后的滑坡安全系数分区图，红色区域上部在 $A^{\#}$附近，橙色区域上部在 $A^{\#}$和 $B^{\#}$中间，黄色区域上部在 $B^{\#}$，浅绿色及绿色区域上部较为接近，都刚超过 $C^{\#}$，浅蓝色区域上部刚到达 $D^{\#}$，蓝色区域上部到达 $E^{\#}$。须注意的是各颜色区域上部未到达 $E^{\#}$，底部也未到达整体滑动时的滑面，小口径组合桩群抗滑效果明显，滑坡整体稳定性得到提高，安全系数基本在 1.20 左右。

图 5-33(b)为采用方案二后的滑坡安全系数分区图，红色区域上部在 $A^{\#}$附近，橙色区域上部在 $A^{\#}$和 $B^{\#}$中间，黄色区域上部接近 $B^{\#}$，浅绿色区域上部超过 $B^{\#}$，绿色区域上部超过 $C^{\#}$，浅蓝色区域上部遍布 $C^{\#}$～$E^{\#}$。须注意的是，虽然各颜色区域底部也未到达整体滑动时的滑面(小口径组合桩群抗滑效果明显)，锚索区域所在主滑面附近颜色与小口径组合

桩群区域均为蓝色，说明锚索使得滑面附近稳定系数提高到 1.20 以上，但主滑面再往上滑体安全系数为 1.15～1.20(浅蓝色)。此外，锚索靠近表层 $C^{\#}$区域附近稳定系数提升优于小口径组合桩群。滑坡整体安全系数基本在 1.20 左右。

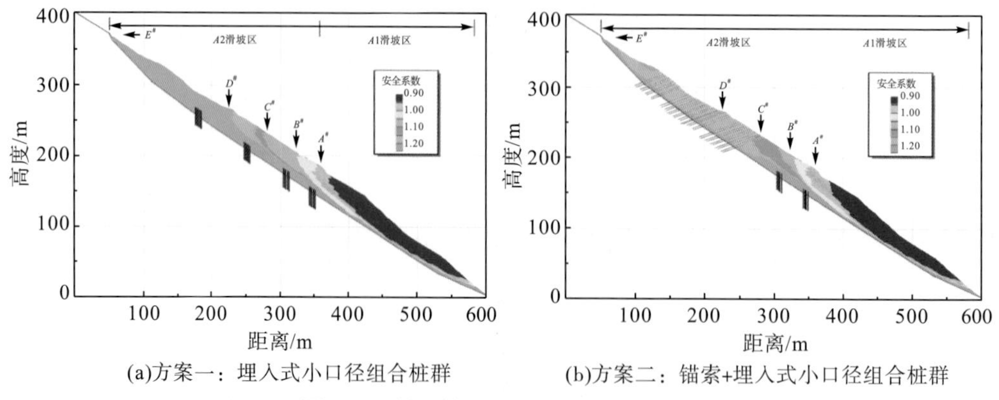

(a)方案一：埋入式小口径组合桩群　(b)方案二：锚索+埋入式小口径组合桩群

图 5-33　梯子槽滑坡安全系数云图比较

在平面布置上探索了小口径组合桩——“品”字形拱圈布置形成的抗滑体(图 5-34)，通过高压注浆渗透与桩体形成拱体，共同抵抗滑坡推力，达到阻止滑坡下滑，减少其参与泥石流活动的目的。从已经完成的小口径组合桩(图 5-35)的实施效果看，该新型设计方法在施工及治理效果各方面是可行的。

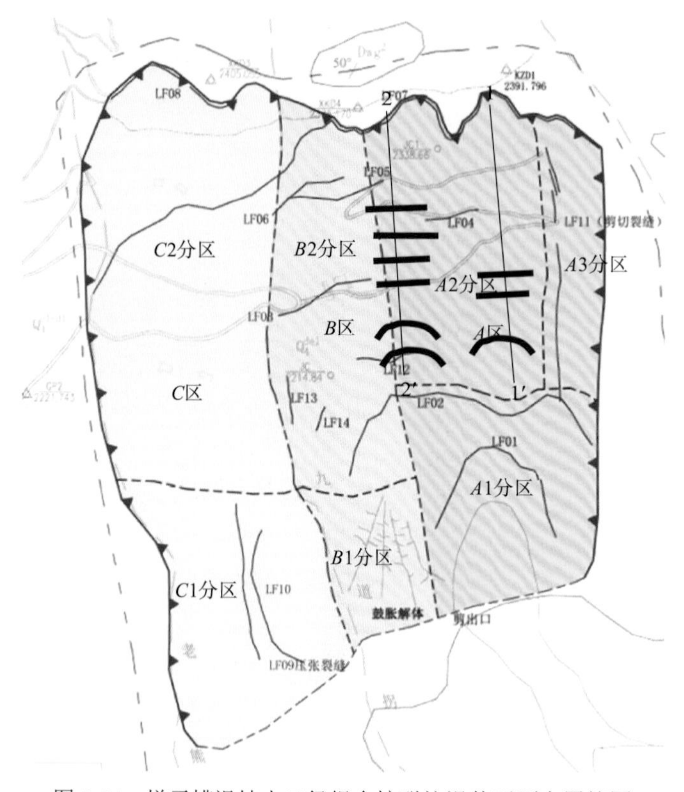

图 5-34　梯子槽滑坡小口径组合桩群抗滑体平面布置简图

图 5-35　茂县梯子槽滑坡小口径组合桩现场实验性施工

5.3.3　小口径组合桩群拱圈力学特性三维数值模拟

除上述利用安全系数分区分析小口径组合桩群加固效果外，还应采用数值方法模拟分析小口径桩-土相互作用及平面上呈“品”字形拱圈布置而产生的组合桩群三维土拱效应。假设滑体为弹塑性材料，桩体仍采用各向同性弹性材料，通过建立三维有限元模型分析其力学特性。

滑体模型 Z 方向的厚度设定为单位厚度 1m(小口径桩的长度亦为 1m)，模型划分网格单元边长约为 1.0m(小口径组合桩网格单元边长平均为 0.06m)，共建立模型节点总数为 230001，单元总数达 45726。小口径桩间距 S=2.0m，前后排间距 S=2.0m。小口径组合桩平面上呈“品”字形拱圈布置。在模型上边界沿 Y 方向施加均布驱动力 Q=50kPa 进行受力分析(图 5-36)。模型底边界施加 Y 方向约束，模型左右边界施加 X 方向约束以阻止滑体的侧向变形，前后边界施加 Z 方向约束。小口径组合桩则在 X、Y 和 Z 方向都进行约束。

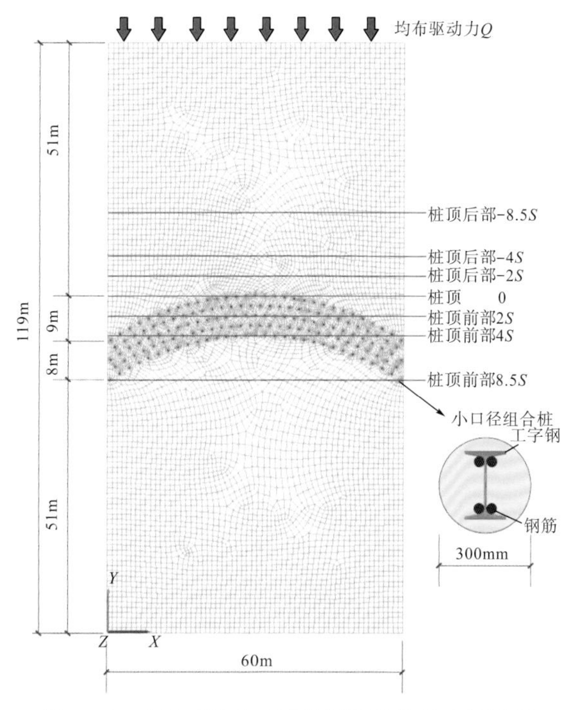

图 5-36　小口径组合桩群拱圈效应数值计算模型

选择具有代表性的模型剖面计算法向应力。以小口径组合桩群拱圈布置顶部为参照，选择拱顶前部 2*S*、4*S* 和 8.5*S* 三个剖面，以及拱顶后部−2*S*、−4*S* 和−8.5*S* 三个剖面(*S*=2.0m)。

如图 5-37 所示，拱顶后部−8.5*S*～−2*S* 剖面的法向应力保持在 50kPa，说明该区域滑体呈均匀受力状态，拱圈加固效应力学传递不明显，仅在左右边界处有应力降低。而拱顶后部−2*S* 至拱顶 0 剖面，拱圈加固效应力学传递很显著，约 41kPa 的应力从滑体传递给了小口径组合桩群。剖面位置在拱顶前部 2*S* 时，剩余 9kPa 的应力从滑体传递到了小口径组合桩群和滑体共同作用体上(又可称“组合线”)，此时的剖面依旧在小口径组合桩群内部，而到了拱顶前部距离为 4*S*～8.5*S* 时，滑体受力接近于 0。

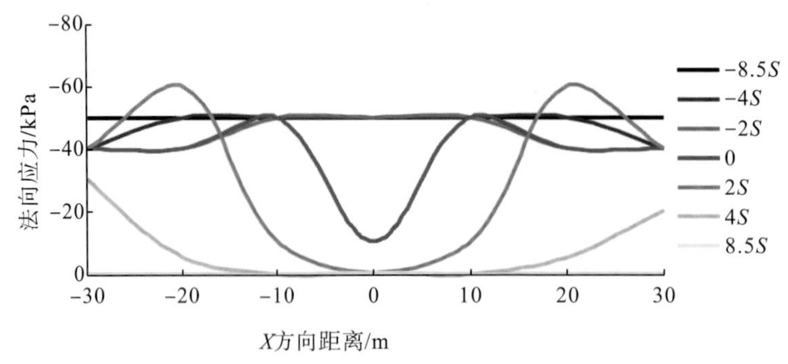

图 5-37 *Y* 方向不同剖面沿 *X* 方向的应力分布

可用图 5-38 显示拱圈加固负荷百分比。小口径组合桩群荷载传递模式主要分为两部分承载，小口径组合桩群靠近拱顶部分承担约 82%的荷载，小口径组合桩群和滑体共同作用体承担了约 18%的荷载。

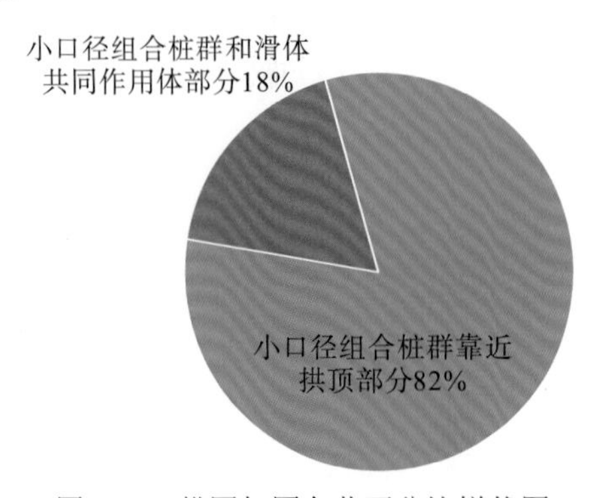

图 5-38 拱圈加固负荷百分比饼状图

为进一步研究小口径组合桩群在不同拱圈方向的力学特性，选择拱向上凸出型和凹陷型两种类型具体分析拱圈方向影响规律，研究中桩间距和拱圈曲率保持不变。

根据图 5-39、图 5-40 可得出以下认识：

(1)图 5-39(a)显示应力最大值主要集中在拱顶附近，拱圈的拱效应明显，最大值大于 16kPa(正值代表拉力)。在图 5-40(a)中，应力集中位置出现在拱圈拱脚处，最大值超过 86kPa，拱圈的拱效应不明显。

(2) 根据图 5-39(b)、图 5-40(b)，拱圈的拱效应产生的应力极值都在桩顶上部，最小值分别约为 20kPa 和 5kPa(负值代表压力)，这意味着图 5-40(b)中应力已继续传递到小口径组合桩群前部。

(3) 从图 5-39(c)、图 5-40(c)可见，由于桩的刚度很大，其位移几乎为零。与图 5-39(c)中滑体的位移相比，图 5-40(c)中的位移值更大些。

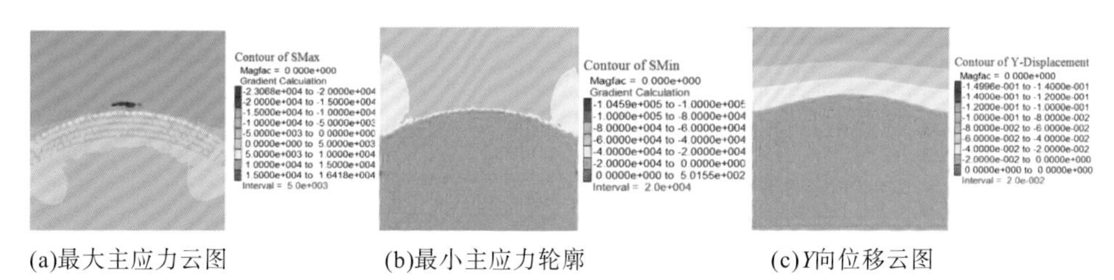

(a)最大主应力云图　(b)最小主应力轮廓　(c)Y向位移云图

图 5-39　小口径组合桩群拱圈向上凸出型模型应力及变形云图

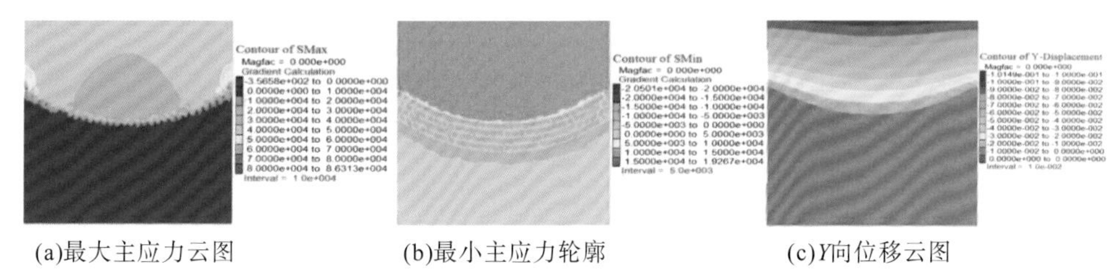

(a)最大主应力云图　(b)最小主应力轮廓　(c)Y向位移云图

图 5-40　小口径组合桩群拱圈凹陷型模型应力及变形云图

小口径桩间距 S=2.0m，前后排间距 S=2.0m，其中最后一排桩边界处位置(拱脚)与第一排桩拱顶位置间距为 8.5S，据此研究拱圈加固效应力学传递规律。

通过三维有限元模拟，揭示了呈拱圈布置的组合桩群形成的土拱效应。设定滑体为弹塑性材料，桩体采用各向同性弹性材料，桩与桩间距为 2.0m，排间距为 2.0m，平面上呈拱圈布置。结果表明：

(1) −8.5S～−2S 位置剖面处滑坡法向应力基本保持在 50kPa，说明该区域滑体呈均匀受力状态，仅在两侧边界处有应力降低，拱圈加固效应传递不明显。

(2) 在拱顶 0 剖面位置，拱圈加固效应力学传递显著，滑坡法向应力为 9kPa，说明约 41kPa 的应力从滑体传递给了小口径组合桩群。

(3) 在 2S 剖面位置，滑坡法向应力为 0kPa，即剩余 9kPa 的应力从滑体继续传递给了小口径组合桩群。在 4S～8.5S 剖面位置时，滑体受力仍为 0kPa，两侧边界处应力也逐渐降至 0kPa。

5.3.4　小口径组合桩群施工方法及注浆加固效果

针对茂县梯子槽滑坡，最终采用了“锚索+埋入式小口径组合桩群”的综合治理方案，共布置锚索 208 根，布置小口径抗滑桩 4 排 122 根。小口径抗滑桩桩径为 300mm，单桩长 60.5～63.3m，组成桩群并结合桩周灌浆，形成一个巨大的抗滑拱。据滑坡变形监测数据，治理工程实施以来，滑坡变形速率明显降低，治理效果显著。

5.3.4.1 工法特点及适用范围

(1)采用空气潜孔锤钻进技术成孔，桩长可超过60m，适用于厚层复杂滑坡治理。

(2)对施工场地地形条件的要求相对较低，在复杂山区具有更强的适用性。

(3)施工安全保障程度较高，不存在人工挖孔时桩孔内安全风险，扰动加剧滑坡变形的危险性也较小，且施工效率较高，适用于稳定性较差的滑坡应急治理。

(4)适用于地形条件较差，厚度为25～45m的厚层复杂滑坡的治理。

5.3.4.2 工艺原理

利用机械化快速成孔工艺的小口径桩，采用“品”字形拱圈布置形成小口径桩群，在灌注桩体的同时，浆液向周围地层渗透，对周围地层加固，与小口径桩群一道形成滑坡的复合支挡工程。

“品”字形拱圈布置的小口径桩群与桩周加固岩土体共同形成类似“拱桥”或“水电拱坝”，相较普通抗滑桩能更好地承受桩体上部滑体滑动产生的巨大下滑力，拱脚位置处受力最大。

5.3.4.3 施工工艺流程

施工准备→测放桩位→钻机就位跟管钻进成孔→制作、安装钢筋骨架(工字钢、加强定位钢筋)→浇筑细石混凝土→充分搅拌水泥浆液→插管压浆→起拔套管→二次回灌浆液至孔口(图5-41)。

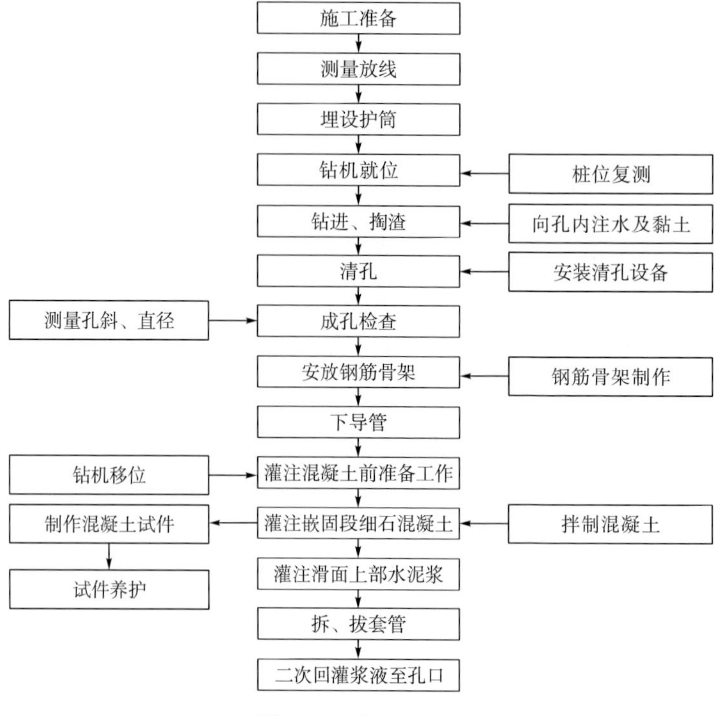

图5-41 施工工艺流程图

5.3.4.4　小口径组合桩群抗滑体注浆效果

现场施工完成后会形成以小口径组合桩为基础的地下拱墙加固体，拱墙加固体与小口径组合桩群共同起到阻滑作用，其效果很大程度上取决于注浆对桩周岩土体的加固效果。以梯子槽滑坡为例，为检验小口径组合桩注浆对桩周岩土体的加固效果，采用等值反磁通瞬变电磁法对小口径组合桩注浆前后的浆液扩散半径进行检测，检测结果表明：浆液扩散效果明显，坡体外侧扩散可达 15m，内侧达到 7m，浆液扩散将桩周岩土和桩较好地形成整体(图 5-42)。

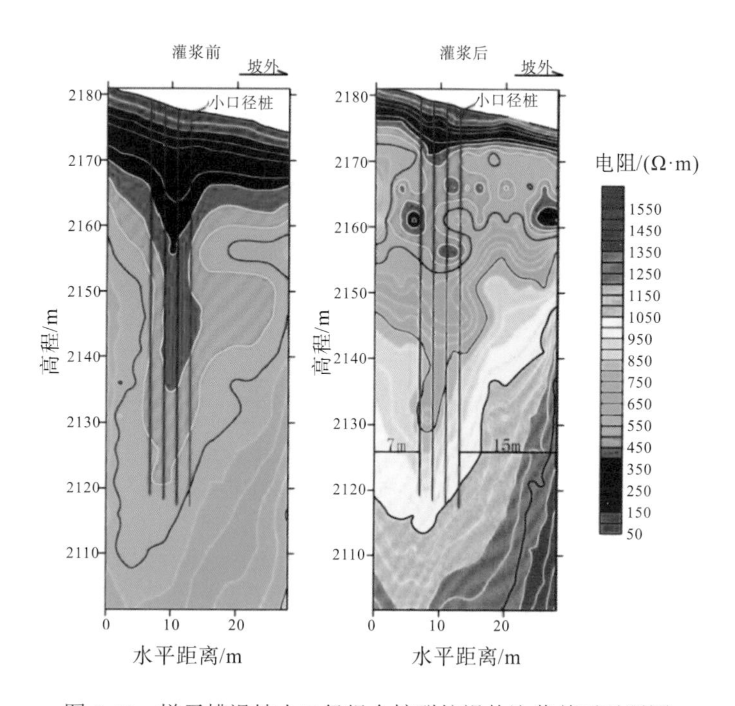

图 5-42　梯子槽滑坡小口径组合桩群抗滑体注浆前后对照图

目前，小口径组合桩群主动固源技术(复杂滑体结构小口径桩群抗滑体)已获批施工工法(企业工法)，治理工程也已于 2020 年 11 月顺利竣工，施工建设完成了 208 根锚索、52 个独立框架梁和 122 根小口径组合桩群的治理建设。目前梯子槽高位滑坡防治效果良好，消除了安全隐患，保护了附近群众及过往国道 G213 线车辆的安全。综上认为，该项技术对于整体处于基本稳定状态，局部有滑动的高位滑坡具有很好的防治效果，可以进一步推广应用。

5.4　高位滑坡型泥石流堆积物桩板排导槽控源固坡技术

“5・12”汶川地震强震区的烧房沟 1#高位滑坡是在地震作用下形成的，位于烧房沟中下游右岸，为典型的地震同震滑坡。滑坡滑动后堆积在沟道内，造成沟道堵塞。在暴雨作用下，前缘易发生局部滑坡并转化为泥石流沿沟道冲出，2010 年 8 月 13 日，大规模冲出泥石流造成国道 G213 中断，泥石流堆积体基本堵塞了岷江河道。

5.4.1 汶川县烧房沟泥石流基本特点

1. 同震滑坡边界及规模形态

汶川县烧房沟 1#滑坡边界清晰，滑坡区两侧植被茂盛，后缘以滑坡陡壁为边界，左侧以坡面冲沟左侧错落陡壁为界，右侧上部以近山脊处错落陡壁为界，右侧下部以坡面冲沟为界，滑坡前缘以沟道为界。

滑坡平面上近似“圈椅”状构造，主滑方向为 196°。滑坡堆积体沿主滑方向纵长约 480m，横向平均宽度约 200m，后缘最高点高程为 1544m，前缘最低点高程为 983m，相对高差达 561m。滑体表面平均坡度为 31°，后缘平台略缓，坡度为 17°～25°，前缘沟道部位坡度为 38°～65°，平均为 47°。该滑坡为基岩滑坡，滑面位于基岩中，滑面形态为折线形，滑体厚度为 10～25m，滑坡总面积为 $9.544\times10^4m^2$，总体积为 $204.3\times10^4m^3$，属大型滑坡(图 5-43)。

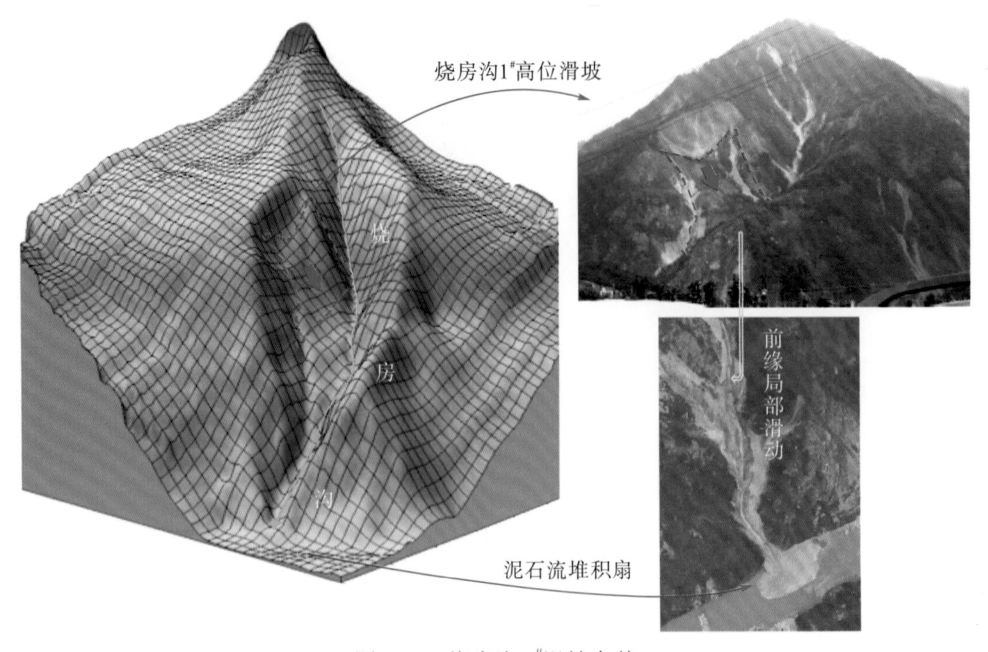

图 5-43 烧房沟 1#滑坡全貌

2. 滑坡结构特征

烧房沟 1#滑坡堆积体由块碎石、块碎石土、粉质黏土、全风化花岗岩等组成。块碎石含量可达 50%～85%，级配不均，多为 5～30cm，约占 70%，少量为大块石，尺寸为 80～200cm，偶有巨石，棱角状无磨圆，块碎石主要为斜长花岗岩，质地坚硬。

滑体表面多植被覆盖，并有两条冲沟发育，植被覆盖位置可见粉质黏土，冲沟内为块碎石及块碎石土，滑体表面可见次级滑动面。根据高密度电法测试结果，滑体厚度为 0～25m。

根据现场调查，烧房沟 $1^{\#}$滑坡后滑壁及侧滑壁为元古代澄江晋宁组地层，岩性主要为花岗岩，由此推测滑坡滑床为澄江晋宁组花岗岩。根据高密度电法测试结果，滑床埋深 5～25m，滑床面形态上呈折线形。

3. 滑坡变形破坏特征

滑坡后壁及侧壁均有基岩陡壁出露，形成弧形错落陡壁，近似“圈椅”状，滑坡后壁高 60～100m，坡度为 50°～70°，前缘冲沟处高 8～15m，坡度为 35°～45°，滑坡堆积体整体平均坡度为 30°。出露基岩为澄江晋宁组地层(彭灌杂岩)，岩性多为斜长花岗岩，滑坡滑动后，后缘形成汇水地形，受汇集雨水冲刷，坡面形成两条天然冲沟，其中左侧冲沟平均宽度为 3m，平均深度为 1m，沟内多碎块石；右侧冲沟相对较大，冲沟断面为“V”字形，沟底宽 1～3m，沟顶宽度为 20～45m，深度为 6～15m，沟道两侧坡度为 30°～45°，除 H2 滑坡前缘外，沟道右侧及底部多基岩出露，左侧为滑坡堆积体边缘，可见全风化花岗岩(图 5-44)。

(a)滑坡后壁及崩塌堆积体

(b)坡面多级错落陡坎

(c)滑坡右侧歪斜树木

(d)滑坡右侧树林中裂缝

(e)滑坡坡面冲沟(左侧为全景，右侧为滑坡右侧冲沟)

图 5-44　烧房沟 $1^{\#}$滑坡变形破坏特征

2010 年 8 月 13～14 日特大暴雨时，雨水强烈冲刷滑坡前缘及两侧，致使滑坡两侧形成两条冲沟，滑坡前缘沟道再一次被冲开，并形成深切的“V”字形沟道，沟道顶部宽度为 8～15m，底部宽度为 3～5m，深度为 6～10m，沟道右岸为滑坡前缘，坡度为 45°，左岸大部分基岩出露，局部有少量滑坡残留体附于坡表，坡度为 60°～90°。由于滑坡前缘沟道重新冲开，致使滑坡前缘形成 6～10m 的临空面，如再遇暴雨，雨水下蚀和侧蚀滑坡堆积体前缘，必然造成滑坡前缘形成局部牵引式滑动，再次转化为泥石流。

4. 危害特征

烧房沟 1#滑坡前缘由于雨水冲刷，形成“V”字形深切沟道，沟道两岸坡度陡峻，滑坡堆积体结构松散，如遇暴雨等状态，滑坡堆积体前缘极易受到沟水下蚀和侧蚀，进而引起滑坡前缘松散土体不断向沟内垮塌，并被水流带走。

滑坡堆积于原沟道之内，其主要抗滑段为原沟道左岸，如水流不断冲刷掏蚀滑坡前缘(阻滑段)，必将使滑坡稳定性不断降低。当水流冲刷掏蚀至原沟道位置时，滑坡前缘阻滑段已被冲蚀殆尽，致使滑坡堆积整体从稳定状态转化为基本稳定至欠稳定状态，极端工况下可能会再次失稳起动，造成沟道堵塞，从而使大量物源转化为泥石流。根据暴雨洪峰流量计算，在降雨频率 P=2%的情况下，一次泥石流过程中，此段参与泥石流的固体物质总量约为 $1.64\times10^4m^3$。

滑坡左侧坡表左侧冲沟汇水面积较小，仅 $0.06km^2$，沟道内有泥石流发育，上段松散碎石被水流冲刷挟带，至沟道中部时，由于坡度变缓，泥石流就地堆积于坡表，形成沟道两侧高、中间低的地貌，沟道下段受水流冲刷，形成深 0.5～1.0m、宽 1.0～2.5m 冲沟。在暴雨等工况下，会有一部固体物质随水流进入主沟。

滑坡右侧边界受右侧冲沟影响，主要表现为滑坡侧缘不断被水流切脚掏蚀、垮塌，从而转化为泥石流，但不会造成 1#滑坡堆积体的整体失稳。

右侧支沟与主沟交汇的滑坡舌部位滑体最易失稳起动补给泥石流，也是泥石流最主要的物源来源，其参与泥石流的物源总量多达 $10.12\times10^4m^3$。

1#滑坡无直接危害，但其堆积体结构松散，且体积巨大，其中动储量约为 $54.7\times10^4m^3$，是烧房沟泥石流最主要的集中补给物源。

2010 年 8 月 13 日下午 4 时至 8 月 14 日凌晨 3 时，映秀镇发生特大暴雨，降雨量达 163mm，烧房沟区域内降雨量更大，超过了映秀镇场镇多年最大日暴雨量。映秀镇附近极端异常的特大暴雨致使烧房沟暴发大规模泥石流，掩埋沟口公路棚洞，中断国道 G213，并堵塞岷江河道。堆积扇分布高程在 880～917m，相对高差为 37m，呈扇形，扩散角为 150°，长度为 70m，宽度为 250m，面积为 $2.52\times10^4m^2$，平均厚度为 15m，总体积为 $25\times10^4m^3$。堆积扇主要由块碎石土组成，块碎石大小不均，主要成分为花岗岩，粒径多在 5～30cm，含少量大块石、漂石。

5.4.2　高位滑坡型泥石流桩板排导槽控源固坡技术

5.4.2.1　技术特点及适用范围

1. 适用范围

该技术适用于沟道两侧或单侧有大规模崩滑类(如同震大型滑坡)不稳定物源的情况，主要目的是稳固两侧崩滑物源，防止发生大规模垮塌堵塞沟道、补给泥石流，同时结合排导槽功能，形成桩板排导工程，即一方面对可能起动补给的崩滑物源进行抗滑桩板墙固源固坡，另一方面，可按照原有冲沟形成固床、固坡的排导槽结构(图 5-45，图 5-46)。

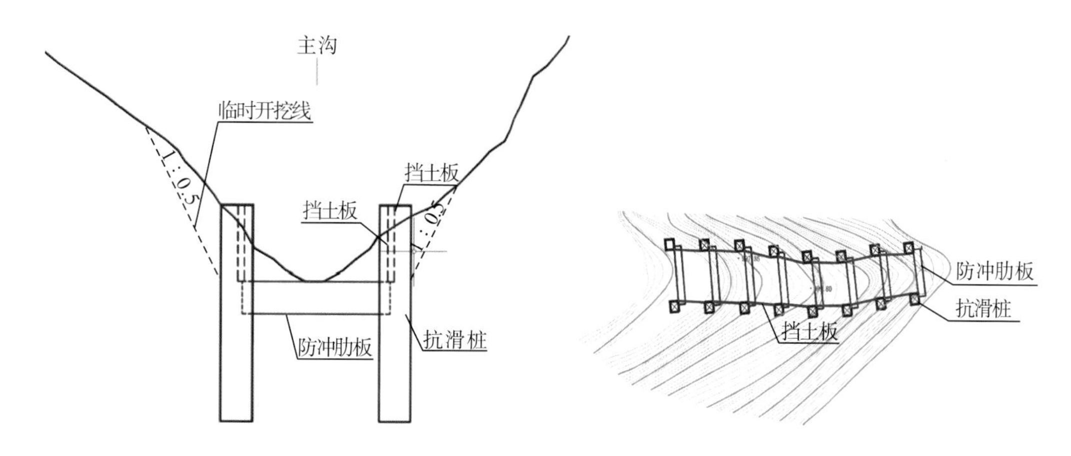

图 5-45　桩板排导槽结构横断面示意图　　图 5-46　桩板排导槽结构平面布置示意图

2. 结构形式

采用抗滑桩+桩间板+防冲肋板或铺底方式，减缓洪水或泥石流侧蚀坡脚和冲刷沟底。桩间板通过预留钢筋同抗滑桩刚性连接，板顶和桩顶平齐。根据板顶和水平方向的夹角，采用对应的板型，施工过程中可根据实际地面线情况略做调整。防冲肋板埋入地面以下，肋板顶部与沟底平齐，长度根据两侧抗滑桩的距离确定，肋板一般与两侧抗滑桩有机搭接，可通过预留钢筋与抗滑桩刚性连接。

3. 结构设计

抗滑桩设计按照桩后土压力或滑坡推力大者进行设计，桩间板设计厚度一般为 30～40cm，通常采用钢筋混凝土现场浇筑，挡土板配筋计算按照构造配筋。

防冲肋板布设于沟道内松散层较厚的沟段，厚度一般为 1m，埋深为 0.5m，肋板采用构造配筋，采用 C30 钢筋混凝土结构，两侧通过钢筋和抗滑桩连接。

还应进行过流断面验算，确保过流断面能够满足排导要求。

5.4.2.2 工程应用

烧房沟泥石流沟口保护对象为国道 G213 以及渔子溪水电站厂房，尽量不堵塞岷江，治理工程采用“上游谷防群+中游桩板固床槽+下游 2 座桩林坝和 1 座拦砂坝自然回淤固床压脚+渡槽明洞跨越国道 G213”（图 5-47）。

(a)烧房沟滑坡固源工程

(b)烧房沟梯级锁口坝

(c)烧房沟桩板排导槽

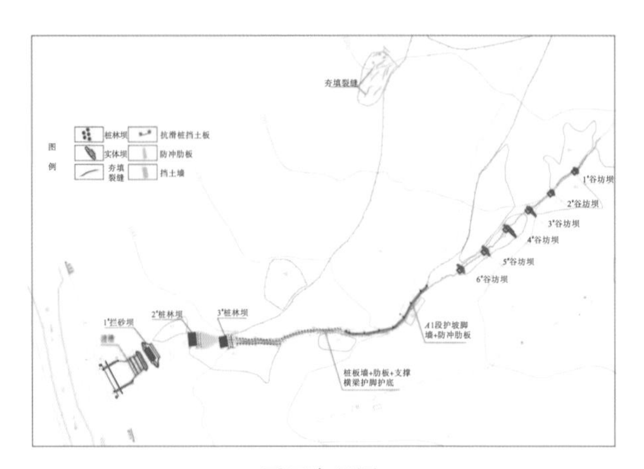

(d)平面布置图

图 5-47 烧房沟泥石流沟域桩板固坡固床排导槽结构现场布置图

治理工程思路为“固源固坡为主，拦排相辅”，沟道中上游采用谷坊坝进行固床；沟道中游采用抗滑桩板墙固床槽固坡；下游沟道采取两座桩林坝+一座拦砂坝，自然回淤回压 1#滑坡舌，防止或减缓对 1#滑坡舌的冲刷；沟口采用明洞渡槽的方式跨越国道 G213。

1. 主沟上游谷防群工程

于主沟上游设置谷防群，考虑纵坡坡降和回淤坡度，共布置 6 座坝，谷坊坝采用 C20 砼结构。该工程主要起固床护脚作用，防止泥石流对沟道的下切及两岸坡脚的侧蚀。回淤后，沟床变宽缓，能减小泥石流冲击力，也能对沟道两岸的崩塌体和沟道堆积体起到一定的压脚和防下切作用。

2. 主沟中游 1#滑坡前缘段固坡及护底工程

由于主沟 1#滑坡前缘结构松散，加之沟道纵坡陡峻，致使 1#滑坡前缘土体大量被冲蚀，形成坡度为 60°～80°、高度为 5～10m 的陡坡，如遇暴雨，必将再次冲刷滑坡前缘土体，同时沟道内存在大量的松散堆积体，如不做固坡固床治理，均可成为泥石流补给物源。因此有必要在 1#滑坡段沟道做重点防护。

1#滑坡段沟道基础为松散的泥石流堆积层，前缘沟道两段纵坡分别为 395.9‰(21.6°) 和 579.7‰(30.1°)，依据沟道、物源特点，分两段进行针对性治理。

靠上游段沟道纵坡比降略缓，为 395.9‰(21.6°)，左侧凸岸为 G2 沟道堆积或基岩出露，物源较少。此段沟道治理工程采用单侧护坡脚墙+防冲肋板，护坡脚墙长 170m，墙高 4.4m，墙趾埋深 1m，采用 C20 混凝土结构；墙基础纵向设置成台阶状，下部加设支撑端桩以增加护坡脚墙的纵向稳定性；沟道内每隔 5m 设置防冲肋板，板截面厚 1m，高 1.5m，埋入地面以下，板顶和沟底平齐；肋板一侧通过预留钢筋和护坡脚墙刚性连接，一侧进入稳定坡脚内 1.5m(土层)或 0.5m(基岩)，肋板间采用大块石回填，块石粒径不得小于 20cm；防冲肋板采用 C30 钢筋。

靠下游段沟道相对顺直，但纵坡比降较大，约 579.7‰(30.1°)，左侧岸坡为基岩，右侧为 1#滑坡堆积体。此段沟道治理工程为“桩板墙+肋板+支撑横梁护脚护底”，长 176m，共 60 根桩、55 块挡土板、24 块防冲肋板、12 块支撑横梁。根据地形地质条件不同，分为双侧桩板墙+防冲肋板、单侧桩板墙+支撑横梁。抗滑桩截面尺寸为 1.2m×1.5m，桩长为 7.5m 和 10m 两种，外露端均高出沟心 3.5m，挡土板高 3.5m，厚 0.3m；防冲肋板高 1.5m，厚 1m，埋入地下，顶面和地面平齐；支撑横梁高 1m，厚 1.2m，埋入地下，顶面和地面平齐。

3. 右侧支沟桩板排导槽工程

该段长 144.4m，共 43 根桩，41 块挡土板，11 块防冲肋板，5 块支撑横梁。根据地形地质条件不同，分为双侧桩板墙+防冲肋板、单侧桩板墙+支撑横梁。抗滑桩可细分为 2 种桩型，截面尺寸分别为 1.0m×1.2m 和 1.5m×2.0m，桩长为 6m 和 7m 两种，外露端均高出沟心 2.5m，挡土板高 2.5m，厚 0.3m；防冲肋板高 1.5m，厚 1m，埋入地下，顶面和地面平齐；支撑横梁高 1m，厚 1m，埋入地下，顶面和地面平齐。

4. 主沟下游2座桩林坝和1座格栅坝

于主沟和右侧支沟交汇处设置3#桩林坝，桩林坝共设桩18根，分三排梅花形布置，桩心间距为3.6m，排间距为3.6m，直径为1.2m，C30钢筋砼结构。桩林坝下游设2m厚钢筋石笼护坦，护坦前缘设端桩。

于3#桩林坝下游位置设置2#桩林坝，共设桩21根，分三排梅花形布置，桩心间距为3.3m，排间距为3.3m，直径为1.2m，C30钢筋砼结构。桩林坝下游设2m厚钢筋石笼护坦，护坦前缘设端桩。

1#拦砂坝采用复合结构，上部为拦砂坝，下部为实体坝，总坝高17m，有效坝高为12m，基础埋深为3m，溢流口为梯形断面，溢流口宽22m，深1.5m，坝体采用C20砼结构，格栅设计缝隙宽度为1m，缝深6m，中墩宽度为2.5m，实体坝部分设一排泄水孔，泄水孔采用0.6m×0.8m的矩形断面，孔间净距为2.5m。

1#副坝在原有拦砂坝(已部分毁坏)基础上加高，加高高度为2m。主坝与副坝之间填铺C20砼，厚度为2m。

5. 主沟沟口渡槽工程

烧房沟沟口原被泥石流淤埋的烧房沟明洞(国道G213)已被挖出，并投入正常使用。明洞被挖出后，1#副坝坝顶坝前形成较大高差，渡槽不能和副坝直接顺接。

为保证渡槽与1#副坝相衔接，于坝前设置台阶状跌水，跌水采用C30砼结构，台阶宽6m，高3.5m，顶面厚2m，按10°纵坡向下游倾斜，两端与两岸基岩相连，跌水前垂墙顶宽1.5m，高6m，C30砼结构；下段排导槽宽40m，净深4.5m，底板厚1m，按10°纵坡向下游倾斜，排导槽侧墙顶宽1.5m，墙内侧垂直，外侧墙面坡度为1∶0.3，采用C30砼结构，台阶状基础，墙高6.83～8.77m。

2011年完成施工图设计，2013年完成竣工验收，目前已经运行10年，桩板排导槽控源固坡工程在其中发挥了重要的作用，运行效果良好。这表明在窄陡沟道型泥石流沟域内若存在大规模崩滑堵塞物源，采用桩板墙固坡固床槽技术具有很好的防治效果，完全可以推广应用。

5.5 高位滑坡型泥石流抗冲击桩-梁拦挡组合及自复位结构

桩-梁组合结构多指在呈雁列形交错布置的桩林结构同排间，以及前后排间利用“一”字形、“Y”形水平连系梁连接形成整体刚度的可抵御巨大块石泥石流、碎屑流的新型拦挡结构。通过现场调研汶川、鲁甸等强震引发的多起泥石流治理工程，特别是“5·12”汶川地震强震区七盘沟泥石流、文家沟泥石流、舟曲泥石流等运用的新型水石分流拦挡技术(图5-47)，总结出高位滑坡型泥石流抗冲击桩-梁拦挡(简称“桩-梁”)组合结构原型(图5-48)。该新型水石分治技术通过雁列形排桩及连接前后2或3排单桩的“Y”形连系梁，并结合钢筋混凝土桩筏基础，拦截巨石冲击力，提高了整体稳定性和安全性(张楠，2018)。

(a)汶川银杏坪沟格栅坝

(b)绵竹文家沟桩林坝

(c)鲁甸龙头山镇泥石流沟桩-梁组合结构

(d)汶川棋盘沟桩-梁组合结构

(e)北川青林沟桩林坝

(f)舟曲泥石流桩-梁组合结构

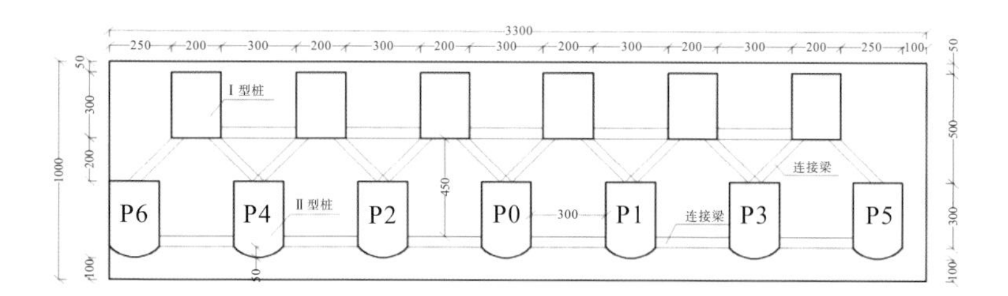

图 5-48　高位滑坡型含巨石泥石流桩-梁组合结构截面图(单位：cm)

5.5.1　高位滑坡型含巨石泥石流抗冲拦挡结构大型物理模拟实验平台

在现场调查总结高位滑坡型泥石流桩-梁组合结构原型基础上，针对搭建可进行高位滑坡型泥石流运动全过程模拟及桩-梁自复位耗能结构抗冲击拦挡模拟的大型物理模拟实验体系的要求，本书研究人员先后调研了成都理工大学地质灾害防治与地质环境保护国家重点实验室、中国科学院山地灾害与地表过程重点实验室、西南交通大学防护结构研究中心、重庆车检院汽车安全实验室等多家具有大型落锤、摆锤及冲击、滑槽实验的基地和实验室相关实验情况。

结合现场野外调查结果及实验室调研结果，自主设计了高位滑坡碎屑流(含巨石泥石流)抗冲拦挡结构模拟实验平台。平台主要参数：滑槽长35m(可以分3段，上段为10m，中段为12m，下段为13m，其中上、中段可变角度，范围为15°)；滑槽宽1.8m，高1.35m；结构锚定区宽6.3m，长3.5m(可安装桩-梁结构、刚柔一体化结构)；尾料池宽6.3m，长3.75m。实验方式：一次、多次放入碎屑流。一次放入碎屑流能级可到1000kJ。该实验体系(平台)可实现高位滑坡型泥石流机理分析及新型拦挡结构规律模拟与评价(图5-49)。

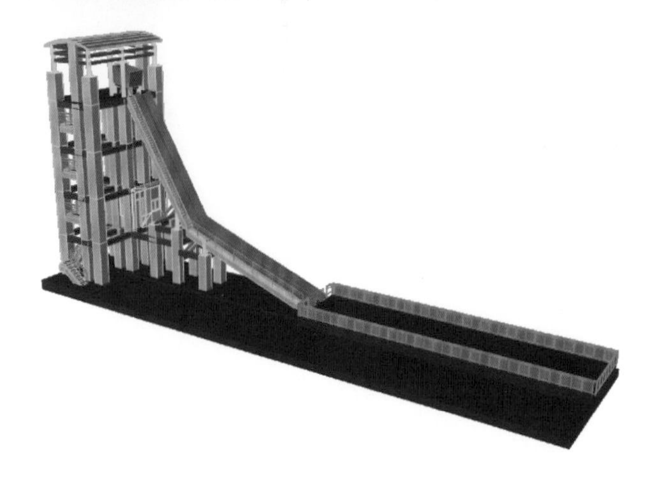

图5-49 高位滑坡型泥石流抗冲拦挡结构大型物理模拟实验体系(平台)

5.5.2 高位滑坡型泥石流抗冲击桩-梁组合结构物理模型实验

5.5.2.1 实验方案

本次一共开展了4组实验，其中1组没有拦挡措施，另外3组设置拦挡措施，初步研究了高位滑坡碎屑流动力学以及耗能障桩结构、桩-梁组合结构对高位滑坡碎屑流的拦挡效果。实验工况如表5-4所示，表中所用滑块是人工自制的可破碎块体。

表 5-4　实验工况

实验序号	实验工况及描述
1	无拦挡
2	耗能障桩结构
3	桩-梁组合结构
4	桩-梁组合结构，前缘有巨石堆积

1. 滑源区相似参数

在表 5-4 中，滑块为具有一定配合比的可破碎人造材料(由重晶石粉、熟石膏、河沙、水和添加剂配置而成)通过相似准则确定的，即为了保证物理模型中的高位滑坡实验工况能够与自然界中原型相匹配，滑坡源区材料必须满足一定的相似关系。

根据前人研究结果，模型和原型如果要满足几何相似、运动相似和动力相似，那么应该满足如下关系：

$$(v,\tau)=f(g,L,H,d,\rho,\rho_{\mathrm{s}},\rho_{\mathrm{f}},D,u,\phi_{\mathrm{int}},\phi_{\mathrm{bed}},C,E,e,\theta) \tag{5-15}$$

式中，v 为碎屑流运动速度；τ 为碎屑流动压力；g 为重力加速度；L 为碎屑流长度；H 为碎屑流厚度；d 为碎屑流颗粒等效粒径；ρ 为碎屑流密度；ρ_{s} 为碎屑流颗粒密度；ρ_{f} 为粒间流体密度；D 为流体介质的水力扩散系数；u 为粒间流体的动态黏滞系数，ϕ_{int} 为碎屑流内摩擦角；ϕ_{bed} 为碎屑流沿下伏运动路径运动的摩擦角；C 为碎屑流黏聚力；E 为碎屑流单位抗压刚度；e 为碎屑流孔隙率；θ 为运动路径坡度。

通过一定的变换，式(5-15)可转换成如下公式：

$$\left(\frac{v}{\sqrt{gL}},\frac{\tau}{\rho gh}\right)=f_{\mathrm{scale}}(N_{\mathrm{p}},N_{\mathrm{R}},C^{*},E^{*}) \tag{5-16}$$

式中，$N_{\mathrm{p}}=\dfrac{\sqrt{L/g}}{vH^{2}/(kE)}$、$N_{\mathrm{R}}=\dfrac{\rho H\sqrt{gL}}{v}$、$C^{*}=\dfrac{c}{\rho gH}$、$E^{*}=\dfrac{E}{\rho gH}$，分别表示时间比尺、碎屑流雷洛数、碎屑流归一化黏聚力和碎屑流归一化刚度。

在缩尺模型中，要实现对滑坡碎屑流动力学特征影响因素的全面相似是不可能的。根据本次模型实验的研究目标以及上述相似准则，主要的控制物理量关系如表 5-5 所示。

表 5-5　模型滑源区材料相似参数确定

物理量	量纲	相似比	原型	模型(理论)
运动长度	[L]	1∶100	3000m	30m
源区方量	[L^3]	1∶100^3	1×10^6～3×10^6m^3	1～3m^3
堆积厚度	[L]	1∶100	—	—
重力加速度	[LT^{-2}]	1∶1	9.8m/s^2	9.8m/s^2
碎屑流密度	[ML^{-3}]	1∶1	2400kg/m^3	2400kg/m^3
碎屑流内摩擦角	[$M^0L^0T^0$]	1∶1	35	35

续表

物理量	量纲	相似比	原型	模型(理论)
碎屑与底部摩擦系数	$[M^0L^0T^0]$	1∶1	0.1～0.3	0.1～0.3
黏聚力	$[ML^{-1}T^{-2}]$	1∶100	120MPa	1.2MPa
抗压强度	$[ML^{-1}T^{-2}]$	1∶100	320MPa	3.2MPa
弹性模量	$[ML^{-1}T^{-2}]$	1∶100	37.5GPa	0.375GPa
泊松比	—	1∶1	0.16	0.16
分形维数(反映破碎)	—	1∶1	—	—

根据表 5-5 中的模型理论参数，确定滑块质量配合比：重晶石粉∶石膏∶河沙∶水=3.0∶1.0∶1.7∶1.3。

2. 拦挡结构相似参数

本实验中拦挡结构的相似参数根据相似理论的 3 个相似定理设计缩尺模型实验。

1)相似第一定理(正定理)

相似第一定理：若两个系统在弹性范围内是力学相似的，则原型和模型都满足以下方程：平衡方程、几何方程、物理方程、边界条件及相容方程。可以表述为对于相似的各现象，在对应瞬间、对应点上的同名相似准则数值相同。分别用 p 和 m 表示原型和模型的物理量，把原型和模型间对应的物理量之比称为相似常数。

原型与模型对应的尺寸成比例，则称它们几何相似，该比值即为几何相似常数，用符号 C_l 表示，则有 $C_l=l_p/l_m$。在本实验中，根据实验条件及实验操作的可行性，取几何相似常数 C_l=10。

2)相似第二定理(Π-定理)

相似第二定理：当某一现象由 n 个物理量的函数关系来表示，且这些物理量中含有 m 种基本量纲时，则能得到 $n-m$ 个相似判据。

根据本模型实验特点，确定与实验相关的主要物理量有 18 个，模型实验现象可由这 18 个物理量组成的函数关系式表示，即

$$f(l,u,A,\sigma,\varepsilon,E,\mu,\rho,C,\xi,m,t,f,v,a,g,F,P)=0 \tag{5-17}$$

选择长度 l、密度 ρ 和弹性模量 E 为基本物理量，这三个量纲是相互独立的，根据相似第二定理，这 18 个物理量能组合成 15 个量纲一的 π 数，分别为：$\pi_1=\dfrac{u}{l}$，$\pi_2=\dfrac{A}{l^2}$，$\pi_3=\dfrac{\sigma}{E}$，$\pi_4=\varepsilon$，$\pi_5=\mu$，$\pi_6=\dfrac{C}{E}$，$\pi_7=\xi$，$\pi_8=\dfrac{m}{\rho l^3}$，$\pi_9=\dfrac{t}{l\rho^{1/2}E^{-1/2}}$，$\pi_{10}=\dfrac{t}{l^{-1}\rho^{-1/2}E^{1/2}}$，$\pi_{11}=\dfrac{v}{\rho^{-1/2}E^{1/2}}$，$\pi_{12}=\dfrac{a}{l^{-1}\rho^{-1}E}$，$\pi_{13}=\dfrac{g}{l^{-1}\rho^{-1}E}$，$\pi_{14}=\dfrac{F}{l^2E^2}$，$\pi_{15}=\dfrac{P}{E}$。

模型中这些对应的 π 数应分别与对应原型中的 π 数相等，这样就可以得到各相似常数之间应满足的 15 个关系式，如表 5-6 所示。

表 5-6　模型拦挡结构相似参数确定

物理量		相似关系	相似比
几何特征	长度 l	C_l	10
	位移 u	$C_u=C_l$	10
	面积 A	$C_A=C_l^2$	100
材料特征	应力 σ	$C_\sigma=C_E$	2
	应变 ε	$C_\varepsilon=1$	1
	弹性模量 E	C_E	2
	泊松比 μ	$C_\mu=1$	1
	密度 ρ	C_ρ	1
	黏聚力 C	$C_C=C_E$	2
	摩擦系数 ξ	$C_\xi=1$	1
荷载特征	集中荷载 F	$C_F=C_EC_l^2$	200
	面荷载 P	$C_P=C_E$	2
动力特征	质量 m	$C_m=C_\rho C_l^3$	1000
	时间 t	$C_t=C_lC_\rho^{0.5}C_E^{-0.5}$	70.71
	频率 f	$C_f=C_l^{-1}C_\rho^{-0.5}C_E^{0.5}$	0.01
	速度 v	$C_v=C_\rho^{-0.5}C_E^{0.5}$	1.41
	加速度 a	$C_a=C_l^{-1}C_\rho^{-1}C_E$	0.02
	重力加速度 g	$C_g=1$	1

3）相似第三定理（逆定理）

相似第三定理：对于同类物理现象，如果单值条件相似，且由单值条件所推导出的相似准则在数值上相等，则这些现象相似。单值条件是指某一物理现象的决定因素，主要包括：几何特征、物理参数、初始条件、边界条件和时间条件等。

桩-梁组合结构冲击实验设计时要完全满足模型与原型之间的相似关系较为困难，其涉及的因素较多，所以本次实验设计时适当放开相似性要求，尽量满足主要物理量的相似关系，近似满足次要物理量的相似关系。根据本模型实验特点，取几何相似常数 C_l=10，质量密度相似常数 C_ρ=1，弹性模量相似常数 C_E=2，根据各相似常数之间应满足的关系式，可求得除基本物理量以外的各物理量的相似比，如表 5-6 所示。

3. 实验过程

1）制样

按照上述配合比并采用自制的拌和装置充分搅拌，同时在拌和过程中，加入 1‰的羧甲基纤维素钠用来改善滑块胶结性质，减少破碎过程中的粉尘量，另外加入 0.5‰的甘油，起到缓凝和保湿的作用。充分拌和后，将拌和的物料放入自制的模具（长×宽×高=20cm×10cm×10cm）中，并将模具用自制的液压压力机[图 5-50（a）]压实放置半小时后脱模，脱模后的试块在室内放置 24h 后搬至室外，在阳光下充分脱水固结，从而达到较高的强度，制作完成的滑块在通风干燥的房间放置 1 周后便可开始开展实验。图 5-50(b)、(c)呈现了本次实验的两种滑块。

(a)自制制样液压压力机

(b)滑块Ⅰ

(c)滑块Ⅱ

图 5-50　滑块制样过程示意图

2)布置滑源区

本次实验中，工况 3、工况 4 两组实验的滑块数量为 80 块(总计 400kg)，其余的滑块数量设置成 40 块(总计 200kg)。实验开始前，用电动葫芦将滑块提升至实验平台最顶部[图 5-51(a)]，然后将滑块布置于料斗中[图 5-51(b)、(c)]，最后起动滑源区料斗处的液压装置直至滑源区料斗升至与第一节滑槽成同一坡度[图 5-51(d)]。

(a)滑块起吊

(b)布置滑块(40块)

(c)布置滑块(80块)　　(d)升高料斗坡度

图 5-51　布置滑源区

3) 测试参数

本次实验中，所有工况均采用统一坡度，第一节滑槽坡度为 50°，第二节滑槽坡度为 35°。实验过程中，采用 4 部高速摄像机捕捉关键部位的动力特征，高速摄像机布置如图 5-52 所示。

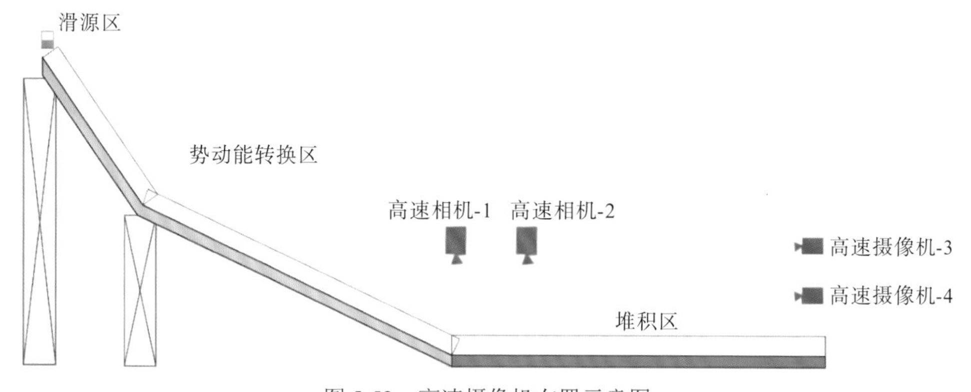

图 5-52　高速摄像机布置示意图

高速摄像机-1 用来捕捉高位滑坡物质经过第二节滑槽与底板时的相互作用过程；高速摄像机-2 用来捕捉高位滑坡物质堆积过程(无障桩情况)或高位滑坡物质与障桩相互作用前后(有障桩)的动力过程；高速摄像机-3 用来捕捉第一节滑槽的运动特征；高速摄像机-4 用来捕捉第二节滑槽的运动特征。另外，每次实验结束后，记录滑坡物质堆积特征，包括形貌、运动最长点和重心点距离、堆积宽度等几何参数。

5.5.2.2　实验结果分析

1. 工况 1(无拦挡结构)

工况 1 实验在保证其他实验条件不变的前提下仅改变滑块种类，分别采用预制的滑块为物源材料，取 40 块($0.08m^3$)堆积于滑源区料斗内(图 5-53)。滑块自滑源区下滑后沿两节滑槽滑下，最终全部停留于堆积区(底板)。其中第一节滑槽倾角为 50°，第二节滑槽倾角为 35°。碎屑流运动速度很快，整个释放及堆积过程不足 5s。

图 5-53　滑源区滑块

本工况实验结果如图 5-54 所示。挡板打开后，滑块在重力作用下整体下滑，部分滑块在第一节滑槽内碰撞解体，滑块在 1.52s 时进入第二节滑槽，速度达到 7.79m/s；滑块继续向前滑动，在 2.37s 时冲出滑槽，速度达到 10.53m/s，当碎屑流前部停积后，后部滑下的解体程度较低的滑块逐渐压覆在堆积扇后部，堆积扇由前至后逐渐变宽，最终在 4.19s 时滑体停止滑动，全部堆积于平台上，最远距离达 9.5m，最大堆积直径达到 3.4m，堆积体中心位置距第二节滑槽末端约 3.2m，视摩擦角约为 27°。碎屑流全部停积在滑槽末端和平板上，在滑源区和碎屑流区没有残余滑块和碎屑颗粒。尽管本次实验所用的物源放方量较小，难以形成与实际滑坡相匹配的堆积地貌和结构，但是仍然可以看到反粒序的堆积特性，同时还可以发现在滑坡远端的下伏碎屑化程度明显高于近端下伏碎屑化程度。

图 5-54　工况 1 滑块运动过程及堆积特征

2. 工况 2(耗能障桩结构)

工况 2 实验在实验平台处增加单排悬臂障桩，桩长 40cm(其中地面长度为 35cm，地下深度为 5cm)，直径(内径)为 7cm，横排桩间距为 35cm，根据碎屑流在无拦挡结构时的堆积体中心位置，将悬臂障桩布于距第二节滑槽末端 2.6m 处。由于本次实验假设障桩结构为不变形的刚体，故障桩采用壁厚 2mm 的空心圆钢管模拟，采用预制的滑块作为滑源，同时在障桩桩体上增裹弹性消能材料(厚 1.5cm)，作为具有吸能性质的柔性界层，取 40 块滑块($0.08m^3$)堆积于滑源区内(图 5-55)。滑坡碎屑流自滑源区下滑后沿两节滑槽一泻而下，最终全部停留于堆积区(平板)。其中，第一节滑槽倾角为 50°，第二节滑槽倾角为 35°。碎屑流运动速度很快，整个释放及堆积过程不足 5s。

图 5-55　含海绵单排耗能障桩布设图

工况 2 实验结果如图 5-56 所示。实验滑块在 1.79s 时进入第二节滑槽，速度达到 7.89m/s；滑块继续向前滑动，在 2.94s 时冲出滑槽，速度达到 12.05m/s，碎屑流到达单排悬臂桩前的速度达到最大，仅有少数前部未解体的滑块在撞击到桩体后碎裂解体，大部分滑块在受到撞击后发生转向、回弹的现象，与随后下滑的滑块在桩前发生碰撞而破碎，产生的碎屑以飞溅、跳跃的方式向两侧延伸，最终在 4.37s 时滑体停止滑动，全部堆积于平台上，最远距离达 3.7m，最大堆积直径达到 2.2m，堆积体中心位置距第二节滑槽末端约 2.35m，视摩擦角为 33°。两次实验的碎屑流全部停积在滑槽末端和平板上，在滑源区和碎屑流区没有残余滑块和碎屑颗粒。

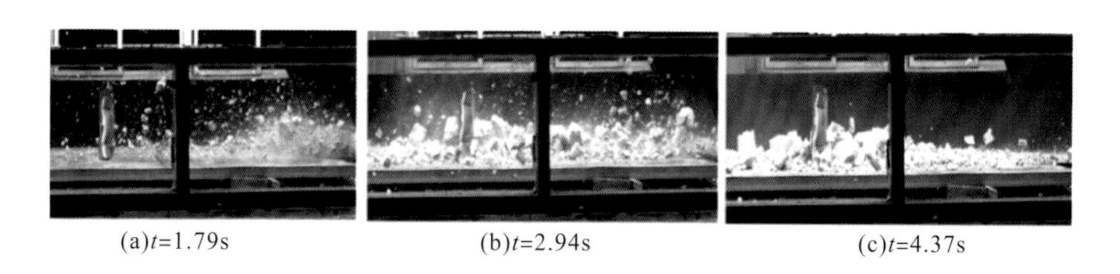

(a)t=1.79s　(b)t=2.94s　(c)t=4.37s

图 5-56　耗能障桩拦挡条件下滑块运动过程

3. 工况 3、工况 4(桩-梁组合结构、前缘有巨石堆积的桩-梁组合结构)

工况 3、工况 4 实验在实验平台处增加有连接梁的桩-梁组合结构，桩长为 40cm(其中地面长度为 35cm，地下深度为 5cm)，直径(内径)为 7cm，横排桩间距为 35cm，前后排的行间距为 45cm，根据碎屑流在有单排悬臂障桩结构时的堆积体中心位置，将前排桩布于距第二节滑槽末端 2.0m 处。由于本次实验假设桩结构为不变形的刚体，故桩采用壁厚为 2mm 的空心圆钢管模拟，共计两组工况：第 1 组为有连接梁的桩-梁组合结构，滑源区实验取 80 块滑块($0.16m^3$)；第 2 组在第 1 组实验的基础上，未清理桩前的堆积体，以此模拟拱圈效应，滑源区放置 40 块滑块($0.08m^3$) (图 5-57)。滑坡碎屑流自滑源区下滑后沿两节滑槽一泻而下，最终全部停留于堆积区(平板)。其中第一节滑槽倾角为 50°，第二节滑槽倾角为 35°。

图 5-57 桩-梁组合结构及含巨石堆积桩-梁组合结构布设示意图

工况 3、工况 4 实验结果如图 5-58 所示。在工况 3 实验中，滑块在重力作用下整体下滑，部分滑块在第一节滑槽内碰撞解体，滑块在 1.54s 时进入第二节滑槽，速度达到 8.11m/s；滑块继续向前滑动，在 2.58s 时冲出滑槽，速度达到 12.35m/s，碎屑流到达前排悬臂桩前的速度达到最大，由于本组实验所采用的滑块强度较高，前部未解体的滑块在撞击到桩体后碎裂解体程度不高，碎裂程度较小，少部分滑块撞击后发生转向、回弹的现象，产生的碎屑以飞溅、跳跃的方式向两侧延伸，仅有极少数碰撞破碎后的零散体由跳跃通过后排桩，后部的滑块还未到达前排障桩时就停止滑动，堆积在前排障桩前缘，最终在 4.20s 时滑体停止滑动，全部堆积于平台上，最远距离达 5.7m，最大堆积直径达到 3.4m，堆积体中心位置距第二节滑槽末端约 1.5m，视摩擦角为 31°。两次实验的碎屑流全部停积在滑槽末端和平板上，在滑源区和碎屑流区没有残余滑块和碎屑颗粒。工况 4 实验中，虽然也有少量散落于桩-梁组合结构两侧或越过结构顶部的碎屑，但剧烈地碰撞完全前移到预先堆积物迎冲面位置，而不是桩-梁组合结构“硬碰硬”接受冲击。

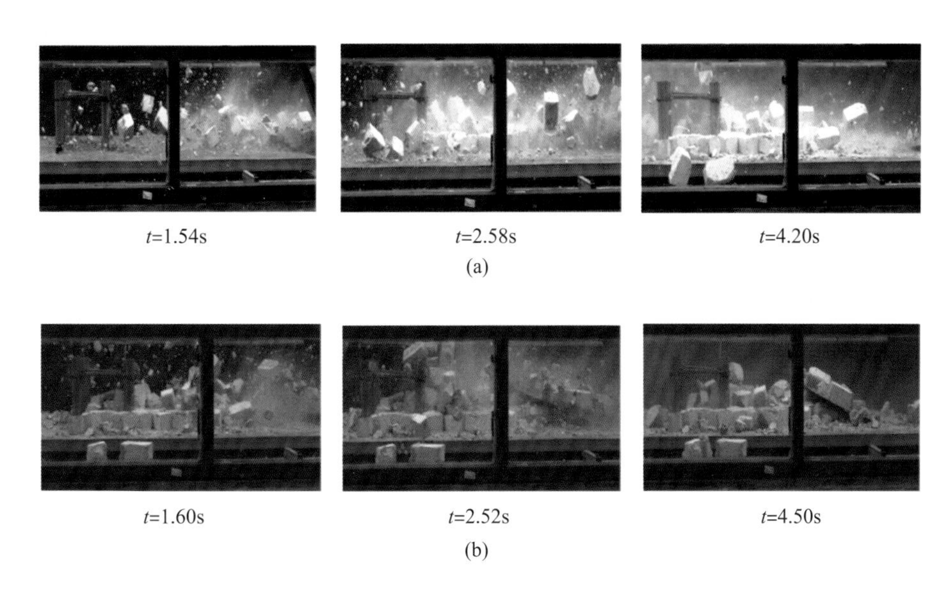

图 5-58　桩-梁组合结构及含巨石堆积桩-梁组合结构拦挡过程

5.5.3　桩-梁组合结构防治效果数值模拟对比及主要设计参数分析

LS-DYNA 作为世界上最著名的非线性动力分析程序，可以对世界上各种复杂的材料非线性、接触非线性和几何非线性的问题进行模拟，特别是对各种动力冲击过程如二维、三维非线性的金属成形、爆炸及高速碰撞有较好的模拟效果，并且还可解决流体、流固耦合与热传导等问题。

LS-DYNA 主要以拉格朗日(Lagrange)算法为基础，进行显示求解，以解决结构的非线性动力、静力分析等问题。同时该软件还可进行隐式求解，并具有流体-结构耦合、热传导分析等功能。这款软件已开展过无数模拟实验，并被证明有充分的可靠性，因此在工程领域得到了广泛的应用。高位泥石流桩-梁拦挡结构模型见图 5-59。

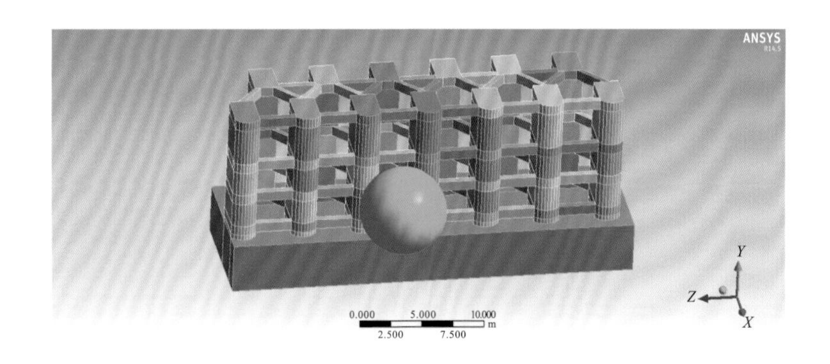

图 5-59　高位泥石流桩-梁拦挡结构模型

对于典型高位远程地质灾害，其防治设计思路应从常规库容角度向拦挡消能转变，从动力学角度查明其复杂的运动过程与特征，从而提出高位远程地质灾害新型防灾减灾方法与技术。LS-DYNA 是一款功能齐全的几何非线性、材料非线性和接触非线性软件。它以拉格朗日(Lagrange)算法为主，兼有任意拉格朗日-欧拉(arbitrary Lagrangian-Eulerian，ALE)算法和欧拉(Euler)算法，以非线性动力分析为主，兼有静力分析功能，特别适合求解各种二维、三维非线性结构的碰撞等动力冲击问题。在高位远程地质灾害综合防治研究中，利用该软件平台开展数值模拟仿真实验，基于多体动力学理论基础，分析高位远程地质灾害防治结构的能量传递、耗散等效应，获取关键性能参数，为高位远程地质灾害新型防灾减灾技术的提出提供依据。

为进一步说明桩-梁组合结构空间位置、桩-梁结构形式及间距对于高位滑坡型泥石流的拦挡效果，利用颗粒流分析仿真软件 EDEM 展开模拟。EDEM 是一款模拟颗粒介质运动及其相互作用的数值仿真软件，它通过牛顿第二定律计算颗粒间的相对位移及不平衡力，以记录和输出每个颗粒的物理信息和受力情况，并通过时步迭代进行数据更新。

碎屑流初始方量为 $1.2\times10^4 m^3$，放置于坡角为 30°的斜坡上，斜坡两侧为直立的边界，滑坡颗粒粒径 D 为 0.6～6m，随机分布，结构基本尺寸见图 5-60、表 5-7，且设置为刚性。结构自身受力特征将在下文中分析。现选用 4 种形式的拦挡结构进行工况对比模拟，便于分析桩间距关键设计参数。

(1) 工况 1：单排桩结构[图 5-60(a)]，桩间距 n_1；

(2) 工况 2：单排桩结构[图 5-60(b)]，桩间距 n_2；

(3) 工况 3：双排桩林结构[图 5-60(c)]；

(4) 工况 4：桩-梁组合结构[图 5-60(d)]。

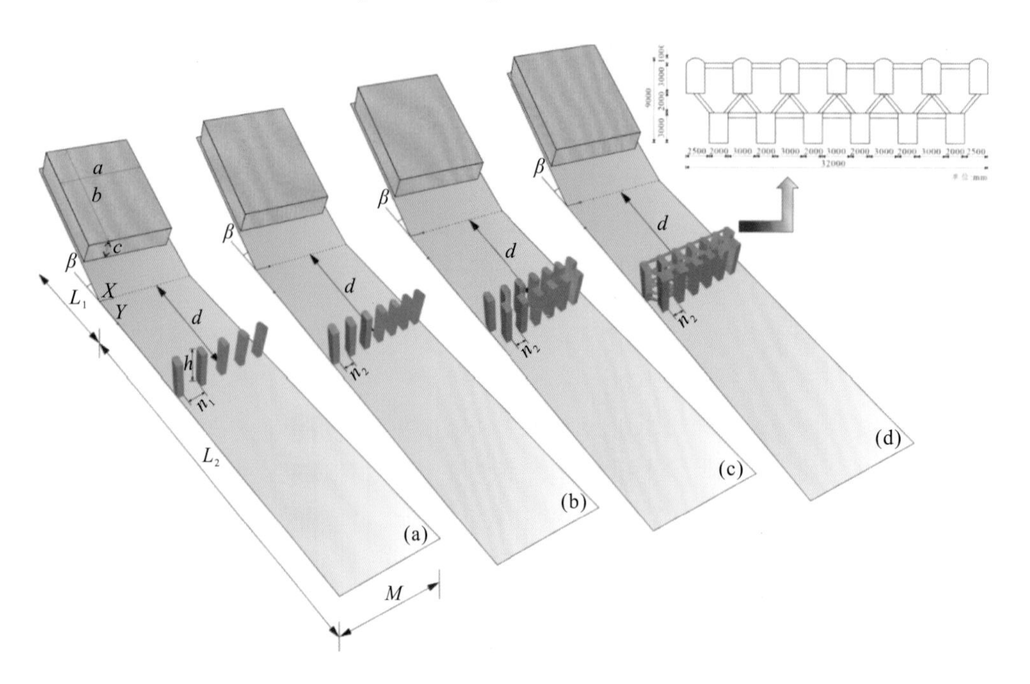

图 5-60 理想碎屑流拦挡结构布局

表 5-7　碎屑流及拦挡结构几何参数

名称	符号	对应值
初始碎屑流宽度/m	a	30
初始碎屑流长度/m	b	40
初始碎屑流厚度/m	c	10
初始碎屑流所在斜坡转角处与拦挡结构前缘距离/m	d	60
初始碎屑流所在斜坡投影长度/m	L_1	43
碎屑流运动堆积区长度/m	L_2	81
碎屑流运动堆积区宽度/m	M	32
初始碎屑流所在斜坡转角/(°)	β	30
拦挡结构高度/m	h	12
工况 1 桩间间距/m	n_1	5.5
工况 2～4 桩间间距/m	n_2	3

图 5-61 中，桩附近红色条纹为形成拱圈的接触力矢量，大小和粗细正相关，可见拦挡效果表现为：桩-梁组合结构＞双排桩林结构＞单排桩结构(桩间距=1.0$D_{\max}$，$D_{\max}$表示最大颗粒粒径)＞单排疏桩结构(桩间距=2.0$D_{\max}$)，且具有以下特点。

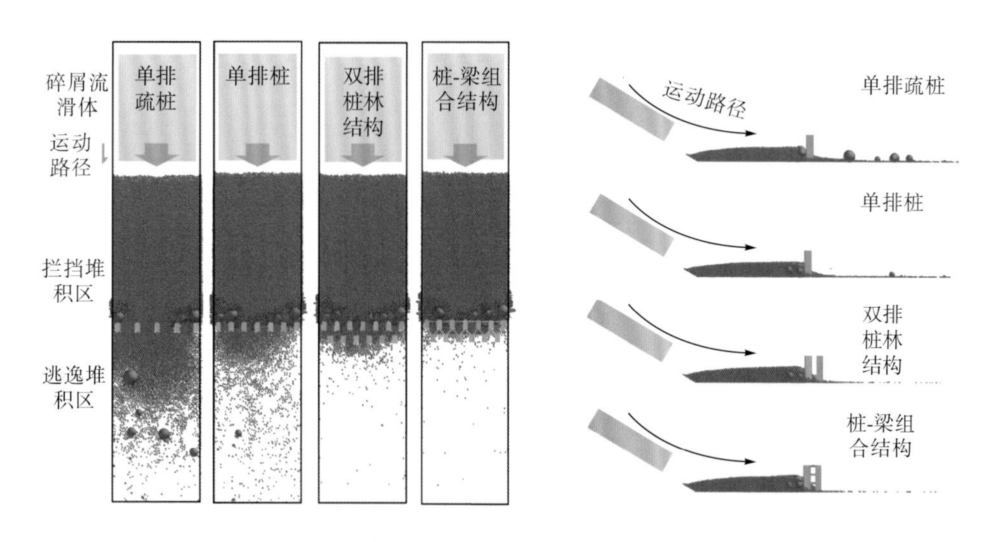

图 5-61　高位泥石流不同结构形式拦挡效果图

(1) 桩-梁组合结构的拦挡效果和双排桩林结构拦挡效果明显，拱圈固源效应显著，中型、大型颗粒停留在拦挡结构内侧，充当了拱圈支墩的作用。

(2) 在设置单排桩结构时，部分细小颗粒从桩间逃逸出来，但方量不到 1%，且基本堆积在桩身附近，也基本在可接受范围内。需说明的是，由于部分中型颗粒逃逸，所以拱圈效果减弱。

(3) 当设置单排疏桩结构时，部分大颗粒也从桩间逃逸，方量超过 8%，且速度较大，运动距离较远(＞35m)，完整拱圈基本被破坏，仅在边界处有部分局部拱圈，因此逃逸颗粒较多，需要减小桩间距或在间距位置前后增设第二排桩结构。

因此，在拦挡结构设计中，需注意桩间距的设定与大、中型颗粒尺寸相关性较大，若间距超过大、中颗粒直径，会造成大、中颗粒逃逸，进而导致拱圈破坏，拦挡结构将不能起到很好的拦截作用。那么只要在设计中对大、中颗粒冲击结构本身的损伤破坏特性进行进一步研究分析即可。

当然，本节研究中大、中颗粒在拦挡结构前部占比较大，可以在前部形成稳定的拱圈。若占比较小，造成细颗粒占主导，或者从大颗粒上部越过后进一步运动，则需要进一步考虑增设后续拦挡结构。

5.5.4 桩-梁组合结构损伤特性数值模拟结果对比分析

5.5.4.1 计算材料参数

前述物理模拟实验模型是以舟曲泥石流三眼峪高位泥石流桩-梁组合结构作为原型，其中钢筋混凝土单桩水平截面呈马蹄形，长为 3m（含弧形段 0.5m），宽为 2m，桩悬臂段长（H）12.0m，锚固段长 10.0m，采用梅花形布置两排，桩间设钢筋混凝土连梁，保护层厚度为 92mm，混凝土均采用 C30 浇筑。桩内纵筋采用 96Φ32（其中，迎冲面弧形段采用 66Φ32，并在底部增设 10m 长的 30Φ32 进行加密），箍筋采用 56Φ14，间距为 200mm。

有限元模型中混凝土采用 8 节点 Solid 实体单元模拟，钢筋则采用 2 节点 beam 线单元模拟。钢筋材料为常用的 Johnson-Cook 金属模型，桩体混凝土材料用 RHT 本构模型。RHT 模型有 3 个极限面，即弹性、失效和残余强度极限面，分别代表混凝土初始屈服强度、峰值屈服强度及峰后残余强度。钢筋密度为 7896kg/m^3，弹性模量为 20×10^{10}Pa，剪切模量为 7.69×10^{10}Pa。混凝土密度为 2314kg/m^3，弹性模量为 3.527×10^{10}Pa，剪切模量为 1.67×10^{10}Pa。滚石采用圆球形弹性材料模型模拟，弹性模量为 50GPa。

混凝土单元与钢筋单元之间采用强化连接，钢筋单元与钢筋单元之间采用绑定连接。滚石与混凝土单元、钢筋单元采用无摩擦连接。在本次混凝土撞击侵蚀破坏模拟中，为实现混凝土彻底失效后单元的删除，在混凝土剪切应变达到 0.1 时认为该单元失效而退出工作。同时，钢筋的失效应力为 400MPa。

5.5.4.2 计算工况

通过改变滚石冲击高度、能量、结构形式（即单桩、桩-梁组合结构），对其碰撞损伤影响进行分析。本模型设置块石冲击位置在 $2/3H$、H（桩底为 0，桩顶为 H）处，并将能量、结构形式分为 8 种工况。所有工况中桩底采用完全约束模拟其嵌固边界。

（1）工况 1：单桩，撞击位置 $2/3H$ 处，撞击能量为 1000kJ。

（2）工况 2：单桩，撞击位置 $2/3H$ 处，撞击能量为 10000kJ。

（3）工况 3：单桩，撞击位置 H 处，撞击能量为 1000kJ。

（4）工况 4：单桩，撞击位置 H 处，撞击能量为 10000kJ。

（5）工况 5：桩-梁，撞击位置 $2/3H$ 处，撞击能量为 1000kJ。

(6) 工况 6：桩-梁，撞击位置 2/3H 处，撞击能量为 10000kJ。

(7) 工况 7：桩-梁，撞击位置 H 处，撞击能量为 1000kJ。

(8) 工况 8：桩-梁，撞击位置 H 处，撞击能量为 10000kJ。

能量 1000kJ 由直径为 2.5m 的圆球提供，能量 10000kJ 由直径为 5.0m 的圆球提供。数值模型详见图 5-62、图 5-63。

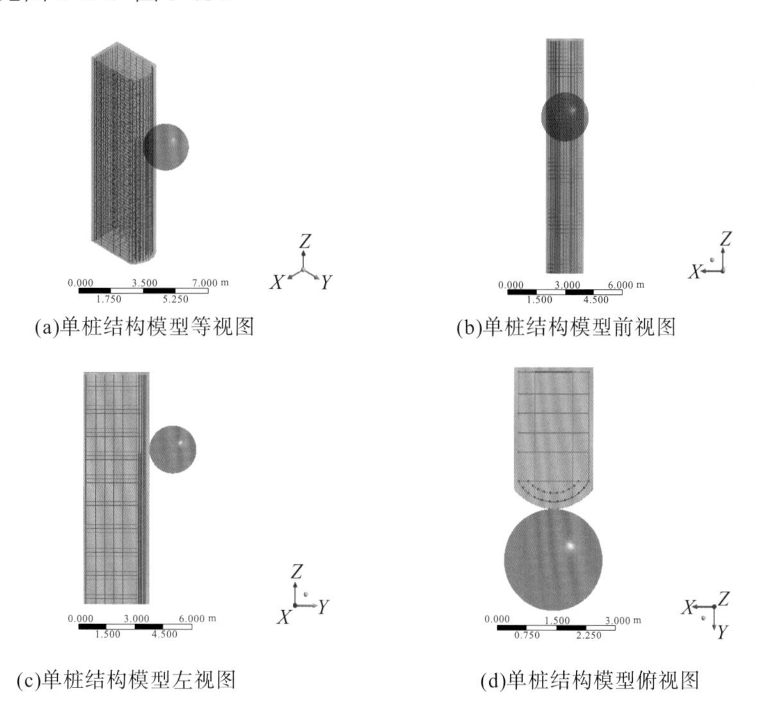

(a)单桩结构模型等视图　　(b)单桩结构模型前视图

(c)单桩结构模型左视图　　(d)单桩结构模型俯视图

图 5-62　单桩结构数值模型

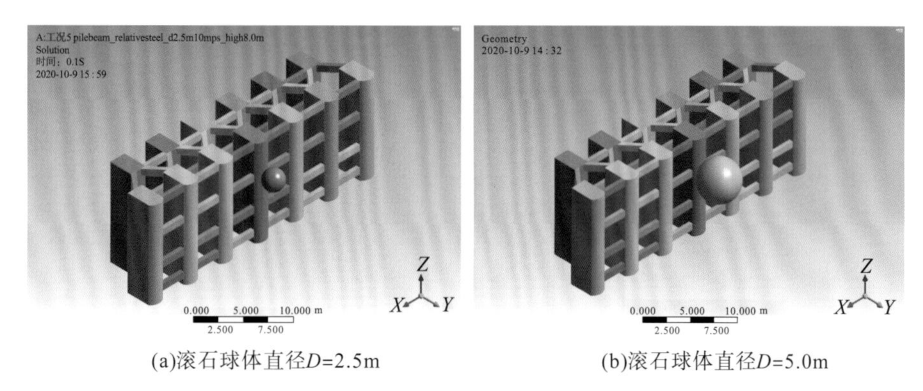

(a)滚石球体直径D=2.5m　　(b)滚石球体直径D=5.0m

图 5-63　桩-梁组合结构数值模型

5.5.4.3　计算结果

1. 冲击能量为 1000kJ 时单桩、桩-梁组合结构受力变形特征

以工况 1、工况 5 为例，对比研究滚石冲击情况下，不同结构形式的损伤程度(图 5-64～

图 5-69)。在冲击能量同为 1000kJ 的情况下，工况 1 混凝土侵彻深度达到 158mm，工况 5 冲击造成的混凝土侵彻深度仅有 77mm。工况 1 造成的混凝土侵彻深度超过混凝土保护层厚度(92mm)，出现局部破坏(钢筋发生轻微弹性变形，最大应力 292MPa 小于失效应力)，但尚未出现桩结构的整体破坏。

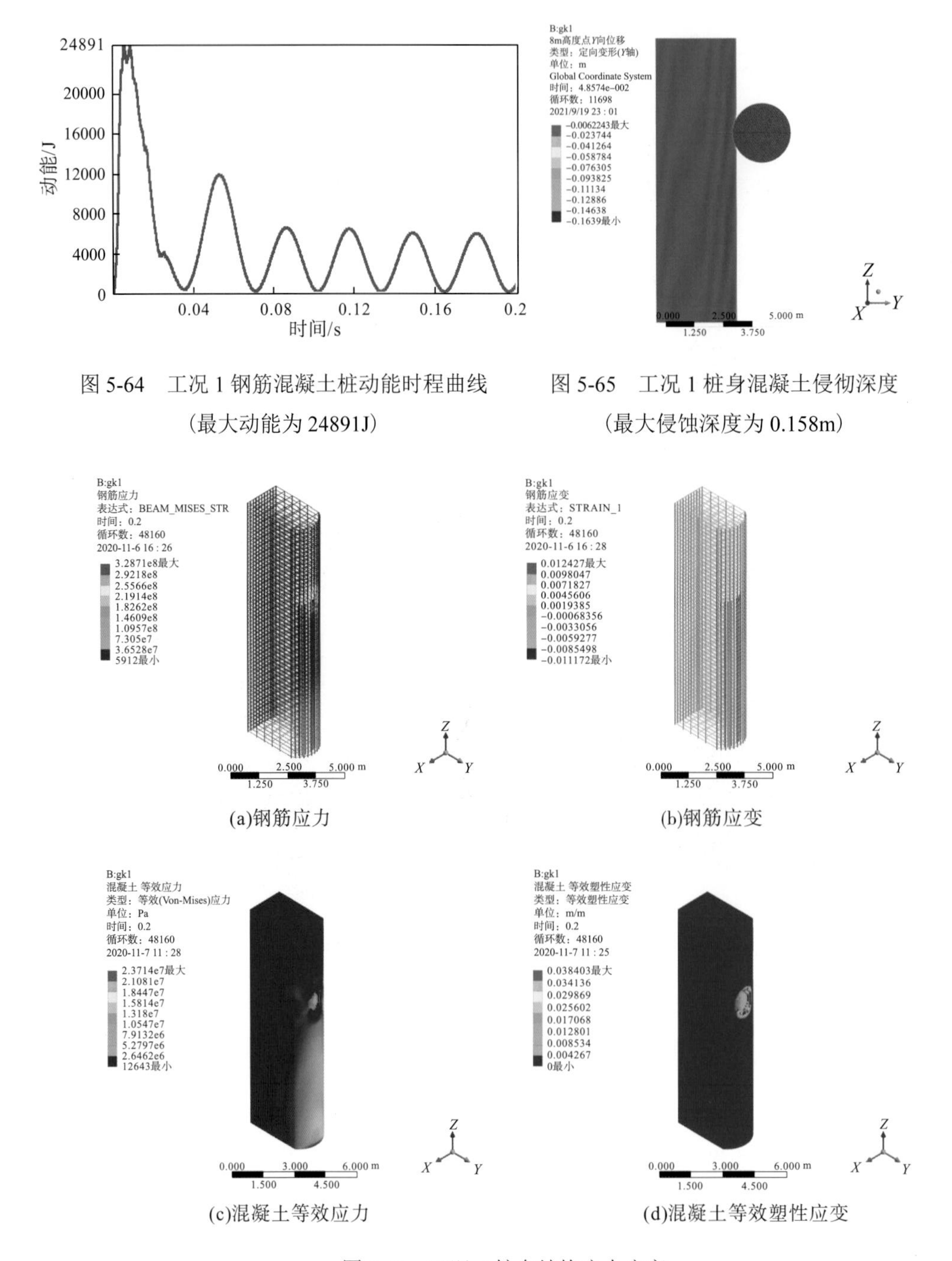

图 5-64 工况 1 钢筋混凝土桩动能时程曲线(最大动能为 24891J)

图 5-65 工况 1 桩身混凝土侵彻深度(最大侵蚀深度为 0.158m)

(a)钢筋应力

(b)钢筋应变

(c)混凝土等效应力

(d)混凝土等效塑性应变

图 5-66 工况 1 桩身结构应力应变

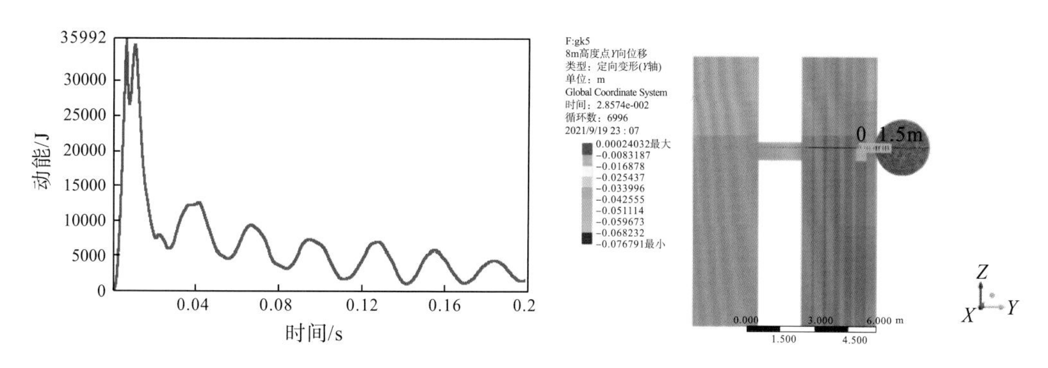

图 5-67　工况 5 钢筋混凝土桩-梁组合结构动能时程曲线（最大动能为 35992J）

图 5-68　工况 5 桩身混凝土侵彻深度（最大侵蚀深度约为 0.077m）

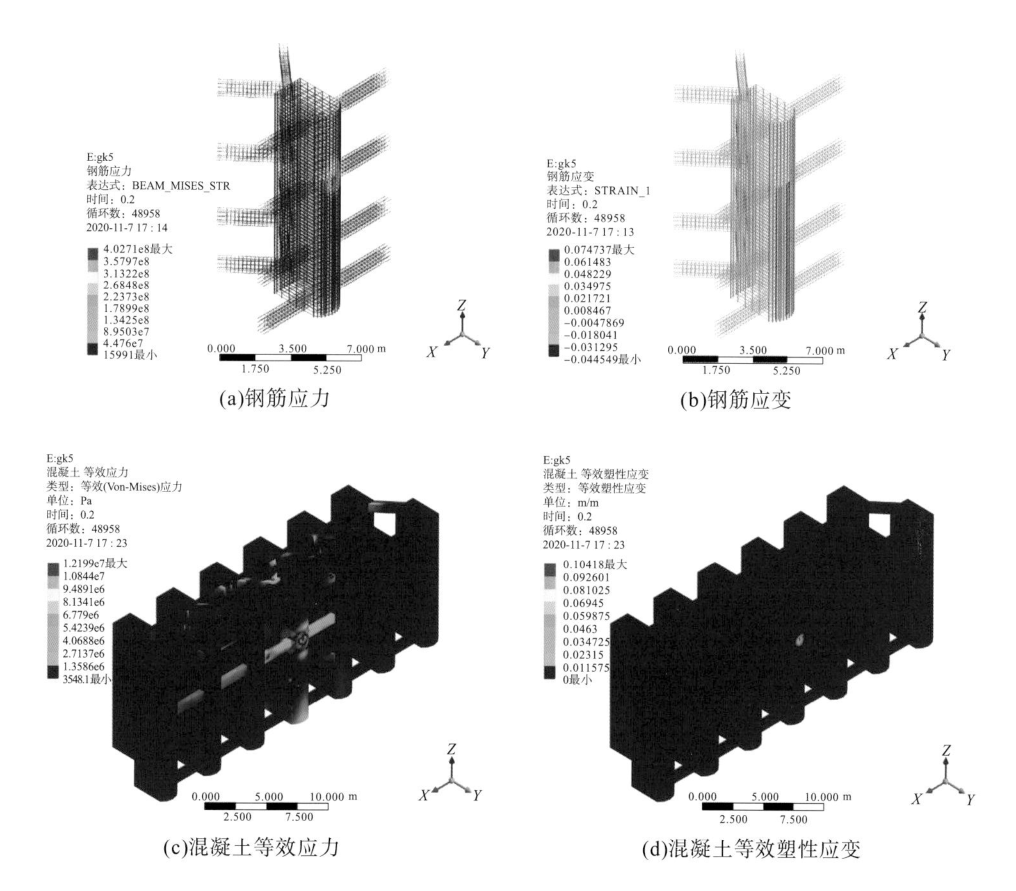

(a)钢筋应力　(b)钢筋应变

(c)混凝土等效应力　(d)混凝土等效塑性应变

图 5-69　工况 5 桩身结构应力应变

工况 5 冲击造成的混凝土侵蚀深度未超过混凝土保护层厚度，桩-梁组合结构的侵彻深度明显小于单桩，且能量、应力通过连梁传递到后排桩的特征明显。工况 1 单桩最大动能约为 25kJ，而工况 5 桩-梁组合结构最大动能约为 36kJ，承受冲击桩附近梁均出现应力重分布情况，说明工况 5 桩-梁组合结构在整体上可一定程度传递、分担滚石直接冲击的巨大能量。

2. 冲击能量为 10000kJ 时单桩、桩-梁组合结构受力变形特征

以工况 2、工况 6 为例，对比研究滚石冲击情况下，不同结构形式的损伤程度（图 5-70～图 5-75）。在冲击能量同为 10000kJ 的情况下，工况 2 混凝土侵彻深度达到 487mm，工况 6 冲击造成的混凝土侵彻深度为 471mm，二者均超过混凝土保护层厚度（92mm）。工况 2 在撞击部位出现局部破坏（钢筋发生轻微塑性变形），且底部混凝土桩已经拉断，钢筋极限应力 380MPa 也超过失效应力，发生整体破坏。

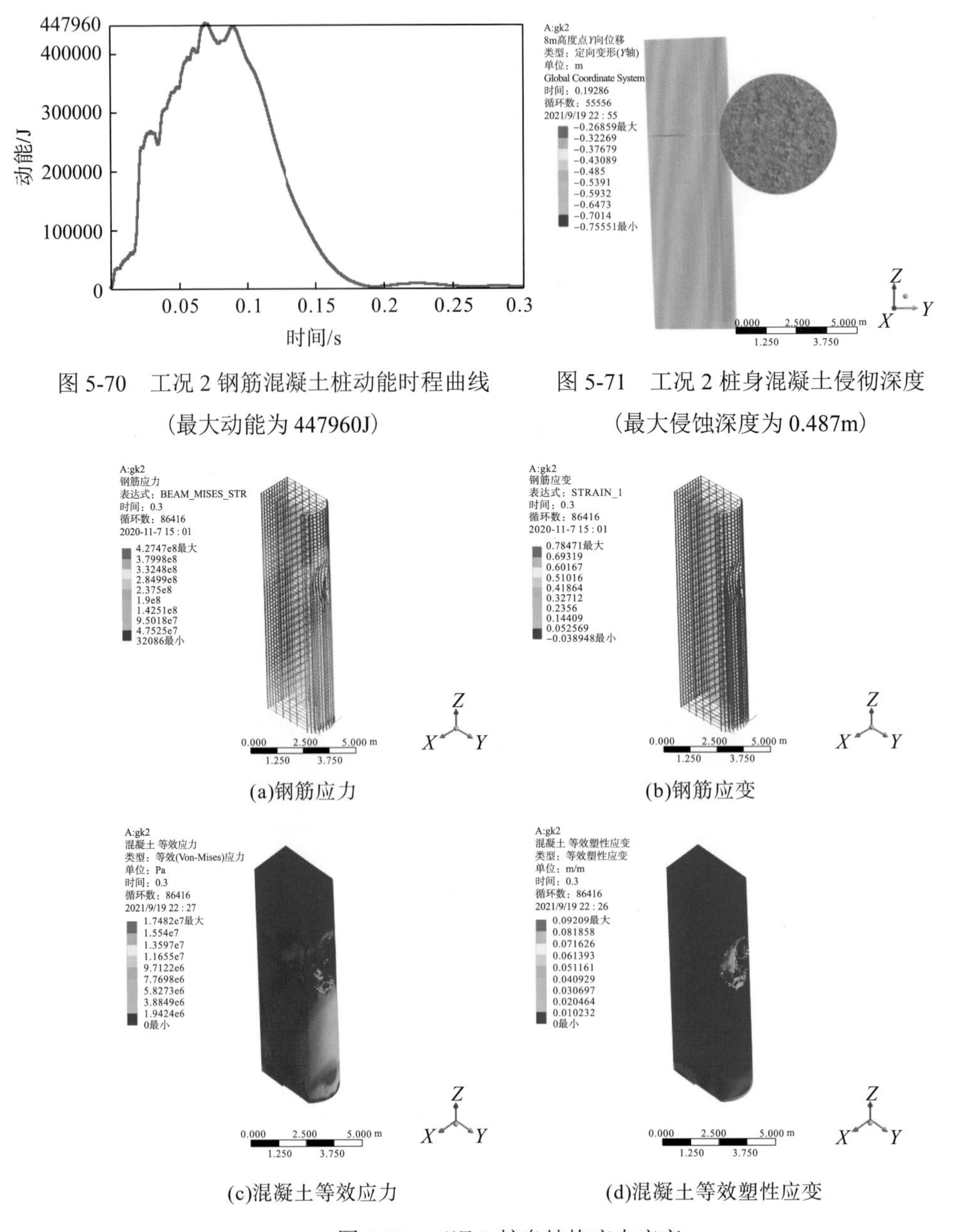

图 5-70　工况 2 钢筋混凝土桩动能时程曲线（最大动能为 447960J）

图 5-71　工况 2 桩身混凝土侵彻深度（最大侵蚀深度为 0.487m）

(a)钢筋应力

(b)钢筋应变

(c)混凝土等效应力

(d)混凝土等效塑性应变

图 5-72　工况 2 桩身结构应力应变

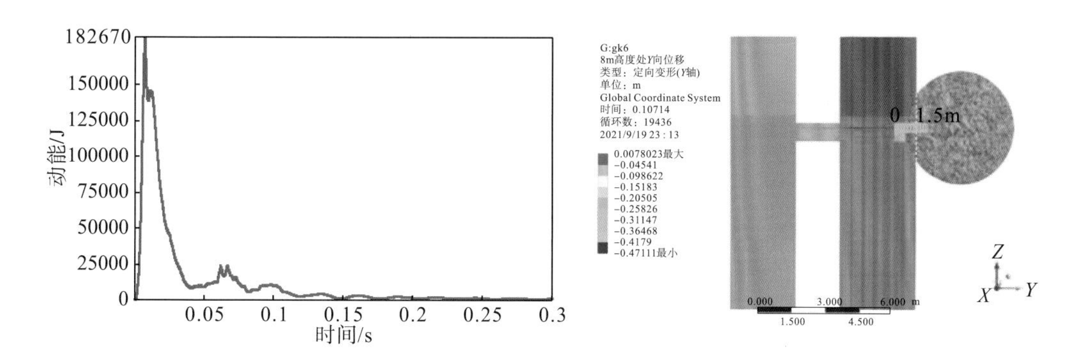

图 5-73　工况 6 钢筋混凝土桩-梁组合结构动能时程曲线(最大动能为 182670J)

图 5-74　工况 6 桩身混凝土侵彻深度(最大侵蚀深度约为 0.471m)

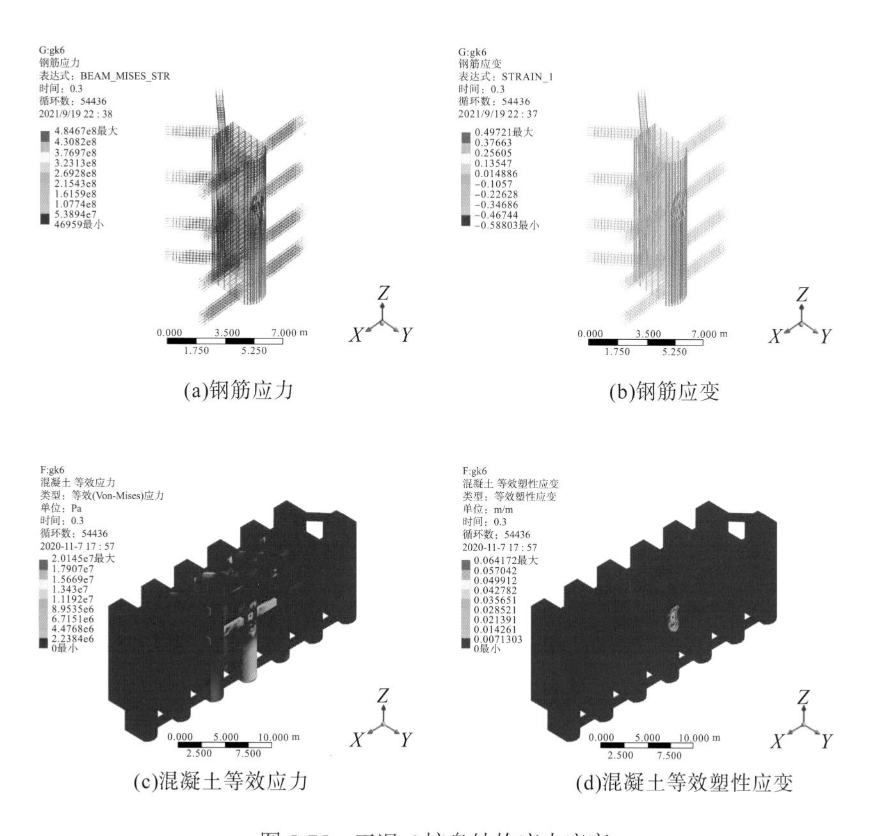

(a)钢筋应力　(b)钢筋应变

(c)混凝土等效应力　(d)混凝土等效塑性应变

图 5-75　工况 6 桩身结构应力应变

工况 6 中桩-梁组合结构的侵彻深度略小于单桩的深度，同样也在撞击部位出现局部破坏(钢筋发生轻微塑性变形)，但未发生底部拉断的整体破坏。工况 6 能量、应力通过连梁传递到后排桩的特征明显。其中工况 2 单桩最大动能为 448kJ，而工况 6 桩-梁组合结构最大动能为 183kJ，承受冲击桩附近梁均出现应力重分布情况，说明工况 6 桩-梁组合结构在整体上因传递、分担滚石直接冲击的巨大能量，避免了结构的整体破坏。

3. 冲击能量对混凝土侵彻深度的影响

由图 5-76 可知，桩身混凝土侵彻深度随滚石冲击能量的增大而增大，其中桩-梁组合结构桩身混凝土侵彻深度明显小于单桩的侵蚀深度。尤其应当注意的是，当能量接近 10000kJ 时，单桩底部混凝土及钢筋完全断裂失效，约束部位形成塑性铰，而桩-梁组合结构整体性良好。

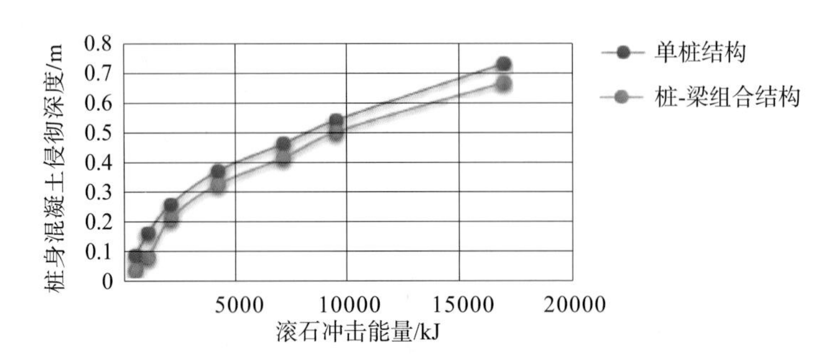

图 5-76 桩身混凝土侵彻深度与滚石冲击能量关系曲线(撞击 2/3H 处)

5.5.5 两种自复位装置结构损伤数值模拟结果对比分析

5.5.5.1 刚柔一体化结构自复位装置

前文通过数值模拟分析了结构本身的受力变形特征，为结合研究目标，又设置了在桩迎冲面外置钢板、外置橡胶、外置橡胶+钢板、外置钢板+竖向无黏结钢绞线的装置。其中，钢板厚度均为 10mm，橡胶厚度为 100mm。模型设置块石冲击位置在 2/3H(桩底为 0，桩顶为 H)处，撞击能量为 1000kJ，桩身截面尺寸详见前面章节，为了更好地对比上述刚柔一体化结构自复位装置受力变形特征，本节将钢筋混凝土桩刚度等效为同一种材料结构。

由图 5-77、图 5-78 桩结构混凝土等效塑性应变、整体变形可知，耗能效果表现为：外置橡胶+钢板＞外置橡胶结构＞外置钢板结构。橡胶柔性结构增加了结构耗能特征，减

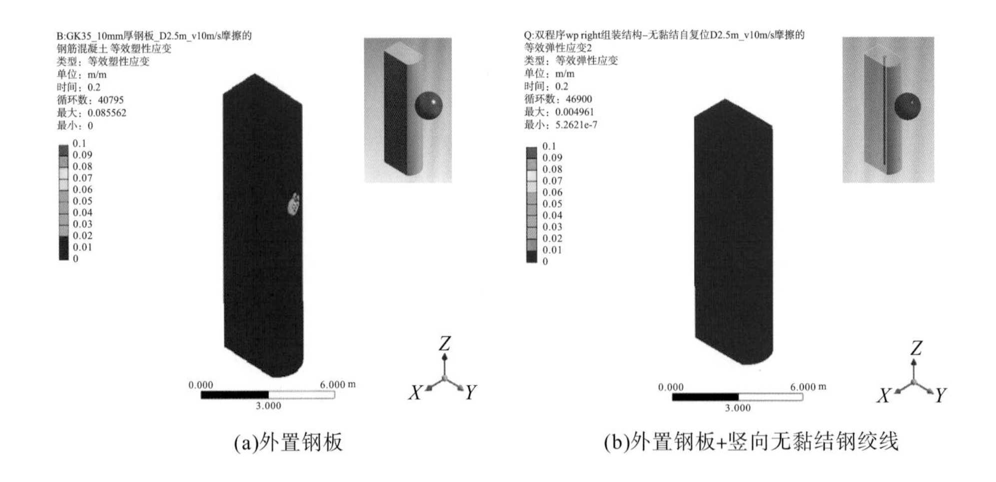

(a)外置钢板 (b)外置钢板+竖向无黏结钢绞线

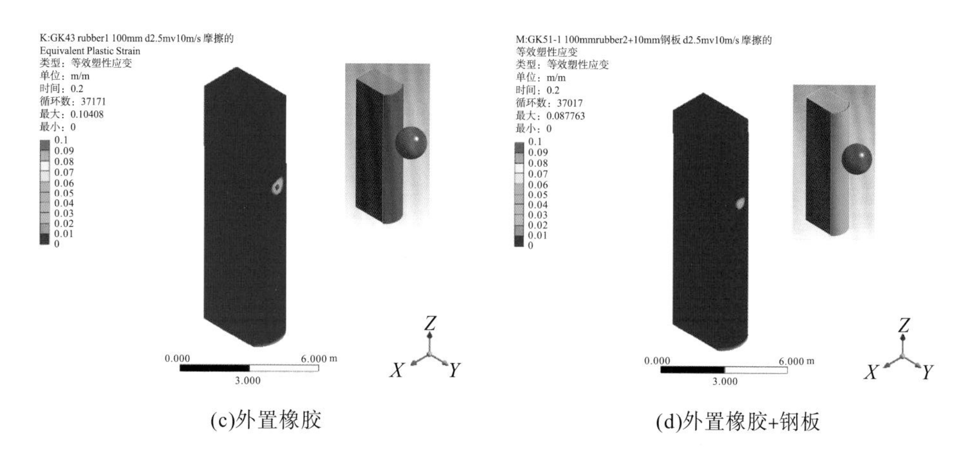

(c)外置橡胶　　　　(d)外置橡胶+钢板

图 5-77　桩身等效塑性应变

小了迎冲面混凝土侵蚀，而与钢板形成刚柔组合结构更使侵彻深度几乎为零。当然设置橡胶柔性结构也使得桩结构变形增大。相比而言，竖向无黏结钢绞线形成的自复位结构不仅减小了混凝土等效塑性应变，同时使得桩结构的变形减小，增加了桩结构的韧性。

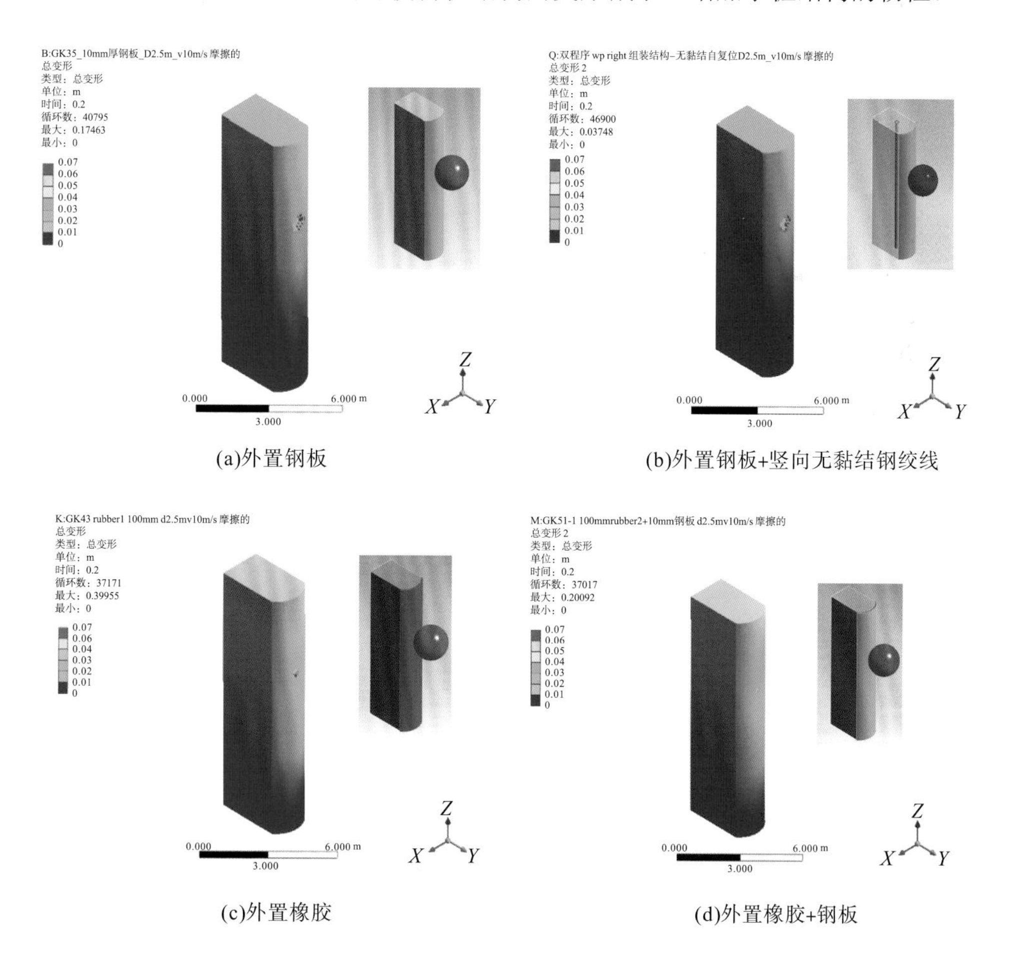

(a)外置钢板　　　　(b)外置钢板+竖向无黏结钢绞线

(c)外置橡胶　　　　(d)外置橡胶+钢板

图 5-78　桩身最大变形云图

5.5.5.2 摇摆结构自复位装置

进一步考虑多种组合缓冲自复位结构形式，本小节又提出了多段式摇摆结构自复位装置，增加结构本身的吸能效果。将其分为上、中、下等间距三段，每段之间凹凸形钢筋混凝土装配件嵌合连接，左右晃动时可分离。该结构中间设置通长竖向无黏结钢绞线作为自复位锚索，可对高速运动的碎屑流起到“刚性拦挡+柔性消能”兼顾的刚柔组合拦挡结构，从而实现桩体受刚性撞击后快速耗能，并无须外力帮助即可自复位的功能，相应的桩体组件，即桩身装配键在长期多次撞击损伤后还可更换，拦挡结构整体耐久性得到较大幅度提升(图 5-79)。

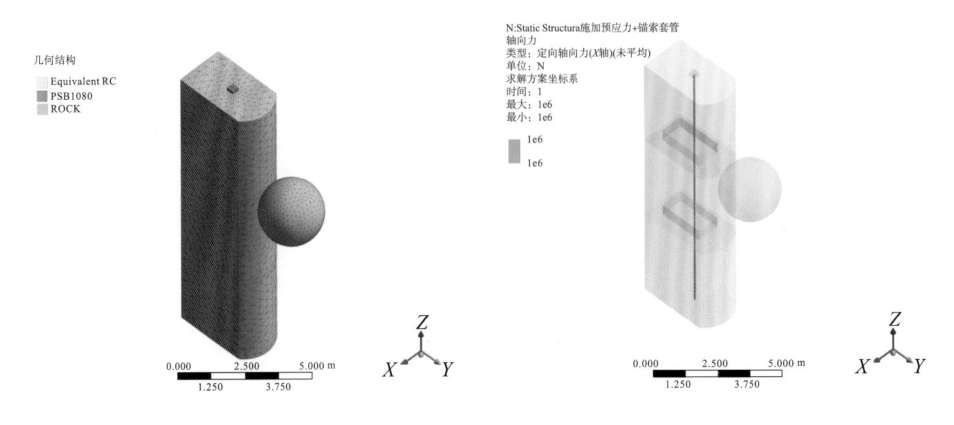

图 5-79 桩身图

模型设置块石冲击位置在 2/3*H*(桩底为 0，桩顶为 *H*)处，撞击能量为 1000kJ，桩身截面尺寸同上，自复位锚索的预应力为 1000kN。

对比摇摆结构自复位装置和普通桩的区别，由图 5-80、图 5-81 可见，摇摆结构自复位装置通过自身的摇摆耗能，将撞击的动能转化为结构摇摆及自复位锚索伸缩进行耗能，

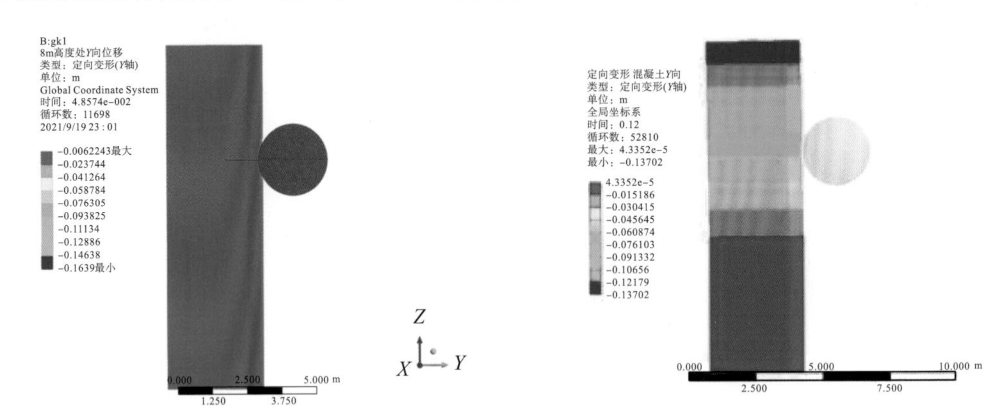

(a)完整柱最大侵蚀深度为0.158m　　(b)摇摆结构自复位装置最大侵蚀深度为0.082m

图 5-80 桩身混凝土变形示意对比图(撞击位置为 2/3*H* 处)

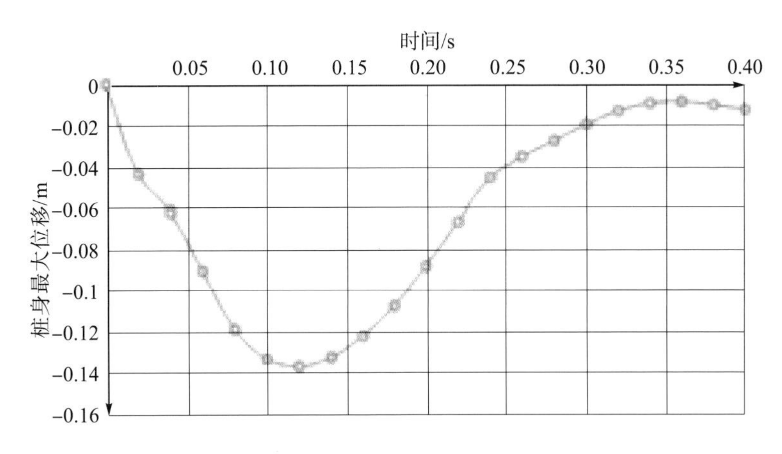

图5-81 摇摆结构自复位装置随时间变形图

位移集中于撞击的上部节段，最大位移在桩顶，约为0.137m，撞击产生的侵蚀深度仅0.082m，未超过混凝土保护层厚度(92mm)，未出现局部破坏。而普通桩由于自身刚度较大，撞击的动能只能在接触部位通过“硬碰硬”的接触进行转换，导致侵蚀深度较大，最大为0.158m。

由此可见，若在桩-梁组合结构外侧施加“橡胶+钢板”刚柔一体材料可有效降低迎冲面混凝土侵蚀，若再考虑将桩-梁组合局部桩结构改造成摇摆结构自复位装置等耗能结构，可进一步耗散撞击能量，还可更换，使得拦挡结构设计更为精准，结构整体耐久性更强。

5.6 小结

(1)研发并建成了基于可变角度数控千斤顶、可安装拦挡结构锚固沟及碎屑流物质再利用技术的国内首个大能级三段滑槽式高位滑坡型泥石流抗冲拦挡结构模拟实验体系(平台)。该体系(平台)可实现高位滑坡型泥石流成灾动力学机理分析及新型拦挡结构效果模拟与评价，应用转化前景较好。

(2)针对高位滑坡型泥石流运动学特征，提出高位滑坡“加载失稳”“犁切”动力侵蚀新模型。这两种模型针对高位滑坡型泥石流中高位远程滑坡-碎屑流、流状滑坡两种类型具有很好的适用性。

(3)针对整体处于基本稳定状态，局部有滑动的高位滑坡，运用安全系数分区云图数值评价方法、组合桩群三维拱圈加固效应规律分析和实验桩施工工法，提出并现场示范应用高位滑坡小口径组合桩群主动固源关键技术；针对沟道两侧发育泥石流的高位同震滑坡，构建了稳固两侧物源、防止其发生大规模垮塌堵塞沟道的桩板排导槽控源固坡技术。这两种技术均已运用在实际工程治理中，目前防治效果良好，具有示范运用价值。

(4)运用数值模拟及物理模拟实验证明了高位泥石流桩-梁组合结构可在结构前缘形成拱圈固源效应;结合冲击损伤数值模拟,进一步肯定了桩-梁组合结构承受冲击的能力。在此基础上,提出了刚柔一体化结构自复位装置和摇摆结构自复位装置,从结构表层增设柔性防护层吸能和桩结构自身改进消能效果方面提出了对应结构形式,并进行了数值模拟,发现其具有良好的消能、防止损伤的特性,为今后进一步优化结构设计提供了研究基础。

第6章　强震区宽缓与窄陡沟道型泥石流综合防控理念及技术

6.1　宽缓与窄陡沟道型泥石流综合防控理念

泥石流按其沟域、纵坡及沟底形态等，分为宽缓沟道型和窄陡沟道型。宽缓沟道型泥石流沟一般具有沟谷较宽、纵坡较缓，沟底多呈“U”字形，沟道内堆积物较多较厚，沟口堆积扇地形舒缓的特点；窄陡沟道型泥石流沟一般具有沟谷狭窄、纵坡陡峻，沟底呈“V”字形，物源以突发崩塌、滑坡为主，堆积区集中于沟口等特点。

由于宽缓与窄陡沟道型泥石流分别具有不同特点，因此两种形态的泥石流在综合防控理念和防治技术上也不尽相同。

6.1.1　宽缓沟道型泥石流防控理念

宽缓沟道型泥石流一般表现为深切揭底、单点堵溃集中揭底放大、多级多点堵溃放大等特征。

(1) 针对深切揭底破坏形式，防控理念以沟内逐级联调、固源固床为主，辅以沟口排导工程。防治措施：中游一般布设多级联调拦砂坝调蓄削势，下游布设拦蓄骨干高坝辅以资源化清库、沟口排导槽等方式，因地制宜组合使用。宽缓沟道深切揭底型泥石流防控理念及防治措施在“5·12”汶川地震强震区锄头沟、猪鼻沟、中查沟等泥石流防治工程中得到了很好应用。宽缓沟道深切揭底型泥石流防控理念见图6-1。

(2) 针对单点堵溃集中揭底放大破坏形式，防控理念为上游水石分治、中游护底固坡、下游拦挡停淤辅以沟口排导槽等。防治措施：上游采用防溃加固调蓄坝+集中滤水池+引排水隧道，中游削坡整理防塌岸+块石护底兼盲沟+软基钢筋石笼排导槽防揭底+抗冲击桩梁自复位耗能拦挡结构，下游拦蓄骨干高坝加停淤场辅以资源化清库及排导槽工程控制进河流量等，因地制宜组合使用。宽缓沟道单点堵溃集中揭底放大型泥石流防控理念及防治措施在“5·12”汶川地震强震区的文家沟、熊家沟等泥石流防治工程中得到了很好应用。宽缓沟道单点堵溃集中揭底放大型泥石流防控理念见图6-2。

(3) 针对多级多点堵溃放大破坏形式，采用“多点固源防起动、控制堵溃防揭底、逐级拦蓄削龙头”的综合防控理念。防治措施：上游针对堵点采取防溃固源拦砂坝、堵点间采取联调固底谷坊群或潜槛群防揭，中游采用多级联调拦砂坝防堵溃控揭底，下游采用拦蓄骨干高坝控制进河流量辅以软基柔性固床排导工程等，因地制宜组合使用。宽缓沟道多级多点堵溃集中放大型泥石流防控理念及防治措施在红椿沟、七盘沟、牛圈沟等泥石流防治工程中得到了很好应用。宽缓沟道多级多点堵溃集中揭底放大型泥石流防控理念见图 6-3。

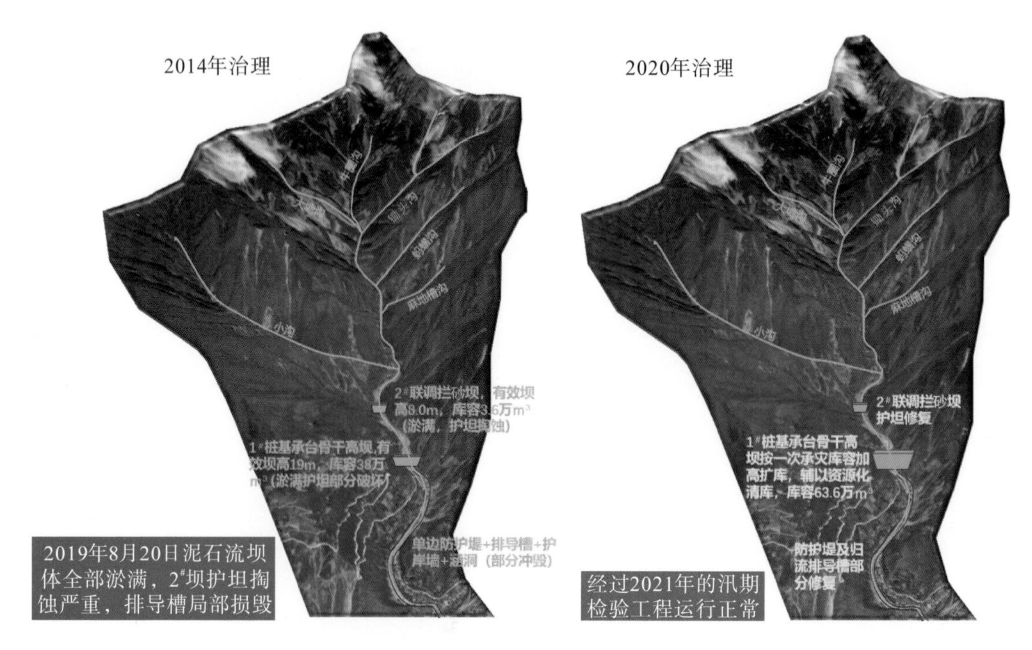

图 6-1 宽缓沟道深切揭底型泥石流防控理念(汶川县锄头沟)

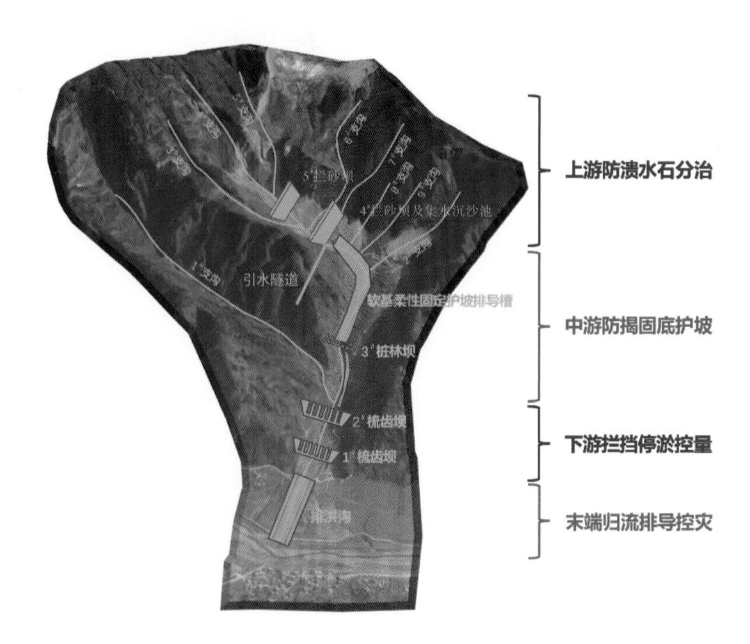

图 6-2 宽缓沟道单点堵溃集中揭底放大型泥石流防控理念(绵竹文家沟)

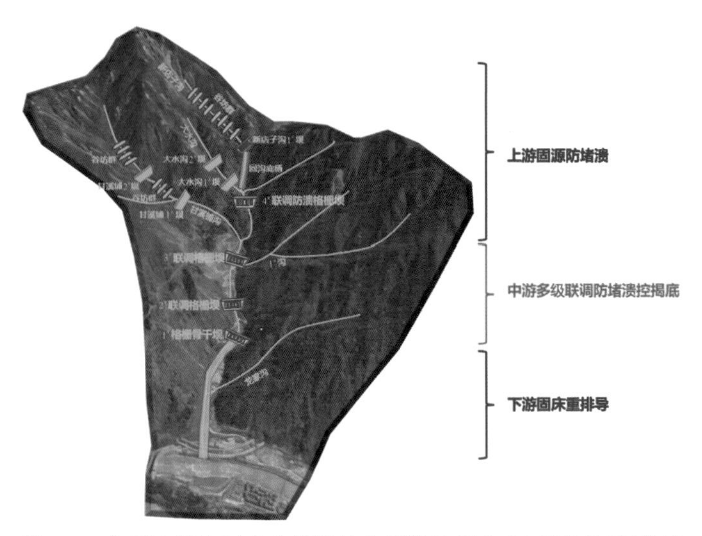

图 6-3　宽缓沟道多级多点堵溃放大型防控理念(汶川县甘溪铺沟)

6.1.2　窄陡沟道型泥石流防控理念

窄陡沟道型泥石流一般表现为归流拉槽的破坏形式，防控理念以沟内固源、固床为主，辅以沟口拦停调蓄及沟口排导泄洪。防治措施：一般采用联调谷坊群或潜槛群、多级柔性网拦截谷坊、削峰调蓄梯级坝、削峰减势骨干坝、软基柔性固床排导槽、护岸固床复合排导槽、沟口归流汇洪槽、护坡防冲挡土墙、桩板护坡排导槽等。窄陡沟道型泥石流防控理念及防治措施在“5・12”汶川地震强震区烧房沟以及“8・8”九寨沟地震强震区则查洼沟等泥石流防治中得到了较好应用。窄陡沟道型泥石流防控理念见图 6-4。

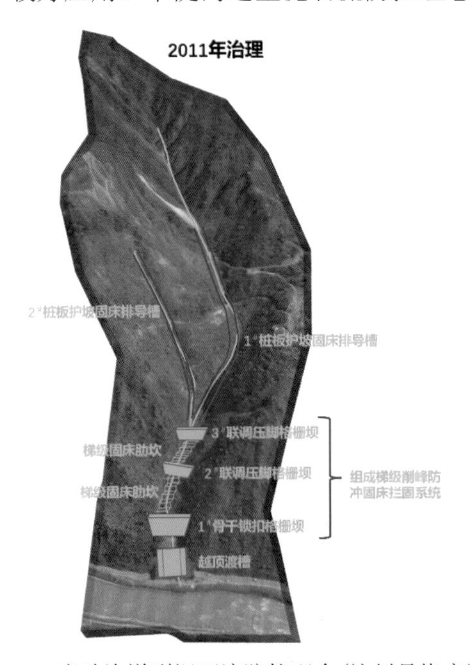

图 6-4　窄陡沟道型泥石流防控理念(汶川县烧房沟)

6.1.3 宽缓与窄陡沟道型泥石流防控理念提炼

针对宽缓与窄陡沟道型泥石流的成灾特点，提出了针对性防控理念，如图 6-5 所示。

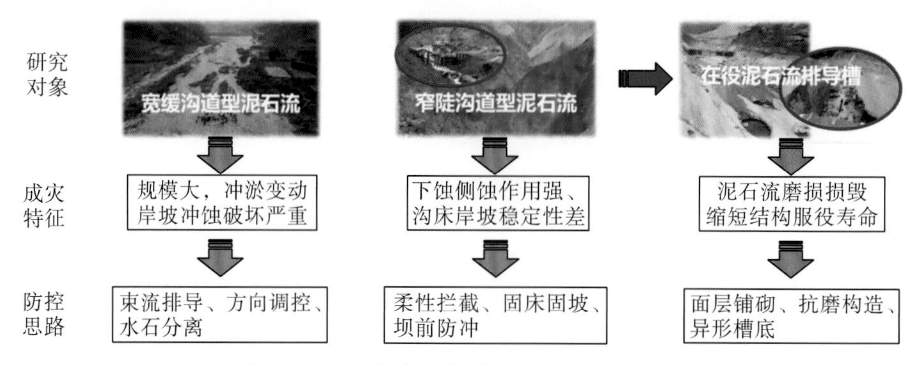

图 6-5 宽缓与窄陡沟道型泥石流防控理念

6.2 宽缓沟道型泥石流综合防控成套技术

6.2.1 拦-导-排综合防治技术

针对宽缓沟道型泥石流成灾特点，结合本书研究，提出了拦-导-排综合防治模式，即沟内多级拦挡、沟口排导的综合防治措施。强震区泥石流具有一次冲出规模大的特点，除了采用常规拦砂坝和排导槽结构形式外，对骨干拦砂坝应尽可能使有效坝高大于 15m，以尽可能拦截 20 年一遇、50 年一遇泥石流冲出规模。但就沟口排导槽而言，如果沟道纵坡坡降较缓（小于 100‰）、排导能力一般，其结构设计应充分考虑降低糙率、增大流速。除了排导槽铺底采用“V”字形尖底外，专门开展了纵横断面采用弧形结构技术的研究（图 6-6），出口段设置优化反翘角，通过模型实验和理论分析，反翘角优化取值 8°左右（图 6-7），完全可以满足泥石流排导要求，不会在沟槽内淤积。该技术解决了宽缓沟道型泥石流排导结构出口部位防淤堵技术难题。

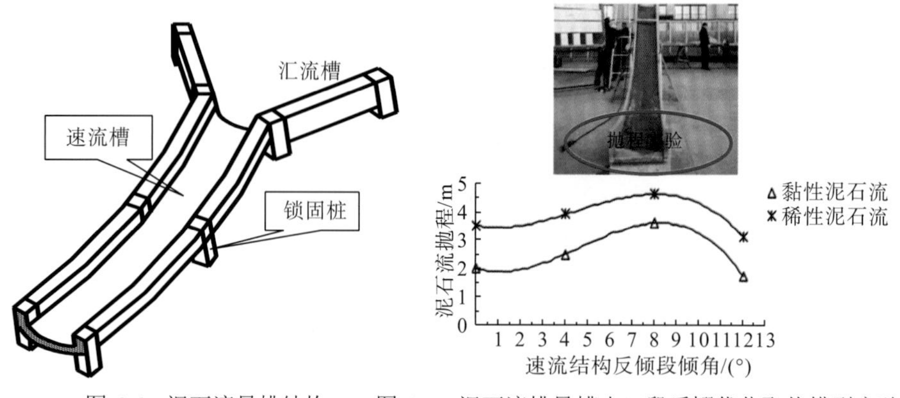

图 6-6 泥石流导排结构　　图 6-7 泥石流排导槽出口段反翘优化取值模型实验结果

6.2.2　基于泥石流抛程的排导槽设计方法

6.2.2.1　设计理念

速流槽计算模型如图 6-8 所示。定义泥石流流体在冲出速流槽后的抛程函数为 $g(x_i)$，速流槽的速排函数为 $f(y_i)$，则泥石流体的最大抛程为

$$s = g(v_2, h, \alpha) \tag{6-1}$$

$$v_2 = f(v_1, m, A) \tag{6-2}$$

式中，$m = \dfrac{L}{H}$；$A = K_A b^2$，其中，$K_A = \dfrac{1}{24}\left(\dfrac{16}{n} + 3\pi\right)$，$n = \dfrac{b}{h_1}$，$n$ 一般取 1.0～2.0。

令 $r = \dfrac{b}{2}$，$h_2 = \dfrac{2}{3}v_1$，则速流槽纵剖面半径计算式为

$$R = \frac{H}{\sin 2(\theta + \alpha)} \tag{6-3}$$

式中，$\theta = \arctan\dfrac{1}{m}$。

由式(6-1)得：$v_2 = g^{-1}(s)$。

由式(6-2)得：$m = f_1^{-1}[g^{-1}(s)]$，$A = f_2^{-1}[g^{-1}(s)]$。

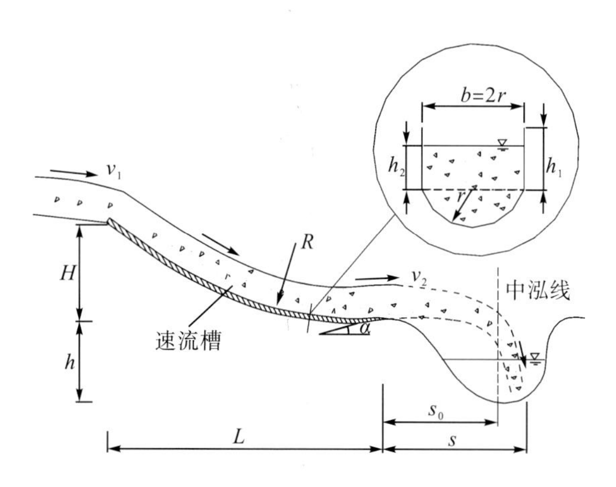

图 6-8　泥石流速流槽计算模型

式(6-1)～式(6-3)及图 6-8 中，s 为速流槽出口端泥石流的最大抛程，m；α 为速流槽出口端向上游的反倾倾角，一般为 0°～10°；R 为速流槽纵剖面半径，m；r 为速流槽底部横断面上凹半径，m；H 为速流槽底端与顶端之间的相对高差，m；h 为速流槽出口端至主河床高差，m；L 为速流槽水平长度，m；v_1 和 v_2 分别为速流槽进口端和出口端泥石流流速，m/s；h_1 为速流槽侧墙高，m；h_2 为速流槽内泥石流设计泥位深，m；θ 为速流槽平均坡度，(°)；b 为速流槽宽度，m。

6.2.2.2 设计步骤

根据泥石流沟堆积区形态及其与沟口主河的组合关系，确定 s_0、s、h 和α。

由 $v_2 = g^{-1}(s)$ 确定 v_2，由 $m = f_1^{-1}[g^{-1}(s)]$ 确定 m，并由 $\theta = \arctan\dfrac{1}{m}$ 求得θ，进而由式(6-3)求得速流槽纵剖面半径 R。

拟定参数 n，求出速流槽的宽度 b，进而求得 h_1、速流槽底部凹槽的半径 r 和速流槽的泥石流设计深度 h_2。

至此，速流槽几何尺寸设计完成，再通过结构计算进行结构设计。直线排导槽和速流槽抛程落点对比如图 6-9 所示。

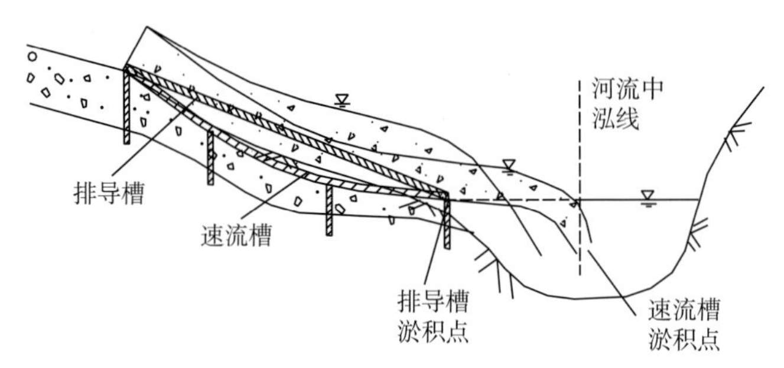

图 6-9 直线排导槽和速流槽抛程落点对比

6.2.3 泥石流排导槽结构计算方法

6.2.3.1 受荷模式

荷载组合：泥石流流体自重+结构自重+地基反力+泥石流流体摩阻力。

将地基视为均匀介质，不考虑泥石流磨蚀力对排导结构内力的影响，仅在结构设计时从构造措施上考虑结构抗御泥石流磨蚀问题。

精确计算时，基于弹性地基梁理论将底越式排导结构的地基土体视为半无限弹性体，单位长度的排导结构视为弹性地基梁。等分地基梁，引入文克勒假说(Winkler's hypothesis)地基假设，在每段的中点设置垂直方向的 Winkler 元(图 6-10)，据此进行超静定结构分析。

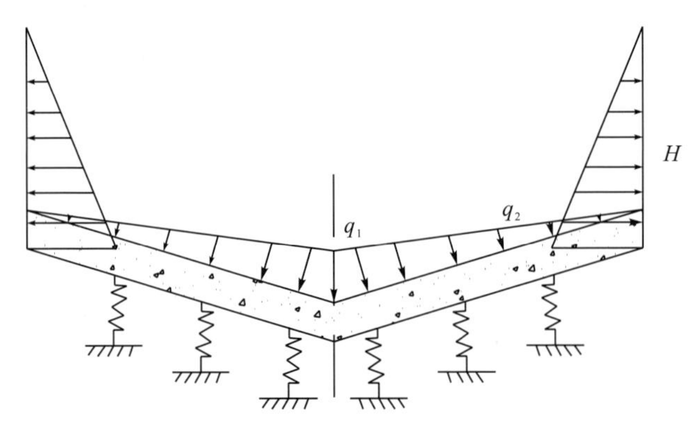

图 6-10 泥石流排导槽 Winkler 力学模型

6.2.3.2　排导槽内力计算方法

槽底内力：将“V”形排导槽结构视为支承在地基上的弹性地基梁，可分别取速流槽的横断面和纵断面建立 Winkler 模型，根据方形荷载板实验，确定地基反力系数 k，在缺乏实验条件的情况下，可按表 6-1 取地基反力系数的推荐值。结构特征系数 β 为

$$\beta^4 = \frac{k}{4EI} \tag{6-4}$$

式中，E 为梁的弹性模量，MPa；I 为梁截面惯性矩，m^4。

表 6-1　地基反力系数推荐值

土的种类		$k/(N/cm^3)$
扰动砂土，未经压实的新填土		1～5
流塑黏性、淤泥质土、有机质土		5～10
黏土及粉质黏土	软塑	10～20
	可塑	20～40
砂土	松散或稍密的	10～15
	中密的	15～25
	密实的	25～40
碎石土	稍密的	15～25
	中密的	25～40
黄土及黄土类粉质黏土		40～50
硬塑性黏性及粉质黏土		40～100
密实碎石土		50～100
人工压实的粉质黏土、硬黏土		100～200
冻土层		200～1000

注：地基反力系数推荐值应根据防治工程重要性进行选取，重要工程取小值，次要工程取大值。

根据弹性地基梁的挠度计算式：

$$y = e^{\beta x}[c_1\cos(\beta x) + c_2\sin(\beta x)] + e^{-\beta x}[c_3\cos(\beta x) + c_4\sin(\beta x)] + \frac{q(x)}{k} \tag{6-5}$$

可得梁任意截面的转角 θ、弯矩 M、剪力 Q 表达式：

$$\begin{aligned}\theta = \frac{dy}{dx} &= \beta e^{\beta x}\{c_1[\cos(\beta x) - \sin(\beta x)] + c_2[\cos(\beta x) + \sin(\beta x)]\} \\ &\quad -\beta e^{-\beta x}\{c_3[\cos(\beta x) + \sin(\beta x)] + c_4[-\cos(\beta x) + \sin(\beta x)]\}\end{aligned} \tag{6-6}$$

$$M = -EI\frac{d^2 y}{dx^2} = 2\beta^2 EI\{e^{\beta x}[c_1\sin(\beta x) - c_2\cos(\beta x)] - e^{-\beta x}[c_3\sin(\beta x) + c_4\cos(\beta x)]\} \tag{6-7}$$

$$\begin{aligned}Q = -EI\frac{d^3 y}{dx^3} &= 2\beta^3 EI(e^{\beta x}\{c_1[\cos(\beta x) + \sin(\beta x)] - c_2[\cos(\beta x) - \sin(\beta x)]\} \\ &\quad -e^{-\beta x}\{c_3[\cos(\beta x) - \sin(\beta x)] + c_4[\cos(\beta x) + \sin(\beta x)]\})\end{aligned} \tag{6-8}$$

将边界条件代入式(6-5)～式(6-8)，得系数 c_1、c_2、c_3 和 c_4。

侧墙内力：采用挡土墙理论进行排导槽边墙内力计算。挡土墙墙面与竖直线之间的夹角为α，墙背面填土水平，内摩擦角为 φ，填土与墙面的摩擦角为 δ，边墙受力见图 6-11。

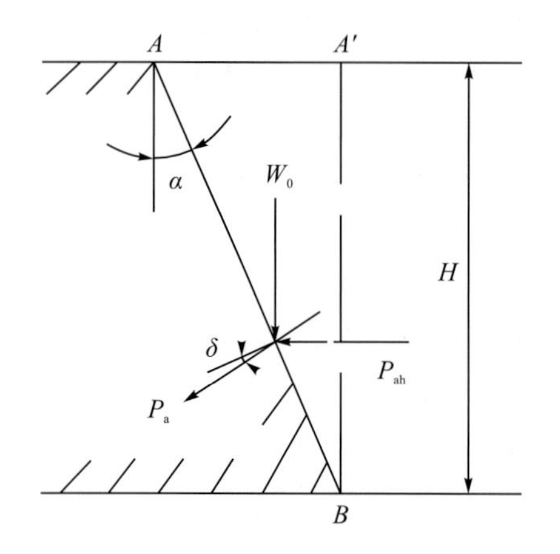

图 6-11 排导槽边墙受力示意图

由于挡土墙的墙面是倾斜的，作用在挡土墙背的主动土压力可以分为两部分计算，第一部分是作用在竖直面 $A'B$ 上的主动土压力 P_{ah}，可按下式计算：

$$P_{ah} = \frac{1}{2}\gamma K_a H^2 \tag{6-9}$$

式中，γ为土体容重。

第二部分是墙面 AB 和竖直面 $A'B$ 之间的土重所产生的压力，即三角形土体 ABA'的自重压力 W_0，可按下式计算：

$$W_0 = \frac{1}{2}\gamma \overline{AA'} \cdot \overline{BA'} = \frac{1}{2}\gamma H \tan\alpha \cdot H = \frac{1}{2}\gamma H^2 \tan\alpha \tag{6-10}$$

作用在挡土墙上总的主动土压力 P_a 是 P_{ah} 和 W_0 的合力：

$$P_a = \sqrt{P^2{}_{ah} + W_0{}^2} = \sqrt{\left(\frac{1}{2}K_a\gamma H\right)^2 + \left(\frac{1}{2}\gamma H^2 \tan\alpha\right)^2} = \frac{1}{2}\gamma H^2 \sqrt{K_a{}^2 + \tan^2\alpha} \tag{6-11}$$

式中，主动土压力系数 K_a 为

$$K_a = \frac{\cos^2(\varphi-\alpha)}{\cos^2\alpha\cos(\alpha+\delta)\left[1+\sqrt{\dfrac{\sin(\varphi+\alpha)\sin\phi}{\cos(\alpha+\delta)\cos\alpha}}\right]^2} \tag{6-12}$$

作用在挡土墙上的总主动土压力为

$$P_a = \frac{1}{2}\gamma H^2 \sqrt{K_a^2 + \tan^2\alpha} \tag{6-13}$$

主动土压力沿墙面呈三角形分布，压力作用线与墙面法线成 δ 角，并作用在法线的上方，总主动土压力作用点距离墙踵的高度为 y_a=H/3。

6.2.4　槽底简化计算方法——反力直线法

反力直线法是一种近似的方法，该方法假定地基反力呈直线规律分布，其地基反力图形在对称荷载作用下呈矩形分布，在偏心荷载作用下呈梯形分布。简化计算时，取单位长度的槽底为研究对象。为了确定地基反力的直线分布图形，只需先求出梁端的地基反力集度 p_1 和 p_2。p_1 和 p_2 可根据力平衡(M)和力矩平衡(Y)联合求出。据此，排导结构槽底可简化为静定问题进行求解，如图 6-12 所示。

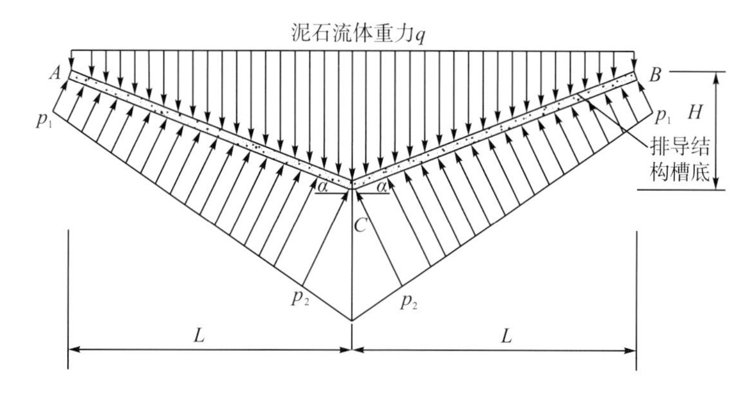

图 6-12　排导槽槽底简化计算模型

由 $\sum M = 0$，得

$$\frac{p_1 L^2}{2\cos^2\alpha} + \frac{(p_2 - p_1)L^2}{6\cos^2\alpha} + \frac{3p_1 L^2}{2\cos\alpha} + \frac{2(p_2 - p_1)L^2}{3\cos\alpha} = \frac{q_A L^2}{2} + \frac{4q_A L^2\cos\alpha}{3} + \frac{(q_C - q_A)L^2}{3} + \frac{2(q_C - q_A)L^2\cos\alpha}{3} \tag{6-14}$$

由 $\sum Y = 0$，得

$$p_1 L\cos\alpha + \frac{(p_2 - p_1)L}{2}\cos\alpha = q_A L + \frac{q_C - q_A}{2}L \tag{6-15}$$

联合式(6-14)和式(6-15)，可求得 p_1 和 p_2，据此可求得槽底任意截面的内力。

值得指出的是，由于泥石流堆积区拟设排导槽部位承载力不高，速流排导槽需要设置锁固桩，如图 6-13 所示。

图 6-13　速流槽施工

6.3 窄陡沟道型泥石流综合防控成套技术

如前所述，窄陡沟道型泥石流综合防控理念以沟内固源、固床为主，辅以沟口拦停调蓄及沟口排导泄洪，由于窄陡沟道型流通区纵坡坡降陡、揭底冲刷强，一旦强震形成的同震滑坡或震裂山体崩滑堵塞沟道，将导致堵溃揭底放大，需要对此类物源进行必要的固源固坡工程。另外，由于纵坡坡降陡导致的巨大冲击力，使得拦挡防护结构需要专门考虑。窄陡沟道施工条件极为困难，不适宜采用大量圬工结构，因此选择轻便、易实施的固源、拦挡轻型结构就显得极为必要。尤其是针对窄陡沟道型泥石流的柔性拦截网格坝(柔性防护结构)，其抗冲击力设计是亟待解决的关键技术问题。

6.3.1 泥石流柔性拦截系统多场多介质耦合计算方法

6.3.1.1 系统构成

窄陡沟道型泥石流柔性防护系统(图 6-14)主要由拦截单元、支撑结构、耗能器等组成，是具有强透水能力的新型防护结构，综合利用拦截单元的强透水特性以及结构整体的非线性大变形特征，显著降低其所遭受的泥石流冲击力，同时进一步通过耗能器消耗泥石流的冲击动能，实现缓冲防护。拦截单元一般由具有密集网孔的柔性金属网片构成，直接承受泥石流的冲击作用，并将冲击力传递到相连的支撑结构；支撑结构一般为钢丝绳和钢柱组成的具有大变形能力的非线性结构系统，用于支撑拦截单元，并将冲击力传递到地基；耗能器通常连接于钢丝绳的特殊部位，通过钢丝绳的牵引拉伸作用产生摩擦、塑性变形，耗散泥石流冲击动能，并对钢丝绳形成“保险丝”作用。根据泥石流沟宽度的不同，通常将泥石流柔性防护系统分为 VX 形[图 6-14(a)]和 UX 形[图 6-14(b)]，两者的差异主要在于泥石流柔性防护系统中部是否设置钢柱。一般而言，VX 形柔性防护系统适用于沟床宽度小于 15m 的泥石流沟，UX 形适用于沟床宽度大于 15m 的泥石流沟。

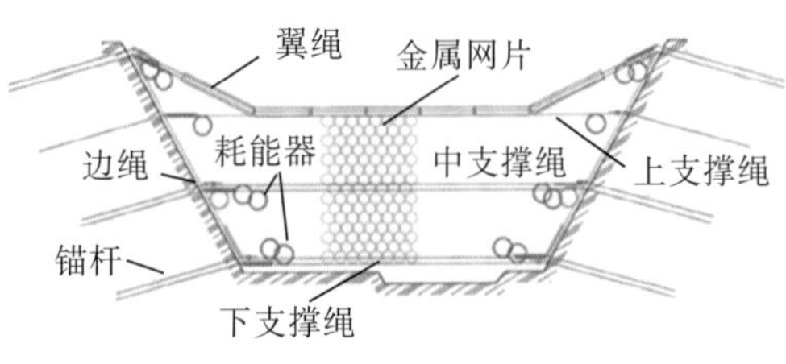

(a)VX形泥石流柔性防护系统

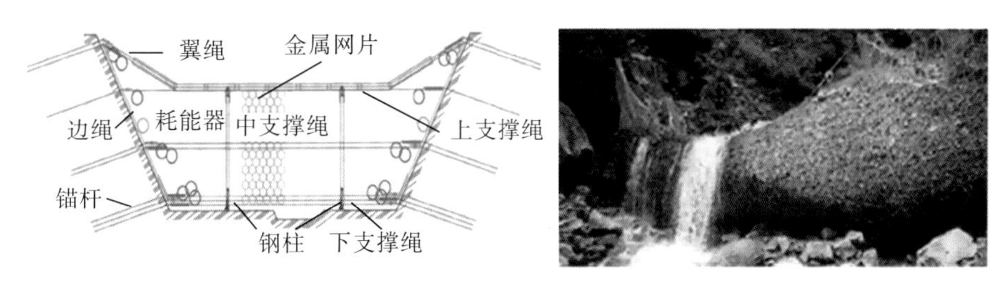

(b)UX形泥石流柔性防护系统

图 6-14　泥石流柔性防护系统

相较于传统刚性拦挡结构，柔性防护系统具有显著的非线性柔性特征，由于高效利用了金属网片及钢丝绳索的高强抗拉和金属型材的抗压能力，并引入耗能部件，结构效率极高，具有优异的张力结构性能。常用的柔性防护系统用钢量仅为 20kg/m^2 左右，技术经济性优良，这也使得柔性防护系统的拆装非常高效便捷，加之拦截单元所采用的柔性金属网片通透性好，因此与环境兼容性好，具有突出的绿色环保性能。

当遭受泥石流冲击作用时，多孔密集态的柔性金属网片将液体部分和较小的颗粒滤出，大大降低了泥石流冲击作用。同时较大的颗粒物将被拦截，柔性防护系统中的耗能器将产生非常大的塑性变形，耗散泥石流的冲击动能。拦截下来的颗粒物及其他泥石流挟带物沉积下来后进一步与柔性防护系统形成包裹作用，逐渐形成“碎石坝”效应，有利于进一步提升对后续来流冲击的防护能力，直至沉积方量达到柔性防护系统的最大拦截量，后续来流将从系统顶部溢出，被布置于下方的防护网结构进一步拦截。拦截过程的典型状态如图 6-15 所示。

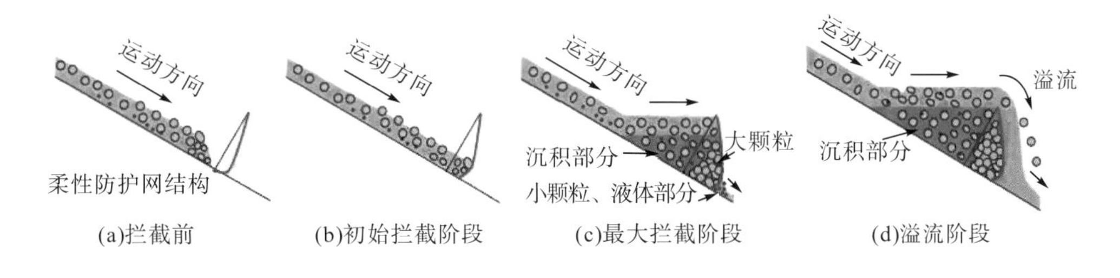

(a)拦截前　(b)初始拦截阶段　(c)最大拦截阶段　(d)溢流阶段

图 6-15　泥石流柔性防护系统拦截过程

6.3.1.2　多场多介质耦合计算方法

泥石流与柔性防护系统相互作用模拟涉及泥石流模拟方法、柔性防护系统模拟方法与耦合计算方法三大部分，其中耦合计算方法是计算模拟中的难点，本小节提出了基于离散元方法-有限元方法(discrete element method-finite element method，DEM-FEM)的碎屑流-柔性防护系统耦合计算方法和基于平滑粒子流体动力学(smoothed particle hydrodynamics，SPH)-离散元方法-有限元方法(SPH-DEM-FEM)的泥石流-柔性防护系统耦合计算分析方法。该方法中，利用 DEM 方式来描述碎屑流的力学特性，利用 SPH 描述浆体的力学特征，柔性防护系统采用拉格朗日方法进行模拟。

1. 基于 DEM-FEM 的碎屑流-柔性防护系统耦合计算方法

假设 DEM 粒子是弹性软球体，离散元控制方程为牛顿第二定律，考虑颗粒在运动过程中受到的颗粒间碰撞作用力、重力等，那么颗粒平动和转动方程可分别表示如下：

$$\begin{cases} m_i\ddot{u}_i = m_i g + \sum_{k=1}^{m}(f_{\mathrm{n},ik} + f_{\mathrm{t},ik}) \\ I_i\ddot{\theta}_i = \sum_{k=1}^{m} T_{ik} \end{cases} \tag{6-16}$$

其中，g 是重力加速度；m_i、$\ddot{u}_i$、I_i 和 $\ddot{\theta}_i$ 分别是粒子 i 的质量、平动加速度、转动惯量与转动加速度；m 是同时与粒子 i 接触的颗粒数；$f_{\mathrm{n},ik}$、$f_{\mathrm{t},ik}$ 和 T_{ik} 分别是粒子 k 施加给粒子 i 的法向接触力、切向接触力与转动力矩；$T_{ik}=l_{ik}\times(f_{\mathrm{n},ik}+f_{\mathrm{t},ik})+r_i u_{\mathrm{r}} f_{\mathrm{n},ik}$，其中 l_{ik} 是从粒子 k 的碰撞点到粒子 i 质心的位移矢量，r_i 和 u_{r} 分别是粒子半径与滚动摩擦系数。

采用线性弹簧阻尼模型来描述粒子间的接触，相比于赫兹接触模型，线性弹簧阻尼模型简单且计算效率高，两粒子间的接触模型如图 6-16 所示。

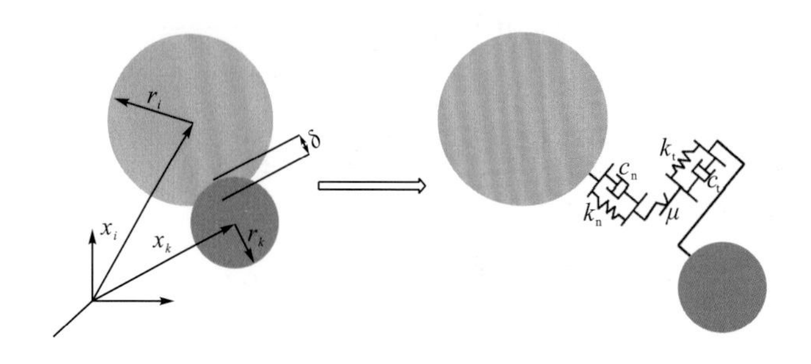

图 6-16 粒子间的接触模型

两粒子间的过盈量δ由下式计算：

$$\delta = r_i + r_k - |x_i - x_k| \tag{6-17}$$

式中，r_i和 r_k分别是粒子 i 和粒子 k 的半径；x_i和 x_k分别是粒子 i 和粒子 k 的位置矢量。

两粒子间的法向接触力由下式计算：

$$f_{\mathrm{n},ik} = (k_{\mathrm{n}}\delta + c_{\mathrm{n}}\dot{\delta})\boldsymbol{n} \tag{6-18}$$

式中，k_{n}、c_{n}、$\dot{\delta}$ 和 $\boldsymbol{n}$ 分别是法向弹簧刚度、法向阻尼系数、相对法向速度和位移单位向量。

两粒子间的切向接触力由下式计算：

$$f_{\mathrm{t},ik} = \begin{cases} -k_{\mathrm{t}}\delta_{\mathrm{t}} + c_{\mathrm{t}}\dot{\delta}_{\mathrm{t}}, & |f_{\mathrm{n},ik}|\mu > |-k_{\mathrm{t}}\delta_{\mathrm{t}} + c_{\mathrm{t}}\dot{\delta}_{\mathrm{t}}| \\ \dfrac{(-k_{\mathrm{t}}\delta_{\mathrm{t}} + c_{\mathrm{t}}\dot{\delta}_{\mathrm{t}})}{|-k_{\mathrm{t}}\delta_{\mathrm{t}} + c_{\mathrm{t}}\dot{\delta}_{\mathrm{t}}|}|f_{\mathrm{n},ik}|\mu, & \text{其他} \end{cases} \tag{6-19}$$

式中，k_{t}、c_{t}、δ_{t}、$\dot{\delta}_{\mathrm{t}}$ 和 μ 分别是切向弹簧刚度、切向阻尼系数、相对切向位移、相对切向速度和摩擦系数。取 $k_{\mathrm{t}}=2/7k_{\mathrm{n}}$。

k_{n} 为

$$k_{\mathrm{n}} = n_k \frac{\kappa_i r_i \kappa_k r_k}{\kappa_i r_i + \kappa_k r_k} \tag{6-20}$$

式中，n_k 为刚度比例系数；κ_i、κ_k 分别为粒子 i 和粒子 k 的体积模量。$\kappa=\dfrac{E_{\mathrm{p}}}{3(1-2\nu_{\mathrm{p}})}$，其中 E_{p}、ν_{p} 分别是粒子的弹性模量和泊松比。

c_{n}、c_{t} 分别由下式计算：

$$\begin{cases} c_{\mathrm{n}} = 2\eta_{\mathrm{n}} \sqrt{\dfrac{m_i m_k}{m_i + m_k} k_{\mathrm{t}}} \\ c_{\mathrm{t}} = 2\eta_{\mathrm{t}} \sqrt{\dfrac{m_i m_k}{m_i + m_k} k_{\mathrm{n}}} \end{cases} \tag{6-21}$$

式中，η_{n}、η_{t} 分别为法向阻尼比和切向阻尼比。

所有模型均采用显式求解器进行分析，时间步长设置如下：

$$\Delta t_{\mathrm{DEM}} = \alpha_{\mathrm{DEM}} 0.2\pi \sqrt{\frac{m_0}{\dfrac{E}{3(1-2\nu)} r_0 \, \mathrm{NORMK}}} \tag{6-22}$$

式中，m_0、r_0 和 α_{DEM} 分别为粒子质量、对应的半径和时间步缩放系数；ν 为泊松比；NORMK 为罚刚度因子，通常默认取 0.1。

耦合控制方程如式(6-23)所示，前两项为 DEM 控制方程，最后一项为有限元控制方程。

$$\begin{cases} m_i \ddot{u}_i = m_i g + \sum\limits_{k=1}^{m} (f_{\mathrm{n},ik} + f_{\mathrm{t},ik}) + \sum\limits_{j=1}^{j_0} (f_{\mathrm{n},ij} + f_{\mathrm{t},ij}) \\ I_i \ddot{\theta}_i = \sum\limits_{k=1}^{m} T_{ik} + \sum\limits_{j=1}^{j_0} T_{ij} \\ \boldsymbol{M}\ddot{\boldsymbol{X}} + \boldsymbol{C}\dot{\boldsymbol{X}} + \boldsymbol{K}\boldsymbol{X} = f_{\mathrm{a}} + f_{\mathrm{b}} \end{cases} \tag{6-23}$$

式中，$f_{\mathrm{n},ij}$、$f_{\mathrm{t},ij}$ 和 T_{ij} 分别为单元 j 施加给粒子 i 的法向接触力、切向接触力与接触力矩，$T_{ij}=l_{ij}\times(f_{\mathrm{n},ij}+f_{\mathrm{t},ij})$，其中 l_{ij} 是力臂；$\boldsymbol{M}$、$\boldsymbol{C}$ 和 $\boldsymbol{K}$ 分别是有限单元 J 的质量矩阵、阻尼矩阵与刚度矩阵；$\boldsymbol{X}$ 是有限元节点的位移。f_{a} 是有限单元 J 承受的外力与其他有限单元施加的合力；f_{b} 是粒子施加给单元 J 的合力。粒子与有限单元的接触力计算是关键，可基于罚函数法计算它们之间的接触力，LS-DYNA 中粒子与有限元的接触模型如图 6-17 所示。接触搜索的第一步是找到与粒子相邻最近的单元，第二步是计算粒子与有限元段的过盈量：

$$\delta = r_{\mathrm{s}} + r_{\mathrm{e}} - d_{\mathrm{pmin}} \tag{6-24}$$

式中，r_{s} 是粒子 i 的半径；r_{e} 是梁单元的等效半径，对于圆截面梁单元，其等效半径即为梁单元半径；d_{pmin} 是粒子中心与接触段中心线最近点的距离。

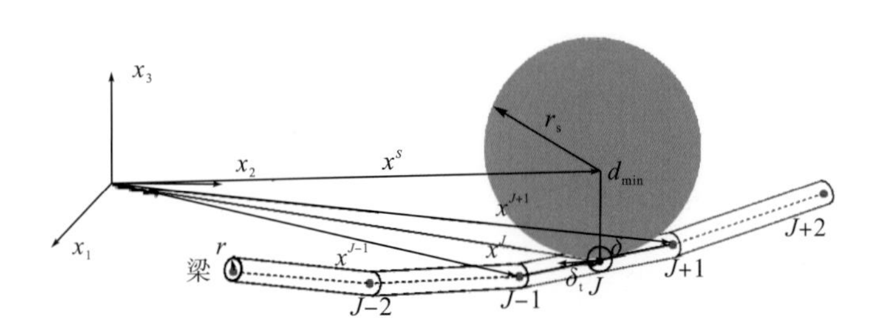

图 6-17 DEM 与 FEM 耦合接触

耦合计算流程如图 6-18 所示，其中 DEM 和 FEM 都采用条件稳定的中心差分法，两者耦合要求两者的积分必须同步，这就要求两者在同一计算框架下每一步计算采用相同的计算步长，时间步长 $\Delta t_{\text{DEM-FEM}}$ 取两者的较小值。

$$\Delta t_{\text{DEM-FEM}} = \min(\Delta t_{\text{DEM}}, \Delta t_{\text{FEM}}) \tag{6-25}$$

式中，DEM 时间步长 $\Delta t_{\text{DEM}} = \beta \cdot 0.2\pi\sqrt{m_0 / k_{\text{spring}}}$；FEM 时间步长 $\Delta t_{\text{FEM}} \leqslant L_{\min} / c$。其中 c 为材料声速，β 为时间步长比例系数，m_0 为粒子质量，k_{spring} 为弹簧刚度，$L_{\min}$ 为最小单元尺寸。

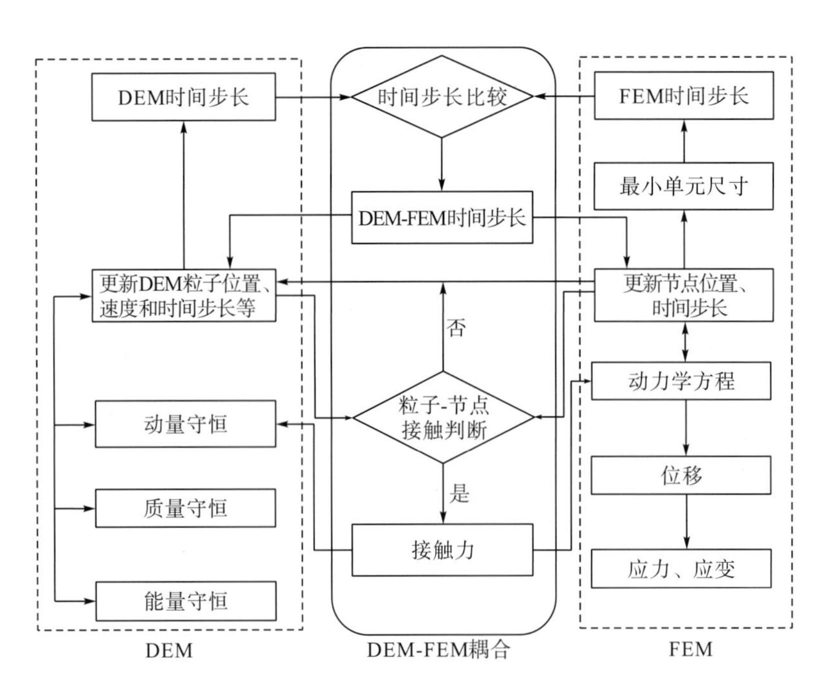

图 6-18 DEM-FEM 耦合流程

基于以上计算方法，碎屑流-柔性防护系统耦合模型搭建步骤如图 6-19 所示，可知建立碎屑流-柔性防护系统耦合模型需要三个步骤：构建碎屑流模型、构建柔性防护系统离散模型、构建耦合模型。

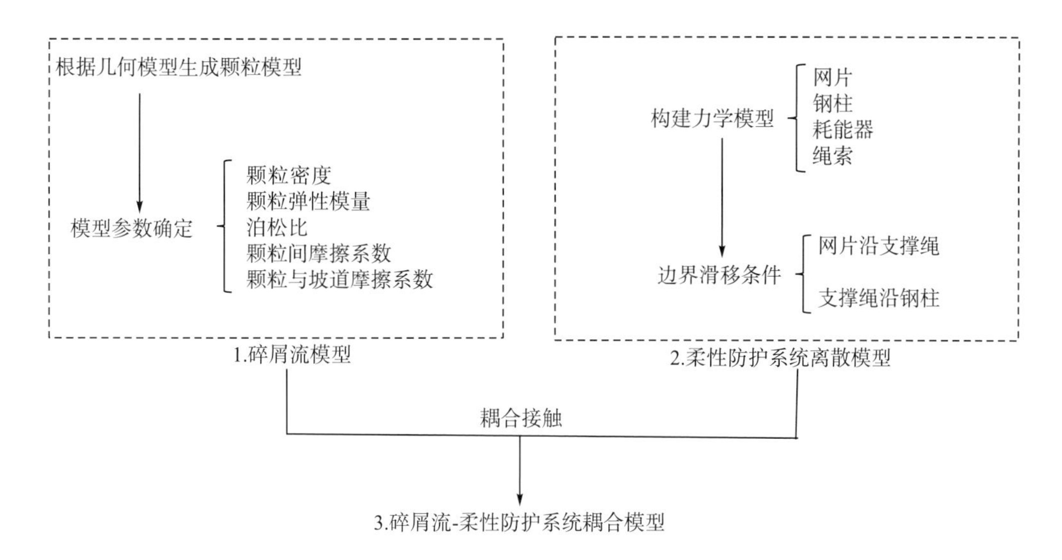

图 6-19　碎屑流-柔性防护系统耦合模型搭建步骤

2. 基于 SPH-DEM-FEM 的泥石流-柔性防护系统耦合计算方法

泥石流-柔性防护系统耦合模型如图 6-20 所示，模型主要有 4 类接触力：颗粒与颗粒的耦合接触力、颗粒与网片的耦合接触力、浆体与颗粒体的接触力、浆体与网片的接触力。泥石流-柔性防护系统耦合模型与碎屑流-柔性防护系统耦合模型的主要区别是：泥石流中既有浆体的冲击压力，也有颗粒体的局部脉冲力。

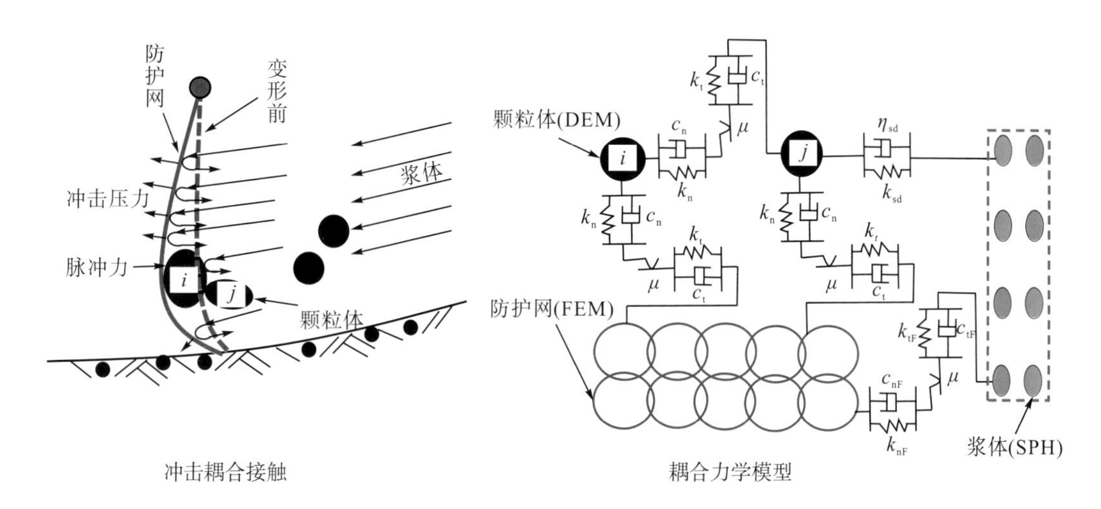

图 6-20　泥石流-柔性防护系统耦合模型

防护网中格栅网的作用是拦挡细小颗粒，由于 SPH 模拟的浆体与格栅单元耦合接触存在困难，在网片上建立虚拟膜(壳单元模拟)代替格栅网，虚拟膜单元只起传递力给网片的作用(图 6-21)，解决了 SPH 浆体与梁单元耦合困难的问题。

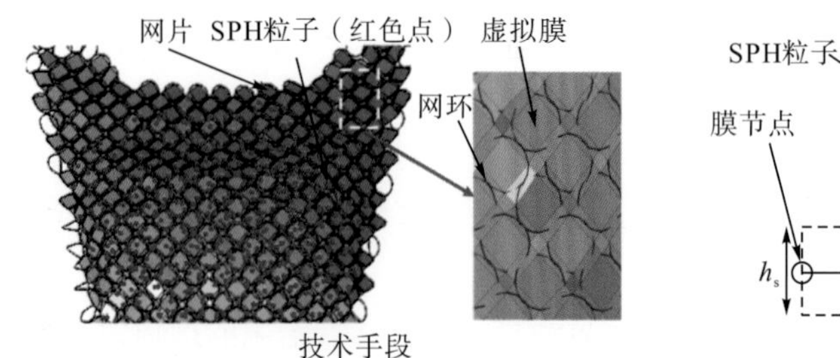

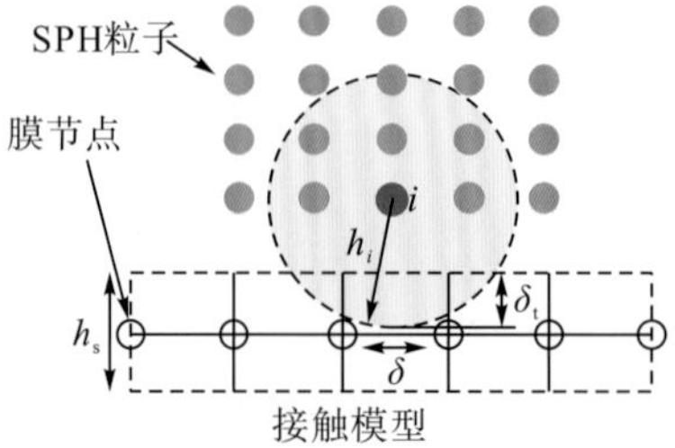

图 6-21 SPH 与虚拟膜(壳单元模拟)耦合接触

耦合的关键在于 SPH 粒子与虚拟膜的接触计算，基于罚函数法计算它们之间的接触力，SPH 粒子与虚拟膜的接触模型如图 6-21 所示。SPH 粒子与膜单元的过盈量：

$$\delta_{\mathrm{F}} = h_i + h_{\mathrm{s}} / 2 - d_{\mathrm{F\text{-}min}} \tag{6-26}$$

式中，h_i 是 SPH 粒子 i 的影响域半径；对于膜单元，$d_{\mathrm{F\text{-}min}}$ 是 SPH 粒子中心与接触段表面的距离。

法向力和切向力能分别为

$$f_{\mathrm{nF}} = (k_{\mathrm{nF}}\delta_{\mathrm{nF}} + c_{\mathrm{nF}}\dot{\delta}_{\mathrm{nF}})n \tag{6-27}$$

$$f_{\mathrm{tF}}=\begin{cases}(k_{\mathrm{tF}}\delta_{\mathrm{tF}} + c_{\mathrm{tF}}\dot{\delta}_{\mathrm{tF}}), \left|f_{\mathrm{nF},ik}\right|\mu_{\mathrm{F}} > \left|k_{\mathrm{tF}}\delta_{\mathrm{tF}} + \right|c_{\mathrm{tF}}\dot{\delta}_{\mathrm{tF}} \\ \dfrac{k_{\mathrm{tF}}\delta_{\mathrm{tF}} + c_{\mathrm{tF}}\dot{\delta}_{\mathrm{tF}}}{\left|k_{\mathrm{tF}}\delta_{\mathrm{tF}} + c_{\mathrm{tF}}\dot{\delta}_{\mathrm{tF}}\right|}\left|f_{\mathrm{nF},ik}\right|\mu_{\mathrm{F}},\text{其他}\end{cases} \tag{6-28}$$

式中，μ_{F} 为摩擦系数；c_{tF} 为阻尼系数；$k_{\mathrm{nF}} = k_{\mathrm{tF}}$，并通过下式计算：

$$k_{\mathrm{nF}} = k_{\mathrm{1F}}\frac{K_{\mathrm{F}}s_{\mathrm{F}}}{\max(\text{壳对角线})} \tag{6-29}$$

式中，k_{1F} 是罚函数因子；K_{F} 是壳单元材料体积模量；s_{F} 是接触段单元面积。

SPH 与虚拟膜单元耦合计算流程如图 6-22 所示。

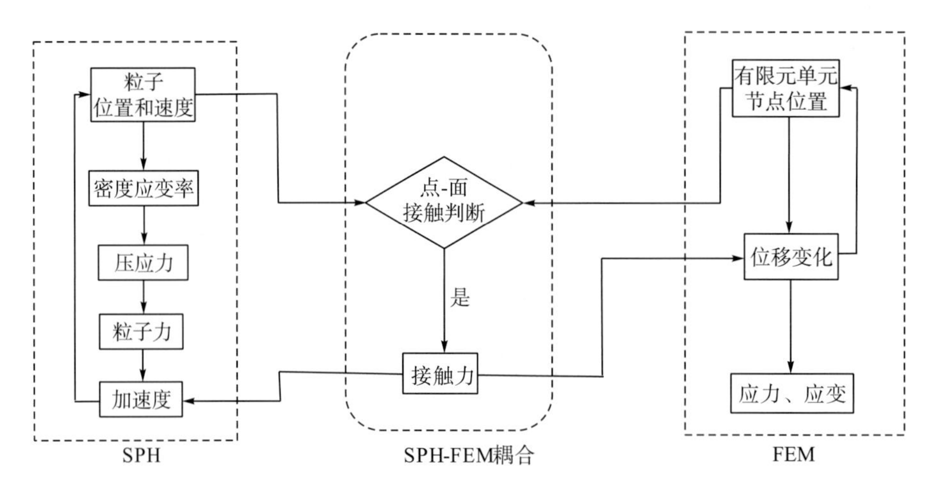

图 6-22 SPH 与 FEM 耦合流程

在求解耦合方程时，SPH 采用条件稳定的跳蛙显式积分方法，FEM 与 DEM 采用条件稳定的中心差分方法，三者耦合要求积分步相同，时间步长 $\Delta t_{\text{SPH-DEM-FEM}}$ 取三者的较小值。

$$\Delta t_{\text{SPH-DEM-FEM}} = \min(\Delta t_{\text{SPH}}, \Delta t_{\text{DEM}}, \Delta t_{\text{FEM}}) \tag{6-30}$$

式中，SPH 时间步长 $\Delta t_{\text{SPH}} = \beta h / c$ 。其中，β为时间步长比例系数，h 为粒子的影响域半径，c 为材料声速。

耦合的关键在于耦合接触力的计算，基于罚函数法计算它们之间的接触力，耦合接触力计算简单方便。在同一框架下，可同时模拟泥石流-结构耦合模型中的流体-固体颗粒-结构的相互作用。SPH 方法控制了流体的运动，DEM 方法控制了颗粒的运动，拉格朗日有限元方法控制了结构的运动，这三种方法都发挥了各自的优势。

耦合模型搭建步骤如图 6-23 所示，建立泥石流-柔性防护系统耦合模型需要三个步骤：建立泥石流模型、构建柔性防护系统离散模型、构建泥石流-柔性防护系统耦合模型。

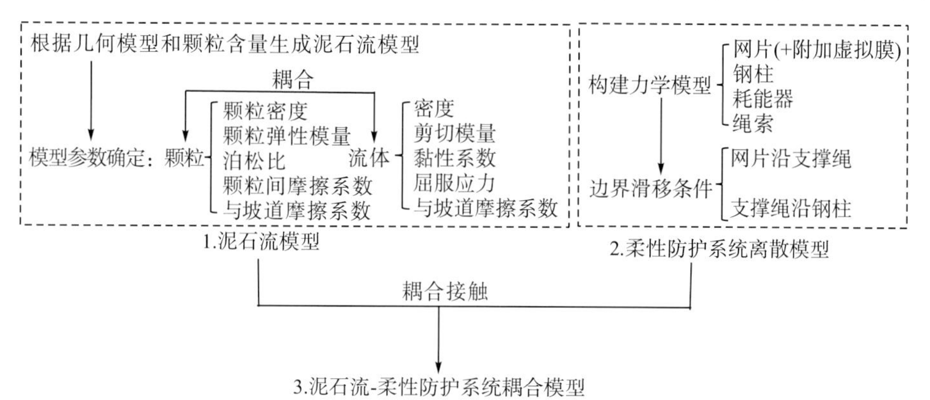

图 6-23　泥石流-柔性防护系统耦合模型搭建步骤

6.3.1.3　柔性防护系统受力机理

1. 数值计算模型

泥石流柔性防护系统数值计算模型如图 6-24 所示。

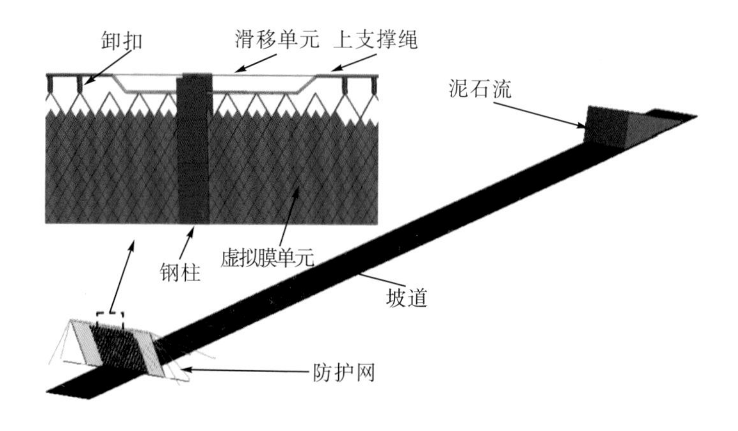

图 6-24　泥石流柔性防护系统数值计算模型

坡道：坡道简化为 30°的平面坡道，坡道两侧壁面也简化为与防护网垂直的平面。

泥石流：粒径小于 100mm 的颗粒体均用 SPH 粒子模拟；粒径大于 100mm 且小于 200mm 的颗粒体均用 DEM 粒子模拟，粒径统一简化为 150mm 的 DEM 粒子。

防护网：由于格栅网的作用是拦挡细小颗粒，为简化计算模型，用一个虚拟膜单元代替格栅网，虚拟膜单元只起传递力的作用。

单元材料模型如下。

坡道：采用刚性壳单元模拟，刚体材料密度为 3000kg/m^3，弹性模量为 30GPa，泊松比为 0.24，单元尺寸为 0.1m。

粗颗粒体：采用弹性 DEM 粒子模拟，其粒子密度为 2585kg/m^3，弹性模量为 30GPa，泊松比为 0.3，共有 2524 个粒子，占泥石流总质量的 13%。对于粒子之间的参数取值如下：法向阻尼比为 0.7，切向阻尼比为 0.4，法向弹簧刚度为 0.01，切向弹簧刚度取为 0.0027。

泥石流细颗粒体：采用 SPH 粒子模拟。粒子间距为 0.1m。采用超弹塑性本构模型+多线性状态方程描述。本构参数如表 6-2 所示。

表 6-2 泥石流流体材料参数

密度/(kg/m^3)	剪切模量/MPa	屈服应力/Pa	硬化模量/Pa	系数 C_1	系数 C_0、C_2～C_5
1760	1.67	900	100	5×10^9	0

钢柱：本构选用理想弹塑性材料，其材料密度为 7900kg/m^3，弹性模量为 200GPa，泊松比为 0.3，屈服强度为 345MPa，单元尺寸为 0.25m。

绳索：采用索单元模拟，本构选用理想弹塑性材料，其材料密度为 7900kg/m^3，弹性模量为 150GPa，泊松比为 0.3，屈服强度为 1770MPa，极限应变为 0.03，单元尺寸为 0.25m。

耗能器：采用具有分段线性塑性材料的弹塑性弹簧单元对耗能器进行模拟。

网片：采用索单元模拟，本构选用理想弹塑性材料，其材料密度为 7900kg/m^3，弹性模量为 150GPa，泊松比为 0.3，屈服强度为 1770MPa，极限应变为 0.03，单元尺寸为 0.1m。

边界条件：坡道底部和侧壁均采取全固定约束；支撑绳端部对其进行平动约束；由于支撑钢柱柱脚采用平面销铰，在竖直平面内可以自由转动，水平面内也具有一定自由转动的能力，因此钢柱柱脚可近似设置为双向铰接；支撑绳可沿柱端滑移，摩擦系数为 0.15。

颗粒体间的滑动摩擦系数为 1.4，滚动摩擦系数为 0.1。网片与绳索之间的摩擦系数为 0.15。泥石流与坡道的摩擦系数为 0.42，与网片的摩擦系数为 0.4。浆体与岩石粒子间进行耦合，泥石流与坡面的摩擦系数经过反复试错，以满足泥石流流经测点 1 和 2 时的流深条件和速度条件。

重力加速度为 9.8m/s^2，计算时间为 12s。

2. 计算(仿真)结果与实验结果对比

与相关文献中泥石流流经监测点 1 和监测点 2 时的流深、流速对比结果如表 6-3 所示。流深最大误差为 13%，流速最大误差为 7%。整体而言，误差控制较好，说明了泥石流材料参数及其与坡面摩擦系数取值的合理性。

表 6-3 实验与仿真泥石流流深、流速对比

测点	流深			流速		
	实验值/m	仿真值/m	误差/%	实验值/(m/s)	仿真值/(m/s)	误差/%
1	0.34	0.33	3	9.1	8.46	7
2	0.30	0.26	13	11.1	10.4	6

泥石流冲击柔性防护系统过程中的典型时刻如图 6-25 所示，数值模拟再现了泥石流冲击被动柔性防护网过程中所经历的前端冲击、爬升、翻涌、下落、堆积等运动特点，这个过程与碎屑流的冲击运动过程(前端冲击、爬升、堆积)有一定差异。实验与仿真的堆积状态有一定的差距，其主要原因是数值模拟中采用了虚拟膜单元，阻止了泥石流的渗漏，从而造成模拟的堆积体大于实验值。

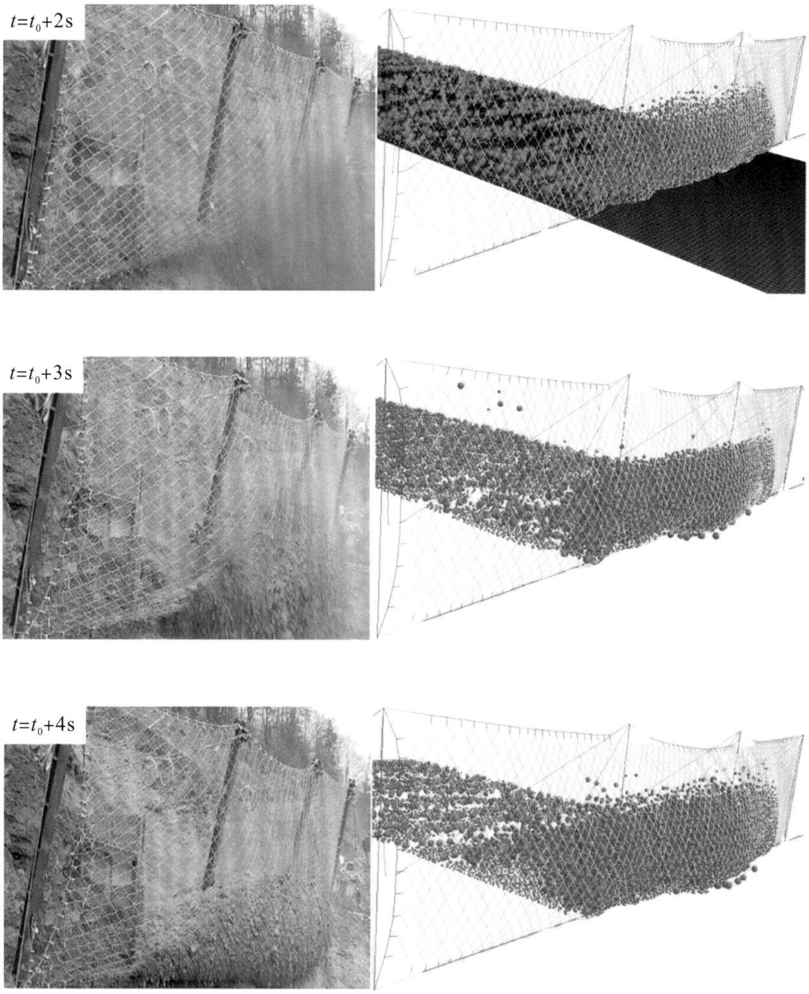

$t=t_0+2s$

$t=t_0+3s$

$t=t_0+4s$

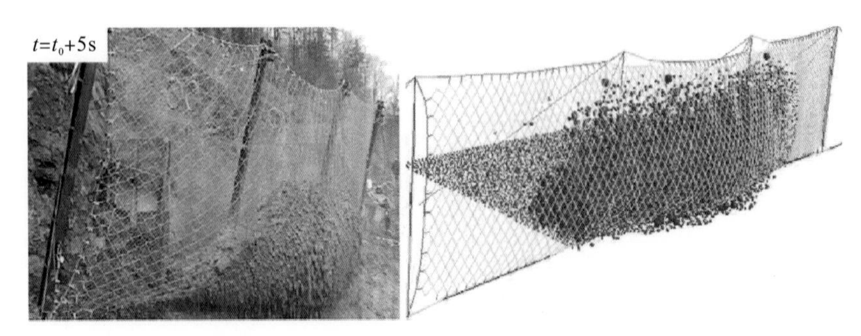

图 6-25 泥石流冲击柔性防护系统过程对比

在设计过程中，构件峰值力是重点，绳索内力峰值对比如表 6-4 所示，本小节仿真的支撑绳内力峰值与实验吻合较好，上支撑绳、下支撑绳、上拉锚绳的实验与仿真的误差分别为 1.3%、8.5%、8.3%。本模拟方法在峰值力模拟上精度较好，因此本数值模型可用于泥石流冲击防护网的研究分析。

表 6-4 实验与仿真绳索内力峰值对比

绳索	实验值/kN	本小节仿真		Bugnion 仿真	
		仿真值/kN	误差/%	仿真值/kN	误差/%
上支撑绳	87.1	88.2	+1.3	94.8	+8.8
下支撑绳	98.5	106.9	+8.5	82.2	−16.5
上拉锚绳	44.6	48.3	+8.3	36.2	−18.8

3. 耦合过程

为了详细再现柔性防护网的工作过程，图 6-26 给出了从 t=2.8s 到 t=8.0s 碎屑流冲击柔性防护网过程的侧视图，并定义了耦合作用的三个阶段，即前端冲击、爬升和堆积。在前端冲击阶段(2.8～4.1s)，柔性防护网拦截前端颗粒(V1)，由于防护网的大变形能力，降低了碎屑流的冲击作用，从该层面上来讲，其性能是优于刚性拦挡的。此外，前端颗粒(V1)被防护网拦截，形成一层堆积体。对于后续来流粒子，堆积体就变为一个缓冲层。在爬升阶段(4.1～6.4s)，堆积体使随后进入的碎屑流沿坡面向上偏转运动，这些后续碎屑流(V2)逐渐爬上堆积层。t=6.4s 时，随后的碎屑流不能从原有堆积体上越过，碎屑流堆积体厚度达到最大值。堆积阶段(6.4～8.0s)，后续碎屑流只对现有堆积体产生冲击和堆积，增加堆积体总量。最终堆积体剖面形成的斜坡接近碎屑流的内摩擦角。

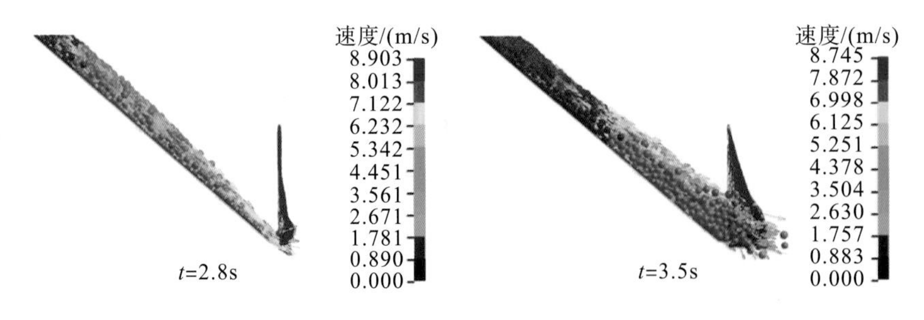

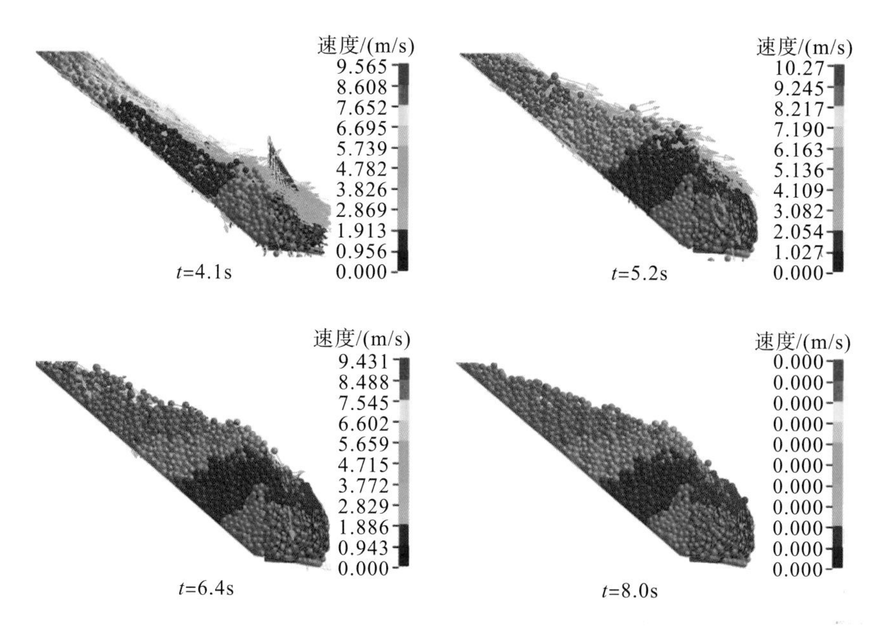

图 6-26　碎屑流冲击柔性防护网过程

从图 6-26 可以看出，数值模型能很好地再现防护网拦截的全过程。

图 6-27 为冲击过程中部分颗粒运动轨迹。可以看到，前端(V1)粒子被拦截形成了一个缓冲层。因此第二部分(V2)粒子冲击到缓冲层上并向上爬升，达到 $0.8h_0$ 的高度(h_0 是防护网的初始拦截高度)。随着时间的推移，随后的碎屑流(V3 和 V4)陆续地堆积在防护网后面，爬升的高度也逐渐增加。最后一个碎屑流部分(V4)，初始速度偏转位置为 $2.25h_0$，最终堆积高度为 $1.4h_0$。值得注意的是，由于后续粒子的爬升，可能会出现碎屑流的过流现象，因此在设计时应考虑柔性防护网的拦截高度。

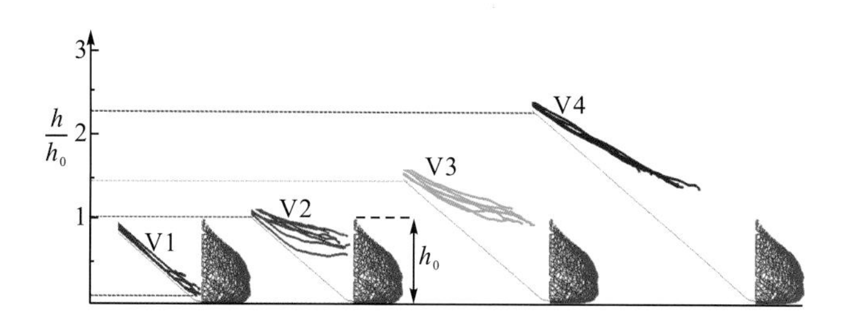

图 6-27　碎屑流部分颗粒的运动轨迹

网片的缓冲变形演化如图 6-28 所示。在前端冲击阶段，在前端粒子的作用下，网片发生较大的变形，变形随时间增加迅速增大。在爬升阶段，后续颗粒爬升到前一堆积体上冲击柔性防护网，网片的变形随时间继续增大，但增大速度较慢。当 t=5.2s 时，网面变形达到最大值 2.15m。t=5.2s 后，网片的变形基本上趋于恒定，网片的变形在爬升阶段完成后就基本停止。

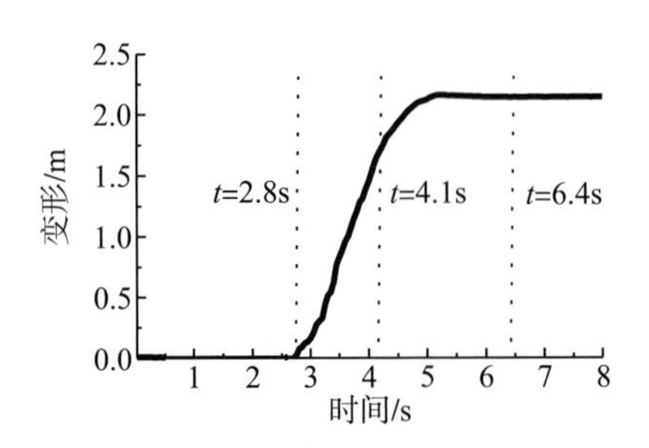

图 6-28　网片最大缓冲变形时程曲线

4. 冲击力时程

冲击力计算公式可表示为 $F_{\text{tot}} = \sum_{i=1}^{n_{\text{con}}} F_{\text{con}}$，其中 n_{con} 是与网片接触的粒子总和，F_{con} 是一个颗粒与网片的接触力，冲击力时程如图 6-29 所示。在前端冲击阶段(2.8～4.1s)，法向冲击力达到 2540kN。在爬升阶段(4.1～6.4s)，当 t=4.55s 时，法向冲击力达到最大值 3533kN。堆积区形成的静法向压力为 2829kN，比最大法向冲击力降低了近 20%。这些结果表明，在前端冲击阶段不会产生最大的冲击力，后续来流粒子的爬升和堆积会使最大冲击力产生在爬升阶段。因此，在设计过程中，忽略爬升阶段粒子的作用会导致低估相互作用过程中的冲击力。

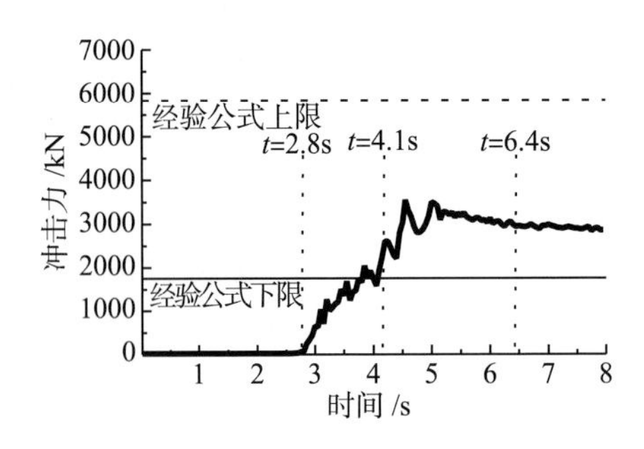

图 6-29　碎屑流冲击力时程

最大冲击力是柔性防护系统设计的重要指标。本小节利用半经验半理论计算公式与模拟结果进行对比。Kwan(2012)提出了一种基于水动力学模型的泥石流冲击力峰值估计公式：

$$F_{\text{f}} = \kappa_{\text{j}} \rho_{\text{j}} U_{\text{j}}^{2} h_{\text{j}} b_{\text{j}} \sin \beta_{\text{j}} \tag{6-31}$$

式中，κ_{j} 为动力系数，Canelli 等(2012)建议其取值为 1.5～5；ρ_{j} 为泥石流密度；U_{j} 为泥石流前端速度；h_{j} 为泥石流流深；b_{j} 为泥石流流宽；β_{j} 为拦截结构与坡面的夹角。

从图 6-29 中可看出，法向冲击力的公式上限值和下限值分别为 5830kN 和 1749kN，数值结果 3533kN 介于两者之间，经验公式计算的冲击力峰值只能给定一个区间，但要较为准确地计算冲击力峰值，就需要准确知道动压力系数，但动压力系数与诸多因素有关，计算复杂，为此利用数值方法研究结构灾变耦合过程不失为一种有效研究手段。

5. 耗能机理

分析能量耗散机理对于全面理解碎屑流冲击柔性防护网过程具有重要意义。碎屑流的总势能(E_T)在冲击时转化为动能(E_K)、防护网应变能(E_S)、耗能器耗散能(E_B)和摩擦能(E_F)。相对于坡道底部，总势能(E_T)定义为

$$E_T = M_1 g h_1 - M_2 g h_2 \tag{6-32}$$

式中，M_1 和 M_2 分别为碎屑流的初始质量和剩余质量；h_1 和 h_2 分别为相对于坡底的碎屑流质心的初始高度和最终高度。

各能量的演化如图 6-30(a)所示。在冲击前(0～2.8s)，重力势能即总势能(E_T)逐渐转化为摩擦能(E_F)和粒子动能(E_K)，动能和摩擦能随时间逐渐增加。在前端冲击阶段(2.8～4.1s)，E_K 随时间增加而增大，并达到最大值。摩擦能随时间的增加而迅速增加，前端冲击阶段的摩擦能占总摩擦能的 38.22%。由于碎屑流对结构的冲击，E_B 和 E_S 也开始随时间增加。在爬升阶段(4.1～6.4s)，E_K 随时间迅速下降，E_B 和 E_S 在此阶段达到最大值。与摩擦能相比，结构的耗能很小。爬升阶段的摩擦能占总摩擦能的 33.15%。在堆积阶段(6.4～8.0s)，各组分的能量基本随时间保持不变。与碎屑流的总能量(＞80MJ)相比，在耦合作用过程中，摩擦能占总能量的 76.2%，柔性防护网仅耗散了 3141kJ。很明显，碎屑流的总动能并没有被柔性防护网本身明显地耗散，而是通过碎屑流的自身碰撞摩擦以及与坡面的摩擦来耗散能量。这也解释了为什么拥有巨大能量的碎屑流可以被一个防护能量级别比它低几个数量级的柔性防护网拦截。

为了详细研究碎屑流能量演化机理，图 6-30(b)给出了碎屑流各部分动能时程曲线和结构能量耗散曲线。当 t=2.8s 时，碎屑流前端(V1)的动能达到最大值，粒子开始冲击防护网，柔性防护网开始消耗冲击能量。在前端冲击阶段(2.8～4.1s)，防护网耗散能量为 2207kJ，占防护网总耗散能的 70.2%，碎屑流前端(V1)的动能在此阶段完全被耗散。在爬升阶段(4.1～6.4s)，防护网的耗散能量仅为 937kJ，随后碎屑流的动能主要由坡面摩擦和碎屑流粒子间的摩擦耗散。这意味着防护网主要需要拦截碎屑流前端的动态冲击，因为后续碎屑流能量主要通过内摩擦耗散，这也为采用能量法进行防护设计提供了思路，即主要关注碎屑流的前端冲击能量。

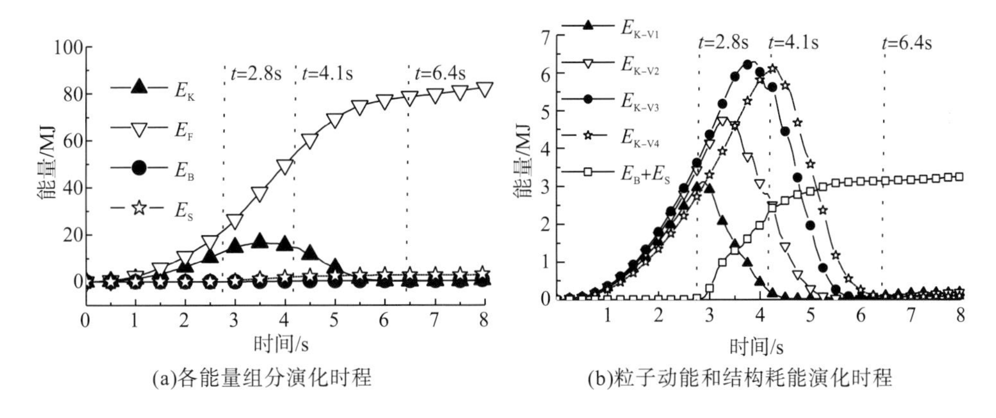

(a)各能量组分演化时程　(b)粒子动能和结构耗能演化时程

图 6-30　碎屑流能量演化时程

6. 冲击力敏感度

由于冲击力是柔性防护结构设计的必需参数，因此有必要研究冲击力的影响参数，为柔性防护结构设计提供参考。碎屑流对柔性防护网的冲击力影响参数有很多，如碎屑流的运动学特性(如总质量和速度)、颗粒体力学特性、柔性防护网的刚度和几何特性等。本次研究分析了碎屑流的运动学参数和防护网刚度参数，灵敏度分析使用的主要参数如图 6-31 所示，其中ρ为碎屑流体密度，H为碎屑流前端底部距离防护网底部高度，θ为斜坡坡度，F_0为耗能器起动力，这些参数取值均参考了一些实际的工程设计。

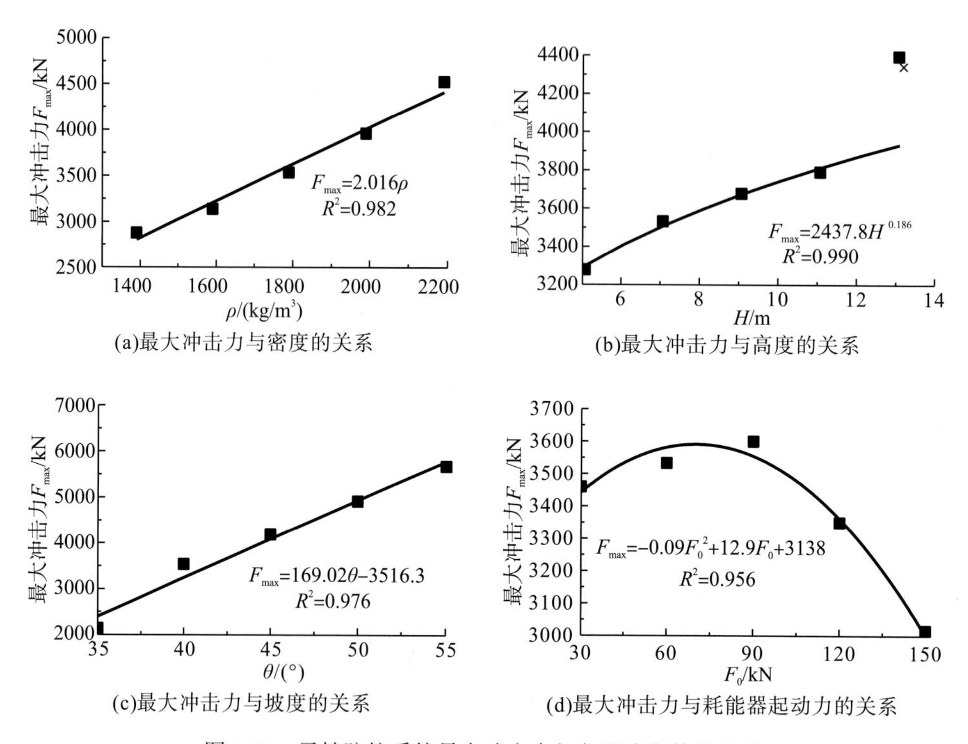

图 6-31 柔性防护系统最大冲击力与各影响参数的关系

如图 6-31 所示，最大冲击力随着碎屑流的体密度增大而增大。从图 6-31(a)可以看出，最大冲击力与体密度之间有着很强的线性关系，一个常用的估算最大冲击力的公式是著名的水动力学公式，该公式表明最大冲击力与密度呈线性正相关。最大冲击力与体密度之间存在很强的线性相关关系，这是碎屑流冲击防护结构的共有特征。如图 6-31(b)所示，最大冲击力随着冲击高度的增加而增大，由于冲击高度的增加，碎屑流的重力势能增加，导致碎屑流前端冲击速度增大；最大冲击力与冲击高度之间的强幂函数关系，随着冲击高度的增加，最大冲击力的增加速率减小。如图 6-31(c)所示，最大冲击力随着坡度的增大而增大，可以看出，最大冲击力与坡度之间也存在很强的线性关系。如图 6-31(d)所示，随着耗能器起动力的增大，最大冲击力先缓慢增大后迅速减小，最大冲击力与耗能器起动力之间同样存在很强的二次函数关系，因此在进行防护网设计时，可通过在一定范围内使用大起动力耗能器来减小冲击力。

借助敏感度分析方法可以确定系统中的主要影响参数与次要影响参数，敏感度值大的影响参数在防护网设计时需优先考虑。根据碎屑流荷载参数与冲击力峰值的曲线拟合关系，得

$$\begin{cases} F_{\max} = 2.016\rho, R^2 = 0.982 \\ F_{\max} = 2437.8H^{0.186}, R^2 = 0.990 \\ F_{\max} = 169.02\theta - 3516.3, R^2 = 0.976 \\ F_{\max} = -0.09F_0^2 + 12.9F_0 + 3138, R^2 = 0.956 \end{cases} \tag{6-33}$$

敏感度计算公式为

$$S_{a_k}^* = \left| \left(\frac{\mathrm{d}\varphi_k(a_k)}{\mathrm{d}a_k} \right)_{a_k = a_k^*} \right| \frac{a_k^*}{U^*} \tag{6-34}$$

式中，$S_{a_k}^*$ 为敏感度；$\varphi_k(a_k)$ 为敏感参数 a_k 的敏感函数，此处即为拟合函数；a_k^* 为敏感参数基准值；U^* 为系统函数在 a_k^* 处的值。各参数敏感度值计算如下：

$$\begin{cases} S_\rho^* = \left| \left(\dfrac{\mathrm{d}(2.016\rho)}{\mathrm{d}\rho} \right)_{\rho_{p0}=1790} \right| \times \dfrac{1790}{1790 \times 2.016} = 1.000 \\ S_H^* = \left| \left(\dfrac{\mathrm{d}(2437.8H^{0.186})}{\mathrm{d}H} \right)_{H_0=7.07} \right| \times \dfrac{7.07}{2437.8 \times 7.07^{0.186}} = 0.186 \\ S_\theta^* = \left| \left(\dfrac{\mathrm{d}(169.02\theta - 3516.3)}{\mathrm{d}\theta} \right)_{\theta_0=40} \right| \times \dfrac{40}{169.02 \times 40 - 3516.3} = 2.084 \\ S_{F_0}^* = \left| \left(\dfrac{\mathrm{d}(-0.09F_0^2 + 12.9F_0 + 3138)}{\mathrm{d}F_0} \right)_{F_0=60} \right| \times \dfrac{60}{-0.09 \times 60^2 + 12.9 \times 60 + 3138} = 0.035 \end{cases} \tag{6-35}$$

敏感度的基准模型参数为 ρ_{p0}=1790kg/m^3、H_0=7.07m、θ_0=40°、F_0=60kN，对应的碎屑流冲击力峰值 $F_{\max}$=3533kN。通过计算可得体密度、冲击高度、坡度、耗能器起动力在基准模型下的敏感度分别为 1.000、0.186、2.084、0.035。在基准模型参数下，冲击力峰值的主要敏感因子为坡度，其次是粒子密度、冲击高度，耗能器起动力影响较小。敏感度高的参数应该是防护设计需要重点考虑的参数。

6.3.1.4　泥石流柔性防护系统简化设计方法

当泥石流通过柔性防护系统时，水从泥石流中引出，石块等固体部分被拦截下来，达到滤水沉渣的效果，同时当泥石流冲出规模较大时将会从网顶堆积爬高溢出，在下一道柔性防护系统被拦截，从而实现泥石流的分段拦截。本小节提出了泥石流柔性防护系统分段拦截的简化设计方法，具体步骤如下。

(1)根据水文调查资料，明确行人可到达区域泥石流沟槽长度 L、断面尺寸、石块拦截的目标方量 V(不同降雨频率下泥石流一次冲出规模)、石块直径 d、沟槽坡角α及泥石流平均断面压力 P；所述沟道截面尺寸包括底宽 a、顶宽 b、高度 h。

(2)确定泥石流柔性防护系统分段拦截数量；根据(1)中泥石流沟的断面尺寸，计算泥石流柔性防护系统拦截面积 S：

$$S=\frac{1}{2}(a+b)\times h \tag{6-36}$$

设定相邻泥石流柔性防护系统之间间距为 l，假定相邻泥石流柔性防护系统之间的沟槽全部填满，则单道拦截单元的最大拦截量 V_0 为

$$V_0=S\times l \tag{6-37}$$

考虑安全系数 k(安全系数 k 建议取值 0.8)，则单道拦截单元的有效拦截方量 V_1 为

$$V_1=V_0\times k \tag{6-38}$$

拦截单元的数量 n 为

$$n=\frac{V}{V_1} \tag{6-39}$$

(3)确定作用于泥石流柔性防护系统的荷载 F。F 主要由泥石流冲击作用 F_d、堆积体重力在拦截单元上的分量 F_g 以及堆积体重力在沟槽法线方向的分量产生的摩阻力 F_f 组成，偏保守考虑，忽略拦截后堆积体的孔隙率。

冲击作用 F_d：

$$F_d=S\times P \tag{6-40}$$

堆积体重力在拦截单元上的分量 F_g：

$$F_g=V_0\times\lambda\times\sin\alpha \tag{6-41}$$

式中，λ为石块容重。

摩擦阻力 F_f：

$$F_f=V_0\times\lambda\times\cos\alpha\times\mu \tag{6-42}$$

式中，μ 为摩擦系数。

拦截单元所受到的合力 F：

$$F=F_d+F_g-F_f \tag{6-43}$$

(4)建立计算模型并进行受力分析。根据泥石流柔性防护系统的尺寸建立每道拦截网的有限元模型，其中网片由网环构成，网环采用梁单元进行模拟，每个网环被均分为若干个单元，单元之间通过节点相连，网环与网环间采用套结方式，保证其相互间的接触、滑移；网环与加强绳、上支撑绳、侧支撑绳、下支撑绳、中辅绳之间采用引导滑移边界进行模拟，保证网环受力时可沿绳滑移，将计算得到的合力 F 在一定时间内平均分配到网片的节点上，得到结构中各部件的内力、变形及位移的时程变化，并确定其峰值。

(5)进行泥石流柔性防护系统的内力验算。提取各部件的峰值内力，进行加强绳、上支撑绳、侧支撑绳、下支撑绳、中辅绳、网片强度验算。当构件强度不能满足承载力要求时，可结合实际调整泥石流柔性防护系统的配置或调整相邻泥石流柔性防护系统之间的间距 l，必要时可考虑设置效能器。

6.3.1.5 柔性防护系统反演性能优化提升

为研究实际工程中柔性防护系统对碎屑流或泥石流灾害冲击荷载的拦截性能，对四川省境内多个已安装的泥石流防护网工点进行现场调查。调查地点主要为九寨沟景区、213 国道磨子沟附近以及七盘沟某支沟，由于各工点的泥石流防护网生产厂家不同，结构形式也不尽相同。调研反映出各个工点上泥石流柔性防护网的拦截情况和系统的破坏情况差异较大，其中七盘沟支沟是比较典型的离散荷载冲击泥石流柔性防护网的工况，且破坏较为严重，为此将此工点用作反演分析，并以此作为依据，对结构性能提升提出改进建议。

七盘沟位于汶川县城的西南方向，流域地形为叶脉状，共发育了 15 条支沟，支沟流域为深切割高山峡谷特征，如图 6-32 所示，经调查，震裂山体部位为白云质灰岩，上部陡峭，坡度接近 80°，中下部坡度也接近 60°，受 2008 年“5 • 12”汶川地震影响，诱发崩塌区崩塌滚石方量约 300m^3，散落在坡面上，后期采用被动网进行拦截防护。据现场勘察，冲击防护网的碎屑流主要来源于两处，其通道上有明显的流动痕迹，最终冲击到防护网上的碎屑流体积约为 13m^3。

图 6-32 七盘沟支沟三维地形扫描及危岩崩塌分布

1. 崩塌碎屑流及防护网特征

1) 碎屑流特征

如图 6-33～图 6-36 所示，堆积体颗粒粗大，粒径分布在 0.05～0.5m，级配基本连续，密实度较高。落石主要为白云岩，岩石的密度为 3000kg/m^3、岩体内摩擦角为 45°。防护网拦截的落石及碎屑流体积共 13m^3。

图 6-33　崩塌落石及碎屑流粒径特征

图 6-34　已实施的被动网整体破坏情况

图 6-35　已实施的被动网耗能器变形

图 6-36　崩塌落石及碎屑流分布

2) 防护网特征

整体模型布置图如图 6-37 所示，该防护系统包括钢柱、网片、上支撑绳、下支撑绳、缠绕绳、上拉锚绳、侧拉锚绳、端支撑绳。耗能器设置在支撑绳、上拉锚绳上。安装于野外场地的被动柔性防护网如图 6-38 所示，共有两处崩塌落石及碎屑流堆积体，分别为 5m^3 和 8m^3。从耗能器的伸长量可看出，由于连于支撑绳上的耗能器和网环形成几何干涉，基本上没有起动；连于拉锚绳上的耗能器主要在边跨处起动。

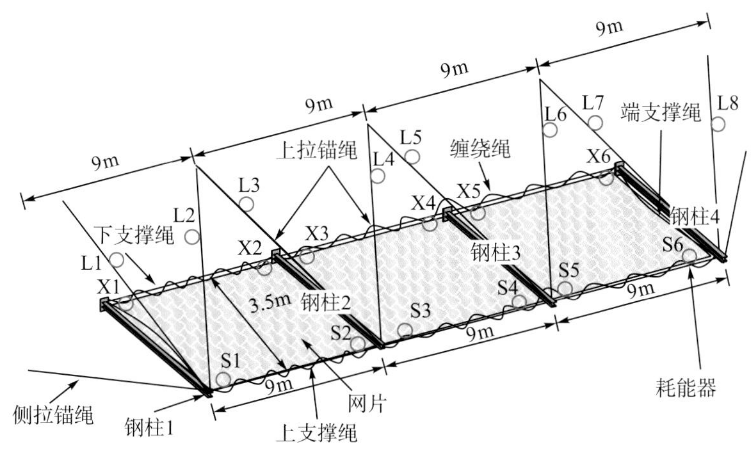

图 6-37　已实施的被动防护网整体模型示意

图 6-38　被动柔性防护网

3) 耦合模型建立

数值计算模型如图 6-39 所示，由于实验场地及实验条件复杂，特对数值模型做如下简化。

崩塌落石及碎屑流：粒径分布为 0.2～0.24m。第一处碎屑流体积为 5m^3，碎屑流前端距离防护网底部距离为 30m。第二处碎屑流体积为 8m^3，碎屑流前端距离防护网底部距离为 19m。通过试错法，这样基本能满足实际场地中崩塌落石及碎屑流的堆积条件。

防护网：由于格栅网的作用是拦挡细小颗粒，对防护网的整体力学性能无关键影响，所以为简化计算模型，用虚拟附加网嵌于网环中间以替代格栅网。

耗能器：连接于支撑绳上的耗能器由于网片和缠绕绳的干涉作用，导致耗能器几乎未起动，所以在建立模型时不考虑支撑绳上的耗能器。

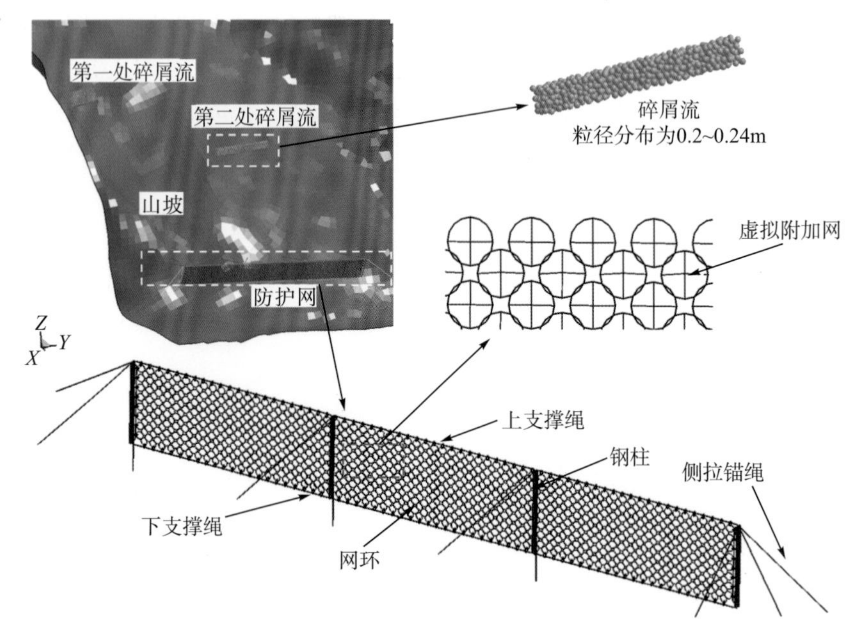

图 6-39 崩塌落石及碎屑流冲击防护网计算模型

2. 单元模型及材料参数

山坡：借助 ContextCapture Center 三维实景建模软件逆向重构了地形三维模型，采用刚性壳单元模拟坡面。刚体材料密度为 3000kg/m^3，弹性模量为 30GPa，泊松比为 0.24，共有 27643 个壳单元。

崩塌落石及碎屑流：采用弹性 DEM 粒子模拟，其整体体积密度为 3000kg/m^3，弹性模量为 30GPa，泊松比为 0.3，共有 1132 个粒子。对于粒子之间的参数取值如下：法向阻尼比取 0.7，切向阻尼比取 0.4，法向弹簧刚度取 0.01，切向弹簧刚度取 0.0027。

支撑绳：采用索单元模拟，其直径为 20mm。本构模型选用理想弹塑性材料模型，其材料密度取为 7900kg/m^3，弹性模量取 150GPa，泊松比取 0.3，屈服强度取 1770MPa，极限应变取 0.03。

耗能器：采用弹簧单元对耗能器进行建模。三个典型阶段性坐标点分别为(100mm, 51kN)、(1000mm,80kN)、(1020mm,210kN)。

网环：采用 Hughes-Liu 积分梁单元模拟，单个网环被划分为 32 段梁单元。梁单元等效直径为 $3\times\sqrt[3]{7}$ mm，由于面积折减使得网环整体质量减小，为使总质量不变，其材料密度调整为 15112kg/m^3，非接触区弹性模量为 200GPa，接触区弹性模量为 105GPa，泊松比为 0.3。

虚拟附加网：采用梁单元模拟，其直径为 3mm。本构选用理想弹塑性材料，材料密度取 7900kg/m^3，弹性模量取 120GPa，泊松比取 0.3，屈服强度取 500MPa，极限应变取 0.03。

钢柱：采用梁单元模拟。本构选用理想弹塑性材料，其材料密度取 7900kg/m^3，弹性模量取 200GPa，泊松比取 0.3，屈服强度取 235MPa，极限应变取为 0.3。

边界条件：坡道底部采取全固定约束，拉锚绳端部对其进行平动约束，钢柱底部约束在山坡上，释放 X 和 Y 双向转动自由度。碎屑流粒子间的滑动摩擦系数取 1.0，滚动摩擦系数取 0.1；碎屑流与坡道摩擦系数取 0.52，碎屑流与网片摩擦系数取 0.4；网环与网环之间的摩擦系数取 0.1、网环与绳索之间的摩擦系数取 0.15。重力加速度取 9.8m/s^2，计算时间取 6s。

3. 柔性防护模拟结果对比

防护网拦截碎屑流状态如图 6-40 所示，对比两处碎屑流柔性网拦截状态可以看出，两者总体碎屑流堆积状态极为相似，两处碎屑流堆积体分别为 5m^3 和 8m^3；网片的局部变形也极为相似。

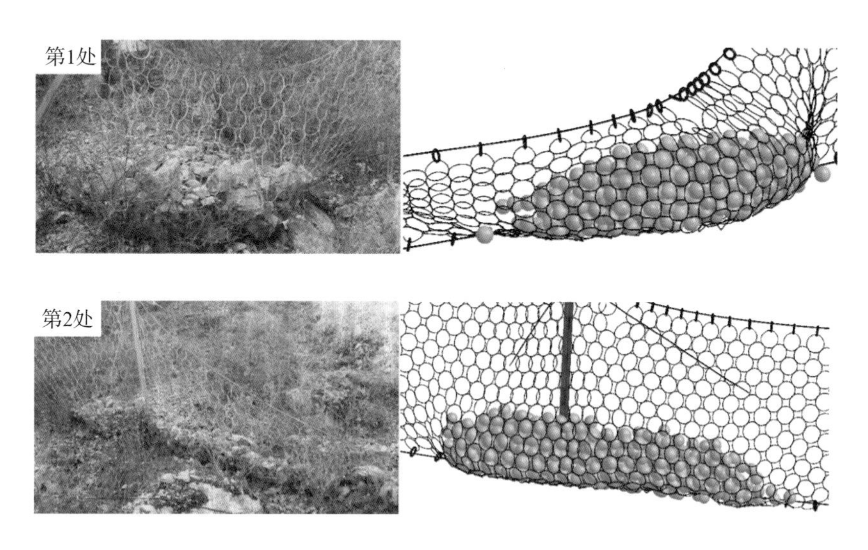

图 6-40　防护网拦截碎屑流形态对比

钢柱屈曲状态。实际过程中钢柱屈曲状态与仿真对比如图 6-41 所示，从图中可看出，钢柱均发生绕弱轴的整体屈曲，且屈曲位置均位于钢柱底部一端，其原因在于偏压造成钢柱的底部面外弯矩最大。

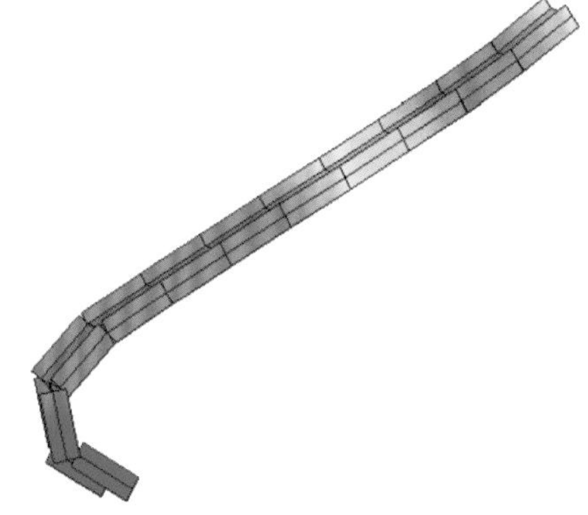

图 6-41　钢柱屈曲对比

耗能器伸长量。拉锚绳耗能器伸长量基本吻合，个别误差为20%。由于碎屑流主要堆积在边跨区域，所以耗能器的伸长量最大。

4. 柔性防护系统优化设计方法

从以上实际工点的反演分析可知，这个防护网体系有着很大的设计缺陷，为此拟对其进行构件改进设计和结构体系优化设计，验证设计对策的可行性，为防护网设计提供参考依据。

1) 构件

研究显示破坏频率最高的是钢柱，为此以钢柱屈曲程度作为研究对象，为定量化地描述构件优化对钢柱屈曲程度的影响，定义一个钢柱的弯曲程度系数 α_0：

$$\alpha_0 = \arccos(x_0 x_1) / |x_0||x_1| \tag{6-44}$$

式中，x_0 为钢柱变形稳定后最底部单元向量；x_1 为钢柱变形稳定后顶部单元向量；$|x_0|$ 为钢柱最顶部一个单元的长度，为 0.243m；$|x_1|$ 为钢柱变形稳定后最底部一个单元的长度，为 0.243m。

2) 增大钢柱翼缘宽度

目前，我国规范用的钢柱基本上是工字钢，而工字钢绕弱轴的抗弯刚度比绕强轴的小很多，所以野外经常发生钢柱屈曲案例。由分析可知，钢柱发生的是绕弱轴整体屈曲，为此可通过增加其翼缘宽度的措施来增加弱轴的抗弯刚度。为定量描述翼缘宽度对钢柱优化的影响，特定义系数 $\alpha_1 = w_{\mathrm{g}} / h_{\mathrm{g}}$，其中 w_{g} 为钢柱翼缘宽度，h_{g} 为钢柱横截面高度。α_1 的取值分别为 0.5、0.6、0.7、0.8、0.9、1.0。

从图 6-42 可以看出，增加翼缘宽度对钢柱抗屈曲能力有着明显的影响，随着翼缘宽度的增大，钢柱的侧向抗弯刚度也不断增大，钢柱屈曲系数减小得越来越快，由于钢柱的侧向抗弯刚度与翼缘宽度有着幂指数关系，从而导致钢柱屈曲系数减小得很快。当 α_1 增大到 0.9 时，钢柱整体上不会屈曲变形，侧向抗弯刚度已经趋于过剩，在设计时可以 0.9 为界限值。

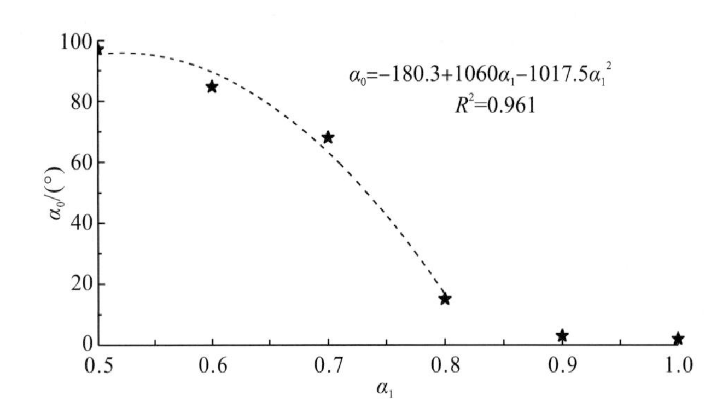

图 6-42 翼缘宽度对钢柱弯曲程度的影响

3) 增大材料强度

本案例中用的钢材材料屈服强度为 235MPa，这属于低强度钢，为增加其抗力强度，拟通过增大钢柱材料屈服强度来实现。定义系数 $\alpha_2 = f_1 / f_0$，其中 f_1 为钢柱提高强度后材料屈服强度，f_0 为钢柱原来材料屈服强度。α_2 的取值分别为 1.0、1.2、1.4、1.6、1.8、2.0。此系数取值旨在定量研究材料屈服强度对钢柱弯曲程度的影响，实际钢材材料屈服强度可能与此取值有偏差。从图 6-43 可看出，随着钢材材料强度的提高，钢柱的弯曲程度逐渐减小，但始终大于 80°，提高钢材材料强度并不能很好地改善钢柱屈曲的情况，所以增大钢柱材料强度对提高钢柱的抗屈曲能力以及结构的整体抗力作用不明显。

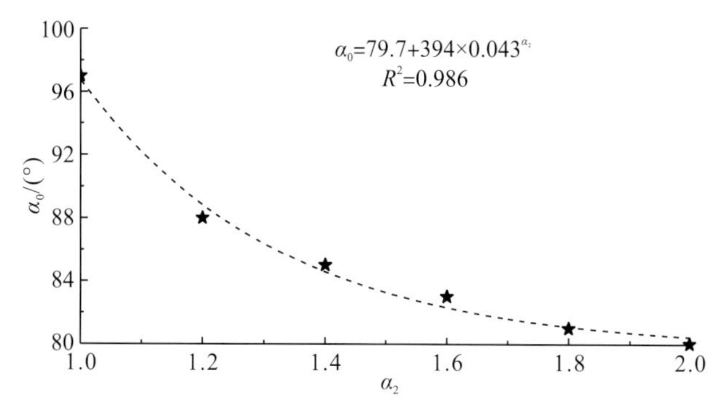

图 6-43　材料屈服强度对钢柱弯曲程度的影响

4) 结构体系

从实际耗能器起动情况分析可知，由于支撑绳、网片、耗能器的相互干涉作用，导致耗能器没有起动，从而不能起到缓冲耗能作用，这也是导致钢柱屈曲的一个原因，为此从改变结构体系理念出发，进行几个改进，如图 6-44 所示：①贯通支撑绳，即将支撑绳锚固在山坡上，而不是柱端，各跨支撑绳拉通连接；②增加过渡绳，防止网片在钢柱端部发生嵌卡效应；③将耗能器移至支撑绳端部，防止耗能器与网片发生干涉。

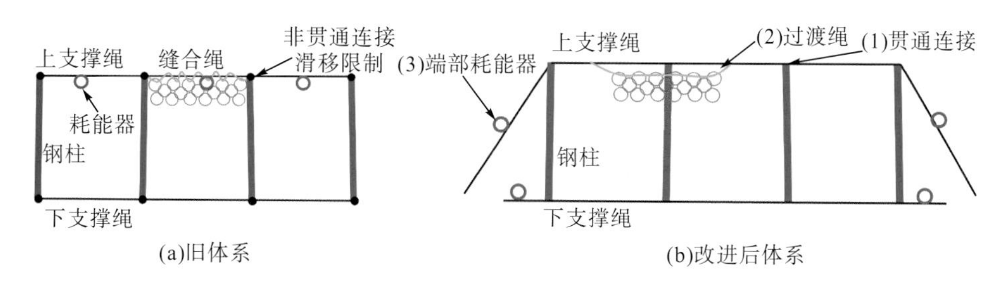

图 6-44　柔性防护结构体系优化措施示意

从图 6-45 可看出，对比两者整体变形模式，优化后结构的整体变形更合理，整体构件的协调性更好，钢柱没有屈曲。优化前，支撑绳耗能器几乎不起动。优化后，支撑绳上耗能器由于不被其他构件几何干涉影响，能顺利地协同起动，起到了缓冲耗能作用。所以通过结构体系的优化，在不增加耗材的情况下，能使结构更好地抵抗碎屑流的冲击。

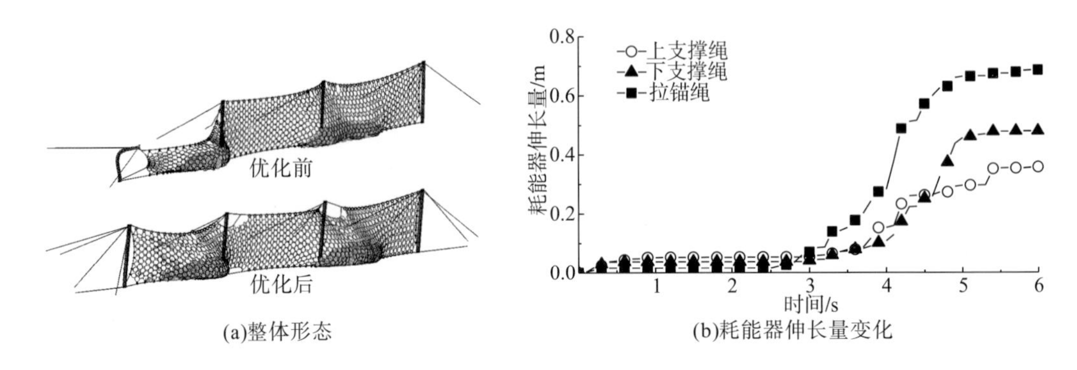

图 6-45 柔性防护结构体系优化情况

6.3.2 泥石流坝前护坦防冲与掏蚀控制新技术

目前，国内外在拦砂坝护坦或护坎冲蚀防护方面，主要通过铺设厚层条石或钢筋混凝土等刚性措施抵抗过拦砂坝溢流口后的泥石流对护坦或护坎的冲蚀破坏，但是部分工程由于护坦尾端垂裙埋深不够，或者护坦混凝土强度不够导致被冲刷损毁(图 6-46)，护坦或护坎冲蚀防护仍是目前拦砂坝设计的技术瓶颈。

图 6-46 泥石流拦砂坝护坦或护坎(垂裙)被冲蚀破坏

针对上述问题，研发出防止拦砂坝坝下护坦或护坎被冲刷的防治新技术，其核心是在传统拦砂坝上的泄水孔和溢流口处设置专门排导装置，调控翻越拦砂坝的泥石流体抛程(图 6-47)，可减少护坦设计长度或可以不设，使得穿(翻)越拦砂坝的泥石流体不对坝下护坦或护坎产生冲蚀破坏，保障拦砂坝结构的整体安全性。

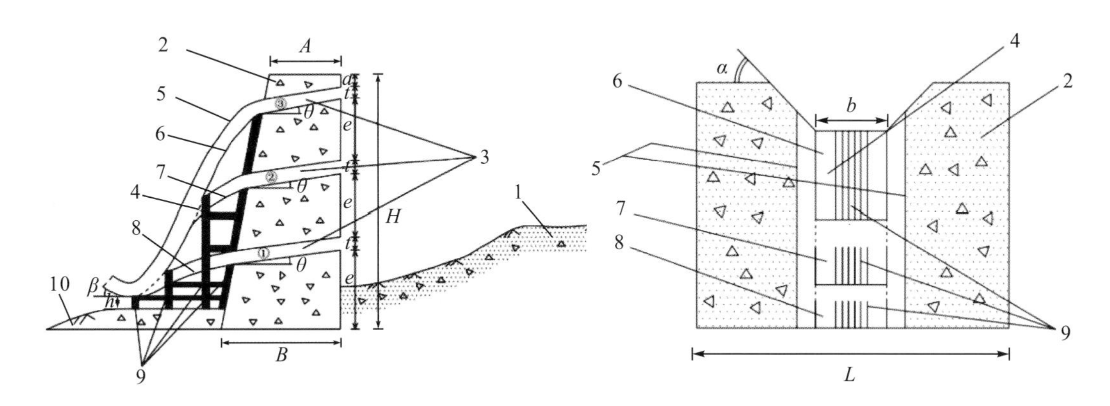

图 6-47　防止拦砂坝坝下护坦或护坎被冲刷的泥石流新型防冲结构

1.拦砂坝上游泥石流沟床；2.拦砂坝；3.泄水孔；4.排导槽；5.排导槽侧墙；6.第③层泄水孔排导槽底板；7.第②层泄水孔排导槽底板；8.第①层泄水孔排导槽底板；9.排导槽承载支架；10.拦砂坝下游泥石流沟床；A.拦砂坝顶宽，m；B.拦砂坝底宽，m；H.拦砂坝高度，m；L.拦砂坝长度，m；a.拦砂坝内最高层泄水孔上游入口处距坝顶的高度，m；b.排导槽宽度，m；e.拦砂坝泄水孔排距，m；h.排导槽反翘段起点距离水平面的高度，m；α.排导槽侧墙倾角，(°)；β.排导槽反翘段平均倾角，(°)；θ.泄水孔倾角，(°)；①、②、③为布设在拦砂坝内的泄水孔编号，顶层泄水孔为拦砂坝溢流口

6.3.3　固源式速排技术

窄陡沟道型泥石流下切作用强烈，并引发沟道两侧岸坡失稳破坏，为泥石流提供了大量物源(图 6-48)，防止沟谷下蚀是防治该类泥石流的技术核心。目前常规做法是对该部位采用桩板墙固床槽，即桩板墙防止两侧岸坡坍滑、沟床底部设防冲潜槛和格宾石笼铺底防止下切，但该技术涉及大量圬工结构，施工难度大，为此专门提出了窄陡沟道型泥石流固源式速排技术，目的仍是有效防止窄陡沟道型泥石流沟床下蚀、控制岸坡失稳、加速沟道内泥石流排泄，该技术措施包括固源式速排结构、锁固桩、抗磨蚀构造和泥石流沟岸泄水孔四部分，如图 6-49 所示。

图 6-48　窄陡沟道型泥石流强烈下切和侧蚀导致原有谷坊坝失效

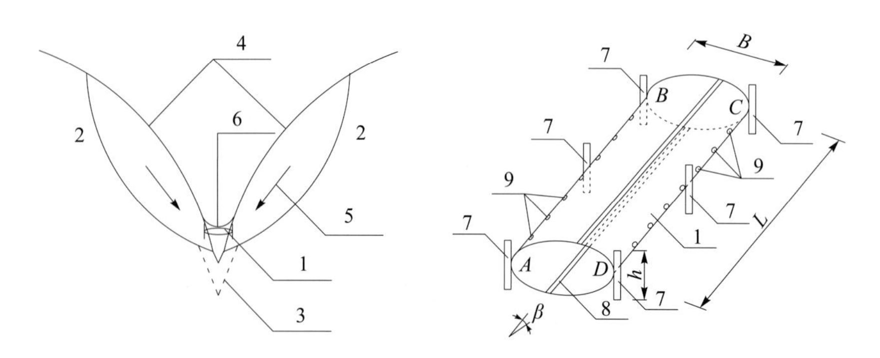

图 6-49 窄陡沟道型泥石流固源式速排技术图示

1.固源式速排结构；2.沟岸山体；3.泥石流沟床下蚀界限；4.沟床下切可能引发的滑坡；5.滑坡滑动方向；6.泥石流沟床堵塞高度；7.锁固桩；8.抗磨蚀构造；9.泥石流沟岸泄水孔；B.固源式速排结构宽度，m；L.固源式速排结构分级长度，m；h.锁固桩长度，m；β.固源式速排结构倾角，(°)

在窄陡沟道型泥石流沟内设置多节固源式速排结构后，由于固源式速排结构横断面为椭圆形，泥石流沟岸稳定性较差的厚层物源坡脚避免了被泥石流体冲蚀掏空而引发的潜在滑坡。即使强降雨或冰雪融水造成岸坡物源失稳，滑坡体也可通过固源式速排结构顶部运动到沟对岸或两岸的滑坡在固源式速排结构顶部汇合，掩埋固源式速排结构，从而增强沟道内物源的稳定性。泥石流从固源式速排结构上游端进入，快速排泄到泥石流沟下游。泥石流在固源式速排结构内排泄，避免了窄陡沟道型泥石流沟床下切。该技术适用于窄陡沟道型泥石流灾害防治，控制沟岸松散物质进入沟道内形成泥石流，防止泥石流沟床下蚀，引发岸坡破坏失稳。

6.4 泥石流防治工程结构辅助技术

在主体治理工程保障宽缓和窄陡沟道型泥石流减灾安全的条件下，需要考虑延长治理结构的服役寿命、减缓泥石流沟底下蚀、增强治理结构与环境的协调性问题。换言之，研发泥石流主体治理结构的辅助技术具有必要性。

6.4.1 泥石流排导结构抗磨蚀耐久性设计方法

以排导结构的速流槽为例建立泥石流对防治结构磨蚀速度及磨蚀量的计算方法。对速流槽磨损影响最为突出的因素有：作用在速流槽上某断面的磨损力(P_a，$P_a = R_f + R_s$)、泥石流体平均速度 v 和作用时间 t，混凝土自身强度 σ_a 和硬度 H_a。速流槽壁面混凝土磨损量 δ 状态方程为

$$\delta = f\left(P_a, v, t, \sigma_a, H_a\right) \tag{6-45}$$

式(6-45)中共有 6 个物理量，其中自变量为 5(k=5)个，选择 P_a、v 和 H_a 三个物理量作为基本物理量，则此式可用 3 个量纲一的数组成的关系式来表达。这些量纲一的数为

$$\pi = \frac{\delta}{tP_a^x v^y H_a^z} \tag{6-46}$$

$$\pi_3 = \frac{t}{P_a^{x_3} v^{y_3} H_a^{z_3}} \tag{6-47}$$

$$\pi_4 = \frac{\sigma_a}{P_a^{x_4} v^{y_4} H_a^{z_4}} \tag{6-48}$$

因为由基本物理量所组成的量纲一的数均等于 1，即 $\pi_1 = \pi_2 = \pi_5 = 1$，并且 π、π_3、π_4 均为量纲一的数，则式(6-45)右端分子与分母的量纲应当相同，可将式(6-45)写成

$$[\delta] = [P_a]^x [v]^y [H_a]^z \tag{6-49}$$

用[F]、[L]和[T]来表示式(6-49)，则有

$$[L^3/T] = [F]^x [L/T]^y [F/L^2]^z = [F]^{x+z} [L]^{y-2z} [T]^{-y} \tag{6-50}$$

式(6-50)两端相同量纲的指数应该相等。

对 F 而言：

$$x + z = 0 \tag{6-51}$$

对 L 而言：

$$y - 2z = 3 \tag{6-52}$$

对 T 而言：

$$-y = -1 \tag{6-53}$$

联解式(6-51)～式(6-53)得

$$x = 1,\ \ y = 1,\ \ z = -1$$

将其代入式(6-46)得

$$\pi = \frac{\delta}{tP_a v H_a^{-1}} \tag{6-54}$$

同理可得到 π_3 和 π_4 的表达式：

$$\pi_3 = \frac{t}{P_a^{1/2} v^{-1} H_a^{1/2}} \tag{6-55}$$

$$\pi_4 = \frac{\sigma_a}{H_a} \tag{6-56}$$

根据Π-定理，可用 π、π_1、π_2、π_3、π_4、π_5 组成表征材料磨损的量纲一的数，即

$$\pi = f(1,1,\pi_3,\pi_4,1) \tag{6-57}$$

即

$$\frac{\delta}{tP_a v H_a^{-1}} = f\left(\frac{1}{P_a^{1/2} v^{-1} H_a^{1/2}}, \frac{\sigma_a}{H_a}\right) \tag{6-58}$$

进而可得

$$\delta = f\left(\frac{\sqrt{P_a} v}{\sqrt{H_a}}, \frac{\sigma_a}{H_a}\right)\frac{tP_a v}{H_a} \tag{6-59}$$

由式(6-59)可见，速流槽底部壁面混凝土的体积磨损量与作用在其上的荷载、泥石流速度大小成正比，而与壁面混凝土的硬度成反比。定义速流槽壁面混凝土或圬工材料的抗

磨损系数为ζ，且

$$\delta=\frac{1}{H_{\mathrm{a}}}f\left(\frac{\sqrt{P_{\mathrm{a}}}v}{\sqrt{H_{\mathrm{a}}}},\frac{\sigma_{\mathrm{a}}}{H_{\mathrm{a}}}\right)\zeta \tag{6-60}$$

则式(6-59)变为

$$\delta=\zeta tP_{\mathrm{a}}v \tag{6-61}$$

式(6-61)即为速流槽底部壁面混凝土体积磨损量计算式，磨损厚度及磨损速度分别由式(6-62)和式(6-63)计算。

$$e=\frac{\delta}{b} \tag{6-62}$$

$$v_0=\frac{e}{t} \tag{6-63}$$

式中，e为平均磨损厚度，m；b为速流槽宽度，m；t为速流槽发生磨损的累积时间，s。

根据泥石流排导结构设计年限，由排导结构磨蚀速度进行排导槽铺底厚度及两侧边墙材质针对性设计。

6.4.2 泥石流排导槽抗磨蚀结构

6.4.2.1 技术内涵

(1)该技术措施是在泥石流渡槽及排导槽底板表层安设抗磨蚀椭球冠，如图6-50所示，减弱泥石流对槽底混凝土材料的磨蚀作用。

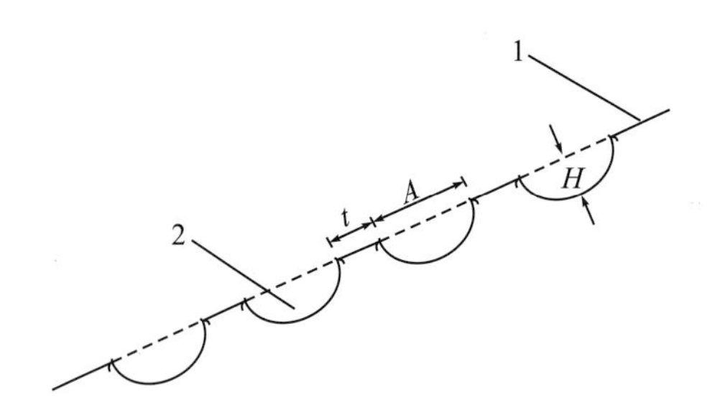

图6-50 泥石流排导结构抗磨蚀椭球冠

1.泥石流排导结构底板；2.抗磨蚀椭球冠；A.椭球冠长轴，cm；H.椭球冠矢高，cm；t.泥石流排导槽内椭球冠布设间距，cm

(2)抗磨蚀椭球冠为高强聚酯材料预制的空心构件，其长轴为35cm，短轴为15cm，矢高为20cm，如图6-51所示。

(3)在建造泥石流渡槽或排导槽时同步将抗磨蚀椭球冠安装固定在泥石流排导结构底板，间距取20～30cm。

(4)在抗磨蚀椭球冠长轴端部设置弯板，便于排导槽内泥石流能顺利流进椭球冠，而不使泥石流产生局部紊流作用。

(5)泥石流流经椭球冠时在椭球冠中下部产生涡滚，涡滚支撑着流经椭球冠的泥石流体，如图6-52所示。

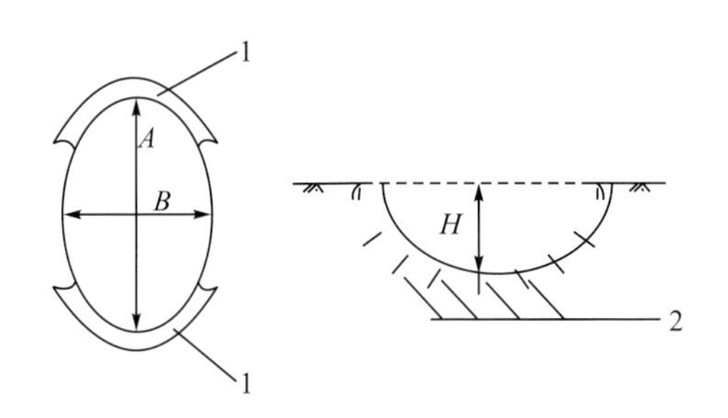

图 6-51　抗磨蚀椭球冠结构图

1.椭球冠弯板；2.椭球冠锚钉；*B*.椭球冠短轴，cm

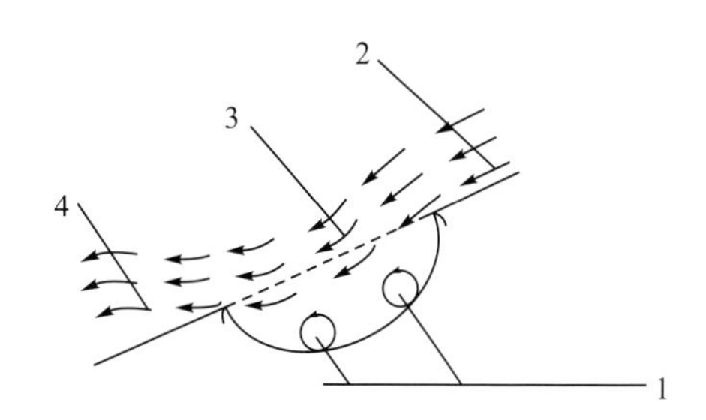

图 6-52　抗磨蚀椭球冠内泥石流流态

1.泥石流涡滚；2.进入椭球冠前的泥石流流态；3.进入椭球冠内的泥石流流态；4.流出椭球冠的泥石流流态

6.4.2.2　作用原理

该技术核心是椭球冠，按照拟定尺寸批量预制椭球冠→在现场浇筑泥石流排导槽时在槽底按照一定间隔安设椭球冠→在椭球冠长轴两端的弯板和椭球冠内采用锚钉将椭球冠固定在槽底。

数值模拟表明，在泥石流排导结构底板设置椭球冠抗磨蚀构造后，槽底剪切力降低10%～30%，如图 6-53 所示。

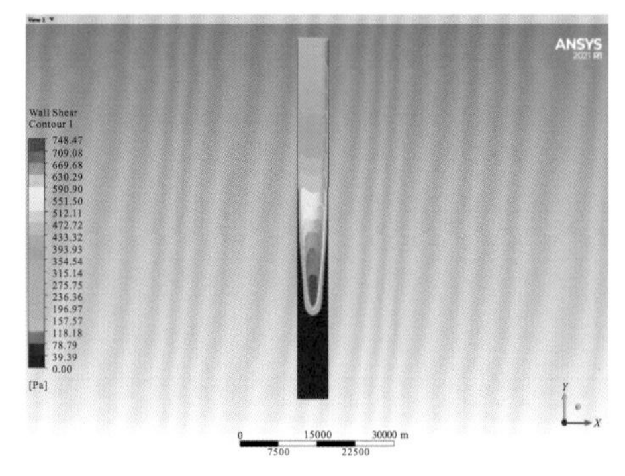

(a)未设置抗磨蚀椭球冠构造

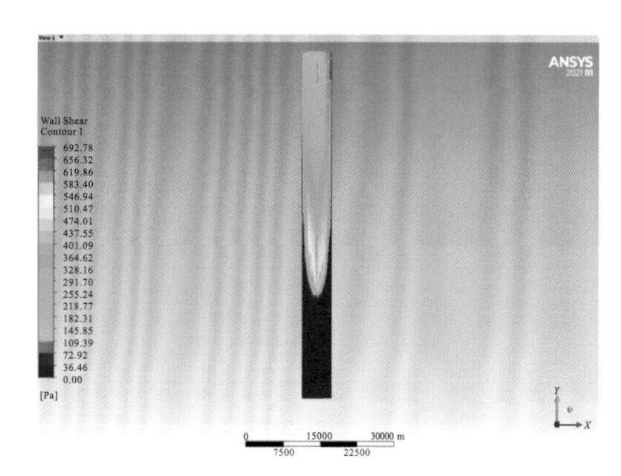

(b)设置抗磨蚀椭球冠构造

图 6-53　泥石流作用下排导结构底部剪切力

6.4.3　减缓泥石流沟底下蚀辅助技术

6.4.3.1　固底技术

1. 块石镶底

在沟道比较顺直、坡度较为均匀的泥石流沟内，尤其是坡度较大的上游沟槽，沟道狭窄，泥石流流速较大，它对沟槽的破坏作用主要表现为下切侵蚀。随着沟槽冲刷深度的加大，两岸边坡临空面增高容易引发坍滑，增加新的物源。一般来讲，流通区泥石流沟槽大多呈“V”形或“U”形，对这类泥石流沟槽，对沟心 0.35B（B 为槽宽）范围内进行加固是比较理想的。可以采用坚硬岩块石镶底技术（图 6-54），块石直径应大于泥石流流速能起动的最大固体颗粒直径，并考虑设计年限内泥石流的冲刷削弱作用。

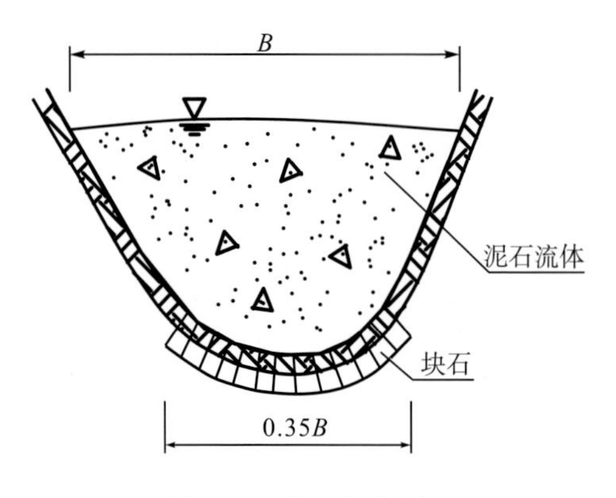

图 6-54 块石镶底图示

泥石流沟中粗大块石的临界起动粒径 D_{cr} 为

$$D_{cr} = \frac{v_{max}^2}{k^2} \tag{6-64}$$

式中，k 为考虑沟槽比降、摩阻力、颗粒形状及泥、砂、石密度等的系数，取 5.0；v_{max} 为泥石流最大流速，m/s。

泥石流沟槽固底石块的设计直径 D 为

$$D = KD_{cr} + t \tag{6-65}$$

式中，K 为设计安全系数，取 1.2；t 为冲刷坑深度，m。

如果使用块石固底，块石的长轴方向应与水流方向一致，最短轴与水流方向垂直，并用 M10 砂浆垒砌，也可以采用 C15 砼浇筑。在沟顶部应加大块石的粒径和埋深，防止沟顶破坏而使下部抗冲刷能力削弱，并在间隔一定距离后采用横肋加强。人工建筑物应嵌入天然沟槽，并尽量使原沟槽的横断面形状保持不变。

2. 平底架拱

当泥石流沟槽纵坡坡降较大时，因流速较快而产生较大的纵向剪切力，从经济角度考虑，全程采用顺底铺石欠合理，可以间隔一定距离铺设平底拱，其构造如图 6-55 和图 6-56 所示。泥石流沟槽受到泥石流向下的剪切力（即拖曳力），易引起沟槽成块被拖出。采用平底拱可以有效增强沟底的抗冲能力，而且可减少块石用量。平底拱架设计时，块石尺寸由式（6-64）确定，块石长轴方向竖直向下，拱脚伸入边壁一定深度以满足拱的受力要求。

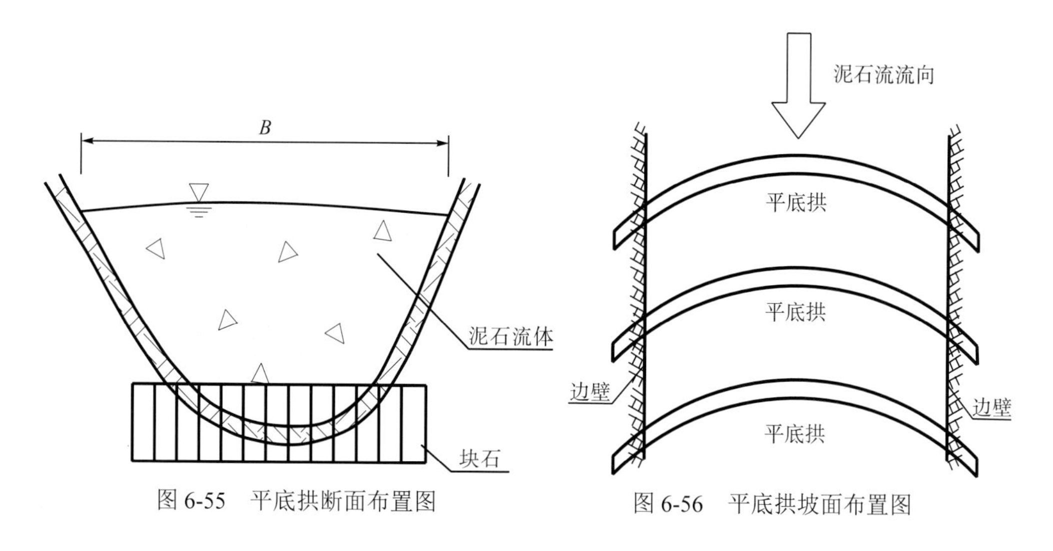

图 6-55　平底拱断面布置图　　图 6-56　平底拱坡面布置图

6.4.3.2　糙底技术

泥石流天然沟槽坡度不均匀时，尤其是上陡下缓的情况，上游流速较快，下游速度变慢，不能满足上游流量排泄，就会发生沟道堵塞、漫流而产生淤埋危害。在下游变坡，采取排导结构不可行时，可选用糙桩技术，其根本目的在于减缓泥石流流速，进而达到降低冲击毁损程度的作用。

1. 确定糙桩断面尺寸

在泥石流沟槽中布设悬臂桩或悬臂墩，缩小过流断面，产生局部水头损失，这种局部水头损失 h_{j} 为

$$h_{\mathrm{j}} = \epsilon_0 \frac{v^2}{2g} \tag{6-66}$$

式中，ϵ_0 为局部水头损失系数，通过实验确定；v 为发生局部水头损失以前的速度，m/s；重力加速度，通常取 9.8m/s。

桩后断面的泥石流平均速度 v' 为

$$v' = v\sqrt{1-\epsilon_0} \tag{6-67}$$

假定泥石流冲击力在桩上均匀分布，桩伸入泥石流体中的长度不宜过长，一般小于泥石流体深的四分之一，可以按单桩的承载力来确定桩的长度、断面尺寸。

2. 桩的布置

桩在泥石流沟中按梅花形布设且横向间距应大于泥石流体中固相颗粒的最大粒径，纵向距离应大于泥石流块体的跃移长度 L，其分布形式如图 6-57 所示。L 的计算式为

$$L = \sum_{n=0}^{\infty}(1-p)p^n(n+1)l = \frac{l}{1-p} \tag{6-68}$$

式中，l 为泥沙的单步移动距离，m；p 为定量的泥沙在第一个 l 后留下来的泥沙所占比例；n 为全部泥沙沉积经历的单步移动距离的个数。

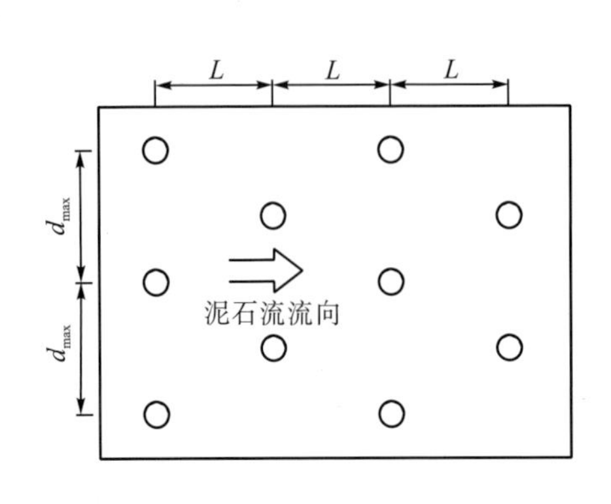

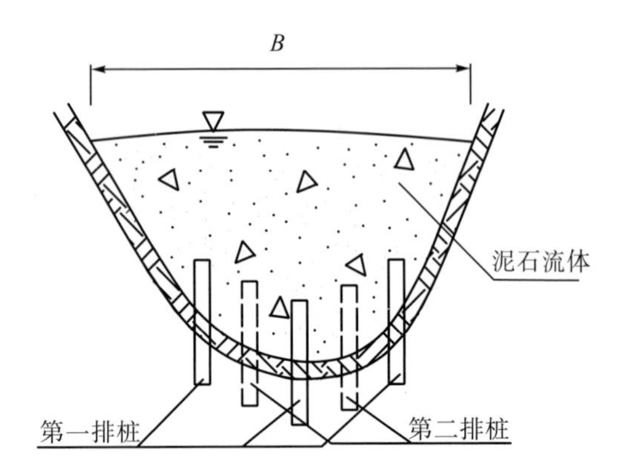

图 6-57 糙桩平面、横断面布置图示

6.5 泥石流淤埋路段及冲失断道应急通行技术

我国西部山区山高谷深，公路主要傍山而行，横向穿越泥石流沟口。泥石流暴发后，沟口易淤埋断道或将沿泥石流沟岸的路基冲失断道，阻碍抢险救灾救援工作。为此，为了使泥石流沟口淤埋路段和冲失断道快速恢复交通，需研发相应的应急抢修新技术。

值得指出的是，淤埋路段搭建道路交通应急通行结构时需要确定泥石流体的承载力，可以根据泥石流承载力计算公式确定，或经过一定化学加固后，快速提高泥石流体承载力。

6.5.1 泥石流淤埋路段道路交通应急通行技术

6.5.1.1 战备浮桥

1. 技术内涵

战备浮桥主要是由承载墩和连系杆构成，连系杆上铺设木板以供车辆通行，承载墩底部固定有连系杆防止承载墩在外部荷载作用下产生侧翻。当泥石流淤埋厚度超过 3m 便可以运用此技术，首先平整淤埋路段泥石流沉积物表面，宽度不小于 3m，以便应急救援车辆能够无障碍通过。从淤埋路段两端向中间沿着整平便道布置承载墩并使其下稳定柱完全插入泥石流沉积物中，承载墩属于橡胶制品，可以通过充气在淤埋体中提供支撑力供上部车辆安全通过，连系杆之间可通过承载墩上的锁固栓铰连接或刚性连接与承载墩联合而形成一个整体结构体系。待救援车辆和人员通过后，可以通过松动锁固栓，拔掉承载墩表面的充气阀门，拆卸所有结构进行归置以供下次使用，战备浮桥示意图如图 6-58 所示。另外，还可通过建筑信息模型(building information modeling，BIM)模拟，构建战备浮桥的优化设计方法，该技术施工工艺如图 6-59 所示。

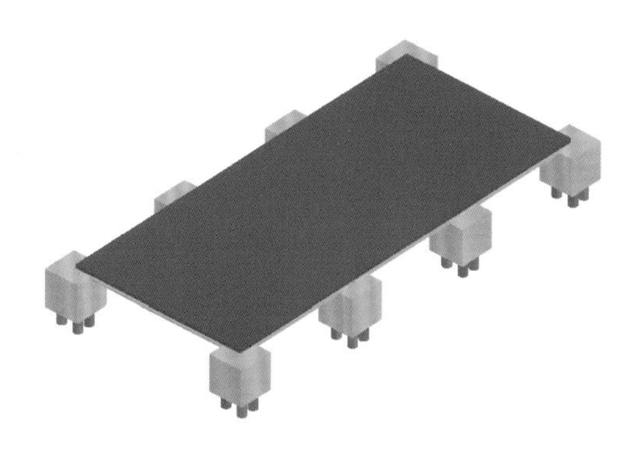

图6-58 跨越泥石流淤埋段战备浮桥布置示意图

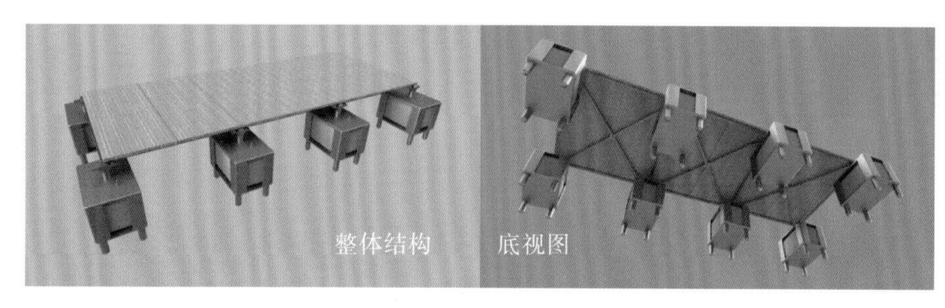

图6-59 跨越泥石流淤埋段战备浮桥施工工艺

2. 结构计算方法

1)承载墩受力分析

当战备浮桥在泥石流淤埋体中处于正常使用状态时，考虑泥石流淤埋体与承载墩之间的摩擦力，承载墩受力模型如图6-60所示。

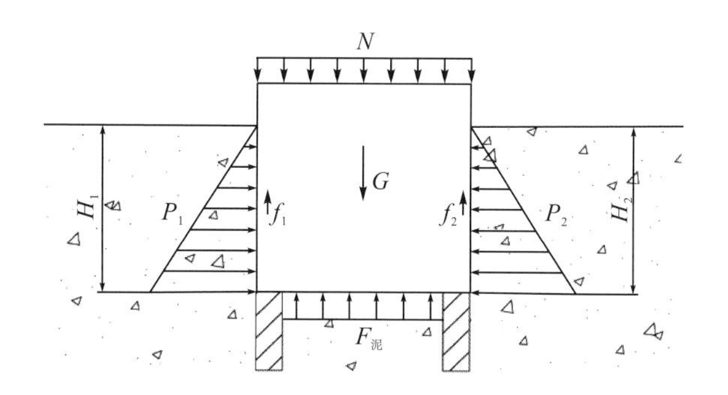

图6-60 承载墩在正常悬浮时受力情况

泥石流淤埋沉积物属于固液两相体，可近似为宾干姆流体，其力学性质非常复杂。假设泥石流淤埋体对承载墩的支撑力$F_{泥}$由液相提供的浮力$F_{浮}$以及固相对承载墩的承载力$F_{承}$两部分组成。根据阿基米德定律，当承载墩在沉积后的泥石流淤埋体中保持悬浮状态时，受到外部荷载 N、承载墩自重 G、泥石流淤埋体与承载墩接触的摩擦力 f，以及承载墩受到的泥石流淤埋体侧向压力 P，其受力平衡方程为

$$N + G = F_{泥} + 2f \tag{6-69}$$

$$F_{泥} = F_{浮} + F_{承} \tag{6-70}$$

$$F_{浮} = \gamma V \tag{6-71}$$

$$F_{承} = \sigma_{\mathrm{B}} S \tag{6-72}$$

$$P = P_1 = P_2 = \frac{1}{2}\gamma H^2 \tan^2\left(45 - \frac{\varphi}{2}\right) \tag{6-73}$$

$$f_1 = f_2 = \mu P \tag{6-74}$$

式中，N 为战备浮桥桥面板上车辆向承载墩传递的外部荷载，kN/m；G 为承载墩自重，kN；γ为泥石流淤埋体容重，kN/m^3；V为承载墩深入泥石流中的体积，m^3；σ_{B}为泥石流淤埋体承载力强度，kPa；S 为承载墩下表面与泥石流淤埋体的接触面积，m^2；H 为承载墩埋进泥石流淤埋体的高度，m；μ 为泥石流淤埋体与承载墩之间的摩擦力系数；P 为承载墩受到的泥石流淤埋体的侧向压力，kN。

当承载墩在泥石流淤埋体中由于上部荷载在桥面轴线两侧不对称而处于侧向倾斜状态时，其上、下表面受力状态与正常悬浮情况下基本相同，但侧面受力情况变化较大。承载墩下部防侧倾稳定装置会使其产生一个抵抗侧倾的力矩，承载墩向右侧倾斜时其受力状态如图 6-61 所示。

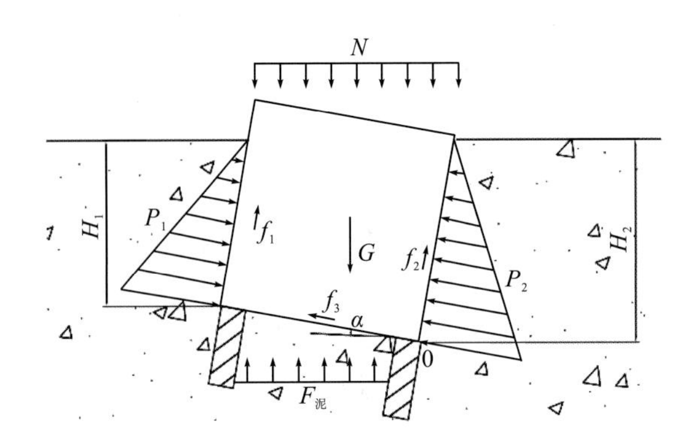

图 6-61　承载墩在侧向倾斜时受力情况

$$P_1 = \frac{1}{2}\left(\frac{H_1}{\cos\alpha}\right)^2 \tan^2\left(45 - \frac{\varphi}{2}\right) \tag{6-75}$$

$$P_2 = \frac{1}{2}\left(\frac{H_2}{\cos\alpha}\right)^2 \tan^2\left(45 + \frac{\varphi}{2}\right) \tag{6-76}$$

$$H_1 + b\sin\alpha = H_2 \tag{6-77}$$

竖直方向：

$$N + G + P_1 \sin\alpha = F_{泥} + P_2 \sin\alpha + \mu P_1 \cos\alpha + \mu P_2 \cos\alpha \tag{6-78}$$

水平方向：

$$P_1 \sin\alpha + \mu P_1 + \mu P_2 = P_2 \sin\alpha \tag{6-79}$$

弯矩：

$$\frac{1}{2}(N+G)b + \frac{1}{3}P_2 H_2 = \frac{1}{2}F_{泥} b + \frac{1}{3}P_1 H_1 \tag{6-80}$$

式中，φ 为泥石流淤埋体内摩擦角，(°)；H_1 为承载墩倾斜时左侧埋进泥石流淤埋体的深度，m；b 为承载墩底面宽度，m；H_2 为承载墩倾斜时右侧埋进淤埋体中的深度，m；α 为承载墩倾斜的最大角度，(°)；P_1 为承载墩左侧受到的主动土压力，kN；P_2 为承载墩右侧受到的被动土压力，kN。

2) 连系杆铰连接结构分析

泥石流淤埋路段安置的战备浮桥各部分连接处采用装配式，可以进行多种连接形式，连系杆之间的连接方式可能直接影响泥石流淤埋体上布置的整个战备浮桥结构形式，在外部车辆荷载作用下其稳定性也会受影响。当连系杆之间采用铰连接再作用于承载墩上时，桥面板上车辆荷载以及桥面板和连系杆的重量通过连系杆传递到承载墩上（图 6-62）。当车辆荷载在桥面板上处于轴线对称时，荷载能够均匀传递到承载墩上，使承载墩正常悬浮在泥石流淤埋体中，当车辆荷载在战备浮桥上行驶有横向偏心 e_x 时，则作用在承载墩上的反力与偏心距会产生一个倾覆力矩 M_y，从而会对承载墩产生一个附加沉陷深度。泥石流淤埋体中的承载墩通过沉浮为战备浮桥提供承载力，所以承载墩的最大承载能力和连系杆的结构强度决定整个战备浮桥的稳定性。

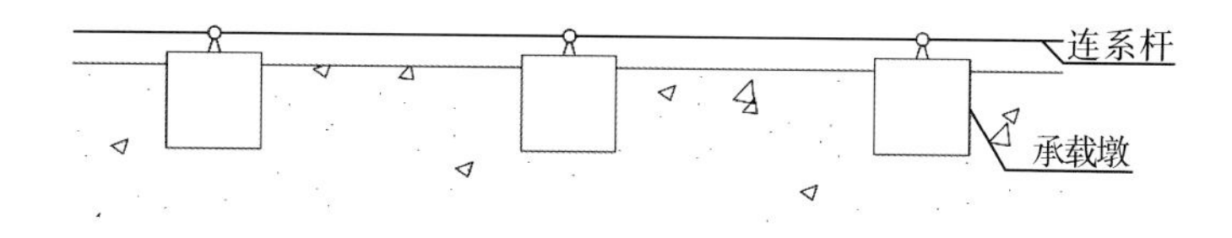

图 6-62　连系杆铰接纵向布置图

(1) 承载墩在泥石流淤埋体中的沉陷深度。战备浮桥不同连系杆之间通过铰接作用在承载墩上时，每一桥跨都可以简化为简支梁，此时当应急救援车辆荷载简化为局部均布荷载作用在战备浮桥面板端部时，承载墩会受到来自连系杆传递的最大作用力，因此桥跨端部是承载墩承受力最不利位置，即需要对此位置进行承载力复核。将车辆外部荷载布置在战备浮桥端部位置，此时承载墩产生的反力 F_1 为

$$F_1 = Q\left(1 - \frac{s}{2l}\right) \tag{6-81}$$

式中，Q 为外部车辆荷载，kN；s 为应急救援车辆前后轮间距，m；l 为战备浮桥纵向承载墩间距，m。

由桥跨自重导致承载墩产生的反力 F_2 为

$$F_2 = gl \tag{6-82}$$

式中，g 为连系杆单位长度重量，kN/m。

单排承载墩所受总反力 F 为

$$F = F_1 + F_2 + 2G \tag{6-83}$$

在上述荷载作用下承载墩在泥石流淤埋体中的沉陷深度 h 为

$$h = \frac{F}{2\gamma A} \tag{6-84}$$

式中，γ 为泥石流淤埋体容重，$\mathrm{kN/m^3}$；A 为单个承载墩与泥石流淤埋体接触的底面面积，$\mathrm{m^2}$。

此外，当车辆荷载作用在战备浮桥上有横向偏心 e_x 时，则传递到承载墩上的作用力与偏心距会产生一个倾覆力矩 M_y，因此承载墩会产生一个附加沉陷深度Δh：

$$\Delta h = \frac{F_2 e_x z_x}{\gamma J_y \psi_y} \tag{6-85}$$

$$H = h + \Delta h \tag{6-86}$$

式中，J_y 为单排承载墩对战备浮桥桥轴线惯性矩，$\mathrm{m^4}$；ψ_y 为承载墩所受车辆荷载作用时稳心高度与稳定半径比值，取 $\psi_y=0.9$；z_x 为单排承载墩横向边缘到战备浮桥桥轴线的距离，m；H 为连系杆铰连接工况下承载墩最不利位置总沉陷深度，m。

(2) 连系杆强度。在分析了承载墩沉陷深度的基础上，还应该考虑连系杆的抗弯强度，战备浮桥桥跨中部连系杆所受的弯矩是由板上车辆荷载以及浮桥桥跨静载重状况下共同作用产生的，由于承载墩自重对连系杆强度不会产生影响，因此不予考虑。在静荷载作用下，战备浮桥连系杆的跨中弯矩 M_1 为

$$M_1 = \frac{gl^2}{8} \tag{6-87}$$

将外部车载荷载布置在跨中最不利位置，此时跨中最大弯矩 M_2 为

$$M_2 = \frac{Q}{8}(2l - s) \tag{6-88}$$

连系杆通过铰连接整体承受上部荷载作用下的弯矩，又因为铰只能传递力而不能传递弯矩，因此承载墩上只受上部荷载传下的力，整个战备浮桥是由整体连系杆共同承担其弯矩作用，其中单一连系杆所受最大弯矩 M 为

$$M = \frac{M_1}{n} + k_1 M_2 (1 + \mu) \tag{6-89}$$

$$k_1 = \frac{1}{n}\left(1 + \frac{6e_x}{l}\frac{n-1}{n+1}\right) \tag{6-90}$$

式中，n 为纵向单排承载墩个数；k_1 为横向分配系数；$1+\mu$ 为车辆荷载冲击系数，取 1.15。

3) 连系杆刚性连接结构分析

如果泥石流堆积区内有公路等交通要道，冲出泥石流会淤埋公路，在淤埋路段布置战备浮桥以供应急救援车辆和人员能在黄金救援时间内抵达灾区展开救援。当布置的战备浮桥总长度 $L \leqslant \frac{2\pi}{\lambda}$ 时，浮桥在荷载作用下的变形和内力会受到端部效应影响，在此情况下

应将战备浮桥考虑为短浮桥，按有限长弹性地基梁法计算，计算模型如图 6-63 所示。

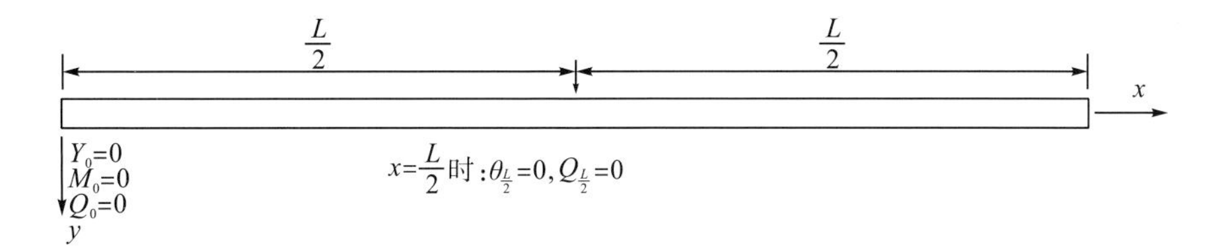

图 6-63　连系杆刚性连接纵向布置图

$$\frac{d^4y}{dx^4}+4\lambda^4y=0 \tag{6-91}$$

通解为

$$y=C_1\mathrm{ch}(\lambda x)\cdot\cos(\lambda x)+C_2\mathrm{ch}(\lambda x)\cdot\sin(\lambda x)+C_3\mathrm{sh}(\lambda x)\cdot\cos(\lambda x)+C_4\mathrm{sh}(\lambda x)\cdot\sin(\lambda x) \tag{6-92}$$

x=0 时连系杆的挠度：

$$Y_0=y \tag{6-93}$$

x=0 时连系杆的转角：

$$\theta_0=\frac{dy}{dx} \tag{6-94}$$

x=0 时连系杆的弯矩：

$$M_0=-EJ\frac{d^2y}{dx^2} \tag{6-95}$$

x=0 时连系杆的剪力：

$$Q_0=-EJ\frac{d^3y}{dx^3} \tag{6-96}$$

令挠曲线方程为

$$y=y_0A+\frac{\theta_0}{\lambda}B-\frac{M_0}{\lambda^2EJ}C-\frac{Q_0}{\lambda^3EJ}D \tag{6-97}$$

式中，A、B、C、D 为弹性地基梁的发散型循环函数：

$$\begin{cases}A=\mathrm{ch}(\lambda x)\cdot\cos(\lambda x)\\B=\frac{1}{2}[\mathrm{ch}(\lambda x)\cdot\sin(\lambda x)+\mathrm{sh}(\lambda x)\cdot\cos(\lambda x)]\\C=\frac{1}{2}\mathrm{sh}(\lambda x)\cdot\sin(\lambda x)\\D=\frac{1}{4}[\mathrm{ch}(\lambda x)\cdot\sin(\lambda x)-\mathrm{sh}(\lambda x)\cdot\cos(\lambda x)]\end{cases} \tag{6-98}$$

根据弹性地基梁理论，战备浮桥纵梁任意部位的变形、转角、弯矩和剪力计算式分别为

$$y=y_0A+\frac{\theta_0}{\lambda}B-\frac{M_0}{\lambda^2EJ}C-\frac{Q_0}{\lambda^3EJ}D \tag{6-99}$$

$$\theta = -4\lambda y_0 D + \theta_0 A - \frac{M_0}{\lambda EJ} B - \frac{Q_0}{\lambda^2 EJ} C \tag{6-100}$$

$$M = 4\lambda^2 EJy_0 C + 4\lambda EJ\theta_0 D + M_0 A + \frac{Q_0}{\lambda} B \tag{6-101}$$

$$Q = 4\lambda^3 EJy_0 B + 4\lambda^2 EJ\theta_0 C - 4\lambda M_0 D + Q_0 A \tag{6-102}$$

最不利位置弯矩 M_2 为

$$M_2 = \frac{Q}{4\lambda}\left(1.09 - \frac{\lambda s}{2}\right) \tag{6-103}$$

最不利位置处承载墩产生的反力$F_{反}$为

$$F_{反} = 1.09\frac{Q\lambda l}{2} \tag{6-104}$$

式中，λ为连系杆的弯曲特征系数；EJ 为连系杆刚度。

当车辆荷载的作用在战备浮桥桥面轴线两侧对称时，浮桥只在竖直方向上出现位移，整个战备浮桥没有横向倾斜和转动，处于纯弯矩状态。但当车辆荷载的作用偏离桥面轴线时，战备浮桥连系杆除了弯曲变形之外还会产生扭转变形，此时战备浮桥会产生纵倾，影响倾向一侧的承载墩沉陷深度，按拟梁法计算扭转，计算模型见图 6-64。

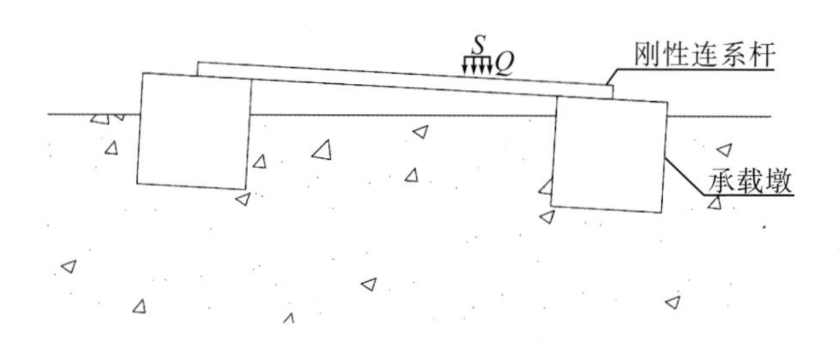

图 6-64　战备浮桥扭转示意图

扭转时抗扭刚度系数 k_ω：

$$k_\omega = \frac{\gamma J_x}{l} \tag{6-105}$$

抗扭特微系数 β_ω：

$$\beta_\omega = \sqrt[4]{\frac{\gamma J_x}{4EJ_w l}} \tag{6-106}$$

扇形惯性矩 J_w：

$$J_w = \sum J_1 z_1^2 \tag{6-107}$$

式中，J_x 为承载墩在泥石流淤埋体中单位面积对浮桥轴线的惯性矩，m^4；J_1 为外侧纵向连系杆惯性矩，m^4；E 为连系杆弹性模量，kPa；z_1 为承载墩发生扭转下沉深度外侧纵向连系杆到桥面轴线的距离，m。

在静荷载作用下，连系杆最不利位置处的弯矩 M_1 为

$$M_1 = \frac{gl^2}{8} \tag{6-108}$$

连系杆弯矩横向分配不均匀系数 k_{m} 为

$$k_{\mathrm{m}} = 1 + \frac{neb_1}{\sum b_1^2}\frac{\lambda}{\beta_\omega} \tag{6-109}$$

最不利位置连系杆总弯矩 M 为

$$M = \frac{M_1}{n} + k_{\mathrm{m}}\frac{M_2}{n} \tag{6-110}$$

承载墩沉陷深度 $h+\Delta h$ 为

$$h + \Delta h = \frac{P\lambda}{2k} + \frac{Pe\beta_\omega}{2k_\omega}\frac{L}{2} \tag{6-111}$$

式中，L 为战备浮桥长度，m；b_1 为沿战备浮桥轴线对称的连系杆横向间距，m。

6.5.1.2　注氮快速凝固通道

泥石流沉积体注氮快速凝固技术是在传统的液氮冻结法基础上改进而来的，采用并联式冻结系统不仅提高了液氮的利用率，还便于液氮在冻结泥石流沉积体内的循环(图 6-65)。氮气回收系统将液氮气化形成的氮气直接导回制作塔内，使氮气经过冷凝后变为液态重新进入冷冻管内继续冻结泥石流沉积体，这一步骤简化了“将空气机械压缩→冷却→分馏→液氮”的传统制氮工艺，从而将液氮生产厂“搬到了”施工现场，大大节约了投资预算。另外，考虑到冻结管竖直布置时，液氮会在冻结管底部汇集形成超低温度(−195.8℃)，造成冻结管壁局部温度过低，从而产生冻结温度场分布不均匀的现象，影响冻结效果，因此为了使液氮由注入管进入冻结管后能够均匀散布，将供液管底部封住且分段打十字花孔，即将其制作成类似花管的形式(图 6-66)。

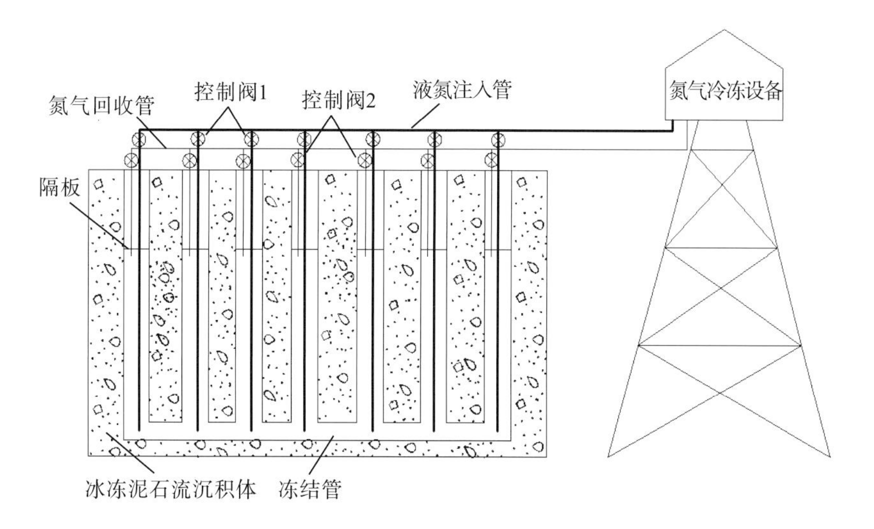

图 6-65　泥石流沉积体注氮快速凝固技术

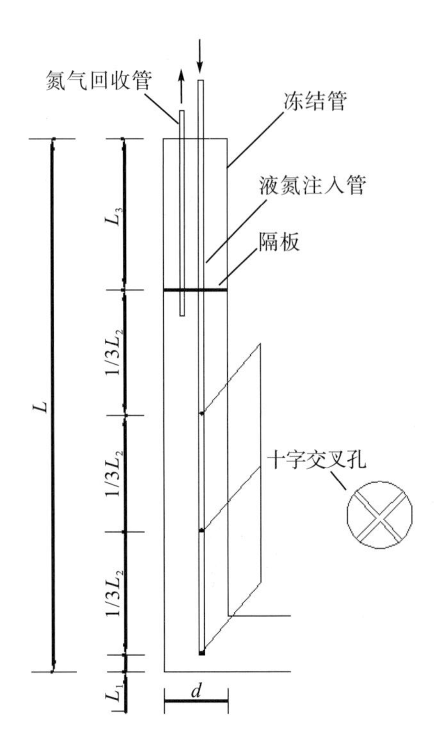

图 6-66　冻结管路详细图

(1)将氮气压缩冷却后制成液态氮，然后将液态氮直接注入预先埋设在泥石流体内的冻结管中，液氮的汽化温度很低(-195.8℃)，当其由液态变为气态时会吸收大量的热(每千克液氮可从周围吸收大约 47.6kJ 的热量)，从而能使管周围泥石流沉积体中的水结冰，将湿黏的泥石流体快速冷冻起来，增加其强度和稳定性。总结其原理，就是利用氮气相变吸热的物理性质来达到使泥石流沉积体快速固结的目的，它是泥石流沉积体的物理加固方法，是一种临时加固技术，当不需要加固时，又可采取强制解冻技术使其融化。

(2)待泥石流运动停止后，根据公路泥石流淤埋体体积和相关土力学参数，如极限承载力、含水量、渗透系数、压缩模量等进行冻结方案设计。液氮需求量计算过程如下。

假定泥石流沉积体体积为 $V(\mathrm{m}^3)$，密度为 $\rho(\mathrm{kg/m}^3)$，含水量为 w，泥石流体温度为 T，则根据热交换定律，要将该泥石流沉积体中的水冻成冰，且保持泥石流体的冻结温度为 T_1，需要的液氮量计算如下。

$$\begin{aligned} &Q_{\text{吸热}} = Q_{\text{放热}} \Rightarrow (T_1 + 195.8) \times 8.2 \times \rho_{\text{氮}} V_{\text{氮}} = (T - T_1) \times 4.2 \times \rho V w \\ &\Rightarrow m_{\text{氮}} = V_{\text{氮}} \rho_{\text{氮}} = \frac{21 \rho V w (T - T_1)}{41 (T_1 + 195.8)} \end{aligned} \tag{6-112}$$

假设泥石流沉积体密度 $\rho=2.03\times10^3\mathrm{kg/m}^3$，体积 $V=525\mathrm{m}^3$，含水量 $w=13.1\%$，泥石流体温度 $T=16$℃，预计泥石流沉积体的冻结温度 $T_1=-45$℃，则要冻结 $525\mathrm{m}^3$ 的泥石流体，需要的液氮量 $m_{\text{氮}}$ 为

$$m_{\text{氮}} = \frac{21 \rho V w (T - T_1)}{41 (T_1 + 195.8)} = \frac{21 \times 2.03 \times 525 \times 13.1\% \times (16 + 45)}{41 \times (-45 + 195.8)} \approx 28.93(t)$$

若需保持泥石流沉积体在−45℃环境中冻结 10 天，则总共需要液氮 28.93×10=289.3t。目前，市场上纯度为 99.999%的液氮的价格是 1500 元/t，则消耗 289.3t 液氮需要 289.3×1500≈43.4 万元，这对于山区公路的泥石流灾害应急治理成本而言过于高昂。运用泥石流沉积体注氮快速凝固技术中的并联冻结循环系统和液氮简化现场制作设备，可将液氮治理成本压缩很多。这一过程的成本为 24.4 万元，将原有的总投资变为 43.4−24.4=19 万元。

在冻结现场，还要有容积不小于 10m^3 的液氮罐作为冻结期间液氮的缓冲和储备，以防液氮供应出现中断。

(3) 根据冻结设计方案，在泥石流淤埋体上钻孔，下放冷冻管钻孔(由低碳无缝钢管制成并底部密封)和测温管(由无缝钢管制成)，安装后进行水压试漏，初始压力为 0.8MPa，观察 30min，降压≤0.05MPa，再观察 15min，若压力不降则为合格，否则就近重新钻孔下管。

(4) 在冻结管中安装液氮注入管(由铜管制成，并用聚苯乙烯泡沫塑料保温，保温层外面还要用塑料薄膜包扎)、氮气回收管(由无缝钢管制成，并同样使用聚苯乙烯泡沫塑料保温)和隔板，并将冻结管顶部封闭。位于地表面以上的管路使用不锈钢软管制成，并用聚苯乙烯泡沫塑料保温，保温厚度为 100mm，保温层外面还要用塑料薄膜包扎。

(5) 打开控制阀 1，通过供液管向冷冻管中注入液氮，使管周围的泥石流体迅速冻结，并通过调节控制阀 1 控制液氮的流量。

(6) 进入冻结管的液氮很快就会受热气化成氮气，这时打开控制阀 2 将氮气通过回液管导入液氮制作设备中作为液氮的原料，再将制备好的液氮通过供液管注入冷冻管中，如此循环往复既可以节约成本也可以保持泥石流体的冷冻温度。

(7) 根据测温孔监测温度计算的各个剖面泥石流冻结体的平均温度，对温度偏高部位，通过调整液氮流量，调控冻结体的强度和变形。还可以通过测温孔监测数据计算分析冻土体的平均发展速度 v(cm/d)，估计泥石流沉积体整体完全固结的时间 t(即冻结体交圈时间)，$t=L_{max}/(2v)$，其中 L_{max} 为冻结孔的最大间距(图 6-67)。

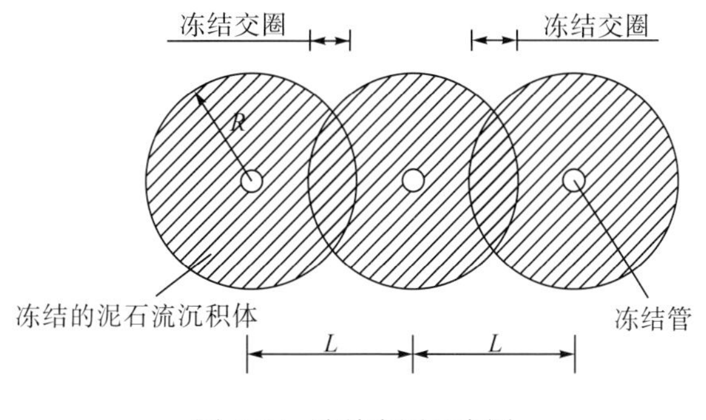

图 6-67　冻结交圈示意图

R.冻结体的发展半径，cm；L.冻结孔的间距，cm

待完成应急加固任务后，可以停止液氮灌入，对泥石流体进行解冻取出冻结管。

6.5.2 泥石流冲失部位道路交通应急通行技术

6.5.2.1 组合式自承载战备桥梁结构

1. 技术内涵

针对山区沿河公路路基冲失灾害(图 6-68),研发了适用于公路交通应急通行的快速抢修技术——组合式自承载战备桥梁结构(图 6-69),其主体是由钢架、拉绳系统和路面板组成的空间结构,包含立方体形组件、三角棱柱形组件、承载钢绳、稳固钢绳、路面板和连接螺栓。钢架和拉绳系统组成该结构的承载系统,路面板为该结构的道路通行构件。钢架包括立方体形组件和三角棱柱形组件,组件可由普通钢轨焊接预制,在立方体形钢架的八个角点及三角棱柱形钢架矩形侧面的四个角点处设置连接锁孔,相邻立方体形组件在连接锁孔处采用锁固螺杆和锁固螺帽机械锁固,在三角棱柱形钢架底面的四个角点处设置承载钢绳锁孔,便于固定承载钢绳,钢绳为普通钢绞线。

图 6-68 G211 开州段 K1303+550 处公路路基塌陷

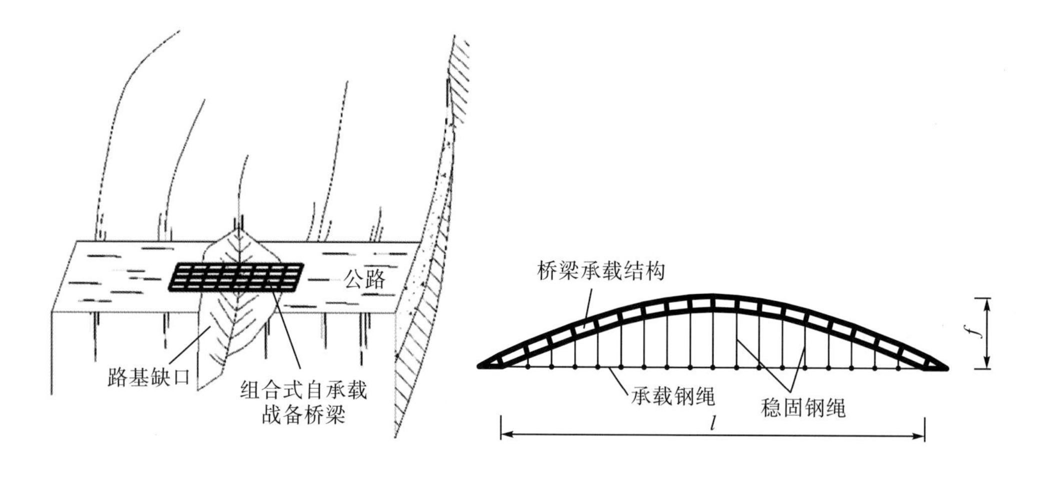

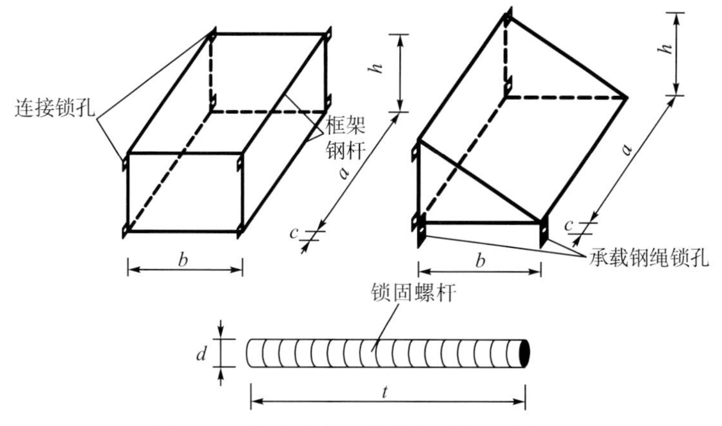

图 6-69　组合式自承载战备桥梁结构图示

f.组合式自承载战备桥梁结构高度，m；*l*.组合式自承载战备桥梁结构总长度，m；*a*.钢架组件沿道路宽度方向尺寸，m；*b*.钢架组件沿道路延伸方向尺寸，m；*h*.钢架组件高度，m；*c*.连接锁孔宽度，mm；*d*.锁固螺杆直径，mm；*t*.锁固螺杆长度，mm；*d*.锁固螺帽外径，mm

组合式自承载战备桥梁结构适用于山区公路坍塌形成断道缺口的路段，在灾害发生后用运输车辆将应急锚拉框架结构的相应预制构件运至现场，按照吊装、定位、调整、锁固和固定钢绳等施工工序完成装配，根据路基缺口部位或路基毁损地段的长度估算设置组合式自承载战备桥梁结构的长度，当长度超过 30m 后应在缺口或路基毁损地段中部适当位置架设简易支墩。战备桥梁构件均可预制，运至现场直接组装安置，整个装配过程现场作业时间短，可实现受灾路段公路交通的应急恢复。

同样可通过 BIM 模拟，构建该技术优化施工方法，提出该技术施工工艺，如图 6-70 所示。

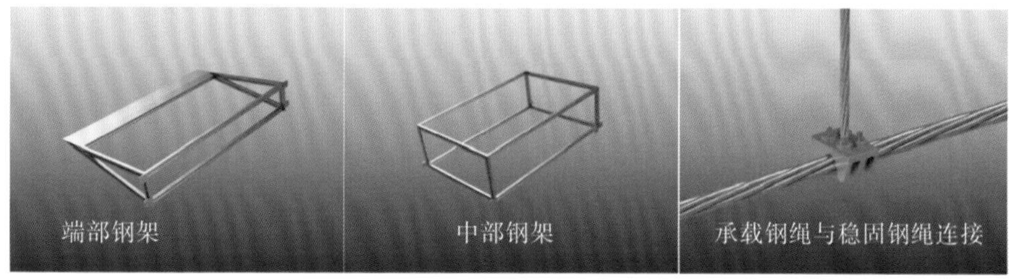

图 6-70　组合式自承载战备桥梁结构施工工艺

2. 结构计算方法

组合式自承载战备桥梁结构的结构计算包括结构强度和结构稳定性等方面，核心是计算结构内力、螺栓稳定性、钢绳稳定性和地基承载力。

1) 组合式自承载战备桥梁内力计算

组合式自承载战备桥梁为拱形结构，在竖向荷载作用下，两端将受到承载钢绳的水平约束力，使上部拱形承载结构内产生轴向压力，由拱桥特点可知，拱内的轴向压力可以大大减小拱圈的截面弯矩，各钢架结构和连接螺栓受力更合理。

组合式自承载战备桥梁拱轴线及拱轴线斜率计算。将组合式自承载战备桥梁结构简化为二铰拱结构(图 6-71)，拱轴线对上部承载结构受力影响很大，并涉及能否节约材料和方便施工。组合式战备桥梁自重为均布恒载，拱的压力线为二次抛物线，采用二次抛物线作为拱轴线。图 6-71 中，L 为战备桥梁总长度，m；x、y 为以截面重心 A 为原点的拱轴线横、纵坐标轴；f 为拱圈的计算矢高，m；L 为战备桥梁跨径，m；φ 为拱轴线水平倾角，(°)。

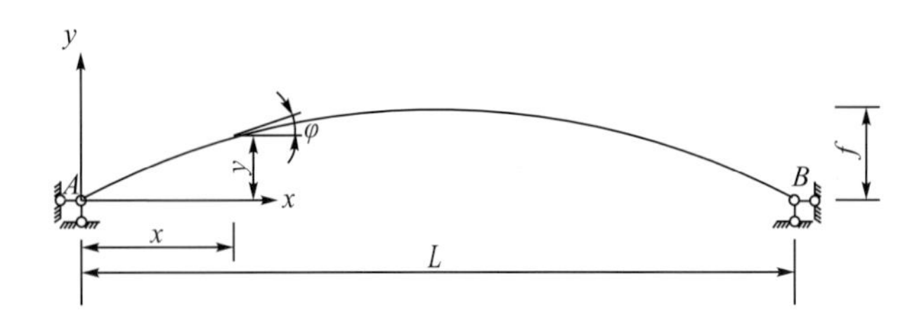

图 6-71 组合式自承载战备桥梁简化模型

拱轴线公式为

$$y = \frac{4f}{L^2}\left(L - x\right)x \tag{6-113}$$

拱轴线斜率由式(6-113)对 x 求导得

$$\tan\varphi = \frac{\mathrm{d}y}{\mathrm{d}x} = \frac{4f}{L^2}\left(L - 2x\right) \tag{6-114}$$

2) 结构内力计算

当汽车通过组合式自承载战备桥梁时，桥梁承受的活载主要有桥梁自重和汽车荷载。组合式自承载战备桥梁为钢架结构，自重较小，暂不考虑。组合式自承载战备桥梁结构为一次超静定结构，当汽车通过时的力学模型如图 6-72 所示，去掉多余联系，得到基本结构，基本体系受到荷载 P 和多余未知力 H_P 的共同作用。通过力法方程解出多余未知力，其余力的计算便与静定结构相同。H_P 为战备桥梁 A 端受到的水平力(kN)，P 为汽车产生的集中荷载(kN)。

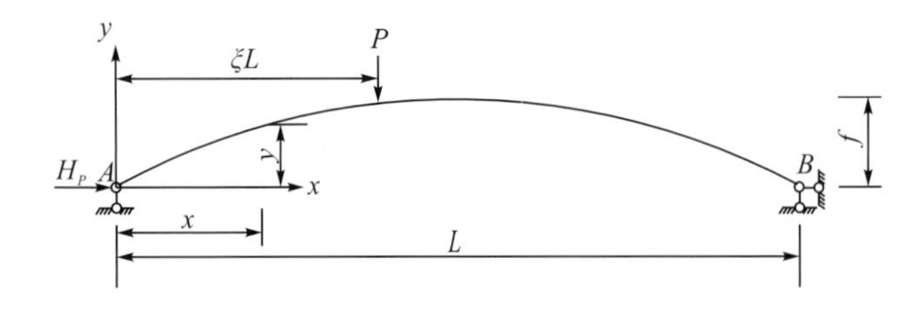

图 6-72 组合式自承载战备桥梁在活载作用下的力学基本结构

以图 6-71 简支曲梁为基本结构，基本体系上虽然多余联系被去掉，其受力和变形情况与原结构一致，在荷载 P 和多余未知力 H_P 共同作用下，其位移 $\varDelta_2$ 应为零。设多余未知力 H_P=1 单独作用在基本结构上时 B 点沿 H_P 方向的位移为 δ_{22}；设在荷载 P 单独作用下 B 点水平方向的位移为 $\varDelta_{2P}$。

由力法方程得

$$H_P\delta_{22} + \varDelta_{2P} = 0 \tag{6-115}$$

主变位：

$$\delta_{22} = \int_s \frac{M_2^2}{EI}\mathrm{d}s + \int_s \frac{N_2^2}{EA_1}\mathrm{d}s \tag{6-116}$$

式中，$M_2 = -y = -\dfrac{4f}{L^2}(L-x)x$；$N_2 = 1\cdot\cos\varphi$。因为组合式自承载战备桥梁矢跨比较小，对于矢跨比较小的桥拱可近似取 $\cos\varphi$=1，因为 $\dfrac{\mathrm{d}x}{\mathrm{d}s} = \cos\varphi = 1$，故 $\mathrm{d}s \approx \mathrm{d}x$，则

$$\delta_{22} = \int_L \left[\frac{4f}{L^2}(L-x)x\right]^2 \frac{\mathrm{d}x}{EI} + \int_L \frac{\mathrm{d}x}{EA_1} = \frac{8f^2L}{15EL} + \frac{L}{EA_1} = (1+\mu)\frac{8f^2L}{15EI} \tag{6-117}$$

式中，μ为弹性压缩系数，$\mu = \dfrac{15I}{8f^2A_1}$；$I$ 为拱圈截面弹性惯性矩，m^4；A_1 为拱圈横截面积，m^2；E 为材料的弹性模量，MPa。

由力法解得

$$\begin{aligned}\varDelta_{2P} &= -\frac{1}{EI}\int_0^{\xi L}\frac{4f}{L^2}\left(Lx-x^2\right)P(1-\xi)x\mathrm{d}x - \frac{1}{EI}\int_{\xi L}^{L}\frac{4f}{L^2}\left(Lx-x^2\right)P\xi(L-x)\mathrm{d}x \\ &= -\frac{PfL^2}{3EI}\left(\xi - 2\xi^3 + \xi^4\right)\end{aligned} \tag{6-118}$$

式中，略去了对二铰拱影响不大的轴向力项，ξ 为[0,1]的数。将式(6-117)和式(6-118)代入式(6-115)得水平推力为

$$H_P = \frac{5}{8}P\left(\xi - 2\xi^3 + \xi^4\right)K\frac{L}{f} \tag{6-119}$$

式中，$K = \dfrac{1}{1+\dfrac{15I}{Af^2}}$，其中 A=8A_1。

二铰拱水平推力影响线坐标值见表 6-5。

表 6-5　二铰拱水平推力影响线坐标值表

计算位置(x=ξL)	0	0.05L	0.10L	0.15L	0.20L	0.25L
水平推力(H_P)	0	0.031	0.061	0.089	0.116	0.141
计算位置(x=ξL)	0.30L	0.35L	0.40L	0.45L	0.50L	…
水平推力(H_P)	0.159	0.175	0.186	0.192	0.195	PKL/f

当 $x<\xi L$ 时，结构任意截面以左恒载和竖直反力产生的梁式弯矩 M_{0P} 为

$$M_{0P}=P(1-\xi)x \tag{6-120}$$

结构任意截面以左恒载和竖直反力产生的梁式剪力 Q_{0P} 为

$$Q_{0P}=P(1-\xi) \tag{6-121}$$

当 $x>\xi L$ 时：

$$M_{0P}=P\xi(L-x) \tag{6-122}$$

$$Q_{0P}=P\xi \tag{6-123}$$

活载作用下水平推力为 H_P，拱圈任意截面弯矩 M_P 由 $\sum M=0$ 求出；轴向力 N_P 及径向剪力 Q_P 则由水平推力 H_P 与竖直剪力 Q_{0P} 分别向轴向和径向投影(图 6-73)叠加得出。

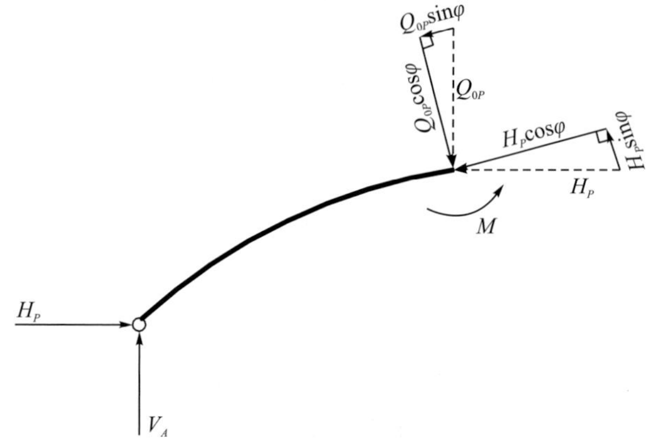

图 6-73　抛物线二铰拱活载内力图

$$M_P=P(1-\xi)x-\frac{5P\left(\xi-2\xi^3+\xi^4\right)L}{8f\left(1+\dfrac{15I}{A_1f^2}\right)}y \tag{6-124}$$

$$N_P=\frac{5P\left(\xi-2\xi^3+\xi^4\right)L}{8f\left(1+\dfrac{15I}{A_1f^2}\right)}\cos\varphi+P(1-\xi)\sin\varphi \tag{6-125}$$

$$Q_P=\frac{5P\left(\xi-2\xi^3+\xi^4\right)L}{8f\left(1+\dfrac{15I}{A_1f^2}\right)}\sin\varphi-P(1-\xi)\cos\varphi \tag{6-126}$$

式中，M_P 为在均布恒载 P 作用下拱圈任意截面弯矩，kN·m；N_P 为在均布恒载 P 作用下拱圈任意截面轴向力，kN；Q_P 为在均布恒载 P 作用下拱圈任意截面径向剪力，kN。

3) 最不利荷载作用下组合式战备桥梁结构内力计算

当车辆荷载作用于不同位置时，结构受力则会发生改变，选择不同的工况进行计算，对比得出汽车荷载的最不利工况。经分析显示，汽车行驶在组合式战备桥梁结构上，假定前后车轮对组合式战备桥梁所产生的压力 P 相等，当汽车前后轮分别作用在组合式战备桥梁距 A 端 $L/4$ 的拱腰和 $L/2$ 的拱顶处时，组合式战备桥梁结构内力最大即最容易失稳破

坏，故此情况为最不利工况。分别计算出单一活载 P 作用在结构上时的弯矩，再进行叠加，可得出组合式战备桥梁在最不利工况下结构的弯矩和剪力。

将 $\xi=L/4$ 和 $\xi=L/2$ 分别代入式(6-119)、式(6-124)、式(6-125)和式(6-126)再叠加，得到组合式自承载战备桥梁在最不利工况下水平推力，结构内的弯矩、轴力和剪力表达式分别为

$$H_{2P}=\frac{2.675\times 5LP}{8f\left(1+\dfrac{15I}{A_1 f^2}\right)} \tag{6-127}$$

$$M_{2P}=\frac{5}{4}Px-\frac{2.675\times 5LP}{8f\left(1+\dfrac{15I}{A_1 f^2}\right)}y \tag{6-128}$$

$$N_{2P}=\frac{2.675\times 5LP}{8f\left(1+\dfrac{15I}{A_1 f^2}\right)}\cos\varphi+\frac{5}{4}P\sin\varphi \tag{6-129}$$

$$Q_{2P}=\frac{2.675\times 5PL}{8f\left(1+\dfrac{15I}{A_1 f^2}\right)}\sin\varphi-\frac{5}{4}P\cos\varphi \tag{6-130}$$

4)螺栓稳定性计算

组合式自承载战备桥梁是由普通钢轨焊接而成的钢架，而相邻立方体形组件在连接锁孔处采用螺栓连接成为整体，螺栓连接将部件组合成承重结构，内力传递过程中，连接及其接头部位是其中一个受力环节，若连接和接头处的承载力小于构件承载力，则构件承载力就不能充分发挥。受剪螺栓依靠螺杆的承压和抗剪来传递垂直于螺杆的外力，在外力不大的时候，由被连接钢架构件之间的摩擦力来传递外力，当外力继续增大超过静摩擦力后，钢架之间将出现相对滑移，螺杆开始接触孔壁而受剪，孔壁则受压(图 6-74)。当连接处于弹性阶段时，螺栓群中的各螺栓受力不相等，中间钢架构件之间的螺栓受力大(图 6-75)。因为被连接的构件在各区段中所传递的荷载不同，各螺栓的变形不同，因此导致各螺栓所承担的剪力也不同。但是当外力继续增大后，使连接的受力达到塑性阶段时，各螺栓承担的荷载逐渐接近，最后趋于相等直到破坏。因此，当外力作用于螺栓群中心的时候，也就是战备桥梁的钢架结构的中心受到竖向外荷载的时候，在计算中认为所有的螺栓受力是相同的。

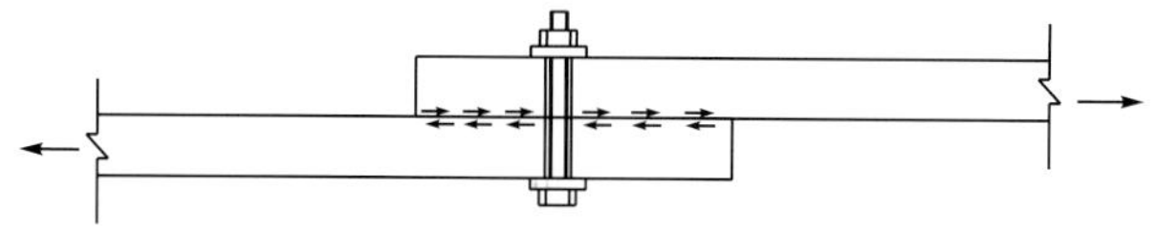

图 6-74　螺栓连接靠摩擦力传力

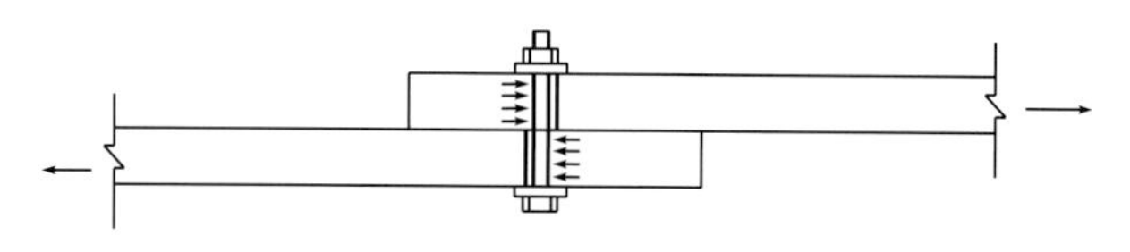

图 6-75　螺栓连接孔壁受压与螺杆受剪

假定螺栓受剪面上的剪应力均匀分布，则一个螺栓的抗剪容许承载力为

$$[N_v^b]=n_v\frac{\pi d^2}{4}[\sigma_v^b] \tag{6-131}$$

式中，d 为螺栓杆直径，m；n_v 为每只螺栓受剪面数量，单剪 $n_v=1$，双剪 $n_v=2$；$[N_v^b]$为螺栓抗剪容许承载力，kN。

在战备桥梁的钢架之间连接为单剪，故取 $n_v=1$。而一个钢架的结构面上有 4 个螺栓连接，则单个截面上的抗剪容许承载力为 $4[N_v^b]$。

式(6-131)中的$[\sigma_v^b]$为普通螺栓抗剪容许应力值，按照表 6-6 取值。

表 6-6 螺栓容许应力值 （单位：MPa）

类别	应力种类		
	剪应力	承压应力	拉应力
粗制螺栓	80	170	110
工厂铆钉	110	280	90
工地铆钉	100	250	80

将组合式自承载战备桥梁上部承载钢架结构中的剪力 T 和所用 4 根螺栓的抗剪容许承载力进行比较，如结构中剪力小于螺栓抗剪容许承载力，即满足式(6-132)，则结构稳定。

$$T<4[N_v^b]=n_v\pi d^2[\sigma_v^b] \tag{6-132}$$

其中：

$$T=Q_{2P}=\frac{2.675\times 5PL}{8f\left(1+\frac{15I}{A_1 f^2}\right)}\sin\varphi-\frac{5}{4}P\cos\varphi \tag{6-133}$$

5)承载钢绳稳定性计算

组合式自承载战备桥梁下部受到承载钢绳的水平拉力，钢绳为预先设置的钢绞线，长度根据现场测定。比较钢绳所受的拉力和容许拉力，若钢绳容许拉力大于钢绳所受到的拉力 F，即满足式(6-134)，则结构稳定。

$$F=H_{2P}=\frac{2.675\times 5LP}{8f\left(1+\frac{15I}{A_1 f^2}\right)}\leqslant nf_{pd}A_s \tag{6-134}$$

式中，n 为钢绞线根数，根；f_{pd} 为钢绞线应力强度，MPa；A_s 为每根钢绞线公称截面积，mm^2。

6)组合式自承载战备桥梁结构所需地基承载力计算

组合式战备桥梁置于缺口两端未破坏地基上，战备桥梁结构整体可视为刚体，两端简支，如图 6-76 所示，战备桥梁两端的基底压力应在地基承载能力之内，防止由于地基承载力不足而影响战备桥梁的正常使用，桥梁端部地基承载力应不低于 500kPa。如果现场地基地质条件较差，需对支承部位地基进行简易处理，如铺设钢板或对原始地基进行换填处理。

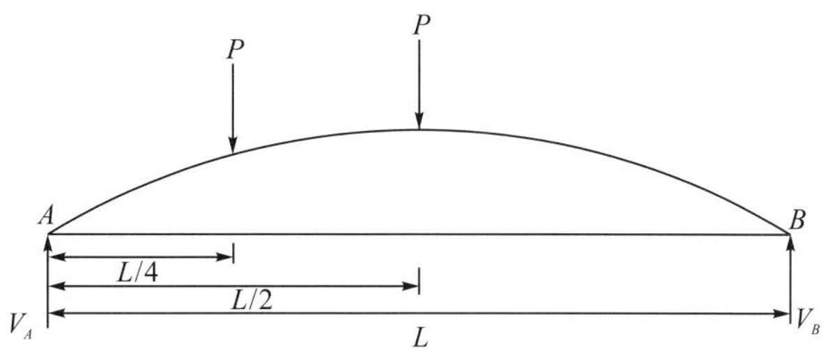

图 6-76　组合式自承载战备桥梁地基反力图

由简支梁结构支座反力计算，对 A 点取矩得

$$V_B - P\cdot\frac{L}{4} - P\cdot\frac{L}{2} = 0 \tag{6-135}$$

$$V_B + V_A = P + P \tag{6-136}$$

由式(6-135)和式(6-136)计算得战备桥梁两端所受的反力 V_A、V_B 分别为

$$V_A = \frac{5}{4}P,\ \ V_B = \frac{3}{4}P \tag{6-137}$$

由式(6-136)计算桥梁端部的基底压力为

$$p_A = \frac{V_A}{ab} = \frac{5P}{4ab},\ \ p_B = \frac{V_B}{ab} = \frac{3P}{4ab} \tag{6-138}$$

式(6-135)～式(6-138)中，V_A 为战备桥梁 A 端所受地基反力，kN；V_B 为战备桥梁 B 端所受地基反力，kN；P 为战备桥梁上部所受集中荷载，kN；a 为钢架组件沿道路宽度方向的尺寸，m；b 为钢架组件沿道路延伸方向的尺寸，m；p_A 为战备桥梁 A 端对基底的压力，kN；p_B 为战备桥梁 B 端对基底的压力，kN。

6.5.2.2　聚酯砌筑块镶嵌结构

(1)针对具体公路路基沉陷段，有效界定路基沉陷防护范围，选用适当数量的聚酯砌筑块及与砌筑块小孔配套的橡胶棒，快速运装送往现场安放，最大程度确保应急抢险安全。该结构安装按照从左往右、从下到上的顺序进行快速组装。水平方向相邻砌块内凹和外凸的两翼形成自嵌式连接。竖直方向，上层砌筑块的凸台嵌入下层砌筑块的间隙使其横向不会移动，而相邻砌筑块内凹和外凸的自嵌式连接使其纵向不会移动，保证了由砌筑块组成的填充体的稳定性和可靠性。

(2)该砌块各结构尺寸满足以下关系：梯形体、错位立方体和倒梯形体的高度和宽度分别为 h_0 和 a，其中，h∶h_0=5∶4，即立方体沿高度方向向下延伸了 $h/5$ 的距离形成一个凸台；连接孔直径约为 $a/12$，长度约为 $a/4$，其离立方体宽边的距离为 $5a/24$，离立方体长边的距离为 $2b$，横向间距均为 $5a/12$，纵向间距为 b。砌筑块两侧内凹和外凸矩形长(m)、宽(n)比满足 m∶n=1.5∶1。

(3)俯视聚酯砌筑块从里至外依次由立方体、梯形体、错位立方体和倒梯形体构成整体。立方体长、宽、高依次为 a、b、h；梯形体、错位立方体和倒梯形体的高度和宽度分别为 h_0 和 a，其中，h∶h_0=5∶4，即立方体沿高度方向向下延伸了 $h/5$ 的距离形成一个凸台(图 6-77)。

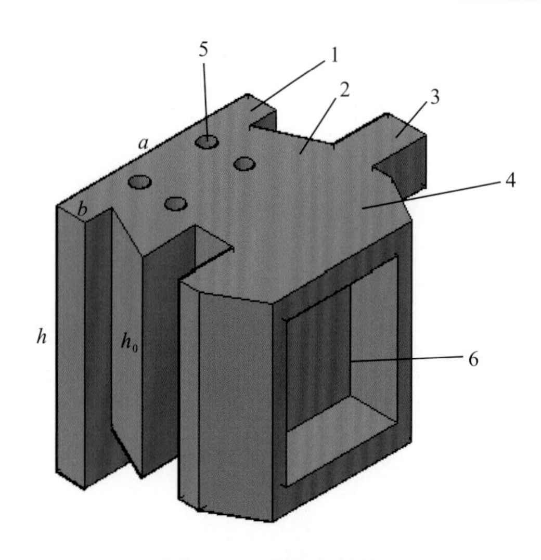

图 6-77　聚酯砌筑块

1.立方体；2.梯形体；3.错位立方体；4.倒梯形体；5.连接孔；6.矩形内孔

(4)在立方体与梯形体组合面上设置有四个连接孔，呈两个一排分布；连接孔的直径约为 $a/12$，长度约为 $a/4$，其离立方体宽边的距离为 $5a/24$，离立方体长边的距离为 $2b$，横向间距均为 $5a/12$，纵向间距为 b。

(5)错位立方体的短边向右侧移位 m 距离，由此在砌筑块两侧形成长、宽分别为 m 和 n 的矩形内凹或外凸，其中，$m:n=1.5:1$。在倒梯形体的外侧面设置有矩形内孔，并且，还设置有直径与连接孔相匹配的连接柱(图 6-78)。

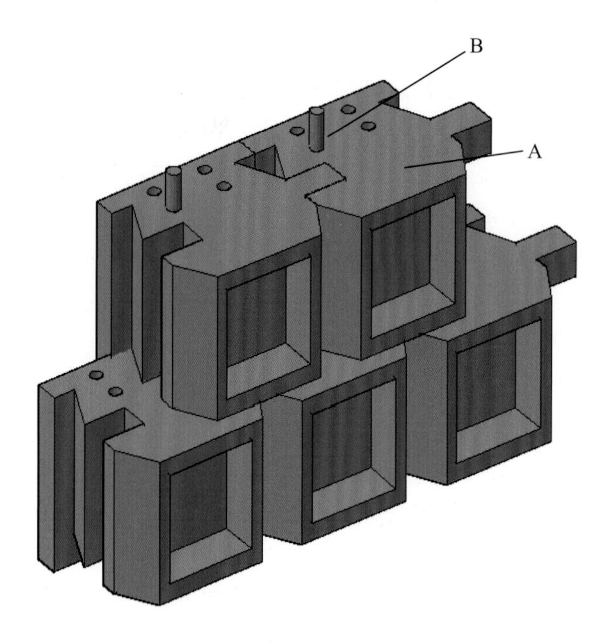

图 6-78　聚酯砌筑块镶嵌结构

A.聚酯砌筑块；B.连接柱

(6) 该结构由多个砌块快速拼接组成，形成稳定的组合式聚酯砌筑块。竖直方向上层砌块的错台紧扣下层相邻两砌块的后缘；水平方向相邻砌块内凹和外凸的两翼形成自嵌式连接(图 6-79)。

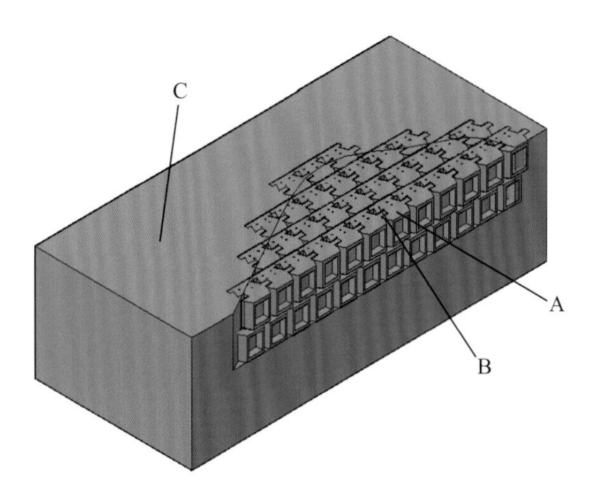

图 6-79　聚酯砌筑块组成路基沉陷段填充体

A.聚酯砌筑块；B.连接柱；C.公路路基沉陷段

(7) 该结构为由多个砌筑块快速拼接组成路基沉陷段的填充体，并且，上层砌筑块的凸台嵌入紧扣下层砌筑块的间隙使其横向不会移动，而相邻砌块内凹和外凸的自嵌式连接使其纵向不会移动，保证了由砌筑块组成的填充体的稳定性和可靠性，同时施工方便、快捷，能在较短的时间恢复公路运行。

实施步骤如下。

(1) 在立方体与梯形体组合面上设置有 4 个连接孔，且呈两个一排分布；连接孔的直径约为 $a/12$，长度约为 $a/4$，其离立方体宽边的距离为 $5a/24$，离立方体长边的距离为 $2b$，横向间距均为 $5a/12$，纵向间距为 b。错位立方体的短边向右侧移位 m 距离，由此在砌筑块两侧形成长、宽分别为 m 和 n 的矩形内凹或外凸，其中，$m : n=1.5 : 1$；在倒梯形体的外侧面设置有矩形内孔；同时，还设置有直径与连接孔相匹配的连接柱(B)。

(2) 当路基沉陷造成公路阻断时，可以对路基沉陷段稍做处理。然后采用路基沉陷段公路应急抢修用组合式聚酯砌筑块进行填充。

(3) 填充时采用从左往右、从下到上的顺序进行快速组装，每一排砌筑块两两之间采用其自带的内凹和外凸形成自嵌式连接，上层砌筑块与下层砌筑块在沿公路纵向错位 $a/2$ 距离安装且将凸台插入下层砌筑块前、后两排留出的间隙中，间隙的宽度与砌筑块立方体的宽度(即凸台宽度)相同。每一层砌筑块均以砌筑块立方体的宽度向内收缩，形成一个下大上小的由砌筑块组成的填充体。

(4) 组装完上一层砌筑块后，采用连接柱插入连接孔中，通过连接柱将同层砌筑块两两之间和上、下层砌筑块之间相互连接成整体，进一步增加了由砌筑块组成的填充体的强度和刚性，保证了由砌筑块组成的填充体的稳定性和可靠性。

6.6 小　　结

通过现场调查、室内实验和模拟，针对强震区宽缓与窄陡沟道型泥石流成灾模式，提出了针对性综合防控技术和设计理念，同时对泥石流治理工程的抗冲击、耐磨蚀等辅助技术进行研究，取得如下认识。

(1)针对宽缓沟道深切揭底型成灾模式的泥石流，一般表现为深切揭底、单点堵溃集中揭底放大，防控理念为揭底拉槽段固源固床或逐级联调拦挡，辅以沟口排导工程。防治措施为多级拦砂坝或拉槽段固床固坡槽，但须有一座骨干高拦砂坝最终调节库容。

(2)针对宽缓沟道单点堵溃集中揭底放大型成灾模式的泥石流，防控理念为上游水石分治、中游护底固坡、下游拦挡停淤辅以沟口排导槽。防治措施仍以固床槽和拦砂坝为主，水石分治要结合单点堵塞滑坡规模进行合理判断。

(3)针对宽缓沟道多级多点堵溃放大型成灾模式的泥石流，采用“多点固源防起动、控制堵溃防揭底、逐级拦蓄削龙头”的综合防控理念。防治措施仍以多级拦砂坝为主。

(4)窄陡沟道型泥石流一般表现为下切拉槽、侧蚀拓宽成灾模式的泥石流，防控理念以沟内固源、固床为主，辅以沟口拦停调蓄及沟口排导泄洪。防治措施一般采用联调谷坊群或潜槛群、多级柔性网拦截谷坊、软基柔性固床排导槽、护岸固床复合排导槽、桩板护坡排导槽等。

(5)针对强震区泥石流持续时间长、规模大的特点，提出了基于泥石流抛程的排导槽优化设计方法，提出了拦-导-排泥石流综合防控技术，解决了宽缓沟道型泥石流束流排导技术难题。

(6)建立了泥石流柔性拦截理论，提出了针对高位施工条件难、沟道纵坡坡降陡、施工轻便的柔性拦截坝防控新技术，解决了窄陡沟道型泥石流防控技术难题。

(7)构建了泥石流排导结构抗磨蚀耐久性设计方法，研发了抗磨蚀耐久性新材料，突破了泥石流排导结构磨蚀灾害防护技术瓶颈。

(8)针对泥石流淤埋路段和冲失断道的两种情况，分别提出了泥石流淤埋路段道路交通应急通行技术和泥石流冲失部位道路交通应急通行技术。为泥石流易发地区应急救灾提供了技术支持。

第7章　强震区特大泥石流综合防治标准化技术体系

强震区特大泥石流防治标准化技术体系包括泥石流高位震裂物源早期识别技术、不同成因松散物源动储量评价、多级多点堵溃效应等系列技术成果，以及泥石流动力特征参数确定新理论、新方法。宽缓与窄陡沟道型泥石流防治设计理念，包括基于沟道型泥石流流量下泄控制的抗冲击拦-导-排结构与高位滑坡型泥石流自复位-耗能拦挡结构新形式、泥石流耐磨蚀新材料及抗磨蚀设计方法、泥石流沟口淤埋及冲失路段应急通行结构形式及施工工艺等研究成果。本章将构建强震区特大泥石流防控技术与理论方法、标准化技术体系以及集预警预报于一体的综合防控体系。

7.1　泥石流勘查关键技术问题及研究

7.1.1　不同成因松散物源的精准识别

受地震影响，强震区发生滑坡，崩滑物源剧增，为泥石流形成提供了丰富的固体物质，使震后泥石流暴发频率增高、规模增大、危害加重、治理投资成本大幅增加。特别是针对特大泥石流治理，勘查工作的一个关键问题是如何精准识别沟域可能参与泥石流活动的物源，据之合理确定拦砂坝的设计库容、排导槽的设计断面，从而控制治理工程规模不至于过大，实现既能够达到防灾效果，又能节省治理投资成本的目标。针对强震区大量崩塌滑坡物源、沟道堆积物源和特有的震裂山体物源，在锄头沟、登溪沟等泥石流沟域，利用基于多源遥感方法的震裂物源识别技术、多期无人机航测泥石流物源三维建模精确量化技术、半航空瞬变电磁探测、三维激光扫描、孔内成像等新技术，通过三维建模等准确圈定物源分布范围，测量物源堆积体厚度，提高物源量计算精度(图7-1～图7-3)。

物源调查成果用于支撑拦砂坝库容设计规模的确定，如考虑物源量计算的时间尺度，即用一个汛期可起动的物源量作为设计库容参数。这充分考虑了泥石流活动特点，按照库容够用、清库再用的原则，拦砂坝汛期拦蓄满库后，辅以资源化清库，实现再次利用。常规方法中按照沟域设计降雨频率工况计算的泥石流一次固体物质冲出量作为拦砂坝设计库容，其实际运行效果是，拦砂坝建成后，要么长期空库运行，要么满库后不能清库而失效，造成工程投入的浪费。

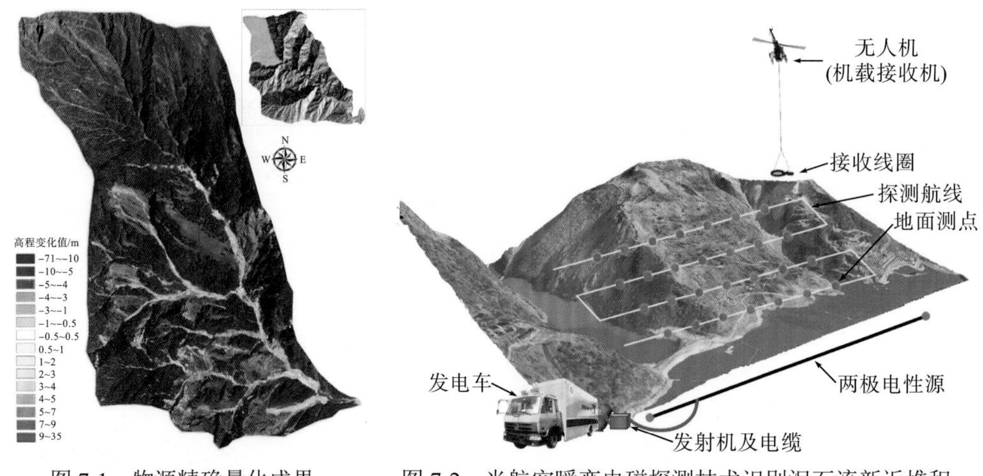

图 7-1 物源精确量化成果（牛圈沟支沟）

图 7-2 半航空瞬变电磁探测技术识别泥石流新近堆积体厚度工作图

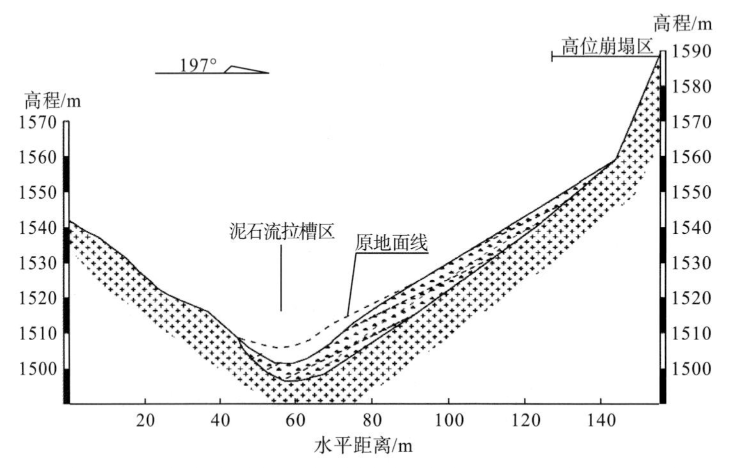

图 7-3 锄头沟沟域崩滑物源动储量精准调查识别分析剖面图

在锄头沟、登溪沟泥石流示范工程拦砂坝设计中应用此理念，设计并建成了基于资源化清库条件下利用拦砂坝有限库容调节削减泥石流规模的示范工程。这些示范工程将通过长期运行进一步验证物源精准勘查方法的适用性。

7.1.2 泥石流堵塞系数分项取值

以往泥石流沟堵塞系数通过计算沟口断面泥石流峰值流量，根据沟域泥石流堵塞特征，进行综合取值，这不能客观反映强震区泥石流沟域存在多个堵点，特别是特大泥石流具有多点堵溃、级联放大效应，其固体物质冲出量达到几十万立方米至几百万立方米的惊人规模。若采用综合堵塞系数，其值将达 10～20，这显然不能客观反映实际状况。根据强震区暴发特大泥石流常具有堵溃放大特点，支沟泥石流汇入主沟、崩塌滑坡形成的堰塞湖、峡谷卡口等造成泥石流过流中发生多点堵溃放大效应，需要分节点取堵塞系数。通过调查研究红椿沟、七盘沟、彻底关沟等宽缓沟道型泥石流沟和烧房沟、瓦窑沟等窄陡沟道型泥石流沟堵塞系数取值差异，并考虑泥石流沟既有拦挡工程、天然堰塞湖调节作用下堵塞系数的取值方法，采用堵塞系数分项取值确定泥石流的堵塞系数(图 7-4，表 7-1)。

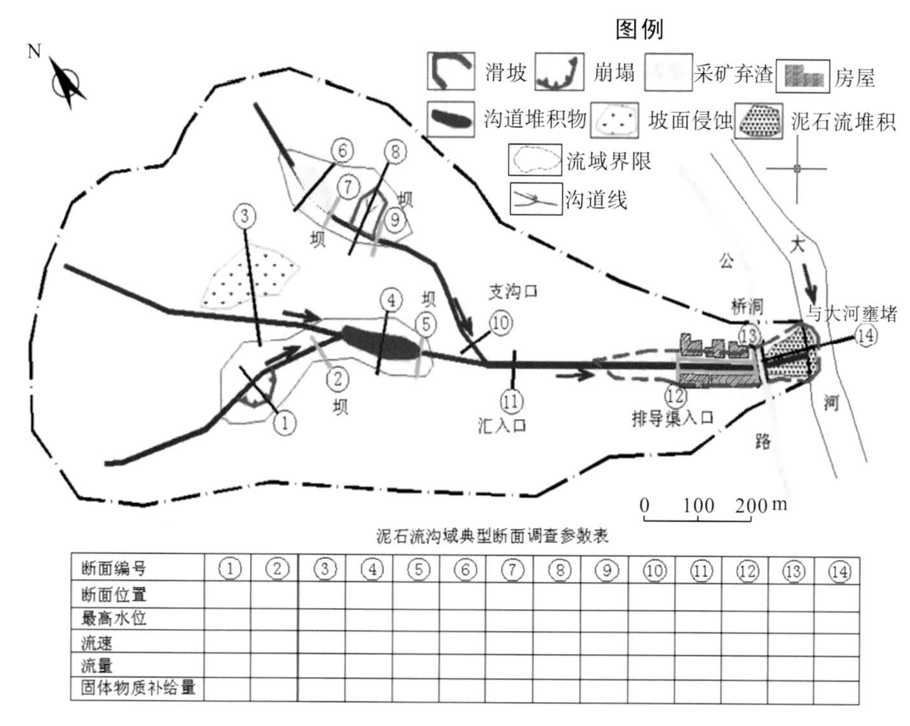

断面编号	①	②	③	④	⑤	⑥	⑦	⑧	⑨	⑩	⑪	⑫	⑬	⑭
断面位置														
最高水位														
流速														
流量														
固体物质补给量														

图 7-4　典型泥石流沟域堵塞系数分项取值分析图

表 7-1　不同堰塞体组合下的泥石流堵塞系数取值表

	项目	⑤号堰塞体	④号堰塞体	③号堰塞体	②号堰塞体	①号堰塞体	D_C
1	库容组合	×	×	×	×	×	$D_{C0}+D_{Cm1}$
	堵塞系数	—	—	—	—	D_{Cm1}	
2	库容组合	×	×	×	×	√	$D_{C0}+D_{Cm1}+0.8\times D_{Cm2}$
	堵塞系数	—	—	—	D_{Cm2}	D_{Cm1}	
3	库容组合	×	×	×	√	×	$D_{C0}+D_{Cm1}+0.8\times D_{Cm2}+0.6\times D_{Cm3}$
	堵塞系数	—	—	D_{Cm3}	D_{Cm2}	D_{Cm1}	
4	库容组合	×	√	×	×	√	$D_{C0}+D_{Cm1}+0.8\times D_{Cm2}+0.6\times D_{Cm3}+0.4\times D_{Cm4}$
	堵塞系数	—	D_{Cm4}	D_{Cm3}	D_{Cm2}	D_{Cm1}	
5	库容组合	√	√	√	√	√	$D_{C0}+D_{Cm1}+0.8\times D_{Cm2}+0.6\times D_{Cm3}+0.4\times D_{Cm4}+0.2\times D_{Cm5}$
	堵塞系数	D_{Cm5}	D_{Cm4}	D_{Cm3}	D_{Cm2}	D_{Cm1}	

注：“×”代表该堰塞体为空库，“√”代表该堰塞体为满库，“—”代表该堰塞体为无效堰塞体。D_{C1}、D_{C2}…表示对应堰塞体的堵塞系数。

7.1.3　沟域汇水动力条件调查

本章系统开展了高山高寒区、强震区特定条件下泥石流水动力计算方法研究。

(1)高山高寒区沟域同时有上游降雪区与中下游降雨区的，在计算汇水区时应扣除降雪区（$S'_{有效}=S_{总}-S_{雪点}$）。调查发现高山高寒区泥石流沟域存在一种现象，即在沟源的高海拔区降雪时，在沟口的低海拔区是降雨，这导致沟源降雪区并不是发生泥石流的水动力区；在夏季高山区发生融雪时，高山区又具有融雪汇水形成泥石流的水动力条件。因此高山区降水时空分布的变化，对泥石流形成的水动力存在贡献不同的问题。在勘查规范中增加了对高山区，特别是高海拔区沟域影响泥石流汇水区的识别，并在计算沟域清水峰值流量时予以考虑。

(2)地震堰塞湖对泥石流规模具有削减作用时，在计算汇水区时应扣除堰塞湖汇水区（$S'_{有效}=S_{总}-S_{堰塞湖库区}$）。强震区发生崩塌、滑坡堵塞沟道后，常常形成大量的堰塞湖，其库容小的有 1×10^4～$2\times10^4m^3$，大的有几十万立方米至几百万立方米，这些堰塞湖在参与泥石流活动时，表现为两种链式效应：一是堰塞湖蓄水后产生溃决，放大了泥石流的规模；二是堰塞体能够长期保持稳定，且库容较大，可以起到调节拦砂坝、拦截泥沙、削减泥石流规模的作用。例如，北川青林沟、杨家沟等泥石流沟中的堰塞湖，地震后拦挡了大量泥沙，至今尚未淤满。位于安州区的黄洞子沟(表 7-2，图 7-5)，沟域纵向长度为 9.5km，平均宽度为 2.9km，面积为 $32.0km^2$。最高点大光包顶高程为 2994.7m，最低点在黄洞子沟汇入泉水河口处，高程为 1030.0m，相对高差约 1964.7m，平均纵坡为 207‰(图 7-5)。2008 年“5·12”汶川地震在沟内形成地震区最大的滑坡——大光包滑坡，11.5 亿 m^3 滑体完全阻断沟道，形成白果林、木桥沟堰塞湖(图 7-6)，堰塞体高均在 200m 左右，两处堰塞湖的总库容超过 2.5 亿 m^3。地震后，堰塞湖蓄水从未满库，蓄水通过堰塞体渗流排泄至下游沟道。其控制的汇水区面积达 $10.7km^2$。这部分区域降雨形成的汇水径流对黄洞子泥石流的形成没有贡献，在分析计算泥石流峰值流量时应扣除这部分汇水区。

表 7-2 黄洞子沟主沟及支沟地形基本特征表

序号	名称	面积/km^2	沟长/km	高差/m	平均纵坡/‰	沟谷形态
1	主沟	32	9.5	1964.7	207	V 形、U 形谷均有
2	右岸支沟					
(1)	白果林沟	3.49	2.53	1225	484	V 形谷
(2)	空桐树沟	1.49	2.23	880	397	V 形谷
(3)	黑沟	1.89	1.99	1050	525	V 形谷
(4)	门槛石沟	3.06	3.83	1250	326	U 形谷
(5)	红石沟	2.36	2.88	1280	445	V 形谷、下 U 形谷
(6)	5#支沟	0.53	1.76	900	511	V 形谷
(7)	姜巴沟	0.61	0.98	730	745	V 形谷
3	左岸支沟					
(1)	木桥沟	7.25	4.3	1150	267	V 形谷
(2)	羊板沟	0.93	1.49	865	581	V 形谷
(3)	4#支沟	0.18	0.52	500	961	V 形谷
(4)	3#支沟	0.82	1.40	830	593	V 形谷
(5)	2#支沟	0.41	1.07	880	822	V 形谷
(6)	1#支沟	0.27	0.81	700	864	V 形谷

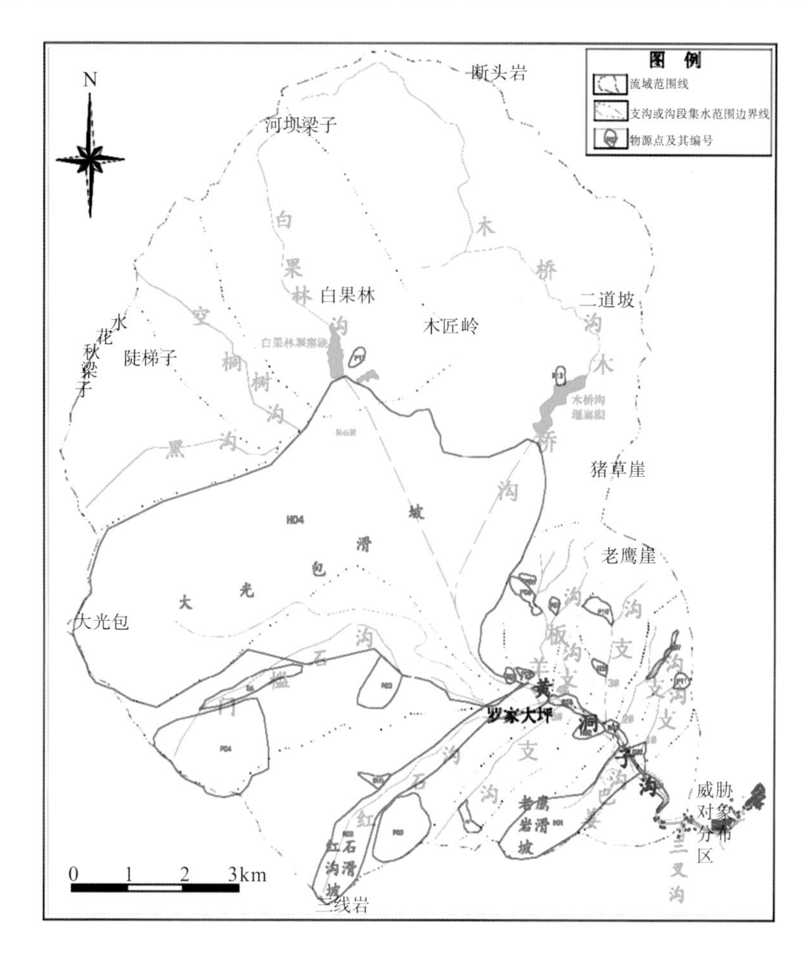

图 7-5　“5・12”汶川地震强震区安州区黄洞子沟泥石流形成水动力条件图

图 7-6　黄洞子沟泥石流流域大光包滑坡形成的木桥沟堰塞湖

7.1.4 沟域粗大颗粒调查

结合强震区大量泥石流沟堆积物调查情况，重点研究了粗大颗粒调查评价方法。沟道内物源中的粗大颗粒调查情况如图 7-7～图 7-9 和表 7-3 所示，物源中的粗大颗粒一旦转化为泥石流固体物质的一部分，对拦砂坝(缝隙坝、梳齿坝、桩林坝)、排导槽(防护堤)等具有很强的破坏力(包括造堵效应)。震裂物源产生的崩塌巨砾常构成泥石流粗大颗粒的物源。因此，勘查中需要注意判断粗大颗粒的分布及转化为泥石流固体物质的可能性。

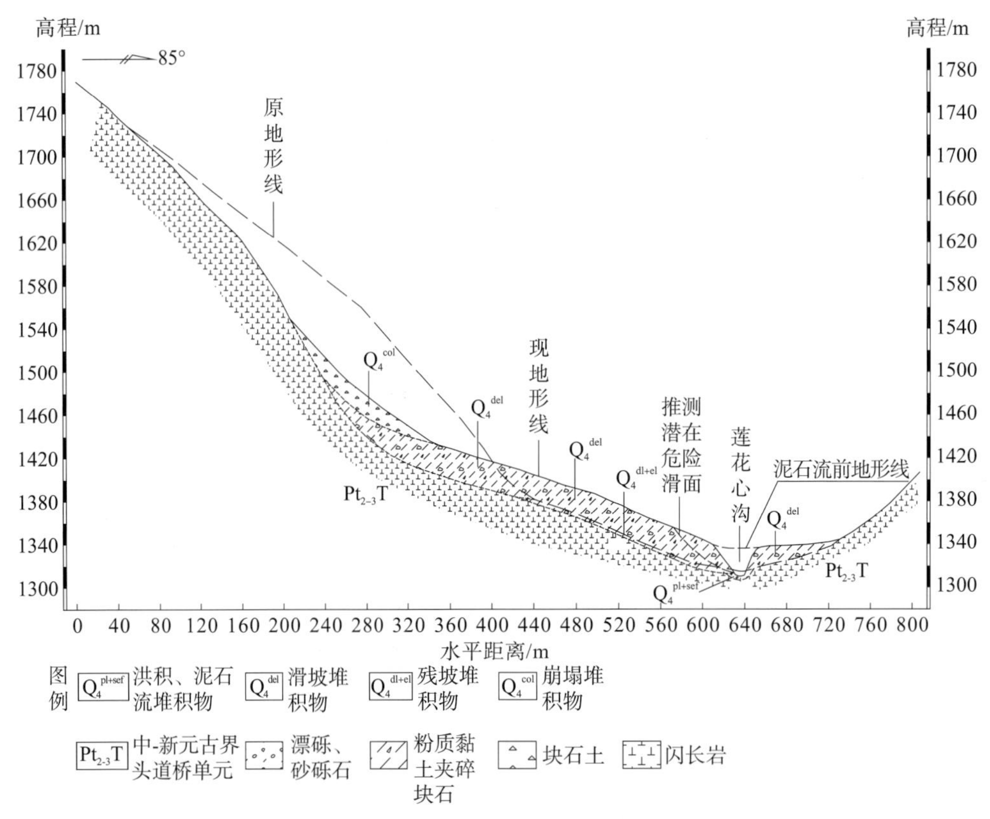

图 7-7 沟道内物源中的粗大颗粒调查剖面分析图

图 7-8 泥石流沟内粗大颗粒堆积条件调查

图 7-9 缝隙坝库内调节的粗大颗粒调查

表 7-3　泥石流沟域粗大颗粒调查表

<table>
<tr><td rowspan="2">位置</td><td colspan="4">行政区划：______县______乡(镇)_____村____组</td><td rowspan="2">坐标和高程</td><td rowspan="2">X=
Y=
H=</td></tr>
<tr><td colspan="4">沟道位置：(注明位于某沟的某段、所属物源编号及位于该物源什么位置)</td></tr>
<tr><td>所属物源类型</td><td colspan="6">□坡面侵蚀型 □崩滑型 □沟床冲刷型 □冰碛型 □弃渣型</td></tr>
<tr><td>粗大物源调查点处沟道特征</td><td colspan="6">沟道冲淤特征，是否已布设工程，粗大颗粒分布情况等</td></tr>
<tr><td>粗大颗粒描述及量测</td><td colspan="6">描述粗大颗粒分布范围和形态，推荐采用面积圈闭法(推荐采用 3m×3m)或断面法(推荐采用横跨沟道 2m 延长矩形)，对圈闭处粗大颗粒(粒径大于 20cm)进行统计及量测，同时应描述颗粒物质成分及风化程度</td></tr>
<tr><td rowspan="4">粗大颗粒统计</td><td>粒径</td><td>20～50cm</td><td>50～80cm</td><td>80～120cm</td><td>120～200cm</td><td>大于 200cm</td></tr>
<tr><td>数量/块</td><td></td><td></td><td></td><td></td><td></td></tr>
<tr><td>方量/m³</td><td></td><td></td><td></td><td></td><td></td></tr>
<tr><td>占比/%</td><td></td><td></td><td></td><td></td><td></td></tr>
<tr><td rowspan="2">照片</td><td colspan="6">全貌照片：尽可能反映粗大颗粒分布范围和形态特征，与沟道部位的关系
局部照片：反映粗大颗粒的结构特征及形态特征</td></tr>
<tr><td>照片编号</td><td></td><td>照片位置</td><td></td><td>镜头朝向</td><td></td></tr>
</table>

7.1.5　沟床堆积物最大冲刷深度确定

强震区泥石流沟道堆积物在泥石流过流时，特别是震后新近堆积的滑坡、崩塌松散堆积物常发生强烈拉槽下切，下切深度有的高达几十米(图 7-10)。如何确定泥石流在不同沟道纵坡坡降中的下切深度参数，这对泥石流拦砂坝、排导槽防冲设计影响很大。通过对大量强震区泥石流沟的调查研究(表 7-4)，统计发现各泥石流沟中出现的最大冲刷深度为 3～60m，多数在 2～15m，较非地震区泥石流勘查规范计算的冲刷深度偏高 5～20 倍。究其原因，是地震后沟道内新近堆积物主要是地震诱发的滑坡、崩塌堆积物，其厚度大、结构松散、渗透性较强。在泥石流、洪水过流时，堆积体中常常形成地下水渗流、潜蚀、管涌作用，在沟道表面径流和地下水潜流的共同驱动下产生土石流动，其渗流影响和作用深度

图 7-10　文家沟地震滑坡堆积物源经泥石流下切在沟道形成 60m 深槽

就是下切冲刷深度。调查发现沟道堆积物颗粒组成、密实度、渗透性、堆积物厚度等对下切冲刷深度影响大，与泥石流、洪水的流深、流速关系密切。因此，勘查规范编制中增加了沟道堆积物颗粒组成及结构特征调查内容，并与泥石流流速、流量等进行相关联合调查判断下切深度。调查成果用于指导从勘查规范中选择适合的泥石流沟床堆积物可能下切深度的计算方法。

表 7-4　沟道堆积物特征参数与最大冲刷深度关系表

堆积物固结程度	沟道纵坡/‰	堆积物颗粒特征	堆积物渗透性 k/(cm/s)	实际观测到的最大冲刷深度/m
新近堆积，极松散	200～400	块碎石为主	强渗透，5×10^{-4}～5×10^{-3}	＞20
近期堆积，较松散	100～200	块碎石夹土	中等渗透，2×10^{-4}～5×10^{-4}	10～20
老沟道堆积，较紧密	＜100	细粒土为主	弱渗透，5×10^{-8}～5×10^{-5}	5～10

7.2　泥石流防治工程设计关键技术问题及研究

通过对震后泥石流防治工程的多年设计及工程后效果评价，在野外实际测量相关参数（表 7-5），为震后泥石流防治工程的优化设计提供参数依据。

表 7-5　汶川强震区典型特大泥石流沟部分拦砂坝结构损毁特征参数统计

沟名	坝号	类型	满库/半库/损毁	坝下防护措施	副坝—护坦损毁	泄水孔尺寸	泄水孔堵塞	漂木情况	最大块石粒径
转经楼沟		窗口坝	满库	护坦	右肩磨蚀 5cm	1m×0.7m	完全堵塞	长为 3.4m，直径为 40cm	2.8m×1.9m×0.9m
幸福沟	①号坝	窗口坝	满库	副坝	副坝基础出露	上：0.5m×1m 下：0.5m×0.7m	下排完全堵塞	—	4m×4.2m×5m
	②号坝	窗口坝	半库	护坦	护坦基础悬空	55cm×45cm	—	长为 5m，直径为 25cm	6.5m×4.5m×4m
	③号坝	混凝土窗口坝	满库	副坝	副坝损毁	40cm×1m	堵塞	长为 2.1m，直径为 18cm	80cm×1m×70cm
	④号坝	窗口坝	满库	副坝	副坝损毁	40cm×1m	堵塞	以树枝为主	1m×60cm×40cm
	⑤号坝	梳齿坝	半库	护坦	护坦损毁	—	—	以树枝为主	1m×1m×1.5m
	⑥号坝	窗口坝	半库	护坦	—	50cm×70cm	—	—	—
	⑦号坝	潜坝	满库	护坦	护坦损毁	50cm×1m	堵塞	—	—
	⑧号坝	窗口坝	空库	—	—	40cm×80cm	堵塞	—	—
安夹沟		窗口坝	满库	护坦	—	80cm×2m	堵塞	长为 3.5m，直径为 35cm	80cm×1m×40cm
磨子沟		窗口坝	空库	护坦	护坦被磨蚀 10～20cm	下：80cm×4m 上：80cm×1.6m	—	—	1.4m×1m×1m
牛圈沟	①号坝	窗口坝	半库	护坦	—	80cm×40cm	—	—	—
	②号坝	窗口坝	半库	护坦	—	50cm×80cm	—	—	—

续表

沟名	坝号	类型	满库/半库/损毁	坝下防护措施	副坝—护坦损毁	泄水孔尺寸	泄水孔堵塞	漂木情况	最大块石粒径
红椿沟	①号坝	窗口坝	半库	护坦	护坦基底悬空	—	—	—	—
	②号坝	窗口坝	半库	护坦	—	1m×4.5m	下排部分堵塞	小树枝	碎石
	③号坝	窗口坝	半库	护坦	—	小：60cm×1m 大：1m×5m	底部泄水孔堵塞	—	—
银杏坪沟	①号坝	窗口坝	满库	护坦	—	1.2m×60cm	堵塞	—	—
	②号坝	窗口坝	满库	副坝	副坝磨损严重	75cm×1.05m	堵塞	长为 1.9m，直径为 50cm	—
桃关沟	①号坝	窗口坝	满库	副坝	副坝轻微磨蚀	上：80cm×1m 下：90cm×1.2m	堵塞	长为 2.3m，直径为 30cm	—
	②号坝	窗口坝	满库	护坦	—	90cm×1.1m	—	—	—
	③号坝	窗口坝	满库	护坦	—	80cm×1m	堵塞	长为 1.8m，直径为 20cm	5m×6m×5m
	④号坝	窗口坝	满库	护坦	护坦磨蚀	80cm×1.1m	堵塞	—	—
	④号坝	缝隙坝，隙宽 2m，高 4.5m	半库	护坦	—	—	—	—	—
	⑥号坝	格栅坝(齿宽 2.1m)	半库	护坦	护坦局部被磨蚀	上：2.1m×4m 下：1.3m×80cm	堵塞	—	—
彻底关沟	①号坝	窗口坝	满库	副坝(2m)	副坝部分损毁	1m×80cm	堵塞	长为 1.9m，直径为 60cm	18m×6m×7m
	②号坝	窗口坝	半库	副坝	副坝损毁	1.3m×80cm	堵塞	无	2m×5m×2m
锄头沟		缝隙坝	窗口坝	护坦	护坦损毁	中：2.5m×80cm 下：4.5m×80cm	—	—	—
登溪沟	①号坝	窗口坝	半库	护坦	护坦损毁	上：80cm×1.2m 下：1m×3m	堵塞	长为 1.8m，直径为 50cm	2m×4m×2m
	②号坝	窗口坝	满库	护坦	护坦损毁	—	堵塞	—	—
	③号坝	窗口坝	半库	护坦	—	下：1m×3m 上：80cm×1m	下排堵塞	—	—
七盘沟		缝隙坝	窗口坝	护坦	—	60cm×90cm	堵塞一半	长为 5.7m，直径为 30cm	4.8m×2.5m×2m
棉簇沟	①号坝	窗口坝	半库	护坦	护坦完整，稍磨蚀	60cm×90cm	堵塞	长为 6m，直径为 50cm	1m×1.7m×1.1m
	②号坝	窗口坝	满库	护坦	—	60cm×1m	堵塞	长为 2.6m，直径为 40cm	—
	③号坝	窗口坝	满库	护坦	—	50cm	下排堵塞	长为 5m，直径为 30cm	—
樱桃沟		窗口坝	窗口坝	护坦	—	圆形，直径 90cm	堵塞	—	56cm×30cm×30cm
板子沟	①号坝	缝隙坝	半库	护坦	护坦损毁	10m×1.2m	部分堵塞	长为 5.5m，直径为 1.2m	8m×5m×3m
	②号坝	窗口坝	半库	护坦	护坦损毁	1.1m×7.5m	堵塞	长为 4.5m，直径为 50cm	3m×1.1m×2.6m
	③号坝	缝隙坝	半库	护坦	—	梳齿：4m×7m	—	长为 2.5m，直径为 30cm	3m×1m×2m

7.2.1 拦砂坝设计

通过 2019～2021 年对强震区内 18 条沟道的 38 座拦砂坝进行实地调查，发现强震区泥石流拦砂坝普遍存在泥沙淤积现象，且多数拦砂坝处于半库或满库状态，部分拦砂坝处于损毁或半损毁状态。泥石流拦砂坝的致损因素主要为泥石流冲刷沟道和掏蚀坝基、泥石流冲击和块石冲击、坝体上下游水头差导致的渗透-侵蚀等。据此将拦砂坝损毁类型分为四类：坝基掏蚀-倾倒型，其损毁特征为基础掏蚀后，拦砂坝中心偏移，导致坝体倾倒；坝基掏蚀-错落型，其损毁特征为掏蚀后，基础土体在无侧限条件下被挤出，导致基础承载力降低，发生坝体错落；渗透-侵蚀型，在渗流作用下，基础底部细颗粒物质被侵蚀而不均匀沉降；块石冲击-碎裂型，其损毁特征为在块石撞击下，坝体结构不能承受块石冲击力，坝体表部碎裂，内部出现裂隙。

7.2.1.1 拦砂坝库容调节效应设计

大库容泥石流拦砂坝的主要目的是拦截有较多大颗粒的泥石流固体物质，然而拦砂坝工程往往在泥石流还未发生时，大部分库容用于停淤洪水带来的细颗粒（洪水泥沙淤积物），导致泥石流发生后有效库容已丧失的情况时常发生。因此，应合理设计坝体泄水孔排数、开孔数、开孔尺寸等，减轻洪水淤积对库容的损耗。通过对既有拦砂坝库区淤积物进行调查评价，结合实际参数优化拦砂坝泄水排水孔设计。

以登溪沟为例，沟道内共修建有 3 座拦砂坝，其中①号坝坐标为 31°22′52.67″N、103°30′10.79″E，高程为 1375m；②号坝坐标为 31°22′31.94″N、103°30′32.61″E，高程为 1295m；③号坝坐标为 31°22′24.41″N、103°30′32.72″E，高程为 1267m，距离沟口约为 366m。

登溪沟拦砂坝类型均为窗口坝，坝体材料均为混凝土，坝基地基为天然地基，坝基结构为筏板，均未发生沉降开裂。拦砂坝具体信息调查结果如表 7-5 所示。

根据对登溪沟泥石流治理工程的调查，发现登溪沟 3 个拦砂坝均存在不同程度的泄水孔堵塞，堵塞物主要为块石和漂木。3 个拦砂坝最下排泄水孔严重堵塞，①号坝中间排泄水孔和②、③号坝的上排泄水孔堵塞程度较轻微（图 7-11）。

(a)①号坝正面图(下游侧)

(b)①号坝背面图(上游侧)

(c)孔内漂木堵塞

(d)孔口块石堵塞

图 7-11　汶川县登溪沟泥石流治理工程泄水孔堵塞情况

①号坝作为抵挡泥石流冲击的第一座拦砂坝，库容量最大，且通过拦砂坝的大粒径块石含量也最大，所以①号坝最下排泄水孔堵塞最严重。坝体右侧(面向上游)由于通过坝体的流水沟地势较低，水流直接从下排 3 个泄水孔通过，流水通畅，目前并未有堵塞，底排其余 10 个泄水孔的前孔口则均被淤积物掩埋，造成堵塞。①号坝中间排共有 5 个泄水孔孔口被淤积物掩埋，主要是在坝体左侧(面向上游)，中间 4 个泄水孔有流水通过，流水通畅。第一排泄水孔孔口虽未被淤积物掩埋，但有较多的泄水孔孔内被堵塞，主要分布在坝体右侧，堵塞物为块石和木头。

登溪沟拦砂坝泄水孔根据堵塞部位可分为孔口掩埋和孔内堵塞两种情况。造成①号坝孔口掩埋的原因主要为小粒径块石和漂木在孔口前相互咬合卡住而导致块石无法通过，造成堵塞，随后孔口也被掩埋。孔内堵塞的堵塞物主要为漂木，堵塞后受到后续泥石流不断冲击使得碎石屑和漂木堵塞物在孔内变得密实。

通过统计分析“5・12”汶川地震强震区幸福沟、登溪沟等 10 余条特大泥石流沟的拦砂坝淤堵特征，发现沟道上游拦砂坝由于库存较大且清淤困难，基本处于满库状态，造成拦砂坝淤满的一大原因就是泄水孔堵塞。

1)孔口堵塞

孔口堵塞指的是块石或漂木堵塞物在拦砂坝泄水孔进水口前卡住发生堵塞。通过野外调查发现，一般底孔发生孔口堵塞的拦砂坝库都存在着一定的淤积，底排泄水孔均被掩埋，且由于不能及时清淤导致拦砂坝前的沟道堆积物厚度增加，沟道地势长期高于拦砂坝底孔，造成底孔泄流功能失效。孔口堵塞的原因有两种(图 7-12)：一是泥石流块石粒径尺寸大于泄水孔尺寸，块石被直接挡在孔口造成堵塞，在孔口封闭的情况下随着冲击过来的块石越来越多直接将孔口掩埋；二是虽然泥石流块石粒径小于泄水孔尺寸，但由于块石在流动过程中会相互碰撞挤压，在泄水孔进水口前相互咬合卡住而导致块石无法通过，造成堵塞，随后孔口也被掩埋。

2)孔内堵塞

孔内堵塞指块石和漂木等堵塞物在泄水孔孔身段内流动时相互碰撞挤压卡住，造成泄水孔孔内从进水口处到出水口范围被杂物塞满(图 7-13)。块石和漂木在孔内除了流动本身带来的自身碰撞外，还受到泄水孔孔内四壁限制作用，使得块石之间相互咬合更加激烈，特别是长条状漂木在受力不均的情况下，容易倾斜卡住，从而拦住流动固体而造成堵塞。

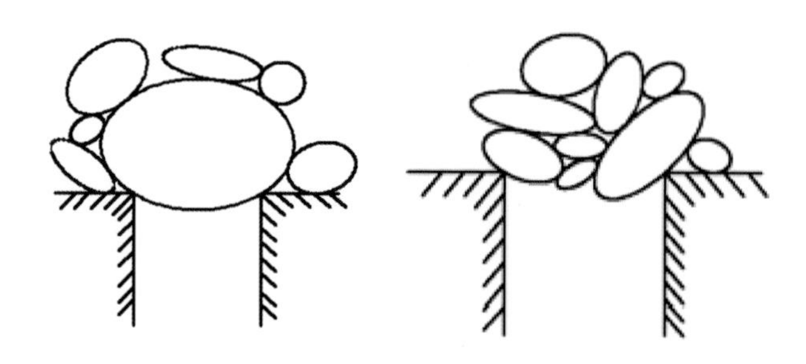

图 7-12　块石粒径大于泄水孔及块石粒径小于泄水孔导致的堵塞示意

拦砂坝矩形泄水孔堵塞

拦砂坝空库时漂木堵塞泄水孔

小型泄水孔堵满

红椿沟拦砂坝泄水孔堵塞

图 7-13　泥石流沟拦砂坝库内泄水孔堵塞情况

拦砂坝坝基防护措施为护坦或潜坝，护坦厚度一般采用 1m，其中①号坝和②号坝护坦有局部损毁，①号坝库内最大块石粒径尺寸为 2m×4m×2m，存在较多漂木，漂木最大尺寸为长 1.8m、直径 50cm，②号坝和③号坝内的块石尺寸相对较小，漂木数量相对较少。拦砂坝受损主要表现在护坦、副坝损坏严重以及拦砂坝被泥石流淤积填满，或泄水孔堵塞等。

以“5・12”汶川地震强震区耿达镇幸福沟泥石流为典型案例，共梳理了沟道内 8 座拦砂坝损毁及堵塞情况。幸福沟位于卧龙自然保护区耿达乡，地处汶川地震震中区域，沟口即耿达乡场镇，沟口地理坐标为 103°18′26.3″E、31°05′31.9″N。幸福沟位于渔子溪上游左岸，系渔子溪一级支流，流域形态近似矩形，面积约为 33.34km^2，主沟纵长为 10.51km，平均纵坡降为 168‰，流域最高点位于东侧火烧坡，高程为 4140m，最低点位于幸福沟沟口处，海拔为 1518m。沟口耿达镇现有居民约 294 户 1176 人，沟口经过 S303 省道公路，泥石流灾害严重威胁沟口人民生命财产安全和交通设施安全。汶川地震后在幸福沟内修建了 8 座拦砂坝及排导工程，通过逐级调查拦砂坝运行效果、堵塞情况、破损程度，评价库损效应，以期优化拦砂坝泄水排水孔设计。图 7-14 展示了幸福沟④～⑧号拦砂坝内堆积土样颗粒分析曲线。

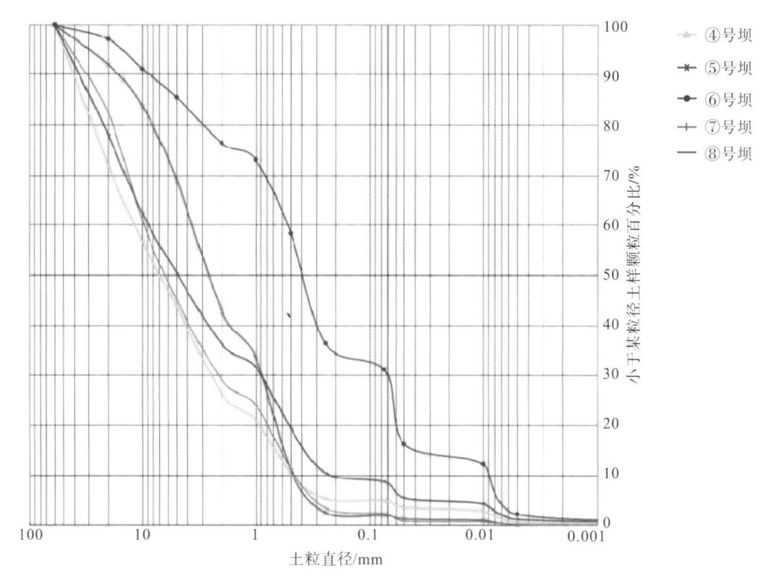

图 7-14　幸福沟拦砂坝内堆积土样颗粒分析曲线

通过对逐级拦砂坝后的泥石流土样进行分析，可以看出泥石流拦砂坝逐级拦粗排细的效果比较显著，从上游到下游，泥石流浆体内粗颗粒成分逐渐减少、细颗粒成分增多，泥石流容重逐渐降低，损毁方式逐渐由块石砸毁、坝基掏蚀等变为泄水孔堵塞、细颗粒淤满减损库容。

7.2.1.2　拦砂坝下抗冲刷设计

泥石流、洪水过坝跌水造成坝下护坦、基础冲刷十分严重，导致坝基悬空、倾覆、溃坝等，是拦砂坝结构破坏的主要原因(图 7-15)。需要研究如何合理计算坝下冲刷深度、含砂流体冲击力，以优化坝下防冲结构设计。

如前所述，泥石流拦砂坝致损因素主要为泥石流冲刷沟道和掏蚀坝基、泥石流冲击和块石冲击、坝体上下游水头差导致的渗透-侵蚀等。据此将拦砂坝损毁类型分为四类，如图 7-16 所示。

板子沟坝基护坦被部分掏蚀

桩林坝坝基基础被掏蚀

北川青林沟拦砂坝逐级渗透侵蚀

汶川银杏坪沟拦砂坝及护坦被块石砸损

图 7-15　拦砂坝被掏蚀或砸毁

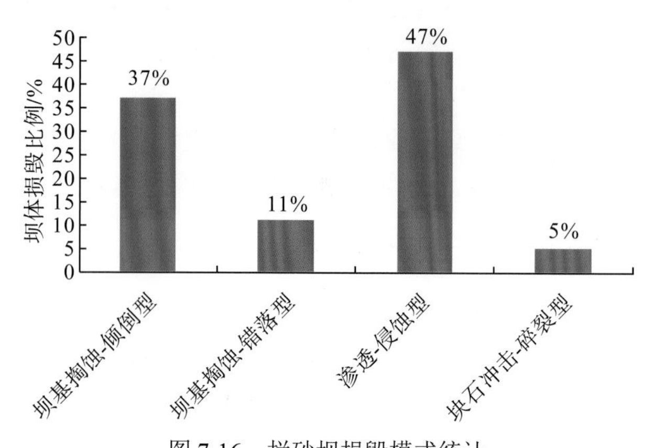

图 7-16　拦砂坝损毁模式统计

在对“5・12”汶川震区幸福沟、登溪沟等 10 余条特大泥石流沟治理工程调查的基础上，通过统计研究分析不同拦砂坝破坏现象特征。拦砂坝坝基防护措施主要为护坦和副坝，以护坦为主，已暴发泥石流沟的护坦损毁较严重，其他较完整的护坦也存在潜在被损毁的可能性。根据拦砂坝护坦的损毁现象特征，分析拦砂坝护坦致损的因素主要为泥石流和洪水冲刷护坦和掏蚀护坦尾部垂裙、翻越拦砂坝或穿越泄水孔的块石掉落撞击护坦等，这些因素将导致护坦被冲刷后厚度变小，护坦尾部地基被掏蚀后出露悬空，护坦受块石撞击发生碎裂等损毁现象。依据这些致损因素对护坦损毁类型分类，主要为块石撞击-碎裂型，冲刷-磨蚀型和掏蚀-悬空型。

1) 块石撞击-碎裂型

块石撞击-碎裂型是指拦砂坝护坦受到坝顶上倾泻下来的泥石流块石的撞击作用，造成护坦碎裂、沉陷、局部垮塌等破坏，这些破坏部位后期在泥石流块石不断冲击作用下将会不断放大，导致护坦发生整体性破坏，从而进一步破坏坝基的损毁类型。护坦受泥石流撞击的块石大小不一，通过调查研究发现，护坦上存在粒径较大的巨石，说明并不是只有泥石流或洪水所挟带的碎石流在冲击护坦，巨石在拦砂坝淤满的状态下也可以翻越拦砂坝溢流口从而对护坦进行撞击。调查区拦砂坝的有效坝高较大，多数坝高大于 10m，普遍为中坝，部分坝高大于 15m，如板子沟①号坝有效坝高为 17m，因此巨石在坝上掉落下来对护坦的冲击力是相当大的。根据震后泥石流特征参数可以发现泥石流流速较大，块石从拦砂坝滚落出的运动轨迹类似于抛物线，所以块石对护坦的撞击位置主要在护坦的后半部分。

2) 冲刷-磨蚀型

冲刷-磨蚀型是指护坦表面受常年流水以及过往泥石流的冲刷，表面上的砂浆或混凝土被不断削磨和刻蚀，护坦厚度减小，同时会形成带有擦痕的磨光面以及大大小小的坑洼，这些坑洼会成为泥石流冲刷的主要对象，在反复冲刷下不断破坏放大，最终导致整个护坦破坏溃散的损毁类型。通常在护坦的上游前端陡坎处磨蚀较严重，由于拦砂坝下排的泄水孔尺寸一般较大，下排通过拦砂坝的泥石流挟带的块石数量和重量也较大，所以对护坦的冲蚀作用也较强。

3) 掏蚀-悬空型

掏蚀-悬空型是指护坦基础或沟道受常年流水和过往泥石流的侵蚀、掏空，导致护坦受到严重侵蚀或是护坦基础部分悬空，基础裸露部位的土石体被不断冲蚀流失，土石体不能继续承受护坦重量，最终造成护坦发生错落或变形的损毁类型。一般这种破坏模式主要发生在护坦基础为碎石土或块石土的泥石流沟，在泥石流块石冲击或在泥石流的冲刷或常年流水的侵蚀下，碎石土基础的细颗粒被不断带走，形成基础掏蚀。

7.2.1.3　桩基承台高坝沉降变形设计

特大泥石流发生后，沟道中堆积 10～40m 厚的高饱水、松散、不均匀的泥石流堆积物。在这种堆积物上设置拦砂坝工程，可采用桩基承台高坝解决高坝地基变形问题。然而桩基承台高坝的结构设计计算方法还不成熟，因此本节重点研究桩基承台高坝设计计算方法及结构设计。

桩基承台高坝技术主要适用于强震区或大流域多物源沟道，当坝体有效高度大于 20m 时宜采用桩基承台结构，桩基承台高坝主要优点为抗震性能好、高坝库容大、可以满足不同设计要求、拦挡一次或多次冲出物、具备较大的承灾库容。

在地震强震区域，泥石流沟防治设计的拦挡工程往往需采用高大拦砂坝控制固体物质，高大坝体体量大，加之沟道物质松散，需采用桩基承台结构。坝体与桩基承台结构及配筋见图 7-17、图 7-18。桩基承台高坝结构主要包含三个部位，分别为素混凝土坝身、

泥石流新近堆积软基上的桩基承台高坝

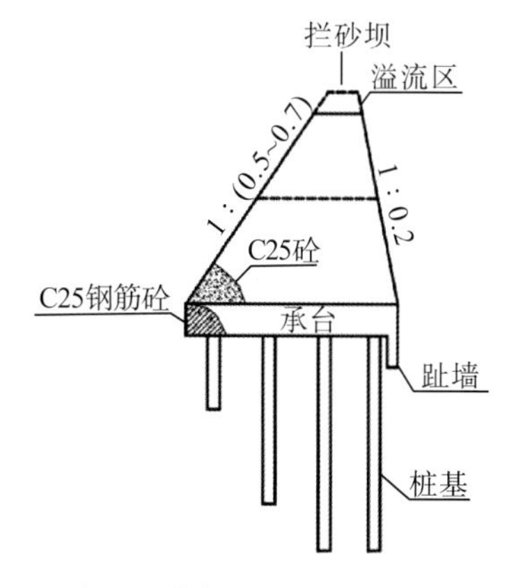

桩基承台高坝侧面结构布置图

图 7-17　坝体与桩基承台结构及配筋

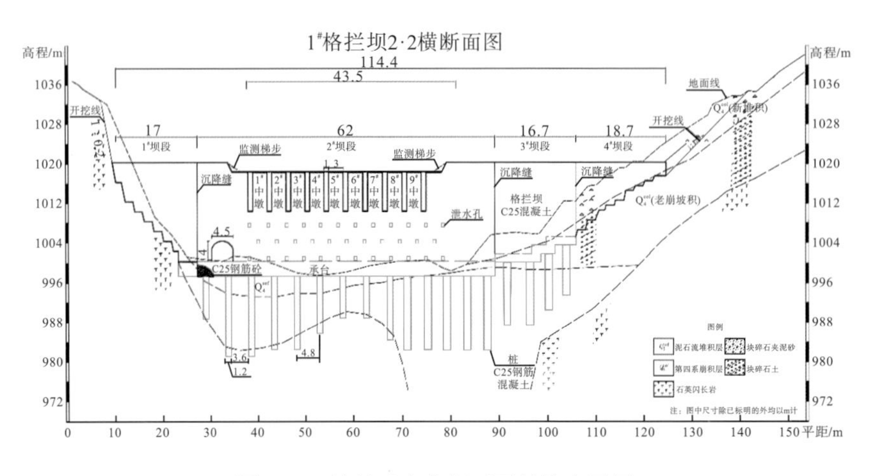

图 7-18　桩基承台高坝正面结构布置图

钢筋混凝土承台和钢筋混凝土桩基础。素混凝土坝身结构根据需要可以选择不同混凝土强度，参考常规设计即可，包括常规的缝隙坝、梳齿坝等结构形式。钢筋混凝土承台结构一般为六面体结构，主要用于坝身和桩基之间的衔接。桩基结构形式一般采用机械成孔钢筋混凝土灌注桩，一般结构形式采用圆形截面，方便机械施工，当机械无法到达时也可采用人工挖孔桩，但应注意开挖安全支护设计。

7.2.1.4　坝基渗透变形引起的沉降设计

在泥石流新近松散堆积体(含细粒较多)上设置重力式拦砂坝，应重点关注坝下渗透潜蚀造成的土体松散、承载力降低的问题，在此状况下坝体在泥石流冲击偏心受压作用下，形成的不均匀沉降会导致坝体砼结构开裂变形(图 7-19)。故在拦砂坝坝基设计时，应充分考虑坝基承载力和防渗透变形问题。

(a)杨家沟拦砂坝坝基沉降变形

(b)七盘沟桩林坝正面防撞击研究

图 7-19　坝基渗透变形引起的拦砂坝沉降设计及防撞设计

7.2.1.5　桩林坝正面撞击设计

桩林坝适用于强震区物源粒径大、冲击力强的泥石流防治工程，主要通过桩林坝结构对泥石流流体进行水石分流，将大粒径颗粒拦停在沟道内，排导无害的小颗粒物，从而大幅削减泥石流流体冲击力，约束泥石流危害。

通过现场调研汶川、芦山、岷县、鲁甸等强震区引发的多起泥石流的治理工程，特别是七盘沟泥石流、冷木沟泥石流、舟曲泥石流等运用的新型水石分流拦挡技术，总结高位滑坡型泥石流桩-梁组合结构设计原理和方法。该新型水石分治技术通过雁列型排桩及连接前后 2 排或 3 排单桩的“Y”形连系梁，并结合钢筋混凝土桩筏，提高了整体稳定性和安全性(图 7-20)，运行效果良好。

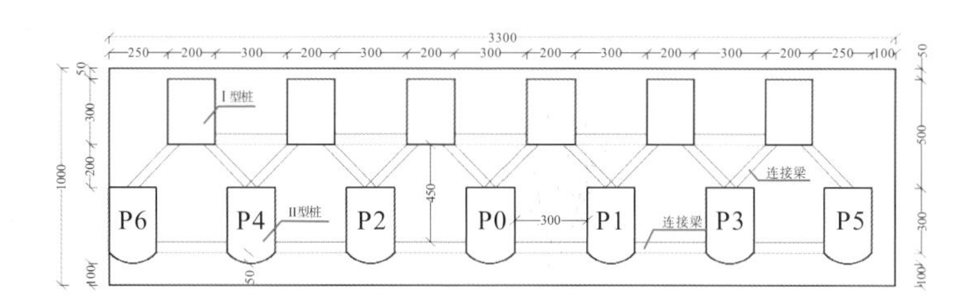

图 7-20　泥石流桩-梁组合结构平面布置(单位：cm)

7.2.1.6　桩林坝绕桩冲刷设计

布设于北川县杨家沟的梯级桩林坝，其目的为防治同震滑坡体揭底掏刷兼适当拦挡固床固坡(沟道纵坡坡降大于 200‰)，采用机械成孔浇筑圆形桩体、上下两排并在桩顶连梁，桩径为 0.5m。运行后桩体间土石受到洪水冲刷掏蚀，导致绝大部分桩体暴露，部分桩体嵌入深度不足而倾覆失效(图 7-21)。

图 7-21　北川县杨家沟同震滑坡堆积体桩林坝绕桩冲刷桩体倾覆

显然，试图采用桩林坝解决沟道纵坡坡降较陡部位的防揭底掏刷实施效果差，因为涉及桩林嵌土条件下的洪水冲刷深度，一旦布设深度不够且沟床堆积体本身密实程度低，势必会出现如图 7-21 所示的桩体嵌固段因冲刷外露、嵌固长度不够而倾倒的现象。换言之，桩林坝不适宜用于同震滑坡堆积体的固床拦挡。如前所述，桩林坝是解决上游大孤石大冲击力的一种防冲拦挡结构，桩体需采用人工挖孔矩形桩(迎水面采用弧形)，且至少两排错开布设，布设位置一般在沟道纵坡坡降小于 200‰的部位，设桩处沟道堆积体密实程度高。

7.2.2 排导槽设计

7.2.2.1 桩板排导槽设计

抗滑桩板墙适用于沟道两侧或单侧有地震同震崩滑类不稳定物源的情况，主要目的是稳固两侧物源，防止两侧崩滑类物源发生大规模垮塌堵塞沟道等情况，同时结合排导槽功能，形成桩板墙排导工程(图 7-22)。桩板排导槽作为治理同震滑坡堵沟型物源的工程措施，效果较好，其结构主要考虑滑坡设计推力值及设桩部位冲刷深度，采用合适的桩径和嵌固深度。

图 7-22 宝兴县打水沟泥石流同震滑坡堆积体桩板墙排导槽

7.2.2.2 砼排导槽磨蚀设计

泥石流排导槽由于高含砂、夹杂石块高速过流的磨蚀，槽底(特别是尖底槽)磨蚀过深，致使底板厚度不足，甚至造成破坏(图 7-23)。显然槽底抗磨蚀、耐磨蚀材质是关键，需进一步加强耐磨蚀材料研发，以增强排导槽的耐久性和可靠性。

(a)汶川耿达镇幸福沟排导槽

(b)北川杨家沟排导槽

(c)汶川银杏坪沟排导槽

(d)汶川彻底关沟泥石流排导槽

图 7-23 强震区泥石流对排导槽的磨蚀形貌

野外实际磨蚀现象中，通常是几种形式的磨损同时存在，而且一种磨损发生后往往诱发其他形式的磨损。例如，全衬砌排导槽底面可同时出现犁沟状切槽和点状磨蚀坑，犁沟转弯处由于应力集中常发育磨蚀坑，而底面和侧墙上的层状剥落是所有排导槽中最常见的磨蚀形貌。

泥石流磨蚀现象可出现于全衬砌排导槽的底面和侧壁、软基消能槽的肋槛顶部及侧墙底部等处，同时在拦砂坝的溢流口和泄流孔底部也时有发生，其中尤以全衬砌式排导槽的磨蚀问题最为严重。根据野外考察案例总结，泥石流对排导槽的磨蚀形貌主要分为四类：①较均匀的层状剥落，即在过流表面呈层面状铲刮，基本为平整光滑的逐层削薄，出现在排导槽底面和侧墙内壁，此时流体中的颗粒较均匀，流态平稳[图 7-23(a)]；②沿流线方向的犁沟状切槽，一般出现在全衬砌排导槽的底面，槽段陡且长，流体黏稠，容重较高，流体中含有坚硬且棱角分明的块石[图 7-23(b)]；③“跳跃式”的点状磨蚀坑，类似山区含砂水流基岩河床上发育的“壶穴”，主要出现在纵坡较大的全衬砌槽底面或拦砂坝等跌坎下方，流态紊动强烈，易形成涡流，块石跳跃频繁，过流历时较长[图 7-23(c)]；④肋槛顶部磨蚀，主要是设有肋槛的软基消能槽，磨蚀部位为肋槛中部，形成中间低两侧高的横向坡度[图 7-23(d)]。

因此，研发泥石流耐磨蚀混凝土材料，对于增强结构服役寿命有重要意义。

7.2.2.3　钢筋石笼防护堤结构强度优化设计

钢筋石笼、格宾石笼主要用于大型同震滑坡的固床固坡，以防止拉槽揭底作为物源补给泥石流，由于同震滑坡规模巨大、结构松散、承载力低，若采用圬工结构会出现不均匀沉降导致的拉裂损毁，同时考虑到滑体本身粗大颗粒丰富，完全可以因地制宜采用钢筋或格宾石笼作为排导槽边墙和槽底，以克服不均匀沉降问题。从“5・12”汶川地震强震区绵竹文家沟特大泥石流大型同震滑坡体已经实施的钢筋或格宾石笼结构形式看(图 7-24)，实施效果良好。但是由于钢筋或格宾石笼毕竟存在腐蚀生锈导致的使用寿命缩短等问题，因此其结构连接及整体强度、抗磨蚀锈蚀问题需要在设计时重点考虑。

图 7-24　绵竹文家沟泥石流流通区段固床钢筋石笼排导槽

7.2.3 停淤场工程系统集成设计

停淤场作为泥石流泥沙调节工程，常常用于窄陡沟道型泥石流沟口，防止泛滥漫流淤积于沟口居民区或交通要道。停淤场设计的关键是如何引导泥石流入场停淤，分离水流如何汇集并安全排放，如何合理布置和系统设计停淤场围堤结构(保证设计库容)、排水口及排洪渠，同时需要考虑清淤道路等辅助设施(图 7-25)，以确保停淤场可持续运行。

图 7-25 绵竹小岗剑窄陡沟道型泥石流沟口停淤场集成设计效果图

7.2.4 泥石流新近堆积区应急通行设施设计

泥石流暴发常常造成道路交通中断，导致抢险救灾受阻[图 7-26(a)]。针对泥石流损坏的道路快速修复搭建的应急通行构筑物[图 7-26(b)]，为泥石流抢险救灾提供了交通保障。今后仍应重点关注泥石流沟口路基桥梁断道灾害常态修复与应急抢修工程设计方法。

(a)公路损毁路段

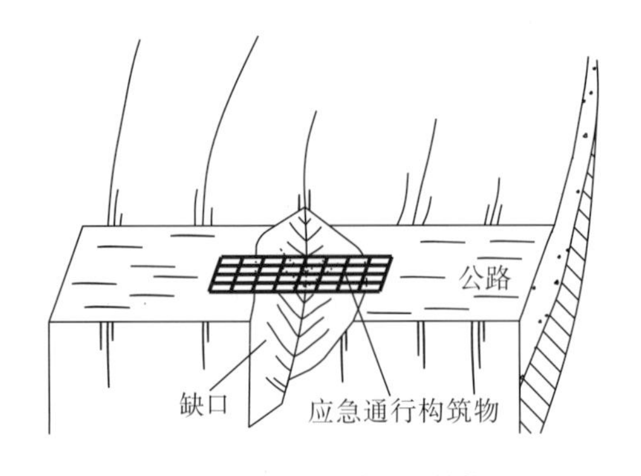

(b)路基缺口应急通行自承载结构

图 7-26 泥石流沟口公路损毁情况及应急通行结构

7.2.5　泥石流绿色治理设计

对于风景名胜区、公路沿线等生态环境要求较高地区实施的泥石流拦砂坝、排导槽等工程体，其外观需要进行绿色生态美化，在 2017 年“8 • 8”九寨沟地震震区的九寨沟景区，对已实施的拦砂坝及排导槽通过植树、植草等复绿措施，进行了绿色治理设计尝试，但仍需研究适宜的美化设计方法，以及拦砂坝、排导槽工程立面绿色生态设计方法、清库砂石资源化利用设计方法(图 7-27)。

文家沟泥石流治理工程的地质公园建设科普教育基地　　彻底关沟拦砂坝清库砂石资源化利用

图 7-27　泥石流治理工程地质公园建设及拦砂坝内砂石资源化利用

强震区沟道内物源量巨大，通过多级拦挡措施对沟道内物源进行拦停处理，高坝设计主要以 20 年一遇或 50 年一遇降雨一次冲出泥石流量为依据，确保能够拦挡一次泥石流冲出物，然后通过政府部门与砂石矿投资企业签订合作协议，对库容进行动态清库，确保下一次泥石流来临前能够清库完成，从而形成一个动态的库容“淤满-清库-资源化利用，下一次淤满-清库-资源化利用”的良性循环，即清库满足拦砂坝下一次防灾需求，同时又能通过清库砂石资源形成防灾基金，为县域范围内地质灾害防治提供资金。

7.3　强震区典型泥石流治理工程效果评价

7.3.1　典型泥石流治理工程效果

汶川、九寨沟等地震强震区特大泥石流沟陆续都实施了工程治理，其中汶川县锄头沟泥石流已实施多次治理，目前泥石流活动仍频繁，锄头沟泥石流是强震区最具代表性的特大型泥石流之一。该沟在 2008 年“5 • 12”汶川地震前泥石流处于停歇期，近 50 年未暴发过泥石流灾害，但是在震后的 2013 年 7 月 10 日、2014 年 7 月 9 日、2019 年 8 月 20 日和 2020 年 8 月 17 日先后 4 次暴发了特大泥石流，2013 年 7 月 10 日的特大泥石流将汶川强震后的首次治理工程基本全部摧毁。该次泥石流后重新勘查设计，2014 年修建了一座库容为 $40\times10^4m^3$ 的骨干拦砂坝，并在该骨干坝前沟道内还设有两道有效坝高 8m 的拦砂坝。骨干拦砂坝经受了2014年7月9日的特大泥石流考验，将本次泥石流冲出量基本拦截在库内，随后进行了及时清淤。随后在2019年8月20日特大泥石流中，该骨干拦砂坝再次拦截了大量泥沙，有效削减了泥石流规模，但是拦砂坝再次被淤满，部分泥石流翻坝后下泄堵塞沟口都汶高速公路桥涵成灾，淤埋高速公路近300m，由此强震区特大泥石流治理难度可见一斑。

7.3.1.1 汶川县烧房沟(窄陡沟道型)

1. 汶川震后沟域基本特点

烧房沟位于汶川县映秀镇，是汶川强震区典型的窄陡沟道型泥石流沟，沟域面积约0.61km^2，沟域最高点位于北东侧山脊坡，高程为1902m，最低点位于南西侧烧房沟入岷江口处，高程为888m，相对高差为1014m。烧房沟由主沟及两条冲沟构成，两条冲沟分别命名为1$^\#$支沟(靠上游，H1滑坡左侧)和2$^\#$支沟(靠下游，H1滑坡右侧)(图7-28)。其中，主沟长1.58km，平均纵坡为464.97‰；1$^\#$支沟位于H1滑坡左侧，发育于H1滑坡坡表，为2013年8月14日泥石流形成的坡面冲沟，沟长0.551km，流域面积为0.060km^2；2$^\#$支沟位于H1滑坡右侧，发育于H1滑坡边缘，为2013年8月14日泥石流形成的深切冲沟，沟长0.504km，流域面积为0.091km^2。烧房沟沟域形态呈“柳叶形”，中上部沟谷宽100～320m，沟谷呈不对称“V”形；沟口狭窄处宽100～200m，谷底段宽5～35m。烧房沟流域面积小、地形陡峻，震后流域内崩塌、滑坡等不良地质现象极为发育，流域狭长，沟道纵坡大，极有利于降水的汇集和径流。

图7-28 汶川地震后烧房沟流域同震滑坡、崩滑物源及沟道分布

“5・12”汶川地震在烧房沟右岸诱发 1 处大型滑坡(H1)，滑坡前缘抵住左岸，堵断沟道。沟域物源总量为 $223.9\times10^4m^3$，其中动储量为 $54.7\times10^4m^3$。物源中 H1 滑坡堆积体为主要集中补给物源，其体积为 $204.3\times10^4m^3$，占总物源量的 91.2%。2010 年 8 月 14 日强降雨，起动 H1 滑坡前缘堆积物形成泥石流，冲出固体物质 $25\times10^4m^3$，泥石流堵塞岷江形成堰塞湖，壅高岷江洪水位，导致映秀镇被洪水过流，同时威胁烧火坪大桥和 G213 国道安全。

2. 已有防治工程调查分析评价

烧房沟 H1 同震滑坡是泥石流的主要补给物源，由于沟道狭窄、沟道纵坡陡峻，工程治理难度极大，沟内设置拦砂坝的库容十分有限。因此，治理工程设计思路为“固源为主，拦排相辅”，目的是稳固 H1 滑坡堆积体，防止沟道洪水冲刷起动形成泥石流，控制集中进入岷江的泥石流固体物质量，减轻岷江河道堰塞洪水灾害，保障国道畅通(图 7-29)。

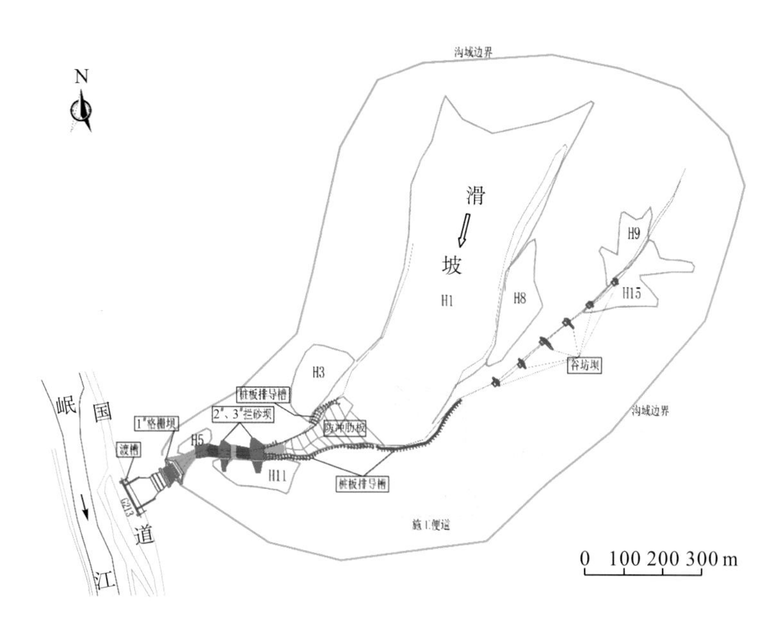

图 7-29　2013 年 8 月 14 日烧房沟在泥石流后沟域治理工程布置示意图

具体设计方案为在 H1 滑坡前缘两侧冲沟中设置 2 条桩板固坡固床排导槽，工程结构采用抗滑桩板墙作为排导槽左右两侧边墙，沟底用连系梁支撑两侧桩体兼槽底防冲肋槛，其作用是支顶稳固 H1 滑坡体，同时引导冲沟洪水从槽内通过，防止其冲刷滑坡堆积体(图 7-30)。在滑坡舌下游沟道设置 3 座拦砂坝，分三级逐级压脚锁住滑坡舌(图 7-31)。利用沟口已建渡槽明洞引导泥石流跨越国道 G213 入岷江，整个工程治理投资近 8000 万元。工程于 2011 年 6 月竣工，治理工程已安全运行 12 年，目前滑坡体已稳定，震损坡面植被已自然恢复，治理工程实施后未再发生泥石流，治理效果十分显著，是窄陡沟道型泥石流成功治理的典型案例之一，特别是桩板排导槽固源导流技术对强震区同震滑坡固源固坡极为有效，值得在窄陡沟道型泥石流防治中推广应用(图 7-32)。

桩板排导槽　　桩板排导槽设计示意图

图 7-30　烧房沟针对 H1 滑坡固坡的桩板排导槽设计及实施效果

滑坡舌锁口坝（三级阶梯拦砂坝）

跨国道G213明洞顶部泥石流渡槽

图 7-31　烧房沟内滑坡舌锁口坝及沟口明洞渡槽设计

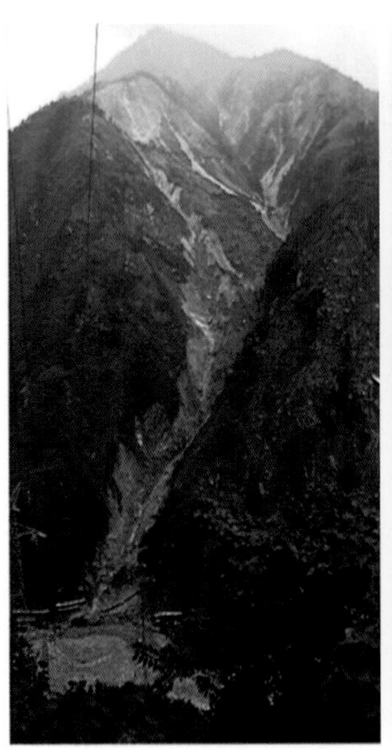

2010年8月14日(泥石流发生时)

2011年6月(治理工程竣工后)

2019年3月16日(治理8年后)

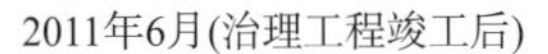

图 7-32　烧房沟泥石流治理工程实施前后影像对比

7.3.1.2　九寨沟景区则查洼沟(窄陡沟道型)

1. 九寨沟震后沟域基本特点

则查洼沟位于九寨沟景区内，也是典型的窄陡沟道型泥石流沟。则查洼沟距诺日朗瀑布景点直线距离为 2.4km，距沟口直线距离为 13.9km。则查洼沟流域南西高北东低，最高点海拔为 4103m，最低点位于沟口公路附近，海拔为 2469m，相对高差达 1634m，地势陡峻。流域面积为 1.96km^2，主沟长度为 2.57km，平均沟床纵坡比降为 610.89‰，沟谷深切，沟道整体较为顺直，局部弯度较大(图 7-33)。

则查洼沟纵坡陡峻

沟域森林区的泥石流林间堆积

图 7-33　则查洼沟地形地貌及沟内物源

则查洼沟历史上就是一条泥石流沟，2016 年曾发生小规模泥石流。2017 年 8 月 8 日九寨沟发生 7.0 级地震，则查洼沟距震中约 2km，沟内新增大量崩滑物源。据调查，则查洼沟域内仍存在大量松散固体物质，物源总储量为 54.71×10^4m^3，可能参与泥石流活动的动储量为 23.37×10^4m^3，其中地震后新增动储量 12.19×10^4m^3。2016 年暴发的泥石流冲出固体物质虽然仅 0.5×10^4m^3，但是泥石流淤埋景区公路，威胁景区人行栈道过往行人的安全，景区公路受堵，中断长海方向的交通，严重影响景区的正常运营秩序。

2. 已有防治工程调查分析评价

“8・8”九寨沟地震后，则查洼沟实施了工程治理，治理设计方案采用“拦挡+停淤”的治理思路，目的是控制泥石流穿出林区，尽可能将泥石流拦截于林间，防止泥石流在沟口景区道路产生淤积(图 7-34)。首先在沟道上游林区靠近原有受损拦砂坝下游新修建 1 座拦砂坝，坝高 9.5m，库容约 3000m^3，防止已损坏的原拦砂坝库内拦蓄固体物质二次起动，在泥石流堆积沟道上新建固底槽 386m，防止沟道堆积物再次起动。其次在下游堆积扇上新建 1 座格栅拦挡停淤坝，库容为 7000m^3，格栅主要用于拦截过滤泥石流，实现水石分离，让清水排出停淤场。治理工程造价为 482 万元。

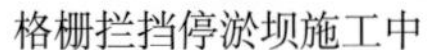

格栅拦挡停淤坝施工中　　停淤场与林区景观融合

图 7-34　2017 年“8·8”九寨沟震后则查洼沟综合治理工程

工程建成以来，安全运行至今，经多次强降雨检验，防灾效果总体较好，据野外考察，目前上游新建的拦砂坝已淤积满库，下游的停淤坝已完成一次清库，目前保持空库运行。由于该纵坡坡降陡，泥石流起动物源丰富，要确保安全，沟口停淤场及时清库是关键。

地震后则查洼沟物源增加较多，成分以花岗岩块石粗颗粒物质为主，泥石流类型主要为稀性水石流，沟域森林植被对这类泥石流的阻滞作用明显，泥石流在林间穿流时易产生林间堆积，减小了泥石流固体物质下泄输出量。针对这部分林间堆积物，采取钢筋石笼柔性固底槽防止其二次起动，这对于纵坡较陡的窄陡沟道型泥石流固床治理具有指导借鉴意义。该措施固住大部分沟道堆积物后，可以弥补在陡坡上设置拦挡工程库容小的缺陷，使其设计库容基本能够满足拦截一次泥石流固体物质，再结合沟口格栅坝停淤场的动态清库，较好实现了治理目标。另外，还有以下方面的内容值得借鉴：

(1) 针对需要严格控制泥石流固体物质出沟的治理要求，应充分考虑窄陡沟道型泥石流起动特点和施工条件，采用轻型、柔性结构工程，即采用格宾石笼固床槽尽可能稳固泥石流沟床堆积物，降低泥石流二次起动量，为确保拦砂坝库容提供技术可行性。

(2) 针对九寨沟景区对治理工程与保护目标景观协调的特殊要求，拦挡、停淤、固床工程均布置于林间，需要加强绿色施工设计，工程应与景区生态有机融合。

7.3.1.3　汶川县七盘沟(宽缓沟道型)

1. 汶川震后沟域基本特点

七盘沟位于汶川县威州镇岷江下游约 5km 处，沟流域面积为 54.2km^2，主沟长 15.1km，海拔 1300～4200m，相对高差为 2900m，主沟纵坡降为 192‰。支沟呈树枝状，沟道弯曲较多(图 7-35)。沟域岸坡以陡坡地貌为主，一般坡度为 40°～45°，局部基岩岸坡段坡度达 75°～90°，七盘沟主沟沟谷宽度较大，一般宽度为 50～120m，支沟沟道较窄，一般宽度为 10～20m，多呈“V”形。物源总量为 2619×10^{4}m^3，其中动储量为 684.34×10^{4}m^3。

图 7-35 2013 年 7 月 11 日暴发的泥石流破坏原有排导槽并淤埋沿沟边居民区

七盘沟是一条老泥石流沟，最早记载在 1933 年叠溪地震后暴发过一次泥石流，最大清水流速达 150m^3/s，冲毁雪花坪等村寨，随后又发生多次泥石流，损毁核桃坪、牛圈房和窝竹头等 4 个村寨，1961～1978 年由泥石流造成的损失约 513 万元，并形成面积约 1.04km^2 的堆积扇。2013 年 7 月 9 日至 7 月 11 日 8 时，汶川县境内连降暴雨，导致汶川县七盘沟于 2013 年 7 月 11 日 3 时 30 分左右暴发泥石流，泥石流持续时间约 1.5h，一次性冲出固体物质达 78.2×10^{4}m^3。泥石流摧毁了七盘沟 90%以上的村民房屋及沟内的 7 家企业，造成七盘沟村窝竹头组、小岭岗组、竹子岭组、七盘沟组和磨刀溪组 5 个村民小组共 480 余户 1600 余人，阳光家园 4 期社区居民 737 户 2800 余人受灾，损毁 285 户房屋，损毁震后首次修建的排导槽约 4km(图 7-36)，损毁谷坊坝、拦砂坝 2 座，损毁变电站 3 座、工矿企业 5 家，淤埋损坏都汶高速 260m，损毁 G213 国道 445m，损坏乡村道路约 15km，壅高岷江水位 3～4m，淹没岷江上游新桥村、威州市场、阿坝州车管所，共造成直接经济损失约 4.15 亿元。

2. 已有防治工程调查分析评价

“5·12”汶川地震后，在 2009 年对七盘沟进行了第一次工程治理，在沟口段修建了 2 座谷坊坝和沟口排导槽，其中 1$^\#$谷坊坝位于原排导槽起点处，坝高 3.0m，坝长 18m，库容为 2200m^3；2$^\#$谷坊坝位于 1$^\#$谷坊坝上游约 240m 处，坝高 5.0m，坝长 56m，用于加固老鹰岩堰塞湖崩塌堆积体，堰塞湖库容为 13000m^3。对地震损坏的原浆砌石排导槽(长约 3.2km)进行修复。上述治理工程完全被 2013 年 7 月 11 日暴发的泥石流损毁，主要原因是对七盘沟地震后可能发生特大泥石流的成灾机理认识不清，仍根据以往经验，按照常规泥石流设计的 1$^\#$、2$^\#$谷坊坝库容很小，原排导槽过流能力仅 257.52m^3/s，根本不能拦排特大泥石流。设计未考虑对沟内地震后形成的多处堰塞体溃决，特别是未对老鹰岩堰塞湖、3$^\#$桥 1$^\#$崩塌体、3$^\#$桥 2$^\#$崩塌体堵溃点进行固源处置，致使 2013 年 7 月 11 日暴发的多次阵性泥石流及支沟泥石流与包含该地3处堵溃点在内的5处堵溃点叠加放大溃决后发生特大规模泥石流，一次性冲出固体物质达 $78.2\times10^4m^3$，老鹰岩崩塌堰塞体溃决流量达 $1755.40m^3/s$，冲出物粒径最大达 16m×12m×6m，泥石流规模远超原设计标准。

2013 年在 7 月 11 日暴发的特大泥石流灾害后，针对该沟开展了第二次工程治理，设计方案充分吸取了前次经验教训，遵循“拦固为主、固床固源、防止堵溃、辅以排导+清库”的原则确定新设计方案(图 7-36)。

图 7-36 2013 年 7 月 11 日暴发泥石流后七盘沟沟域治理工程体系

首先是对七盘沟中上游的大型崩滑堆积体、地震堰塞湖等可能的潜在堵溃点，布置固源治溃工程(2 座拦砂坝+1 座桩林坝+1 座缝隙坝)，防止潜在堵溃点发生级联溃决放大泥石流规模，从上游至下游分别是 $5^{\#}$拦砂坝、$4^{\#}$缝隙坝、$3^{\#}$拦砂坝、$2^{\#}$桩林坝、格宾石笼固床潜槛。其次在七盘沟下游出山口段，利用宽缓谷地，布置 1 座大库容骨干拦砂坝($1^{\#}$拦砂坝)，有效坝高为 25m、设计库容为 $80\times10^4m^3$。$1^{\#}$拦砂坝下游接新建排导槽引导泥石流穿过都汶高速公路桥涵安全排入岷江。为防止泥石流淤积，采用复式断面尖底排导槽。整个工程治理总投资为 12000 万元。

工程建成运行以来，已经历数次强降雨检验，固源、固床防起动工程效果十分明显，目前上游段的 $5^{\#}$拦砂坝、$4^{\#}$缝隙坝、$3^{\#}$拦砂坝拦截了泥石流大量固体物质，已基本满库。$2^{\#}$桩林坝目前仍为空库，桩林坝整体结构完整安全，但部分受洪水、泥石流穿行冲刷的桩体表层混凝土被磨蚀严重，局部钢筋外露[图 7-37(a)]。$1^{\#}$拦砂坝库容大，调节作用强，调查访问最高淤积位置仅为坝高的 1/3 处。2021 年 3 月以来，结合砂石资源利用对 $1^{\#}$拦砂坝进行清库，目前抗御特大泥石流的防灾库容裕量充足[图 7-37(b)]。复式断面尖底排导槽全段无泥沙淤积现象，排导能力充足，但是槽底尖底部分受洪水长期汇流加速集中冲刷磨蚀，出现沿尖底展布的磨蚀缝(图 7-38)。

(a)

(b)

图 7-37　2#桩林坝冲蚀部位钢筋裸露(a)、1#拦砂坝清淤后防灾库容裕量充足(b)

图 7-38　复式排导槽因泄洪尖底部分局部磨蚀严重

七盘沟第二次治理工程充分认识到了震后沟域不同类型物源尤其是高位震裂山体物源的发育规律，充分调查了物源分布、类型、数量及起动方式，谨慎对待可能的堵溃点，按照特大泥石流起动成灾机理，统筹全域固源、拦挡、排导，从消除特大泥石流级联规模放大的关键因素入手，最终控制泥石流的形成演化规模，实现泥石流规模受控，安全排放入江的治理体系目标。该工程设计总体方案充分借鉴了红椿沟泥石流防治工程的成功经验，如 1#拦砂坝采用桩基承台高坝，利用大库容实现对特大泥石流规模的削减和控制排放(以最小控制断面为准，如高速公路桥涵的排泄能力)，5#拦砂坝、4#缝隙坝、3#拦砂坝主要用于堵溃点治理。

七盘沟采用的桩林坝在“5 • 12”汶川地震强震区特大泥石流治理中尚属首次，桩林坝为桩梁桁架结构，这种结构对泥石流穿行过流、满库翻顶过流的调节作用值得长期关注和跟踪研究，特别是桩体经受泥石流大块石撞击的能力如何，是否需要进行抗冲击防护，需要进一步深化研究。因此，选择七盘沟桩林坝，利用抗冲击桩梁组合(缓冲耗能结构)，加装于桩林坝(类似于防护铠甲)上进行泥石流抗冲击验证研究和应用示范。

7.3.1.4　汶川县桃关沟(宽缓沟道型)

1. 震后沟域基本特点

桃关沟位于汶川县银杏乡岷江左岸，沟口地理坐标为 103°29′01″E、31°15′17″N。沿沟有银杏乡街上村、阿坝州工业园区，都汶高速公路从沟口上部约 450m 处以桥梁方式穿过，国道 G213 线在沟口岷江左岸通过。桃关沟沟域形态近似芭蕉叶形，沟域面积为 49.9km^2，沟域平均纵向长度为 14.2km，共发育 20 条大小不一的 2～3 级支沟(枧槽沟、银厂沟、烂泥堂沟、大红岩沟、高岩窝沟、上飞水崖沟以及下飞水崖沟等)。沟谷纵坡降较大，主沟道平均纵坡降为 218%，上游坡降大(飞水崖以上沟段纵坡降为 480‰)，下游坡降小(飞水崖至堆积扇段纵坡降为 140‰)，堆积扇段沟道纵坡降为 83‰，其坡降从沟源至沟口逐渐降低(500‰～83‰)。上游较陡的坡降为大气降雨的汇聚以及泥石流的起动提供了有利的地形条件，下游坡降小，尤其是沟口段，有利于泥石流淤积(图 7-39)。

清水区地貌(飞水崖沟)

清水区植被(高岩沟)

形成流通区地貌(下桃关沟)

堆积区地貌特征

图 7-39　桃关沟清水区、形成流通区和堆积区地貌特征

桃关沟也是一条老泥石流沟，地震前，曾于 1890 年、1963 年以及 1991 年发生泥石流灾害。1890 年 5 月 12 日凌晨，桃关沟山洪泥石流暴发，岷江被堵塞回水 2.0km，整个村庄被毁，村庄 300 多人罹难。1963 年雨夜暴发泥石流，将位于沟口的阿坝州劳改农场靠河道侧冲毁，没有造成人员伤亡，后该农场搬迁。1991 年雨夜暴发泥石流，泥石流发生时伴随隆隆的声响，地面有震动感，房屋轻微晃动，可以嗅到“泥土”的“腥臭味”。由于在之前，地方政府已经对桃关沟泥石流堆积扇采取了疏导措施，因此这次泥石流并未造成人员伤亡。

2008 年“5・12”汶川地震后桃关沟内崩塌、滑坡等不良地质现象和泥石流松散固体物质大幅增加，新增崩滑松散固体物源 $2798\times10^4m^3$，可能参与泥石流活动的动储量为 $413.3\times10^4m^3$。2010 年以后几乎每年都要暴发泥石流，尤其是 2013 年 7 月 10 日凌晨暴发的特大泥石流危害最大。泥石流固体物质冲出量达 $94\times10^4m^3$，严重堵塞下游沟道，泥沙淤埋两岸，造成桃关工业园区厂房、生产设备被淤埋破坏，居民区民房进水，高速公路、G213国道桥涵淤堵，特别是工业园区财产损失惨重。

2. 已有防治工程调查分析

2013年7月10日暴发特大泥石流前桃关沟已实施震后首次工程治理，上游沟道修建了3座谷坊坝、5座拦砂坝，下游沟道修建了排导槽、防护堤，此次特大泥石流使原有工程均发生不同程度受损。

(1) 下游已建排导槽及护堤大部分被淤埋，泥石流冲入工业园区厂房。

(2) 上游已建3座谷坊坝被泥石流掩埋或冲毁，基本未发挥作用。已建拦砂坝从下向上共5座，均不同程度受损。

1#拦砂坝设计有效坝高为7m，库容为$4.3\times10^4m^3$，有效拦截了泥石流，满库后泥石流将1#坝体淤埋，仅可见右坝肩顶部长2.5m、高0.4m段。

2#拦砂坝设计有效坝高为5.0m，库容为$2.3\times10^4m^3$，左坝肩被泥石流冲毁，护坦被淤积，未能拦截泥石流，工程损毁失效。

3#拦砂坝设计有效坝高为5.5m，库容为$3.1\times10^4m^3$，左坝肩被泥石流冲毁，坝体上有宽约30m的缺口，右侧坝段拦挡了泥石流，堆积物基本满库，坝前护坦被局部损毁。

4#拦砂坝设计有效坝高为7.5m，库容为$2.9\times10^4m^3$，坝体完好，泥石流堆积物基本满库，据考察实际回淤线纵坡与设计回淤线相比较缓，回淤长度仅为设计回淤长度的1/3，故实际回淤库容量为$1\times10^4m^3$，未达到设计库容，坝前护坦也被冲毁。

5#拦砂坝设计有效坝高为7.5m，库容为$6.83\times10^4m^3$，坝体左侧溢流口约10m长被冲毁，护坦被淤积，泥石流堆积物基本满库。

桃关沟5座拦砂坝对减轻2013年7月10日暴发的特大泥石流灾害影响起到了至关重要的作用，但是由于5座坝的总库容也只有约$20\times10^4m^3$，而泥石流固体物质冲出规模达$94\times10^4m^3$，显然是难以抗御的。特别是泥石流翻坝、坝下护坦普遍损毁，造成局部溃坝失效，也降低了拦砂坝的作用。下游排导槽受两岸工业园区既有建筑物的影响，修建时过流断面不能扩展，仅仅是沿原蜿蜒曲折的老沟道修建，特别是沟道上有多座桥涵卡口，造成排泄能力严重不足，这也是造成泥石流在排导槽内大量淤积成灾的重要原因。由此再次证明在强震区泥石流治理设计中，针对宽缓沟道型，不宜采用多道有效坝高不足、撒网式布设的拦砂坝，而应根据实际地形条件，沟口布设一道骨干型、有效坝高至少20m的拦砂坝，其上游根据物源分布采用2道或3道有效坝高不低于8m的拦砂坝。

2013年7月10日桃关沟暴发特大泥石流后，进行了第二次工程治理(图7-40)。鉴于桃关沟沿岸工业园区沟道受既有建筑厂房限制，不能扩建的情况，治理方案设计总原则是尽可能扩大上游拦砂坝的拦截库容，充分吸取前次治理缺乏骨干拦砂坝的经验教训，充分利用桃关沟上游段宽缓沟道、有大库容坝址的条件，在中、上游主沟设计增加3座骨干拦砂坝(3#、4#、7#拦砂坝)，对原拦砂坝(原3#、原4#、原5#拦砂坝)加固加高扩库改造，新建与改建拦砂坝共6座，总库容扩展为$60\times10^4m^3$(较前次治理拦砂坝库容扩展3倍)，并配套建设拦砂坝清淤用的翻坝路。对下游损毁的排导槽进行修复，包括新建与加高排导槽、新建损毁桥涵、对既有桥墩进行加固防护(图7-41)。整个治理工程总投资6000万元。

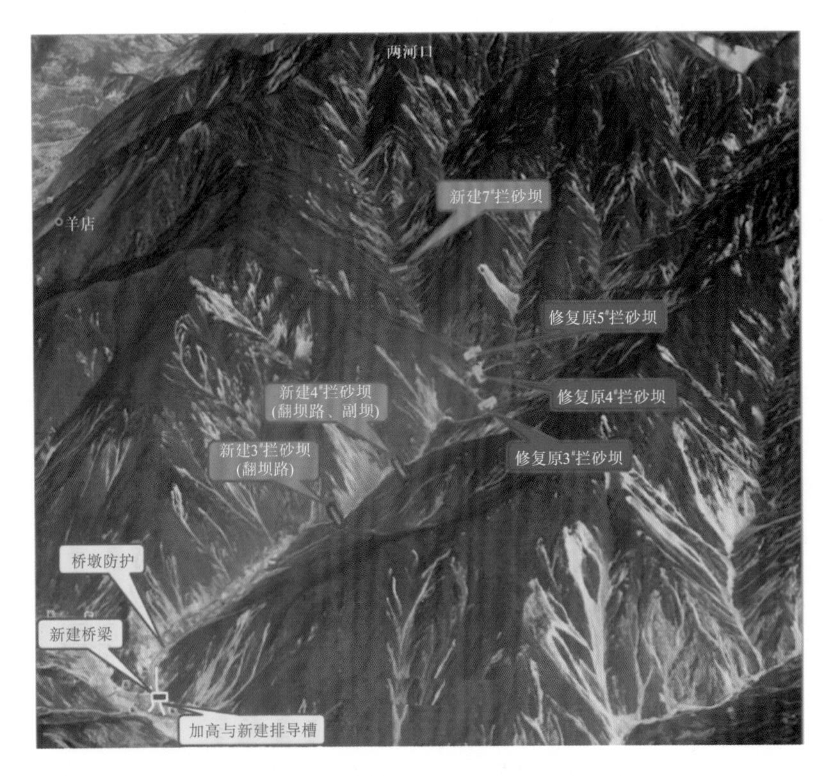

图 7-40　第二次治理工程体系图

桃关沟多级拦砂坝削减泥石流规模

桃关沟排导槽增加防冲肋底

图 7-41　第二次部分治理工程

工程建成后，桃关沟泥石流灾害得到有效控制。6 座拦砂坝拦截了大量泥石流固体物质，大部分已满库，下游的排导槽未发生泥石流淤堵。2019～2020 年考察发现治理工程局部有损坏，主要是坝下护坦、防护堤被冲毁。

桃关沟第二次治理工程防治效果良好，再次验证了针对宽缓沟道型特大泥石流，必须建设能够控制削减泥石流规模的骨干拦砂坝，拦砂坝总库容设计应遵循“防灾够用、动态清库”原则。理论上拦砂坝库容设计越大对防控特大泥石流越有利，但实际上宽缓沟道型沟谷适宜建设大库容坝的坝址也是有限的，从防灾效益看，建设大库容单座高坝的造价也较高(如高坝抗震要求较高，坝基常需要采用桩基，高坝防冲措施需要增强等)，拦截 $1m^3$ 泥石流固体物质的建坝造价不宜高于 100 元，因此设计一个经济合理且够用的库容显得十分重要。多级拦砂坝总库容应基于下游排泄能力进行“反向”论证确定，超过下游排导能力的固体物质量也就是上游拦挡工程应该控制的库容量，单个大库容高坝或多级联调拦砂坝的总库容一般应以特大泥石流一次最大物质冲出量为基础，考虑一定的安全储备进行设计。由于桃关沟物源量巨大，靠拦砂坝完全拦截是不现实的。因此，拦砂坝库容应按照动态库容的理念进行及时清库，近年来震区对大量拦砂坝的清库砂石进行资源化利用，很好地解决了以往清库需要占地堆放、破坏环境、运行维护成本高的难题，也实现了防灾效益最大化，因此“动态清淤”应该作为拦砂坝设计遵循的基本原则。

7.3.2　泥石流治理工程经验与教训

红椿沟是“5·12”汶川地震强震区 2010 年 8 月 13 日暴发首次大规模泥石流后，第一条开始按照强震区特大泥石流成灾模式实施工程治理的特大泥石流沟，其勘查设计具有代表性和一定创新性。根据该沟强震区震后特大泥石流系统治理理念和设计，在一定程度上推广应用于七盘沟、彻底关沟、银杏坪沟、棉簇沟等十多条特大泥石流沟的治理。红椿沟勘查提出了强震区特大泥石流“多点堵溃、揭底放大、多阵叠加”成灾机理模式，设计方案首次在特大泥石流治理工程中采用软基高坝、柔性排导槽等关键技术验证了系统治理工程体系效果，相关技术得到了广泛借鉴应用。从治理工程对泥石流流量、流速、容重的调节作用，物源稳固量，拦固工程库区淤积物粒度与回淤纵坡关系等治理工程关键设计参数出发，揭示了泥石流在工程约束条件下的活动特征和发展演化规律。基于“降雨—物源起动—过流—堆积—工程约束效应”的全过程泥石流治理工程效果对照分析，建立了由防治目标、工程体系、关键工程、单体工程等多因子构成的工程有效性和安全性评价指标体系。

红椿沟治理工程于 2011 年竣工运行以来，已安全运行 10 余年，发挥了显著的防灾减灾作用。自 2010 年 8 月 13 日的特大泥石流后未再暴发泥石流灾害，因此以红椿沟治理工程运行效果为代表，结合强震区其他沟道泥石流治理工程，总结特大泥石流治理工程的经验与教训。

7.3.2.1　关键工程技术

强震区与非强震区泥石流的最大区别，主要表现为强震区泥石流震后物源骤增、高位震裂物源在震后数十年时间内不断向沟道内补给物源，传统的治理理念和防治工程体系不能满足强震区泥石流防治需求，因此结合强震区已有泥石流沟道防治工程调查分析及效果评价，有以下关键技术值得推广应用。

1. 强震区特大泥石流综合治理的防堵调控体系(理念)

特大泥石流的特点为“多点堵溃、级联放大”，针对这一特性采用防堵调控工程体系进行综合治理，即通过上游固源、防堵，中游调节流量和下泄总量、控制堵点，分级拦挡、分散淤积、调蓄消能、减势排导等系统性、综合性和整体性的工程防治措施，达到了超标降雨工况下均不会发生灾害性泥石流的目的。

该防治工程体系针对宽缓沟道型、窄陡沟道型泥石流，控制了沟域各段固体物质参与泥石流活动的量，避免了逐渐放大的可能，使泥石流固体物质一次冲出量不造成沟口及主河道淤堵成灾。通过工程控制作用，一方面减少了可参与泥石流活动的动储量，另一方面将物源起动方式进行了分化和分解，由集中起动转化为分散起动，最终将泥石流转化为下游不造成危害的夹砂洪水。

2. 高坝桩基承台结构关键技术

根据特大泥石流暴发时，在沟道纵坡平缓区多具有新近堆积物承载力低、流体运动时冲击力较大的典型特征，治理工程设计采用大库容高坝($H \geqslant 20m$)结合桩基承台结构技术，解决了大规模泥石流起动时冲击力较大、低坝容易破坏、拦挡固源效果差的问题。而在新近泥石流堆积体上高坝基础处理采用桩基承台结构化解坝体不均匀沉降变形问题。该技术在强震区大部分宽缓沟道型沟道泥石流治理工程中得到应用，在发生特大泥石流过流中得到了检验，近几年该技术已被推广应用到了部分特大泥石流的治理工程中，如汶川县的锄头沟、七盘沟以及九龙县的猪鼻沟等。

3. 钢筋石笼柔性软底槽技术

该项技术在特大泥石流新近堆积区、承载力低的条件下，建设排导工程时应用效果很好。例如，红椿沟沟口为泥石流淤积区，松散堆积物总量达$32.5 \times 10^4 m^3$，该区域为洪水泥石流过流区，松散固体物质除了无法清运另行堆放外，由于低承载力无法采用圬工结构，同时考虑新暴发泥石流内粗大块石丰富，也为了解决泥石流在堆积体上的冲刷、排导问题，在堆积区采用了钢筋柔性石笼防冲软底槽，不仅避免了泥石流过流时堆积扇区固体物质的起动，而且采用软底槽解决了低承载力导致的圬工不均匀沉降问题。

钢筋柔性石笼除了可有效抵抗堆积体不均匀沉降变形，槽底区根据沟道纵坡变化情况，还可以分段、分间距设置防冲肋槛，避免沟道物质起动。同时，还能发挥应急抢险时的快速施工、有效减灾作用。

4. 桩板排导槽及固底槽横向、垂向水石分离技术

该项技术在烧房沟、红椿沟应用效果良好。例如，烧房沟采用桩板排导槽技术，稳固大型堵沟滑坡物源，兼顾排导洪水，解决了在窄陡沟道型堵沟物源区水石分离，控制物源起动的技术难题。在红椿沟沟域内新店子沟下游由于新近堆积物较多，强降雨时又易起动，泥石流过流时沟道左右摆动，采用固底槽(混凝土铺底槽)对下泄水体进行纵、横向的水石分离，避免堆积体的起动，满足疏导固源的效果。

5. 高坝与资源化利用清库砂石协调设计

强震区沟道内物源量巨大，需要设置多级拦挡工程，一般据工程防治等级(20 年一遇或 50 年一遇降雨)泥石流固体物质冲出量为设计拦挡工程库容，泥石流发生后，拦挡库容逐渐被淤满，若不及时清库恢复库容，其防灾能力将大幅下降。近年来，以汶川县为例，由当地政府授权，通过实行社会化运作清库，由相关企业进行清库后资源化利用。这样不

仅可以确保高拦砂坝库内淤积后及时开展动态清库，同时无须政府再投入大量清淤经费，征占堆渣临时用地，取得了一举多得的防灾效果。基于此，在拦挡工程库容设计时就可以考虑动态清淤对库容恢复的影响，优化总库容设计，遵循“防灾够用”的设计理念，可大幅减少治理工程的投入。结合清库砂石资源化利用，恢复防灾库容实际应用较好的有汶川县境内的红椿沟、七盘沟、锄头沟、登溪沟、桃关沟以及安州区境内的黄洞子沟等特大泥石流治理工程。

7.3.2.2　治理工程结构设计优化建议

工程结构设计优化选取强震区典型特大泥石流红椿沟泥石流为例进行说明。根据治理工程体系运行期所监测资料反映，红椿沟特大泥石流治理工程中的部分单体工程设计可进行适当优化，主要有四个方面的内容。

1. 主沟 $1^{\#}$和 $2^{\#}$坝体体量、桩基承台结构优化

根据 $1^{\#}$、$2^{\#}$拦砂坝工程（图 7-42）运行时监测到的坝体受力、坝底渗压数据对比设计参数可知，其安全储备值富余，尤其是在超标降雨时，各项监测值均小于设计值。分析显示，一方面是因为中、上游工程达到了稳坡固源设计目的，阻止了大量固体物质在超标降雨情况下参与泥石流活动，避免了大规模流体空库到达下游直接作用于 $1^{\#}$、$2^{\#}$坝体上，从而在监测数据上表现为实测值小于设计值；另一方面是因为 $1^{\#}$、$2^{\#}$坝设计时由于没有相关案例借鉴或规范指导，所取参数均偏于保守，如一般设计拦砂坝上游坡比为 1∶0.6 或 1∶0.5，而红椿沟达到了 1∶0.8，加之桩基承台结构的应用，提高了安全储备。

通过对运行受力、变形等数据的监测，在现有治理工程体系下，$1^{\#}$和 $2^{\#}$拦砂坝坝体上、下游坡比、承台厚度、桩基间距及数量均可进行较大幅度优化。

$1^{\#}$坝区细粒物质淤堵泄水孔

$2^{\#}$坝泄水孔淤堵，水流从格栅过流

图 7-42　红椿沟主沟两道拦砂坝库区细粒物质淤积及泄水孔堵塞情况

2. 排导槽宽度、高度调整优化

在超标降雨时，进入排导槽区的流量仅为 62.99m^3/s，而排导槽设计过流能力最小为 160.4m^3/s，排导槽排导能力仅达设计标准的 39.3%，在综合考虑上、中游治理工程协调作用下，可以按照高含沙洪水流量作为设计流量，对排导槽宽度及高度加以优化。

3. 柔性肋底槽边墙、肋槛设计优化

由于2010年8月13日暴发的特大泥石流对岷江整体造成堵塞，导致岷江水流泛滥，淹没映秀集镇，为了对该泥石流沟实施应急抢险、快速减灾，在新近泥石流堆积体上设计采用了柔性钢筋石笼边墙及肋底，以满足不均匀沉降及变形要求。设计钢筋石笼边墙底宽4m、顶宽3m、墙高3.5m，钢筋石笼配筋量为62kg/m^3。通过降雨期边墙沉降变形监测资料可知，排导槽区边墙2011年监测到最大累计位移2.8mm，累计沉降1.7mm，2013年时最大累计位移1.7mm，累计沉降1.5mm，点位变形速率＜0.06m/a，变形逐年减小。强降雨过流后柔性槽稳定情况如图7-43所示。

泥石流过流后边墙及肋底完好

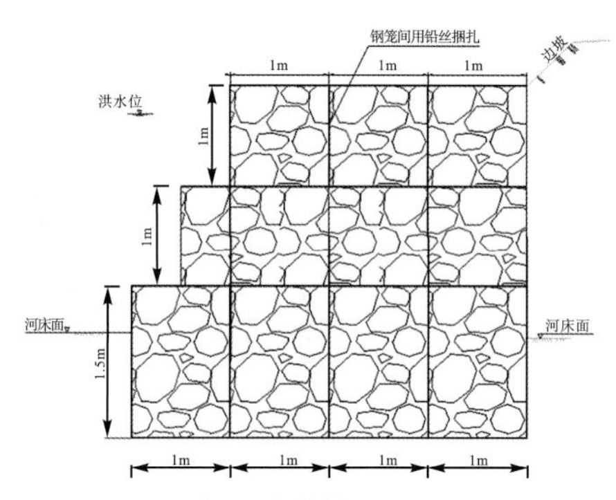

柔性边墙结构设计断面

图7-43　红椿沟柔性肋底槽边墙、肋槛设计优化

根据设计理念，柔性排导槽容许出现10cm左右的变形量，但通过运行监测表明，其变形量极小，其结构可作一定的优化调整，主要是边墙顶、底宽度均应调减，顶部宽度可优化到1.5～2m，底宽调整到1.5～3m，相应的石笼配筋量调减至40kg/m^{3}左右。

4. 资源化清库高坝及相关附属工程优化设计

调查中发现，按照防治目标设计的多处拦砂坝不能满足一次泥石流冲出量拦挡需求，同时发现震区多条泥石流沟高坝并未设计翻坝路或设计的翻坝路位于拦砂坝坝下，均无法满足清库通道需求，因此在治理方案设计阶段应论证翻坝路布设位置，必要时对翻坝路采取路基挡墙等工程措施，确保翻坝路能够在清库时发挥作用。同时建议在后期强震区泥石流防治方案设计中应设计翻坝路，避免拦砂坝淤满后失效，特别是针对近沟口有条件进行清库作业的拦砂坝均需设计翻坝路。

7.3.2.3　治理工程结构设计强化建议

治理工程运行期间，包括红椿沟在内的部分泥石流沟历经了设计及超标降雨的检验，降雨引发泥石流导致部分单体工程结构受损，防治能力降低，此部分单体工程需作强化处理。

1. 设计工况运行时工程结构受损特征

1) 支沟工程受损情况

(1) 甘溪铺沟治理工程。甘溪铺沟治理工程在设计工况下泥石流或洪水过流时运行总体较好，但局部结构存在一些缺陷。例如，1#谷坊群区的 3#谷坊坝，由于沟底基础在施工期间回填了部分松散体，坝底直接置于沟底松散体上，强降雨时底部物质被水流潜蚀并掏空，致使坝体形成了高 1～2m、宽约 3m 的悬空区，导致该谷坊坝失去固源稳坡功能。2#谷坊群区的 4#谷坊坝，位于该谷坊群最前缘，坝前设计了长度为 10m 的防冲护坦，降雨时上游过坝流体冲刷掏蚀护坦前缘使其失去支撑，致使前缘 2～3m 范围护坦断裂失效，并向后溯源侵蚀，将影响主坝体安全。甘溪铺沟在 2019 年 8 月 21 日暴发泥石流后谷坊坝结构受损情况见图 7-44。

3#谷坊坝底部基础掏空

4#谷坊坝前护坦被冲刷破坏

图 7-44　甘溪铺沟在 2019 年 8 月 21 日暴发泥石流后部分谷坊坝结构受损情况

(2) 新店子沟治理工程。2019 年 8 月 21 日暴发泥石流期间，新店子沟治理工程结构整体运行完好，但固底槽区由于纵坡较大，槽底及肋槛遭到一定程度的冲刷破坏。

现场调查发现，固底槽工程沟道纵坡较大区域，边墙与槽底结合部位、槽底混凝土肋槛被冲刷破坏，见图 7-45。根据冲刷破坏特征分析，纵坡较大的固底槽，防冲结构需加强，肋槛深度及宽度设计过浅，底部防冲刷结构需使用钢筋混凝土。

固底槽边墙与底部破坏情况

槽底及肋槛局部被破坏

图 7-45　新店子沟在 2019 年 8 月 21 日暴发泥石流后已建固底槽被冲刷损毁

2) 主沟治理工程

主沟治理工程结构整体完好，无工程受损情况。但通过对拦砂坝的调查，显示拦砂坝内淤积物细粒较多，1#、2#坝泄水孔几乎被淤堵，细小颗粒及水流均无法通畅排导，有效库容被细粒物质占据。调查分析发现主要有两方面原因：①泄水孔设计尺寸过小，遇少量大块体或树枝进孔后，加上后续细颗粒物质的填塞，最终泄水孔淤塞失效；②施工过程中泄水孔木模在坝体砼浇筑、振捣过程中被挤压变形，部分还发生爆模，使泄水孔过流孔径减小，排导能力变弱。库区细粒物质淤积及泄水孔堵塞情况见图 7-42。

2. 超标工况运行时工程结构受损特征

1) 上游支沟工程受损情况

(1) 甘溪铺沟治理工程。2013 年 7 月 10 日暴发的泥石流属于 50 年一遇，在该超标工况下，甘溪铺沟治理主体工程无受损破坏，但部分附属工程结构局部损毁，1#坝下游翼墙及护岸受泥石流大块体的直接撞击，距离坝体 8m 范围内的翼墙及其顶部护岸顺沟长 5.5～8.0m、宽 7m 区域被损毁。甘溪铺沟在 2013 年 7 月 10 日暴发的泥石流中受损工程情况如图 7-46 所示。

坝下8m翼墙被冲毁

坝下护岸局部受损

图 7-46 甘溪铺沟在 2013 年 7 月 10 日暴发的泥石流中部分附属工程结构局部损毁

(2) 新店子沟治理工程。新店子沟治理工程为固底槽工程，由于上游下泄泥石流流量远大于其排导能力，但流体被约束于槽内，其强烈冲刷、下切固底槽工程，致使该工程下段破坏严重，其稳固物源功能基本丧失，混凝土边墙及槽底作为固体物质参与了泥石流活动(图 7-47)。

泥石流下切掏蚀基岩出露

残留垮塌固底槽边墙

图 7-47 新店子沟固底槽工程损毁情况

2）主沟拦砂坝工程

（1）$3^{\#}$坝下防冲及过流区磨蚀。$3^{\#}$坝由于受 2013 年 7 月 10 日暴发的泥石流过流时的强烈冲刷，下游潜坝前缘基础外露悬空，坝顶溢流口区钢筋砼表面磨蚀深度达 5～10cm。泥石流过流后工程受损特征见图 7-48。

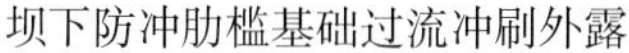

坝下防冲肋槛基础过流冲刷外露

溢流口顶部过流磨蚀

图 7-48　2013 年 7 月 10 日暴发的泥石流过流后治理工程受损特征

（2）$2^{\#}$坝副坝工程受损情况。主沟 $2^{\#}$坝副坝左坝肩基础被洪水冲蚀，副坝与潜坝之间的防护墙后土体被掏刷悬空。2013 年 7 月 10 日暴发的泥石流导致右侧坝体（含护坦、副坝区域）被 B07 崩塌体堆积挤压沟道，泥石流及洪水被挤压至副坝左坝肩区过流，致使该区域坝基底部高 4m、长 5m 区域被掏蚀成空洞；副坝至潜坝之间 $4^{\#}$防护墙后岩土体被冲刷挟带走，防护墙破坏，受损情况见图 7-49。

副坝基础被掏蚀外露

$4^{\#}$防护墙后土体被冲刷失稳下滑

图 7-49　工程受损情况

3. 工程薄弱部位强化设计措施

通过设计降雨及超标准降雨泥石流检验后，红椿沟泥石流治理拦挡、排导槽工程整体完好，但谷坊坝护坦、副坝边墙等工程局部受损，尤其是上游新店沟固底槽受损严重，基本失效。

通过分析可知，局部受损出现的原因在于：第一，防治工程区受超标降雨作用，防护结构设计不能满足要求，如纵坡坡降较大的固底槽区，应采用钢筋砼结构防冲，同时加强底部抗冲刷结构措施；第二，工程设计细部结构加强尚不够完善，如甘溪铺沟 $2^{\#}$谷坊群的

4#坝护坦设计；第三，存在施工管理控制原因，如甘溪铺沟的3#坝，施工时回填物未清理干净，直接在松散体上建坝，导致基础被掏空，固源功能失效。

针对上述红椿沟泥石流治理工程运行后存在的缺陷，提出了以下针对性补救措施。

(1)谷坊群、拦砂坝基底、护坦及副坝工程冲刷、掏蚀处理。①增加坝前护坦厚度，调整前缘垂裙或齿墙深度等，确保护坦结构安全。②针对纵坡较大区段的固底排导槽、拦砂坝护坦等工程，应加深基础埋深，做好坝前坝后的护岸设计。③针对副坝基础掏蚀外露，应增加副坝埋深，同时回填体可采用大块体抗冲防护。

(2)拦砂坝泄水孔淤堵失效。原泄水孔设计孔径大小为0.6m×0.8m，纵坡为5%，泥石流过流时细小颗粒(10cm以下占50%)均不能通过，库区被淤塞。在新建工程区应加大泄水孔孔径和纵坡，孔径建议设计为0.8m×1.0m，孔间距增加到2.5m左右。对现堵塞泄水孔建议在后期维护清库中采用高压水枪冲压处理。

(3)固底槽强化措施。对纵坡大于200‰的沟槽，修建排导槽、固底槽时需要加强底部抗冲刷能力设计，增加厚度并设多级高强度的防冲肋槛消能或沟底混凝土采用抗冲刷耐磨蚀的钢纤维混凝土结构，并在出口处设计潜拦坝避免溯源侵蚀。

(4)对拦砂坝溢流口和泄水孔进行抗磨蚀加固。调查发现拦砂坝溢流口和泄水孔均有不同程度的磨蚀，主要原因为原有设计方案未设计防冲耐磨层，因此建议在后期防治工程方案设计阶段，对拦砂坝溢流口和泄水孔关键过流部位均应进行防冲耐磨层设计，确保拦砂坝结构安全。

(5)拦砂坝坝肩加固。调查发现，经历过大型泥石流冲刷的拦砂坝坝肩均有不同程度损伤或损毁，因此坝肩属于拦砂坝结构中的薄弱部位，对于不同泥石流沟设坝位置处工程地质条件不尽相同，特别是对于坝基、坝肩位于松散堆积体中的拦砂坝，一旦泥石流满库翻坝极有可能对两侧坝肩位置进行冲刷，因此后期对于拦砂坝防治工程的设计中，应对坝肩部位进行专项加固设计，确保坝肩基础稳定。

(6)排导槽或防护堤弯道防冲加固。强震区泥石流暴发时一般流速较大，调查发现在排导工程弯道处，经常发生排导槽边墙冲毁或损坏现象，因为设计人员一般在设计弯道处的排导槽和防护堤时只考虑了流体弯道超高问题，而并没有考虑该处流体的冲击和冲刷问题，因此在后期防护堤等工程方案设计中应对弯道部位进行加固设计(加固墙体本身或布设防冲肋板或鱼鳞墩)，确保工程薄弱部位安全。

7.3.2.4 治理工程效果评价建议

通过对多处宽缓和窄陡沟道型泥石流防治工程现场进行调查、资料收集分析，发现大部分强震区泥石流沟进行了数次治理，目前防治工程效果整体呈现为一般至较好；九寨沟景区灾后重建各项资金匹配量较大，防治效果整体好。

泥石流治理工程应加强汛期排查、汛后巡查工作，特大泥石流治理工程还应开展防治工程防灾效果监测工作。据此可以发现工程运行中，特别是经历洪水、泥石流后工程的受损情况，评价治理工程防灾效果和工程防灾裕量，针对性实施工程维护，如通过对拦砂坝清库、排导槽清淤、受损工程修复、增建工程等措施，保障泥石流治理工程继续发挥防灾减灾效益。因此提出以下建议。

(1)每年对泥石流治理工程进行一次“体检”评估，如利用无人机航拍、卫星遥感影像等，在汛前对泥石流沟物源变化情况、沟道堵点、库区淤积、防护堤基础冲刷等进行调查、排查，编制泥石流防治工程运行情况评估报告，提出泥石流治理工程汛前处置措施建议。

(2)加强泥石流活动性、演化的长期监测，如利用已安装普适性监测设备获取泥石流活动监测数据，主要是沟域降雨量、泥石流泥位等数据，结合沟域物源起动、消耗情况调查，研判泥石流活动趋势，分析泥石流活动频率，为工程运行维护提供依据。

(3)宽缓沟道型泥石流治理中大库容高拦砂坝是应对特大泥石流的骨干工程，需要通过动态清库，保持必要的防灾库容。清库砂石应结合资源化利用进行，以大幅降低清库成本，减少弃渣临时占用土地等投资。

(4)泥石流治理工程运行中，拦砂坝下垂直冲刷、防护堤基础水平冲刷破坏现象比较普遍，及时修复受损的拦砂坝护坦等防冲工程、加固防护堤基础对于防治工程损坏扩大甚至失效是十分必要的。特别是运行多年后，上游拦砂坝满库后，洪水长期翻坝下泄，对沟道的冲刷侵蚀作用增强，下游排导槽、防护堤面临的冲刷破坏也将增强。

(5)加强泥石流治理工程区地质环境保护，严格管制沟域工程建设开挖削坡、土石随意堆放造成新增物源，避免人为加剧泥石流活跃性。严格管制在拦砂坝区、防护堤、排导槽沿线沟道开挖砂石、侵占工程保护区、威胁治理工程安全等行为。

(6)城镇国土空间规划时，对泥石流堆积扇区及沟道行洪范围，应严格限制侵占沟道新建房屋等建筑物，新建桥梁等应满足泥石流过流要求。对侵占排导槽行洪通道建设的两岸老建筑物，应结合城镇改造等逐渐拆迁，恢复足够的排洪通道。

(7)对于工程治理运行多年后，拟对泥石流灾害隐患点进行销号时，应开展专门调查评估审慎决定是否具备销号条件。对于经调查评估泥石流活动已停息(如基本无形成泥石流的物源条件)，或治理工程已能够控制泥石流活动范围、形成规模，其不能对被保护对象构成威胁时，可以建议销号。对于销号的泥石流治理工程可以不再进行经常性的维护。

7.4　强震区特大泥石流综合防控技术示范应用

7.4.1　应用示范区选址及意义

强震区已开展的特大泥石流治理工程实践表明，震后由于物源巨量增加，泥石流暴发的频度、规模、危害程度较震前都大大增强，而泥石流沟口堆积扇往往也是国道、高速公路、居民区、厂矿企业的聚集地，常规泥石流治理以排导为主的思路并不适用于震后特大泥石流治理。针对震后泥石流防治若一味采取排导措施，则必然造成主河堵塞、沟道淤积抬高，导致危害加重的后果，不能从根本上消除特大泥石流灾害的影响。强震区泥石流治理必须从源头上想办法，也就是要采取以固源和拦挡措施为主的综合治理方案。“固源”是指防止泥石流物源起动，是治本，但是由于物源常常分布于沟域地形陡峻的上游、支沟，且分布广、储量大，加之地形陡，因此实施固源措施也带来成本高、工期长、施工难度大和风险高等一系列问题，在泥石流工程治理体系中固源措施的综合防灾效益很难超过20%。而“拦挡”是充分利用沟道的宽缓地形，筑坝拦砂，通过削减泥石流向下输送的固体物质量，保障排导槽不超负荷运行的关键措施。拦挡工程在泥石流治理体系中的综合防灾效益常常超过 60%，甚至起到防止泥石流危害的决定性作用。

“5 • 12”汶川地震后，在强震区已建设大约 1200 座拦砂坝，通过长期的运行检验证明，拦砂坝对控制泥石流的成灾规模、减轻泥石流危害发挥了重要作用。同时也发现拦砂坝工程存在很多技术问题亟待解决：①设计防灾库容不足，缺乏大库容骨干坝，抗御较大规模泥石流的能力弱，已建的很多拦砂坝因淤满成死库，清库砂石难以处置等；②拦砂坝基础冲刷破坏较普遍，有的还十分严重，造成坝体局部垮塌、沉降开裂，危及坝体安全；③坝体溢流口混凝土磨蚀严重，影响工程耐久性。

针对上述拦砂坝的防灾技术和工程问题，为开展特大泥石流治理研发技术应用效果检验，需要在强震区、地震高烈度区选择近年来泥石流暴发活动较频繁、泥石流冲出规模较大、沟域储存物源量丰富、有危害性的泥石流沟，实施以拦砂坝工程防灾效应研究为主的示范工程建设。所选泥石流沟应满足本书研发技术应用综合示范的要求并征得地方政府同意。经充分调查，适合建设示范工程的有三条泥石流沟，分别为“5 • 12”汶川地震强震区的锄头沟、登溪沟和川西高原地震高烈度区的甘孜州九龙县猪鼻沟。根据这三条泥石流沟特点，各沟新建示范工程研究内容有所侧重。

锄头沟示范工程研究重点：对既有的骨干坝进行加高扩容与清库砂石资源化利用相结合，从而实现拦砂调节、防灾减灾能力的综合提升；对高坝泥石流溢流时坝下防冲结构的加强改进技术、沟域高位物源调查技术开展验证研究。示范工程的推广意义主要是为目前强震区已治理的数十条特大泥石流沟中因骨干拦砂坝库容普遍不足、拦蓄调节的防灾能力较低的工程提供改造提升的技术借鉴。

登溪沟示范工程研究重点：增建 1 座拦砂坝与原拦砂坝形成多级联调坝，从而实现对泥石流规模的削减，提升抗御超标泥石流灾害的能力。示范工程的推广意义主要是为目前强震区已实施治理的数百条中小型泥石流沟中因施工条件制约不能建设大库容骨干坝拦砂坝，但原中低坝的库容又不足，单坝拦蓄调节防灾能力低的工程提供改造提升的技术借鉴。

猪鼻沟示范工程研究重点：新建 1 座桩基承台高坝，该坝具有拦蓄猪鼻沟 100 年一遇一次泥石流固体物质冲出量的设计库容。示范工程的推广意义是在新近发生的大型泥石流沟中，充分借鉴“5 • 12”汶川地震震区已发生的特大泥石流的特点，针对建设大库容高坝主要面临的 4 个关键技术问题(即软基承载、坝体抗震、坝下防冲、库容恢复)进行桩基承台建坝、大坝拦蓄砂石资源化利用清库的综合建坝技术示范应用。通过配套建设翻坝路，开展汛前提前清淤腾库、汛中动态清理调库，保障设计防灾库容能够用于迎接泥石流主峰(龙头)过程，实现防灾减灾效应最大化。从而解决以往拦砂坝缺乏清淤施工条件，造成满库后，难以采取清库措施恢复防灾能力的通病(如汶川的彻底关沟、高家沟、银杏坪沟等)。

7.4.2　应用示范工程建设内容

7.4.2.1　锄头沟示范工程

1. 锄头沟基本特点

锄头沟位于汶川县绵虒镇羌锋村，岷江右岸，流域面积为 21.8km^2，沟道总长 8.28km，主沟平均纵坡降为 323‰，属宽缓沟道型泥石流沟。

锄头沟分别于 1976 年、1999 年暴发泥石流，2008 年“5・12”汶川地震后，2009 年 8 月对锄头沟进行了勘查设计，当年查明沟内松散物源约为 50.12×10^{4}m^3，动储量为 15.07×10^{4}m^3，主要治理工程设计为 2 座拦砂坝，总库容为 2×10^{4}m^3。2013 年 7 月 10 日汶川地区普降暴雨，锄头沟暴发震后首次大规模泥石流，一次性冲出固体物质约 38.5×10^{4}m^3，上述治理工程全部被冲毁(图 7-50)。

锄头沟沟道（2009年5月）

锄头沟沟道（2013年7月10日后）

图 7-50　锄头沟沟道 2013 年 7 月 10 日前后对比

2013 年 7 月 10 日后重新对锄头沟进行了勘查，查明沟内松散物源总量约为 1231.86×10^{4}m^3，动储量为 244.47×10^{4}m^3，主要治理工程设计为 2 座拦砂坝，其中 1$^\#$拦砂坝有效坝高为 22m，2$^\#$拦砂坝有效坝高为 15m，总库容为 41.65×10^{4}m^3。2019 年 8 月 20 日汶川地区再次普降暴雨，锄头沟再次发生特大泥石流，一次性冲出固体物质约 75×10^{4}m^3，造成 2 座拦砂坝全部淤满，沟道淤塞严重(图 7-51)。

锄头沟沟道及1$^\#$拦砂坝(2019年3月)

锄头沟1$^\#$拦砂坝库容淤满(2019年8月20日后)

锄头沟1#拦砂坝库容淤满，坝下护坦被掏蚀(2019年8月20日后)

锄头沟沟口泥石流淤积(2019年8月20日后)

图 7-51 锄头沟泥石流沟道 2019 年 8 月 20 日前后对比

2. 研究成果应用示范目的和主要内容

锄头沟是典型的宽缓沟道型泥石流沟，沟域面积较大，物源储量丰富，特别是沟道上游区震裂物源分布广泛，近年来泥石流暴发频率高，冲出规模大，多次淤堵都汶高速公路桥涵、堵塞岷江河道，该沟经多次工程治理，仍存在一定的泥石流灾害风险。沟域上游物源主要是花岗岩碎石、砂砾，可用于建筑材料，拦砂坝拦蓄的砂石可以通过清淤进行资源化利用，且该沟交通条件较好，便于进行泥石流活动观测研究。因此，锄头沟可作为很好的示范工程选址场地。

锄头沟作为“5・12”汶川地震强震区极具代表性的特大泥石流沟，其治理多次均未有效控制泥石流灾害规模，拦挡和排导工程多处受损严重，特别是原有骨干拦挡工程不能满足控制泥石流一次冲出固体物质量的库容需求，拦挡高坝翻坝过流造成坝下护坦多次被冲毁。结合强震区特大泥石流治理中，骨干拦砂坝运行中普遍存在的这两个技术难题，专门选择锄头沟作为开展拦清结合的骨干坝扩容改造和高坝护坦防冲加固的示范点，重点是开展大型骨干拦砂坝对泥石流规模控制的技术示范研究。

主要开展以下研究。

(1) 宽缓沟道型泥石流沟大型骨干拦砂坝防控技术。主要结合拦清结合方案(高坝+资源化利用)以及高坝基础防冲加固开展技术示范。

(2) 高位山体震裂物源综合调查技术验证。针对锄头沟物源分布，特别是高位震裂物源、泥石流骨干拦砂坝有效库容测量、泥石流新建堆积区厚度探测等，开展无人机航测泥石流物源三维量化技术验证、泥石流堆积体半航空瞬变电磁探测技术验证工作。

(3) 特大泥石流长期观测预警研究。以锄头沟为野外观测站，结合示范工程开展泥石流物源起动、治理工程约束条件下的泥石流演变及工程治理效果长期观测、预警研究。

3. 骨干坝加高扩容工程设计

1) 设计理念

根据最新勘查报告显示，锄头沟沟道特征为总体上上游纵坡较大，下游逐渐变缓，局部地段有陡缓相间的变化特点；沟道宽度总体上上游狭窄，而下游逐渐变宽，但局部有宽窄相间的特点；沟道两侧坡体基岩出露，为治理工程设置拦砂坝提供了有利条件，表现为在这些部位建拦砂坝的长度相对较小，且这些沟段沟道纵坡较缓，上游往往为开阔的宽谷地带，特别是修建骨干拦砂坝，由于其库容较大，拦砂坝坝肩可以嵌入稳定基岩内，对泥石流峰值流量的调节作用效果显著。原有拦砂坝由于对震后泥石流物源量和一次性泥石流冲出规模的计算值偏小，不能满足设计拦挡要求。因此，结合本书研究成果，2019 年 8 月 20 日泥石流暴发后，采用“加高原有骨干拦砂坝扩大库容(满足一次承灾库容)+采用资源化清库+坝下护坦防冲加固修复”等治理理念对锄头沟泥石流进行二次治理。

2) 方案设计

最新治理工程方案为“加高原有骨干拦砂坝扩大库容(满足一次承灾库容)+采用资源化清库+坝下护坦防冲加固修复”。

对已建 1#拦砂坝在原有效坝高 20m 基础上加高 5m，加高形式为前帮整体型，加高方法采用台阶法，同时对原有 1#拦砂坝坝后泥石流淤积物进行清除。该拦砂坝主要作用在于削峰减流，减小泥石流峰值流量，并阻挡泥石流沟内的大石块，降低泥石流流体容重，保证下游排导槽正常使用和经拦挡后泥石流剩余物质(高含沙洪水)的顺利下泄，同时通过泥石流物质回淤压脚起到稳固沟床和减轻沟岸崩滑起动的作用。同时修复 1#拦砂坝护坦，防止坝基被冲刷。

(1) 1#拦砂坝坝体结构设计。拦砂坝是锄头沟泥石流防治工程中的主要建筑物，其坝型应满足防治泥石流的要求，即拦砂坝应不被泥石流冲毁，同时满足泄流、抗冲刷的要求。针对锄头沟泥石流防治的具体情况，原 1#拦砂坝为 C20 混凝土重力式拦砂坝坝型。

拦砂坝的主要功能是拦蓄泥石流，坝体有效高度越大，其库容相应越大，拦蓄泥石流、削减泥石流峰值流量的效果越明显，但随着坝高的增加，相应工程量和投资也急剧加大。原有拦砂坝有效拦蓄高度为 20.0m，坝顶高程为 1435.8m，本次加高综合考虑坝体现状、库容容量、技术效果等多方面因素，综合确定拦砂坝增加 5m，有效拦蓄高度增加为 25.0m，坝顶高程为 1440.8m。

(2) 1#拦砂坝后清淤(专业砂石企业资源化利用)。2019 年 8 月 20 日暴发泥石流后，汶川县政府组织汶川川能矿业公司对包括锄头沟 1#拦砂坝在内的泥石流受灾区进行清淤，清淤获得的砂石资源由砂石企业使用，政府不再为拦砂坝清淤付费。通过现场调查和资料收集，1#拦砂坝库内清淤量为 $40\times10^4m^3$。

1#拦砂坝加高 5m 部分的库容为 $28.8\times10^4m^3$，加上清淤 $40\times10^4m^3$，合计能拦挡 $68.8\times10^4m^3$ 泥石流，与 20 年一遇泥石流冲出围栏 1.5 次、库容 $63.6\times10^4m^3$ 相当，将为泥石流治理工程发挥积极作用。

4. 示范工程建设

2019 年 8 月 20 日暴发泥石流后，当地政府再次对锄头沟进行了勘查，如前所述，由于 2014 年治理工程中，1#拦砂坝基本完好，2#拦砂坝坝基掏蚀严重，沟口排导槽局部损毁，故结合本书研究，选定锄头沟泥石流作为项目研究应用示范工程，新的治理工程设计为 1#拦砂坝加高 5m，清理库容，总库容为 $68.8\times10^4m^3$。

2020 年 4 月，锄头沟泥石流治理应用示范工程开始施工(图 7-52)。示范应用内容为拦挡、清淤辅以坝下防冲加固，此外，还在锄头沟开展了无人机航测泥石流物源三维量化技术、泥石流堆积体半航空瞬变电磁探测技术的应用验证。

1#拦砂坝库内清淤资源化利用示范

1#拦砂坝加高库容+动态清淤

坝下护坦防冲加固技术应用

防护堤边墙维修加固技术应用

图 7-52 锄头沟内泥石流治理工程示范应用

2020 年 8 月 17 日晚 8 时左右，锄头沟泥石流治理示范工程正在施工期间，再次暴发大规模泥石流，冲出固体物质再次将已经清理完成的 1#坝、2#坝库容淤满，护坦和垂裙被冲毁，护岸墙和排导槽部分被冲毁，沟道淤积严重(图 7-53)。

1#拦砂坝再次淤满（2020年8月18日）

泥石流淤积施工临时场地（2020年8月18日）

1#拦砂坝护坦左侧被再次冲毁(2020年8月18日后)

2#拦砂坝护坦被冲毁(2020年8月18日后)

1#拦砂坝坝下护坦和垂裙处冲刷深度达10余米

防护堤再次被冲毁（2020年8月18日后）

图 7-53　部分治理示范工程损毁情况

2020 年 10 月，对治理工程仍按原设计方案进行施工，但增加护坦尾端垂裙基础埋深，继续对 1#拦砂坝和 2#拦砂坝清库(图 7-54)。

1#拦砂坝清库（2021年5月）

2#拦砂坝清库（2021年5月）

1#拦砂坝护坦及垂裙修复（2021年5月）

1#拦砂坝加高5m完成（2021年5月）

图 7-54　治理工程施工

治理修复工程于 2021 年 7 月竣工，2021 年 9 月对锄头沟 1#拦砂坝加高工程、资源化清库工程以及护坦修复工程进行回访，显示示范工程运行情况良好(图 7-55)。

1#拦砂坝加高效果（2021年9月）

1#拦砂坝坝下防冲加固效果（2021年9月）

图 7-55 锄头沟泥石流治理工程应用示范运行情况

5. 锄头沟沟域高精度遥感多期物源识别(动态演化)技术验证

对锄头沟 2019 年 8 月 20 日暴发泥石流前后物源动态演化进行了遥感解译验证，分别采用 2018 年 11 月 25 日和 2019 年 12 月 10 日的 GF2 号数据进行对比分析，根据 2019 年 8 月 20 日暴发泥石流前后两幅影像，对锄头沟 2018 年、2019 年度沟域内不同成因物源进行了全解译(图 7-56)，两年内锄头沟物源变化情况见表 7-6。

2018年11月25日锄头沟泥石流物源分布图

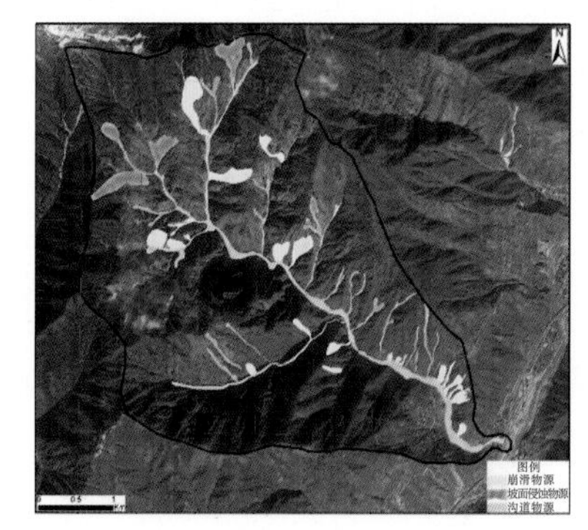

2019年12月10日锄头沟泥石流物源分布图

图 7-56 物源分布对比图

表 7-6 锄头沟流域 2018 年、2019 年物源变化解译对比

类型	2018 年 11 月 25 日 面积/km^2	2019 年 12 月 10 日 面积/km^2	变化 面积/km^2
崩滑物源	0.5798	0.6127	0.0329
坡面侵蚀物源	0.5570	0.5721	0.0151
沟道物源	0.4815	0.5476	0.0661
合计	1.6183	1.7324	0.1141

由 2018 年和 2019 年全沟域物源解译统计可以看到，2018 年 11 月 25 日锄头沟流域各类成因松散物源占地面积总计 1.6183km^2，其中崩滑物源占地面积最多，其次为坡面侵蚀物源。而 2019 年 12 月 10 日沟域内不同成因松散物源占地面积共 1.7324km^2，还是崩

滑物源占地面积最多，其次为坡面侵蚀物源。从两年度物源变化对比可以看出，总物源占地面积共增加 0.1141km^2，其中沟道物源增加量最多，其次为崩滑物源。这与实际情况完全相符，震后高位震裂山体的逐渐失稳补给泥石流是后效应的主要表现方式，补给形成的泥石流在宽缓沟道部位淤积，上述反映出的沟道物源、崩滑物源增多就是这种效应的具体表现。

锄头沟属暴雨沟谷型黏性泥石流，流域内植被覆盖率较低，平均植被覆盖率约为 50%，震后基岩震裂山体及覆盖层结构变疏松，导致后续降雨或地震作用下坡面滑塌现象发生，植被严重破坏。从两期遥感影像得知：2019 年 8 月 20 日暴发泥石流前后锄头沟的崩滑物源、坡面侵蚀物源和沟道物源分布面积均有一定程度增加，固体物源量大增，局部水土流失加速，可参与泥石流活动的松散固体物源量也大大增加，一旦遭遇大暴雨，极有可能再次引发大规模的泥石流灾害。

7.4.2.2　登溪沟示范工程

1. 登溪沟基本特点

登溪沟位于汶川县绵虒镇三官庙村，流域形态呈窄扇形，流域面积为 43.74km^2，主沟长度为 16.07km，最高点位于流域北西侧山脊部位，高程为 4893m，最低点位于登溪沟汇入岷江入口处，高程为 1203m，相对高差为 3690m，平均纵坡坡降为 229.6‰，沟域内发育有 10 条支沟。沟道形态属宽缓沟道型，近百年历史上从未暴发过泥石流灾害。受 2008 年“5・12”汶川地震影响，流域内新发生了大量的崩滑地质灾害，松散固体物源显著增多，泥石流易发程度提高，危险性增加。2019 年 8 月 20 日，汶川县暴发持续性特大暴雨，导致登溪沟暴发特大规模泥石流，冲出固体物质约为 40×10^{4}m^3，导致沟口岷江河道淤积堵塞，沟口早期已建拦砂坝右侧坝肩冲毁，泥石流翻过拦砂坝，摧毁国道 G213 桥梁一座(17m)，冲毁房屋 9 户、变电站 1 座，都汶高速被掩埋约 400m(双向)，堵塞都汶高速两侧单坎梁子隧道，摧毁村道约 3km，造成 37 人受灾，直接经济损失上亿元(图 7-57)。

沟口泥石流淤埋都汶高速

沟口已建拦砂坝右坝肩被冲毁

图 7-57　泥石流致灾情况

2019 年 8 月 20 日暴发泥石流后，流域内共计不同成因松散固体物源量为 7479.50×10^{4}m^3，可能参与泥石流活动的动储量为 434.64×10^{4}m^3。

2. 研究目的和内容

登溪沟中、上游新建2座拦砂坝，加固加高沟口已建坝，形成级联调控坝，防止进入排导槽的泥石流量过大形成堵塞成灾。治理工程示范建设和研究内容如下。

(1) 泥石流沟槽多级联调拦砂坝防控技术。主要结合沟域已建拦砂坝、排导槽工程，当强降雨下泥石流冲出固体物质量超过设计标准时，采用联调坝拦蓄泥沙，辅以快速清库运行管理，削减泥石流固体物质冲出规模，进而保障排导槽的泄流畅通。

(2) 强降雨前、后松散物源起动区调查技术验证。利用无人机航测进行泥石流物源起动区三维量化技术验证。

(3) 多级联调拦砂坝防控泥石流长期观测预警研究。以登溪沟为野外观测站，结合示范工程开展泥石流物源起动、工程约束条件下的泥石流活动及工程治理效果的长期观测、预警研究。

3. 新建联调坝示范工程设计

1) 设计理念

登溪沟沟域总体上上游纵坡较大，下游逐渐变缓，局部地段有陡缓相间的变化特点；沟道宽度总体上上游狭窄，而下游逐渐变宽，但局部有宽窄相间的特点；沟道两侧坡体大部分基岩出露，为治理工程设置拦砂坝提供了有利条件，表现为在这些部位修建拦砂坝的长度相对较小，且这些沟段沟道纵坡较缓，上游往往为开阔的宽谷地带，修建拦挡防治工程库容较大，拦砂坝坝肩可以嵌入稳定基岩内，对泥石流峰值流量的调节作用效果显著。该沟常年流水，沟道堆积物源较多，需要有效拦挡防止其冲出，且沟口处为主要居民聚集点。沟口原有低矮拦砂坝被2019年8月20日暴发的泥石流冲毁，不能满足现有设计标准要求。因此，采用“新建2座中型拦砂坝(满足一次承灾库容)+资源化清库+既有拦砂坝加固修复”等治理理念对登溪沟泥石流进行二次治理，即治理方案同样采用“以拦为主，拦清结合”的综合工程治理措施(图7-58)。

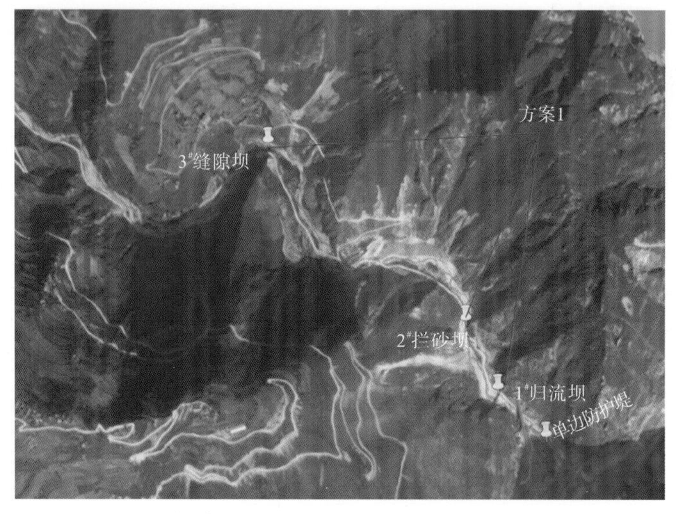

图7-58 登溪沟多级联调拦砂坝治理工程布置示意图

2) 方案设计

根据上述治理理念，对登溪沟采用“3#缝隙坝+2#拦砂坝+1#归流坝+单边防护堤”方案，布置方案见图 7-59。在登溪沟主沟共选择 2 处坝位布置缝隙坝和拦砂坝，并在沟口原坝址处布置归流坝(加固原有坝体)，对沟道水流进行归流，避免水流漫流。

拟设 1#归流坝(既有被损毁拦砂坝)位于沟口都汶高速入江口上游 300m 处(图 7-59)，沟道为“V”形谷，宽度为 45～55m，拟建工程区沟道平均纵坡降为 126‰。1#拦砂坝坝顶轴线全长为 50m，有效坝高为 6m，拦砂坝坝顶宽度为 2m(图 7-60)，上游面坡为 1∶0.50，下游面坡为 1∶0.10。

图 7-59　拟设 1#归流坝坝址部位

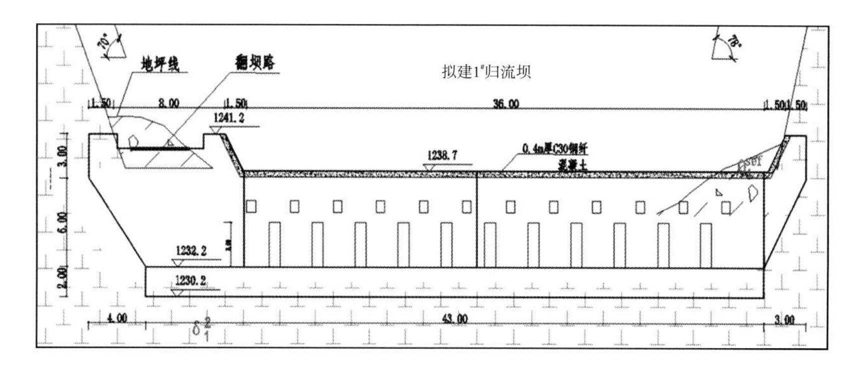

图 7-60　拟设 1#归流坝沟道断面形态(面向下游)(单位：m)

拟设 2#拦砂坝位于原有拦砂坝(拟建归流坝)上游约 220m(图 7-61)，沟道为“V”形谷，沟底宽度为 45m，该段沟道平均纵坡降为 102‰。2#拦砂坝主坝为重力坝，坝顶轴线全长为 56.0m，有效坝高为 10.5m，拦砂坝坝顶宽度为 2.0m(图 7-62)，上游面坡为 1∶0.50，下游面坡为 1∶0.20。

图 7-61　拟设 2#拦砂坝坝址部位

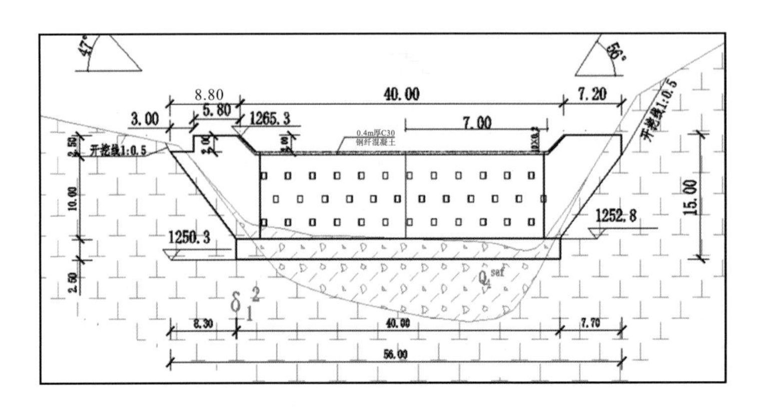

图 7-62　拟设 2#拦砂坝工程地质剖面图(面向下游)(单位：m)

拟设 3#缝隙坝位于原有拦砂坝上游约 1150m(图 7-63)，该段沟道为“U”形谷，宽度为 40m，该段沟道平均纵坡降为 70‰(图 7-63，图 7-64)。3#缝隙坝主坝坝顶轴线全长 61.0m，有效坝高为 13.5m，缝隙坝坝顶宽度为 3.0m(图 7-64)，上游面坡为 1∶0.60，下游面坡为 1∶0.20，基础埋深为 2.0m。

图 7-63　拟设 3#缝隙坝坝址部位

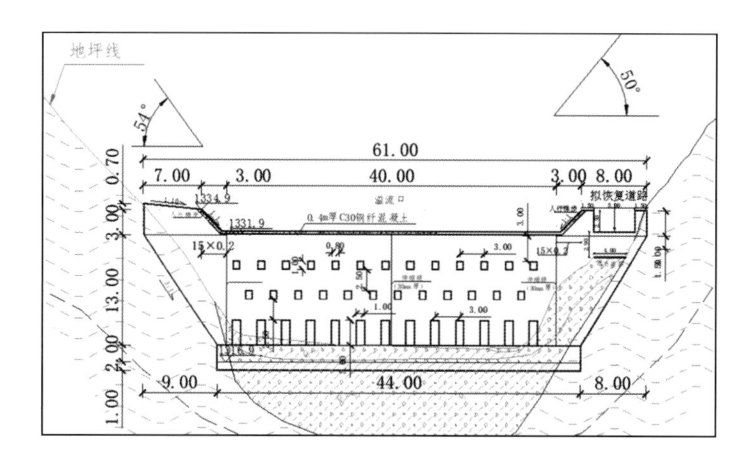

图 7-64　拟设 3#缝隙坝工程地质剖面图(面向下游)(单位：m)

登溪沟拟设三道坝库容计算结果详见表 7-7。

表 7-7　登溪沟拟建三道坝的库容计算

	分项工程	回淤体纵剖面面积/m^2	回淤沟床平均底宽/m	有效坝高/m	沟床段平均纵坡降	坝的平均库容/10^4m^3
登溪沟泥石流	1#归流坝	1084.746	70	6.0	0.033	8.16
	2#拦砂坝	1012.180	80	10.5	0.036	15.15
	3#缝隙坝	3959.309	60	13.5	0.036	21.35
	合计	—	—	—	—	44.66

本次设计总库容约为 $44.66\times10^4m^3$，其中登溪沟 50 年一遇泥石流一次冲出总量为 $29.55\times10^4m^3$，可以满足拦挡 1.5 次 20 年一遇泥石流的库容，拟建工程将为泥石流治理发挥积极的作用。三道坝已于 2021 年 7 月完成施工，见图 7-65～图 7-67，至 2022 年底工程运行一年来，上游雨季发生的不等规模泥石流完全淤积在 2#、3#坝内，同时三道坝均有翻坝路通行，库内淤积及时清淤，运行效果良好。

图 7-65　1#归流坝(既有损毁拦砂坝)及左岸翻坝路(面向下游)

图 7-66　新建 2#拦砂坝、坝下护坦及左岸翻坝路

图 7-67　新建 3#缝隙坝、坝下护坦及左岸翻坝路

4. 登溪沟沟域 2018 年和 2019 年高精度遥感多期物源识别(动态演变)技术验证

与锄头沟一样，对登溪沟在 2019 年 8 月 20 日暴发泥石流前后沟域内不同成因松散物源动态变化进行了遥感解译，分别采用 2018 年 11 月 25 日和 2019 年 12 月 10 日的 GF2 号数据进行分析(图 7-68)。

2018年11月25日登溪沟泥石流物源分布图

2019年12月10日登溪沟泥石流物源分布图

图 7-68　物源分布对比图

通过统计分析得出两年内登溪沟各类成因松散物源变化情况，见表 7-8。

表 7-8　2018 年和 2019 年登溪沟流域各类成因松散物源解译对比

类型	2018 年 11 月 25 日 面积/km^2	2019 年 12 月 10 日 面积/km^2	变化 面积/km^2
崩滑物源	0.020338	0.078226	0.057888
坡面侵蚀物源	1.305480	2.157658	0.852178
沟道物源	0.529782	1.210602	0.680820
合计	1.855600	3.446486	1.590886

两年度内各类成因物源解译统计数据显示，2018 年 11 月 25 日登溪沟各类物源占地面积共 1.855600km^2，其中坡面侵蚀物源最多，其次为沟道物源。而 2019 年 12 月 10 日登溪沟各类物源占地面积共 3.446486km^2，其中坡面侵蚀物源最多，其次为沟道物源，崩滑物源最少。两年度对比可以看出，总物源占地面积共增加 1.590886km^2，坡面侵蚀物源增加量最多，为 0.852178km^2，其次为沟道物源，占地面积增多量为 0.680820km^2，崩滑物源占地面积增加了 0.057888km^2。

登溪沟同样属暴雨沟谷型黏性泥石流，震后震裂山体发育、坡面结构变疏松，坡面滑塌现象发育，植被严重破坏。震后的震裂山体崩塌显著，固体物源量增加，引发大规模泥石流的可能性仍然大。

7.4.2.3　猪鼻沟示范工程

1. 猪鼻沟基本特点

猪鼻沟位于甘孜州九龙县湾坝镇，湾坝镇距离九龙县城约 345km，距石棉县城约 50km，处于甘孜、凉山和雅安交界处。

猪鼻沟是一条老泥石流沟，流域面积为 98km^2，主沟长度为 16.5km，入河口位于湾坝松林河左岸。沟域内最高点位于两岔河沟域山脊，高程为 5000m，最低点位于猪鼻沟汇入松林河处，高程为 2070m，相对高差为 2930m。流域内发育支沟 8 条，主要支沟为育儿沟、拉布热沟、达艾房沟，支沟总体沟床狭窄，岸坡陡峻，切割深度较大，沟谷纵比降较大，平均纵坡为 61.07‰～501.90‰。猪鼻沟支沟育儿沟属于窄陡沟道型泥石流沟，主沟中下游属于宽缓沟道型泥石流沟(图 7-69)。

猪鼻沟沟域内松散固体物源总量为 $7895.74\times10^4m^3$，动储量总计 $825.10\times10^4m^3$。猪鼻沟 2019 年前曾进行过工程治理，设置有 6 道拦砂坝，分别为主沟 2 处、育儿沟 2 处、主沟废弃矿山区 2 处，可起到部分拦挡物源的作用，6 处拦砂坝合计库容为 $3.18\times10^4m^3$。

2019 年 6 月 21 日，湾坝乡(2019 年 12 月撤湾坝乡设湾坝镇)暴发持续性特大暴雨，超过 50 年一遇的降雨导致猪鼻沟再次发生特大规模泥石流，一次冲出固体物质约 $38.4\times10^4m^3$，导致已有治理工程均有不同程度的损坏(图 7-70，图 7-71)。

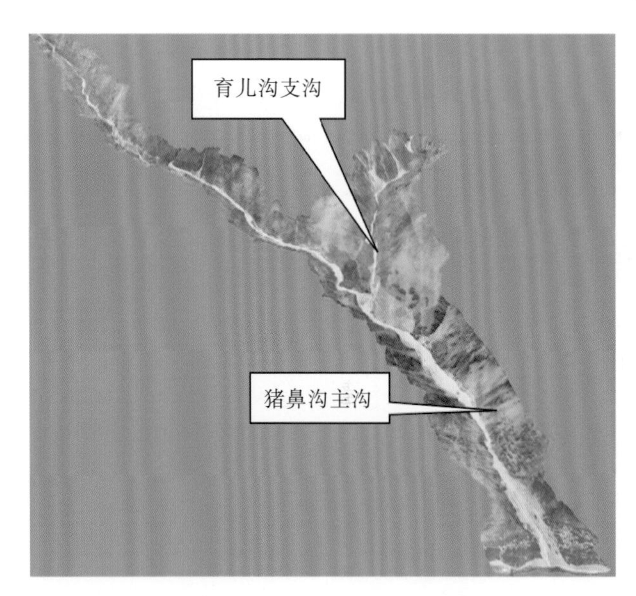

图 7-69 猪鼻沟流域三维影像

(a) (b)

图 7-70 猪鼻沟主沟内泥石流堆积物(a)、原 1#坝淤满局部冲毁(主沟内)(b)

(a) (b)

图 7-71 原 2#坝淤满(主沟内)(a)、原 3#坝淤满局部破坏(育儿沟内)(b)

2. 研究目的和内容

甘孜州等川西高原地处地震高烈度区，区域受多条地震带的影响，地震活动强烈。位于甘孜州九龙县的猪鼻沟，近年来泥石流趋于活跃，已暴发多次大规模泥石流灾害。该沟是典型的宽缓沟道型泥石流沟，可以预见该区域一旦发生强烈地震，沟域内因地震诱发的次生滑坡、崩塌类物源将急剧增加，大量崩塌滑坡堵沟还可能形成堰塞湖，最终演化成强震区特大泥石流灾害。因此，猪鼻沟是验证强震区泥石流防控技术的理想实验场。结合猪鼻沟泥石流活动特点，开展的应用示范主要内容如下。

(1) 高烈度区桩基承台高坝防控技术。结合猪鼻沟沟口已建排导工程所在部位纵坡坡降较缓、排导能力相对较弱的状况，尤其是 2019 年 6 月 21 日暴发特大泥石流导致已建排导槽淤积泛滥，须在沟域宽谷段新建一座拦挡高坝。由于拟建高坝部位为厚层堆积层软基础，坝区地震烈度高，因此在桩基承台上建设混凝土高坝，利用大库容+动态清库，实现对超标准泥石流的规模控制和削减，进而控制下泄泥石流含沙量，防止排导槽堵塞成灾。

(2) 建立高烈度区大型泥石流治理长期观测站。将猪鼻沟作为高烈度区大型泥石流野外观测站，结合示范工程开展强降雨、震后泥石流物源起动，拦挡工程约束条件下的泥石流活动及工程治理效果的长期观测研究。

3. 桩基承台高坝应用示范工程设计

1) 设计理念

现场勘查表明，猪鼻沟经过 2019 年 6 月 21 日暴发的泥石流，沟域内已建的多道拦砂坝库内淤满并不同程度受损，沟口既有排导槽也多处被冲毁，由于沟口为湾坝乡政府所在地，因此急需对其再次进行工程治理。计算结果显示，该沟 20 年一遇一次泥石流冲出总量为 $65.06\times10^4\text{m}^3$，一次固体物质冲出量为 $25.28\times10^4\text{m}^3$；50 年一遇一次泥石流冲出总量为 $78.98\times10^4\text{m}^3$，一次固体物质冲出量为 30.68 万 m^3。根据沟道地形特点并结合沟口保护对象，猪鼻沟治理工程仍采用宽缓沟道型泥石流治理理念，即“拦排结合，以拦为主，辅以清淤”的治理思路。

因猪鼻沟上游两岸坡度大，沟道狭窄，陡缓相间，沟道两侧崩塌堆积物较多，侧壁陡立，没有实施固床固坡的条件，也不宜设置复杂的工程措施。泥石流起动物源主要集中在主沟及育儿沟，考虑到育儿沟支沟以下主沟段左侧拟建牦牛产业园、主沟沟口为湾坝镇居民区，因此考虑在中下游设置防护措施，共布设了 3 道坝，其中 $2^{\#}$拦砂坝是应用示范工程。

2) 示范工程方案设计

拟设 $2^{\#}$拦砂坝位于养蜂场下游 200m 位置(图 7-72)，沟道为“U”形谷，沟底宽度为 10～30m，该段沟道平均纵坡降为 102‰。拟设 $2^{\#}$拦砂坝有效坝高为 19m，库区回淤长度为 836.85m，库容为 $44.35\times10^4\text{m}^3$，至少可以拦截 1.5 次 50 年一遇冲出泥石流固体规模。

$2^{\#}$拦砂坝坝体采用 C20 毛石混凝土结构，断面尺寸见表 7-9。

表 7-9　猪鼻沟拟建 $2^{\#}$拦砂坝断面设计尺寸

名称	坝顶宽度/m	坝底宽度/m	上游坡比	下游坡比	坝高/m	有效坝高/m	基础型式	桩基长度/m	坝顶长度/m
$2^{\#}$拦砂坝	3.0	19.3	1∶0.55	1∶0.2	22	19	桩基础	13～19	137.30

图 7-72　拟设 2#拦砂坝坝址图(面向上游)

4. 示范工程建设

猪鼻沟泥石流治理应用示范工程包括 2#拦砂坝、坝下防冲结构以及翻坝路(图 7-73，图 7-74)。该工程于 2021 年 9 月竣工，至 2022 年底，各拦砂坝及护坦运行正常，2#拦砂坝有效拦截了上游多次山洪和小规模泥石流。

图 7-73　2#拦砂坝施工中

图 7-74　2#拦砂坝竣工图及翻坝路竣工图

综合上述 3 条典型泥石流防治工程应用研究表明，针对强震区特大泥石流或非强震区物源量巨大的泥石流沟防治，建议只要建坝条件合适，应该采用高大拦砂坝配合资源化清库方案进行主体治理工程设计，并推广使用。

7.4.3　研究成果在强震区应用推广

1. 汶川强震区

本书提出了强震区独特的高位震裂山体物源成灾模式和动储量计算方法，给出沟道多点多级堵溃级联效应的堵塞系数取值，构建了基于强震区泥石流巨大块石冲击力和泥石流磨蚀计算理论，研发了泥石流防治结构抗磨蚀、耐久性设计关键技术，遵循强震区泥石流冲淤演进特征，提出了针对宽缓与窄陡两类沟道型泥石流的减灾防治工程设计理念，研发了泥石流防治系列新技术，有效支撑了强震区泥石流灾害防治工程需求。

上述成果已经成功应用于 2008 年“5・12”汶川地震强震区的都汶高速沿线锄头沟、登溪沟、板子沟以及七盘沟，平武县厄哩寨正沟、青川县华祖背沟、九龙县猪鼻沟、雅安市雨城区多营镇殷家村大沟头、汉源县万里工业园区小沟、理县古尔沟镇石鼓磨沟等近 30 条泥石流沟的灾害防治工程设计和施工(图 7-75～图 7-77)，并经受了 2019 年、2020 年

(a)治理前　(b)治理后

图 7-75　平武县厄哩寨正沟宽缓沟道型泥石流治理前后对比(生态化高拦砂坝、翻坝路及清淤一体化)

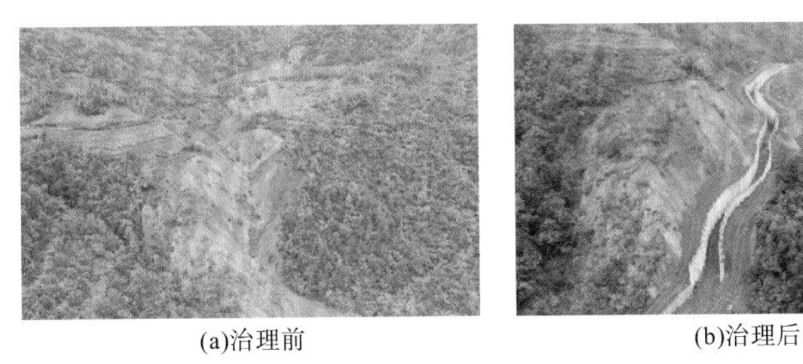

(a)治理前　(b)治理后

图 7-76　青川县华祖背沟窄陡沟道型泥石流治理前后对比(同震滑坡揭底拉槽固源固床技术)

(a)治理前　(b)治理后

图 7-77　汶川七盘沟排导槽底部磨蚀加固前后对比(抗磨蚀材料应用)

两次极端暴雨引发的特大泥石流灾害考验，各项治理工程均达到了设计目的，有效避免了泥石流导致的人员伤亡和财产损失，社会效益和经济效益显著。

2. 九寨沟强震区

本书研究成果在 2017 年“8・8”九寨沟地震震区的多条泥石流沟的治理工程中得到应用和示范，并经受了 2019 年、2020 年和 2021 年汛期多次暴发的泥石流灾害的考验（图 7-78），有效避免了人员伤亡和财产损失，尤其是在确保九寨沟景区游客安全方面发挥了重要作用，社会效益和经济效益显著。

日则沟窄陡沟道型泥石流沟口停淤场

卓追沟窄陡沟道型泥石流沟口停淤及排导

下季节海子沟窄陡沟道型泥石流流通区多级谷坊联调技术

克泽沟宽缓沟道型泥石流拦砂坝水石分离应用

图 7-78 强震区泥石流综合防控技术在九寨沟强震区推广应用情况

7.5 强震区特大泥石流综合防治标准化技术体系构建

强震区宽缓与窄陡沟道型泥石流综合防控技术主要从三个关键点考虑，即源头控制物源起动、沟道流通区控制流量、沟口控制成灾规模，即通过“起动控源→过程控量→末端控灾”逐级控制，建立强震区特大泥石流综合防控体系。

7.5.1 体系建立依据

强震区特大泥石流综合防控体系建立主要依据国家重点研发计划项目“强震区特大泥

石流综合防控技术与示范应用”研究成果，同时总结和提炼前人研究成果，在此基础上构建强震区特大泥石流综合防控体系。

该体系建立所依据的研究成果主要有以下十个。

(1) 强震区沟道型泥石流不同成因物源起动模式及动储量评价方法。

(2) 强震区宽缓与窄陡沟道型泥石流致灾机理及灾害链效应。

(3) 强震区宽缓与窄陡沟道型泥石流动力学特征。

(4) 强震区高位滑坡型泥石流运动机理模拟及新型拦挡技术。

(5) 强震区宽缓与窄陡沟道型泥石流综合防控技术。

(6)《强震区特大泥石流防治工程勘查规范》(T/CI 055—2023)。

(7)《强震区特大泥石流防治工程设计规范》(T/CI 054—2023)。

(8)《泥石流灾害防治工程勘查规范》(DZ/T 0220—2006)。

(9)《泥石流灾害防治工程勘查规范(试行)》(T/AAGHP 006—2018)。

(10)《泥石流灾害防治工程设计规范(试行)》(T/AAGHP 021—2018)。

7.5.2　体系主要内容

1. 技术体系总体框架

强震区特大泥石流综合防治标准化技术体系包含勘查设计技术方法、机理及模式、防控关键技术以及示范应用验证四大部分，其中勘查设计技术方法在现有成熟技术的基础上增加了针对强震区物源识别、动储量评价、堵塞系数分项取值以及动力学特征参数计算等的新的技术方法；机理及模式部分补充完善了强震区宽缓和窄陡沟道型泥石流起动模式及致灾机理等内容；防控关键技术部分主要依托研究成果系统性增加了承灾库容与资源化清库协调技术方法、多级联调拦砂坝设计计算及动态清库方法、抗冲击桩-梁自复位结构设计技术、小口径组合桩群主动固源技术、沟道型泥石流拦-导-排结构抗冲击耐磨新技术、“沟内固源固床+沟口拦挡停淤+排导”泥石流固源式速排技术、翼型排导槽结构、窄陡沟道型泥石流柔性拦截系统及其设计计算方法以及泥石流淤埋及冲失路段应急通行技术等新的技术方法，提出了“起动控源-过程控量-末端控灾”的强震区特大泥石流综合防控体系新理念；示范应用验证部分主要形成了三大示范工程以及相应的技术验证，为后期强震区特大泥石流防治技术提升提供了野外实体的“参照模型”(图 7-79)。

2. 形成强震区泥石流勘查设计技术方法体系

强震区泥石流勘查设计技术方法体系在总体框架体系基础上，从物源、机理、参数以及结构四个方面进行了细化分解，通过分析常规泥石流勘查设计技术方法在强震区特大泥石流中应用的不足，依托本书研究成果，逐级梳理形成了更为系统且填补空白技术的强震区特大泥石流勘查设计技术方法体系(图 7-80)。该体系可供勘查设计人员参考使用。

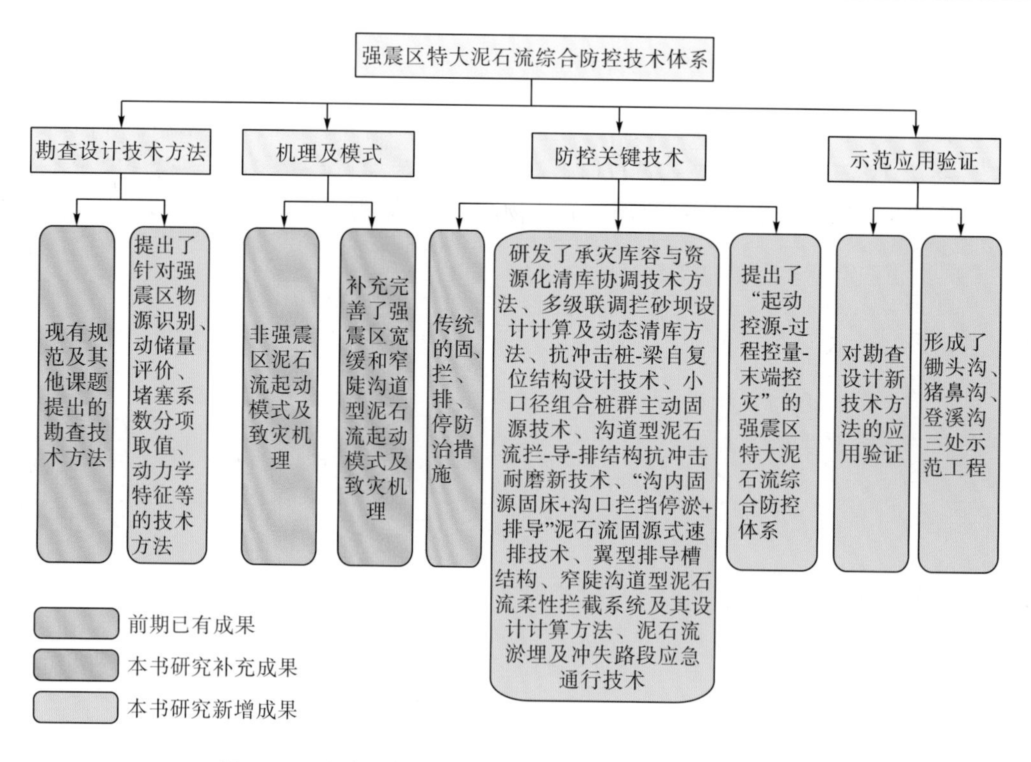

图 7-79 强震区特大泥石流综合防控技术体系总体框架图

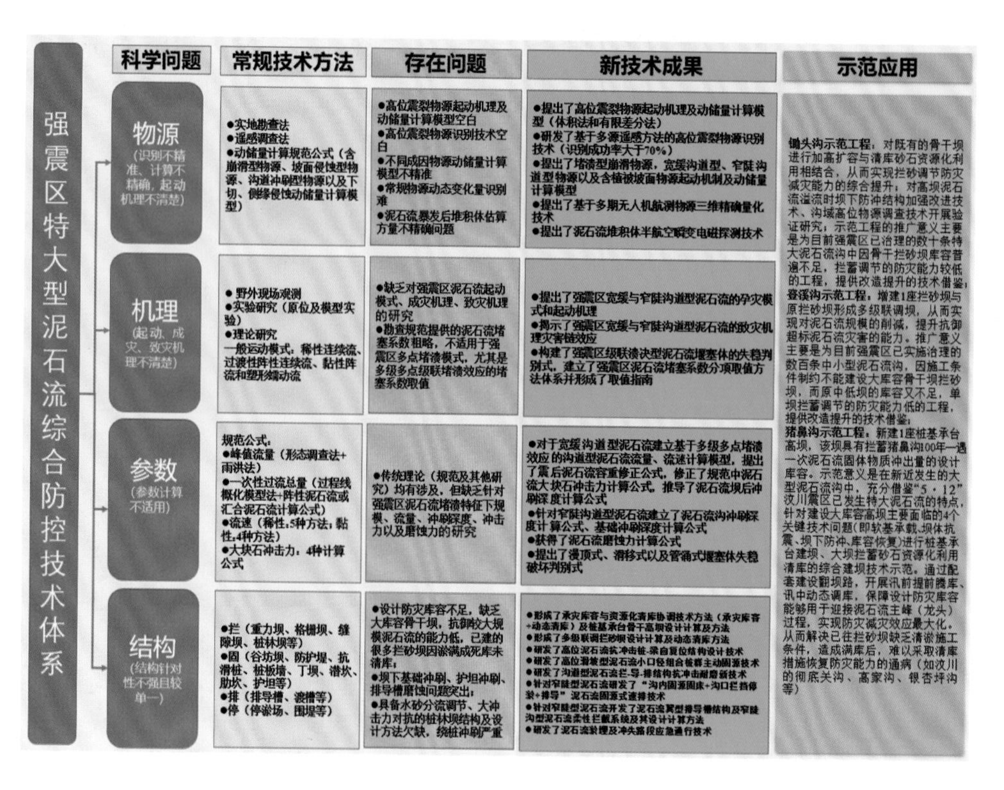

图 7-80 强震区特大泥石流勘查设计技术方法体系框架图

3. 构建强震区泥石流综合防治关键技术体系

强震区泥石流综合防治关键技术体系通过“起动控源→过程控量→末端控灾”逐级控制(图 7-81～图 7-83)，细化了物源控制、过程控制和末端灾害控制三个方面的技术体系。其中，起动控源部分，包括震裂物源、崩滑物源、坡面物源以及沟道物源控制，并针对性地提出了不同物源控制的勘查措施和防治措施；过程控量是以起动机理为出发点，归纳总结了四种主要起动机理，即归流拉槽型、深切揭底型、单点集中堵溃揭底放大型以及多级多点堵溃揭底放大型，针对每种类型提出了防治思路和防治措施，并配套有典型案例；末端控灾主要按危害对象类型划分了五种类型，即集中居住区、线性工程、重要景观区、其他工矿企业以及沟口主河道，并针对每种危害对象类型提出了末端防治思路及防治措施。针对强震区特大泥石流主体控制思路受末端主河吸纳泥石流排出量能力限制，因此需要从末端向上游反推，按照施工条件难易程度，首先应该从沟口末端控制，如果沟口控制量不能满足设计要求，再进行向上追索实施施工难度中等的过程控制部分，逐级拦蓄后仍然不能满足拦蓄要求的，最后实施施工条件最差的源头起动控制。

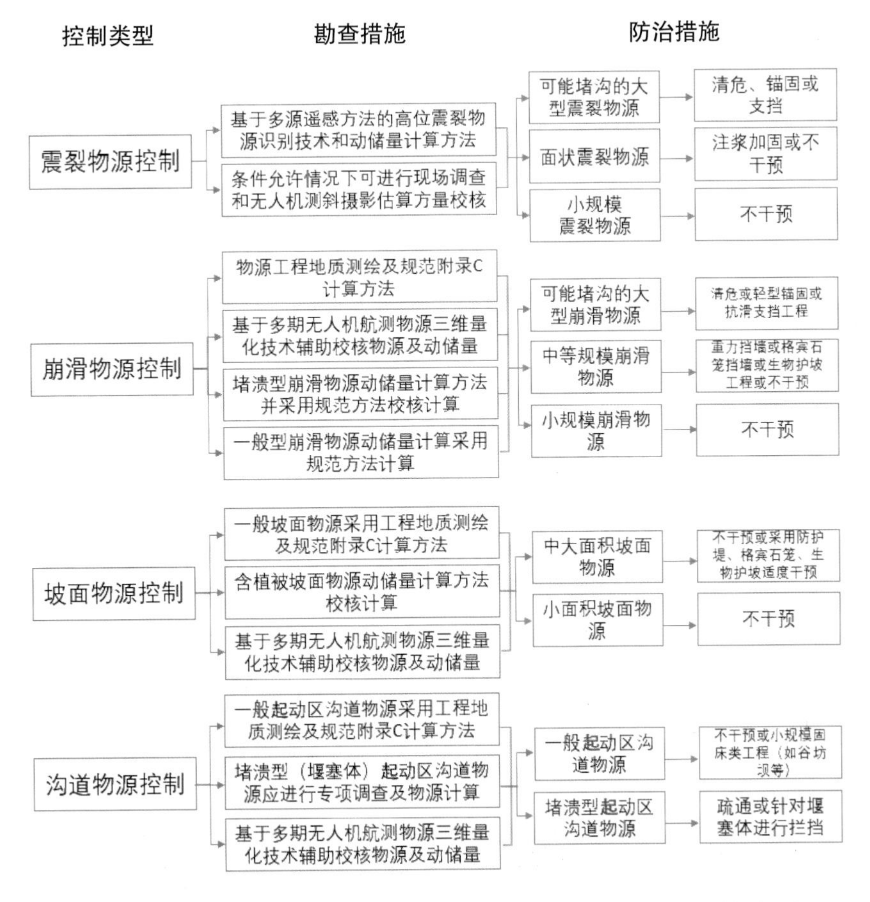

图 7-81　强震区特大泥石流综合防治“起动控源”关键技术体系框架图

注：“规范”指《泥石流灾害防治工程勘查规范(试行)》(T/CAGHP 006—2018)。

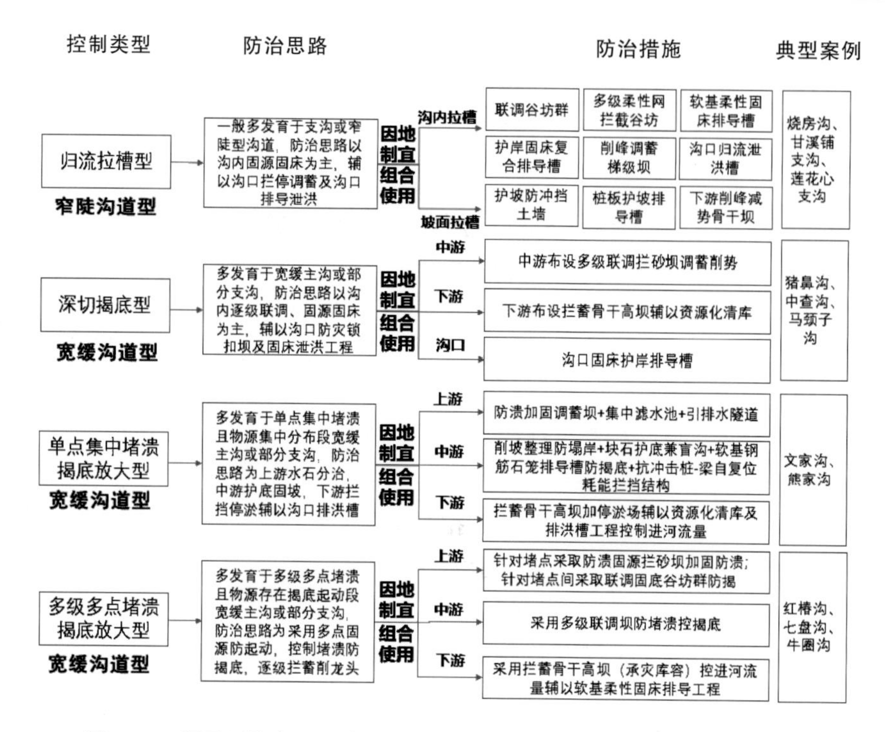

图 7-82 强震区特大泥石流综合防治“过程控量”关键技术体系框架图

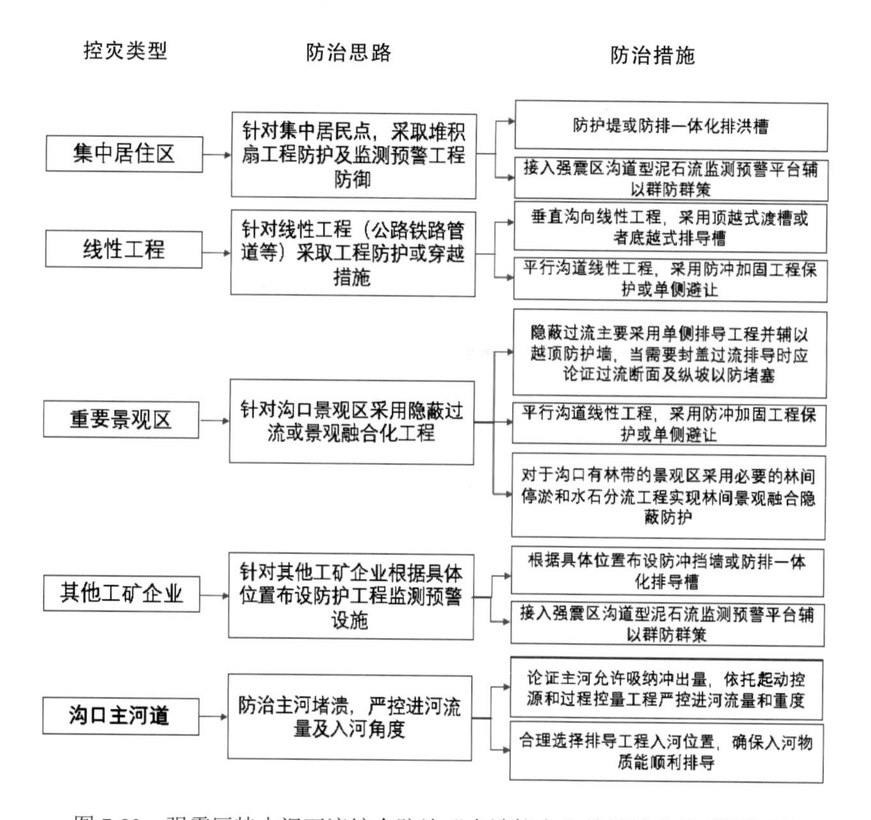

图 7-83 强震区特大泥石流综合防治“末端控灾”关键技术体系框架图

7.6　小　结

(1) 集成强震区特大泥石流不同成因松散物源判识、成灾机理、动力学特性、综合防控技术研究成果，形成了强震区泥石流防治标准化技术体系。该体系包括泥石流高位震裂物源早期识别技术、动储量评价、多级多点堵溃效应等堵塞系数取值；宽缓与窄陡沟道型泥石流防治设计理念，包括基于沟道型泥石流流量下泄控制的抗冲击“拦-导-排”结构与高位滑坡型泥石流自复位-耗能拦挡结构新形式；泥石流耐磨蚀新材料及抗磨蚀设计方法、泥石流沟口淤埋及冲失路段应急通行结构形式及施工工艺等研究成果。

(2) 对强震区近 50 条宽缓型和窄陡沟道型的泥石流防治工程进行现场调查分析评价，建立了强震区泥石流治理效果评价方法及指标体系。对强震区 43 条不同类型泥石流防治工程进行了治理效果评价，评价结果显示大部分强震区泥石流沟进行了数次治理，目前防治工程效果整体呈现为一般至较好；分析不同类型强震区泥石流防治经验及教训，要结合不同沟道类型的泥石流采取针对性治理措施，对宽缓沟道型泥石流应设骨干高拦砂坝辅以清淤确保调节库容，对窄陡沟道型泥石流只要条件合适，务必从物源起动部位进行针对性固源固坡措施辅以沟口拦挡停淤。

(3) 编制了《强震区特大泥石流防治工程勘查规范》(T/CI 055—2023)。针对地震后沟道内不同类型物源的精准识别问题、泥石流堵塞系数分项取值问题、沟域汇水动力条件的计算方法、粗大颗粒调查评价方法、沟床堆积物最大冲刷深度等影响特大泥石流防治工程设计的关键问题，编制了强震区泥石流类型划分标准、危险性分级，泥石流沟域崩滑堆积、沟道堆积、坡面堆积、高位震裂物源总储量和动储量勘查方法和确定标准，泥石流流体的泥痕测绘，浆体容重和颗粒成分测试，泥石流动力学参数中的堵塞系数确定新方法，强震区泥石流流速、流量、冲击力、弯道超高等规范内容。

(4) 编制了《强震区特大泥石流防治工程设计规范》(T/CI 054—2023)。基于宽缓沟道型泥石流沟大库容高拦砂坝调节与清库联合设计的治理新思路，规范新增了大库容高坝(骨干拦砂坝)的设计方法，在泥石流松散堆积层坝址上采用桩基承台基础的设计计算方法、高坝基础抗冲刷设计方法。规范增加了经汶川烧房沟、宝兴打水沟、青川华祖背沟治理工程验证，证明技术可行的窄陡沟道型泥石流桩板排导槽固源排水设计方法。采纳了九寨沟窄陡沟道型泥石流治理工程利用森林区的林间滞留停淤实现水石分离的泥石流治理设计方法。增加了基于泥石流全流程、多要素的监测预警系统设计方法，包括激发雨量监测、物源起动监测、泥石流过流监测、拦排工程对泥石流削减的控制监测，实现对泥石流及工程防治效果的系统化监测预警。

(5) 开展强震区特大泥石流研究成果的应用和建设示范工程。在汶川示范区(强震区)，建成锄头沟大库容拦砂坝示范工程、登溪沟中库容拦砂坝示范工程。建成后，经 2020 年特大泥石流的检验，达到了有效库容调节与清库再利用的治理设计验证目标。在甘孜示范区(高烈度区)建设了猪鼻沟拦砂坝示范工程，建成后尚未发生泥石流，可作为实验坝开展长期观测，进一步验证高坝调节与资源化清库结合控制特大型泥石流的设计方案的技术可行性。在七盘沟利用既有桩林坝开展了防撞新结构验证示范，在七盘沟尖底排导槽集中磨蚀部位进行了抗磨新材料加固实验，在银杏坪沟平底槽磨蚀空洞段进行了新材料补强实验等应用示范。研究成果已成功应用于“5·12”汶川地震强震区、“8·8”九寨沟地震震区以及川藏铁路、公路沿线震区等 30 余条泥石流沟勘查设计及防治工程中，取得了显著的社会经济效益。

参 考 文 献

曹雪山, 殷宗泽, 2009. 一维非饱和土固结简化计算的改进方法[J]. 公路交通科技, 26(10): 1-5.

陈洪凯, 唐红梅, 2006. 泥石流两相冲击力及冲击时间计算方法[J]. 中国公路学报, 19(3): 19-23.

陈洪凯, 舒小红, 2007. 泥石流固相在浆体中沉降规律研究[J]. 重庆建筑大学学报, 29(4): 99-103.

陈洪凯, 唐红梅, 马永泰, 等, 2004. 公路泥石流研究及治理[M]. 北京: 人民交通出版社.

陈华勇, 崔鹏, 唐金波, 等, 2013. 堵塞坝溃决对上游来流及堵塞模式的响应[J]. 水利学报, 44(10): 1148-1157.

陈宁, 王运生, 蒋发森, 等, 2012. 汶川县渔子溪地震地质灾害特征及灾害链成生分析[J]. 工程地质学报, 20(3): 340-349.

陈舜, 2014. 粘性泥石流堆积物自然固结特性研究[D]. 北京: 中国科学院大学.

陈野鹰, 唐红梅, 陈洪凯, 2007. 公路泥石流防治结构冲磨性能优化研究[J]. 中国地质灾害与防治学报, 18(2): 37-41.

陈勇, 刘德富, 王世梅, 等, 2010. 三维非饱和土滑坡稳定性影响因素研究[J]. 岩土工程学报, 32(8): 1236-1240.

程谦恭, 彭建兵, 1999. 高速岩质滑坡动力学[M]. 成都: 西南交通大学出版社.

但汉波, 王立忠, 2008. K0 固结软黏土的应变率效应研究[J]. 岩土工程学报, 30(5): 718-725.

党超, 程尊兰, 刘晶晶, 2008. 泥石流堵塞坝溃决模式实验[J]. 灾害学, 23(3): 15-19, 26.

邓建辉, 高云建, 余志球, 等, 2019. 堰塞金沙江上游的白格滑坡形成机制与过程分析[J]. 工程科学与技术, 51(1): 9-16.

方群生, 唐川, 程霄, 等, 2015. 汶川震区泥石流流域内滑坡物源量计算方法探讨[J]. 水利学报, 46(11): 1298-1304.

冯文凯, 胡云鹏, 谢吉尊, 等, 2016. 顺层震裂斜坡降雨触发灾变机制及稳定性分析——以三溪村滑坡为例[J]. 岩石力学与工程学报, 35(11): 2197-2207

高晨曦, 刘艺梁, 薛欣, 等, 2021. 三峡库区典型堆积层滑坡变形滞后时间效应研究[J]. 工程地质学报, 29(5): 1427-1436.

高正夏, 孙迅, 2008. 流变软土路基最终沉降预测模型与方法研究[J]. 勘察科学技术, (2): 3-6, 48.

龚凌枫, 唐川, 李宁, 等, 2018. 急陡沟道物源起动模式及水土耦合破坏机制分析[J]. 地球科学进展, 33(8): 842-851.

谷任国, 房营光, 2009. 软土流变的物质基础及流变机制探索[J]. 岩土力学, 30(7): 1915-1919, 1932.

关明芳, 2006. 泥石流沉积物流变固结研究[D]. 重庆: 重庆交通大学.

郭佳, 刘晓玉, 吴冰, 等, 2014. 一种光照不均匀图像的二值化方法[J]. 计算机应用与软件, 31(3): 183-186, 202.

郭剑, 李天涛, 孙金坤, 2015. 安县高川河流域泥石流物源特征及其活动量预测[J]. 水电能源科学, 33(7): 151-155.

郭健, 张鹏, 张全, 等, 2020. 基于多光谱遥感影像的巫峡滑坡灾害识别技术研究[J]. 华南地质与矿产, 36(1): 38-45.

郝红兵, 赵松江, 李胜伟, 等, 2015. 汶川地震区特大泥石流物源集中启动模式和特征[J]. 水文地质工程地质, 42(6): 159-165, 170.

胡凯衡, 崔鹏, 游勇, 等, 2010. 汶川灾区泥石流峰值流量的非线性雨洪修正法[J]. 四川大学学报(工程科学版), 42(5): 52-57.

胡凯衡, 崔鹏, 游勇, 等, 2011. 物源条件对震后泥石流发展影响的初步分析[J]. 中国地质灾害与防治学报, 22(1): 1-6.

胡涛, 2017. 汶川震区震后大型泥石流致灾机理及防治对策研究[D]. 成都: 成都理工大学.

胡卸文, 韩玫, 梁敬轩, 等, 2016. 汶川地震灾区泥石流若干关键问题[J]. 西南交通大学学报, 51(2): 331-340.

黄欢, 滕伟福, 方聚宝, 2008. 软土路基的最终沉降量计算方法探讨[J]. 安全与环境工程, 15(4): 111-113.

黄小华, 冯夏庭, 陈炳瑞, 2007. 蠕变试验中黏弹组合模型参数确定方法的探讨[J]. 岩石力学与工程学报, 26(6): 1226-1231.

贾菊桃, 2020. 基于高分一号卫星影像的滑坡自动识别——以贵州省水城县为例[D]. 绵阳: 西南科技大学.

贾菊桃, 吴彩燕, 张建香, 等, 2018.2001—2013 年中国西北地区土地利用变化的时空格局分析[J]. 西南科技大学学报, 33(3): 31-36, 42.

巨袁臻, 许强, 金时超, 等, 2020. 使用深度学习方法实现黄土滑坡自动识别[J]. 武汉大学学报(信息科学版), 45(11): 1747-1755.

李宁, 唐川, 卜祥航, 等, 2020a. “5·12”地震后汶川县泥石流特征与演化分析[J]. 工程地质学报, 28(6): 1233-1245.

李宁, 唐川, 龚凌枫, 等, 2020b. 急陡沟道泥石流起动特征模型试验研究——以汶川县福堂沟为例[J]. 地质学报, 94(2): 634-647.

林峰, 黄英娣, 2007. 软土固结蠕变特性试验研究[J]. 中国水运(学术版), 7(7): 98-99.

刘希林, 张松林, 唐川, 等, 1993. 泥石流危险范围模型实验[J]. 地理研究, 12(2): 77-85.

柳金峰, 欧国强, 游勇, 2006. 泥石流流速与堆积模式之实验研究[J]. 水土保持研究, 13(1): 120-121, 226.

罗刚, 张辉傲, 马国涛, 等, 2020. 高速岩质滑坡滑面滑动摩擦特性研究——以王山抓口寺滑坡为例[J]. 岩土力学, 41(7): 1-12.

罗璟, 2020. “8·3”鲁甸地震斜坡动力响应及巨型岩质滑坡堵江机制研究[D]. 成都: 成都理工大学.

马超, 胡凯衡, 田密, 2013. 震后泥石流沟松散物质量与最大冲出总量的关系[J]. 自然灾害学报, 22(6): 76-84.

皮新宇, 曾永年, 贺城墙, 2021. 融合多源遥感数据的高分辨率城市植被覆盖度估算[J]. 遥感学报, 25(6): 1216-1226.

乔建平, 黄栋, 杨宗佶, 等, 2012. 汶川地震极震区泥石流物源动储量统计方法讨论[J]. 中国地质灾害与防治学报, 23(2): 1-6.

秦爱芳, 孙德安, 谈永卫, 2010. 非饱和土一维固结的半解析解[J]. 应用数学和力学, 31(2): 199-208.

秦明, 陈洪凯, 梁丹, 等, 2019. 泥石流磨蚀特性试验研究[J]. 人民长江, 50(8): 184-187.

邵生俊, 王婷, 于清高, 2009. 非饱和土等效固结变形特性与一维固结变形分析方法[J]. 岩土工程学报, 31(7): 1037-1045.

师旭超, 张继文, 2010. 淤泥质软黏土次固结特性试验研究[J]. 人民黄河, 32(1): 122-123.

苏万鑫, 谢康和, 2010. 非饱和土一维固结混合流体方法的解析分析[J]. 岩土力学, 31(8): 2661-2665.

覃浩坤, 张海泉, 张波, 2016. 汶川震区震后七盘沟多级堵溃泥石流形成条件分析[C]. 2016 年全国工程地质学术年会论文集: 100-107.

汤亮亮, 陈樟龙, 单波, 等, 2010. 压缩过程中软土固结系数与有效固结应力的关系[J]. 工业建筑, 40(5): 79-81.

唐川, 刘洪江, 朱静, 1997. 泥石流扇形地危险性评价研究[J]. 干旱区地理, 20(3): 22-29.

唐川, 周钜乾, 朱静, 等, 1994. 泥石流堆积扇危险度分区评价的数值模拟研究[J]. 灾害学, 9(4): 7-13.

唐川, 李为乐, 丁军, 等, 2011. 汶川震区映秀镇“8·14”特大泥石流灾害调查[J]. 地球科学, 36(1): 172-180.

田颖颖, 许冲, 徐锡伟, 等, 2015. 2014年鲁甸M_S6.5地震震前与同震滑坡空间分布规律对比分析[J]. 地震地质, 37(1): 291-306.

童立强, 2008. “5·12”汶川大地震极重灾区地震堰塞湖应急遥感调查[J]. 国土资源遥感, (3): 64-66, 115.

王立忠, 但汉波, 2007. K0 固结软黏土的弹黏塑性本构模型[J]. 岩土工程学报, 29(9): 1344-1354.

王林峰, 唐红梅, 陈洪凯, 2011. 泥石流冲击作用下路基的毁损机制研究[J]. 公路, (11): 31-35.

王裕宜, 费祥俊, 1999. 粘性泥石流颗粒悬浮机理研究[J]. 中国科学(E 辑), 29(4): 372-377.

王治华, 徐起德, 徐斌, 2009. 岩门村滑坡高分辨率遥感调查与机制分析[J]. 岩石力学与工程学报, 28(9): 1810-1818.

魏昌利, 何元宵, 张瑛, 等, 2013. 汶川地震灾区高位泥石流成灾模式分析[J]. 中国地质灾害与防治学报, 24(4): 52-60.

吴常润, 角媛梅, 王金亮, 等, 2021. 基于频率比-逻辑回归耦合模型的双柏县滑坡易发性评价[J]. 自然灾害学报, 30(4): 213-224.

武正丽, 2014. 2000～2012 年祁连山植被覆盖变化及其对气候的响应研究[D]. 兰州: 西北师范大学.

谢任之, 1993. 溃坝水力学[M]. 济南: 山东科学技术出版社.

谢新宇, 张继发, 曾国熙, 2005. 饱和土体自重固结问题的相似解[J]. 应用数学和力学, 26(9): 1061-1066.

谢友柏, 2001. 摩擦学的三个公理[J]. 摩擦学学报, 21(3): 161-166.

徐珊, 陈有亮, 赵重兴, 2008. 单向压缩状态下上海地区软土的蠕变变形与次固结特性研究[J]. 工程地质学报, 16(4): 495-501.

许强, 李为乐, 董秀军, 等, 2017. 四川茂县叠溪镇新磨村滑坡特征与成因机制初步研究[J]. 岩石力学与工程学报, 36(11): 2612-2628.

许强, 郑光, 李为乐, 等, 2018. 2018 年 10 月和 11 月金沙江白格两次滑坡-堰塞堵江事件分析研究[J]. 工程地质学报, 26(6): 1534-1551.

许向宁, 王兰生, 2002. 岷江上游松坪沟地震山地灾害与生态环境保护[J]. 中国地质灾害与防治学报, 13(2): 31-35.

杨成林, 陈宁生, 李战鲁, 2011. 汶川地震次生泥石流形成模式与机理[J]. 自然灾害学报, 20(3): 31-37.

杨东旭, 游勇, 陈晓清, 等, 2021. 泥石流排导槽磨蚀行为特征研究[J]. 灾害学, 36(1): 48-53.

杨雨奇, 高晓光, 冯晓毅, 等, 2010. 基于主轴分析和团块特征提取的 ISAR 目标检测方法[J]. 西北工业大学学报, 28(5): 689-694.

殷跃平, 王文沛, 2020. 高位远程滑坡动力侵蚀犁切计算模型研究[J]. 岩石力学与工程学报, 39(8): 1513-1521.

殷跃平, 王文沛, 张楠, 等, 2017. 强震区高位滑坡远程灾害特征研究——以四川茂县新磨滑坡为例[J]. 中国地质, 44(5): 827-841.

殷跃平, 李滨, 张田田, 等, 2021. 印度查莫利“2・7”冰岩山崩堵江溃决洪水灾害链研究[J]. 中国地质灾害与防治学报, 32(3): 1-8.

殷宗泽, 张海波, 朱俊高, 等, 2003. 软土的次固结[J]. 岩土工程学报, 25(5): 521-526.

游勇, 柳金峰, 陈兴长, 2010. “5・12”汶川地震后北川苏保河流域泥石流危害及特征[J]. 山地学报, 28(3): 358-366.

岳思聪, 赵荣椿, 王庆, 2008. 基于象素主轴方向灰度变化特征的特征点检测算法[J]. 西北工业大学学报, 26(2): 162-167.

张健楠, 马煜, 张惠惠, 等, 2010. 四川省都江堰市大干沟地震泥石流[J]. 山地学报, 28(5): 623-627.

张明, 赵月平, 王威, 等, 2010. 考虑有效应力的软土固结系数变化规律[J]. 北京工业大学学报, 36(2): 199-205.

张楠, 2018. 舟曲三眼峪沟泥石流灾害形成机理及综合防治研究[D]. 武汉: 中国地质大学(武汉).

张帅, 贺拿, 钟卫, 等, 2021. 滑坡灾害监测与预测预报研究现状及展望[J]. 三峡大学学报(自然科学版), 43(5): 39-48.

张永双, 成余粮, 姚鑫, 等. 2013. 四川汶川地震-滑坡-泥石流灾害链形成演化过程[J]. 地质通报, 32(12): 1900-1910.

赵成刚, 蔡国庆, 2009. 非饱和土广义有效应力原理[J]. 岩土力学, 30(11): 3232-3236.

赵松江, 赵峥, 袁广, 2021. 九寨沟震区泥石流物源特征研究[J]. 四川地质学报, 41(1): 93-97.

赵维炳, 施健勇, 1996. 软土固结与流变[M]. 南京: 河海大学出版社.

郑光, 许强, 刘秀伟, 等, 2020. 2019 年 7 月 23 日贵州水城县鸡场镇滑坡-碎屑流特征与成因机理研究[J]. 工程地质学报, 28(3): 541-556.

周富春, 陈洪凯, 马永泰, 2001. 排导结构中泥石流的流动形态[J]. 山地学报, 19(2): 165-168.

朱巧娣, 汪要武, 2006. 软土固结系数计算方法探讨[J]. 西部探矿工程, 18(12): 53-55.

牛文明, 高武振, 杨贺荣, 等, 2010. 饱和土与非饱和土固结理论及其联系与差别[J]. 科技信息, (3): 88-89.

Allison R J, Kimber O G, 1998. Modelling failure mechanisms to explain rock slope change along the Isle of Purbeck coast, UK[J]. Earth Surface Processes and Landforms, 23(8): 731-750.

Arabnia O, Sklar L S, 2016. Experimental study of particle size reduction in geophysical granular flows[J]. International Journal of Erosion Control Engineering, 9(3): 122-129.

Banihabib M E, Iranpoor M, 2015. Determination of the abrasion of aprons of dams by debris flow[J]. International Journal of Materials and Structural Integrity, 9(4): 262-271.

Bovis M J, Dagg B R, 1992. Debris flow triggering by impulsive loading: Mechanical modelling and case studies[J]. Canadian Geotechnical Journal, 29(3): 345-352.

Canelli L, Ferrero A M, Migliazza M, et al., 2012. Debris flow risk mitigation by the means of rigid and flexible barriers-experimental tests and impact analysis[J]. Natural Hazards and Earth System Sciences, 12(5): 1693-1699.

Casagli N, Ermini L, Rosati G, 2003. Determining grain size distribution of the material composing landslide dams in the Northern Apennines: Sampling and processing methods[J]. Engineering Geology, 69(1-2): 83-97.

Chang D S, Zhang L M, Xu Y, et al., 2011. Field testing of erodibility of two landslide dams triggered by the 12 May Wenchuan earthquake[J]. Landslides, 8(3): 321-332.

Chang M, Tang C, Van Asch T W J, et al., 2017. Hazard assessment of debris flows in the Wenchuan earthquake-stricken area, South West China[J]. Landslides, 14(5): 1783-1792.

Chen H K, Tang H M, Wu S F., 2004. Research on abrasion of debris flow to high-speed drainage structure[J]. Applied Mathematics and Mechanics, 25(11): 1257-1264.

Chen H Y, Cui P, Zhou G G D, et al., 2014a. Experimental study of debris flow caused by domino failures of landslide dams[J]. International Journal of Sediment Research, 29(3): 414-422.

Chen H Y, Xu W L, Deng J, et al., 2014b. Experimental investigation of pressure load exerted on a downstream dam by dam-break flow[J]. Journal of Hydraulic Engineering, 140(2): 199-207.

Chen Z Y, Meng X M, Yin Y P, et al., 2016. Landslide research in China[J]. Quarterly Journal of Engineering Geology and Hydrogeology, 49(4): 279-285.

Cui P, Zhou G G D, Zhu X H, et al., 2013. Scale amplification of natural debris flows caused by cascading landslide dam failures[J]. Geomorphology, 182: 173-189.

Dai F C, Lee C F, 2002. Landslide characteristics and slope instability modeling using GIS, Lantau Island, Hong Kong[J]. Geomorphology, 42(3-4): 213-228.

Dong J, Li Y, Kuo C, et al., 2011. The formation and breach of a short-lived landslide dam at Hsiaolin village, Taiwan—part I: Post-event reconstruction of dam geometry[J]. Engineering Geology, 123(1-2): 40-59.

Fan R L, Zhang L M, Wang H J, et al., 2018. Evolution of debris flow activities in Gaojiagou Ravine during 2008—2016 after the Wenchuan earthquake[J]. Engineering Geology, 235: 1-10.

Fan X M, Xu Q, Alonso-Rodriguez A, et al., 2019. Successive landsliding and damming of the Jinsha River in eastern Tibet, China: prime investigation, early warning, and emergency response[J]. Landslides, 16(5): 1003-1020.

Frank F, McArdell B W, Huggel C, et al., 2015. The importance of entrainment and bulking on debris flow runout modeling: Examples from the Swiss Alps[J]. Natural Hazards and Earth System Sciences, 15(11): 2569-2583.

Fread D L, 1996. Dam-breach floods[M]. Singh V P. Hydrology of Disasters. Dordrecht: Springer Netherlands: 85-126.

Ghorbanzadeh O, Blaschke T, Gholamnia K, et al., 2019. Evaluation of different machine learning methods and deep-learning convolutional neural networks for landslide detection[J]. Remote Sensing, 11(2): 196.

Govers G, Walling D E, Yair A, et al., 1990. Empirical relationships for the transport capacity of overland flow[J]. IAHS Publication, 189: 45-63.

Han Z, Su B, Li Y G, et al., 2019. An enhanced image binarization method incorporating with Monte-Carlo simulation[J]. Journal of Central South University, 26(6): 1661-1671.

Hinchberger S D, Rowe R K, 2005. Evaluation of the predictive ability of two elastic-viscoplastic constitutive models[J]. Canadian Geotechnical Journa1, 42(6): 1675-1694.

Hu W, Xu Q, van Asch T W J, et al., 2014. Flume tests to study the initiation of huge debris flows after the Wenchuan earthquake in S-W China[J]. Engineering Geology, 182: 121-129.

Huang R Q, Li W L, 2011. Formation, distribution and risk control of landslides in China[J]. Journal of Rock Mechanics and Geotechnical Engineering, 3(2): 97-116.

Hungr O, 1995. A model for the runout analysis of rapid flow slides, debris flows, and avalanches[J]. Canadian Geotechnical Journal, 32(4): 610-623.

Intrieri E, Raspini F, Fumagalli A, et al., 2018. The Maoxian landslide as seen from space: detecting precursors of failure with Sentinel-1 data[J]. Landslides, 15(1): 123-133.

Ji S P, Yu D W, Shen C Y, et al., 2020. Landslide detection from an open satellite imagery and digital elevation model dataset using attention boosted convolutional neural networks [J]. Landslides, 17(6): 1337-1352.

Jiang X G, Wei Y W, Wu L, et al., 2018. Experimental investigation of failure modes and breaching characteristics of natural dams[J]. Geomatics, Natural Hazards and Risk, 9(1): 33-48.

Khalili N, Geiser F, Blight G E, 2004. Effective stress in unsaturated soils: Review with new evidence[J]. International Journal of Geomechanics, 4(2): 115-126.

Kwan J S H, 2012. Supplementary technical guidance on design of rigid debris-resisting barriers[R]. Geotechnical Engineering Office, Civil Engineering and Development Department, Hong Kong SAR Government.

Li X S, 2007. Thermodynamics-based constitutive framework for unsaturated soils. 1: Theory[J]. Geotechnique, 57(5): 411- 422.

Li Y Q, Chen G Q, Han Z, et al., 2014. A hybrid automatic thresholding approach using panchromatic imagery for rapid mapping of landslides[J]. GIScience & Remote Sensing, 51(6): 710-730.

Otsu N, 2007. A threshold selection method from gray-level histograms[J]. IEEE Transactions on Systems Man and Cybernetics, 9(1): 62-66.

Ouyang C J, Zhao W, He S M, et al., 2017. Numerical modeling and dynamic analysis of the 2017 Xinmo landslide in Maoxian County, China[J]. Journal of Mountain Science, 14(9): 1701-1711.

Pan E, 1999. Green's functions in layered poroelastic half-spaces[J]. International Journal for Numerical and Analytical Methods in Geomechanics, 23(13): 1631-1653.

Peng M, Zhang L M, 2012. Analysis of human risks due to dam break floods—Part 2: Application to Tangjiashan landslide dam failure[J]. Natural Hazards, 64(2): 1899-1923.

Peng M, Zhang L M, 2012. Breaching parameters of landslide dams[J]. Landslides, 9(1): 13-31.

Pradhan B, Chaudhari A, Adinarayana J, et al., 2012. Soil erosion assessment and its correlation with landslide events using remote sensing data and GIS: A case study at Penang Island, Malaysia[J]. Environmental Monitoring and Assessment, 184(2): 715-727.

Prochaska A B, Santi P M, Higgins J D, et al., 2008. Debris-flow runout predictions based on the average channel slope (ACS)[J]. Engineering Geology, 98(1-2): 29-40.

Savage S B, Hutter K, 1991. The dynamics of avalanches of granular materials from initiation to runout. Part I: Analysis[J]. Acta Mechanica, 86(1): 201-223.

Scheidegger A E, 1973. On the prediction of the reach and velocity of catastrophic landslides[J]. Rock Mechanics, 5(4): 231-236.

Schürch P, Densmore A L, Rosser N J, et al., 2011. Detection of surface change in complex topography using terrestrial laser scanning: Application to the Illgraben debris-flow channel[J]. Earth Surface Processes and Landforms, 36(14): 1847-1859.

Shen J X, Evans F H, 2021. The potential of landsat NDVI sequences to explain wheat yield variation in fields in western Australia[J]. Remote Sensing, 13(11): 2202.

Shi Z M, Guan S G, Peng M, et al., 2015. Cascading breaching of the Tangjiashan landslide dam and two smaller downstream landslide dams[J]. Engineering Geology, 193: 445-458.

Su L J, Hu K H, Zhang, W F, et al., 2017. Characteristics and triggering mechanism of Xinmo landslide on 24 June 2017 in Sichuan, China[J]. Journal of Mountain Science, 14(9): 1689-1700.

Wang Y S, Zhao B, Li J, 2018. Mechanism of the catastrophic June 2017 landslide at Xinmo Village, Songping River, Sichuan Province, China[J]. Landslides, 15 (2): 333-345

Yin Y P, Cheng Y L, Liang J T, et al., 2016. Heavy-rainfall-induced catastrophic rockslide-debris flow at Sanxicun, Dujiangyan, after the Wenchuan Ms 8.0 earthquake[J]. Landslides, 13(1): 9-23.

Zhang Y B, Xing A G, Jin K P, et al., 2020. Investigation and dynamic analyses of rockslide-induced debris avalanche in Shuicheng, Guizhou, China[J]. Landslides, 17(9): 2189-2203.

Zhao W, Wang R, Liu X, et al., 2020. Field survey of a catastrophic high-speed long-runout landslide in Jichang Town, Shuicheng County, Guizhou, China, on July 23, 2019[J]. Landslides, 17(6): 1415-1427.

Zhou G G D, Cui P, Chen H Y, et al., 2013. Experimental study on cascading landslide dam failures by upstream flows[J]. Landslides, 10(5): 633-643.

Zhou G G D, Cui P, Zhu X H, et al., 2015. A preliminary study of the failure mechanisms of cascading landslide dams[J]. International Journal of Sediment Research, 30(3): 223-234.

Zhu X H, Peng J B, Jiang C, et al., 2019. A preliminary study of the failure modes and process of landslide dams due to upstream flow[J]. Water, 11(6): 1115.

Zhu X H, Peng J B, Liu B X, et al., 2020. Influence of textural properties on the failure mode and process of landslide dams[J]. Engineering Geology, 271: 105613-105626.